Detlef Ridder

3D-Konstruktionen mit Autodesk Inventor 2023

Der umfassende Praxiseinstieg

mitp

Bibliografische Information der Deutschen Nationalbibliothek
Die Deutsche Nationalbibliothek verzeichnet diese Publikation in der Deutschen Nationalbibliografie; detaillierte bibliografische Daten sind im Internet über <http://dnb.d-nb.de> abrufbar.

Bei der Herstellung des Werkes haben wir uns zukunftsbewusst für umweltverträgliche und wiederverwertbare Materialien entschieden.
Der Inhalt ist auf elementar chlorfreiem Papier gedruckt.

ISBN 978-3-7475-0594-6
1. Auflage 2022

www.mitp.de
E-Mail: mitp-verlag@sigloch.de
Telefon: +49 7953 / 7189 - 079
Telefax: +49 7953 / 7189 - 082

Lektorat: Janina Bahlmann, Nicole Winkel
Sprachkorrektorat: Petra Heubach-Erdmann
Covergestaltung: Christian Kalkert
Coverbild: © Alex / stock.adobe.com
Satz: III-satz, Kiel, www.drei-satz.de

Inhaltsverzeichnis

Einleitung

Neu in Inventor 2023

Jedes Jahr im Frühjahr erscheint eine neue Inventor-Version. Inventor wartet immer wieder mit verbesserten und neuen Funktionen auf.

Bei der Version Inventor 2023 gibt es neben Fehlerbehebungen und allgemeinen Performance-Optimierungen noch zahlreiche Verbesserungen im Detail, von denen hier nur einige genannt werden sollen:

- MEINE AUSGANGSANSICHT wurde durch die neu organisierte STARTSEITE ersetzt.
- MARKIERUNGEN können in Form von Texten oder Skizzen auf Blech und Normteile aufgebracht werden.
- TOLERANZEN können in allen möglichen Anmerkungen und Bemaßungen in vielen Situationen angebracht werden.
- ABRUNDUNGEN können auch mit Toleranzen versehen werden.
- Im BLECH-Modul zeigt der Browser auch erweiterte Infos an.
- Angaben bei EXTRUSION und ROTATION bleiben als Voreinstellungen erhalten.
- Änderungen in SKIZZEN greifen auch auf abgeleitete Bauteile durch.
- Fehlerhaft projizierte Geometrien in SKIZZEN können komplett gewählt und entfernt werden.
- Der TEXTBEFEHL kann IPROPERTIES verwenden.
- In STÜCKLISTEN können unterdrückte Komponenten deaktiviert werden.
- ABHÄNGIGKEITEN und GELENKE können bei Erzeugung auch als unterdrückt gesetzt werden.
- Die Interoperabilität mit REVIT und INVENTOR wurde weiter verbessert.
- DETAILANSICHTEN können nachbearbeitet werden.
- In der ÜBERLAGERUNGSANSICHT können neben POSITIONSDARSTELLUNGEN auch MODELLZUSTÄNDE und KONSTRUKTIONSANSICHTEN verwendet werden.
- FÜHRUNGSTEXTE können IPROPERTIES und EXEMPLAREIGENSCHAFTEN verwenden.

Für wen ist das Buch gedacht?

Dieses Buch wurde in der Hauptsache als Buch zum Lernen und zum Selbststudium konzipiert. Es soll Inventor-Neulingen einen Einstieg und Überblick über die Arbeitsweise der Software geben, unterstützt durch viele Konstruktionsbeispiele. Es wurde absichtlich darauf verzichtet, anhand einer gigantischen Konstruktion nun unbedingt alle Details des Programms vorführen zu können, sondern die Absicht ist es, in die generelle Vorgehensweise vom Entwurf bis zur Fertigstellung von Konstruktionen einschließlich der Zeichnungserstellung einzuführen. Deshalb werden die grundlegenden Bedienelemente schrittweise anhand verschiedener einzelner Beispielkonstruktionen in den Kapiteln erläutert.

Der Leser wird im Laufe des Lesens einerseits die Befehle und Bedienelemente von Inventor in kleinen Schritten erlernen, aber darüber hinaus auch ein Gespür für die vielen Anwendungsmöglichkeiten entwickeln. Wichtig ist es insbesondere, die Funktionsweise der Software unter verschiedenen praxisrelevanten Einsatzbedingungen kennenzulernen.

In zahlreichen Kursen, die ich für die *Handwerkskammer für München und Oberbayern* abhalten durfte, habe ich erfahren, dass gute Beispiele für die Befehle mehr zum Lernen beitragen als die schönste theoretische Erklärung. Erlernen Sie die Befehle und die Vorgehensweisen, indem Sie gleich Hand anlegen und mit dem Buch vor sich jetzt am Computer die ersten Schritte gehen. Sie finden hier zahlreiche Demonstrationsbeispiele, aber auch Aufgaben zum Selberlösen. Wenn darunter einmal etwas zu Schwieriges ist, lassen Sie es zunächst weg. Sie werden sehen, dass Sie etwas später nach weiterer Übung die Lösungen finden. Benutzen Sie das Register am Ende auch immer wieder zum Nachschlagen.

Umfang des Buches

Das Buch ist in 10 Kapitel gegliedert. Der gesamte Stoff kann, sofern genügend Zeit (ganztägig) vorhanden ist, vielleicht in zwei bis drei Wochen durchgearbeitet werden. Am Ende jedes Kapitels finden Sie Übungsfragen zum theoretischen Wissen. Die Lösungen finden Sie in einem abschließenden Kapitel, sodass Sie sich kontrollieren können. Nutzen Sie diese Übungen im Selbststudium und lesen Sie ggf. einige Stellen noch mal durch, um auf die Lösungen zu kommen.

Sie werden natürlich feststellen, dass dieses Buch nicht alle Befehle und Optionen von Inventor beschreibt. Sie werden gewiss an der einen oder anderen Stelle tiefer einsteigen wollen. Den Sinn des Buches sehe ich eben darin, Sie für die selbstständige Arbeit mit der Software vorzubereiten. Sie sollen die Grundlinien und Konzepte der Software verstehen. Mit dem Studium des Buches haben Sie dann die wichtigen Vorgehensweisen und Funktionen kennengelernt, sodass Sie sich auch mit den Online-Hilfsmitteln der Software weiterbilden können. Stellen Sie dann weitergehende Fragen an die Online-Hilfe und studieren Sie dort auch Videos.

Für weitergehende Fragen steht Ihnen eine umfangreiche Hilfefunktion in der Software selbst zur Verfügung. Dort können Sie nach weiteren Informationen suchen. Es hat sich gezeigt, dass man ohne eine gewisse Vorbereitung und ohne das Vorführen von Beispielen nur sehr schwer in diese komplexe Software einsteigen kann. Mit etwas Anfangstraining aber können Sie dann leicht Ihr Wissen durch Nachschlagen in der Online-Dokumentation oder über die Online-Hilfen im Internet erweitern, und darauf soll Sie das Buch vorbereiten.

Über die E-Mail-Adresse `DRidder@t-online.de` erreichen Sie mich bei wichtigen Problemen direkt. Auch für Kommentare, Ergänzungen und Hinweise auf eventuelle Mängel bin ich dankbar. Geben Sie als Betreff dann immer den Buchtitel an.

Schreibweise für die Befehlsaufrufe

Da die Befehle auf verschiedene Arten eingegeben werden können, die Multifunktionsleisten sich aber wohl als normale Standardeingabe behaupten, wird hier generell die Eingabe für die Multifunktionsleisten beschrieben, sofern nichts anderes erwähnt ist. Ein typischer Befehlsaufruf wäre beispielsweise SKIZZE|ZEICHNEN|LINIE (REGISTER|GRUPPE|FUNKTION).

Oft gibt es in den Befehlsgruppen noch Funktionen mit Untergruppierungen, sogenannte Flyouts, oder weitere Funktionen hinter der Titelleiste der Gruppe. Wenn solche aufzublättern sind, wird das mit dem Zeichen ▾ angedeutet.

Verwendung einer Testversion

Sie können sich über die Autodesk-Homepage `www.autodesk.de` eine Testversion für 30 Tage herunterladen. Diese dürfen Sie ab Installation 30 aufeinanderfolgende Tage (Kalendertage) zum Testen benutzen. Der 30-Tage-Zeitrahmen für die Testversion gilt strikt. Eine Deinstallation und Neuinstallation bringt keine Verlängerung des Zeitlimits, da die Testversion nach einer erstmaligen Installation auf Ihrem PC registriert ist. Für produktive Arbeit müssen Sie dann eine kostenpflichtige Lizenz erwerben.

Downloads zum Buch

Auf der Webseite des Verlags können Sie zusätzlich zu den Anleitungen und Zeichnungen im Buch die vollständigen Projekte der 3D-Beispiele inklusive der Bauteile, Baugruppen und Zeichnungen kostenlos herunterladen.

Außerdem werden hier weiterführende Themen als PDF-Dateien angeboten:

Unter »Kapitel 11.pdf« finden Sie kurze Einführungen zu den Themen Blechteile, Wellengenerator, Schweißen und Interoperabilität mit Revit und Fusion.

Unter »Kapitel 12.pdf« gibt es eine kurze Einführung in die Programmierung von Variantenteilen mit iLogic.

Besuchen Sie hierzu `www.mitp.de/0594` und wählen sie den Reiter DOWNLOADS aus.

Wie geht's weiter?

Mit einer Inventor-Testversion, dem Buch und den hier gezeigten Beispielkonstruktionen hoffe ich, Ihnen ein effektives Instrumentarium zum Erlernen der Software zu bieten. Benutzen Sie auch den Index zum Nachschlagen und unter Inventor die Hilfefunktion zum Erweitern Ihres Horizonts. Dieses Buch kann bei Weitem nicht erschöpfend sein, was den Befehlsumfang von Inventor betrifft. Probieren Sie daher immer wieder selbst weitere Optionen der Befehle aus, die ich in diesem Rahmen nicht beschreiben konnte. Konsultieren Sie auch die Hilfefunktion von Inventor, um tiefer in einzelne Funktionen einzusteigen. Arbeiten Sie viel mit Kontextmenüs und den dynamischen Icons.

Das Buch hat gerade durch die Erstellung der vielen Illustrationen viel Mühe gekostet, und ich hoffe, Ihnen als Leser damit eine gute Hilfe zum Start in das Thema Inventor 2023 zu geben. Ich wünsche Ihnen viel Erfolg und Freude bei der Arbeit mit dem Buch und der Inventor-Software.

Detlef Ridder

Germering, 16.6.2022

Kapitel 1

Vorüberlegungen zu einfachen 3D-Konstruktionen

In diesem einleitenden Kapitel wird in die Vorgehensweise des Inventor-Programms und die grundlegende Benutzung eingeführt. Nach prinzipiellen Betrachtungen lernen Sie den Inventor-Bildschirm mit seinen Bedienelementen anhand mehrerer Beispiele kennen.

Zuerst geht es darum, dass Sie sich eine Vorgehensweise für das aktuelle Problem überlegen. Hierzu finden Sie am Anfang einige prinzipielle Überlegungen zur Lösung dreidimensionaler Aufgaben mit Inventor.

Zur Einleitung folgt deshalb eine Präsentation der grundlegenden Konstruktionsprinzipien bei Inventor. Sie erfahren, wie ein Modell aufgebaut werden kann. Diese vorgeschlagenen Wege sind durchaus nicht immer zwingend. Zu einer Konstruktionsaufgabe gibt es immer verschiedene Vorgehensweisen. Was Ihnen dabei als einfacher oder logischer erscheint, müssen Sie dann entscheiden. Aber schauen wir uns zuerst die Möglichkeiten an, die Inventor bietet. Danach folgen einige einfache Konstruktionen, bei denen Sie dann sofort mitmachen können.

Dabei werden Sie merken, dass abgesehen vom Grundlagenwissen noch viele weitere Details des Programms beherrscht werden müssen. Diese detaillierteren Themen werden dann in den nachfolgenden Kapiteln erläutert.

1.1 Die Phasen der Inventorkonstruktion

In INVENTOR werden dreidimensionale Mechanikteile in folgenden Schritten erstellt:

1. Erstellung der einzelnen *3D-Volumenkörper*,
2. *Zusammensetzen* der Körper zur Baugruppe einschließlich der Bewegungsmöglichkeiten und
3. *Ableiten der Zeichnungsansichten* einzelner Komponenten und/oder des gesamten Mechanismus als Baugruppe.
4. Erstellen einer *animierten Explosionsdarstellung*, auch als PRÄSENTATION bezeichnet.

In jedem Schritt des Konstruktionsablaufs entstehen dadurch auch Dateien mit ganz spezifischen Endungen:

1. Die *Volumenkörper* werden in `*.ipt`-Dateien gespeichert. Hinter der Abkürzung steht der Begriff »*Inventor-ParT*«, kurz IPT oder deutsch *Bauteil* (Abbildung 1.1).

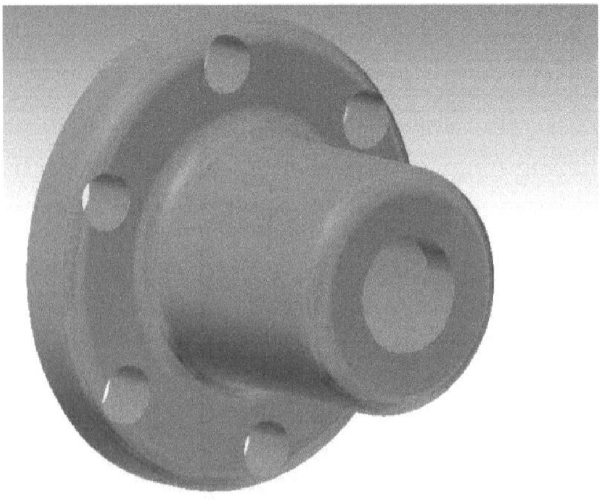

Abb. 1.1: Ein Bauteil (`*.ipt`-Datei)

2. Für die *Baugruppen* heißen die Dateien `*.iam`, das steht für »*Inventor-AsseMbly*« (Abbildung 1.2).

Abb. 1.2: Eine Baugruppe (`*.iam`-Datei) im Halbschnitt

3. Die abgeleiteten *Zeichnungsdateien* sind `*.dwg`-Dateien, eigentlich das Dateiformat von AutoCAD (DWG steht für »*DraWinG*«), das Format `*.idw` für »*Inven-*

tor-DraWing« ist nicht mehr die Standard-Vorgabe, weil das DWG-Format universeller ist. Zeichnungsdateien können von Bauteilen und/oder Baugruppen erstellt werden (Abbildung 1.3, Abbildung 1.4)

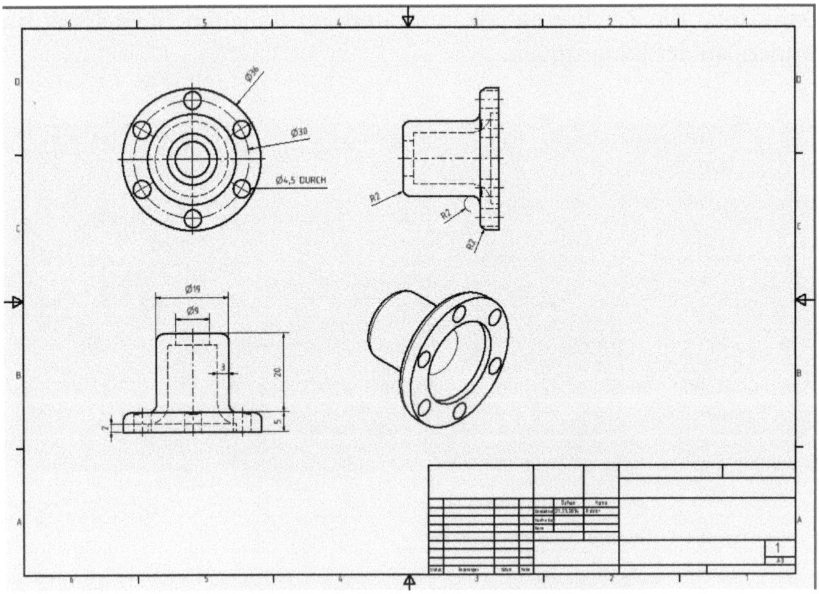

Abb. 1.3: Die technische Zeichnung eines Bauteils (*.dwg-Datei)

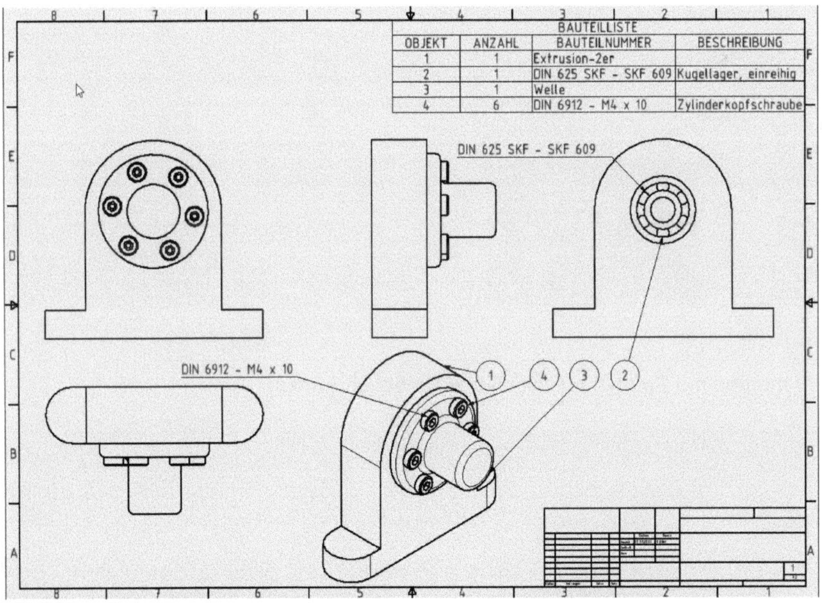

Abb. 1.4: Zeichnung für eine Baugruppe mit Stückliste und Positionsnummern

4. Die Explosionsdarstellung entsteht in einer `*.ipn`-Datei. Die Endung steht für »*Inventor-PresentatioN*«, kurz IPN (Abbildung 1.5). Auch aus einer Präsentation kann eine Zeichnung erstellt werden (Abbildung 1.6).

Zunächst soll in den ersten Kapiteln die Erstellung von 3D-Bauteilen geschildert werden. Dann folgt die Zeichnungsableitung und am Ende die Darstellung für den Zusammenbau der Baugruppen.

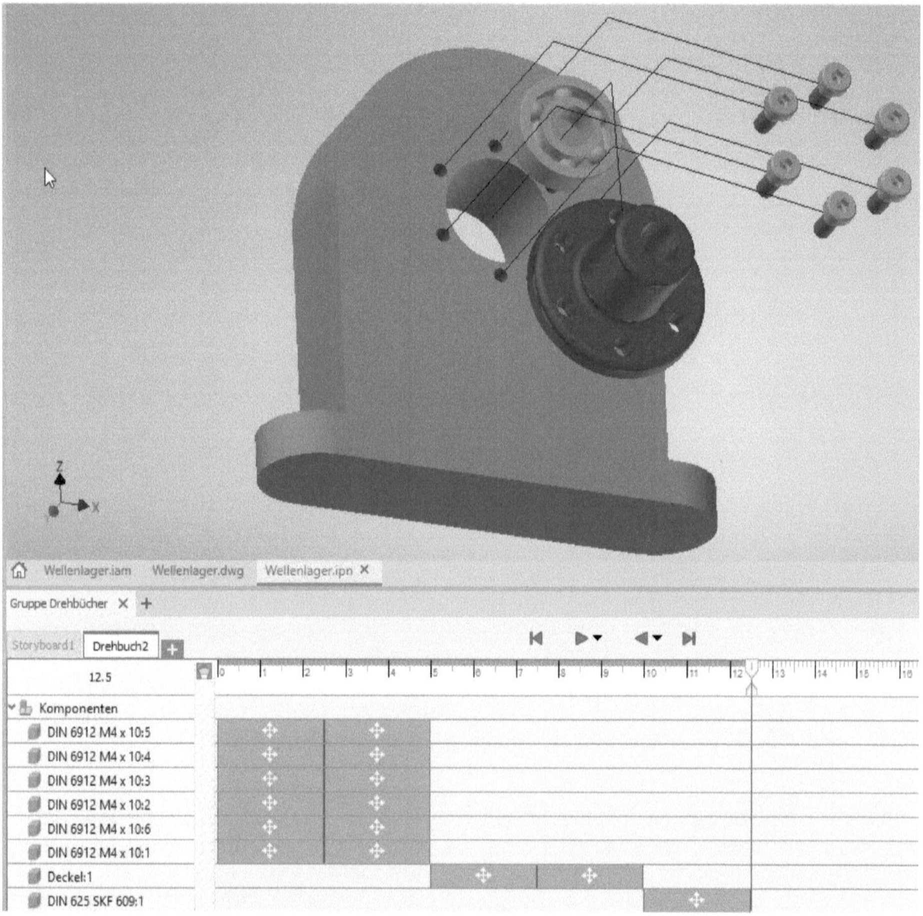

Abb. 1.5: Präsentation mit Animationspfaden und Drehbuch (unten)

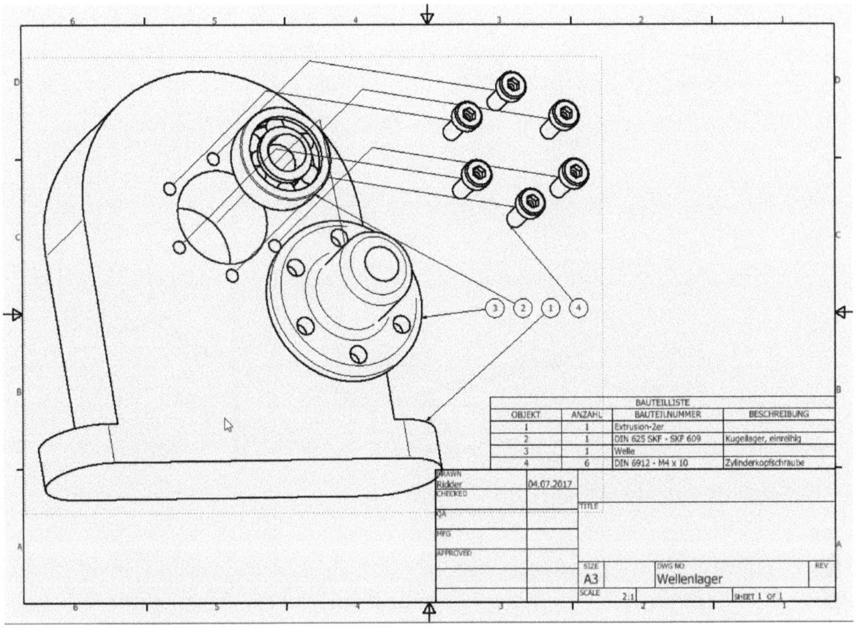

Abb. 1.6: Zeichnung der Explosionsansicht mit Positionsnummern und Stückliste

1.2 Wie entsteht ein 3D-Modell?

Um einen komplexen dreidimensionalen Gegenstand konstruktiv zu erstellen, ist es notwendig, sich eine Vorstellung vom schrittweisen Aufbau aus einfacheren Grundelementen zu machen. Diese Grundelemente können einfache *Grundkörper* sein, zweidimensionale *Konturen*, die durch *Bewegung* eine dritte Dimension erhalten, eventuell auch *Flächen* oder eine Art knetbare Volumenkörper, sogenannte *Freiformelemente*.

1.2.1 Grundkörper

Inventor bietet vier einfache *Grundkörper* an: QUADER, ZYLINDER, KUGEL und TORUS (Abbildung 1.7).

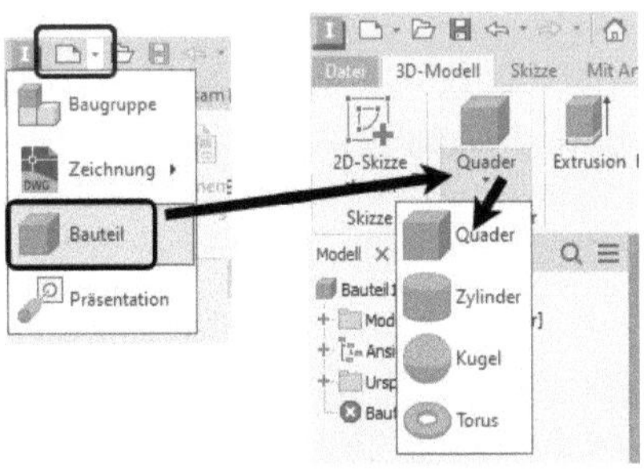

Abb. 1.7: Grundkörper in Inventor

Die Gruppe GRUNDKÖRPER ist allerdings vorgabemäßig nicht aktiv. Um sie zu aktivieren, können Sie auf einen der *Gruppentitel* am unteren Rand der *Multifunktionsleiste* mit der rechten Maustaste klicken, im Menü dann GRUPPEN ANZEIGEN anklicken und GRUNDKÖRPER mit einem Häkchen versehen (Abbildung 1.8).

Abb. 1.8: Gruppe GRUNDKÖRPER aktivieren

Beim ersten Volumenkörper müssen Sie aus den drei orthogonalen Ebenen die gewünschte Konstruktionsebene aussuchen und anklicken. Hier wird üblicherweise die XY-Ebene gewählt. Danach ist noch der Mittelpunkt des Körpers anzugeben, beim ersten Element meist der Nullpunkt. Dann folgen die Abmessungen wie Länge, Breite oder Radius und die Höhe in Z-Richtung.

Für jeden weiteren Körper ist wieder eine Konstruktionsebene – meist eine Fläche eines bestehenden Körpers – und eine Position zu wählen. Dann sind die Abmessungen einzugeben, dabei ist auch die Richtung für die Z-Ausdehnung zu beachten, und dann ist anzugeben, in welcher Art der neue Körper mit bereits vorhandenen kombiniert werden soll. Es gibt insgesamt vier Möglichkeiten . Die ersten drei davon werden auch als *boolesche Operationen* bezeichnet, weil sie aus der Mengenlehre stammen:

- VEREINIGUNG – ein Volumenkörper wird additiv hinzugefügt, wobei eine Überlagerung von Volumen ignoriert wird,
- DIFFERENZ – ein Volumenkörper wird subtraktiv hinzugefügt, das heißt, das Volumen wird abgezogen, wo Überlappung auftritt. Man kann das auch als Ausklinkung bezeichnen.
- SCHNITTMENGE – von den neuen und dem bereits existierenden Volumenkörper wird nur der Bereich beibehalten, wo beide überlappen.
- NEUER VOLUMENKÖRPER – das neue Volumen bleibt von bestehenden getrennt, wobei eventuelle Überlappungen zu keinem Fehler führen. Eine Kombination mit den booleschen Operationen kann dann auch *später* erfolgen.

So können diese Körper nun zu einem Gesamtkörper zusammengefügt werden (Abbildung 1.9). Für den ersten Volumenkörper gibt es nur die Option NEUER VOLUMENKÖRPER .

Abb. 1.9: Zusammensetzung eines 3D-Modells aus Grundkörpern

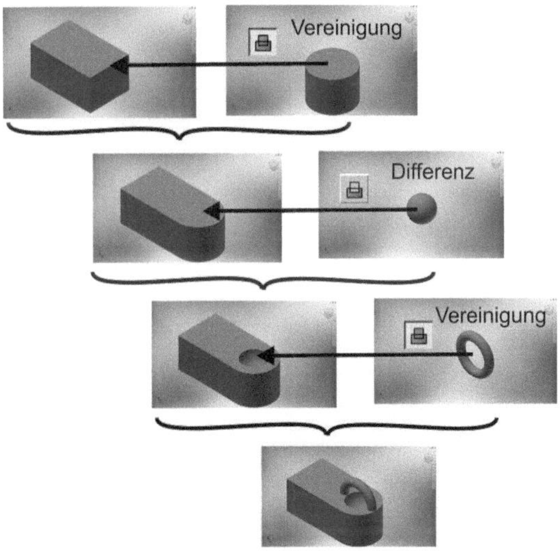

Abb. 1.10: Schrittweiser Zusammenbau aus den Grundkörpern

1.2.2 Bewegungskörper

Die meisten 3D-Teile werden aus zweidimensionalen geschlossenen *Profilen* durch *Bewegung* erzeugt. Generell nennt man solche Modelle auch *Bewegungskörper*. Im Prinzip sind auch die Grundkörper so entstanden.

Profile

Das wichtigste Element eines Bewegungskörpers ist ein *Profil*. Darunter versteht man eine oder mehrere einfach geschlossene Konturen. *Einfach* bedeutet, dass sich jede Einzelkontur nicht selbst überschneiden darf, also beispielsweise nicht die Form einer Acht haben darf. In den Icons der Bewegungsbefehle sind die zugrunde liegenden *Profile* durch eine weiße Fläche angedeutet (siehe Abbildung 1.11).

Mehrere Konturen

Wenn ein Profil aus mehreren Konturen besteht, muss jede für sich einfach sein. Um ein Gebilde in Form einer Acht zu verarbeiten, muss nur dafür gesorgt sein, dass es zwei einzelne Konturen sind, die sich zwar punktuell berühren dürfen, aber keine übergreifenden Begrenzungskurven aufweisen.

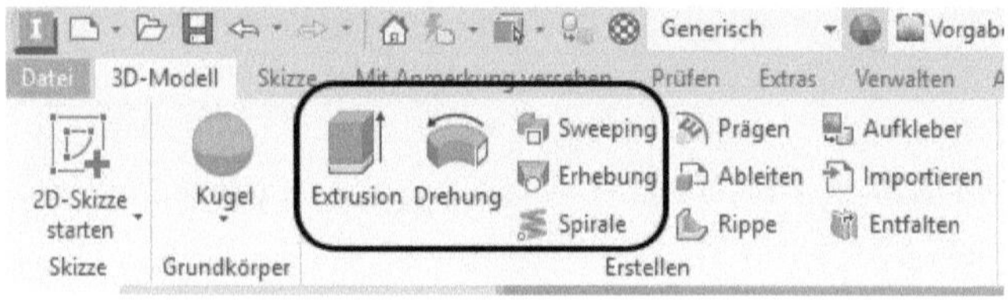

Abb. 1.11: Bewegungskörper in Inventor

Das *Profil* wird als zweidimensionale Konstruktion erstellt und als SKIZZE bezeichnet. Inventor achtet besonders darauf, dass diese Skizze vollständig bemaßt ist und auch sonst durch seine geometrischen Abhängigkeiten vollständig und eindeutig bestimmt ist. Sobald jeweils ein Teil der Kontur geometrisch durch Maße und/oder Abhängigkeiten eindeutig bestimmt ist, zeigt die Farbe das an, indem sie von Grün nach Dunkelblau wechselt (bei Benutzung des Standard-Farbschemas).

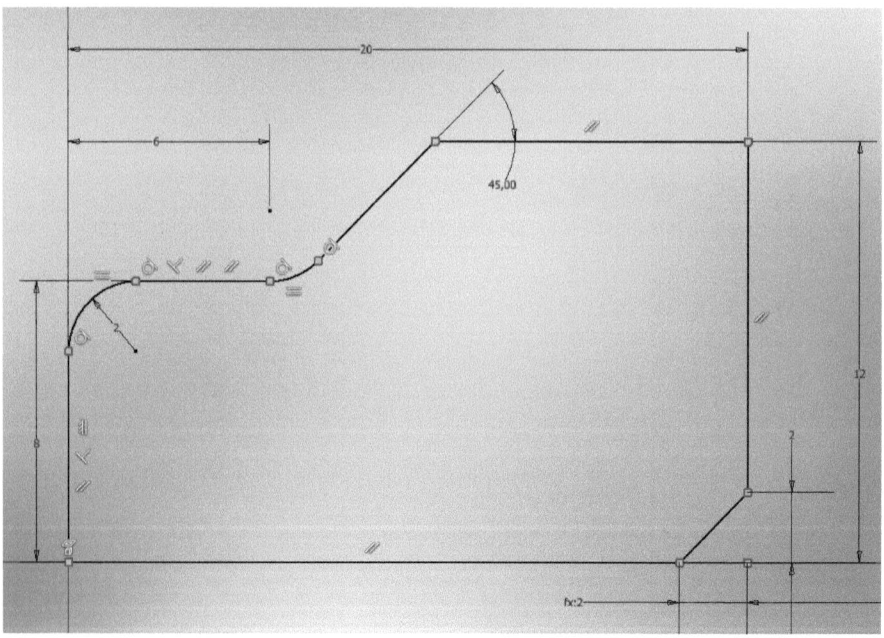

Abb. 1.12: Zweidimensionale vollständig bestimmte Skizze mit angezeigten geometrischen Abhängigkeiten

Extrusion

Die häufigste Art der Bewegung ist die lineare Bewegung eines Profils. Diese 3D-Modellierung wird als *Extrusion* oder auch *Austragung* bezeichnet.

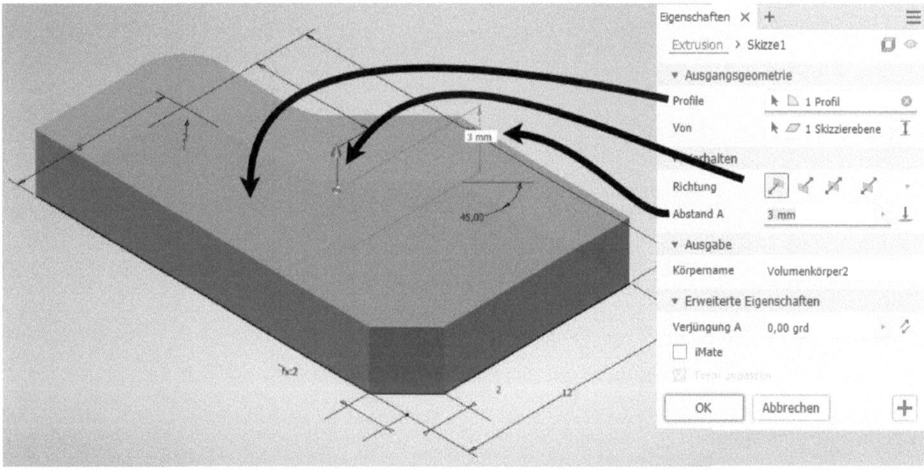

Abb. 1.13: Extrusion eines 2D-Profils zum 3D-Volumenkörper

Drehung

Ein zweidimensionales Profil kann aber auch um eine Achse gedreht werden, um einen 3D-Volumenkörper zu erzeugen. Die Achse kann die Begrenzung des Teils bilden oder außerhalb liegen. Die Aktion wird üblicherweise als *Drehung* bezeichnet oder auch als *Rotation*.

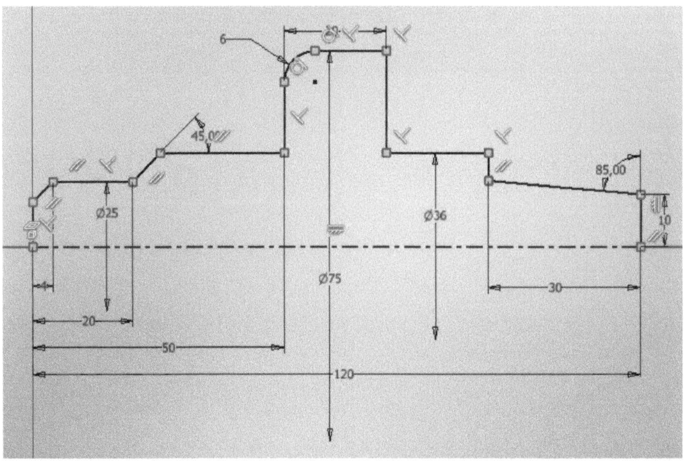

Abb. 1.14: Zweidimensionales Profil mit einer Rotationsachse mit vollständiger Bemaßung und geometrischen Abhängigkeiten

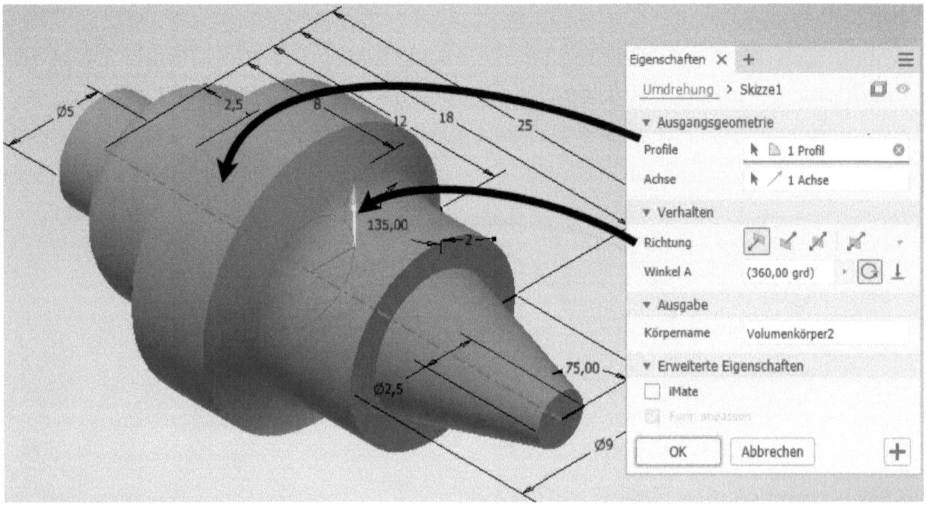

Abb. 1.15: Mit Funktion DREHUNG erzeugtes Rotationsteil

Sweeping

Ein komplexerer Volumenkörper kann durch Bewegung eines *Profils* entlang eines zwei- oder dreidimensionalen *Pfads* erzeugt werden. Hierfür ist der englische Begriff *Sweeping* üblich.

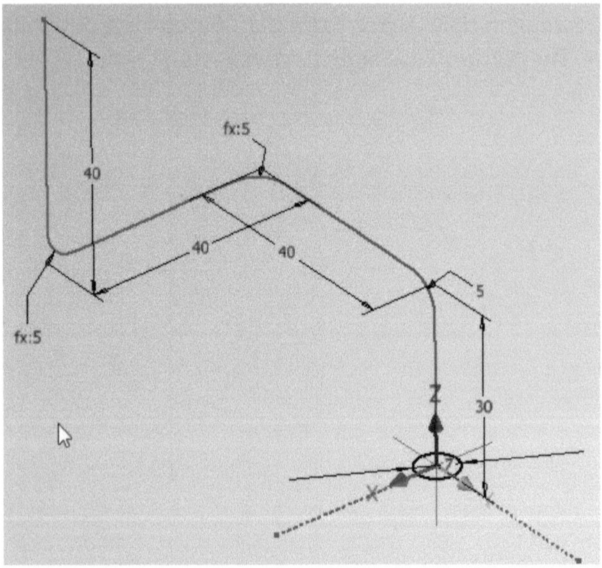

Abb. 1.16: Geschlossene 2D-Skizze (Kreis) für das Profil und 3D-Skizze für den Pfad

Beispielsweise können Rohrleitungen damit leicht aus einem kreisrunden Querschnittsprofil und einer dreidimensionalen Leitkurve erstellt werden. Die Leitkurve wird als *Pfad* bezeichnet.

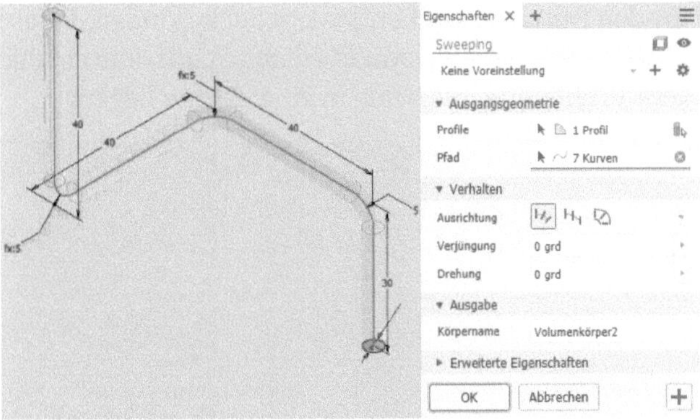

Abb. 1.17: Rohrleitung erstellt mit der Funktion SWEEPING aus Profil und Pfad

Lofting oder Erhebung

Aus der konventionellen Konstruktionsweise von Schiffsrümpfen und Flugzeugkomponenten wie Rümpfen oder Tragflächen kommt eine weitere komplexe Formgebung für 3D-Körper, das *Lofting*. *Lofting* bedeutet die Erzeugung von Volumenkörpern aus vorgegebenen Querschnitten, üblicherweise als *Spanten* bezeichnet. Hierzu sind mehrere geschlossene Profile über- oder hintereinander nötig. Die Eindeutschung führte bei Autodesk zu dem Begriff ERHEBUNG. Mit der Funktion ERHEBUNG werden diese Profile dann in der richtigen Reihenfolge angewählt, und der Volumenkörper entsteht als geglätteter oder linearer Übergang von Profil zu Profil.

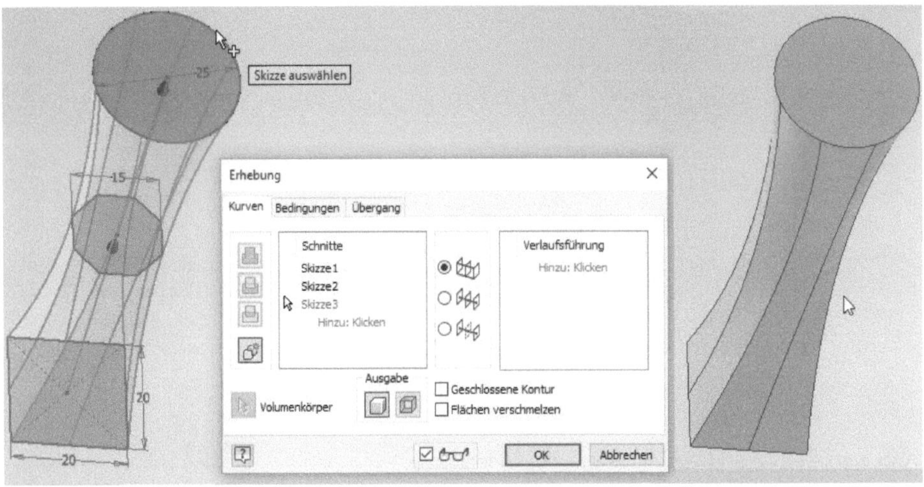

Abb. 1.18: Drei Profilskizzen zur Erstellung eines Lofting-Körpers

Spirale

Der Befehl SPIRALE ist eine spezielle Form des SWEEPINGS. Es entsteht praktisch dasselbe, als ob Sie ein Profil entlang einer Spiralkurve sweepen. Da aber Spiralen und Wendeln im technischen Bereich für Schrauben, Federn usw. eine wichtige Rolle spielen, wurde speziell für den Fall eines solchen Sweeps der besondere Befehl SPIRALE geschaffen. Hierbei ist als definierende Geometrie nämlich nur eine einzige Skizze mit einer Achse und dem Profil nötig, die beide in einer Ebene liegen.

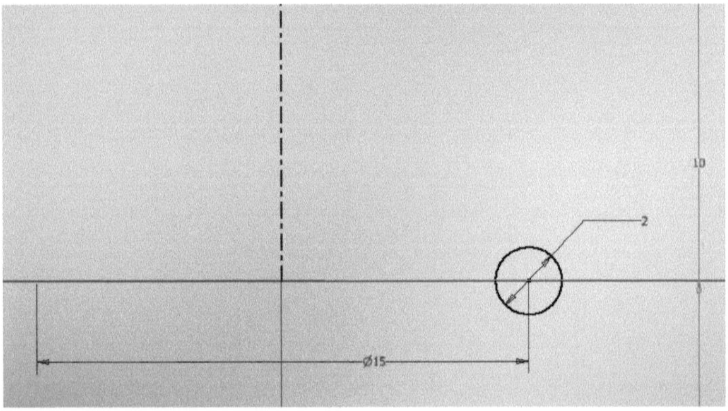

Abb. 1.19: Skizze mit Achse und Kreis-Profil für Spirale

Der Abstand von der Achse definiert schon den Radius der Spirale oder Wendel und die restliche Form wird dann über einen Dialog festgelegt. Natürlich sind auch Übergangsformen zwischen Spirale und Wendel möglich, wie die konische Wendel, sowie die für Spiralfedern nötige Gestaltung der Endstücke.

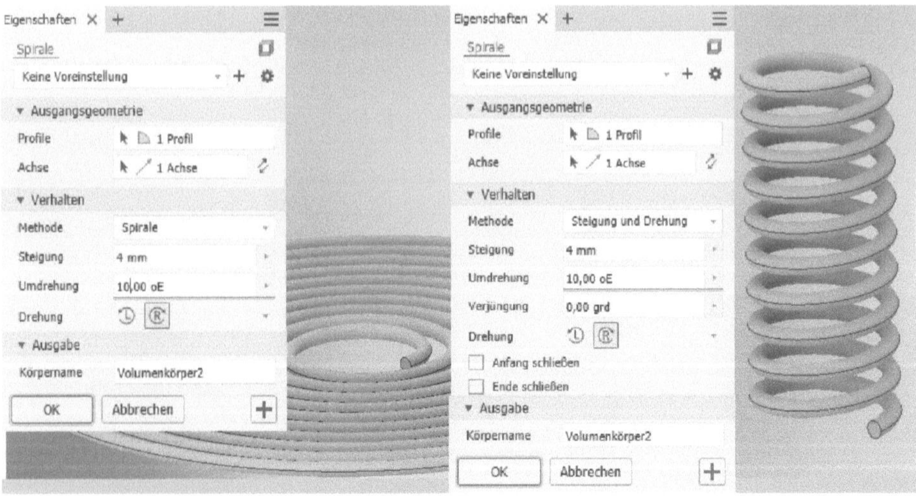

Abb. 1.20: Spirale und Wendel mit Dialogfeldern

Boolesche Operationen

Die bisher beschriebenen Körperformen können nun wie oben schon die Grundkörper miteinander kombiniert werden, mit VEREINIGUNG, DIFFERENZ und SCHNITTMENGE. Man nennt sie *boolesche Operationen* nach einem der Väter der Mengenlehre, weil sie wie die gleichnamigen Funktionen der Mengenlehre definiert sind.

- Bei der Operation VEREINIGUNG werden die einzelnen Volumenkörper überlagert, sodass ein neuer Gesamtkörper entsteht. Teile der Körper, die überlappen, tragen dabei zum Gesamtvolumen nur einfach bei.
- Bei der DIFFERENZ gibt es ein *Basisteil*, von dem ein zweites Teil, das sogenannte *Arbeitsteil*, abgezogen wird. Vom Basisteil wird also der Überlappungsbereich entfernt.
- Bei der SCHNITTMENGE bleibt von den beteiligten Körpern nur der Teil übrig, an dem sie überlappen.

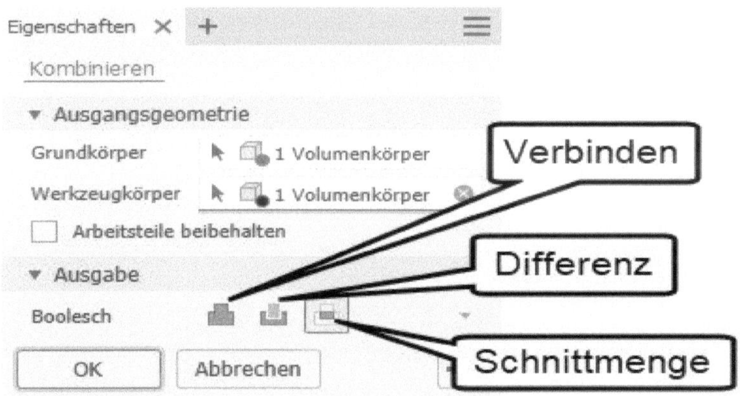

Abb. 1.21: Boolesche Operationen VEREINIGUNG, DIFFERENZ und SCHNITTMENGE

Das Kombinieren der einzelnen Volumenkörper kann direkt schon bei der Erzeugung geschehen. So können Sie beim Extrudieren eines zweiten Profils angeben, welche der booleschen Operationen in Zusammenhang mit dem vorher schon erzeugten Volumenkörper angewendet werden soll (Abbildung 1.22). Im Beispiel wurde die zweite Extrusion von der Skizzierebene aus nach vorn und nach hinten ausgeführt.

Alternativ können Sie die zweite Extrusion aber auch als separaten Volumenkörper erzeugen lassen. Dadurch entsteht dann ein sogenanntes Multipart-Teil (Abbildung 1.23). Dann können Sie später noch mit dem Befehl 3D-MODELL|KOMBINIEREN die nötigen booleschen Operationen ausführen lassen (Abbildung 1.24 oben).

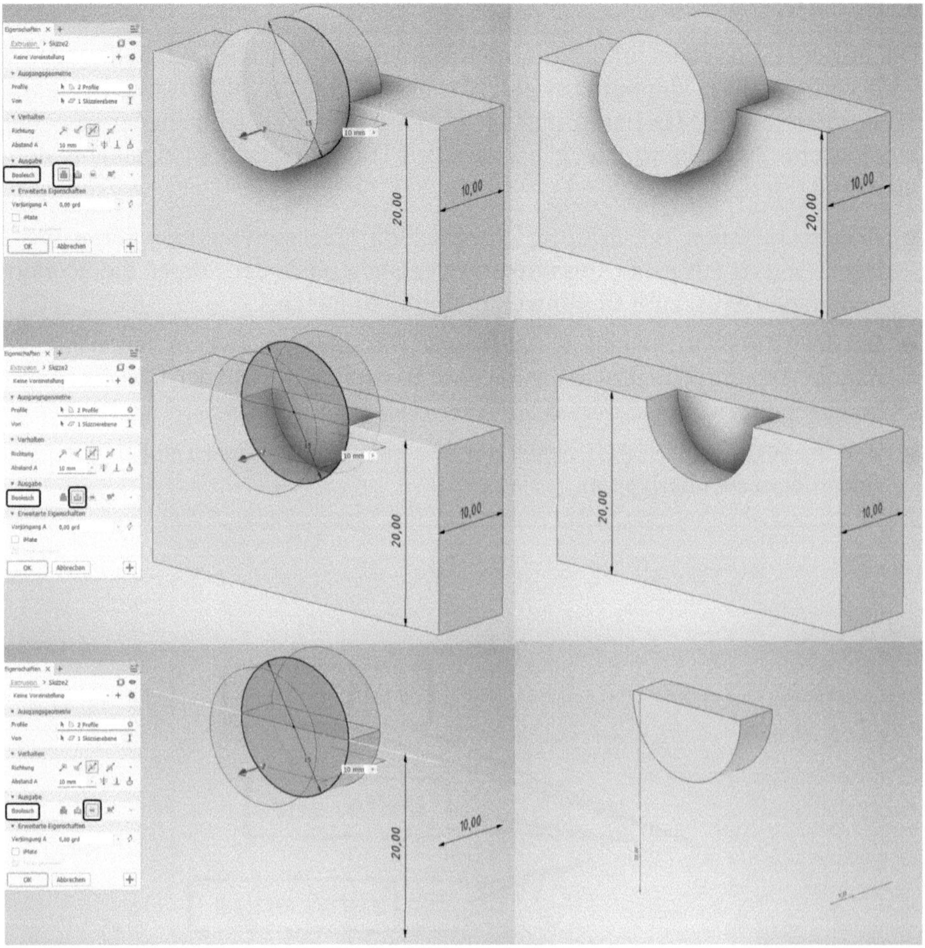

Abb. 1.22: Wirkung der booleschen Operationen

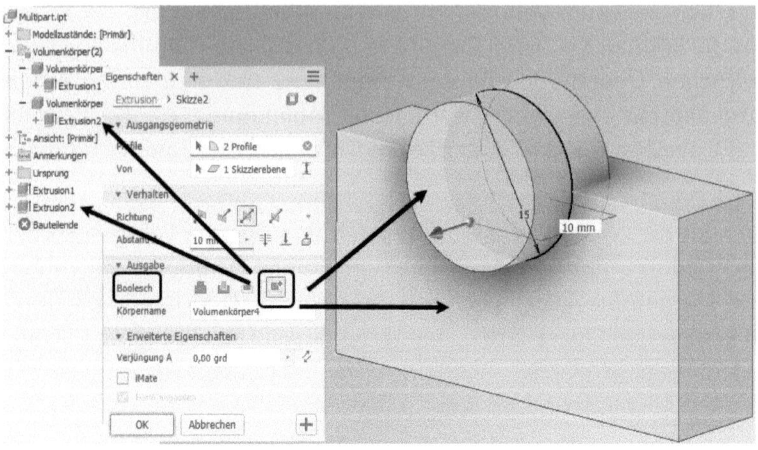

Abb. 1.23: Multipart-Teil mit zweitem Volumenkörper als eigenständiges Teil

Es gibt mehrere Gründe, Multipart-Teile zu erzeugen. Einmal kann es sein, dass beide oder mehrere Teile später noch einer gemeinsamen Oberflächen-Modellierung unterzogen werden sollen. Andererseits ist es oft auch sinnvoll, ein neues Teil unter Berücksichtigung von Bezugskanten eines schon bestehenden Teils zu erstellen. Man spricht dann auch von einer Layout-Konstruktion. Eine Multipart-Konstruktion kann mit VERWALTEN|KOMPONENTEN ERSTELLEN auch nachträglich dann wieder in ihre Einzelteile zerlegt werden (Abbildung 1.24 unten).

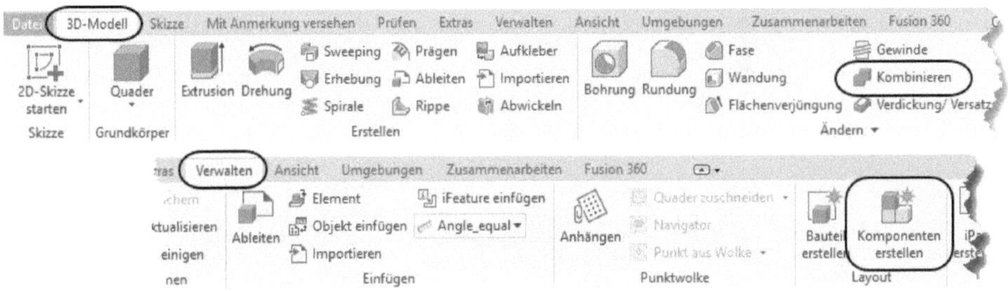

Abb. 1.24: Befehle KOMBINIEREN und KOMPONENTEN ERSTELLEN für Multipart-Konstruktionen

Um nun also mit den verfügbaren Konstruktionsweisen aus Grundkörpern und Bewegungskörpern praxisrelevante 3D-Teile zu erzeugen, muss der Konstrukteur analysieren, welche dieser Vorgehensweisen jeweils anzuwenden ist, damit mittels der booleschen Operationen die gewünschten Teile daraus zusammengebaut werden können.

1.2.3 Erstellung aus Flächen durch Verdicken

Volumenkörper können auch noch auf andere Arten erstellt werden. Dazu zählt die Generierung aus einer dreidimensionalen Fläche, der eine Dicke zugeordnet wird: 3D-MODELL|VERDICKUNG/VERSATZ.

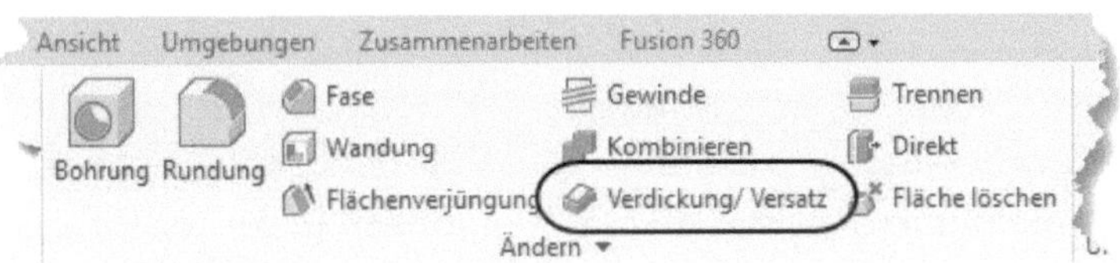

Abb. 1.25: Funktion 3D-MODELL|VERDICKUNG

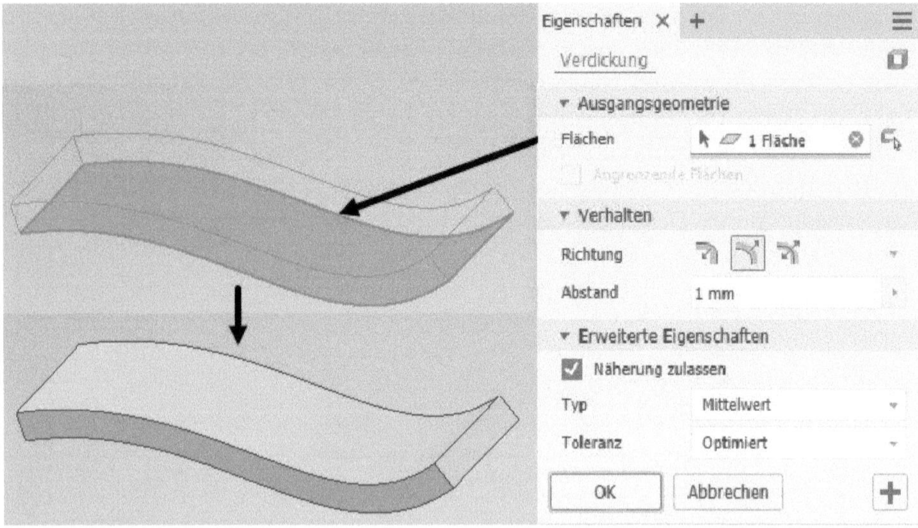

Abb. 1.26: Links: Fläche als Extrusion eines offenen Profils, rechts: Volumenkörper durch Verdicken der Fläche

1.2.4 Erstellung aus geschlossenem Flächenverbund

Auch aus einer Anzahl von Flächen, die einen Volumenbereich *wasserdicht* einschließen, kann dieses Volumen erzeugt werden mit der Funktion 3D-MODELL|OBERFLÄCHE|FORMEN.

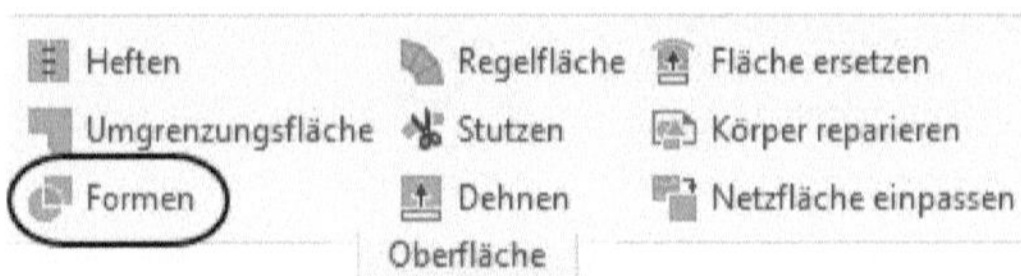

Abb. 1.27: Funktion 3D-MODELL|OBERFLÄCHE|FORMEN

Tipp: Vollständige Anzeige einer Gruppe

Die Gruppen einer Multifunktionsleiste sind oft komprimiert in der Leiste dargestellt. Sie können aber eine Gruppe am Gruppentitel mit gedrückter Maustaste aus der Leiste herausziehen. Dann werden auch die Texte ausführlicher angezeigt. Um eine Gruppe wieder anzudocken, gehen Sie mit dem Cursor an die rechte Kante, bis der Randbereich erscheint, und klicken dann auf das kleine Werkzeug rechts oben auf dem Rand.

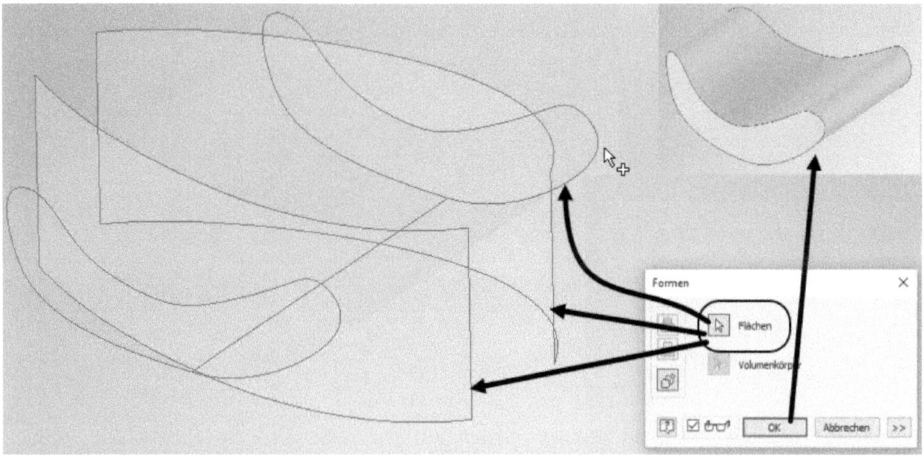

Abb. 1.28: Links: drei Flächen, die wasserdicht einen Volumenbereich einschließen, rechts: mit Formen daraus erstelltes Volumen

1.2.5 Erstellung aus Freiform-Geometrie

Sie können im Register 3D-MODELL in der Gruppe FREIFORM ERSTELLEN auch Möglichkeiten zur Erstellung von *Freiform-Grundkörpern* und *-Flächen* benutzen.

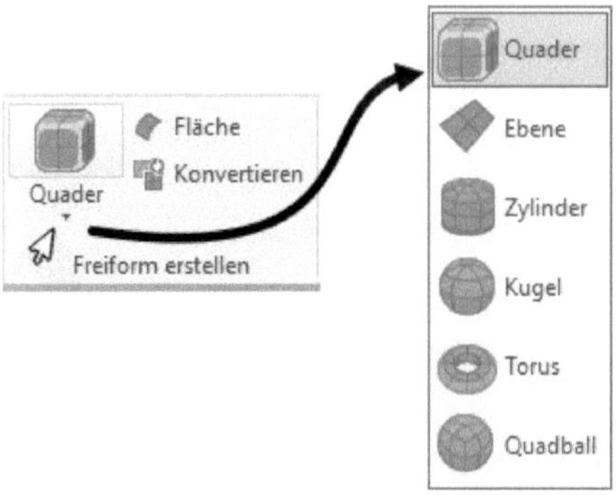

Abb. 1.29: Grundkörper für Freiform-Geometrien

Diese Grundkörper können Sie nach Erstellung in einer extra Multifunktionsleiste FREIFORM mit verschiedensten Hilfsmitteln bearbeiten. In Abbildung 1.31 ist aus dem ursprünglichen Freiform-Quader durch Umformungen fast ein Auto geworden.

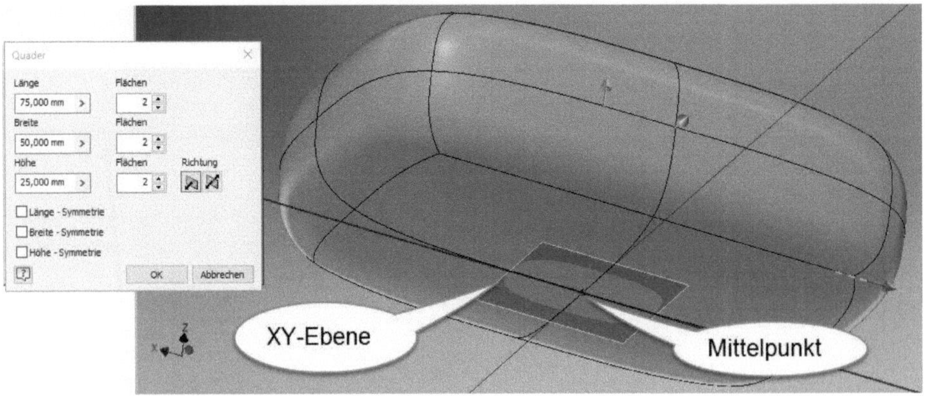

Abb. 1.30: Freiform-Quader mit Grundeinstellungen

Um diese Freiform-Geometrie mit den normalen Grundkörpern oder Bewegungskörpern zu kombinieren, benutzen Sie die Funktion 3D-MODELL|ÄNDERN|KOMBINIEREN. So wurden hier von dem Freiform-Körper die beiden Zylinder mit einer Differenz-Operation abgezogen, um die Radaussparungen in die Karosserie einzusetzen.

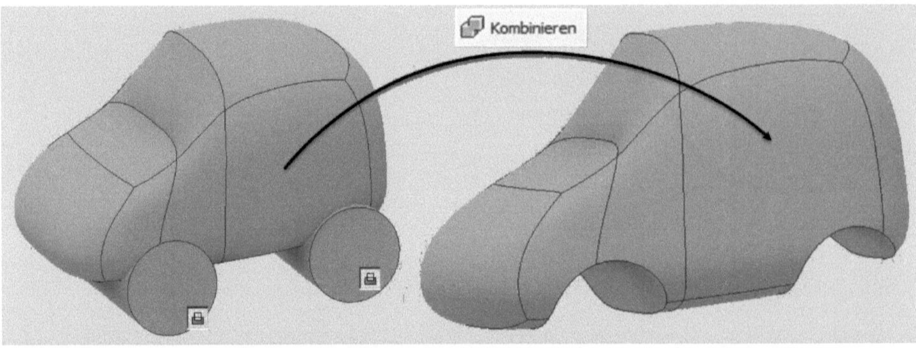

Abb. 1.31: Modifizierte Freiformgeometrie kombiniert mit Zylindern durch Differenzbildung

1.3 Analyse der Aufgabe vor der Konstruktion

Bevor Sie also mit einer 3D-Konstruktion beginnen, sollten Sie überlegen, aus welchen der oben gezeigten Komponenten bzw. mit welchen Verfahren das gewünschte Volumen zusammengesetzt werden kann. Diese Analyse muss nicht bei jedem einzelnen Konstrukteur zum gleichen Ergebnis führen. Es gibt in der Regel oft mehrere Möglichkeiten, einen komplexen Körper zusammenzusetzen. Bevor Sie sich für die eine oder andere Variante entscheiden, sollten Sie an zwei weitere Bedingungen denken. Die Konstruktion sollte so gestaltet sein, dass sie einerseits mit der gewünschten Herstellungsweise wie Drehen, Fräsen, Gießen oder Pressen verträglich ist. Andererseits werden Sie oft Variantenteile haben wollen, sodass später weitere Teile einer Variantenfamilie durch einfaches Verändern der Bemaßungen entstehen können.

1.3.1 Modellierung aus Grundkörpern und Bewegungskörpern

Abbildung 1.32 zeigt ein Teil, das unterschiedlich zusammengesetzt werden kann. Im oberen Bereich werden drei Grundkörper verwendet, alles Zylinder. Einer der Zylinder verlangt allerdings eine Grundebene, die um 90° gedreht ist. Zylinder 1 und 2 werden mit der Operation VEREINIGUNG zusammengefügt, während der dritte Zylinder dann mit DIFFERENZ vom Volumen abgezogen wird und zu der Öffnung führt. Als letzte Komponente kommt noch ein extrudiertes Profil hinzu, das auf einer Skizze basiert.

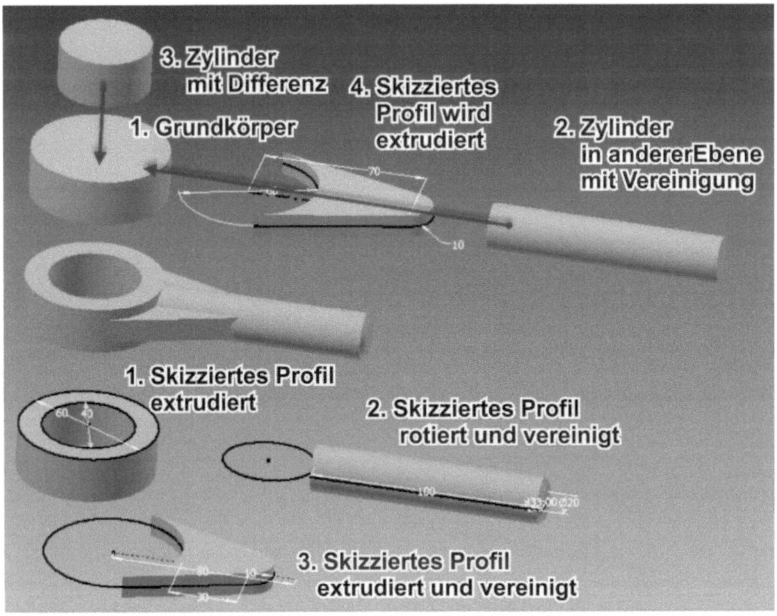

Abb. 1.32: Modellieren mit Grundkörpern und/oder Bewegungskörpern

In der unteren Hälfte werden alle Komponenten aus skizzierten Profilen heraus erzeugt. Das erste Profil enthält gleich zwei Kreise und daraus entsteht durch Extrusion dann der Ring. Die zweite Skizze wird mit dem Befehl DREHUNG rotiert. Das dritte Profil wird in der gleichen Ebene erzeugt, dann extrudiert und wie alles hier mit VEREINIGUNG hinzugefügt. Alle drei Profile können in derselben Ebene liegen, da die Extrusion gleichzeitig noch oben und unten symmetrisch erfolgen kann.

1.3.2 Modell aus zwei Extrusionen

Einfache Teile können beispielsweise aus nur zwei Profilen, die meist senkrecht zueinanderstehen, durch Extrusion erstellt werden. Das erste ovale Profil entsteht in der XY-Ebene und wird in Z-Richtung extrudiert. Senkrecht dazu erstellen Sie die zweite Skizze in der XZ-Ebene bzw. der Teilefläche und extrudieren es mit der Option SCHNITTMENGE in Y-Richtung.

Dass die zweite Skizze dabei teilweise »in der Luft hängt«, spielt hier keine Rolle. Sie dürfte sogar komplett über der Teilefläche mit einem Abstand schweben. Das fertige Teil zeigt Abbildung 1.37. Die Extrusion des zweiten Profils stanzt den Umriss praktisch aus dem Teil heraus. Von dieser Vorstellung leitet sich auch die Bezeichnung »Stanzmodell« für dieses Verfahren zur 3D-Modellierung ab.

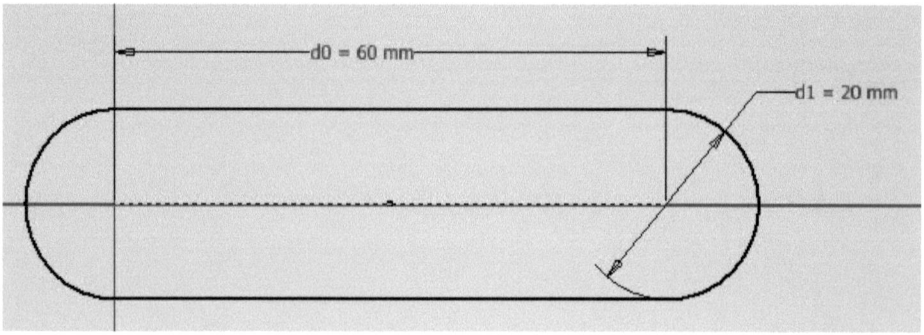

Abb. 1.33: Erste Skizze in der Ansicht OBEN

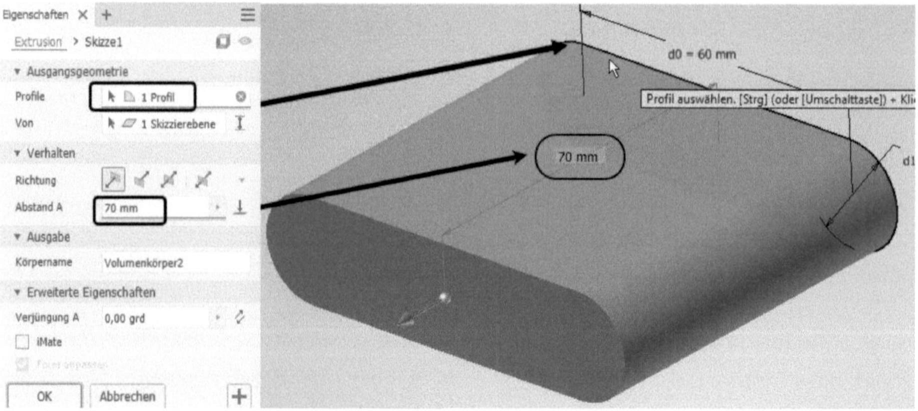

Abb. 1.34: Extrusion des ersten Profils

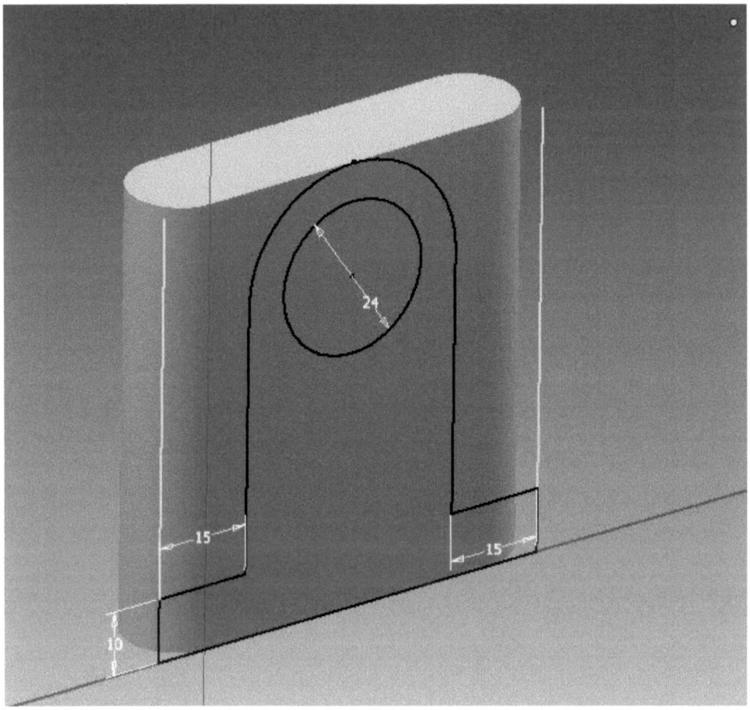

Abb. 1.35: Skizze für zweite Extrusion

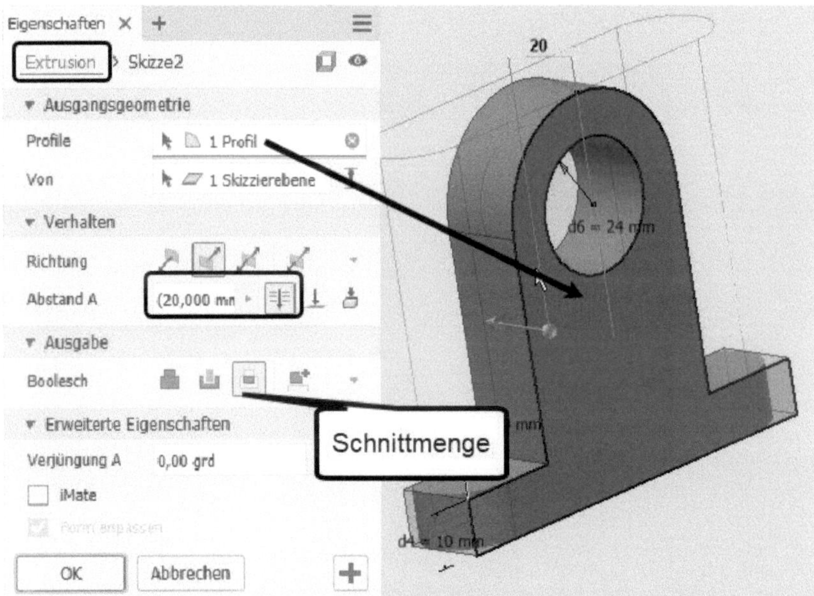

Abb. 1.36: Extrusion des zweiten Profils, Zusammenfügung mit der ersten Extrusion mit der Operation SCHNITTMENGE

Abb. 1.37: Fertiges Bauteil

1.3.3 Modell aus drei 2D-Darstellungen (Dreitafelbild)

Auch aus einem zweidimensionalen Dreitafelbild (Abbildung 1.38) kann man unter Umständen einen dreidimensionalen Gegenstand erstellen. Die Abbildung zeigt die Ansichten VORNE, OBEN und LINKS für ein Gestell. Im zweiten Schritt wurden die Ansichten in die dazugehörige 3D-Position gedreht.

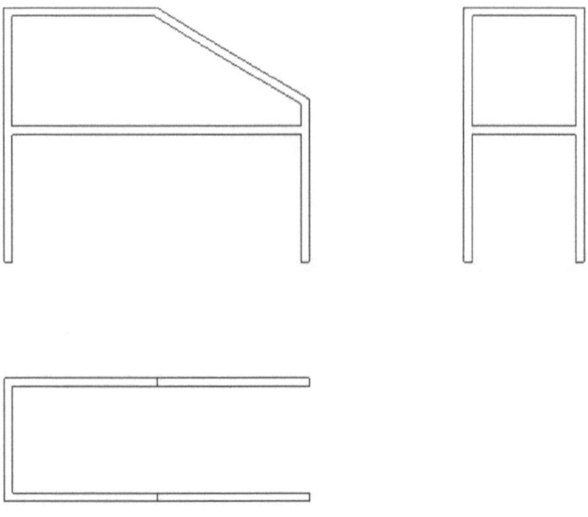

Abb. 1.38: Dreitafelbild der Konstruktion

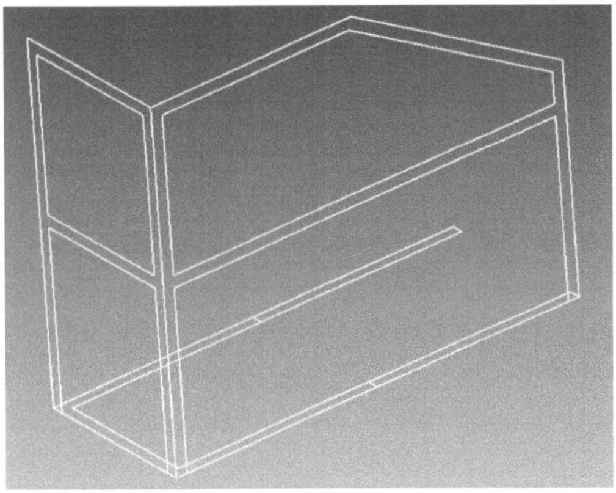

Abb. 1.39: Die drei Ansichten in den korrekten Ebenen gezeichnet

Dann wurde zuerst die Ansicht OBEN um die nötige Höhe in Z-Richtung extrudiert. Ein U-förmiger Extrusionskörper ist entstanden. Dann wurde die Konstruktion aus der Ansicht VORNE in Y-Richtung extrudiert, und zwar mit der Operation SCHNITTMENGE, sodass nur diejenigen Volumenteile erhalten bleiben, die beide Extrusionen gemeinsam haben. Am Schluss wird die Kontur der Ansicht LINKS auch mit SCHNITTMENGE extrudiert, sodass das Gestell (Abbildung 1.43) dann fertig ist. Auch diese Vorgehensweise wird oft als *Stanzmodell* bezeichnet. Sie müssen sich nur vorstellen, dass die betreffenden Konturen nacheinander aus einem großen Quader herausgestanzt werden.

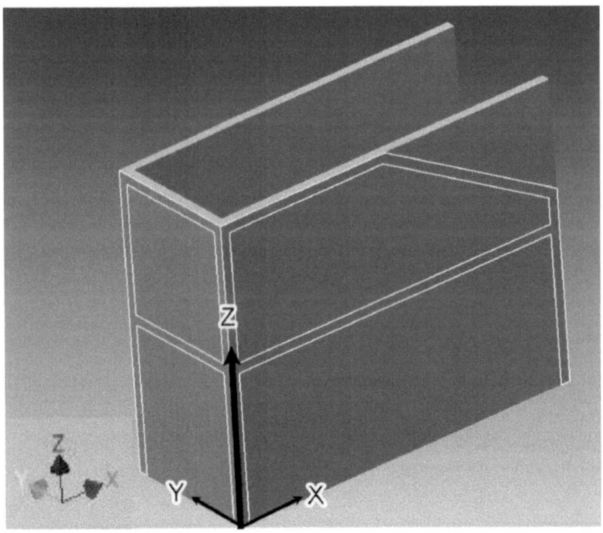

Abb. 1.40: Skizze aus der XY-Ebene (Ansicht OBEN) in Z-Richtung extrudiert

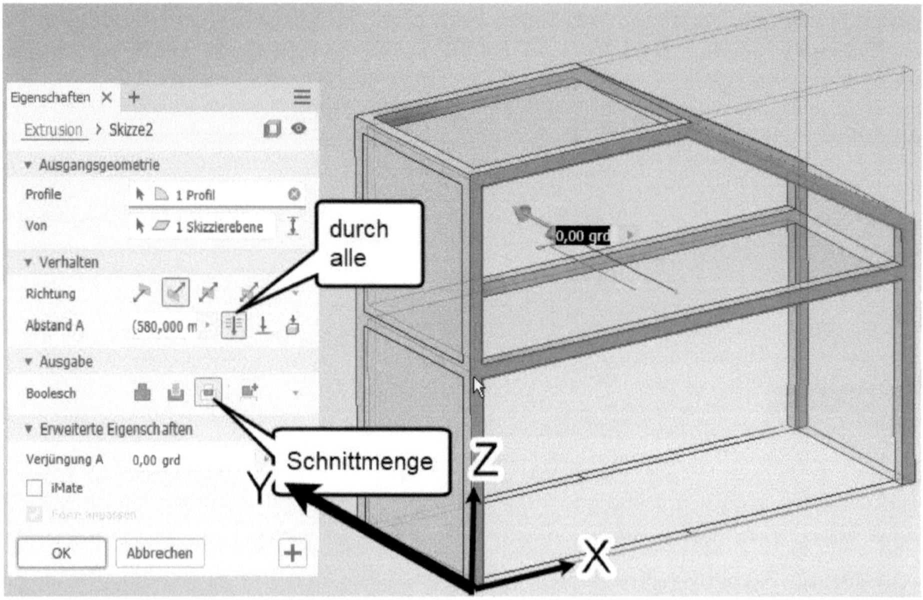

Abb. 1.41: Skizze aus der XZ-Ebene (Ansicht VORNE) in Y-Richtung extrudiert, mit vorherigem Volumenkörper mit Operation SCHNITTMENGE kombiniert

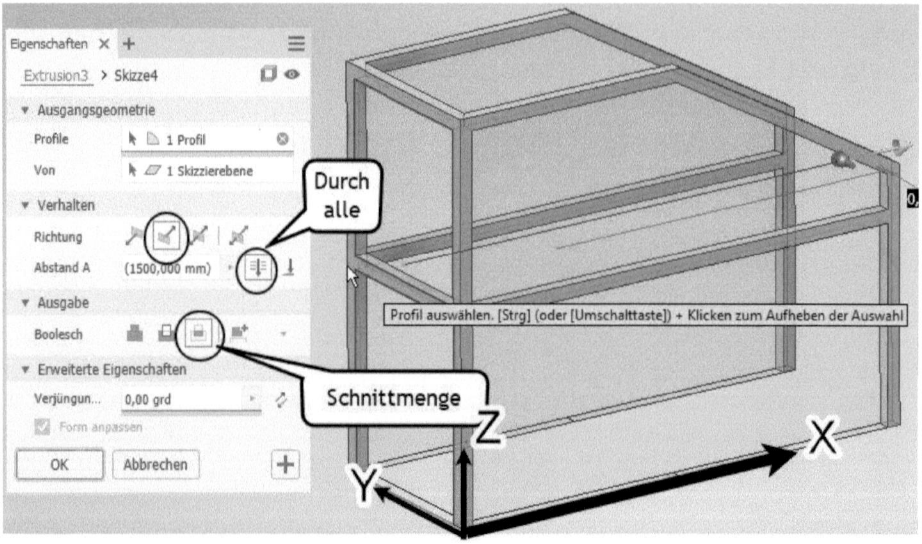

Abb. 1.42: Skizze aus der YZ-Ebene (Ansicht LINKS) in X-Richtung extrudiert, mit vorherigem Volumenkörper mit Operation SCHNITTMENGE kombiniert

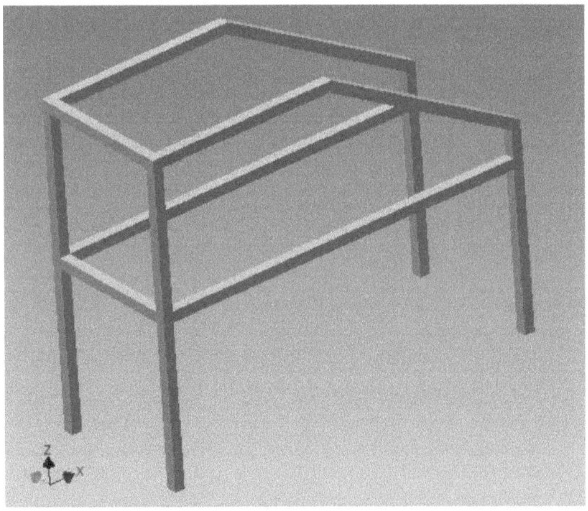

Abb. 1.43: Fertiges 3D-Modell

1.4 Ergänzungen zum Volumenkörper: Features und Nachbearbeitungen

Die bisher gezeigten Beispiele sind oft noch nicht die beabsichtigten fertigen Konstruktionen, es fehlen noch Details wie BOHRUNGEN, ABRUNDUNGEN oder FASEN. Solche Elemente werden üblicherweise als *Features* bezeichnet, ins Deutsche am besten als »Detailelemente« übersetzt. Die zugehörigen Funktionen liegen unter Register 3D-MODELL in der Gruppe ÄNDERN. Gleichfalls gibt es hier einige sehr nützliche Funktionen für Nachbearbeitungen der bisherigen Konstruktionen. Es sollen in diesem einleitenden Kapitel nur die typischen Aktionen genannt werden, damit Sie später bei der Planung Ihrer Konstruktion die verschiedenen Aktionen gezielt einsetzen können.

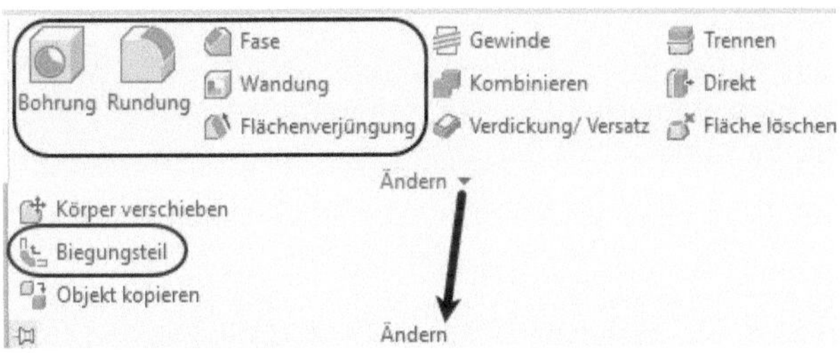

Abb. 1.44: Detailelemente im Register 3D-MODELL

- BOHRUNG – Hiermit können Sie alle Formen normaler Bohrungen, Durchgangsbohrungen und Gewindebohrungen erstellen. Sie sollten Bohrungen nicht in der Skizze als Kreise für die Löcher eingeben, sondern stets als Punkte vorbereiten und dann hiermit als Bohrungsfeature mit allen bohrungsspezifischen Angaben realisieren.
- RUNDUNG – Die verschiedensten Abrundungen entlang einzelner Kanten bis übers gesamte Teil lassen sich hiermit generieren.
- FASEN – Fasen für gewählte Kanten können damit erstellt werden.
- WANDUNG – Aus einem massiven Volumenkörper kann ein Teil mit Wandstärke erstellt werden. Die erste Anfrage im Befehl fragt nach den Flächen, die aus der Wandstärkenberechnung entfernt werden sollen und keine Wandstärke erhalten sollen. Sie bleiben damit offen.
- FLÄCHENVERJÜNGUNG – Sie können hiermit einzelne oder mehrere Flächen eines Volumenkörpers nachträglich schräg stellen. Das kann gut verwendet werden, um Abzugsschrägen zu erzeugen.
- GEWINDE – Jede zylindrische Fläche kann hiermit zu einem Gewinde gemacht werden. Der Zylinder sollte das Nennmaß für das Gewinde haben. Das auf diese Weise erzeugte Gewinde wird später bei der Zeichnungsableitung korrekt gezeichnet, ist aber kein echtes 3D-mäßiges Gewinde. Wenn Sie planen, ein solches Teil später als 3D-Druck zu erzeugen, dann werden Sie kein echtes Gewinde erhalten. Für solch einen Fall müssten Sie das Gewinde mithilfe der Funktion SPIRALE 3D-mäßig gestalten.
- KOMBINIEREN – Für einzelne Volumenkörper in einem Multipart-Teil können Sie hiermit die Kombinationen mit den booleschen Operationen ausführen.
- VERDICKUNG/VERSATZ – Diese Funktion erzeugt aus einer Fläche durch Verdicken einen Volumenkörper.
- TEILEN – Anhand von Schnittflächen lassen sich hiermit Volumenkörper zerschneiden oder abschneiden (stutzen, trimmen).
- DIREKT – Diese Funktion bietet Nachbearbeitungen an, mit denen Sie einzelne Features aus dem Strukturbaum des Modells noch nachträglich verschieben, drehen oder skalieren können.
- FLÄCHE LÖSCHEN – Einzelne Flächen eines Volumenkörpers können damit entfernt werden. Übrig bleibt dann ein Flächenverbund.
- KÖRPER VERSCHIEBEN – Hiermit kann ein einzelner Volumenkörper in einem Multipart-Teil um diskrete Abstände in X-, Y- und/oder Z-Richtung verschoben werden.
- BIEGUNGSTEIL – Ein Teil kann hiermit an einer Biegekante gebogen werden. Die Biegekante ist eine Skizze, die eine Linie enthält.
- OBJEKT KOPIEREN – Flächen oder Flächenverbünde können hiermit innerhalb eines Teils kopiert werden.

1.5 Die Bottom-Up- und Top-Down-Methoden

Bei allen Projekten, die sich aus einzelnen Komponenten zusammensetzen, gibt es zwei grundsätzlich entgegengesetzte Vorgehensweisen: Bottom-Up und Top-Down.

1.5.1 Bottom-Up

Mit Bottom-Up – auch *Basis-Ansatz* genannt – bezeichnet man das meist konventionelle Vorgehen, dass einzelne Komponenten isoliert erstellt und dann zusammengebaut werden. Dabei läuft man natürlich Gefahr, dass die einzeln erstellten Teile nicht immer exakt zusammenpassen und nachträglich angepasst werden müssen, weil sich Differenzen erst beim Zusammenbau zeigen. Im CAD-Bereich bedeutet dies, dass mit der Generierung der einzelnen Bauteile begonnen wird, und diese dann in der Baugruppe kombiniert werden. Bei eventuellen Diskrepanzen müssen einzelne Bauteile nachgebessert werden.

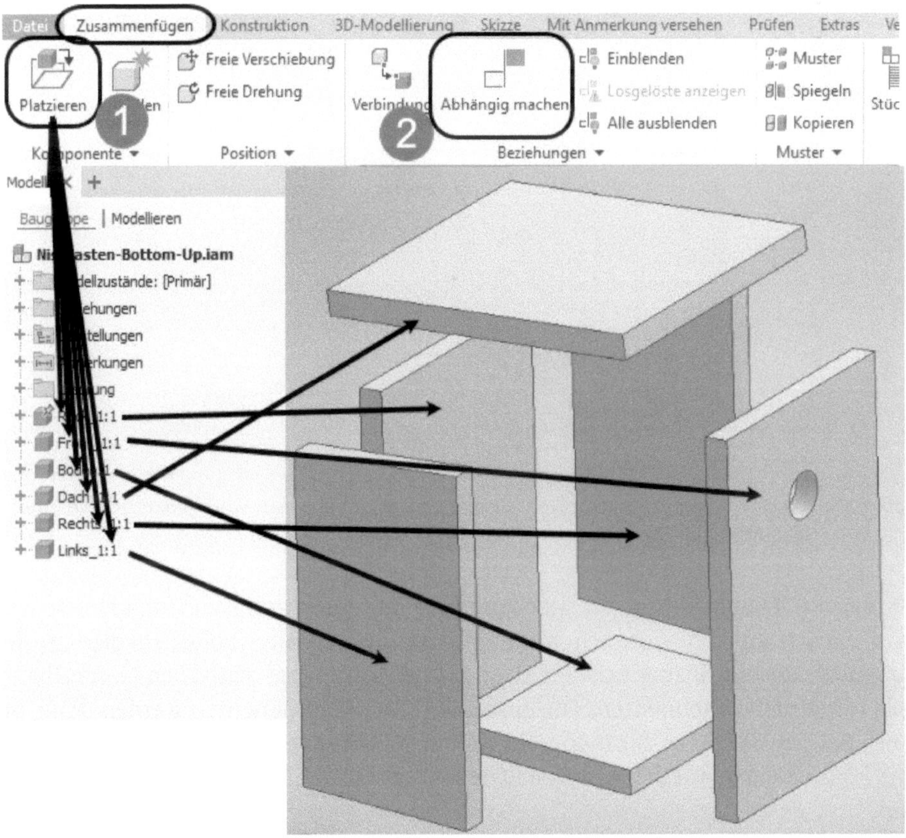

Abb. 1.45: Baugruppe nach dem Bottom-Up-Verfahren zusammenbauen

1.5.2 Top-Down

Im Top-Down-Verfahren – auch unter *Überbau-Ansatz* bekannt – werden dagegen zuerst die wichtigsten Daten des Gesamtprojekts festgelegt, aus denen sich dann in einer Gesamtschau die einzelnen Komponenten herauskristallisieren. Dazu werden in einem Gesamtbauteil (siehe **Nistkasten.ipt** in Abschnitt 6.7, »Zwischen Bauteil und Baugruppe: Multipart-Konstruktionen«) die für das Projekt benötigten Teile als einzelne Volumenkörper erzeugt, wobei über geometrische Abhängigkeiten dann schon die Passgenauigkeit der einzelnen Teile gewährleistet wird. Dies ist aber nur in einem statischen Zustand möglich.

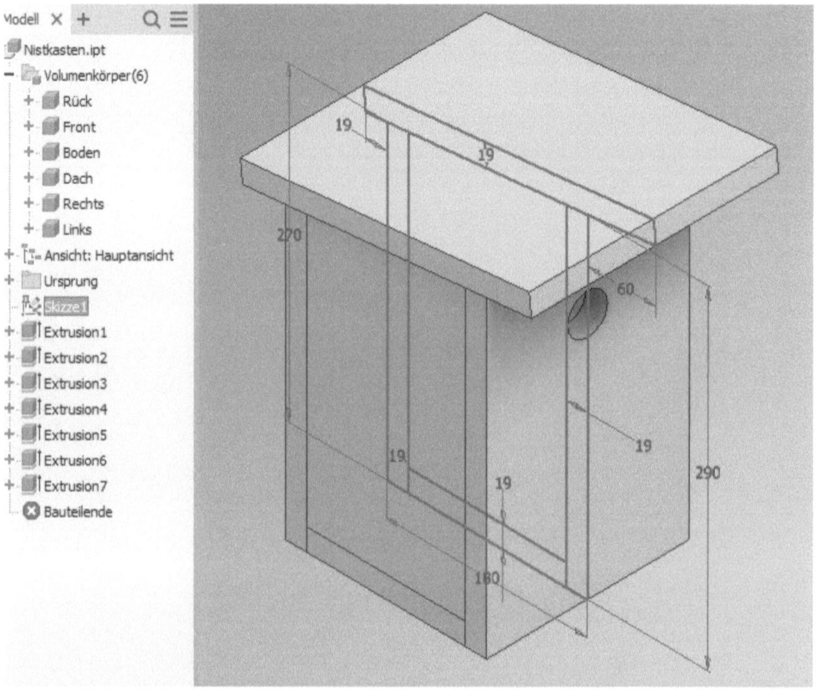

Abb. 1.46: Top-Down-Beispiel mit Gesamt-Skizze und allen einzelnen Volumenkörpern in einer Gesamtbauteil-Datei

Da das Projektziel meist ein Mechanismus mit Bewegungsabhängigkeiten ist, wird danach aus den nun schon aufeinander angepassten Volumenkörpern die *Baugruppe* erstellt. Bisher existiert sie ja nur in Form eines statischen Gesamtbauteils mit Unterkomponenten. Die einzelnen Unterkomponenten werden dann in einer *Baugruppe* neu zusammengefügt (siehe **Nistkasten.iam** in Abbildung 1.47) und können darin mit den gewünschten Bewegungsabhängigkeiten versehen werden.

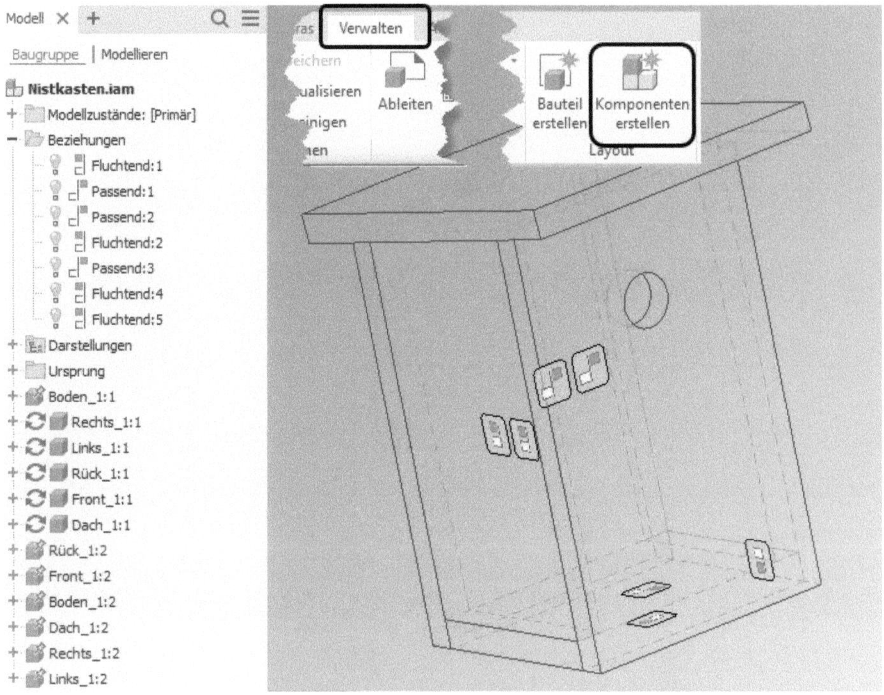

Abb. 1.47: Top-Down-Baugruppe mit Unterkomponenten und automatisch erzeugten Abhängigkeiten

1.6 Übungsfragen

1. Nennen Sie die Phasen einer typischen Inventor-Konstruktion.
2. Wie lauten die Datei-Endungen der Inventor-Dateien?
3. Welche Grundkörper bietet Inventor an?
4. Welche Befehle für Bewegungskörper gibt es?
5. Mit welchem Befehl erzeugen Sie aus einem geschlossenen Ensemble von Flächen einen Volumenkörper?
6. Wie heißen die booleschen Operationen?
7. Welche Konstruktionselemente nennt man Features?

Kapitel 2

Installation, Benutzeroberfläche und allgemeine Bedienhinweise

2.1 Download und Installation einer Test- oder Studentenversion

Test- oder Studentenversionen von *Inventor Professional 2023* für *64-Bit-Betriebssysteme* können von der Autodesk-Homepage im Internet heruntergeladen werden. Testversionen können 30 Kalendertage (gerechnet ab dem Installationstag) zum Testen benutzt werden, Studentenversionen können, nachdem Sie Ihre Ausbildungsstätte im Dialog angegeben haben, mit jährlicher Verlängerung für Übungszwecke genutzt werden. Eine Testversion kann auf einem PC nur ein einziges Mal installiert werden.

Da die Firma Autodesk ständig an der Optimierung ihrer Internet-Seiten und der Download-Prozesse arbeitet, kann ich nicht garantieren, dass der Download-Dialog zum Zeitpunkt Ihrer Download-Aktion noch so abläuft, wie hier beschrieben:

- Der Browser-Pfad für *Autodesk* lautet: `http://www.autodesk.de`.
- Auf der ersten Seite klicken Sie auf den Titel PRODUKTE.
- Im neuen Fenster gehen Sie etwas herunter und klicken unter TOP-PRODUKTE auf INVENTOR.
- Im nächsten Fenster klicken Sie auf KOSTENLOSE TESTVERSION HERUNTERLADEN.
- Im nächsten Fenster müssen Sie zwischen den Verwendungen GESCHÄFTSZWECKE, SCHULUNGSZWECKE und DATEI-VIEWER wählen. Auch als privater Einzelbenutzer müssen Sie GESCHÄFTSZWECKE angeben und WEITER anklicken. Unter SCHULUNGSZWECKE gelangen Sie zu den Schulungsversionen für Schüler, Studenten und Dozenten, für die eine *Schulbescheinigung* nötig ist. Über DATEI-VIEWER erhalten Sie einen Gratis-Viewer zum Betrachten und Drucken von Inventor-Dateien.
- Nun melden Sie sich an, falls Sie schon ein *Autodesk-Konto* besitzen, ansonsten müssen Sie erst eins erstellen.
- In den nächsten drei Fenstern danach müssen Sie noch einige persönliche Daten und natürlich Ihre Anschrift eingeben und mit WEITER abschließen.

- Auf der nächsten Seite DOWNLOAD können Sie auf INSTALLIEREN klicken. Es klappt noch ein Fly-out auf, wo Sie die *Autodesk-Nutzungsbedingungen* anerkennen müssen. Daraufhin beginnt dann der Download-Prozess.
- Die Datei `Inventor...webinstall.exe` wird nun automatisch heruntergeladen. Eventuell meldet sich auch noch mal Ihr Windows-Explorer zur Auswahl des Speicherorts, normalerweise das **`Download`**-Verzeichnis.
- Nach Ende des Downloads können Sie auf die Datei `Inventor...webinstall.exe` doppelklicken, um die Datei auszuführen und den kompletten Download inklusive Installation zu starten.
- Von nun an läuft alles automatisch. Es erscheint ein kleines Fenster INSTALLATION VORBEREITEN und danach dann das große Installationsfenster INVENTOR PROFESSIONAL 2023.
- Darin wird noch der *Installationsort* abgefragt.
- Auf der nächsten Seite können Sie unter den Zusatzkomponenten wählen:
  - INVENTOR-INHALTSBIBLIOTHEKEN stellt Normteile zur Verfügung,
  - DWG TRUEVIEW 2023 – ENGLISH ist ein schneller Viewer für Zeichnungsdateien,
  - INVENTOR ELECTRICAL CATALOG BROWSER 2023 liefert noch Standardkomponenten für Elektronik-Entwicklungen.
- Danach starten Sie mit INSTALLIEREN die eigentliche Installation des Programms.
- Am Ende der Installation meldet sich Ihr PC akustisch und Sie können das Programm starten. Der Programmstart wird Ihnen sogar schon vor der vollständigen Installation der Bibliotheken angeboten, die dann im Hintergrund weiterläuft.
- Bei diesem Start müssen Sie sich über Ihr Autodesk-Konto mit E-Mail-Adresse und Kennwort anmelden.

Hinweis

Bitte beachten Sie, dass der Verlag weder technischen noch inhaltlichen Support für die Inventor-Versionen übernehmen kann. Bitte wenden Sie sich ggf. an den Hersteller Autodesk: `www.autodesk.de`.

2.2 Hard- und Software-Voraussetzungen

Um detaillierter zu erfahren, welche Anforderungen an Hard- und Software gestellt werden, gehen Sie auf die Seite `https://knowledge.autodesk.com/de/support/system-requirements` und wählen Sie sich Ihre Software aus: INVEN-

TOR-PRODUKTE und darunter dann den richtigen Jahrgang. Sie finden hier auch Informationen zu getesteter Hardware.

Inventor Professional 2023 läuft unter Microsoft Windows 10 und 11 mit 64 Bit. Bei der CPU sollten mindestens 2,5 GHz und 4 Kerne verfügbar sein.

Als Browser ist mindestens Google Chrome oder gleichwertig oder höher für Installation und Hilfe nötig.

Ferner wird benötigt

- mindestens 16 GB RAM Speicher, empfohlen wird 32 GB und mehr
- Bildschirmauflösung ab 1280 x 1024 Pixel mit True Color, empfohlen werden 3480 x 2160 Pixel (4K)
- mindestens 40 GB freier Speicherplatz auf der Festplatte für die Installation
- Microsoft-Mouse-kompatibles Zeigegerät mit Mausrad (am besten optische Wheel-Mouse), 3D-Maus (z.B. SpaceMouse) oder Trackball
- Die Grafikkarte muss mindestens Direct-X11-kompatibel sein oder höher.
- Für viele Eigenschaften des Programms (iFeature, iPart, iAsssembly) ist eine volle Installation von Excel 2010, 2013 oder 2016 nötig.

Grafikkarte und Treiber werden beim ersten Start auf ihre Leistung überprüft und die Voreinstellungen für fortgeschrittene 3D-Darstellungen ggf. angepasst. Inventor bietet dann auch die Möglichkeit zum Treiber-Update übers Internet. Wenn die Grafikkarte nicht allen Ansprüchen der Software genügt, können die 3D-Darstellungsfeatures heruntergeschaltet werden.

Sie können anstelle der normalen Maus auch die 3D-Maus von 3D-Connexion verwenden. Diese Maus kann mit ihren Funktionen dann auch in die Navigationsleiste rechts am Bildschirmrand integriert werden.

Wer viel im 3D-Bereich arbeitet und fotorealistische Darstellungen erzeugt, sollte mit RAM-Speicher nicht sparen und vielleicht auf mehr als 16 GB aufrüsten, ebenso mindestens 3-GHz-Prozessoren und eine Grafikauflösung ab 1600 x 1050 Pixel verwenden.

Tipp: Strikte 30-Kalendertage-Test-Phase!

Bedenken Sie bei der Installation auch, dass die Test-Phase exakt vom Installationstag an in Kalendertagen zählt und eine spätere Neu-Installation zur Verlängerung der Test-Phase keinen Zweck hat. Nach den 30 Tagen ab Erstinstallation kann und darf die Software nur noch nach Kauf benutzt werden! Die Zeitspanne für die 30-Tage-Testperiode lässt sich nicht durch Neu-Installation umgehen!

Tipp: Read-Only Mode

Sie können eine abgelaufene Testversion immer noch im sogenannten Read-Only Mode als Viewer zum Betrachten von Inventor-Konstruktionen nutzen. Bearbeitungen sind dann aber nicht mehr möglich.

2.3 Weitere installierte Programme

Nach erfolgter Installation stehen Ihnen neben Inventor noch weitere Zusatzprogramme zur Verfügung:

- AUFGABENPLANUNG 2023 – Eine sehr nützliche Software, die für zeitaufwendige Inventor-Aufgaben eine automatisierte Stapelverarbeitung bietet. Sie tragen hier beispielsweise Plot-Ausgaben für mehrere Zeichnungen ein oder Konvertierungsaufgaben für die Konvertierung vom Inventor-Zeichnungsformat ins AutoCAD-Format oder das Migrieren alter Dateien ins neue Inventor-Format etc.
- AUTODESK APP MANAGER 2023 – Damit werden Apps, also kleine Zusatzprogramme zu Inventor, heruntergeladen und verwaltet.
- DIENSTPROGRAMM ZUM ZURÜCKSETZEN VON INVENTOR 2023 – Eine sehr nützliche Funktion zum Zurücksetzen der Inventor-Einstellungen auf Werkseinstellungen, insbesondere, wenn nichts mehr so recht klappt! Dieses Programm sollten Sie aber nur aufrufen, wenn Inventor nicht läuft.
- DIENSTPROGRAMM ZUR LIZENZÜBERTRAGUNG – Das ist ein Programm, mit dem Sie eine Inventor-Lizenz von einem Rechner auf einen anderen übergeben können. Das Programm benutzt als Transfermedium das Internet. Sie parken also die Lizenz von einem Quellcomputer im Internet. Damit verliert dieser seine Inventor-Lizenz.

Vom Zielcomputer, auf dem Inventor ohne Lizenz installiert ist, holen Sie sich dann mit dem gleichen Programmaufruf die Lizenz ab.

- INVENTOR READ-ONLY MODE 2023 – Das ist ein Viewer, ein unkompliziertes schnelles Programm, mit dem Sie Inventor-Dateien betrachten, Ansichten einstellen und plotten können.
- KONSTRUKTIONSASSISTENT 2023 – Dieses Programm verwaltet die Konstruktionseigenschaften von Baugruppen und Bauteilen. Sie können damit Konstruktionseigenschaften von einem Bauteil auf andere übertragen. Das sind die Eigenschaften, die Sie in den einzelnen Bauteilen unter IPROPERTIES eintragen können.

- PROJEKT-EDITOR 2023 – Dieses Programm entspricht der internen Projektverwaltung von Inventor.
- PROPERTY MAPPING FOR IMPORTED CAD DATA – Gleichsetzen von Eigenschaften importierter CAD-Dateien.
- STILBIBLIOTHEKSMANAGER 2023 – Stilbibliotheken können hiermit verglichen werden und neue erstellt und mit Stilen ergänzt werden.
- ÜBERTRAGUNGSASSISTENT FÜR ZEICHNUNGSRESSOURCEN 2023 – Unter Zeichnungsressourcen sind die Vorgaben von Inventor-Zeichnungen wie Rahmen, Schriftfelder und Skizzensymbole zu verstehen. Sie können hiermit in andere Zeichnungen übertragen werden.
- ZUSATZMODUL-MANAGER 2023 – Dieses Programm entspricht dem ZUSATZMODUL-MANAGER im Register UMGEBUNGEN in der Baugruppenumgebung. Sie können hier einstellen, welche Zusatzmodule beim Start automatisch geladen werden sollen.

2.4 Inventor Professional 2023

Wir wollen hier zunächst Inventor so benutzen, wie es bei der Standard-Installation eingerichtet wird.

Abb. 2.1: Startsymbol für Inventor Professional 2023 auf dem Desktop

Nach der oben beschriebenen Installation finden Sie auf dem Bildschirm das *Inventor Professional 2023*-Symbol. Mit einem *Doppelklick* starten Sie nun Inventor.

2.4.1 Start

Der allererste Start des Programms wird normalerweise sofort nach der Installation durchgeführt, wobei die *Produktaktivierung* über das *Benutzerkonto* und *Kennwort* erfolgt und registriert wird. Danach prüft Inventor, ob es eine *Vorgängerversion* gibt. In diesem Fall erscheint eine Oberfläche zum *Migrieren von Einstellungen* der Vorgängerversion. Wenn Sie komplett neu starten wollen, brechen Sie dieses Fenster einfach unten mit Klick auf x ab.

Tipp

Übrigens werden Sie einige Funktionen finden, die mit einer orangefarbenen Kreisfläche markiert sind. Das sind neue oder geänderte Funktionen der aktuellen Inventor-Version.

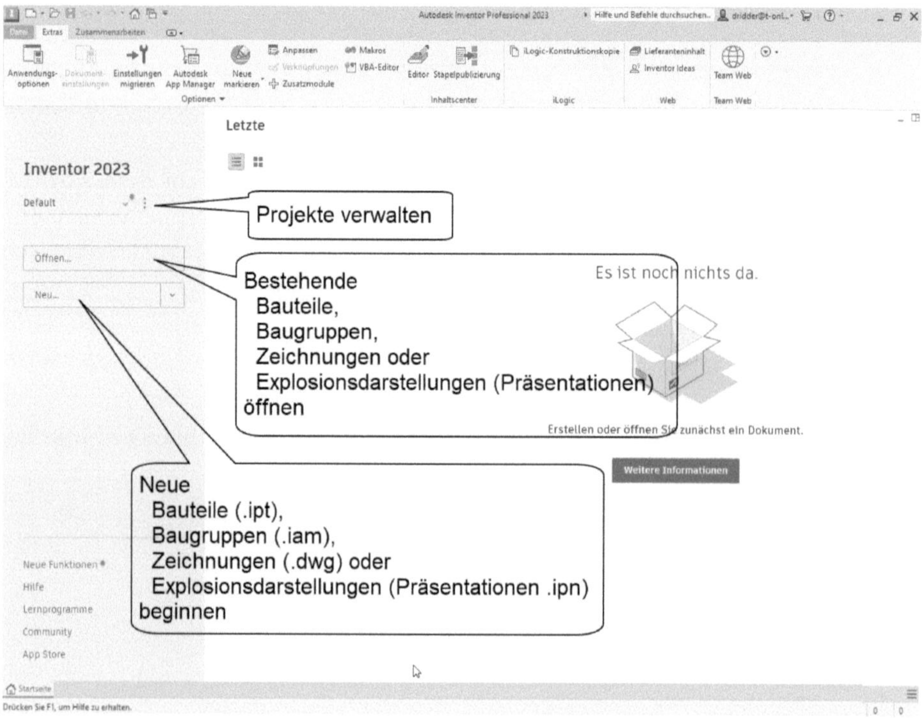

Abb. 2.2: Startbildschirm

Es folgt der *Startbildschirm* (Abbildung 2.2). Sie finden hier die Projekt- und Dateiverwaltung.

Direkt unter der Überschrift INVENTOR 2023 liegt die *Projektverwaltung* mit der Voreinstellung **`Default`**. Mit dieser Einstellung werden alle neuen Inventor-Dateien im normalen *Dokumente*-Ordner gespeichert. Im nächsten Kapitel werden dann individuelle Projekte angelegt.

Unter ÖFFNEN können Sie bestehende Inventor-Dateien zur Weiterbearbeitung aktivieren.

Mit NEU beginnen Sie eine neue Inventor-Datei. Es kann eine Bauteildatei sein (`.ipt`), eine Baugruppendatei (`.iam`), eine Zeichnungsdatei (`.dwg`) oder eine Präsentationsdatei (`.ipn`) (Explosionsdarstellung). Nach Klick auf NEU erhalten Sie direkt ein Auswahlfenster für verschiedene Vorlagen. Wenn Sie auf das Drop-down-Symbol ▾ daneben klicken, müssen Sie nur den Dateityp wählen, also beispielsweise BAUTEIL (.IPT), und es wird mit einer Standard-Vorlage begonnen.

2.5 Die Inventor-Benutzeroberfläche

Die Inventor-Benutzeroberfläche sehen Sie erst, wenn Sie eine neue Bauteildatei gestartet haben. Sie bietet je nach Konstruktionsfortschritt verschiedene angepasste Register und Werkzeuge. Das Programm startet im neuen Bauteil mit dem Register 3D-MODELL, das die wichtigsten Befehle zum Erstellen von 3D-Modellen enthält.

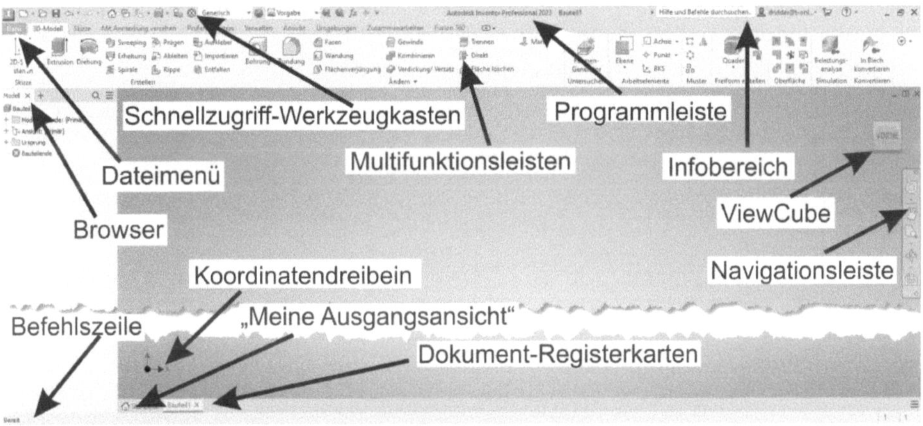

Abb. 2.3: Inventor-Bildschirm im neuen Bauteil

2.5.1 Programmleiste

Als oberste Leiste erkennt man die *Programmleiste*. In dieser Leiste wird einerseits der Programmname angezeigt, hier *Autodesk Inventor Professional 2023*, andererseits der Name des gerade in Arbeit befindlichen Bauteils. Der Name Ihrer aktuellen Bauteildatei ist zu Beginn `Bauteil1.ipt`. Wenn Sie dieses Bauteil dann erstmalig selbst speichern, können Sie einen individuellen Namen eingeben. Die Dateiendung für Inventor-Bauteile ist stets `*.ipt` (von engl. *Inventor ParT*).

2.5.2 Datei-Menü

Ganz links oben neben den Multifunktionsleistenregistern liegt das DATEI-Menü. Dieses Werkzeug bietet

- einen schnellen Zugriff auf LETZTE DOKUMENTE, d.h. die zuletzt verwendeten, oder
- GEÖFFNETE DOKUMENTE, d.h. die gerade in der Sitzung offenen,

- die wichtigsten Standard-Dateiverwaltungsbefehle wie NEU, ÖFFNEN, SPEICHERN, SPEICHERN UNTER, EXPORTIEREN und DRUCKEN.
- FREIGEBEN – ein Werkzeug zum Freigeben von Konstruktionsansichten in der Autodesk-Cloud. Sie erhalten einen Link, den Sie anderen Projektpartnern zur Betrachtung mitteilen können.
- VERWALTEN – mit Verwaltungswerkzeugen für Projekte, iFeatures (automatisch platzierbare Teile), Konstruktionsassistent (Zusatzdaten aus Excel etc.), Migrieren und Aktualisieren (Umwandlung und Aktualisierung von älteren Inventor-Versionen),
- SCHLIEßEN – die Möglichkeit zum Schließen der aktuellen oder aller Konstruktionsdateien,
- ganz unten die Schaltfläche OPTIONEN mit Zugriff auf die ANWENDUNGSOPTIONEN mit vielen Grundeinstellungen des Programms
- und ganz rechts unten die Schaltfläche BEENDEN AUTODESK INVENTOR PROFESSIONAL.

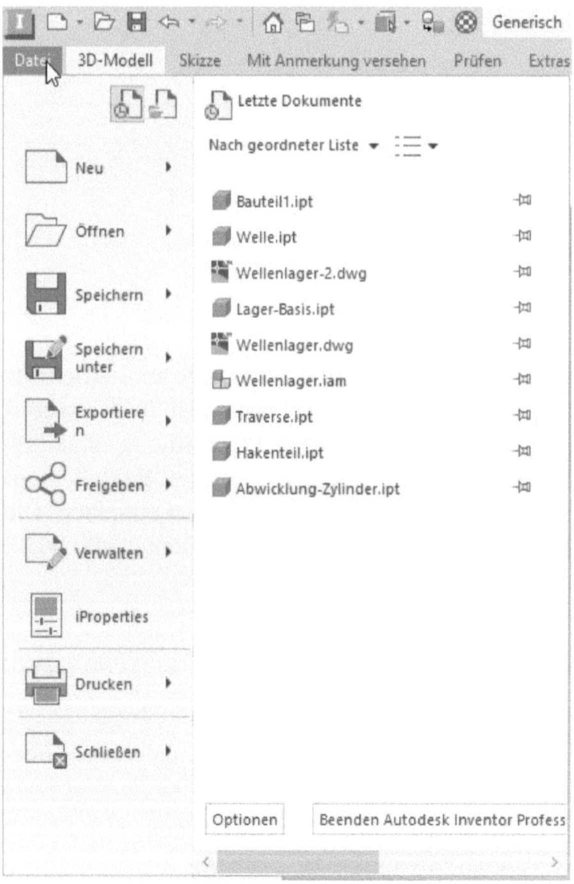

Abb. 2.4: DATEI-Menü und seine Funktionen

2.5.3 Schnellzugriff-Werkzeugkasten

Schräg rechts über dem DATEI-Menü finden Sie den SCHNELLZUGRIFF-WERKZEUGKASTEN.

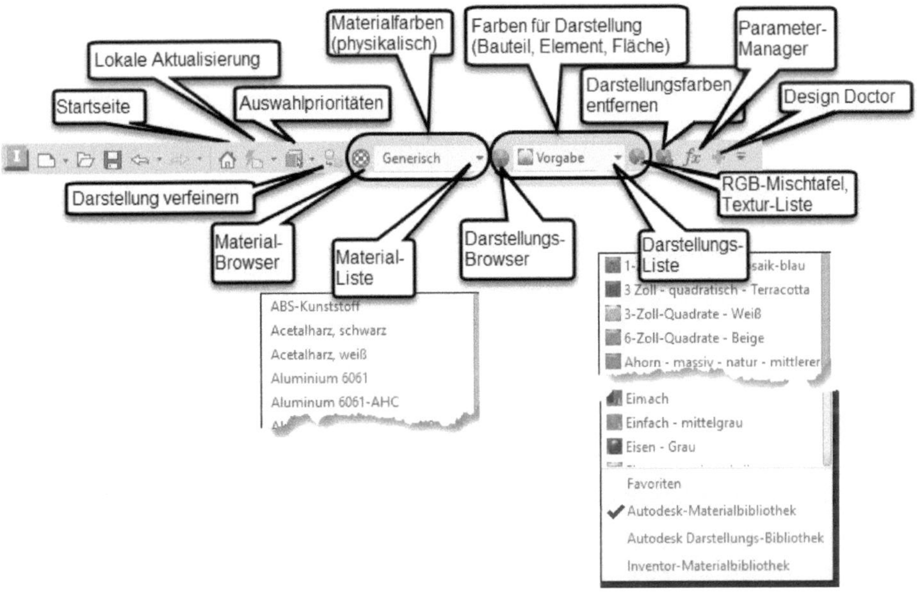

Abb. 2.5: Schnellzugriff-Werkzeugkasten mit wichtigsten Werkzeugen

Darin liegen die wichtigsten und meistgebrauchten Befehlswerkzeuge wie

- die Dateiwerkzeuge NEU [Strg]+[N] mit der Wahlmöglichkeit zwischen Baugruppe, Zeichnung, Bauteil oder Präsentation, ÖFFNEN und SICHERN,
- die beiden Werkzeuge ZURÜCK und WIEDERHERSTELLEN.
- STARTSEITE führt Sie zurück auf die STARTSEITE zum Ändern der Projekteinstellung, zum Start neuer Konstruktionen oder zur Auswahl und Bearbeitung existierender.
- LOKALE AKTUALISIERUNG – Falls dieses Icon aufleuchtet, sollten Sie aufgrund von Konstruktionsänderungen, die evtl. in verbundenen Dateien zwischenzeitlich passiert sind, hiermit Ihre aktuelle Konstruktion aktualisieren.
- AUSWAHLPRIORITÄTEN – legt für Objektwahlen fest, welche Objekttypen mit Priorität gewählt werden sollten (Abbildung 2.6). Vorgabe ist hier für die Bauteilkonstruktion FLÄCHEN UND KANTEN AUSWÄHLEN. Die möglichen Optionen variieren je nach Umgebung, ob Sie Bauteil, Baugruppen oder Zeichnungen erstellen.

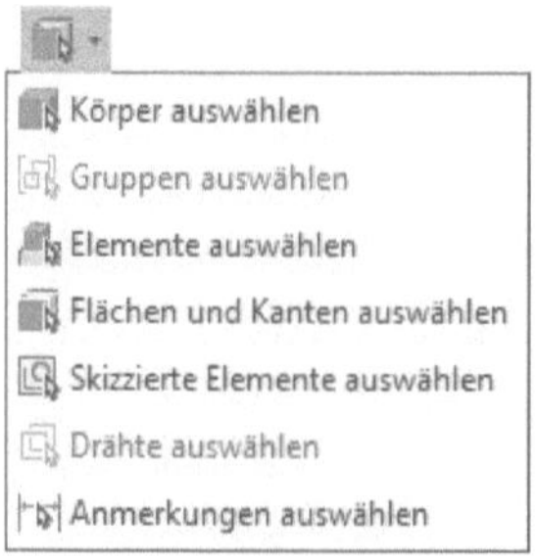

Abb. 2.6: Prioritäten für Objektwahlen in der Bauteilumgebung

- DARSTELLUNG VERFEINERN – Mit dem Verzicht auf feinere Darstellung können Sie bei größeren Konstruktionen die Darstellungsoperationen beschleunigen.
- MATERIAL – startet den MATERIALIEN-BROWSER für die Materialverwaltung. Hiermit können Sie Materialien bearbeiten und verwalten. Mit einem Doppelklick können Sie von hier aus auch ein Material dem aktuellen Teil zuordnen. Dieses Material wird dann in die IPROPERTIES des Bauteils als *physikalische Eigenschaft* eingetragen. Mit der Drop-down-Liste daneben können Sie alternativ die Materialzuordnung durch einfache Auswahl ausführen.
- MATERIALDARSTELLUNG – Um in einer komplexen Baugruppe Teile besser unterscheiden zu können, lassen sich die Teile unabhängig vom physikalischen Material mit *unterschiedlichen Farben darstellen*, die aber nichts mit den physikalisch relevanten IPROPERTIES-Materialeintragungen zu tun haben. Sie können hiermit die Anzeige des *echten Materials überschreiben* oder ganz oben in der Liste ÜBERSCHREIBUNG DEAKTIVIEREN wählen. Diese Überschreibung ist möglich sowohl für den Volumenkörper als auch für einzelne Flächen! Wenn Sie per Rechtsklick die Eigenschaften einer Teilfläche aktivieren, dann können Sie unter Flächendarstellung einstellen:
  - ALS KÖRPER – zeigt die Materialeigenschaft gemäß MATERIALZUWEISUNG bzw. IPROPERTIES an.
  - WIE BAUTEIL – zeigt das an, was in der Darstellungsliste gerade aktuell ist.
  - WIE ELEMENT – zeigt das an, was Sie dem einzelnen Element im Browser als Darstellung zugewiesen haben.
- ANPASSEN – dient zum Bearbeiten des Materials eines gewählten Elements oder einer Fläche über eine RGB-Skala und eine Liste mit Texturen (Oberflächenstrukturen).
- LÖSCHEN DER DARSTELLUNGSÜBERSCHREIBUNG – löscht obige Bearbeitungen für ein gewähltes Element oder Fläche.
- PARAMETER – zeigt im PARAMETER-MANAGER die Parameter des Teils an, d.h. die Namen und Werte der Bemaßungen und Ähnliches.

- DESIGN DOCTOR – wird bei Fehlern rot hervorgehoben und startet in Ihrer Konstruktion ein Hilfsprogramm zur Analyse.

Rechts daneben finden Sie die Drop-down-Liste ▾ SCHNELLZUGRIFF-WERKZEUGKASTEN ANPASSEN, um weitere Werkzeuge aufzunehmen. Insbesondere können Sie diese Leiste auch anders positionieren:

- UNTER DER MULTIFUNKTIONSLEISTE ANZEIGEN – legt den SCHNELLZUGRIFF-WERKZEUGKASTEN unter die Multifunktionsleiste.

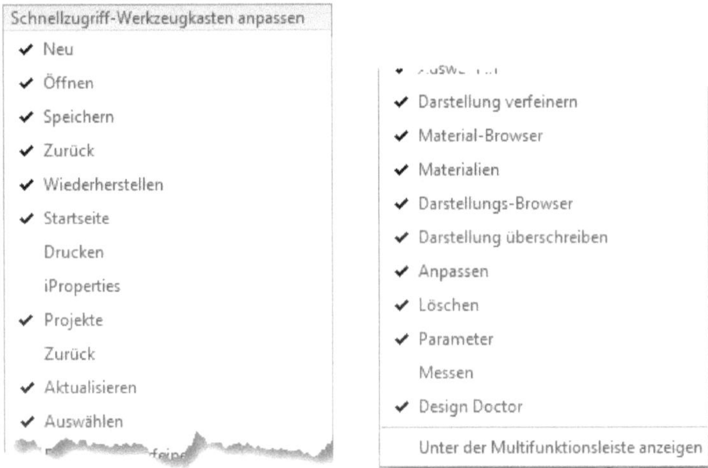

Abb. 2.7: Verfügbare Befehle für den SCHNELLZUGRIFF-WERKZEUGKASTEN

2.5.4 Kommunizieren und Informieren

Oben rechts in der Programmleiste finden Sie vier Werkzeuge zum Kommunizieren und Informieren:

- KOMMUNIKATIONS-CENTER – ermöglicht die Suche nach Begriffen in der *Inventor-Hilfe-Dokumentation* und bei *Autodesk-Online* im Internet. Sobald Sie dort einen Begriff eingeben, werden Ihnen zahlreiche Fundstellen dazu angezeigt. Die Fundstellen können Sie dann zum weiteren Nachschlagen anklicken.
- AUTODESK ACCOUNT – dient zur Anmeldung in der Cloud unter einer Autodesk-Kunden-ID. Sie können dort Konstruktionsdateien hinterlegen, die sich von jedem Ort aus abrufen lassen.
- AUTODESK APP STORE – Über das Werkzeug mit dem Einkaufswagen-Symbol gelangen Sie in den AUTODESK APP-STORE, wo Sie zahlreiche Zusatzfunktionen gratis oder gegen Gebühr herunterladen können.

- ? – bietet mit *Hilfe* die übliche Online-Hilfe zur Information über Befehle und Verfahren an. Im Punkt *Info über Inventor 2023* und weiter unter *Produktinformationen* können Sie die Informationen zu Ihrer Installation finden.

2.5.5 Multifunktionsleisten, Register, Gruppen und Flyouts

Unterhalb der Programmleiste erscheint die *Multifunktionsleiste* mit zahlreichen *Registern*. Jedes *Register* enthält thematisch gegliederte *Gruppen* von Befehlen. Diese *Gruppen* können teilweise noch aufgeblättert werden. Das erkennt man dann am kleinen schwarzen Dreieck ▾ im unteren Rand. Das Aufblättern kann über eine Pin-Nadel fixiert werden. Im aufgeblätterten Bereich finden sich üblicherweise die selteneren Befehle der Gruppe.

Auch innerhalb der Gruppe können die Werkzeuge noch in sogenannten *Flyouts* organisiert sein. Das *Flyout* wird wieder durch ein Dreieckssymbol ▾ gekennzeichnet. Klicken Sie darauf, um zum gewünschten Befehl zu navigieren. Danach bleibt der zuletzt benutzte Befehl als sichtbares Symbol stehen.

Sie können auch eine Gruppe aus der Multifunktionsleiste heraus auf die Zeichenfläche bewegen, indem Sie mit gedrückter Maustaste am *Gruppentitel* nach unten ziehen. Dadurch bleibt die Gruppe auch dann erhalten, wenn Sie das Multifunktionsregister wechseln. Mit einem Klick auf das kleine Symbol in der rechten oberen Ecke der Berandung lässt sich die Gruppe später wieder zurückstellen. Diese Berandung erscheint erst, wenn Sie mit dem Cursor die Gruppenfläche berühren. In der losgelösten Gruppe sind meist mehr Erläuterungstexte zu sehen.

Abb. 2.8: Losgelöste Gruppe kann zurück in die Multifunktionsleiste gelegt werden.

Nicht immer sind alle Gruppen einer Multifunktionsleiste aktiviert. Mit einem Rechtsklick in einen *Gruppentitel* lassen sich weitere unter GRUPPEN ANZEIGEN per Klick aktivieren.

Die Multifunktionsleisten sind unterschiedlich belegt, ja nachdem, in welcher Umgebung bzw. in welchem Stadium der Konstruktion Sie sich befinden. So gibt es unterschiedliche Multifunktionsleistenregister und -belegungen für die BAUTEIL-Konstruktion, für die BAUGRUPPEN-Konstruktion, bei der ZEICHNUNGserstellung und im PRÄSENTATIONsmodus für die Explosionsdarstellung. Hier sollen zunächst die Multifunktionsleisten für die BAUTEILUMGEBUNG mit einigen wichtigen und immer wieder nützlichen Werkzeugen vorgestellt werden.

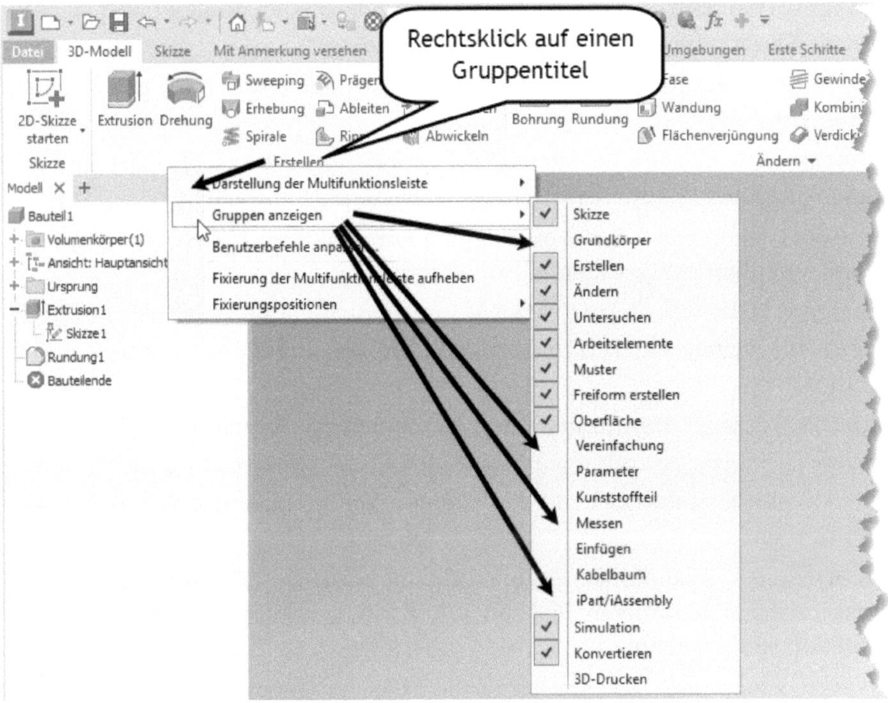

Abb. 2.9: Aktivieren ausgeblendeter Gruppen einer Multifunktionsleiste

In der BAUTEILUMGEBUNG werden folgende Register angeboten:

3D-MODELL, SKIZZE, MIT ANMERKUNG VERSEHEN, PRÜFEN, EXTRAS, VERWALTEN, ANSICHT, UMGEBUNGEN, ZUSAMMENARBEITEN, FUSION 360.

3D-Modell

Das Register 3D-MODELL (Abbildung 2.12) enthält die grundlegenden Konstruktionsbefehle zum Erstellen der Skizzen und der Volumenkörper. Auch Flächen können hier erstellt werden. Weiter befinden sich hier Funktionen, um Arbeitsebenen für weitere Skizzen an anderen Positionen zu erstellen.

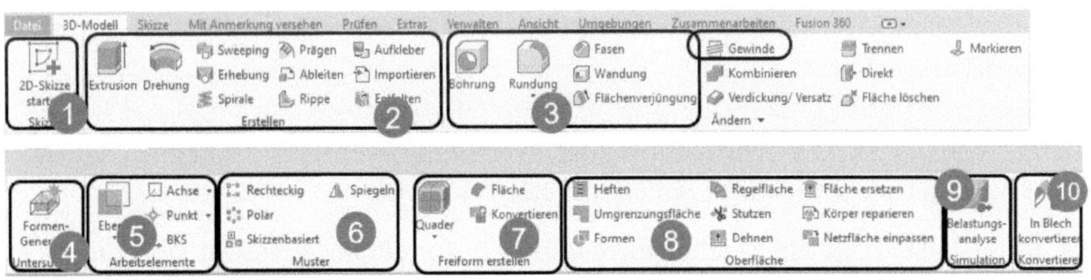

Abb. 2.10: Register 3D-MODELL

❶ SKIZZE – Hier kann in den 2D- oder 3D-Skizziermodus umgeschaltet werden, um die Skizzen für die Volumenkörper zu erzeugen.

❷ ERSTELLEN – Mit diesen Befehlen entstehen aus den Skizzen die gewünschten Volumenkörper.

❸ ÄNDERN – Die meisten Werkzeuge hier generieren Features, also Detailmodifikationen zu den Volumenkörpern.

❹ FORMEN-GENERATOR – Ein Werkzeug zur konstruktiven Verfeinerung des Entwurfs, um überflüssiges Material zu entfernen.

❺ ARBEITSELEMENTE – Ebenen, Achsen und Punkte können hier als Bezugselemente für weitere Skizzen in Bezug auf die vorhandene Geometrie definiert werden.

❻ MUSTER – erzeugt Anordnungen von Elementen oder Features.

❼ FREIFORM ERSTELLEN – erlaubt das Modellieren von Freiform-Designs, die später mit ÄNDERN|KOMBINIEREN mit den anderen Volumenkörpern verbunden werden können.

❽ OBERFLÄCHE – erlaubt Flächenkonstruktionen, aus denen dann mit mehreren wasserdicht angeordneten Flächen mit Formen wieder ein Volumenkörper generiert werden kann.

❾ BELASTUNGSANALYSE – verzweigt in die FEM-Festigkeits-Berechnung für den Volumenkörper.

❿ KONVERTIEREN – erlaubt die Umwandlung des Volumenkörpers in ein Blechteil.

Skizze

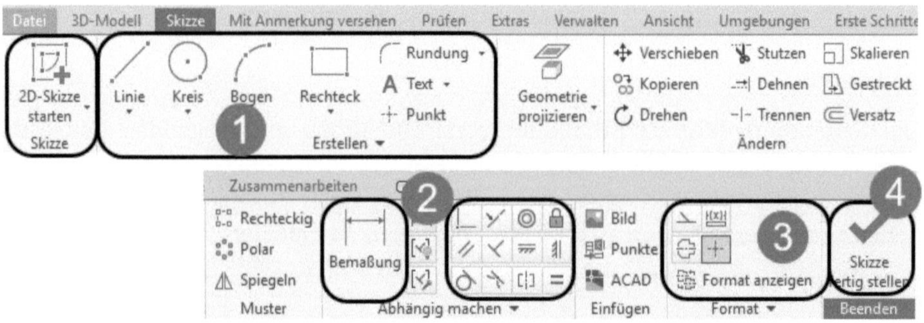

Abb. 2.11: Register SKIZZE

In das Register SKIZZE –wird automatisch verzweigt, wenn Sie zu Beginn der Bauteil-Konstruktion eine Skizze erstellen. Hier finden Sie

❶ unter ERSTELLEN die Zeichenfunktionen. Besonders interessant sind die Möglichkeiten, Konturen mit GEOMETRIE PROJIZIEREN oder SCHNITTKANTEN aus vorhandenen Elementen zu übernehmen oder mit AUS DWG IMPORTIEREN auch aus einer importierten AutoCAD-Zeichnung (siehe 3D-MODELL|ERSTELLEN|IMPORTIEREN).

❷ Dann gibt es zwölf Methoden, geometrische Abhängigkeiten zu erstellen, und die Bemaßungsfunktion.

❸ Unter FORMAT können Sie noch festlegen, ob die Zeichenelemente nur Konstruktionslinien, also Hilfslinien, oder Achsen für Drehteile sein sollen. Ist keines von beiden aktiviert, werden normale Konturlinien erstellt.

❹ Die fertige Skizze schließen Sie mit SKIZZE FERTIG STELLEN ab.

Mit Anmerkung versehen

Die Multifunktionsleiste MIT ANMERKUNG VERSEHEN erlaubt es, schon im Bauteil Maße, Beschriftungstexte und Form- und Lagetoleranzen anzubringen. Man bezeichnet das dann als modellbasierte Definitionen. Diese Bemaßungen und Anmerkungen können später bei der Zeichnungserstellung abgerufen werden, um dort verwendet zu werden.

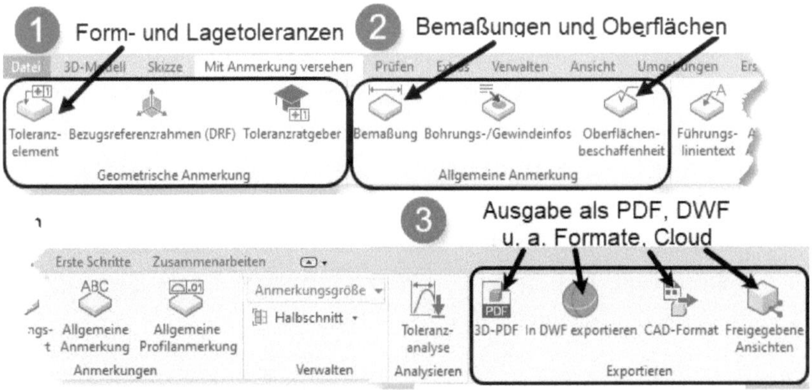

Abb. 2.12: Anmerkungen im Bauteil erstellen

❶ Die Gruppe GEOMETRISCHE ANMERKUNG generiert, unterstützt vom TOLERANZRATGEBER, die Erzeugung von Form- und Lagetoleranzen.

❷ ALLGEMEINE ANMERKUNG bietet Funktionen zur Bemaßung von Kanten, Winkeln, Radien etc. an. Die Bezugsfläche für den Text kann hier mit [Leer] gewechselt werden. Die Bemaßungsart hängt von den gewählten Elementen ab.

❸ Besonders interessant ist hier die Ausgabe für 3D PDF® (Adobe), DWF (mit AUTODESK DESIGN REVIEW zu betrachten) und in verschiedenste CAD-Formate von der AutoCAD-Zeichnung über CATIA®, STEP® bis zum STL-Format für 3D-Druck. Hier können auch einzelne Ansichten über die Cloud für andere zur Verfügung gestellt werden.

Prüfen

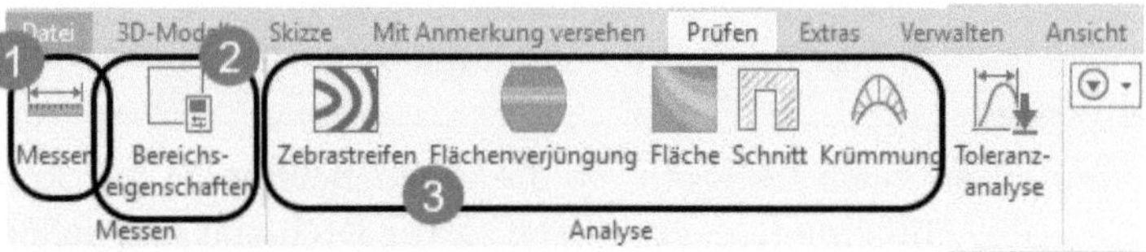

Abb. 2.13: Register PRÜFEN

Das Register PRÜFEN umfasst Befehle

❶ zum Abmessen,

❷ zur Auswertung von Flächen in Skizzen und

❸ weitere Prüfbefehle unter ANALYSE, mit denen Oberflächen bzgl. Neigung und Krümmung getestet werden können.

Extras

Abb. 2.14: Register EXTRAS

Das Register EXTRAS bietet

❶ ganz links nochmals Funktionen zum Messen an.

❷ Unter OPTIONEN sind die wichtigen Grundeinstellungen zu finden. Die ANWENDUNGSOPTIONEN speichern *dauerhafte* Einstellungen,

❸ die DOKUMENTEINSTELLUNGEN gelten nur für das jeweils *aktuelle* Dokument.

❹ Interessant ist auch die Funktion NEUE MARKIEREN, mit der *neue Funktionen* mit einem orangen Punkt markiert werden können.

Verwalten

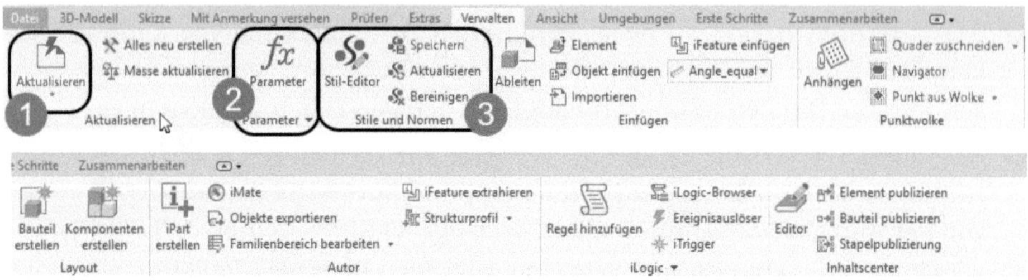

Abb. 2.15: Register VERWALTEN

Das Register VERWALTEN enthält

1. als Erstes die Aktualisierungsfunktion, die nur aktiv ist, wenn durch Änderungen am aktuellen oder verbundenen Dokumenten Aktualisierungen der Darstellung nötig werden.
2. Unter PARAMETER ist der Parameter-Manager verfügbar, der die Parameterwerte für alle Bemaßungen enthält.
3. Im STIL-EDITOR können Sie insbesondere die Stile für Bemaßung und Text oder auch Schraffuren anpassen.

Ansicht

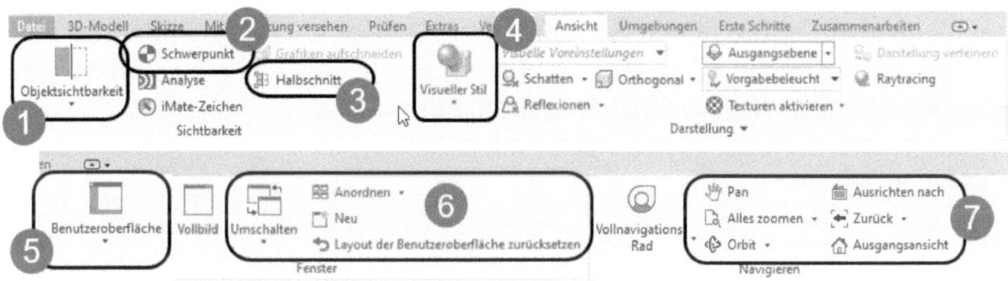

Abb. 2.16: Register ANSICHT

Die wichtigsten Gruppen im Register ANSICHT sind

1. Zuerst können Sie die Sichtbarkeit von Arbeitselementen, Bemaßungen und Skizzen steuern.
2. Dann treffen Sie hier auf den Befehl zur Anzeige des SCHWERPUNKTS und in der BAUGRUPPENUMGEBUNG, später auch auf die Anzeige verbliebener FREIHEITSGRADE.
3. Unter HALBSCHNITT kann die *Viertel-* oder *Halbschnittdarstellung* aktiviert werden. Das ist für Konstruktionen mit Gehäusen sehr nützlich, um die inneren Teile im Schnitt betrachten zu können.
4. Unter VISUELLER STIL können Sie zwischen verschiedenen Darstellungsarten der aktuellen Konstruktion wählen wie Drahtdarstellung, schattierter Darstellung mit oder ohne verdeckte Kanten u.Ä.
5. Unter BENUTZEROBERFLÄCHE sind die verschiedenen Elemente der Benutzeroberfläche ein- und ausschaltbar. Oft passiert es, dass aus Versehen der BROWSER abgeschaltet wird. Hier können Sie ihn wieder einschalten. Unter BENUTZEROBERFLÄCHE können Sie die wichtigen Werkzeuge zur Ansichtssteuerung VIEWCUBE und die NAVIGATIONSLEISTE aktivieren.
6. Dann schließen sich die Befehle für die Gestaltung eines oder mehrerer Ansichtsfenster an.
7. Danach folgen weitere Befehle für das Zoomen der Konstruktionen, die Sie aber auch in der Navigationsleiste am rechten Bildschirmrand finden.

Umgebungen

Abb. 2.17: Register UMGEBUNGEN

Das Register UMGEBUNGEN (siehe Abbildung 2.17) zeigt die Zusatzprogramme für den Inventor-Konstruktionsbereich. Insbesondere die Berechnungsfunktionen für die Festigkeit und Simulationen wäre hier interessant. Die Gesamtheit verfügbarer Zusatzprogramme finden Sie unter ZUSATZMODULE. Dort können Sie auch wählen, was automatisch gestartet werden soll und was nicht. Neu ist hier die Schnittstelle zum sehr beliebten Programm Fusion.

Zusammenarbeiten

Abb. 2.18: Register ZUSAMMENARBEITEN

Das Register ZUSAMMENARBEITEN enthält drei Werkzeuge:

- Mit FREIGEGEBENE ANSICHTEN können Sie *einzelne Ansichten auch für andere zur Betrachtung in der Cloud freigeben.*
- Unter LIEFERANTENINHALT haben Sie Zugriff auf das INVENTOR SUPPLIER CONTENT CENTER mit den Teile-Katalogen der drei Anbieter PARTSOLUTIONS, 3DMODELSPACE und TRACEPARTS.
- Über INVENTOR IDEAS kommen Sie in ein Inventor-Forum, das offen für neue Ideen und Vorschläge ist.

Fusion 360

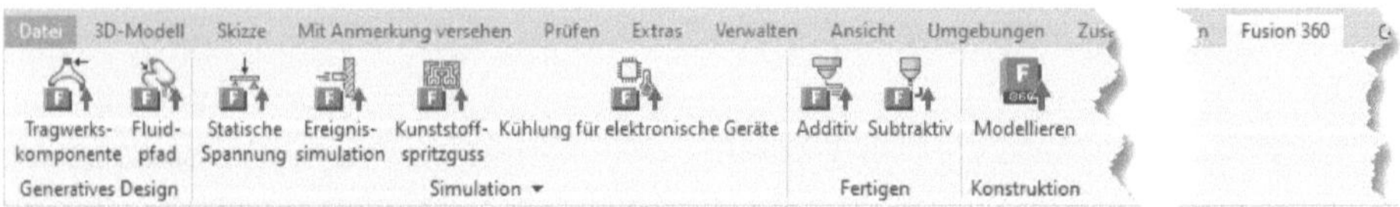

Abb. 2.19: Register FUSION 360

Das Register FUSION 360 enthält mehrere Werkzeuge zur Übergabe von bestimmten Projektphasen an das Programm Fusion 360.

2.5.6 Dokument-Registerkarten

Unterhalb des Zeichenfensters erscheinen die *Dokument-Registerkarten*. Jedes *Register* entspricht einer geöffneten Inventor-Datei. Damit kann schnell zwischen verschiedenen Dateien hin- und hergeschaltet werden.

Abb. 2.20: Die Dokument-Registerkarten, hier zwei geöffnete Dateien

2.5.7 Browser

Der BROWSER liefert Ihnen eine Übersicht über die Struktur Ihrer Bauteile, Baugruppen oder Zeichnungen. Abbildung 2.21 zeigt den BROWSER für eine BAUGRUPPE. Ganz oben steht der Name der BAUGRUPPE: **Abzieher**, darunter folgt die gesamte Struktur. Sie zeigt, aus welchen BAUTEILEN die BAUGRUPPE aufgebaut ist. Das erste Bauteil, die **Traverse**, ist fixiert, das heißt, sie definiert den Nullpunkt für die ganze Baugruppe. Das ist an dem Pin zu erkennen.

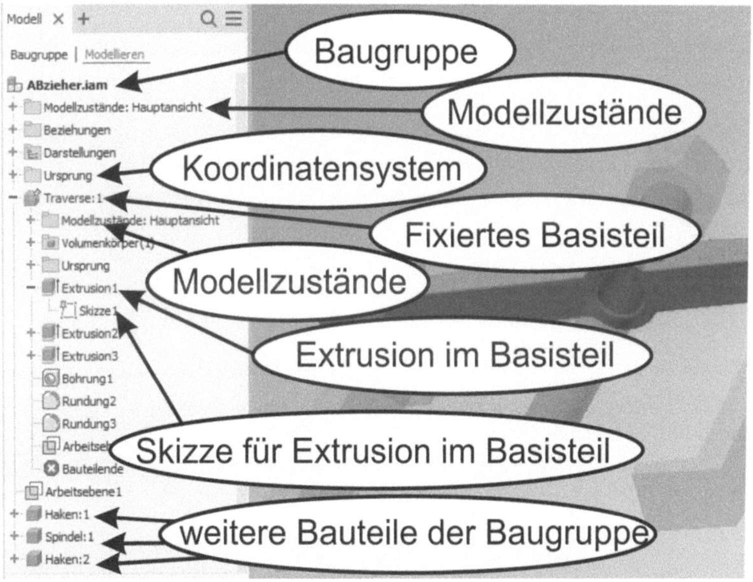

Abb. 2.21: Der BROWSER einer Baugruppe

Das BAUTEIL **Traverse** ist hier per Doppelklick geöffnet worden, um die interne Struktur zu sehen. Da zeigt sich, dass sie aus mehreren EXTRUSIONEN besteht, denen SKIZZEN zugrunde liegen. In diesem Zustand können Sie nun bei geöffneter Baugruppe das aktivierte Bauteil bearbeiten. Um wieder zur gesamten Baugruppe zurückzukehren, müssen Sie dann ganz oben auf die BAUGRUPPE doppelklicken. Neben den rein konstruktiven Kategorien erscheinen noch weitere Strukturelemente wie die jeweils dazugehörigen Koordinatensysteme unter **Ursprung**. Auch verschiedene Ansichten können für jedes Bauteil und jede Baugruppe gespeichert werden. Im Browser (Abbildung 2.22) kann unter ERWEITERTE NAMEN ANZEIGEN ❶, ❷ eine detailliertere Beschreibung ❸ der einzelnen Elemente aktiviert werden, damit Sie nicht nur Extrusion oder Bohrung sehen, sondern noch typische Abmessungen und Details.

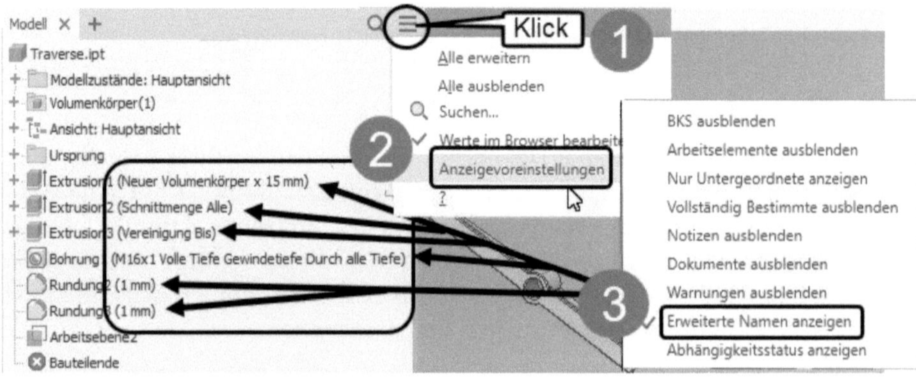

Abb. 2.22: Erweiterte Namen im Browser aktiviert

Browser fehlt

Wenn Sie aus Versehen einmal den BROWSER gelöscht haben, können Sie ihn leicht wieder aktivieren: Im Register ANSICHT, Gruppe FENSTER aktivieren Sie unter BENUTZEROBERFLÄCHE die Auswahl MODELL.

2.5.8 Befehlszeile und Statusleiste

Unterhalb der Zeichenfläche finden Sie als letzte schmale Zeile die STATUSLEISTE (siehe Abbildung 2.23).

Abb. 2.23: STATUSLEISTE im Skizzenmodus

Im linken Teil erscheinen Anfragen des aktuellen Befehls. Sie können diese gerade für die Einsteiger nützliche *Befehlszeile* aber auch am Cursor anzeigen lassen. Dazu müssen Sie unter EXTRAS|OPTIONEN|ANWENDUNGSOPTIONEN im Register ALLGEMEIN unter EINGABEAUFFORDERUNG ZUR INTERAKTION die Option BEFEHLSZEILE ANZEIGEN aktivieren.

In der *Mitte der Statusleiste* erscheinen im SKIZZENMODUS einige nützliche Icons (Abbildung 2.23, Abbildung 2.24). Diese stehen für folgende Funktionen:

- RASTER FANGEN – Der Cursor wird beim Zeichnen standardmäßig auf einem 1-mm-Raster einrasten.
- ALLE ABHÄNGIGKEITEN EINBLENDEN/AUSBLENDEN [F8] – die Icons der geometrischen Abhängigkeiten werden angezeigt/ausgeschaltet.
- ANZEIGETYP FÜR BEMAßUNG – Die Art der Bemaßungsanzeige kann sein: *Wert, Name, beides, mit Toleranz* oder *Fertigungsmaß*.
- GRAFIKEN AUFSCHNEIDEN [F7] – zeigt schon vorhandene Volumenkörper an der Skizzierebene geschnitten an.
- ALLE FREIHEITSGRADE ANZEIGEN/AUSBLENDEN – zeigt die möglichen Bewegungen an, die wegen fehlender Abhängigkeiten oder Bemaßungen noch offen sind.
- LOCKERUNGSMODUS – lockert bestimmte geometrische Abhängigkeiten für manuelle Skizzenmodifikationen.

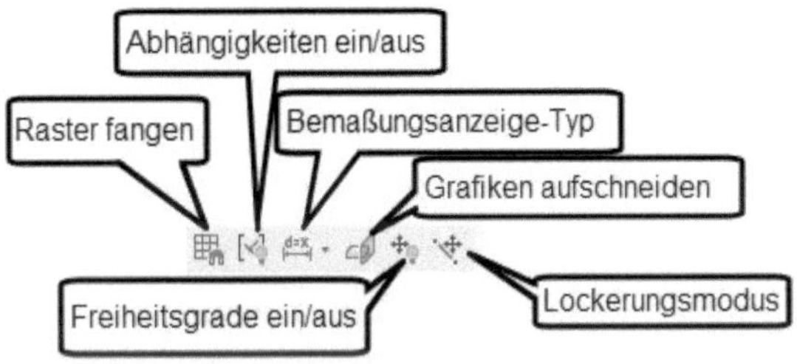

Abb. 2.24: Statusanzeigen im Skizzenmodus

Am *rechten Ende der Statusleiste* sehen Sie im Skizzenmodus noch die KOORDINATENANZEIGE und dann den Hinweis auf den Zeichnungszustand. Hier wird angezeigt, ob noch Bemaßungen fehlen, um die Skizze eindeutig zu machen. Mit SKIZZE VOLL BESTIMMT wird signalisiert, dass die Skizze alle geometrischen Abhängigkeiten und Bemaßungen enthält, um eindeutig bestimmt zu sein.

Unter EXTRAS|OPTIONEN|ANWENDUNGSOPTIONEN im Register ALLGEMEIN können Sie auch das DIALOGFELD FÜR BEFEHLSALIAS-EINGABE einschalten. Letzteres ermöglicht Ihnen die Eingabe von Befehlsabkürzungen, die aber aus den englischen Anfangsbuchstaben der Befehle hervorgehen. Um die kennenzulernen, können Sie als Abkürzung **Ä** eingeben – das in englischen Begriffen nie vorkommt – und dann die Löschtaste `Backspace` drücken. Sofort erhalten Sie die Liste der Abkürzungen, die situationsbedingt möglich sind.

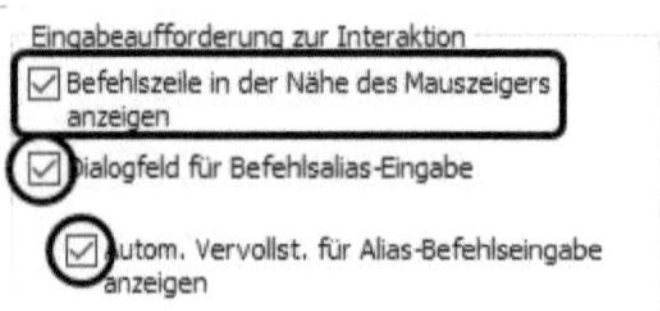

Abb. 2.25: EINGABEAUFFORDERUNG am Cursor über EXTRAS|OPTIONEN|ANWENDUNGSOPTIONEN| ALLGEMEIN aktivieren

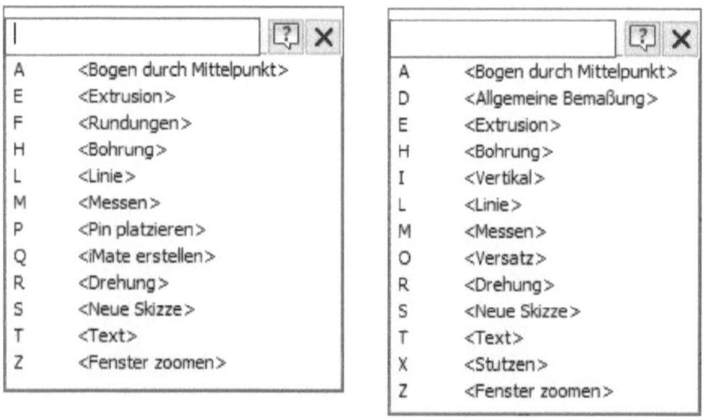

Abb. 2.26: Befehlsaliasse im Bauteil- und Skizzenmodus nach Eingabe von `Ä`+`Backspace`

2.5.9 Ansichtssteuerung mit Maus

Die wichtigsten Aktionen für die Ansichtssteuerung sind durch die Bedienelemente der Maus abgedeckt:

- MAUSRAD ROLLEN – vergrößert und verkleinert den Bildschirmausschnitt. Allerdings machen das verschiedene Programme mit unterschiedlichen Richtungen. Wenn Sie beispielsweise die Mausrad-Benutzung von AutoCAD kennen, dann stellen Sie hier fest, dass die Rollrichtung genau entgegengesetzt wirkt. Das können Sie aber ändern: Unter EXTRAS|OPTIONEN|ANWENDUNGSOPTIONEN Register ANZEIGE können Sie unter ZOOM-VERHALTEN die Option RICHTUNG UMKEHREN aktivieren.
- MAUS BEI GEDRÜCKTEN MAUSRAD BEWEGEN – verschiebt den Bildschirmausschnitt (Pan-Aktion).
- DOPPELKLICK AUF MAUSRAD – zeigt alle Ihre Objekte mit optimiertem Ausschnitt an (alles zoomen).
- `Shift` + MAUS BEI GEDRÜCKTEN MAUSRAD BEWEGEN – schwenkt den Bildschirmausschnitt (Orbit-Aktion).

2.5.10 Ansichtssteuerung mit der Navigationsleiste

Am rechten Rand befindet sich die Navigationsleiste mit folgenden Werkzeugen:

- VOLL-NAVIGATIONSRAD UND WEITERE NAVIGATIONSRÄDER – bieten verschiedene Optionen zum Schwenken und Variieren der Ansichtsrichtung.

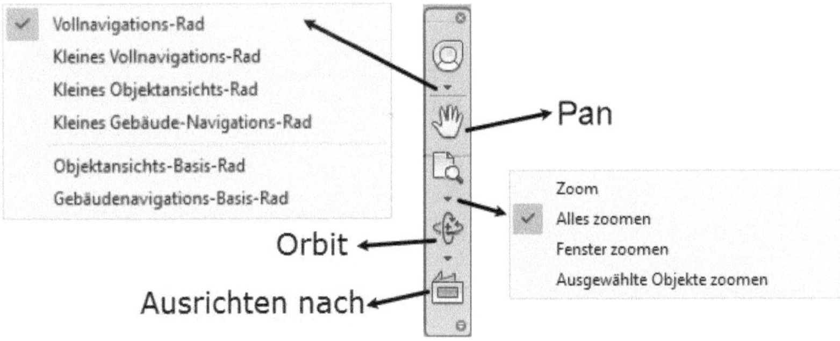

Abb. 2.27: Die NAVIGATIONSLEISTE

- PAN – Mit dieser Funktion können Sie den aktuellen Bildschirmausschnitt verschieben. Sie können das Gleiche aber auch erreichen, indem Sie das Mausrad drücken und mit gedrücktem Mausrad dann die Maus bewegen.
- ZOOM
  - ZOOM – entspricht dem normalen Zoomen hier mit gedrückter linker Maustaste.
  - ALLES ZOOMEN – zoomt die Bildschirmanzeige so, dass alles Konstruierte sichtbar wird.
  - FENSTER ZOOMEN – bedeutet, über zwei Eckpositionen einen Ausschnitt zu vergrößern.
- ORBIT – Diese Funktion ermöglicht das dynamische Schwenken der Ansicht. Es kann auch über die +/-Z-Richtung hinweggeschwenkt werden. Wenn sich der Cursor außerhalb der Orbit-Kugel befindet, können Sie insbesondere auch *um die Sichtachse* drehen.
- AUSRICHTEN NACH – bedeutet, dass Sie eine Ebene, z.B. auch eine 2D-Skizze, im BROWSER anklicken können, um danach die Ansicht auszurichten.

Tipp

Im Register ANSICHT können Sie über die Gruppe FENSTER|BENUTZER-OBERFLÄCHE die verschiedenen Bedienelemente VIEWCUBE und NAVIGATIONSLEISTE ein- und ausschalten.

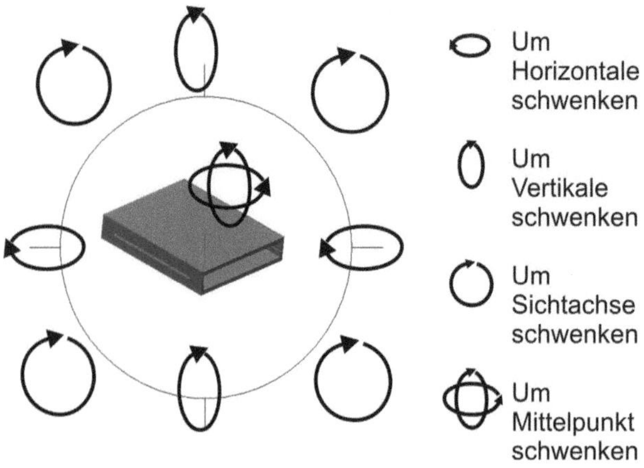

Abb. 2.28: Die ORBIT-Funktion bei verschiedenen Cursor-Positionen

2.5.11 ViewCube

Rechts oben im Zeichenbereich finden Sie den VIEWCUBE, der bei 3D-Konstruktionen zum Schwenken der Ansicht verwendet werden kann. Im 2D-Bereich, z.B. in einer Skizze, sind davon die beiden Schwenkpfeile interessant, um Hoch- oder Queransicht zu wählen.

Für dreidimensionale Objekte sind die Darstellungen mit Projektion PARALLEL und PERSPEKTIVISCH interessant. Die Option PERSPEKTIVE MIT ORTHO-FLÄCHEN bedeutet grundsätzlich eine perspektivische Darstellung, nur wird automatisch in Parallelprojektion umgeschaltet, wenn Sie über den VIEWCUBE eine der orthogonalen Richtungen wie OBEN, LINKS etc. aktivieren.

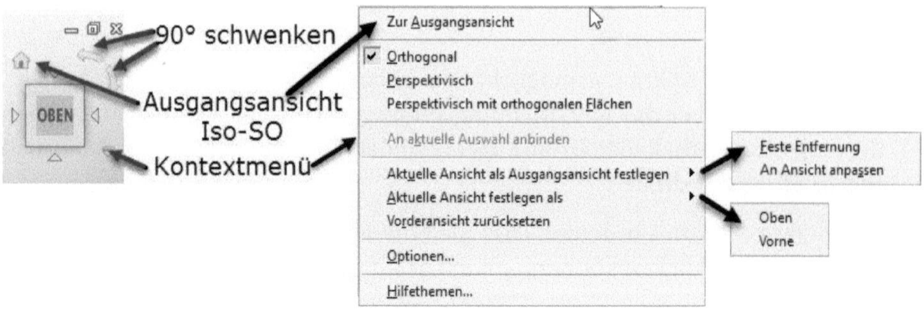

Abb. 2.29: VIEWCUBE mit Bedienelementen

2.5.12 Nützliche Optionen-Einstellungen

Zahlreiche Voreinstellungen für die Konstruktionsarbeit finden Sie unter EXTRAS|OPTIONEN|ANWENDUNGSOPTIONEN und EXTRAS|OPTIONEN|DOKUMENTEINSTELLUNGEN. Die ANWENDUNGSOPTIONEN gelten zeichnungsübergreifend für das Programm allgemein, während die DOKUMENTEINSTELLUNGEN wirklich nur für das aktuelle Dokument gelten.

Folgende Einstellungen sind unter ANWENDUNGSOPTIONEN zu beachten:

Im Register ALLGEMEIN können Sie unter BENUTZERNAME gleich Ihren Namen eingeben, der damit automatisch in die Zeichnungsrahmen eingefügt wird. Ob Sie die verschiedenen dort standardmäßig aktivierten QUICKINFO-Einstellungen brauchen oder aus Zeitgründen lieber abschalten, müssen Sie entscheiden. Mit der GRÖSSE DER WIEDERHERSTELLUNGSDATEI legen Sie fest, wie oft Sie Befehlsschritte rückgängig machen können (bzw. [Strg]+[Z]). Wenn Sie oft Vorgänge widerrufen, können Sie den Speicherplatz hier vergrößern, sollten aber immer bei einem Bruchteil des Arbeitsspeichers bleiben.

Im Register ZEICHNUNG ist der VORGABE-ZEICHNUNGSDATEITYP als **Inventor-Zeichnung (*.DWG)** für die aktuelle AutoCAD-Version voreingestellt. Das ist sinnvoll, falls sie in AutoCAD weiterbearbeitet werden soll, beispielsweise zum Bemaßen. Auch die LINIENSTÄRKEANZEIGE ist hier aktiviert.

Im Register SKIZZE sind auch die üblichen sinnvollen Einstellungen vorgabemäßig aktiviert: AUSRICHTUNG DER SKIZZIEREBENE..., PUNKTAUSRICHTUNG EIN, URSPRUNG DES BAUTEILS ... AUTOMATISCH PROJIZIEREN. Dagegen sind die Optionen MODELLKANTEN ... AUTOMATISCH PROJIZIEREN nicht immer nützlich. Für 3D-SKIZZEN wird hier noch BEIM ERSTELLEN VON 3D-LINIEN AUTOMATISCH BIEGEN angeboten, was für Rohrleitungen sehr nützlich sein kann. Nur sollte man wissen, dass der Biegeradius dafür dann unter EXTRAS|OPTIONEN|DOKUMENTEINSTELLUNGEN im Register SKIZZE einzustellen ist. Er wird aber nur im *Bauteil-Modus* angeboten.

Im Register BAUGRUPPE wird unter PROJEKTION VON GEOMETRIE... vorgabemäßig etwas zu viel angeboten, was nicht immer nützlich ist.

2.6 Wie kann ich Befehle eingeben?

2.6.1 Multifunktionsleisten

Die normale Befehlseingabe geschieht durch Anklicken der Befehls-Icons in den Multifunktionsleisten. Einen typischen Dialog zeigt Abbildung 2.30:

❶ Sie klicken ein Werkzeug-Icon an.

❷ Inventor antwortet mit einer Eingabeaufforderung. (Achtung: Dieser Text erscheint standardmäßig links unten am Bildschirm und ist nur dann am Cursor sichtbar, wenn Sie dies Abbildung 2.25 aktiviert haben.)

❸ Sie klicken als Antwort auf die gewünschte Skizzierebene etc.

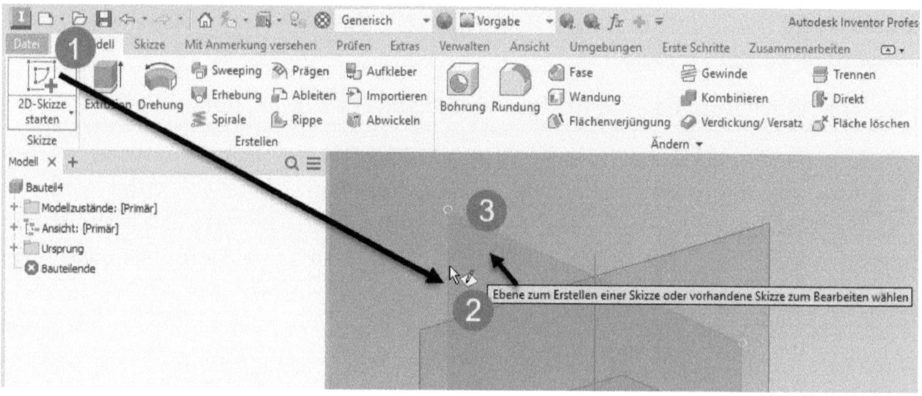

Abb. 2.30: Befehlsdialog zur Skizzenerstellung

Der Dialog, der sich aus jedem Befehl ergibt, ist unterschiedlich. Wichtig ist bei einigen Befehlen das Beenden, weil einige Befehle endlos laufen.

Als Befehlsende kann immer die Abbruchtaste [ESC] verwendet werden. Alternativ können Sie aber auch per Rechtsklick in das Kontext- und Mini-Menü schalten. Dort können Sie den Befehl mit OK beenden oder mit [ESC] abbrechen oder einfach einen *anderen Befehl* aufrufen. Wenn Sie [ESC] zu früh wählen, wird der ganze Befehl abgebrochen und die bisherigen Eingaben gehen verloren. Im *Mini-Menü* oder *Cursor-Menü* können Sie den Befehl auch oft mit dem grünen Häkchen beenden.

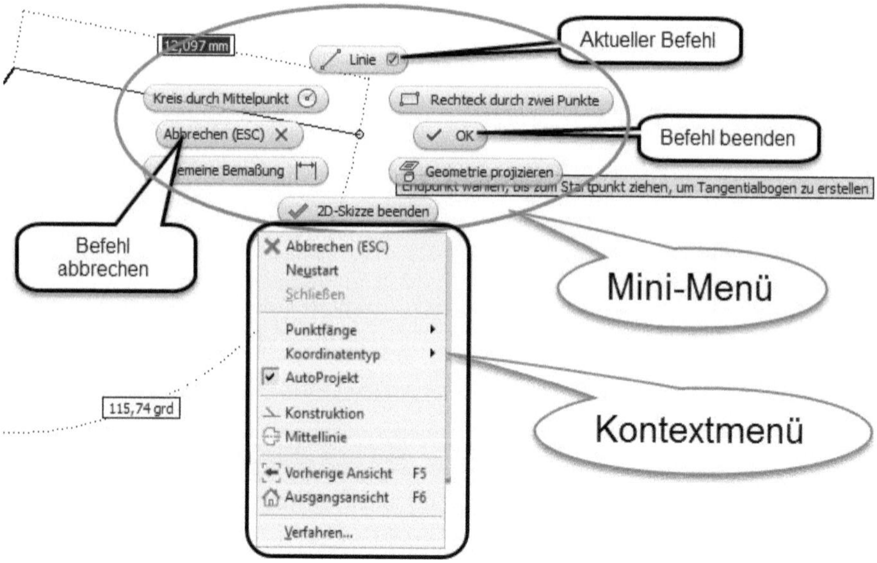

Abb. 2.31: Befehl beenden

Tipp: Mini-Menü

Falls das oben gezeigte MINI-MENÜ über dem Kontextmenü nicht erscheint, aktivieren Sie es unter Register ANSICHT|FENSTER|BENUTZEROBERFLÄCHE unter MINI-MENÜ.

Es gibt auch Befehle mit DIALOGFELDERN bzw. WERKZEUGKÄSTEN (Abbildung 2.33). Diese können aber auch zugeklappt erscheinen, und Sie sehen nur einen kleinen MINI-DIALOG bzw. MINI-WERKZEUGKASTEN. Das große Dialogfeld würde ich auf jeden Fall zum Erlernen des Programms aktivieren und benutzen, weil es ausführlicher dokumentiert ist. Der MINI-WERKZEUGKASTEN ist dann für den Profi-Anwender interessant (Abbildung 2.32).

Abb. 2.32: Befehl mit zusammengeklapptem Dialogfeld bzw. Werkzeugkasten links oben und Mini-Dialog bzw. Mini-Werkzeugkasten rechts

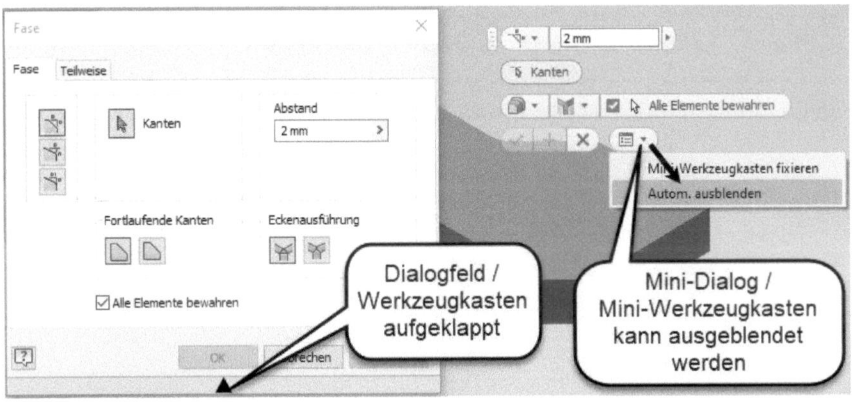

Abb. 2.33: Befehl mit aufgeklapptem Dialogfeld bzw. Werkzeugkasten links

2.6.2 Tastenkürzel

Für viele Befehle gibt es Abkürzungen und auch Kombinationen mit der [Strg]-, [Shift]- oder [Alt]-Taste. Sie finden diese Kürzel unter EXTRAS|OPTIONEN|ANPAS-

SEN|TASTATUR. Wenn Sie dort den Filter auf ZUGEWIESEN stellen, werden nur Befehle aufgelistet, für die es Kürzel gibt. Auch in der Online-Hilfe können Sie Listen für die Tastenkürzel herunterladen. Diese Kürzel sind natürlich immer dann nützlich, wenn Sie viel mit dem Programm arbeiten und die Kürzel dann auswendig kennen.

2.6.3 Kontextmenü

Mit einem Rechtsklick aktivieren Sie ein Kontextmenü. Das Kontextmenü bietet situationsbedingt immer diejenigen Befehle an, die am sinnvollsten sind. Darin erscheint als oberste die Wiederholung des letzten Befehls, hier RUNDUNG.

Abb. 2.34: Kontextmenü

Auch im laufenden Befehl können Sie mit Rechtsklick ein Kontextmenü aufrufen, um beispielsweise den Befehl schnell zu beenden. In Abbildung 2.35 wurde im Befehl FASE ❶ nach Wahl der Kante ❷ mit Rechtsklick ❸ das Kontextmenü aktiviert. Es erscheint mit wenigen Optionen im kreisförmigen Mini-Menü und darunter mit einigen Optionen in klassischer Anordnung.

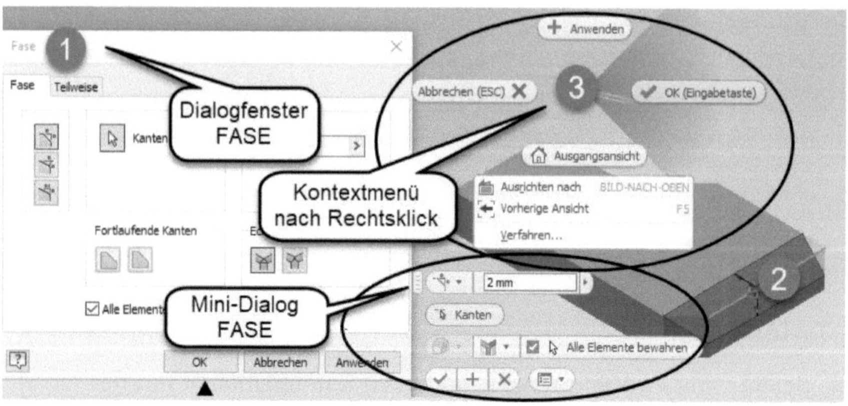

Abb. 2.35: Rechtsklick im aktiven Befehl

2.6.4 Objekte zum Bearbeiten anklicken

Um Objekte zu bearbeiten, müssen Sie nicht immer unbedingt Befehle eintippen oder Werkzeuge anklicken, oft genügt ein Klick auf das betreffende Objekt. Es erscheinen dann immer diejenigen Bearbeitungsbefehle, die für das betreffende Element oder das ganze Objekt sinnvoll wären (Abbildung 2.36).

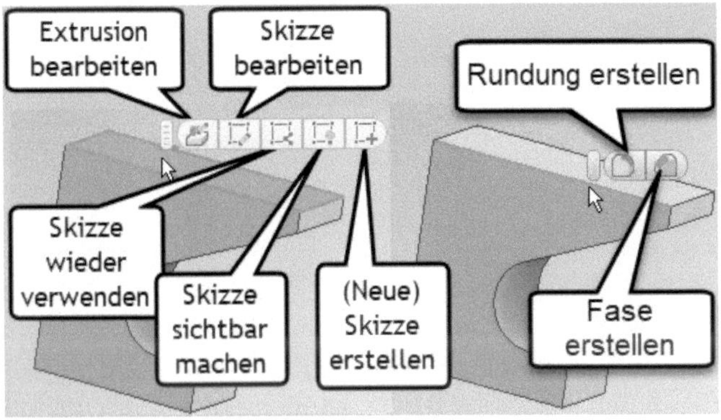

Abb. 2.36: Bearbeitungsfunktionen durch Anklicken aktivieren

Alternativ können Sie auch im BROWSER auf Elemente rechtsklicken, um die Bearbeitungsfunktionen zu aktivieren.

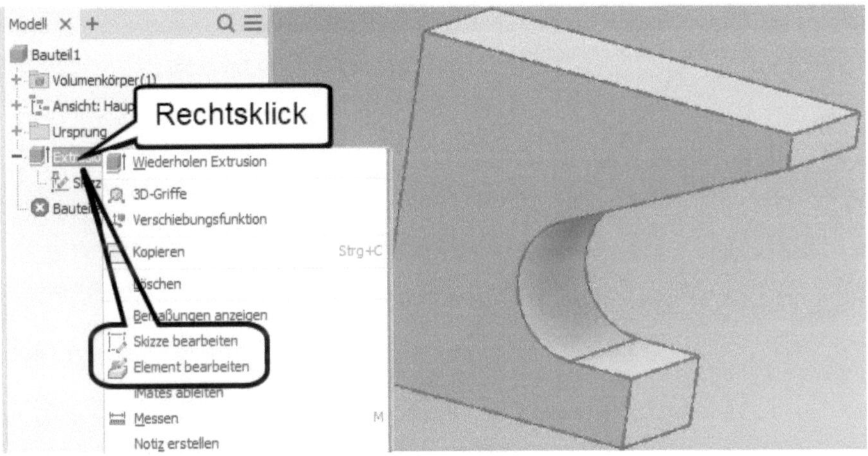

Abb. 2.37: Bearbeitungen mit Rechtsklick aufrufen

2.6.5 Hilfe

Hilfe zu allen Inventor-Befehlen können Sie erhalten, wenn Sie das Menü HILFE oder oben rechts im Info-Bereich bei HILFE UND BEFEHLE DURCHSUCHEN den gesuchten Befehl oder Begriff eintippen. Sofern Sie eine Internetverbindung haben, erscheinen sofort zahlreiche Suchergebnisse zu diesem Begriff (Abbildung 2.38).

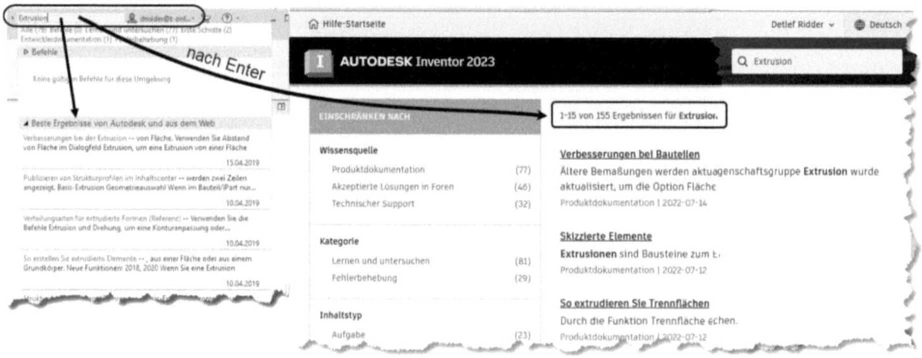

Abb. 2.38: Suchergebnisse beim Eintippen ins INFO-CENTER

Auch mit der F1-Taste erhalten Sie schnell zu jedem laufenden Befehl die aktuelle Information. Mit der Funktion ? oder ?▾|HILFE können Sie in der ONLINE-HILFE nach jedem Thema suchen. Das entspricht auch der traditionellen Befehlsreferenz.

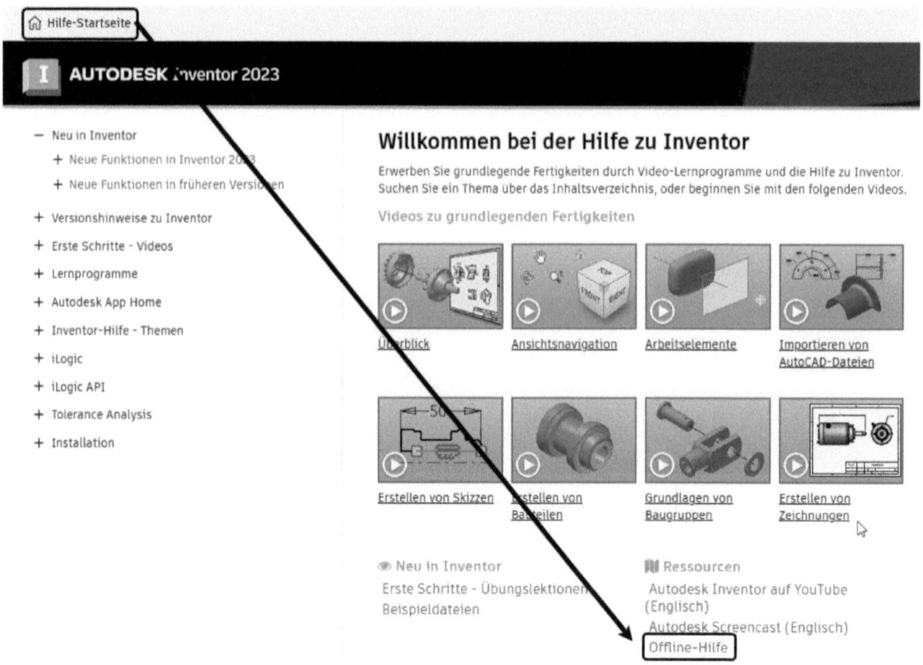

Abb. 2.39: Offline-Hilfe und Material zum Einarbeiten auf der Hilfe-Seite

Die ONLINE-HILFE können Sie auch als OFFLINE-HILFE auf Ihrem Computer installieren, um vom Internet unabhängig zu sein. Die Anleitung dazu finden Sie, indem Sie oben rechts im INFO-CENTER die Frage `OfflineHilfe` eintippen (Achtung: ohne Bindestrich!). Damit erhalten Sie auch eine Beschreibung zur Installation der Offline-Hilfe. Die Dateipfade sind für INVENTOR:

`http://www.autodesk.com/inventor-2023-help-download`

Ein traditionelles Benutzerhandbuch gibt es nicht mehr, aber über die HILFE-Seite finden Sie viel Material zum Einarbeiten und Tutorials zum Erlernen der Vorgehensweisen.

Die Informationen über neue Features der Version 2023 finden Sie auf der STARTSEITE unter NEUE FUNKTIONEN als Texte und Videos. Neue Funktionen sind vorgabemäßig über NEUE MARKIEREN im Register EXTRAS, GRUPPE Optionen mit einer orangefarbenen Kreismarke gekennzeichnet.

2.7 Übungsfragen

1. Welche Windows-Versionen können für Inventor benutzt werden?
2. Welche Dateiextensionen bzw. -erweiterungen (*.xxx) sind wichtig für die Inventor-Dateien?
3. Wie aktivieren Sie den Browser, wenn er ausgeschaltet wurde?
4. Wie schwenken Sie 3D-Darstellungen mit der Maus?
5. Was kann die Orbit-Funktion mehr verglichen mit dem Schwenken mit der Maus?
6. Wo finden Sie eine Funktion, um Inventor auf Werkseinstellungen zurückzusetzen?
7. Wie rufen Sie am schnellsten elementspezifische Funktionen auf?
8. Wie beenden Sie Befehle?
9. Wo können Sie die Befehlszeile an den Cursor heften?

Kapitel 3

Erste einfache 3D-Konstruktionen

3.1 Einfache Konstruktion mit Grundkörpern

Da Sie mit *Inventor Professional* in der Regel größere Baugruppen mit vielen Bauteilen und auch abgeleiteten Zeichnungen erstellen werden, sollte man diese unter einem *Projektnamen* zusammenfassen. Das Programm legt dafür im Ordner DOKUMENTE\INVENTOR ein Unterverzeichnis mit dem Projektnamen an. Darin werden dann alle zum Projekt gehörigen Bauteile, Baugruppen, Zeichnungen und Präsentationen automatisch gespeichert.

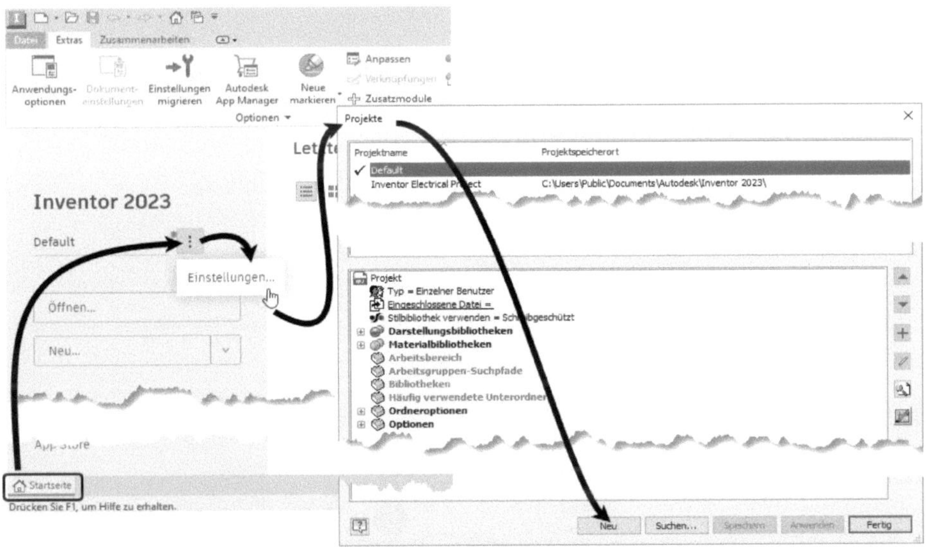

Abb. 3.1: Startseite bei INVENTOR PROFESSIONAL 2023. Auf der STARTSEITE sollten Sie zuerst mit PROJEKTE UND EINSTELLUNGEN|EINSTELLUNGEN|PROJEKTE|NEU ein neues Projekt anlegen.

3.1.1 Ein neues Projekt anlegen

Da sich Inventor-Konstruktionen stets aus vielen Dateien zusammensetzen, sollten Sie für Ihre Arbeiten sinnvollerweise in einem ersten Schritt ein Projekt anlegen, das über einen *Ordner* und eine zentrale *Projektdatei* verwaltet wird. Dazu können Sie auf der STARTSEITE oben auf die drei Pünktchen neben der Projektvorgabe **`Default`** bzw. neben dem aktuellen Projektnamen klicken und erst PROJEKTE UND EINSTELLUNGEN, dann EINSTELLUNGEN und im Dialogfenster PROJEKTE schließlich NEU wählen und wie hier gezeigt das Projekt im Dialog anlegen (Abbildung 3.2).

Abb. 3.2: Ein Projekt beginnen

❶ Im Dialogfenster PROJEKTE (Abbildung 3.3) wählen Sie NEU.

❷ Im INVENTOR PROJEKT-ASSISTENTEN beantworten Sie die Frage nach der PROJEKT-ART mit der Vorgabe EINZELBENUTZERPROJEKT.

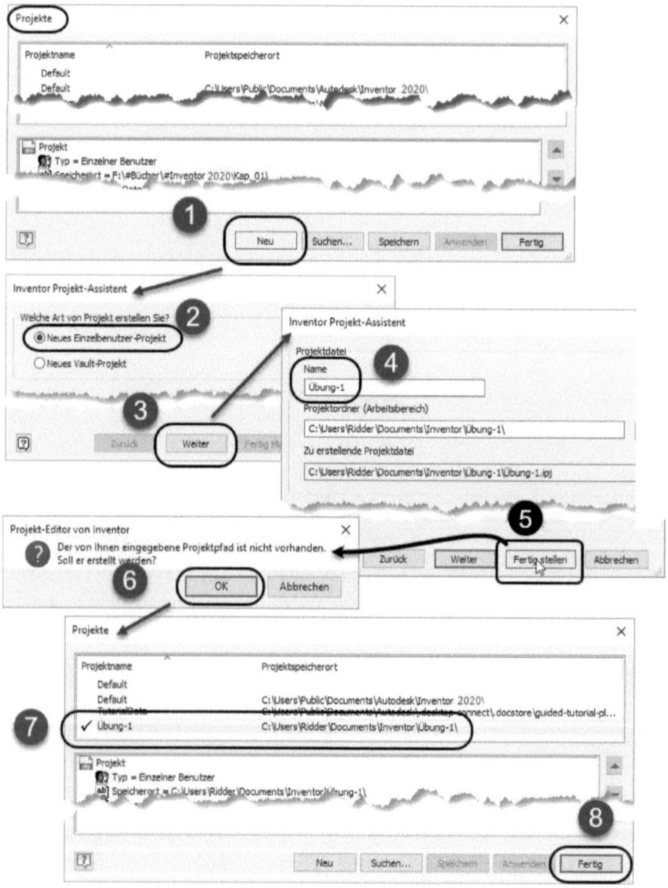

Abb. 3.3: Projekt einrichten

❸ Dann wählen Sie `Weiter` und

❹ geben einen *Projektnamen* wie etwa **`Übung-01`** ein und

❺ schließen mit FERTIGSTELLEN ab.

❻ Inventor stellt fest, dass es noch kein Projekt dieses Namens gibt, was Sie mit OK beantworten. Damit entsteht in `Dokumente` unter dem Verzeichnis `Inventor` ein Unterverzeichnis mit dem Projektnamen.

❼ Ihr neues Projekt ist jetzt als aktuelles markiert.

❽ Verlassen Sie PROJEKTE mit FERTIG.

3.1.2 Ein neues Bauteil beginnen

Es gibt vier Varianten zum Start eines normalen Bauteils:

- Sie klicken auf NEU und akzeptieren im Fenster NEUE DATEI ERSTELLEN die Vorlage **`Standard.ipt`** mit ERSTELLEN. Bei diesem Dialog hätten Sie die Möglichkeit, andere Vorlagen zu wählen, wie beispielsweise die Vorlage für Blechkonstruktionen **`Sheet-Metal.ipt`**.
- Sie klicken im SCHNELLZUGRIFF-WERKZEUGKASTEN auf NEU oder geben `Strg`+`N` als Tastenkürzel ein und verfahren dann wie im letzten Schritt.
- Sie können aber auch neben NEU auf ▾ klicken und in der Drop-down-Liste **`Bauteil (.ipt)`** wählen. Dabei wird automatisch die Standard-Vorlage verwendet.
- Alternativ können Sie auch neben NEU im SCHNELLZUGRIFF-WERKZEUGKASTEN über die Drop-down-Liste BAUTEIL aufrufen.

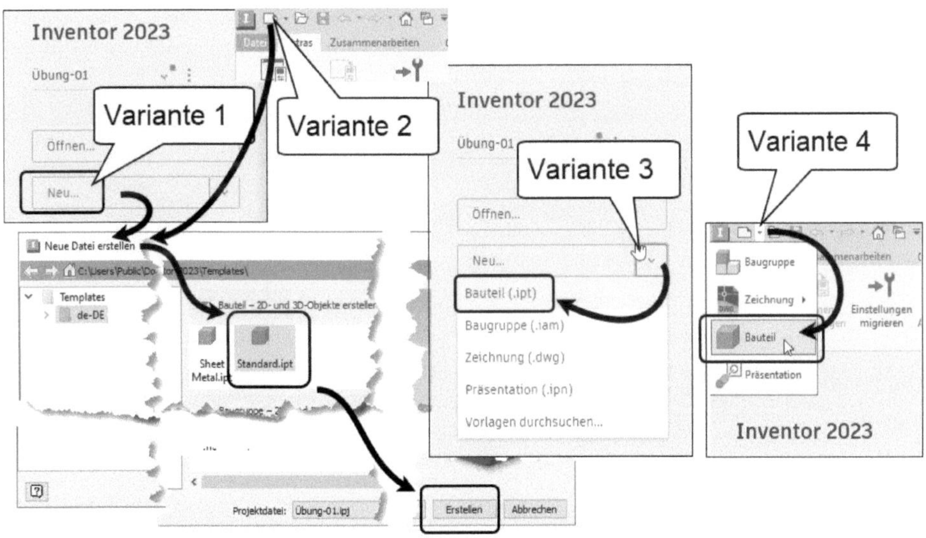

Abb. 3.4: Neues Bauteil starten

3.1.3 Übungsteil aus Grundkörpern erstellen

Das erste Übungsteil ist ein im ersten Kapitel schon vorgestelltes Teil, das aus mehreren Volumenkörpern zusammengesetzt werden kann. Abbildung 3.19 zeigt das Endergebnis. Zunächst soll nun der Quader erstellt werden, der die Basis bildet.

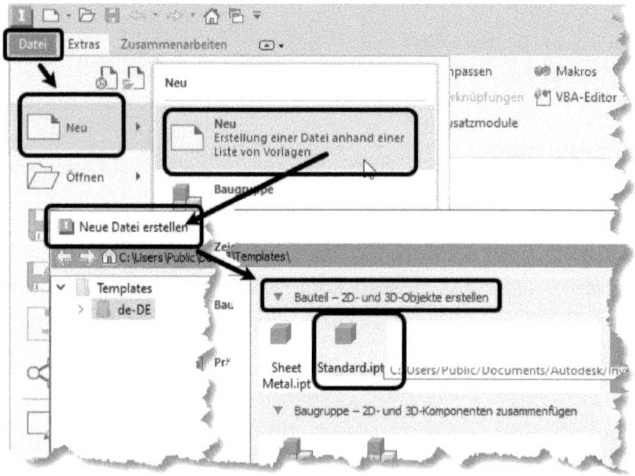

Abb. 3.5: Neues Bauteil mit gewählter Vorlage beginnen

- Die Multifunktionsleiste 3D-MODELL enthält standardmäßig die Gruppe GRUNDKÖRPER *nicht*. Deshalb müssen Sie in der Multifunktionsleiste zunächst nach Rechtsklick im Kontextmenü die Option GRUPPEN ANZEIGEN wählen und die Gruppe GRUNDKÖRPER *aktivieren*.
- Dann rufen Sie dort die Konstruktionsfunktion 3D-MODELL|GRUNDKÖRPER|QUADER auf (Abbildung 3.6).

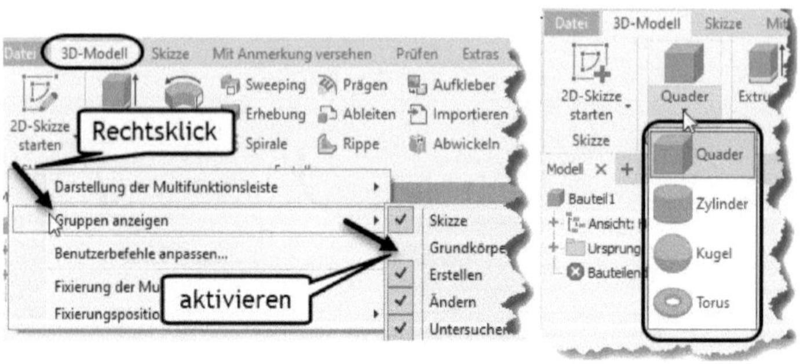

Abb. 3.6: Die Inventor-Grundkörper

- Im Prinzip stehen bei INVENTOR am Beginn einer Konstruktion immer erst SKIZZEN. Diese sind meistens 2D-Zeichnungen der zu extrudierenden oder rotierenden Konturen. Auch bei der Konstruktion, die Sie über die Grundkörper-

Funktionen erstellen, wird genauso vorgegangen, allerdings gibt Ihnen hier das Programm diese Skizzier-Schritte dann automatisch vor.

- Die Quader-Funktion verlangt zuerst die Auswahl einer *Basisebene* für Ihre Konstruktion. Üblicherweise wählt man hier die XY-Ebene wie in Abbildung 3.7 gezeigt.

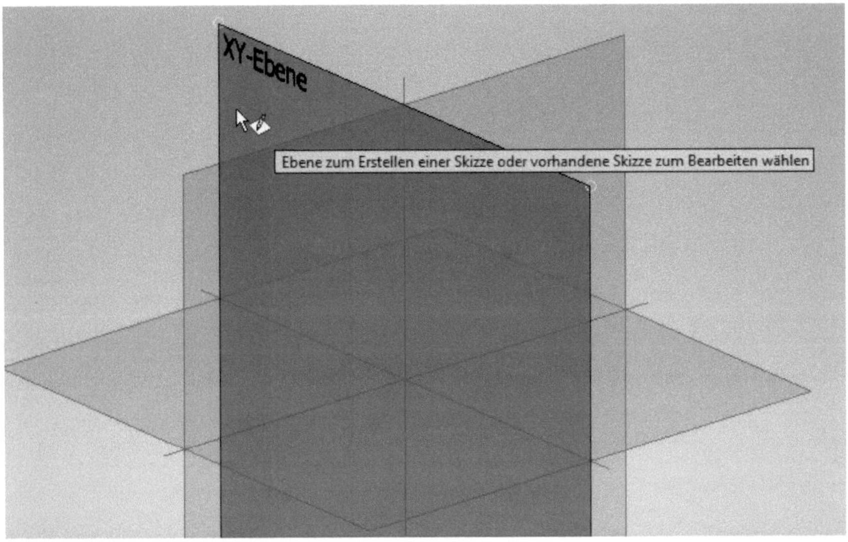

Abb. 3.7: Wahl der Basisebene

- Danach geht Inventor in den *Skizziermodus* und schwenkt die Zeichenebene in die Draufsicht der XY-Ebene
- und Sie befinden sich automatisch in der Funktion RECHTECK und werden nach dem *Mittelpunkt für die Grundfläche* gefragt. Klicken Sie dabei am besten auf den *gelben Nullpunkt* der XY-Ebene. Als Zeichen dafür, dass Sie auf dem Nullpunkt exakt eingerastet sind, wird das *Cursorsymbol grün* angezeigt. Dann können Sie klicken.
- Als Nächstes folgt die *Eingabe von Länge und Breite* des Rechtecks. Geben Sie bei angezeigter Bemaßung einfach **20** für das erste Maß an, dann gehen Sie mit der Tab-Taste weiter zum zweiten Maß und geben **13** ein. Schließen Sie die Eingabe mit Enter ab, und das Rechteck ist fertig.
- Automatisch wird nun der *Skizzenmodus* verlassen und die Funktion EXTRUSION aktiviert. Hier müssen Sie nur noch die Höhe eingeben. In diesem Beispiel beträgt sie **10 mm**, sodass Sie den Vorgabewert übernehmen können (siehe Abbildung 3.8).
- Der Dialog für den EXTRUSIONSBEFEHL erfolgt über den *Werkzeugkasten* (siehe Abbildung 3.9). Zum Beenden müssten Sie im Dialogfeld einfach auf OK oder für eine weitere Extrusion auf das PLUSZEICHEN klicken.

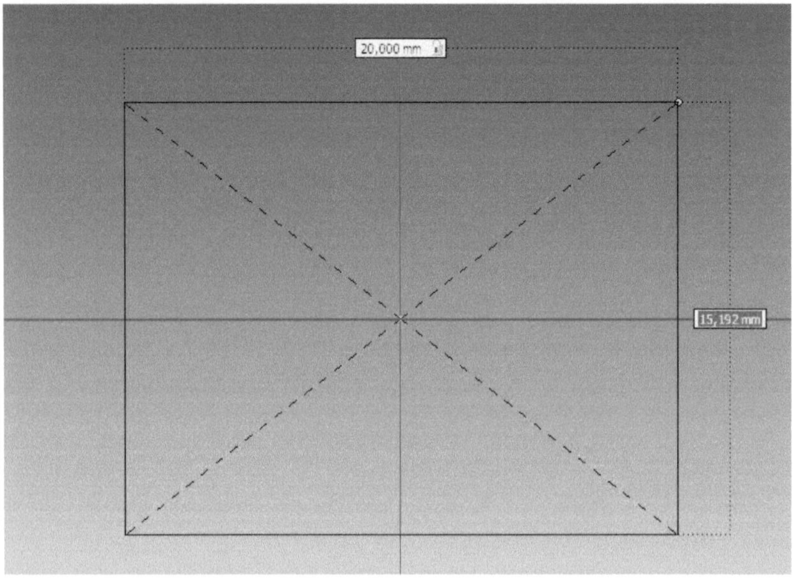

Abb. 3.8: Rechtecklänge und -breite eingeben

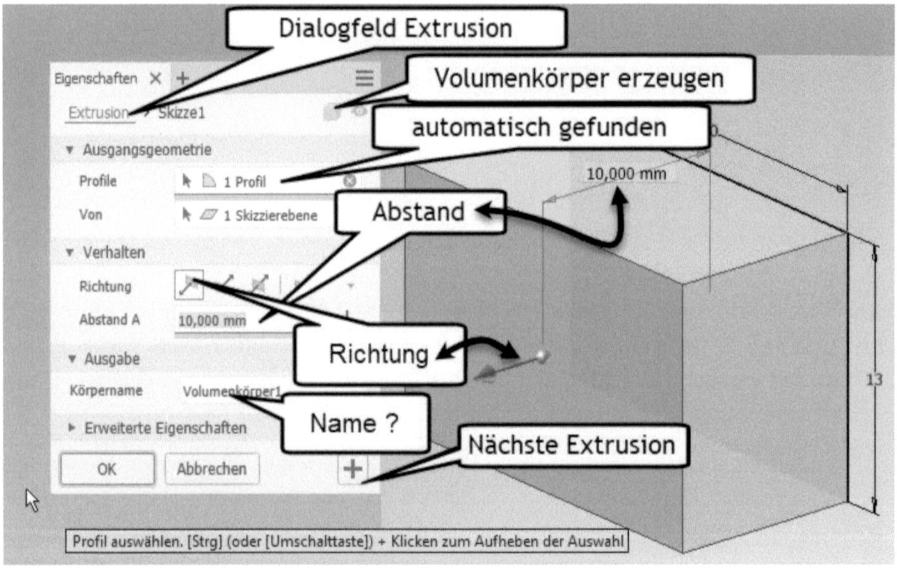

Abb. 3.9: Extrusionsdialog

3.1.4 Speichern

Bevor die Konstruktion fortgeführt wird, soll nun gespeichert werden. Bisher hat die Konstruktion nur den Namen `Bauteil1`. Erst durch das erste Speichern wird ein benutzerspezifischer Name vergeben, hier **`Übungsteil-1.ipt`**.

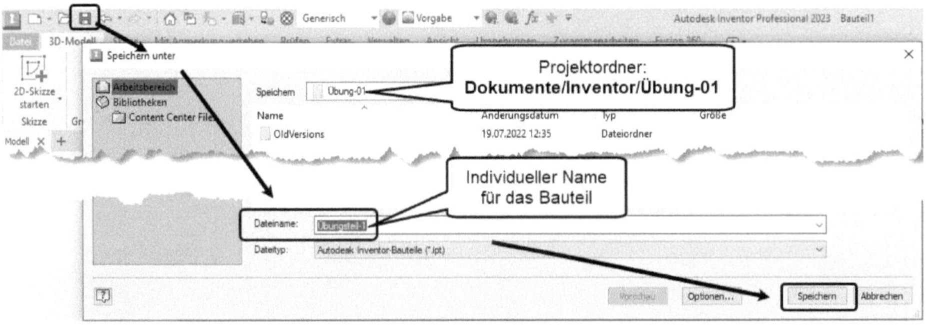

Abb. 3.10: Teilenamen beim ersten Speichern vergeben

3.1.5 Ansicht schwenken

Die Ausrichtung einer Ansicht kann über das Achsenkreuz in der Ecke links unten verfolgt werden. Auch der ViewCube in der Ecke oben rechts gibt eine Information zur Ansichtsausrichtung.

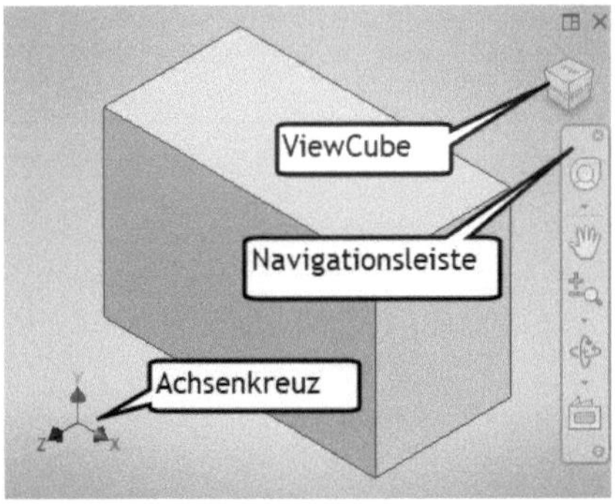

Abb. 3.11: Ansichtsausrichtung: Achsenkreuz links unten, ViewCube rechts oben

Sie können nun die Ansicht auf viererlei Arten manipulieren:

1. Halten Sie die ⇧-Taste gedrückt und bewegen Sie dazu die Maus mit gedrücktem Mausrad.
2. Klicken Sie auf dem ViewCube die Flächen (Oben, Vorne, Links etc.), die Kanten oder die Ecken an, um orthogonale Ansichten, schräge oder isometrische Ansichten zu erhalten.
3. Gehen Sie auf eine der Positionen am ViewCube, halten Sie die linke Maustaste gedrückt und bewegen Sie die Maus zum Schwenken. Agieren Sie nicht zu heftig.
4. Oder wählen Sie die Orbit-Funktion aus der Navigationsleiste, um möglichst frei zu schwenken. Solange Sie mit gedrückter *Maustaste in dem weißen Kreis* bleiben, wird geschwenkt, *außerhalb* wird um die Sichtachse gedreht.

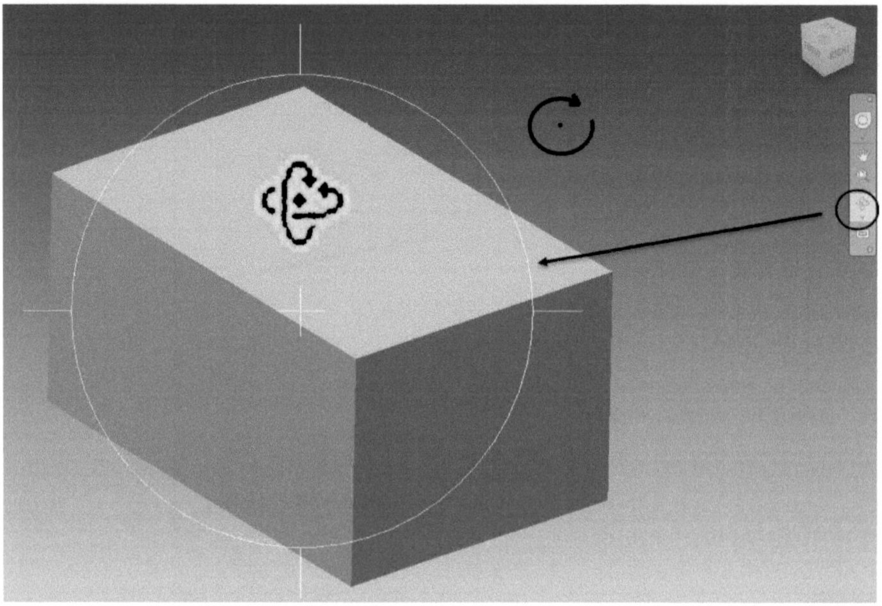

Abb. 3.12: Orbit-Funktion in der Navigationsleiste

3.1.6 Zwei nützliche Einstellungen

Wir brauchen für die nachfolgenden Skizzieraktionen immer die Ränder der vorhergehenden Skizzen als Bezugskanten. Dazu aktivieren Sie unter EXTRAS|ANWENDUNGSOPTIONEN im Register SKIZZE die Option MODELLKANTEN FÜR SKIZZENERSTELLUNG UND -BEARBEITUNG AUTOMATISCH PROJIZIEREN.

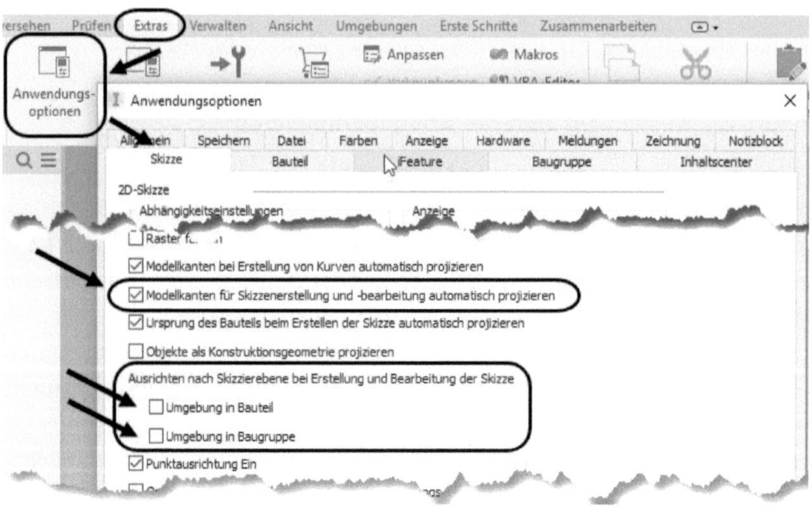

Abb. 3.13: Kanten projizieren und nicht immer in die Skizzierebene schwenken!

Außerdem sollten Sie bei der Option AUSRICHTEN NACH SKIZZIEREBENE BEI ERSTELLUNG UND BEARBEITUNG DER SKIZZE für die Optionen UMGEBUNG IN BAUTEIL und UMGEBUNG IN BAUGRUPPE die Häkchen herausnehmen. Dadurch verhindern Sie nämlich, dass bei den folgenden Aktionen das Teil ungewollt automatisch in die Draufsicht verdreht wird. Dadurch erhalten Sie einen besseren Eindruck vom 3D-Charakter der Operationen.

Ein Schwenk in die *Draufsicht* kann jederzeit mit dem Werkzeug AUSRICHTEN NACH aus der NAVIGATIONSLEISTE rechts und mit einem Klick auf die gewünschte Fläche oder Skizze im BROWSER oder im Zeichenfenster erreicht werden.

3.1.7 Hinzufügen eines Zylinders

Am rechten Ende des Quaders soll nun ein Zylinder angefügt werden, dessen Durchmesser der Quaderbreite entspricht und dessen Höhe mit dem Quader übereinstimmt. Rufen Sie 3D-MODELL|GRUNDKÖRPER|ZYLINDER auf und wählen Sie die Skizzierebene. Das ist gar nicht so einfach, weil Sie ja die Bodenfläche des Quaders wählen wollen, aber zunächst nur eine der sichtbaren Flächen oben oder an der Seite wählen können. Wenn Sie aber auf der Seitenfläche etwas zögern, erscheint am Cursor 1. FLÄCHE▼. Nun können Sie auf ▼ gehen und dann über 2.FLÄCHE die verdeckte Bodenfläche wählen. Wenn Sie nicht so geduldig sind, können Sie auch per Rechtsklick ANDERE AUSWÄHLEN aktivieren und dann 1. FLÄCHE▼ 2.FLÄCHE.

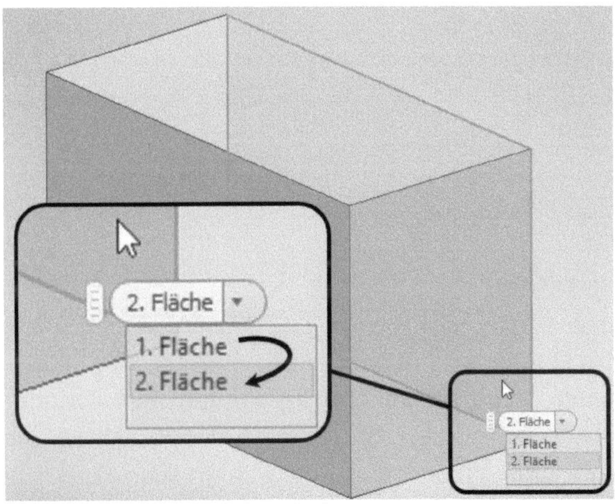

Abb. 3.14: Bodenfläche des Quaders als Skizzierebene wählen

Nun sollen Sie den Mittelpunkt für den Grundkreis des Zylinders wählen. Wenn Sie auf die Mitte der gelben projizierten Kante fahren, wird der Cursor automatisch dort einrasten. Das erkennen Sie anhand des Cursor-Farbumschlags auf Grün.

Abb. 3.15: Automatischer Objektfang auf der projizierten Kante

Danach wählen Sie über einen Eckpunkt den Kreisradius/-durchmesser.

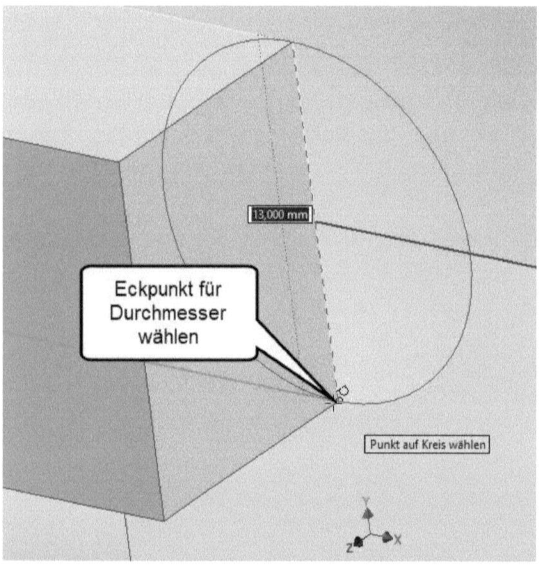

Abb. 3.16: Eckpunkt für Kreisdurchmesser wählen

Danach befinden Sie sich wie beim Quader vorhin wieder in der EXTRUSIONSFUNKTION. Diesmal wird aber kein neuer Grundkörper erstellt, sondern der Zylinder mit dem vorhandenen Quader gleich kombiniert. Sie müssen darauf achten, die korrekte EXTRUSIONSRICHTUNG über die Pfeile , zu wählen. Die Funktion wird vorgabemäßig eventuell die Methode DIFFERENZ anbieten, Sie müssen aber auf VEREINIGUNG umschalten. Die EXTRUSIONSHÖHE ist die gleiche wie für den Quader und braucht nicht neu eingegeben zu werden.

3.1.8 Halbkugel als Vertiefung

Als Nächstes soll in der Deckfläche eine halbkugelförmige Vertiefung angebracht werden. Wählen Sie 3D-MODELL|GRUNDKÖRPER|KUGEL und klicken Sie einfach auf die Deckfläche der Konstruktion als Skizzierebene. Der Mittelpunkt für die Kugel wird wieder durch Einrasten des Cursors auf dem Bogenzentrum oben bestimmt und dann der Durchmesserwert mit **7,5** eingegeben (Abbildung 3.17).

Danach befinden Sie sich in der Funktion DREHUNG mit dem vorgegebenen Winkelbereich VOLL. Sie müssen nur darauf achten, dass die Methode DIFFERENZ verwendet wird, und *nicht* VEREINIGUNG .

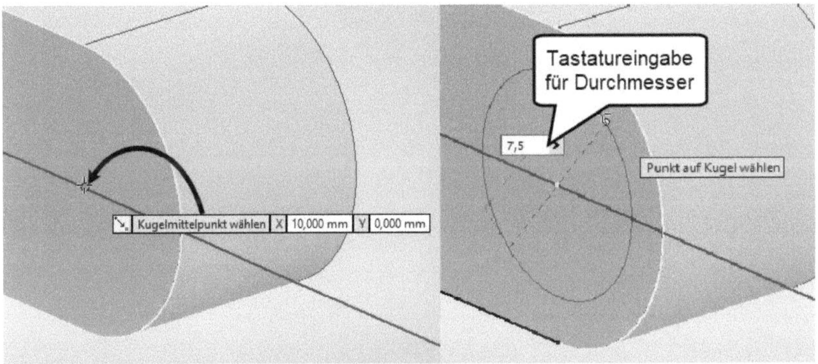

Abb. 3.17: Zentrum der Kugel rastet am Zentrum des Bogens ein.

3.1.9 Der Torus

Als Nächstes wird in derselben Ebene die Geometrie für den Torus skizziert.

Wählen Sie 3D-MODELL|GRUNDKÖRPER|TORUS und klicken Sie wieder auf die vordere Fläche des Körpers als Skizzierebene. Das Zentrum des Torus ist das Zentrum der Kugel, also klicken Sie darauf, bis der Cursor grün erscheint. Der nächste Punkt bestimmt nun die Ausrichtung des Torus. Hier müssen Sie darauf achten, dass Sie sich *genau in X-Richtung* bewegen, wenn Sie den großen Radius des Torus-Rohrs eingeben. Inventor rastet automatisch in X- oder Y-Richtung ein, sobald Sie auf 1° genau an 0° oder 90° herankommen. Wählen Sie **5,125** als Radius. Danach wird der kleine Rohrradius erfragt. Dafür wählen Sie **2,5**. Der Torus wird wieder mit VEREINIGUNG dem Volumenkörper hinzugefügt.

Damit ist die Konstruktion nun fertig. Abbildung 3.19 zeigt nun auch, was Sie mit den vier Grundkörper-Funktionen erstellt haben, nämlich vier Skizzen, von denen zwei extrudiert und zwei rotiert wurden.

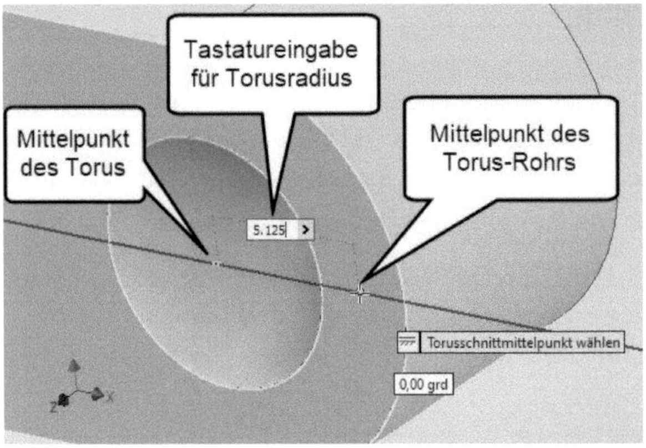

Abb. 3.18: Zentrum und großer Radius für das Torus-Rohr

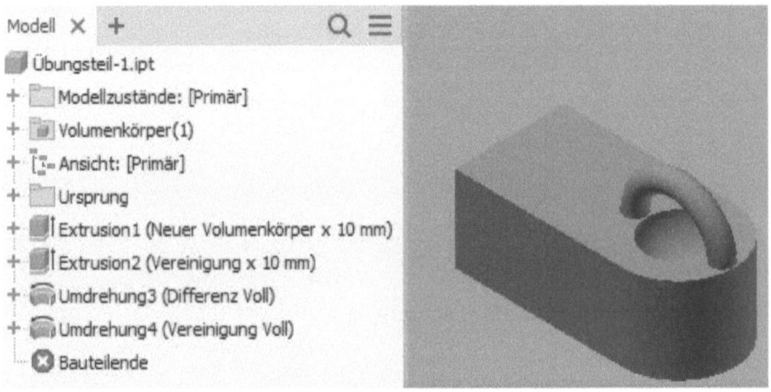

Abb. 3.19: Volumenkörper aus Grundkörpern aufgebaut

3.2 Einfaches Extrusionsteil

Als Nächstes soll das in Abbildung 1.12 und Abbildung 1.13 gezeigte Extrusionsteil konstruiert werden. Beginnen Sie erneut ein neues Bauteil wie oben. Sie können auch BAUTEIL im Drop-down-Menü NEU|▾BAUTEIL im SCHNELLZUGRIFF-WERKZEUGKASTEN wählen (Abbildung 3.20).

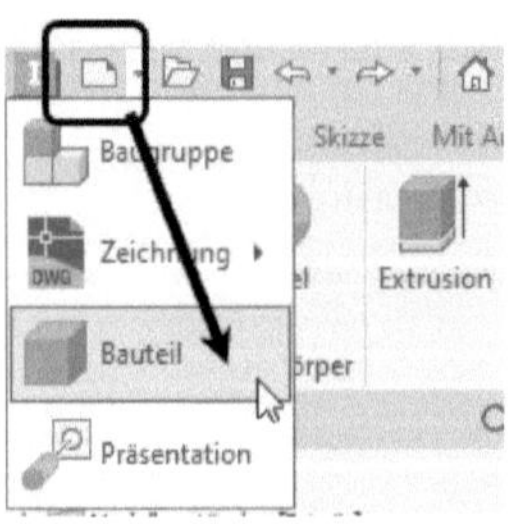

Abb. 3.20: Schneller Bauteil-Start über NEU aus dem SCHNELLZUGRIFF-WERKZEUGKASTEN

3.2.1 Eine Skizze erstellen

Weil diese Konstruktion nicht aus Grundkörpern aufgebaut wird, muss nun von Ihnen zunächst explizit eine Skizze erstellt werden. Wählen Sie für den zweidimensionalen Umriss die Funktion 3D-MODELL|SKIZZE|2D-SKIZZE STARTEN. Danach müssen Sie sich für eine der drei orthogonalen Ebenen entscheiden. Klicken Sie am besten die XY-Ebene an.

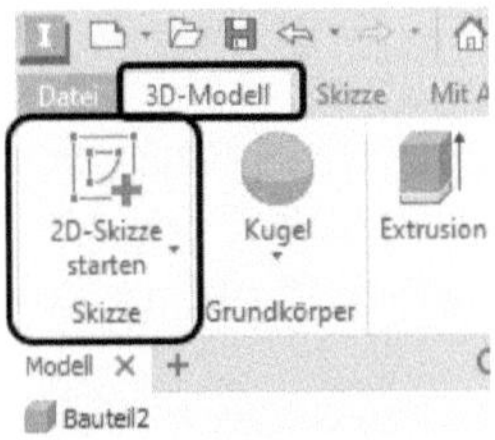

Abb. 3.21: Skizzierfunktion

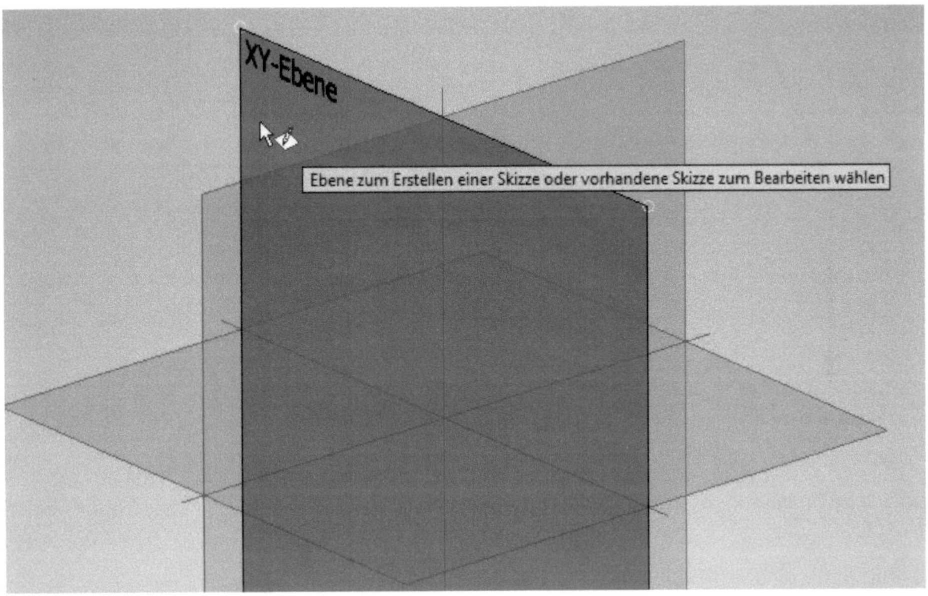

Abb. 3.22: XY-Ebene zum Skizzieren wählen

Ausrichtung der Skizzierebene

Da Sie im vorhergehenden Beispiel unter EXTRAS|ANWENDUNGSOPTIONEN|SKIZZE die Option AUSRICHTEN NACH SKIZZIEREBENE BEI SKIZZENERSTELLUNG deaktiviert hatten, bleibt Ihre Arbeitsebene nun schräg im Raum stehen. Wenn Sie zum Start lieber die Draufsicht hätten, können Sie in der NAVIGATIONSLEISTE am rechten Rand die Funktion AUSRICHTEN NACH wählen und damit im Browser links die

SKIZZEI anklicken. Als sinnvoller Punkt für den Start Ihrer Konstruktion ist der Nullpunkt als projizierter gelber Punkt bereits vorhanden.

Tipp: Nullpunkt in die Skizzierebene projizieren

Falls Sie aber diese Position durch eine Löschaktion einmal verloren haben, können Sie ihn durch Projektion neu erzeugen.

Nullpunkt in die Skizzierebene projizieren

Wählen Sie im Register SKIZZE die Funktion ERSTELLEN|GEOMETRIE PROJIZIEREN und klicken Sie im Browser nach Aufblättern der Kategorie URSPRUNG den MITTELPUNKT an. Danach erscheint diese Nullpunktposition als gelber Punkt im Zeichenfenster. Beenden Sie die Aktion mit Rechtsklick und OK.

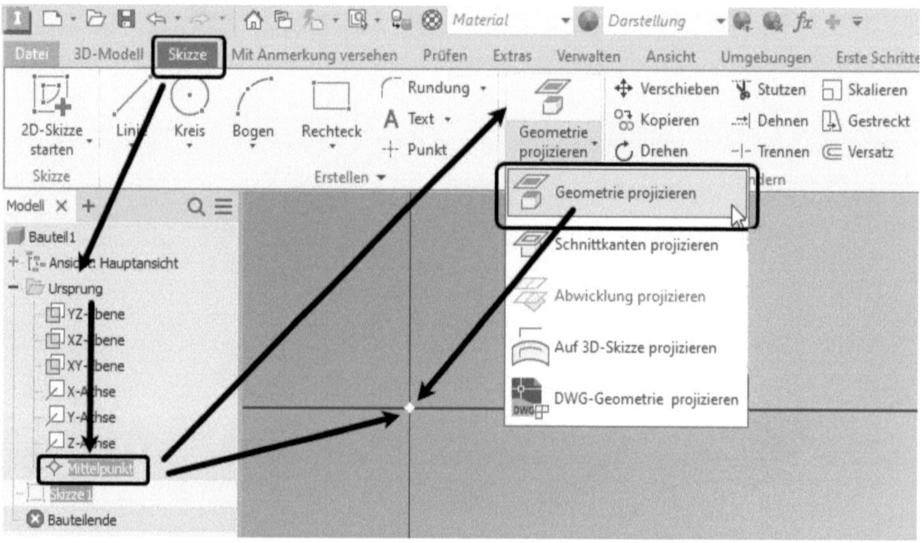

Abb. 3.23: Nullpunkt ins Zeichenfenster projizieren

Längeneingaben ermöglichen

Damit Sie beim Zeichnen nun schon Längen eingeben können, sollte unter EXTRAS|ANWENDUNGSOPTIONEN im Register SKIZZE die Option EXPONIERTE ANZEIGE aktiviert sein und unter ABHÄNGIGKEITSEINSTELLUNGEN|EINSTELLUNGEN die Option BEMAßUNG NACH ERSTELLUNG BEARBEITEN. Außerdem sollte im unteren Drittel des Dialogfensters die Option PUNKTAUSRICHTUNG EIN aktiviert sein, um bei der nachfolgenden Konstruktion Spurlinien von virtuellen Punkten zu erhalten.

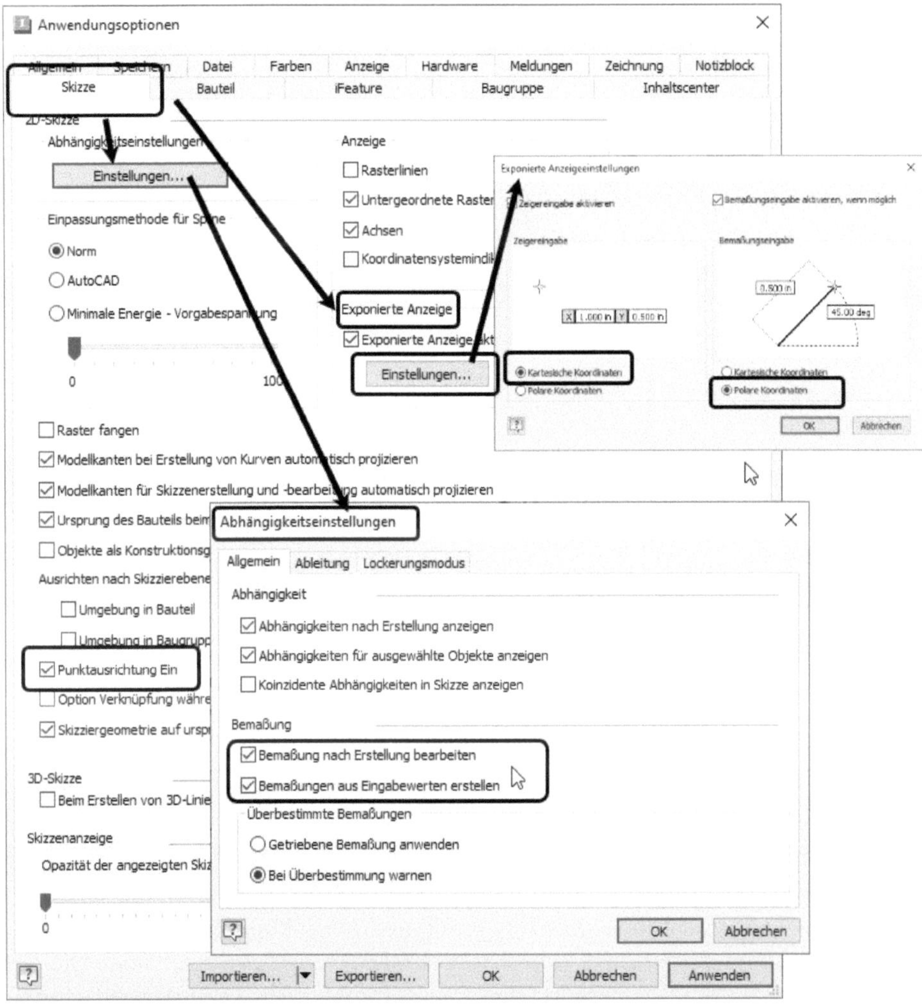

Abb. 3.24: EXPONIERTE ANZEIGE und BEMAßUNG NACH ERSTELLUNG BEARBEITEN ermöglicht die Längeneingabe beim Zeichnen.

Die Zeichenfunktionen

Nach Festlegung des Nullpunkts können Sie mit dem eigentlichen Zeichnen fortfahren. Die möglichen Zeichenfunktionen finden Sie unter SKIZZE|ERSTELLEN (Abbildung 3.25).

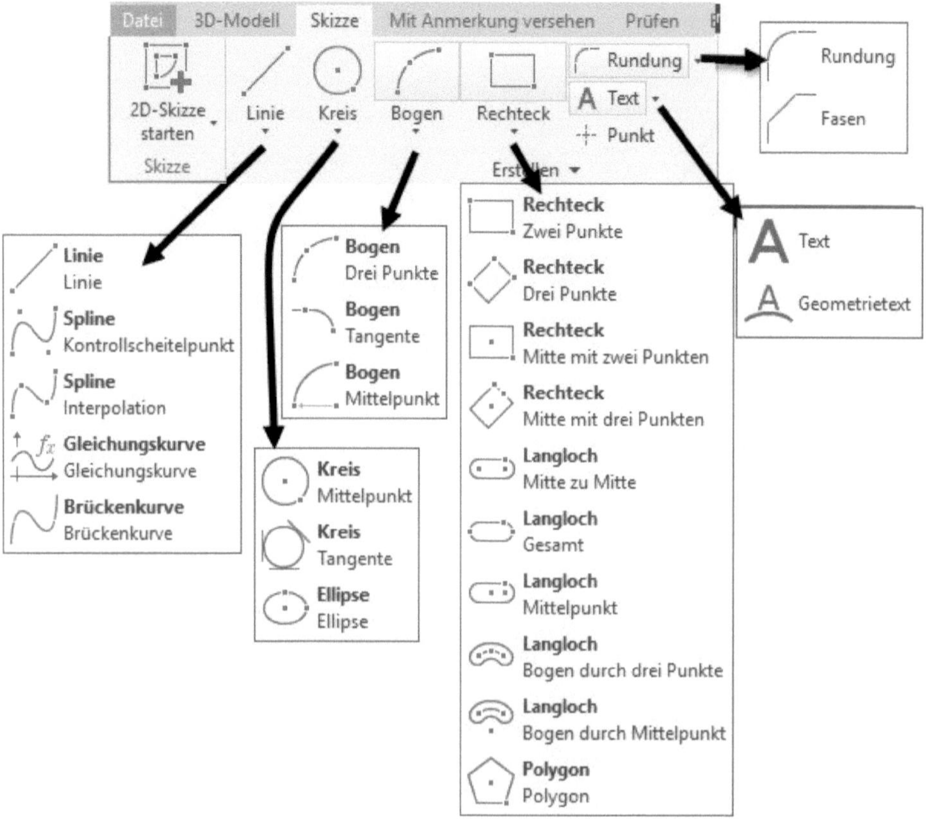

Abb. 3.25: Die Zeichenfunktionen von Inventor

Die universellste Funktion ist die LINIE-Funktion. Damit können Sie für unser Beispiel fast die komplette Konstruktion vornehmen. Den Umriss zeichnen Sie am besten zunächst unter Weglassung von Fasen und Abrundungen. Ferner können Sie bekannte Abmessungen sofort eingeben.

- Beginnen Sie mit LINIE, indem Sie den Nullpunkt anklicken und mit einem grünen Punktsymbol einrasten.
- Fahren Sie dann möglichst waagerecht nach rechts und geben Sie im Eingabefeld die Länge **20** [↵] ein. Sie erkennen, dass die Linie mit der geometrischen Abhängigkeit HORIZONTAL erstellt wird.

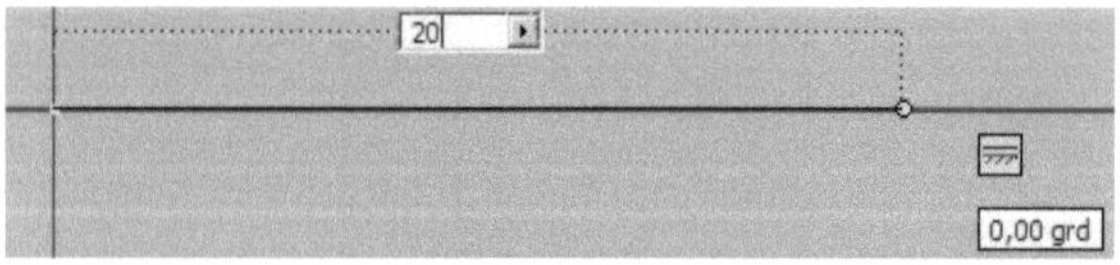

Abb. 3.26: Direkte Maßeingabe nach Positionieren der Bemaßung

- Fahren Sie nun in Fortsetzung des LINIE-Befehls senkrecht nach oben und geben Sie wieder die Länge ein mit **12** [↵]. Sie sehen, dass hier automatisch die geometrische Abhängigkeit LOTRECHT erkannt wird.

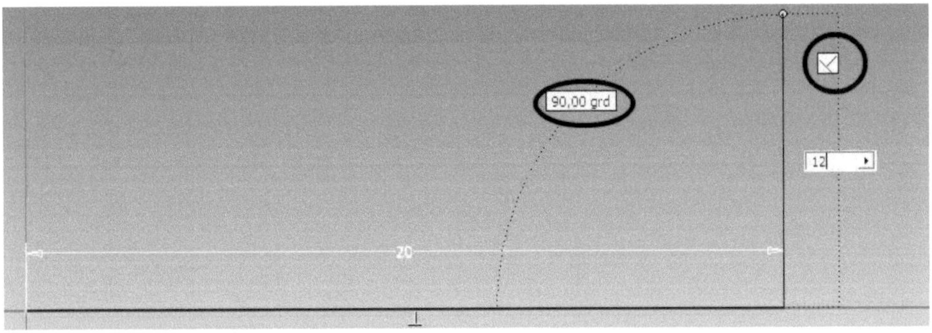

Abb. 3.27: Einrasten in lotrechter Richtung

- Danach setzen Sie den Linienzug waagerecht nach links fort. Diesmal können Sie aber keine Länge eingeben, weil die Skizze anders bemaßt ist. Also klicken Sie in einer Entfernung, die nach Augenmaß passen müsste. Exakt bemaßt wird später.

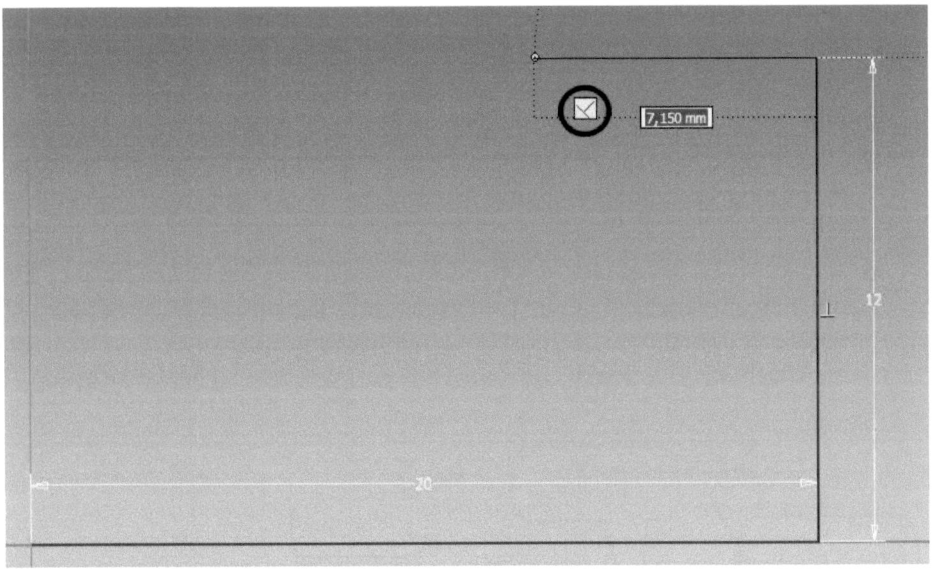

Abb. 3.28: Lotrechte Position nach Augenmaß

- Nun fahren Sie schräg nach unten, wieder nach Augenmaß.

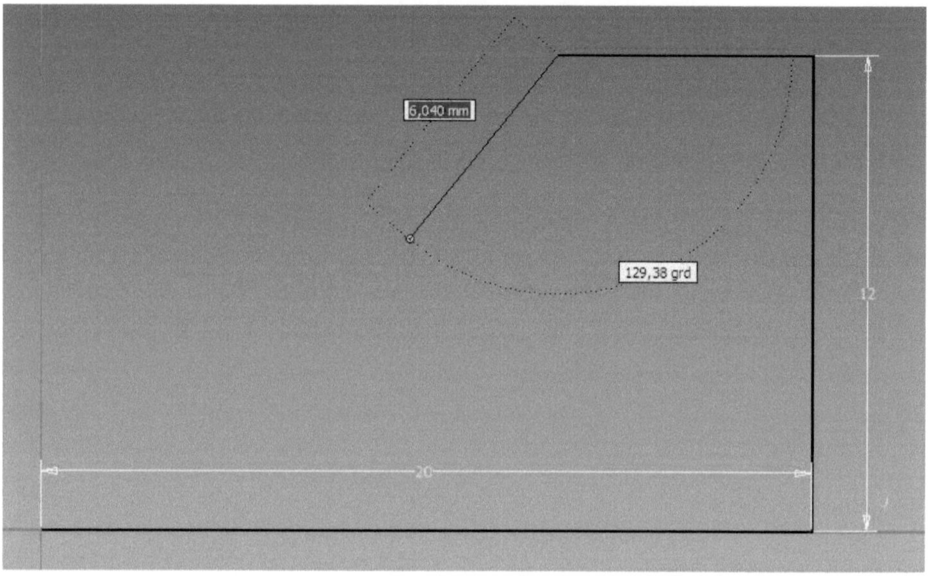

Abb. 3.29: Freihändige Position wird später nachbemaßt.

- An diese schräge Linie müssen Sie nun tangential einen Bogen anschließen. Dazu müssen Sie aber nicht den BOGEN-Befehl aufrufen, sondern können weiter im Linienzug bleiben.
  1. Aber halten Sie ausgehend vom letzten Punkt die Maustaste gedrückt und
  2. ziehen Sie in der Linienrichtung nach links unten weg. Es wird nun automatisch in den Bogen-Modus umgeschaltet und dieser tangential angeschlossen.
  3. Halten Sie die Maustaste weiter gedrückt und ziehen Sie so weit nach rechts rüber, bis oben der Mittelpunkt auf der Lotlinie liegt und der Bogen-Endpunkt senkrecht darunter mit gepunkteter Linie angedeutet wird. Nun lassen Sie die Maustaste los. Der Bogen endet nun mit waagerechter Tangentenrichtung.

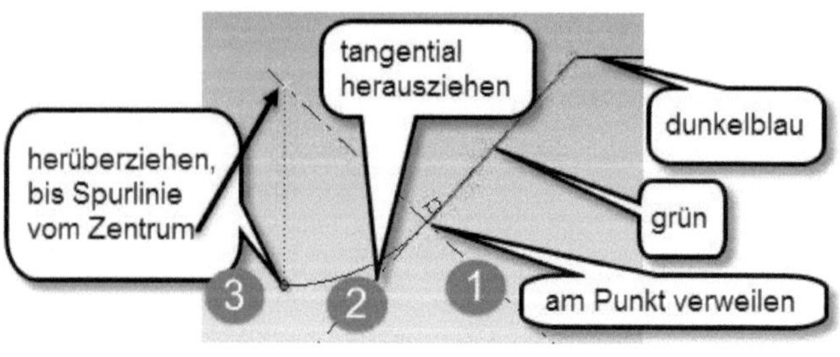

Abb. 3.30: Tangentialer Bogen mit gedrückter Maustaste

- Nun fahren Sie wieder waagerecht im Linienmodus nach links, bis der Endpunkt mit gepunkteter Lotlinie direkt über dem Nullpunkt liegt. Klicken Sie dort.

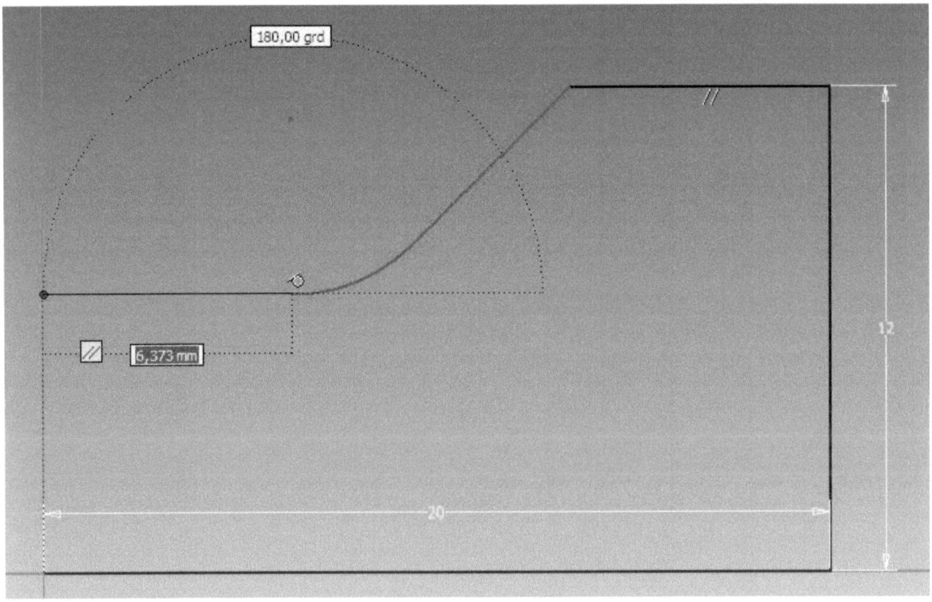

Abb. 3.31: Vorletzter Punkt auf Spurlinie überm Startpunkt

- Schließen Sie die Kontur mit einem letzten Klick auf den Nullpunkt. Dann beenden Sie die Linienkonstruktion mit Rechtsklick und OK.

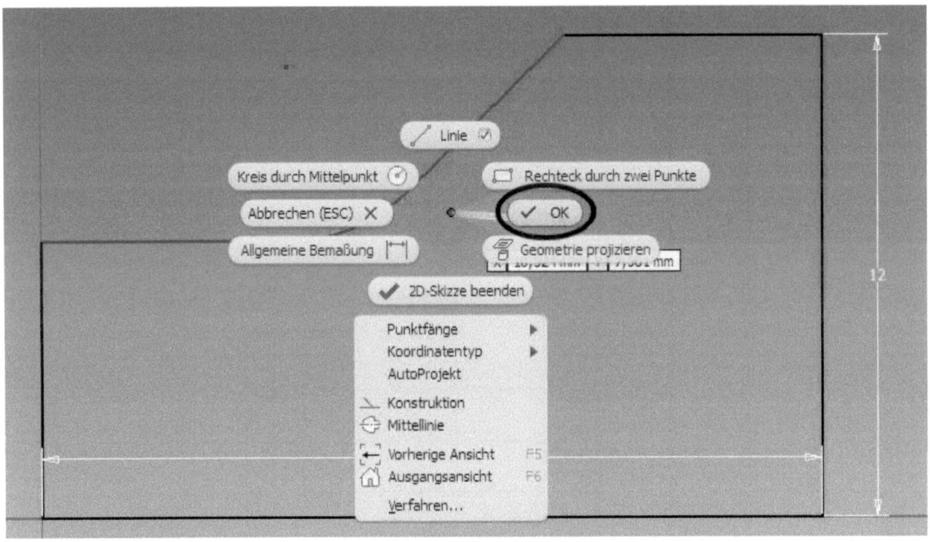

Abb. 3.32: Kontur schließen

Die Kontur ist nun geometrisch fertig, aber es gibt violette (dunkle) und grüne (helle) Konturelemente. Die violetten sind bereits durch geometrische Abhängigkeiten und Bemaßungen vollständig bestimmt. Für die grünen Konturen müssen noch Bemaßungen eingegeben werden.

Die vorhandenen Bemaßungen werden direkt in der Skizze angezeigt. Die automatisch erkannten und etablierten geometrischen Abhängigkeiten können Sie aktivieren mit der Funktionstaste F8 oder über das Rechtsklick-Menü (Kontextmenü) wie in Abbildung 3.33 gezeigt.

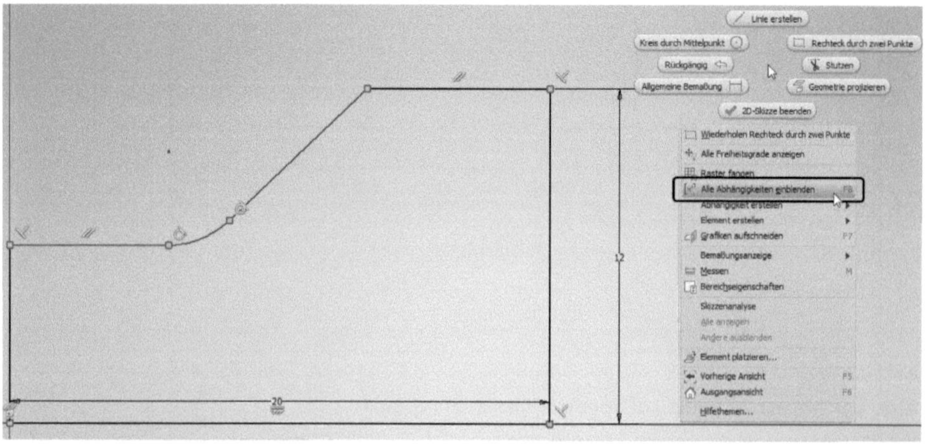

Abb. 3.33: Automatisch erkannte geometrische Abhängigkeiten

Umgekehrt können Sie übers Kontextmenü auch alle noch verbleibenden Freiheitsgrade anzeigen lassen (Abbildung 3.34). Diese müssen nun durch weitere geometrische Abhängigkeiten und/oder Bemaßungen beseitigt werden, bis die Skizze den Zustand erreicht, dass die komplette Geometrie vollständig bestimmt ist.

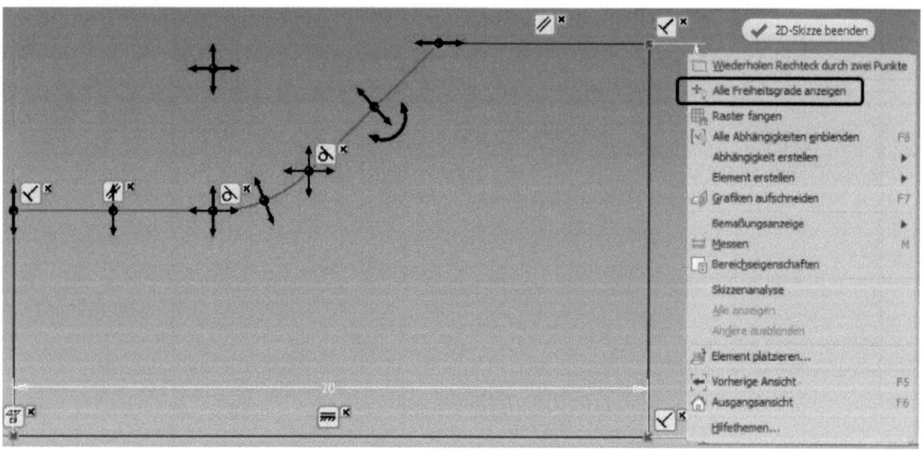

Abb. 3.34: Verbleibende Freiheitsgrade deuten auf fehlende Bemaßungen hin.

Bemaßungen

Zum Erstellen von Bemaßungen gibt es nur eine Funktion. Anhand der gewählten Objekte erkennt diese die gewünschte Bemaßungsart.

- Wählen Sie nun also SKIZZE|BEMAßUNG und klicken Sie auf die linke senkrechte Linie. Sie können jetzt eine Position für die Maßlinie anklicken und das gewünschte Maß **8** eingeben. Beenden Sie den Dialog mit einem Klick auf das grüne Häkchen. Dadurch ist die Länge dieser Linie bestimmt und die anschließende waagerechte Linie wird violett, ist also in ihrer Lage nicht mehr verschiebbar. Der Freiheitsgrad der Verschiebung fällt dort auch weg.

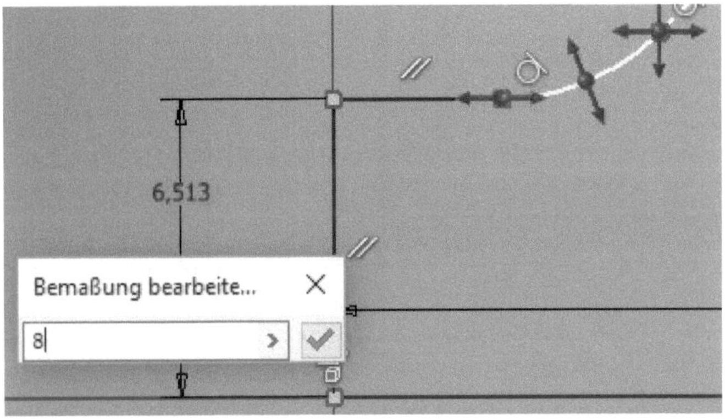

Abb. 3.35: Bemaßung nachbearbeiten

- Als Nächstes bemaßen Sie den Winkel der schrägen Linie. Klicken Sie dazu diese Linie und dann die waagerechte daneben an und klicken Sie auf eine Maßlinienposition. Nun können Sie den Winkel **45** eingeben.

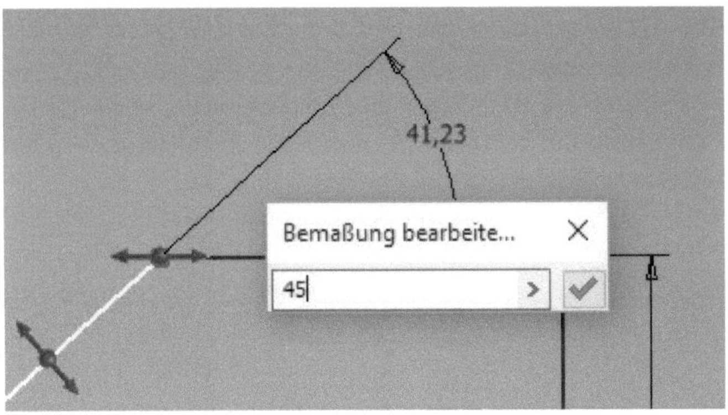

Abb. 3.36: Winkel nachbemaßen

Nun sind alle Freiheitsgrade verschwunden, aber dennoch ist die Geometrie nicht vollständig bestimmt. Unten rechts wird das in der Statusleiste angezeigt. Es fehlen noch eine Radiusbemaßung für den Bogen und eine Bemaßung für den Mittelpunkt.

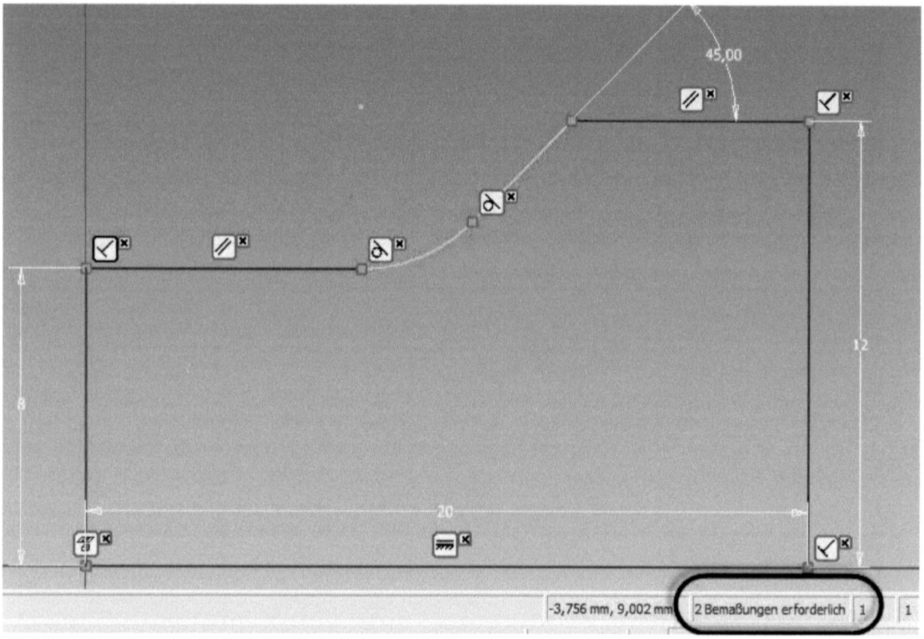

Abb. 3.37: Bemaßungen oder Abhängigkeiten fehlen noch.

Wenn Sie nicht wissen, was noch zu bemaßen ist, können Sie im Register SKIZZE auch die automatische Bemaßung ausprobieren. Dieser Befehl erstellt zwar geometrische Abhängigkeiten und Bemaßungen, damit die Konstruktion vollständig bestimmt wird, aber die Art dieser automatischen Bemaßungen ist meist technologisch nicht sehr sinnvoll. Benutzen Sie diese Funktion also in dem Sinne, dass Sie damit fehlende Bemaßungen überhaupt erst herausfinden, beenden Sie dann die Funktion über die Optionen ENTFERNEN und FERTIG und bemaßen Sie anschließend manuell und sinnvoll selbst.

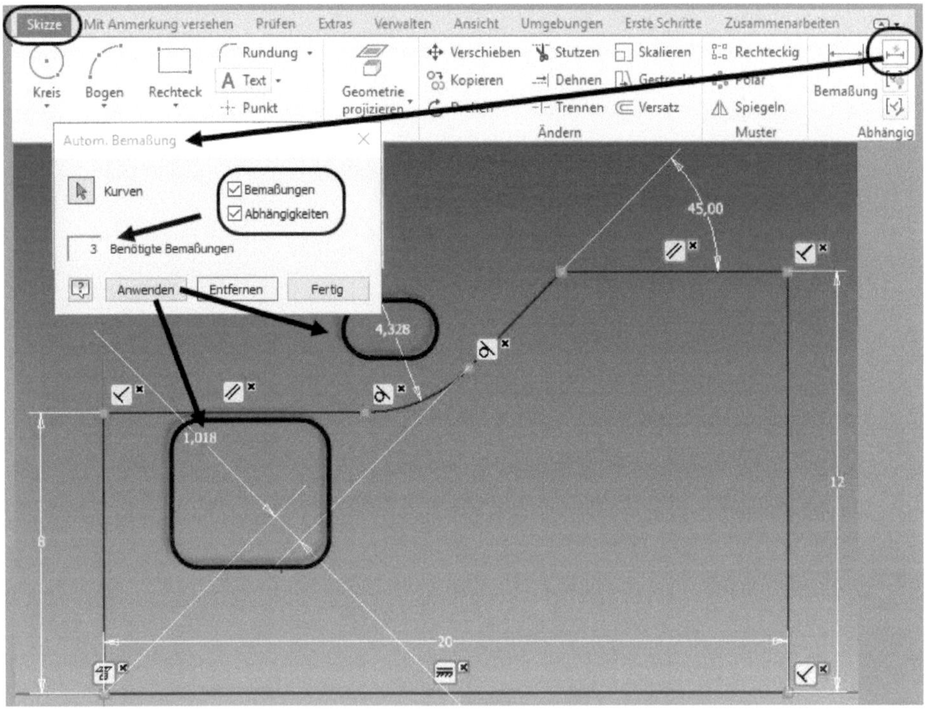

Abb. 3.38: Automatische Generierung von Abhängigkeiten und Bemaßungen

- Wählen Sie nun also wieder die Bemaßungsfunktion und bemaßen Sie den Radius durch Eingabe von **2**.

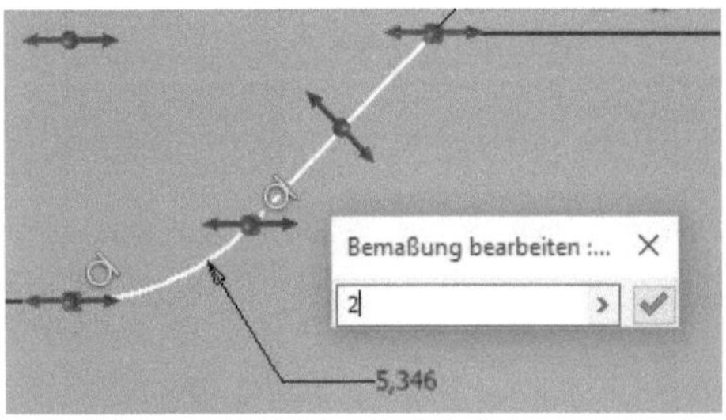

Abb. 3.39: Radius neu bemaßen

- Dann bemaßen Sie den Abstand für den Mittelpunkt, indem Sie den linken Eckpunkt und den Mittelpunkt anklicken und die Zahl **6** eingeben. Damit sind dann alle Konturelemente violett und damit vollständig bestimmt. Auch in der Statusleiste lesen Sie nun: SKIZZE VOLL BESTIMMT.

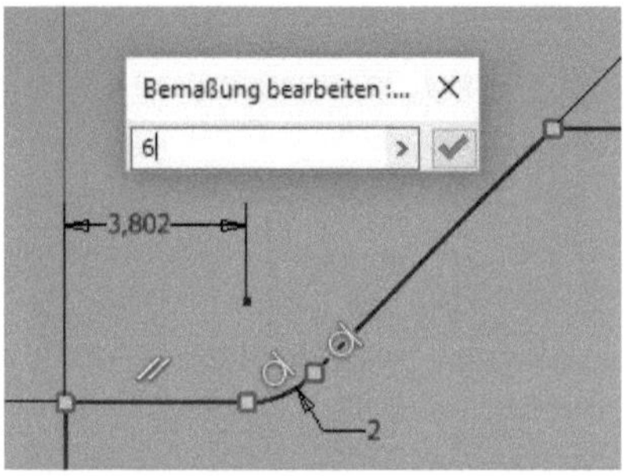

Abb. 3.40: Mittelpunkt bemaßen

Abrundung und Fase

Nun fehlen in der Kontur nur noch eine Abrundung und eine Fase. Die Befehle RUNDUNG und FASEN liegen ebenfalls in der Gruppe ZEICHNEN (siehe Abbildung 3.41).

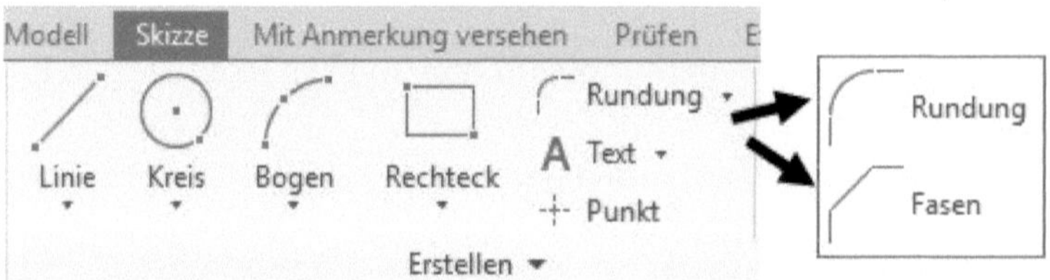

Abb. 3.41: Rundung und Fasen

Zuerst rufen Sie den Befehl RUNDUNG auf, akzeptieren den vorgegebenen Radius **2** und klicken die beiden Linien ungefähr an den Berührpunkten der Rundung an. Schon vor dem zweiten Klick wird eine Vorschau in Grün angezeigt.

Prinzipiell können Sie mit dem Befehl mehrere Abrundungen durchführen. Wenn das *Gleichheitszeichen* im Dialogfenster *aktiviert* ist, dann erhält nur die erste Abrundung eine Bemaßung und alle weiteren werden dann mit der *geometrischen Abhängigkeit* GLEICH = auf den gleichen Radiuswert gesetzt. Das hat den Vorteil, dass bei einer späteren Änderung des ersten Radiuswerts alle übrigen automatisch in gleicher Weise geändert werden.

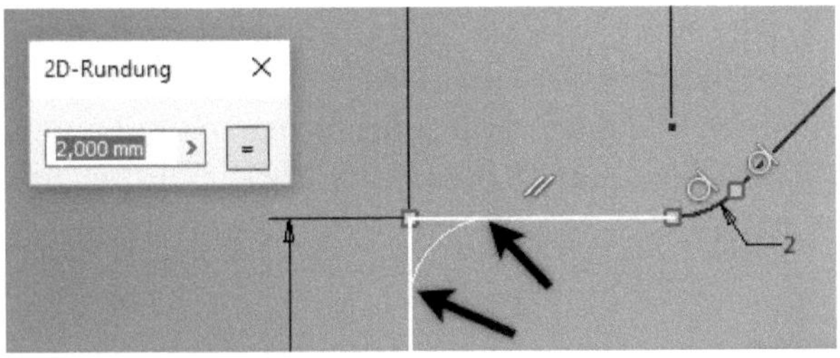

Abb. 3.42: Zum Abrunden die Linien an den Berührpunkten anklicken

Wäre das *Gleichheitszeichen* im Dialog *nicht aktiviert;* erhielte jede einzelne Abrundung eine *eigene Bemaßung* und könnte später einzeln geändert werden. Überlegen Sie sich deshalb schon bei der Konstruktion, in welcher Weise Sie später eventuell einmal die Konstruktion ändern möchten.

Die Fase erstellen Sie mit dem Befehl FASEN. Auch hier gibt ein Gleichheitszeichen an, dass Sie mehrere gleiche Fasen erstellen wollen. Mit aktivieren Sie die *automatische Bemaßung*. Dadurch ist diese Konstruktionsänderung auch gleich wieder vollständig bemaßt.

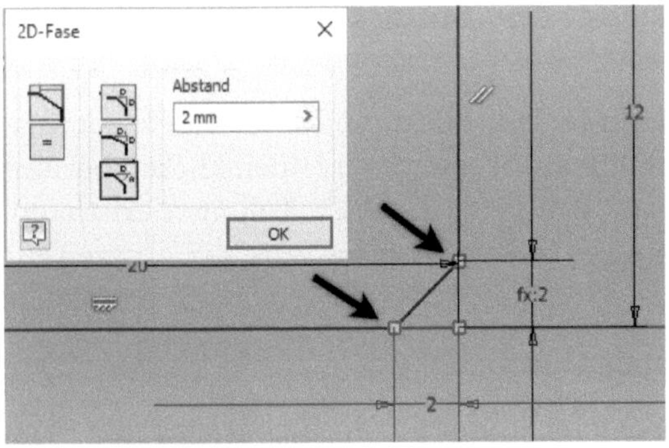

Abb. 3.43: Erstellung einer symmetrischen Fase mit Bemaßung

Die Definition der Fase kann auf drei Arten geschehen:

- dient zur Erstellung einer symmetrischen Fase mit zwei gleichen Abständen,
- erzeugt eine Fase mit zwei unterschiedlichen Abständen,
- erzeugt eine Fase über einen Fasenabstand und den Fasenwinkel zur ersten Kante.

Die Kontur ist damit fertig und auch voll bestimmt. Nun können Sie mit die Skizze beenden.

Die Extrusion

Zur Erstellung des Volumenkörpers wählen Sie nun 3D-MODELL|EXTRUSION. Der Befehl erscheint einerseits mit einem *Dialogfenster,* parallel dazu auch mit einem *Cursor-Menü.* Für den Anfang ist vielleicht das Dialogfenster übersichtlicher und einfacher zu bedienen.

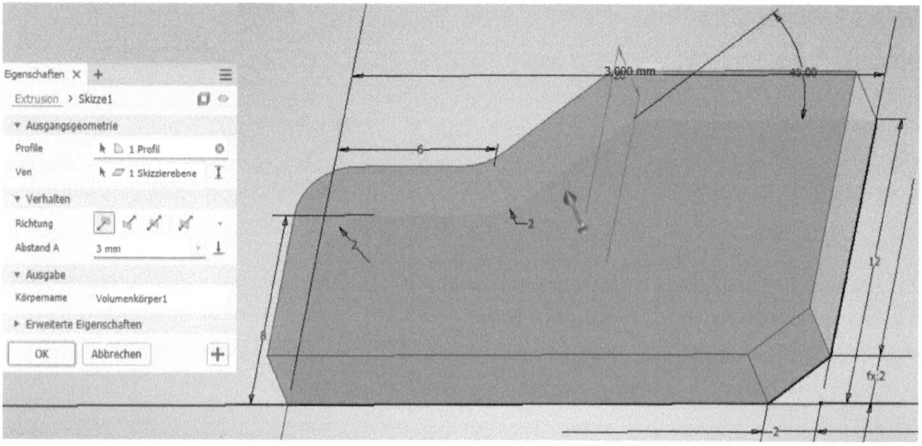

Abb. 3.44: Extrusion mit Abstand 3

Da die aktuelle Konstruktion ein sehr einfacher Fall ist, findet der Befehl automatisch das Profil, das Sie in einem komplexen Fall erst durch Hineinklicken bestimmen müssten. Da in der Konstruktion noch keine weiteren Volumen existieren, erstellt der Befehl ein neues Volumen. Die einzige Eingabe wäre der Abstand für die Extrusion, der hier **3 mm** beträgt.

Der Befehl EXTRUSION bietet folgende Optionen:

- PROFILE: Klicken Sie in eine geschlossene Kontur hinein, die Sie mit einer Skizze erstellt haben. Wenn in der aktuellen Konstruktion nichts anderes vorhanden ist als eine einzige einfach geschlossene Kontur, dann erkennt Inventor das *automatisch* und wählt sie.
- Ausgabe eines Volumenkörpers (Vorgabe oben rechts)
- Ausgabe von Flächen, die durch Hochziehen (Austragung) der Konturkurven (Linien, Bögen etc.) entstehen
- VEREINIGUNG: Wenn schon ein anderes Volumen in der aktuellen Konstruktion existiert, wird das neue mit dem alten zu einem Gesamtkörper vereinigt.
- DIFFERENZ: Wenn schon ein anderes Volumen in der aktuellen Konstruktion existiert, wird das neue von dem alten abgezogen.
- SCHNITTMENGE: Wenn schon ein anderes Volumen in der aktuellen Konstruktion existiert, wird aus dem alten und dem neuen das Überlagerungsvolumen übrig bleiben.

- Richtung nach oben für die Extrusion
- Richtung nach unten
- Es soll von der Skizzierebene in beide Richtungen um den gleichen Betrag (symmetrisch) extrudiert werden.
- Es soll von der Skizzierebene in beide Richtungen mit unterschiedlichen Höhen (asymmetrisch) extrudiert werden.

Anstatt die Höhe oder Tiefe der Extrusion anzugeben, kann auch eine Zielfläche verwendet werden, die als Grenze der Extrusion wirken soll. Dafür gibt es folgende Optionen:

- DURCH ALLE – Die Extrusion läuft unbegrenzt durch das komplette Teil.
- BIS – Die Extrusion läuft bis zu einer gewählten Fläche.
- ZUR NÄCHSTEN – Die Extrusion läuft bis zur nächsten Fläche.

3.3 Einfaches Rotationsteil

Das Rotationsteil beginnt wieder mit einem neuen Bauteil und dort mit einer SKIZZE in der XY-EBENE. Die erste Linie sollte vom Typ MITTELLINIE sein. Dazu aktivieren Sie vor dem LINIE-Befehl SKIZZE|FORMAT|MITTELLINIE und zeichnen dann die Achse vom Nullpunkt nach rechts mit Länge **120**. Danach schalten Sie die MITTELLINIE wieder ab. Es geht mit normalen Linien weiter. Denken Sie bitte daran, nur eine *Kontur* des Teils zu zeichnen, es gibt hier keine Sichtkanten, sondern nur die Außenkontur. Die Sichtkanten entstehen erst, wenn das Profil zum Volumenkörper rotiert wird.

In Abbildung 3.45 wird gezeigt, wie Sie innerhalb der Zeichnungskontur auf andere *Koordinateneingaben* umschalten können. Im Kontextmenü wird der KOORDINATENTYP angeboten und darunter wurde umgeschaltet auf RELATIVE KOORDINATEN und POLARE KOORDINATEN. Für das nächste Segment sollte nämlich die Länge unter ΔL=**30** und der Winkel unter ΔA=**175** eingegeben werden.

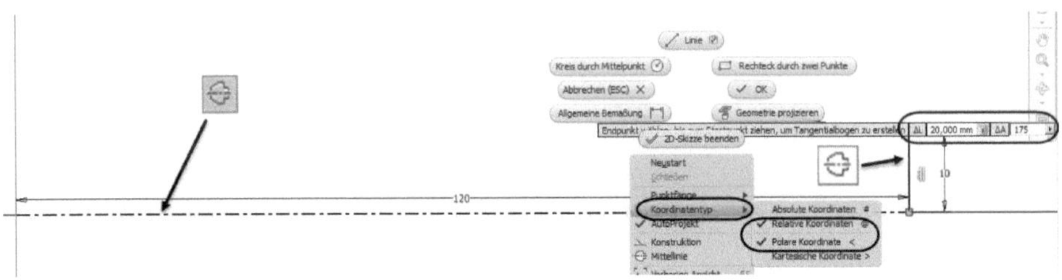

Abb. 3.45: Skizze beginnt mit Typ `Mittellinie` und verwendet Polarkoordinaten.

Im weiteren Verlauf wurde die Kontur nach Augenmaß eingegeben, weil eine exakte Bemaßung dann die Kontur bestimmt. An einer Stelle wurde ein Viertelkreis eingezeichnet. Er wurde wieder wie im vorigen Teil durch Ziehen mit gedrückter Maustaste begonnen und dann so weit herumgezogen, bis die gepunktete Spurlinie zum Zentrumspunkt erscheint. So entsteht der Viertelkreis.

Bei den Bemaßungen sehen Sie, dass die Querschnitte gleich als Durchmesser erkannt werden, wenn Sie von einem Konturelement zur Mittellinie bemaßen. Daran erkannt der Inventor automatisch, dass es sich um ein Drehteil handelt.

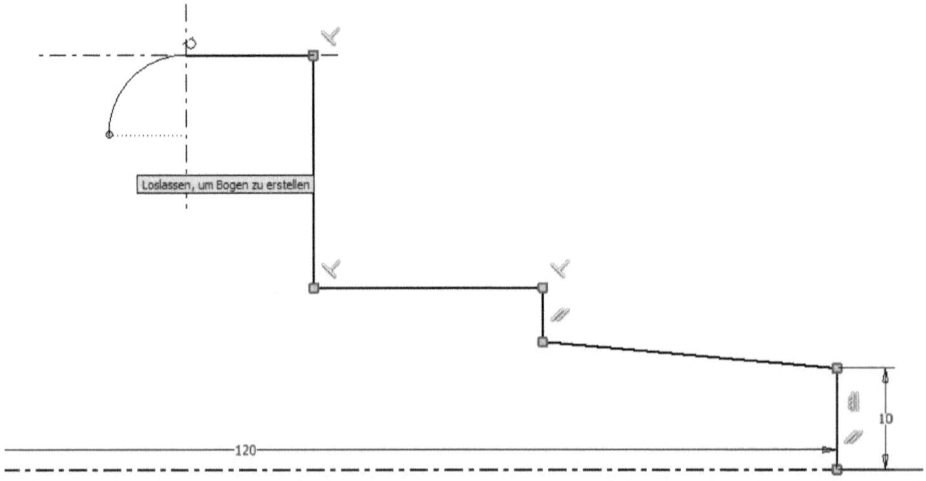

Abb. 3.46: Viertelkreis in Kontur

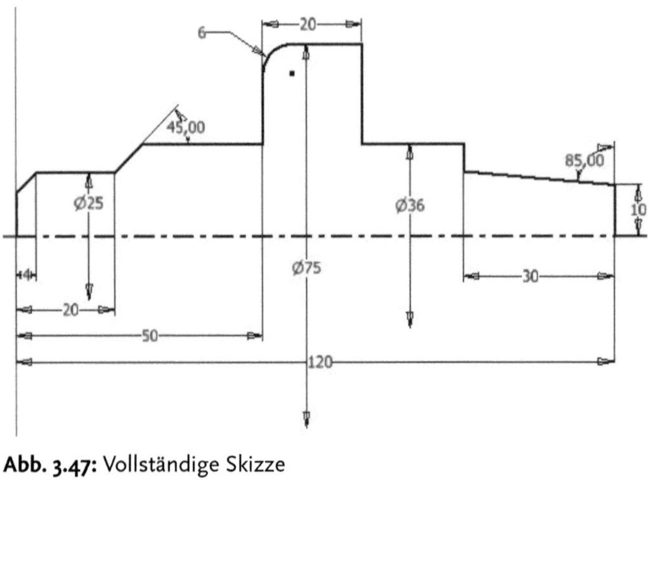

Abb. 3.47: Vollständige Skizze

Sobald die Skizze vollständig bestimmt ist, beenden Sie den Skizzenmodus mit SKIZZE FERTIG STELLEN.

Mit der Funktion 3D-MODELL|ERSTELLEN|DREHUNG wird in diesem Fall die Drehung automatisch ausgeführt. Der Grund liegt darin, dass die Situation eindeutig ist: Es gibt nur ein einziges geschlossenes Profil und auch nur eine einzige Achse. Inventor bietet die Drehung VOLL an, das heißt um 360°. Da noch kein anderer Volumenkörper existiert, mit dem kombiniert werden könnte, wird ein neues Volumen erstellt. Hier brauchen Sie nur noch auf OK zu klicken.

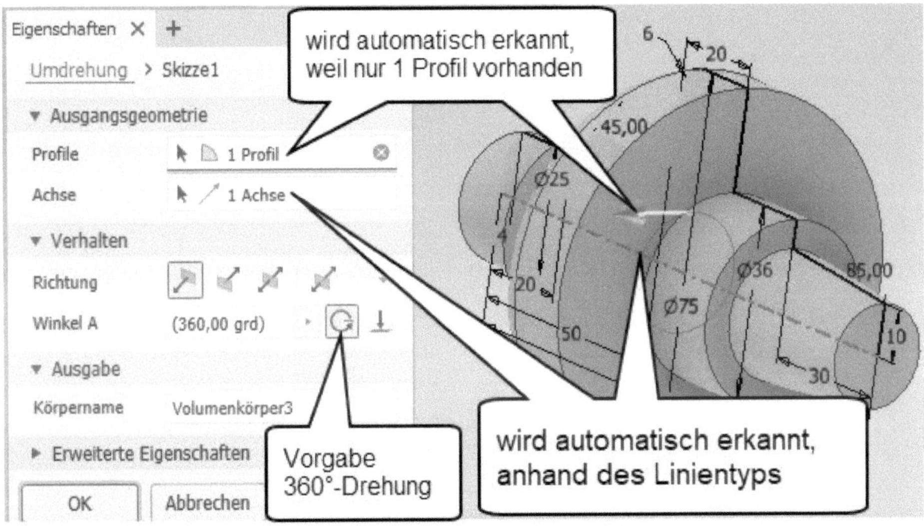

Abb. 3.48: Befehl DREHUNG findet automatisch Profil und Achse.

3.4 Übungsfragen

1. Welche Hilfsmittel zum Schwenken einer Ansicht gibt es?
2. Welchen Vorteil bietet die ORBIT-Funktion gegenüber dem dynamischen Schwenken?
3. Was bedeutet es, wenn eine Skizze vollständig bestimmt ist?

Kapitel 4

Die Skizzenfunktion

In diesem Kapitel wird grundlegend in die *Skizzenerstellung* eingeführt. Sie lernen zuerst die *Zeichenbefehle* kennen. Eine Skizze kann zwei- oder dreidimensional sein. Dann folgen die möglichen *geometrischen Abhängigkeiten* zwischen den Skizzenelementen. Abschließend wird die Konstruktion über die *parametrische Bemaßung* festgelegt. Wichtig sind auch die Analysefunktionen, um die Konsistenz einer Skizze zu prüfen. Da die meisten Skizzen zweidimensional sind, ist es wichtig, die dafür nötigen Ebenen festzulegen. Deshalb wird das Kapitel mit dem Thema *Arbeitselemente* abgeschlossen.

4.1 Funktionen für zweidimensionales Skizzieren

Starten Sie zunächst ein neues Bauteil nach einer der in Abschnitt 3.1.2 , »Ein neues Bauteil beginnen« vorgestellten Varianten. Damit Ihre Konstruktion schon einen individuellen Namen erhält, könnten Sie auch sofort einmal speichern und dabei den gewünschten Namen eingeben.

Sobald Sie das neue Bauteil gestartet haben, können Sie über die Register 3D-MODELL oder SKIZZE die Skizzierfunktionen starten, es gibt 2D-SKIZZE STARTEN und 3D-SKIZZE STARTEN (Abbildung 4.1). Wählen Sie hier für die ersten Beispiele 2D-SKIZZE STARTEN. Automatisch erscheint dann eine Grafik mit den orthogonalen Skizzierebenen (Abbildung 4.2), aus der Sie normalerweise die XY-EBENE auswählen.

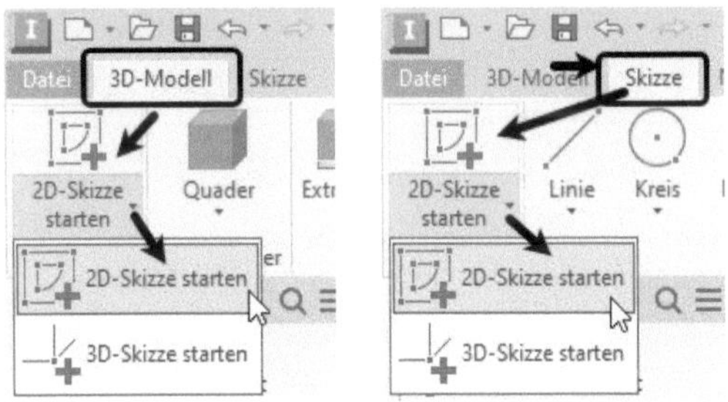

Abb. 4.1: Starten des Skizzen-Modus, hier als 2D-Skizze

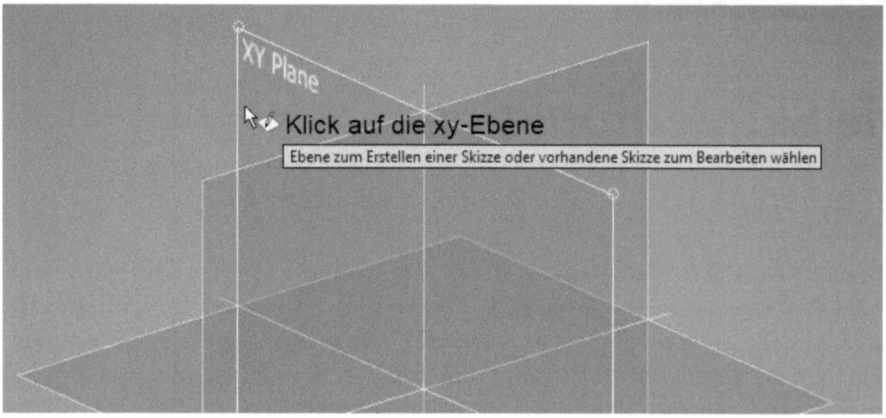

Abb. 4.2: Auswahl der XY-EBENE zum Skizzieren per Klick

Nun können Sie die für Ihre Konstruktion nötigen zweidimensionalen Konturen entwerfen. *Skizzieren* bedeutet noch nicht unbedingt das exakte Zeichnen mit den endgültigen Maßen, sondern mehr ein Entwerfen nach Augenmaß, wobei fehlende Bemaßungen auch nachträglich ergänzt werden können.

Hinweis

Der Begriff *Kurve* wird oft unterschiedlich verwendet. Hier im Buch steht *Kurve* für alle Geometrieelemente, die durch die Bewegung eines Punkts entstehen, egal ob gerade oder gebogen oder händisch skizziert. Insbesondere sind auch *Linien* in diesem Sinne *Kurven*.

4.1.1 Funktionsübersicht

Fürs Skizzieren stehen Ihnen zahlreiche Funktionen auch komplexerer Art zur Verfügung (Abbildung 4.3). Natürlich finden Sie im Register SKIZZE auch Bearbeitungsfunktionen in der Gruppe ÄNDERN. Zum Vervollständigen der Konstruktion sollten Sie dann insbesondere die nötigen geometrischen Abhängigkeiten verwenden und schließlich die Bemaßungen erstellen. In der rechten unteren Ecke des Zeichenfensters wird Ihnen stets der Zustand der Geometrie angezeigt, nämlich ob noch BEMAẞUNGEN ERFORDERLICH sind oder die ZEICHNUNG VOLLSTÄNDIG BESTIMMT ist. Erst wenn die ZEICHNUNG VOLLSTÄNDIG BESTIMMT ist, wissen Sie, dass die Konstruktion logisch korrekt und vollständig ist. Erst dann sollten Sie mit dem Button SKIZZE FERTIG STELLEN rechts in der Gruppe BEENDEN den Skizziermodus verlassen, um aus der 2D-Skizze mit Modellierfunktionen wie EXTRUSION oder DREHUNG oder Ähnlichen dann dreidimensionale Volumenkörper zu generieren.

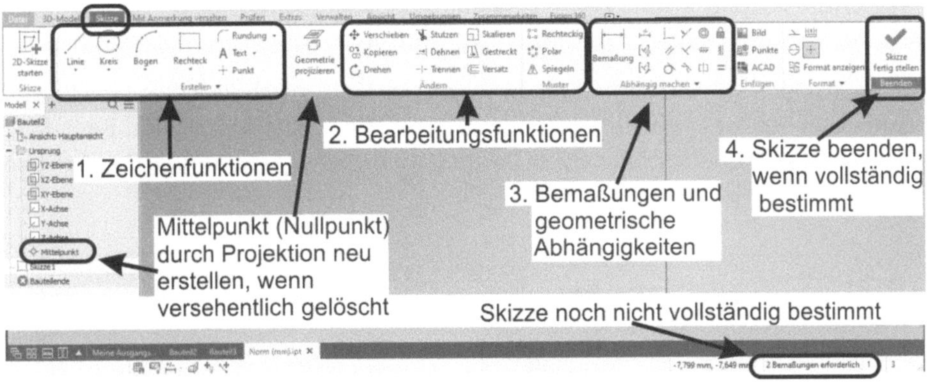

Abb. 4.3: Funktionsleiste im 2D-Skizzieren

Wenn Sie mit 2D-SKIZZE STARTEN den Skizzenmodus gestartet haben, dann werden Ihre Eingaben auf die Skizzierebene beschränkt, auch wenn Sie die Ansicht dreidimensional schwenken. Auf dem Bildschirm erscheint bereits ein einziges Konstruktionselement als gelber Punkt, der *Nullpunkt* eines vorgegebenen *Koordinatensystems*. Auf der linken Seite finden Sie im *Browser* unter MODELL ▾ das fast leere Schema Ihrer Konstruktionsschritte.

Wenn Sie im Browser den Knoten URSPRUNG aufblättern (auf + klicken), dann werden Ihnen die *Koordinatenebenen*, *-achsen* und der *Nullpunkt* angezeigt. Der *Nullpunkt* wird hier als MITTELPUNKT bezeichnet. An den Achsen und am Nullpunkt werden sich die geometrischen Abhängigkeiten und Bemaßungen der Konstruktion orientieren. Deshalb ist die Sichtbarkeit dieses kleinen gelben Punkts in der Skizze sehr wichtig.

Tipp: Nullpunktanzeige

Sollte diese Position einmal durch Löschen verloren gehen, dann können Sie sich diese immer wieder beschaffen (Abbildung 4.3), indem Sie im Browser MITTELPUNKT anklicken und in der Gruppe ERSTELLEN die Funktion GEOMETRIE PROJIZIEREN anklicken.

4.1.2 Linienarten

Bevor Sie nun einen ersten Umriss zeichnen, wären noch die verschiedenen Linienarten zu erklären. Rechts in der Gruppe FORMAT können Sie die Vorgaben für die Linienarten und Punktstile steuern. Unter den gezeigten Einstellungen (Abbildung 4.4) werden normale durchgezogene *Konturen* erstellt und die Punkte als MITTELPUNKTE, die später als Positionen für *Bohrungen* automatisch erkannt werden. Falls Sie aber eine Linie oder auch einen Kreis/Bogen als *Hilfsgeometrie* brauchen, sollten Sie KONSTRUKTION aktivieren. Kurven mit der Einstellung KON-

STRUKTION werden später beim Erstellen von 3D-Volumen nicht als Konturen erkannt und können deshalb für beliebige Hilfsgeometrien verwendet werden.

Wenn MITTELLINIE aktiviert ist, dann wird eine Linie strichpunktiert erstellt und kann als Achse für Drehteile verwendet werden. Sie bewirkt dann beim Bemaßen, dass ein Maß von einer beliebigen Position zu dieser Mittellinie als *Durchmessermaß* erstellt wird.

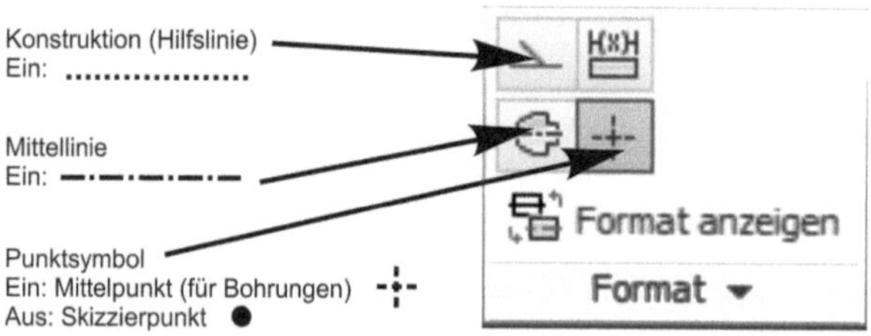

Abb. 4.4: Linienarten und Punktstile

Tipp: Symmetrielinien

Wenn Sie eine *Symmetrielinie* brauchen, die *keine* Achse eines Drehteils sein soll, sollten Sie deshalb nicht den Typ MITTELLINIE verwenden, sondern KONSTRUKTION.

4.1.3 Punktfänge

Beim Skizzieren wird der Cursor für Ihre Eingabepositionen an verschiedenen Punkten einrasten. Automatisch werden die ENDPUNKTE und MITTELPUNKTE von Kurven als Rastpositionen erkannt, auch ZENTRUMSPUNKTE von Kreisen, Bögen und Ellipsen. Das Einrasten wird durch einen kleinen *grünen Punkt* symbolisiert. Für den *zweiten Punkt* einer Linie greifen dann auch die Objektfänge TANGENTE oder SCHNITTPUNKT mit kleinen *temporären Icons*. Andere Punkt- oder Objektfänge müssen Sie in den Zeichenbefehlen übers Kontextmenü (Rechtsklick) aktivieren (Abbildung 4.5).

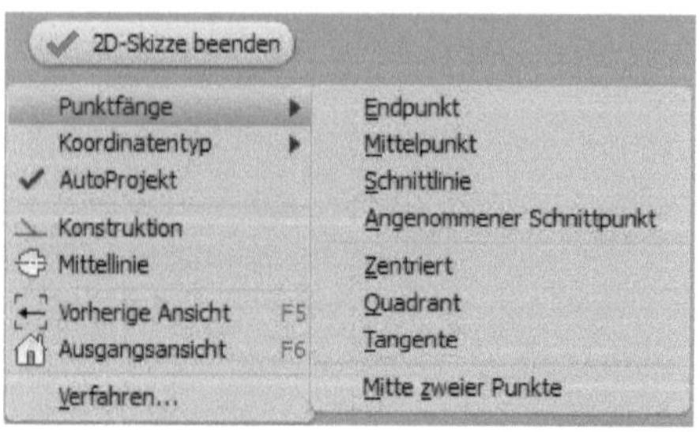

Abb. 4.5: PUNKTFÄNGE werden in den Zeichenbefehlen über Rechtsklick im Kontextmenü aktiviert.

- SCHNITTLINIE – bedeutet *Schnittpunkt* zwischen zwei Kurven (Linie-Linie, Linie-Bogen, Bogen-Bogen, Linie-Kreis usw.).

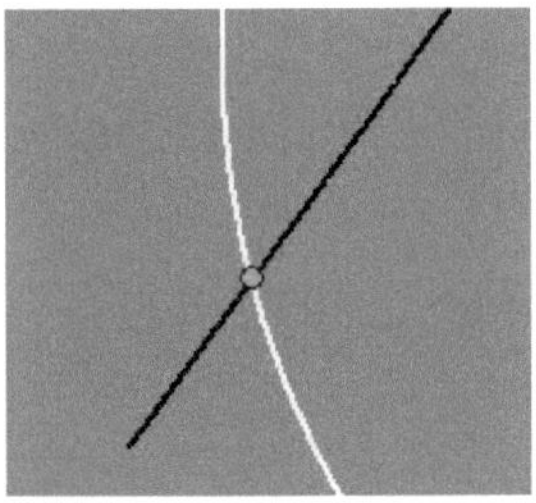

Abb. 4.6: Punktfang SCHNITTLINIE

- ANGENOMMENER SCHNITTPUNKT – ist ein Schnittpunkt, der in der Verlängerung einer oder beider Kurven liegt.

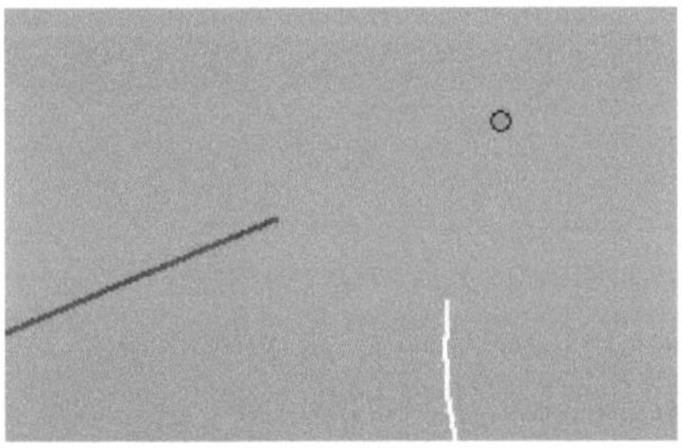

Abb. 4.7: Punktfang ANGENOMMENER SCHNITTPUNKT

- ZENTRIERT – fängt den Mittelpunkt von Kreis, Ellipse oder Bogen.

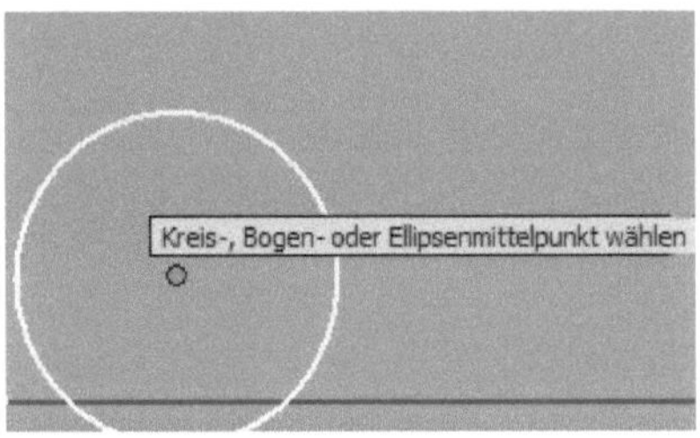

Abb. 4.8: Punktfang ZENTRIERT

- QUADRANT – rastet bei Kreis und Ellipse auf den Positionen bei 0°, 90°, 180° und 270° ein. Der Winkel richtet sich bei der Ellipse nach deren Hauptachsenlage. Die Quadrantenpositionen beim Kreis oder Bogen erreichen Sie aber auch leicht über die automatischen Spurlinien, die vom Kreismittelpunkt aus angeboten werden.

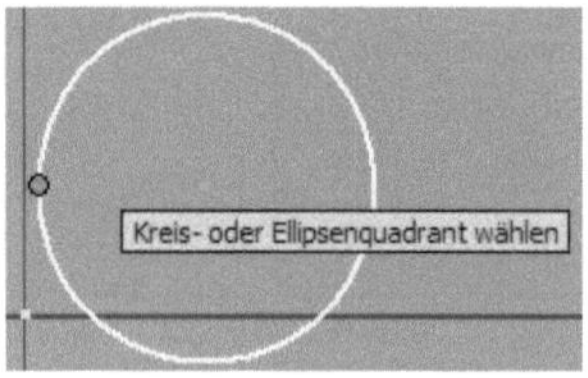

Abb. 4.9: Punktfang QUADRANT

- TANGENTE – fängt für den zweiten Punkt einer Linie die Tangentenposition an Kreis, Bogen oder Ellipse. Auch ohne expliziten Objektfang wirkt der Objektfang TANGENTE und wird an der entsprechenden Position durch ein Icon angedeutet. Dann können Sie einfach klicken.

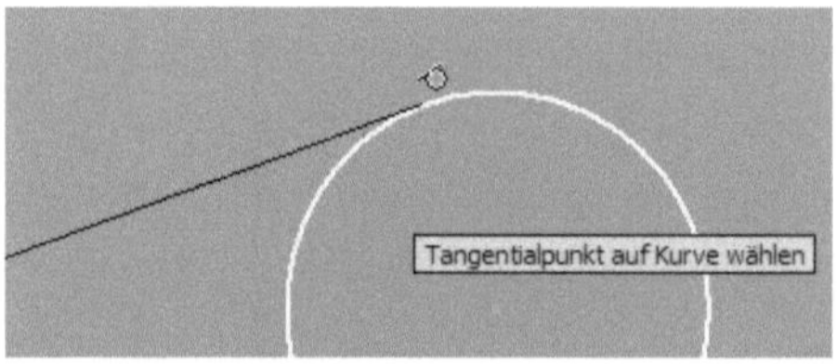

Abb. 4.10: Punktfang TANGENTE

- MITTE ZWEIER PUNKTE – berechnet aus zwei wählbaren Punktpositionen die Mitte.

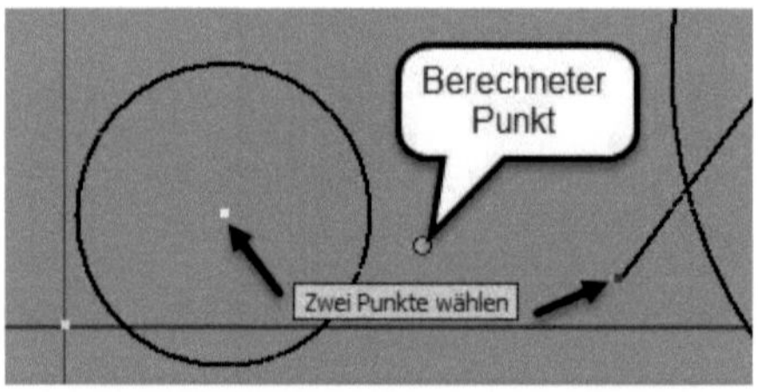

Abb. 4.11: Punktfang MITTE ZWEIER PUNKTE

4.1.4 Rasterfang

Für manche Konstruktionen mag es auch nützlich sein, in der Skizzierphase ein *Rastergitter* zu haben, auf dem der Cursor bei diskreten Koordinatenwerten einrasten kann. Dazu lassen sich in Inventor RASTERLINIEN einstellen und anzeigen.

Die Anzeige von RASTERLINIEN wird unter EXTRAS|OPTIONEN|ANWENDUNGSOPTIONEN aktiviert (Abbildung 4.12). Dort unter SKIZZE|ANZEIGE einfach RASTERLINIEN einschalten. Damit beim Zeichnen dann auch der Cursor einrastet, muss weiter unten noch RASTER FANGEN aktiviert werden. Diese Option kann auch jederzeit mit dem Kontextmenü der Skizzierbefehle ein- und ausgeschaltet werden oder unten in der STATUSLEISTE.

Ein weiteres nützliches Häkchen wäre noch im Register SKIZZE bei ANZEIGE|KOORDINATENSYSTEMINDIKATOR zu setzen. Damit wird dann das Achsenkreuz am Nullpunkt angezeigt.

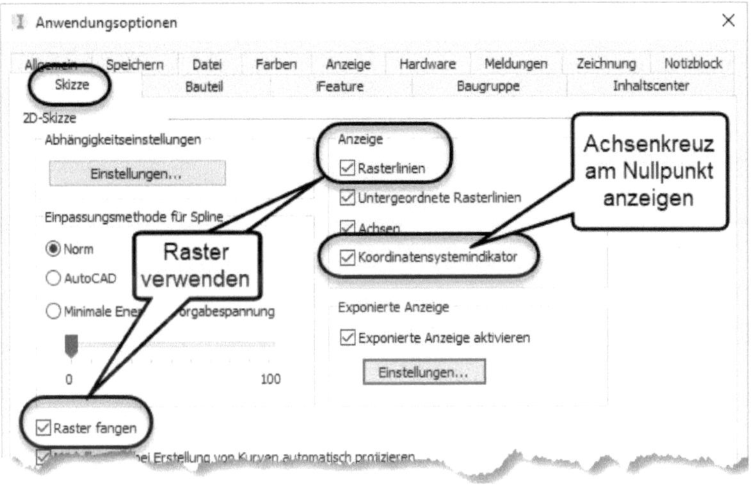

Abb. 4.12: Rasteranzeige aktiviert

Die Rasterabstände sind unter EXTRAS|OPTIONEN|DOKUMENTEINSTELLUNGEN für jede Datei einzeln einzugeben (Abbildung 4.13). Im Register SKIZZE wären da zuerst die FANGABSTÄNDE in X und Y einzustellen.

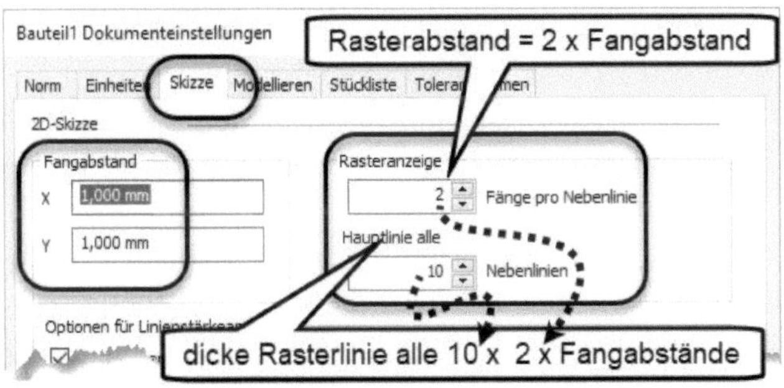

Abb. 4.13: Rasterabstände einstellen

Das sind dann die Schrittweiten, bei denen der Cursor konkret einrasten wird. Sie können für X und Y unterschiedlich lang sein. Bei RASTERANZEIGE heißt es nach Vorgabe **2** FÄNGE PRO NEBENLINIE. Das bedeutet, dass eine Raster-Nebenlinie jeweils nach 2 Fangabständen angezeigt wird. Das Einrasten mit einem Klick ist unabhängig davon aber jeden Millimeter möglich. Dann gibt es noch sogenannte HAUPTLINIEN, also etwas dickere Rasterlinien, und die werden alle **10** NEBENLINIEN erzeugt. Also ist jede zehnte Rasterlinie etwas dicker gezeichnet. Bei den aktuellen Einstellungen rastet der Cursor in 1-mm-Abständen ein, es erscheinen die Nebenlinien alle 2 mm, die dicken Linien dann alle 20 mm. Diese Einstellungen können Sie für jedes Bauteil individuell vornehmen, weil es ja DOKUMENTEINSTELLUNGEN sind. Mit dem Rasterfang können Konstruktionen mit einfachen Maßvorgaben schnell und unkompliziert durch Anklicken der Rasterpositionen erstellt werden (Abbildung 4.14).

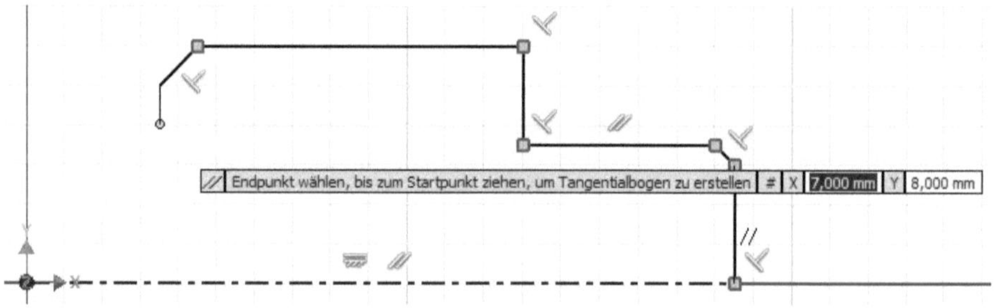

Abb. 4.14: Koordinateneingabe mit 1-mm-Fangraster

4.1.5 Koordinatentyp

Sie können Positionen natürlich auch direkt über X- und Y-Koordinaten eingeben, wenn Sie unter EXTRAS|OPTIONEN|ANWENDUNGSOPTIONEN im Register SKIZZE die EXPONIERTE ANZEIGE aktiviert haben. Für die Koordinateneingabe gibt es unter EINSTELLUNGEN vier Möglichkeiten (Abbildung 4.16):

- ABSOLUTE KARTESISCHE KOORDINATEN – Das sind rechtwinklige Koordinaten, die den X-Abstand und Y-Abstand vom *Nullpunkt* messen. Für die absolute Angabe steht das Zeichen # vor den Werten (Abbildung 4.15).
- RELATIVE KARTESISCHE KOORDINATEN – Das sind rechtwinklige Koordinaten, die den X-Abstand und Y-Abstand vom *letzten Punkt* messen. Die *Relativ*-Eigenschaft wird mit dem @-Zeichen markiert.
- ABSOLUTE POLARE KOORDINATEN – Das sind Koordinaten, die sich aus dem *radialen Abstand vom Nullpunkt* und dem *Winkel zur X-Achse* zusammensetzen. Diese Koordinaten werden nicht mit X und Y, sondern mit L (Length = Länge) und A (Angle = Winkel) gekennzeichnet.
- RELATIVE POLARE KOORDINATEN – Diese Koordinaten setzen sich aus dem *radialen Abstand vom letzten Punkt* und dem *Winkel zur X-Achse* zusammen. Sie werden mit dem @-Zeichen markiert und mit ΔL und ΔA gekennzeichnet.

Die Einstellungen für den jeweils benötigten Typ finden Sie auch wieder im KONTEXTMENÜ der Zeichenbefehle (Abbildung 4.15).

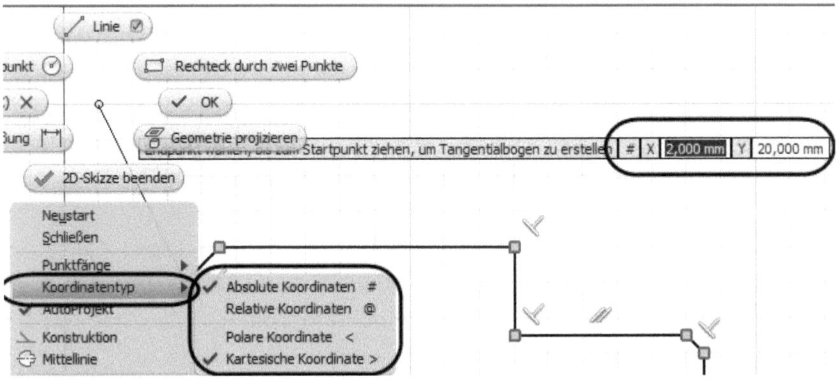

Abb. 4.15: Koordinatentyp absolut rechtwinklig

Bei aktivierter EXPONIERTER ANZEIGE können Sie noch wählen, ob die Koordinateneingabe in der Cursoreingabezeile erfolgen soll oder am gerade in Arbeit befindlichen Objekt (Abbildung 4.16). ZEIGEREINGABE bedeutet hier die Koordinateneingabe in der Cursorzeile. Die zweite Option der Eingabefelder am Objekt wird als BEMAẞUNGSEINGABE bezeichnet. Sie ist nur möglich, wenn bereits eine erste Position für das Objekt eingegeben wurde. Diese Option ist aber *sehr empfehlenswert.*

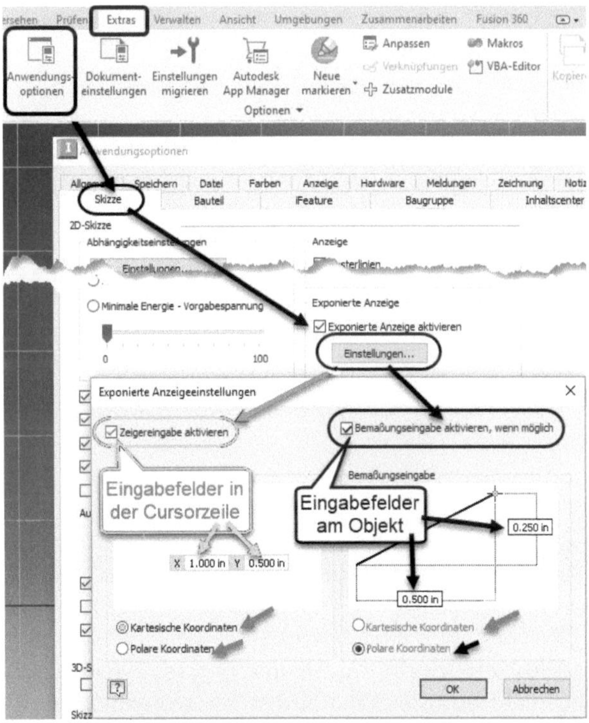

Abb. 4.16: Voreinstellungen für die Koordinateneingabe, empfehlenswerte Einstellungen schwarz markiert

4.1.6 Objektwahl

Für viele Operationen müssen Sie *Objekte wählen*, insbesondere fürs Löschen. Sie können Objekte anklicken, und wenn Sie mehrere anklicken wollen, dann können Sie nach dem ersten Objekt weitere Objekte mit der ⇧-Taste oder der Strg-Taste hinzuwählen. Wenn Sie ein bereits gewähltes Objekt mit ⇧-Taste oder der Strg-Taste nochmals anklicken, wird es wieder aus der Auswahl entfernt.

Um leichter mehrere Objekte zu wählen, gibt es die Methoden KREUZEN-WAHL und FENSTER-WAHL. Bei beiden Methoden *ziehen* Sie eine Auswahlbox *mit gedrückter Maustaste* auf. Die gewählten Objekte werden blau markiert.

- KREUZEN-WAHL – Zur Kreuzen-Wahl müssen Sie die Box von *rechts nach links* aufziehen. Es sind dann alle Objekte gewählt, die entweder *vollständig in der Box liegen oder mindestens ein wenig die Box kreuzen* (Abbildung 4.17). Der Hintergrund dieser Box erscheint grünlich, der Rand gestrichelt.
- FENSTER-WAHL – Zur Fenster-Wahl müssen Sie die Box von *links nach rechts* aufziehen. Es sind dann nur diejenigen Objekte gewählt, die *vollständig* in der Box liegen (Abbildung 4.18). Der Hintergrund dieser Box erscheint rötlich, der Rand durchgezogen.

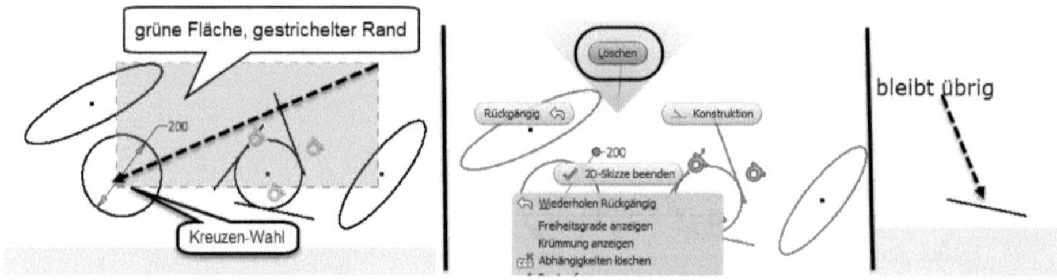

Abb. 4.17: Kreuzen-Objektwahl

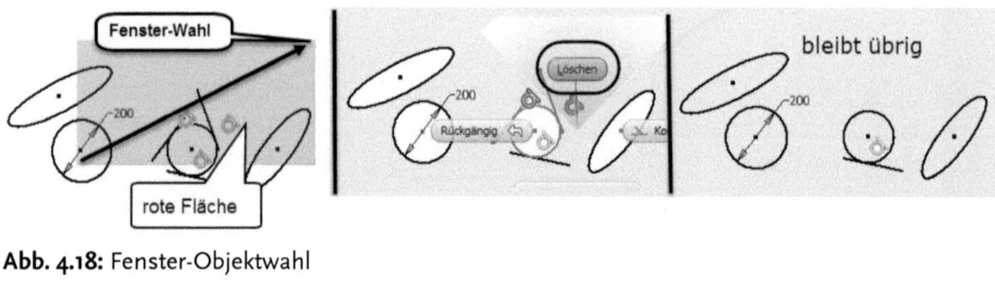

Abb. 4.18: Fenster-Objektwahl

4.2 Abhängigkeiten

Ein Programm wie Inventor, das parametrische Konstruktionen unterstützt, verwendet zur *Geometriebestimmung* nicht nur die *Bemaßungen*, sondern auch *geometrische Abhängigkeiten*. Allseits bekannte geometrische Abhängigkeiten sind beispielsweise die ABHÄNGIGKEIT PARALLEL oder die ABHÄNGIGKEIT LOTRECHT. Solche Abhängigkeiten definieren die Form einer Konstruktion nur grob, die endgültige Form wird dann durch Hinzufügen der *Bemaßungen* vollständig bestimmt. Bei Standard-Voreinstellungen können Sie bestimmte Bemaßungen auch schon beim Zeichnen einzelner Geometrieobjekte vorab eingeben. Ferner werden auch bestimmte geometrische Abhängigkeiten vom Programm automatisch erkannt. So kann es passieren, dass dann evtl. keine extra Bemaßung mehr einzugeben ist. Streng genommen ist eine Konstruktion dann perfekt, wenn keine zusätzlichen Bemaßungen oder geometrischen Abhängigkeiten mehr nötig sind.

Im Falle einer 2D-Skizze erkennt Inventor stets, ob genügend Abhängigkeiten und Bemaßungen vorhanden sind, um die Geometrie eindeutig zu bestimmen. Diese Anzeige sehen Sie in der Bildschirmecke unten rechts (Abbildung 4.19).

Die noch *nicht vollständig bestimmten* Geometrieelemente werden auch farblich *violett* angezeigt. Die bereits *vollständig bestimmten* Geometrien erscheinen in *schwarzer* Farbe (Abbildung 4.20).

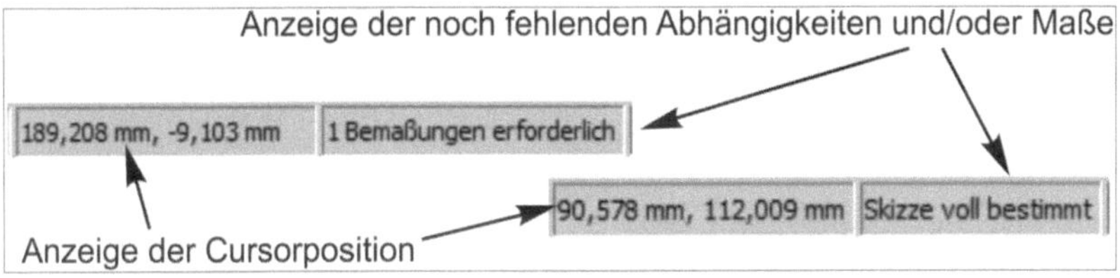

Abb. 4.19: Anzeige am Bildschirm unten rechts: Bestimmtheitsgrad der Skizze

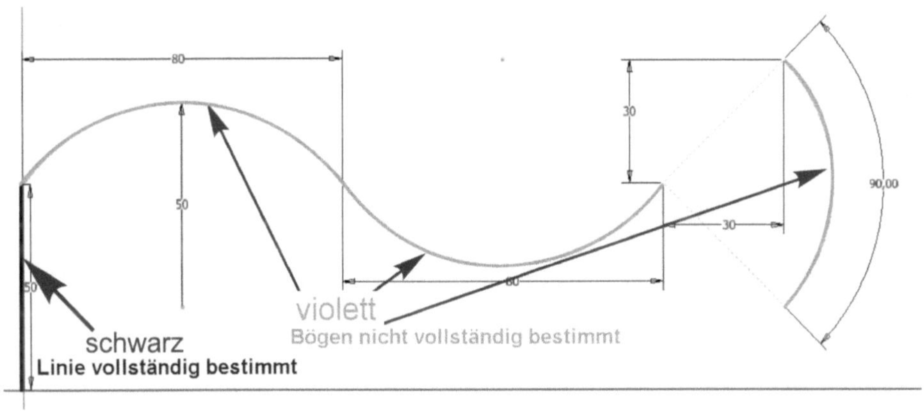

Abb. 4.20: Farbdarstellung bestimmter (schwarz) und unbestimmter Objekte (violett)

Wenn noch Abhängigkeiten oder Maße fehlen, könnten Sie diese auch mit dem Werkzeug SKIZZE|ABHÄNGIG MACHEN|AUTOMATIC DIMENSIONS AND CONSTRAINTS automatisch erstellen lassen (Abbildung 4.21).

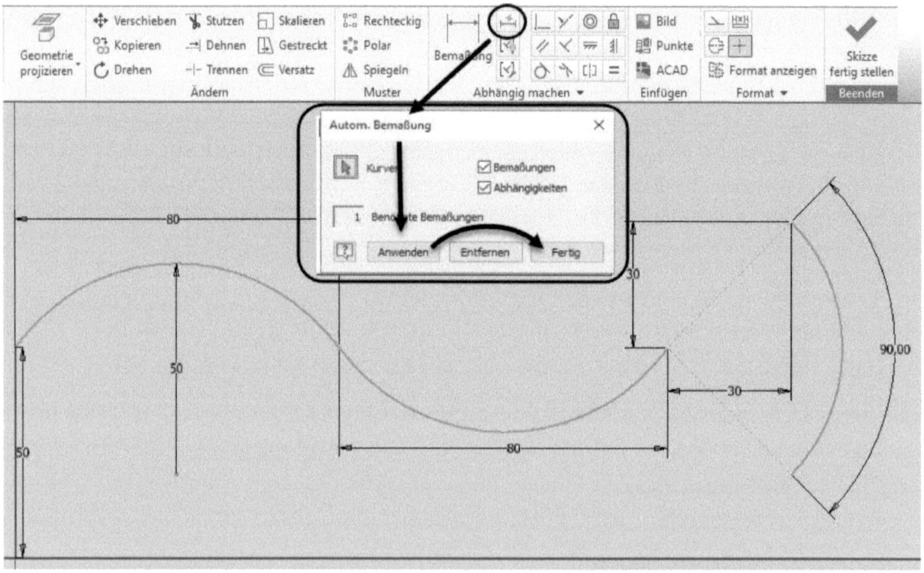

Abb. 4.21: Abhängigkeiten und/oder Bemaßungen automatisch erstellen lassen

Dabei ist allerdings zu bedenken, dass das Programm nicht unbedingt die Bemaßungen oder Abhängigkeiten erkennen wird, die Sie ingenieurmäßig als sinnvoll betrachten würden. Deshalb wenden Sie dieses Werkzeug am besten nur an, um zu verstehen, *wo* noch etwas fehlt, beenden die Funktion dann mit ENTFERNEN und fügen mit Ihrem Sachverstand die richtigen Maße oder Abhängigkeiten *manuell* ein. Sie werden dann auch sehen, dass oft anstelle eines zusätzlichen Maßes eine Abhängigkeit viel sinnvoller ist (Abbildung 4.22).

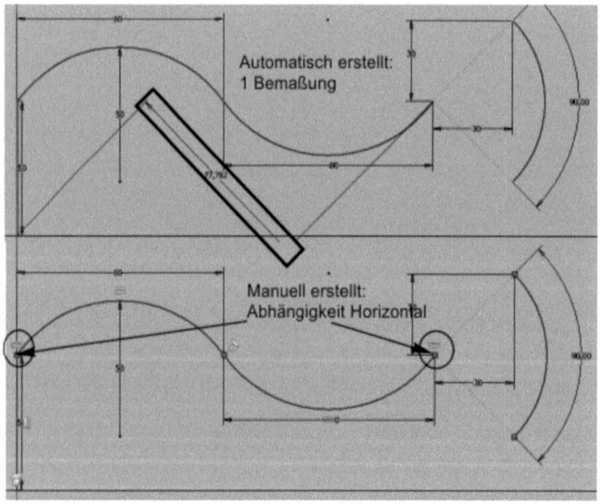

Abb. 4.22: Automatisches und manuelles Vorgehen bei fehlenden Abhängigkeiten/Maßen

Auch sollten Sie natürlich beim Setzen von Bemaßungen und Abhängigkeiten immer darauf achten, dass Sie später die beabsichtigten Konstruktionsvarianten durch einfache Maßänderungen erhalten können. Hier sollte also immer etwas vorausschauend konstruiert werden.

4.2.1 Abhängigkeits-Typen

Obwohl viele der geometrischen Abhängigkeiten automatisch beim Skizzieren erkannt werden, soll hier nun eine Übersicht über alle auch individuell aktivierbare Abhängigkeiten gegeben werden:

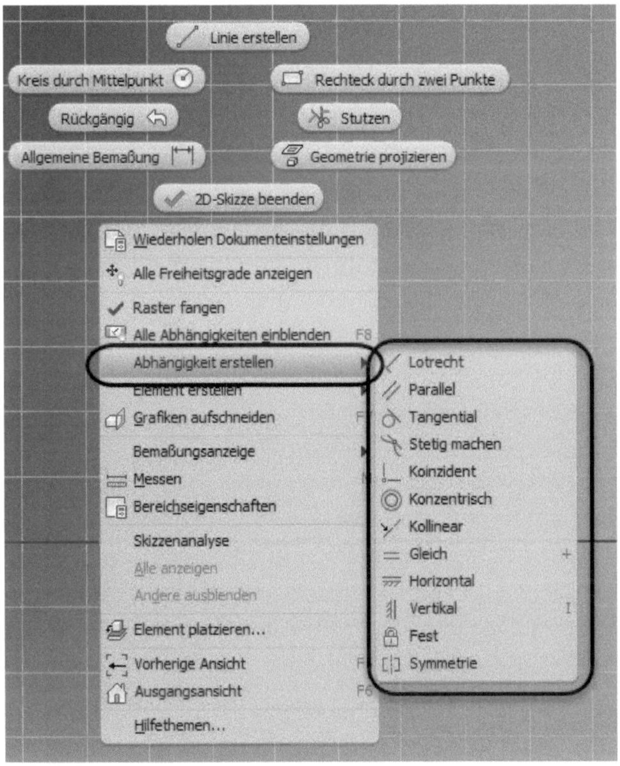

Abb. 4.23: Geometrische Abhängigkeiten im Skizzenmodus

- LOTRECHT – Hiermit kann man zwei Linien senkrecht zueinander ausrichten, aber auch ein Linien- und ein Bogenende zueinander oder Ellipsenachsen anstelle von Linien wählen.
- PARALLEL – Hiermit kann man zwei Linien parallel zueinander ausrichten, aber auch Ellipsenachsen anstelle von Linien wählen.
- TANGENTIAL – Linien, Bögen, Kreise und Ellipsen können zueinander tangential sein.

- STETIG MACHEN – Hierunter ist die Krümmungsstetigkeit (auch als *G2-Stetigkeit* bezeichnet) zu verstehen. Das bedeutet, dass die Kurven am Anschlusspunkt den gleichen Krümmungsradius haben. Diese Abhängigkeit kann nur zwischen einer Splinekurve und einer anderen Kurve erstellt werden, weil nur die Splinekurve in der Krümmung variiert werden kann.
- KOINZIDENT – Das bedeutet, dass Punkte zusammenfallen, entweder ein Endpunkt auf einen anderen Endpunkt oder ein Endpunkt auf eine Kurve. Wenn Sie beispielsweise mit der ABHÄNGIGKEIT TANGENTIAL eine Linie nachträglich zu einem Kreis tangential legen, dann bedeutet es noch nicht, dass der Endpunkt der Linie auch tatsächlich *auf* dem Kreis liegt. Dazu muss zusätzlich noch die ABHÄNGIGKEIT KOINZIDENT zwischen Linienendpunkt und Kreis angewendet werden.
- KONZENTRISCH – macht die Mittelpunkte (Zentrumspunkte) von zwei Kreisen, Bögen oder Ellipsen deckungsgleich.
- KOLLINEAR – richtet zwei Linien fluchtend aus. Die noch freie der beiden Linien wird entsprechend verschoben und gedreht.
- GLEICH – Damit können zwei Linien gleich lang gemacht werden oder zwei Kreise oder Bögen den gleichen Radius bekommen. Bei Linien wird das Ende modifiziert, an dem Sie anklicken.
- HORIZONTAL – Hiermit kann eine Linie oder die Hauptachse einer Ellipse parallel zur X-Achse ausgerichtet werden. Dies kann auch angewendet werden, um zwei Punktpositionen horizontal auszurichten.
- VERTIKAL – Hiermit kann eine Linie oder die Hauptachse einer Ellipse parallel zur Y-Achse ausgerichtet werden. Dies kann ebenfalls zwei Punktpositionen vertikal ausrichten.
- FEST – Diese Abhängigkeit legt einen Punkt mit seinen aktuellen Koordinaten absolut fest. Auch komplette Kurven wie Linie, Kreis, Bogen, Ellipse können mit allen dazugehörigen Maßen hiermit fixiert werden. Bei Splinekurven können die Kurven insgesamt fixiert werden oder auch nur einzelne Kontrollscheitelpunkte oder Interpolationspunkte. Fixiert man bei Splinekurven die Endpunkte und jeweils die nächsten Kontrollscheitelpunkte, dann bleiben damit die Tangenten an den Enden erhalten, wenn die übrigen Punkte noch bewegt werden. Fixiert man an beiden Enden die äußersten drei Kontrollscheitelpunkte, dann bleibt bei Variation der übrigen Punkte die Krümmung des Splines an beiden Enden erhalten.
- SYMMETRIE – Diese Funktion bringt zwei Objekte in symmetrische Lage bezüglich einer Symmetrieachse. Die Auswahlreihenfolge ist hier wichtig. Das zuerst gewählte Objekt ❶ bestimmt die Lage, das zweite ❷ wird dann gedreht und oder verschoben. Die Symmetrieachse wird als drittes Objekt ❸ gewählt. Danach können weitere Objekte zur symmetrischen Ausrichtung paarweise gewählt werden (Abbildung 4.24 ❹ und ❺).

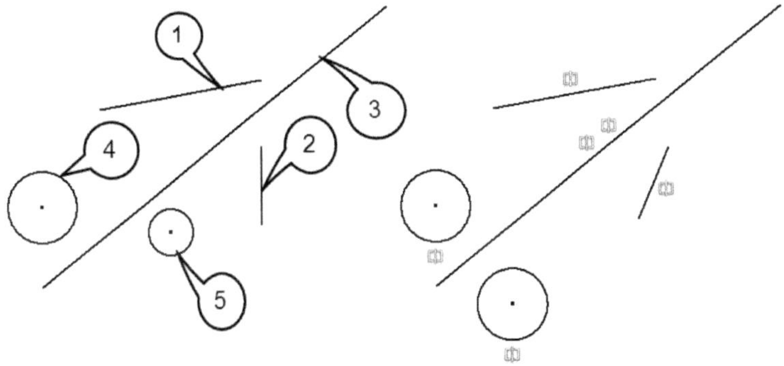

Abb. 4.24: Beispiel für ABHÄNGIGKEIT SYMMETRIE

Viele, aber nicht alle Abhängigkeiten werden automatisch beim Zeichnen der Geometrie erkannt. Fehlende geometrische Abhängigkeiten müssen mit den Werkzeugen aus der Gruppe ABHÄNGIG MACHEN nachträglich erstellt werden. Auch über [Strg] + Rechtsklick kann ein Kontextmenü mit Abhängigkeitswerkzeugen aufgerufen werden.

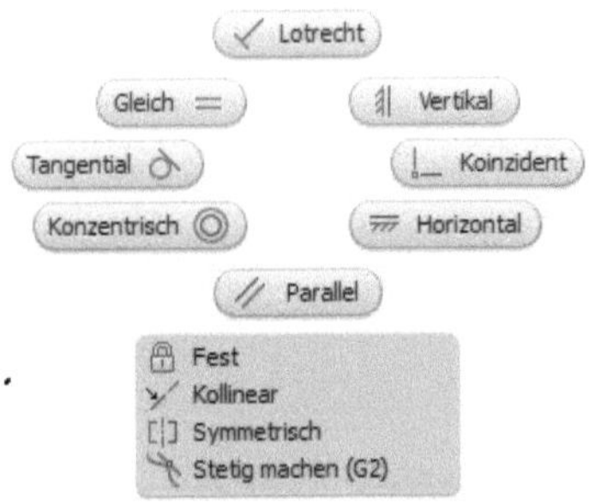

Abb. 4.25: Menü mit Abhängigkeitswerkzeugen über [Strg] + Rechtsklick

Wenn Sie mehr Abhängigkeiten anwenden wollen als zur eindeutigen Bestimmung nötig, werden Sie gewarnt und die Abhängigkeit wird verweigert.

4.2.2 Lockerung von Abhängigkeiten

Nachdem Sie Abhängigkeiten händisch oder automatisch vergeben haben, lässt sich oft die Geometrie nicht mehr manuell korrigieren. Dann kann es sehr mühsam werden, wenn nach den Abhängigkeiten gesucht werden muss, durch deren Entfernen die Konstruktion wieder flexibel wird. Deshalb gibt es den Lockerungsmodus (Relaxmodus), unter dem bestimmte Abhängigkeiten beim manuellen Verschieben aufgegeben werden:

- SKIZZE|ABHÄNGIG MACHEN|ABHÄNGIGKEITSEINSTELLUNGEN und dort im Register LOCKERUNGSMODUS den Lockerungsmodus aktivieren oder

- F11 oder
- Statusleiste unten

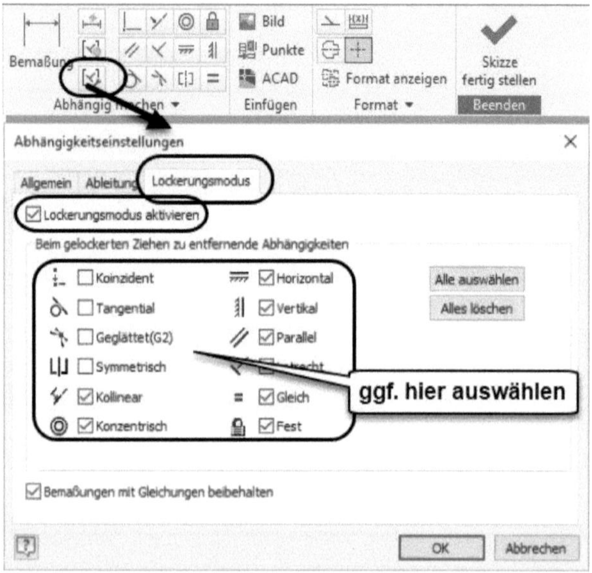

Abb. 4.26: Aktivieren des Lockerungsmodus für Abhängigkeiten

Wenn Sie dann im Lockerungsmodus arbeiten, um Geometrien zu verschieben, werden Ihnen die von der Lockerung betroffenen Abhängigkeiten markiert angezeigt.

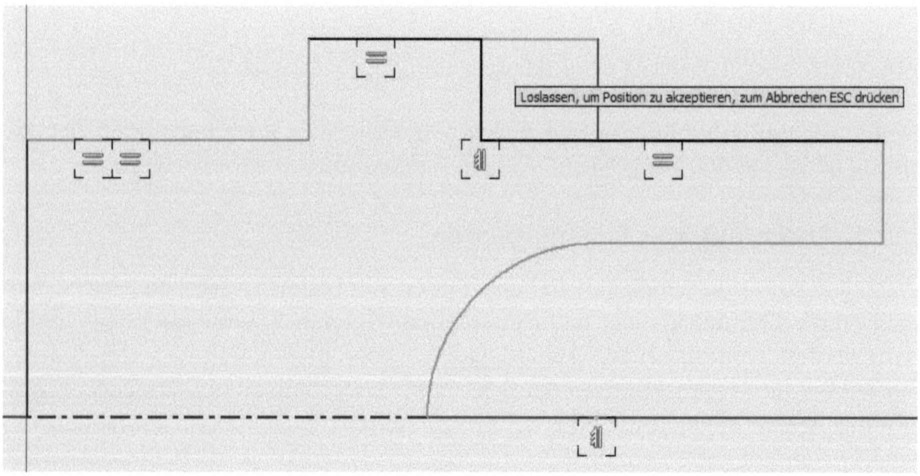

Abb. 4.27: Modifizieren von Geometrie im Lockerungsmodus

Sollte trotz der normalen Lockerungseinstellungen eine Modifikation der Geometrie nicht möglich sein, dann müssen Sie für weitere Abhängigkeiten bis hin zu KOINZIDENT (Abbildung 4.26) lockern.

4.3 2D-Skizzen

4.3.1 Eine erste Kontur

Als Übung starten Sie nun eine Linienkonstruktion am *Nullpunkt*. Mit ERSTELLEN| LINIE wird die Linienfunktion gestartet und mit dem Kreuz am Cursor können Sie die Position angeben. Sie finden am Cursor auch ein Eingabefeld für die X- und Y-Koordinate (Abbildung 4.28). Mit der Taste [Tab] wird das Wertefeld für X aktiviert, damit Sie eine Zahl eingeben können. Mit einem weiteren Tastendruck [Tab] wechseln Sie dann zur Y-Werteeingabe. Alternativ können Sie aber auch mit dem Cursorkreuz an charakteristischen Punkten Ihrer Konstruktion jederzeit einrasten, ohne Koordinaten einzugeben. Inventor markiert diese Einrastpositionen dann immer mit grüner Farbe, damit Sie wissen, wann Sie klicken dürfen.

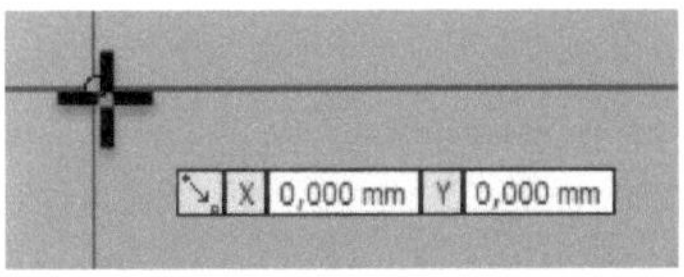

Abb. 4.28: Cursor-Eingabefeld mit [Tab] aktivieren oder bei grüner Markierung einrasten

Im aktuellen Fall klicken Sie, wenn die Nullpunktposition in *Grün* aufleuchtet. Danach erscheint der Cursor mit einem Eingabefeld für den *Abstand* und einem zweiten für den *Winkel* (Abbildung 4.29).

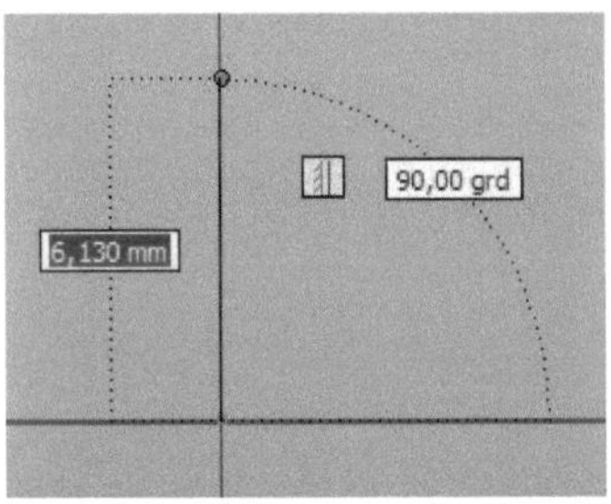

Abb. 4.29: Senkrechte Linie zeichnen

Wenn Sie nun ungefähr senkrecht nach oben fahren, wird die Linie einrasten und es erscheint auch die Anzeige für die ABHÄNGIGKEIT VERTIKAL. Um eine senkrechte Linie zu erstellen, geben Sie nach dem Einrasten die Länge mit **50** ein.

Tipp: Schreibweise von Dezimalzahlen

Dezimalzahlen dürfen Sie hier normal mit *Dezimalkomma* schreiben, aber wenn Sie von Programmen wie AutoCAD den *Dezimalpunkt* der amerikanischen Schreibweise gewohnt sind, dürfen Sie den *auch* verwenden.

Weiter geht es mit einer waagerechten Linie (Abbildung 4.30), für die Sie auf der lotrechten Spurlinie einrasten und dann die Länge mit **20** eingeben. Sie merken, dass Sie automatisch auf den orthogonalen Richtungen 0°, 90°, 180° und 270° einrasten, sobald Sie nicht mehr als 2° davon abweichen. Wenn Sie mehrere Liniensegmente nacheinander zeichnen, wirkt dieses Einrasten auch bezogen auf die letzte Linie. Der LINIE-Befehl arbeitet hier im endlosen Modus. Daher können Sie jetzt weitere Liniensegmente über neue Positionseingaben anfügen.

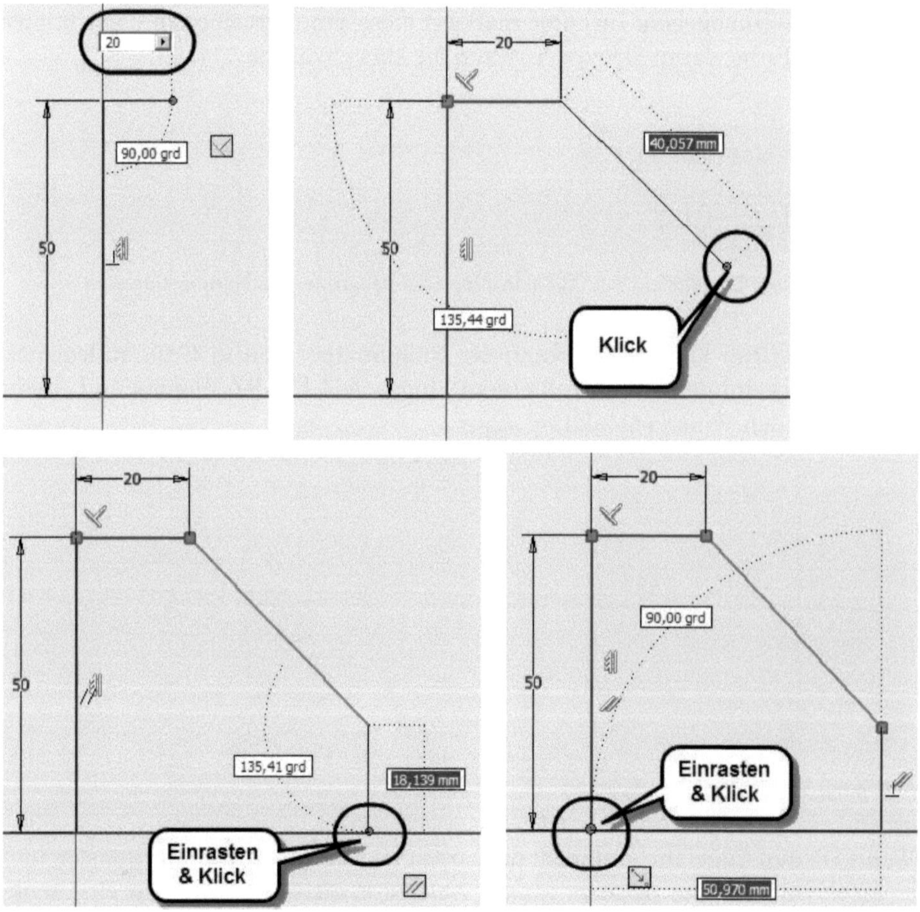

Abb. 4.30: Kontur fertigstellen

Die Vorgabe für die Koordinateneingabe sieht vor, dass außer dem Startpunkt alle weiteren Positionen über *Abstand und Winkel* eingegeben werden sollen. Im aktuellen Fall soll die Konstruktion symmetrisch zur 45°-Linie werden, der nächste Punkt hätte also den X-Abstand 30 und den Y-Abstand -30, aber das ist momentan nicht einzugeben. Zwar könnten Sie per Rechtsklick im Kontextmenü jetzt von den polaren Koordinaten auf kartesische umschalten, aber die Konstruktion wird ja sowieso noch über geometrische und Bemaßungs-Abhängigkeiten weiter bestimmt. Deshalb soll hier auch nichts mehr im Kopf ausgerechnet und kompliziert eingegeben werden. Nun positionieren Sie den nächsten Klick einfach per Augenmaß. Es entsteht eine Linie in *violetter Farbe*, d.h. eine *nicht vollständig bestimmte* Linie. Die vorhergehenden Linien sind alle in *Schwarz* entstanden, was für *vollständig bestimmte Objekte* gilt.

Die nächste Linie soll nun lotrecht bis zur X-Achse laufen. Hier lassen Sie die Linie wieder lotrecht einrasten und beachten, dass der Endpunkt auf einer kaum sichtbaren, aber spürbaren Spurlinie (dünn gepunktet) ausgehend vom Nullpunkt einrastet. Dann klicken Sie. Die Linie erhält die ABHÄNGIGKEIT PARALLEL zur allerersten Linie, bleibt aber violett, weil die Länge noch nicht definiert ist.

Zuletzt lassen Sie den Cursor am Nullpunkt einrasten und klicken. Diese Linie wird schwarz.

Nach Einrasten auf dem ersten Punkt ist der Linienzug zwar beendet, aber der LINIE-Befehl ist weiter aktiv. Den Befehl können Sie nun mit [ESC] beenden oder mit Rechtsklick und OK. Wenn Sie nur mit [↵] beenden, dann wird ein Linienzug zwar beendet, aber Sie können sofort mit einem weiteren Linienzug starten, bleiben also noch im Befehl LINIE.

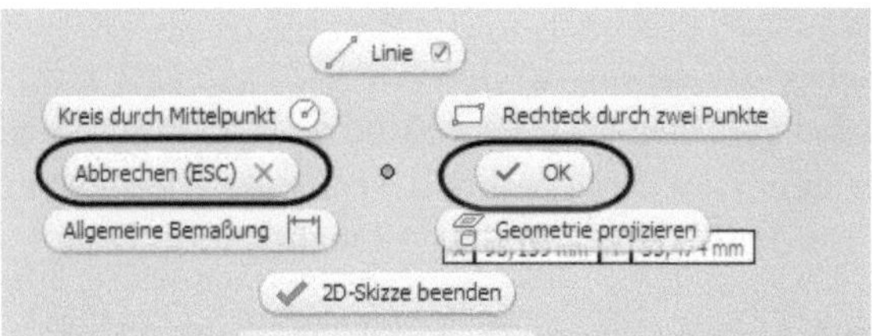

Abb. 4.31: LINIE-Befehl mit [ESC] oder OK beenden

Zum Vollenden der Konstruktion können Sie nun noch Abhängigkeiten einstellen, damit die beabsichtigte Symmetrie entsteht. Mit der ABHÄNGIGKEIT GLEICH [=] klicken Sie die beiden kurzen Linien an, damit sie gleich lang werden. Genauso machen Sie die erste und letzte Linie gleich lang. Um alle Abhängigkeiten der Konstruktion zu sehen (Abbildung 4.32), wählen Sie nach Rechtsklick ALLE ABHÄNGIGKEITEN EINBLENDEN oder benutzen die Funktionstaste [F8]. Mit [F7] lassen sie sich wieder abschalten.

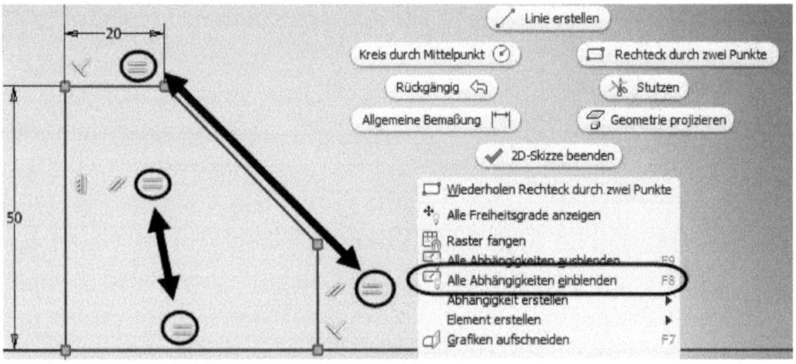

Abb. 4.32: Abhängigkeiten anzeigen

Nun werden Sie auch in der Ecke rechts unten am Bildschirm die Anmerkung SKIZZE VOLL BESTIMMT finden. Damit können Sie in der Multifunktionsleiste rechts oben in der Gruppe BEENDEN auf SKIZZE FERTIG STELLEN klicken. Um aus dieser Kontur nun einen einfachen Volumenkörper zu erzeugen, reicht es aus, im Register 3D-MODELL unter ERSTELLEN die EXTRUSION zu wählen. Aus der ebenen Kontur soll durch Hochziehen (= Extrusion oder auch Austragung) in die dritte Dimension ein Körper werden. Da die Konstruktion nur eine einzige Skizze enthält, weiß Inventor automatisch, was extrudiert werden soll. Die Voreinstellungen sehen vor, dass in positiver Z-Richtung um **10** mm extrudiert wird. Zur Bedienung des Befehls steht einerseits das *Dialogfeld* zur Verfügung, andererseits der *Mini-Werkzeugkasten*. Sie finden in beiden ähnliche bis identische Icons. Da die Dialogfelder etwas übersichtlicher wirken, werden im Buch vorzugweise diese vorgestellt. Im vorliegenden Fall ist nichts weiter einzugeben, weil die Konturwahl automatisch geschieht und der gewünschte Abstand dem Vorgabewert entspricht. Sie können das Bauteil also mit OK fertigstellen.

Um das Teil noch etwas plastischer zu sehen, wollen Sie es vielleicht etwas schwenken. Dazu müssen Sie nur bei gedrückter [⇧]-Taste und gedrücktem Mausrad die Maus etwas bewegen oder den VIEWCUBE rechts oben im Zeichenfenster benutzen oder den FREIEN ORBIT aus der NAVIGATIONSLEISTE rechts.

4.3.2 Kontur mit Linien und Bögen

Nun soll eine ähnliche Kontur wie oben erstellt werden, allerdings anstelle der schrägen Kante mit einem Bogen im Linienzug. Die ersten beiden Linien zeichnen Sie wie im vorigen Beispiel.

Dann folgt ein Bogensegment. Dazu ist es nicht nötig, in den BOGEN-Befehl zu wechseln, sondern Sie bleiben im LINIE-Befehl und starten das Bogensegment, indem Sie dort, wo der Bogen beginnen soll, mit *gedrückter* Maustaste in der gewünschten *Startrichtung* des Bogens ziehen. In diesem Moment erscheint ein großes Markierungskreuz (Abbildung 4.33 links). Lassen Sie die Maustaste nun so lange gedrückt, bis Sie die Position für den Endpunkt des Bogens erreicht haben. Die Position für den Endpunkt dieses Viertelkreises liegt nun genau waagerecht neben dem Kreiszentrum. Wenn diese Position erreicht ist (Abbildung 4.33 Mitte), erscheint eine waagerechte Spurlinie, und Sie können nun die Maustaste loslassen.

Inventor wird bei dieser Bogen-Konstruktion automatisch die ABHÄNGIGKEIT TANGENTIAL an beiden Enden des Bogens einsetzen.

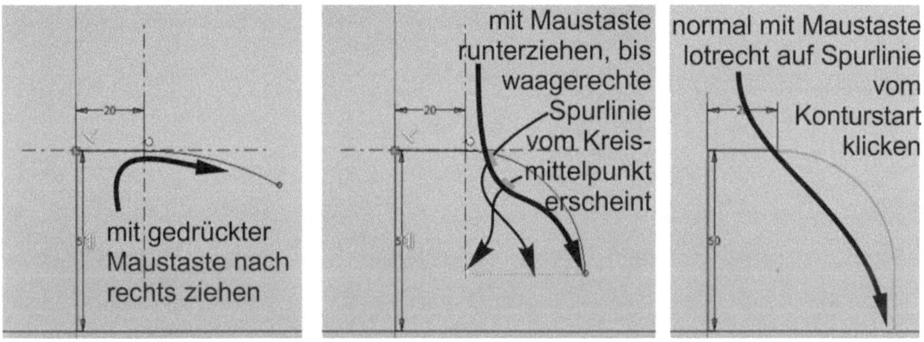

Abb. 4.33: Linie-Bogen-Übergang

Dann gehen Sie mit dem Cursor senkrecht nach unten, bis sich eine waagerechte Spurlinie ausgehend vom Konturstart zeigt, und klicken darauf (Abbildung 4.33 rechts).

Die Kontur wird geschlossen, indem Sie am Schluss direkt auf den Konturstart klicken und dabei darauf achten, dass ein grüner Punkt als Signal für das Einrasten erscheint.

Nachdem Sie die beiden 20 mm langen Linien mit der ABHÄNGIGKEIT GLEICH versehen haben, ist diese Kontur auch vollständig bestimmt.

In einem zweiten Beispiel soll nun ein Bogen mit einem Knick von 90° eingebaut werden. Sie zeichnen in einer weiteren Skizze nun wieder die beiden Linien wie im vorhergehenden Beispiel.

Den Bogen starten Sie dann wieder mit gedrückter Maustaste, ziehen diesmal aber nicht waagerecht, sondern senkrecht weg. Die Maustaste lassen Sie auch erst wieder los, wenn Sie die Position senkrecht unter dem Bogen-Zentrum erreicht haben. So entsteht auch hier wieder ein Viertelkreis.

Dann geht die Zeichnung mit den beiden abschließenden Linien in gewohnter Weise weiter. Sie versehen auch wieder die beiden kurzen Linien mit der ABHÄNGIGKEIT GLEICH. Sie werden sehen, dass das nicht ausreicht, die Zeichnung vollständig zu bestimmen. Es gibt nun verschiedene Möglichkeiten, eine vollständig bestimmte Zeichnung zu erreichen. Zunächst sollten Sie sich anzeigen lassen, welche Freiheitsgrade die Skizze noch enthält. Aktivieren Sie dazu im Kontextmenü ALLE FREIHEITSGRADE ANZEIGEN.

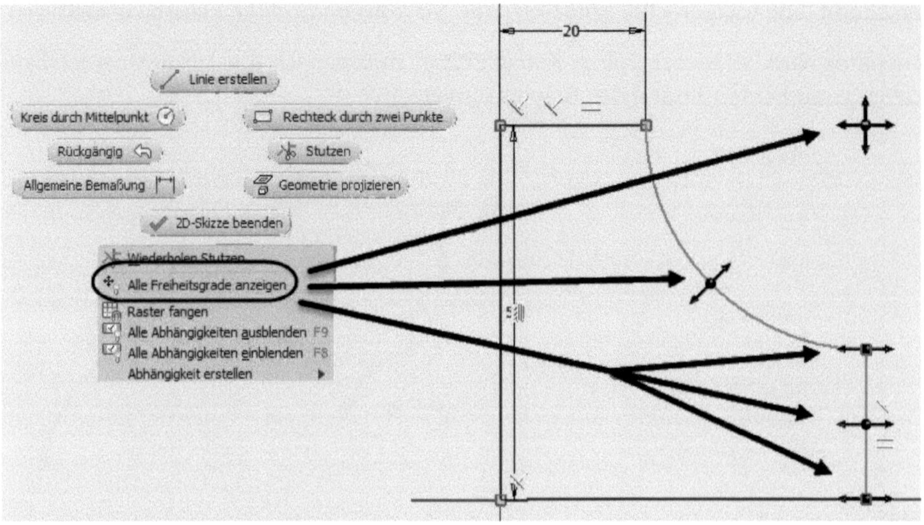

Abb. 4.34: Anzeige der Freiheitsgrade aktivieren

Im letzten Beispiel war durch die automatische ABHÄNGIGKEIT TANGENTIAL an beiden Bogenenden die Skizze dann schon vollständig bestimmt. In der aktuellen Skizze sind solche automatischen Abhängigkeiten nicht entstanden. Um nun den Kreisbogen mit seinen Freiheitsgraden weiter festzulegen, könnten Sie die ABHÄNGIGKEIT HORIZONTAL zwischen Kreiszentrum und Linienendpunkt links und die ABHÄNGIGKEIT VERTIKAL zwischen Kreiszentrum und Linienendpunkt rechts erstellen (Abbildung 4.35 links). Alternativ könnten Sie aber auch an beiden Bogenenden die ABHÄNGIGKEIT LOT zwischen Bogen und Linie wählen (Abbildung 4.35 Mitte). Wenn Sie die beiden langen Linien gleich setzen (Abbildung 4.35 rechts), bleiben immer noch Bogenradius und Mittelpunkt unbestimmt. Dann wäre noch eine der vorgenannten Abhängigkeiten zusätzlich zu aktivieren.

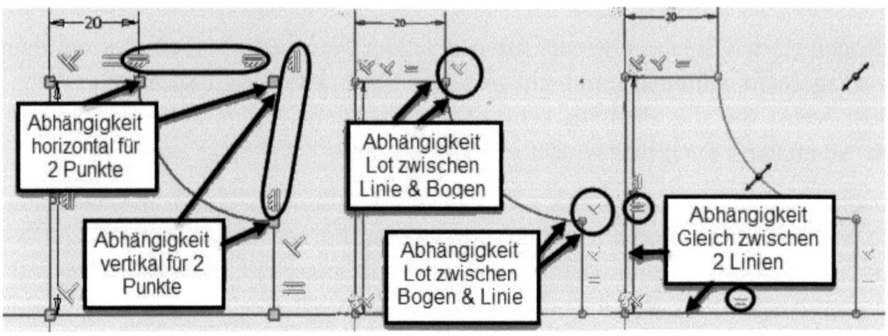

Abb. 4.35: Möglichkeiten für Abhängigkeiten zwischen Linie und Bogen

4.3.3 Bögen in der Kontur

Zur Konstruktion von Bögen gibt es drei verschiedene Funktionen: BOGEN – DREI PUNKTE, BOGEN – TANGENTE und BOGEN – MITTELPUNKT.

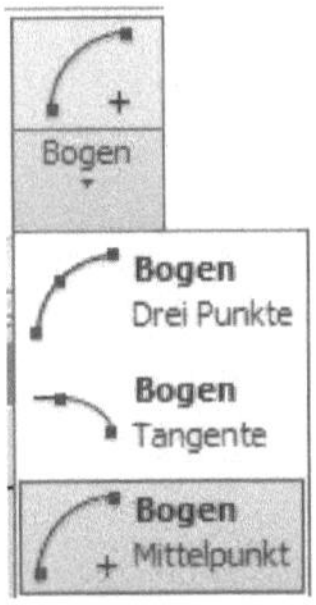

Abb. 4.36: Bogenbefehle

Bei BOGEN – DREI PUNKTE werden Startpunkt und Endpunkt des Bogens und zuletzt dazwischen ein Punkt *auf* dem Bogen angegeben. Wie Abbildung 4.37 zeigt, wird der dritte Punkt über den Radius des Bogens bestimmt.

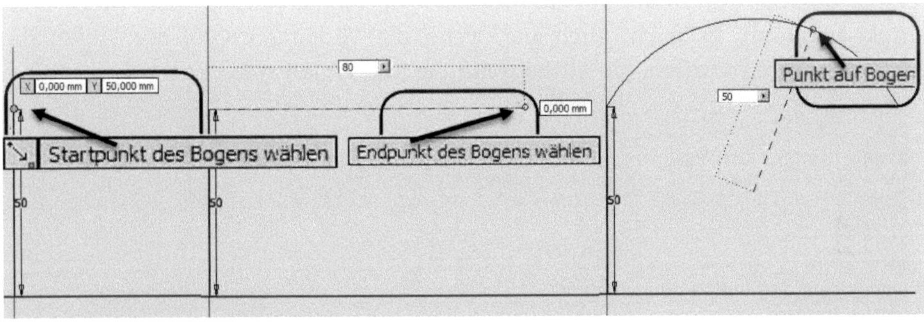

Abb. 4.37: Bogen über Startpunkt, Endpunkt und Punkt auf Bogen

Der BOGEN – TANGENTE übernimmt vom ersten Punkt, der ein Endpunkt einer bestehenden Geometrie sein muss, die *Position und die Tangentenrichtung*. Dann braucht er als dritten Bestimmungspunkt nur noch einen zweiten Endpunkt.

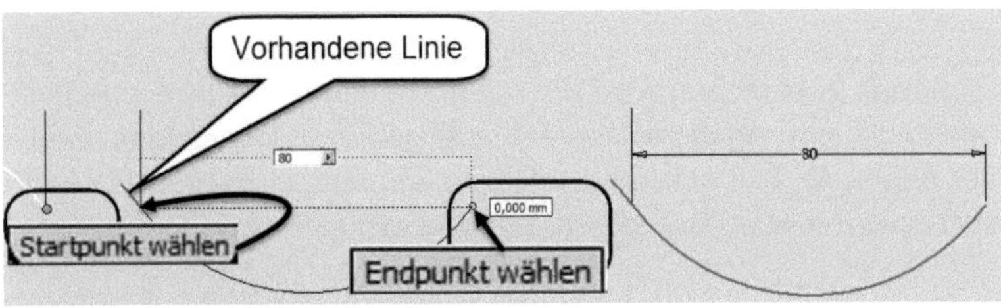

Abb. 4.38: Tangentialer Bogen

Die Option BOGEN – MITTELPUNKT verlangt zuerst den Mittelpunkt des neuen Bogens, und dann die beiden Endpunkte.

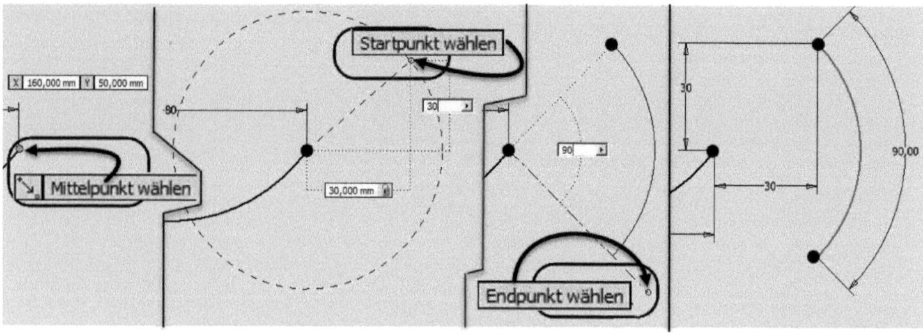

Abb. 4.39: Bogen über Mittelpunkt, Startpunkt und Endpunkt

4.3.4 Kreise und Ellipsen in der Skizze

Unter SKIZZE|ERSTELLEN|KREIS finden sich die Befehle KREIS – MITTELPUNKT, KREIS – TANGENTE und ELLIPSE. Bei KREIS – MITTELPUNKT (Abbildung 4.41 links) sind Mittelpunkt ❶ und Durchmesser ❷ anzugeben. Die Option KREIS – TANGENTE verlangt zur Definition drei Linien. Die Linien müssen den Kreis nicht direkt berühren, es reicht auch aus, wenn die Verlängerungen der Linien die Kreise berühren würden. Sie müssen nur die drei Linien anklicken.

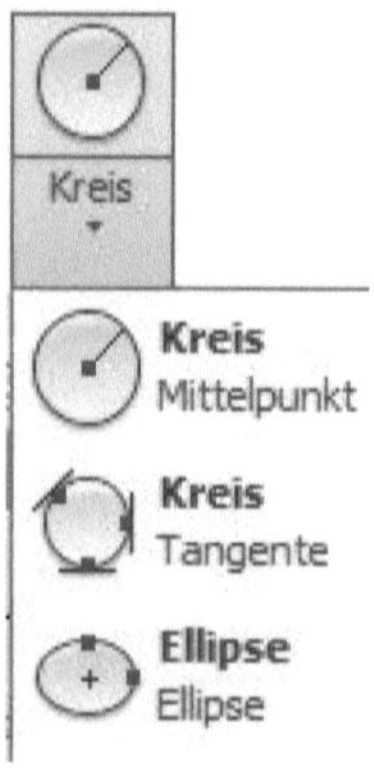

Abb. 4.40: Kreis- und Ellipsenbefehle

Die ELLIPSE (Abbildung 4.41 rechts) wird über den Mittelpunkt ❶ und eine Position für die Länge und Richtung der ersten Achse ❷ definiert sowie einem weiteren Punkt *auf* der Ellipse ❸. Die Achsen der Ellipse können bei ABHÄNGIGKEITEN PARALLEL, LOTRECHT, KOLLINEAR, HORIZONTAL und VERTIKAL verwendet werden.

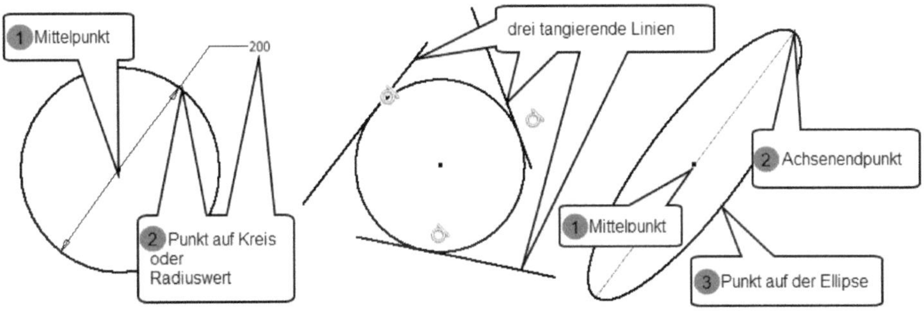

Abb. 4.41: KREIS – MITTELPUNKT, KREIS – TANGENTE und ELLIPSE

4.3.5 Rechtecke in der Kontur

Für die Rechtecke gibt es besonders viele Funktionen.

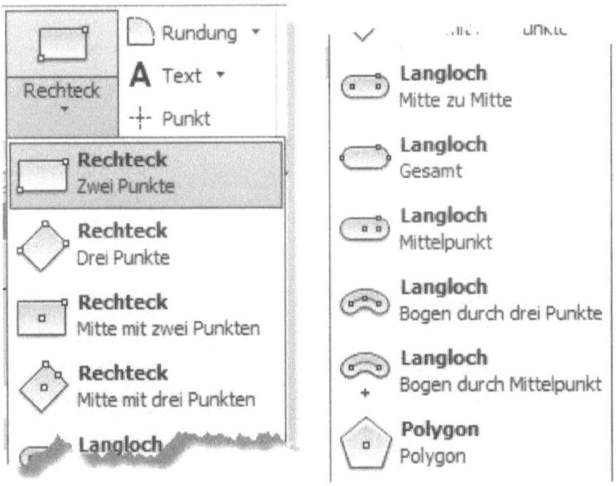

Abb. 4.42: Rechteck-Funktionen

Die vier reinen Rechteck-Funktionen werden in Abbildung 4.43 demonstriert.

- RECHTECK – ZWEI PUNKTE
  - Erste Ecke: am Nullpunkt einrasten ❶
  - Gegenüberliegende Ecke: **100** [Tab] **50** ❷
- RECHTECK – DREI PUNKTE
  - Erste Ecke: [Tab] **15** [Tab] **10** ❸
  - Zweite Ecke: **50** [Tab] **30** ❹
  - Dritte Ecke: **20** ❺
- RECHTECK – MITTE MIT ZWEI PUNKTEN
  - Mittelpunkt wählen: [Tab] **75** [Tab] **60** ❻
  - Ecke wählen: **20** [Tab] **10** ❼

- RECHTECK – MITTE MIT DREI PUNKTEN
  - Mittelpunkt wählen: ↹ **70**↹ **20** ❽
  - Zweiter Punkt: **20**↹ **30** ❾
  - Dritter Punkt: **15** ❿

Die Winkel werden immer positiv eingegeben und zählen je nach Cursor-Position von der Null-Grad-Richtung nach oben oder nach unten.

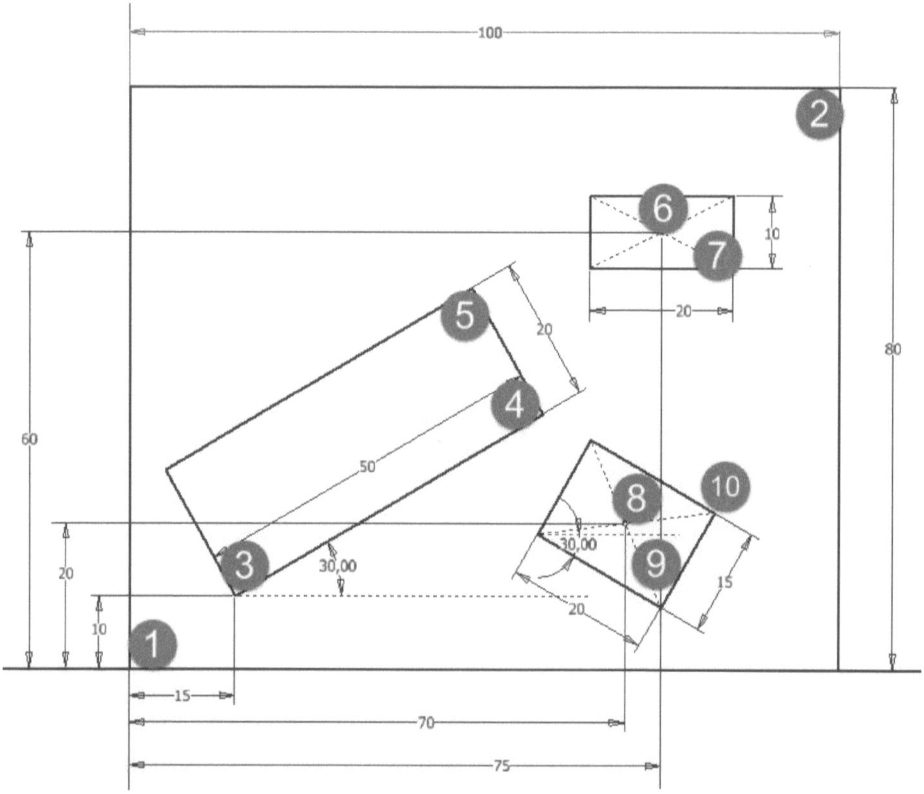

Abb. 4.43: Vier Rechteck-Funktionen

Unter den Rechtecken gibt es auch Funktionen mit Abrundungen, die Langloch-Funktionen (Abbildung 4.44):

- LANGLOCH – MITTE ZU MITTE
  - Startmittelpunkt: ↹ **20** ↹ **20** ❶
  - Endmittelpunkt: **30** ↹ **45.** ❷
  - Punkt auf Langloch: **10** ❸

- LANGLOCH – GESAMT
  - Startpunkt: [Tab] **15**[Tab] **10** ❹
  - Endpunkt: **30**[Tab] **10** ❺
  - Punkt auf Langloch: **10** ❻
- LANGLOCH – MITTELPUNKTE
  - Mittelpunkt: [Tab] **60**[Tab] **25** ❼
  - Zweiten Punkt auswählen: **15**[Tab] **30** ❽
  - Punkt auf Langloch: **10** ❾

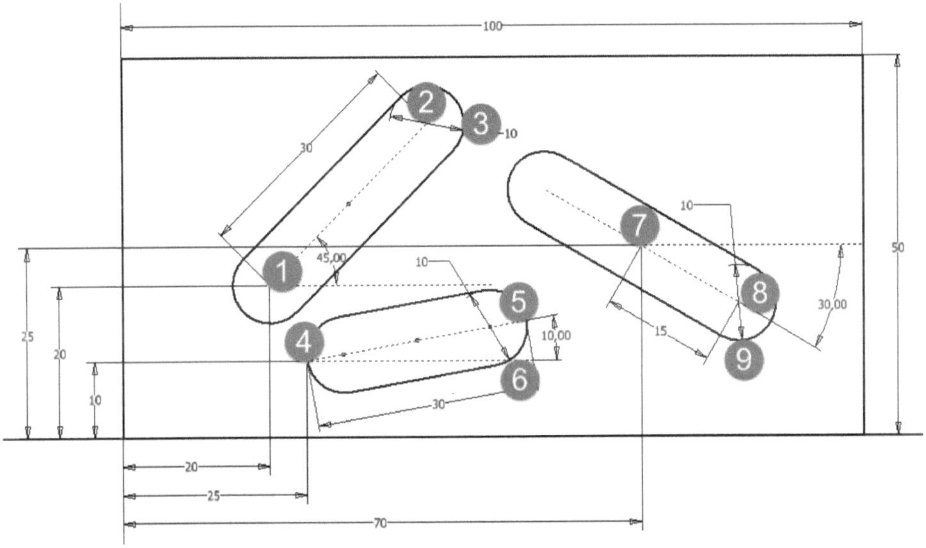

Abb. 4.44: Langloch-Funktionen

Die letzten Funktionen beim Thema RECHTECK lassen sogar gebogene Langlochkonstruktionen zu und regelmäßige Polygone.

Die Koordinaten-Eingabe muss nicht immer gleich mit exakten Werten erfolgen, sondern im Skizzenmodus ist es oft bequemer, Positionen mit Augenmaß und mit einem Klick zu bestimmen, um später dann einfach durch Ändern oder Erstellen einer Bemaßung die korrekten Werte zu bestimmen. Das ist oft wesentlich einfacher, als gleich die Werte einzugeben.

Beim Befehl POLYGON beispielsweise erscheint bei der Festlegung des Mittelpunkts keine Koordinateneingabe. Sie könnten an dieser Stelle unter SKIZZE| ERSTELLEN|▾ die PRÄZISE EINGABE aktivieren, um Koordinaten angeben zu können (Abbildung 4.45 oben).

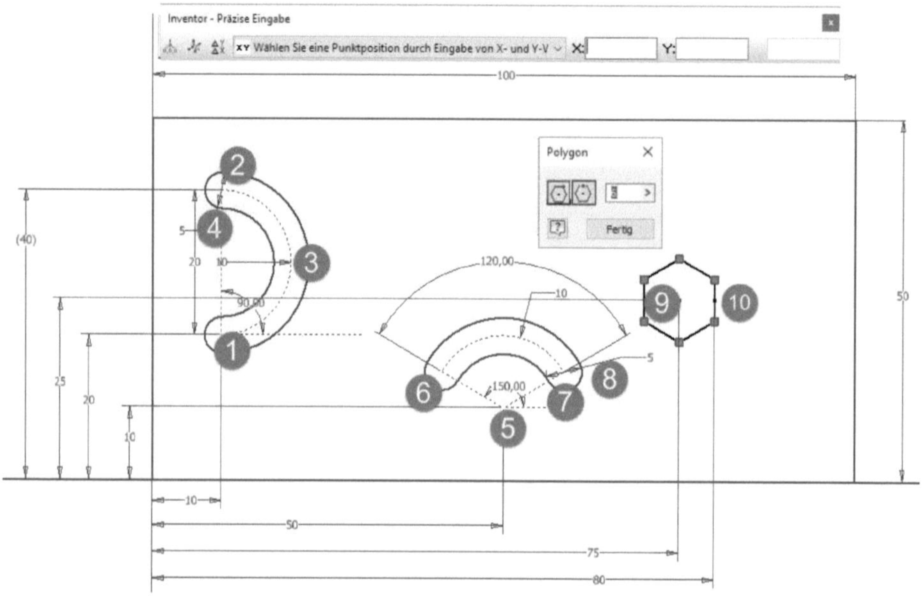

Abb. 4.45: Gebogene Langlöcher und Polygon

- Langloch – Bogen durch drei Punkte
  - Mittelpunktbogenstart: ⇆ **10** ⇆ **20** ❶
  - Mittelpunktbogenende: **20** ⇆ **90.** ❷
  - Punkt auf Mittelpunktbogen: **10** ❸
  - Punkt auf Langloch: **5** ❹
- Langloch – Bogen durch Mittelpunkt
  - Mittelpunkt des Mittelpunktbogens: ⇆ **50** ⇆ **10** ❺
  - Startpunkt für Mittelpunktbogen: **10** ⇆ **150** ❻
  - Endpunkt für Mittelpunktbogen: **120** ❼
  - Punkt auf Langloch: **5** ❽
- Polygon – Polygon (ggf. mit Präzise Eingabe)
  - In einem Dialogfeld können Sie wählen, ob der zweite Punkt des Polygons auf einer Ecke (Umkreis) oder einer Seitenmitte (Inkreis) liegen soll und die Anzahl der Polygonseiten angeben.
  - Mittelpunkt des Polygons: X **60** Y **25** ❾
  - Punkt auf Polygon: X **80** Y **25** ❿

Beim Polygon werden Sie feststellen, dass die Konstruktion mit diesen Eingaben noch nicht vollständig bestimmt ist. Es wäre noch eine Richtung für eine der Polygonseiten zu definieren. Dafür können Sie beispielsweise die Abhängigkeit Vertikal verwenden.

4.3.6 Splines und Brückenkurven in der Kontur

Splines sind Freiformkurven, die sich wie ein biegsames Kurvenlineal an beliebig vorgegebene Positionen anpassen. Sie können durch Punkte *auf* der Kurve definiert werden, die sogenannten *Anpassungspunkte* (Option INTERPOLATION), oder durch das *außerhalb* der Kurvenbahn liegende *Stützpunktpolygon* (Option KONTROLLSCHEITELPUNKTE). Zum *Erstellen* einer Splinekurve sind oft die *Anpassungspunkte* der bequemste Weg. Wenn die Splinekurve noch *modelliert* werden soll, sind oft die *Stützpunkte* angenehmer, weil damit die Kurve oft *glatter deformiert* wird.

Die BRÜCKENKURVE ist eine Verrundung, bei der zwei Kurven durch eine Splinekurve so verbunden werden, dass *Tangente und Krümmung* an beiden Seiten angepasst werden. Damit wird ein möglichst glatter Übergang erzeugt. Während sich bei einer normalen Abrundung die Krümmung abrupt ändert, geht bei der Brückenkurve die Krümmung allmählich von der Krümmung der einen zur anderen Kurve über. Beim Erstellen der Brückenkurve wird deshalb an beiden Enden automatisch die Abhängigkeit STETIG (G2) erstellt.

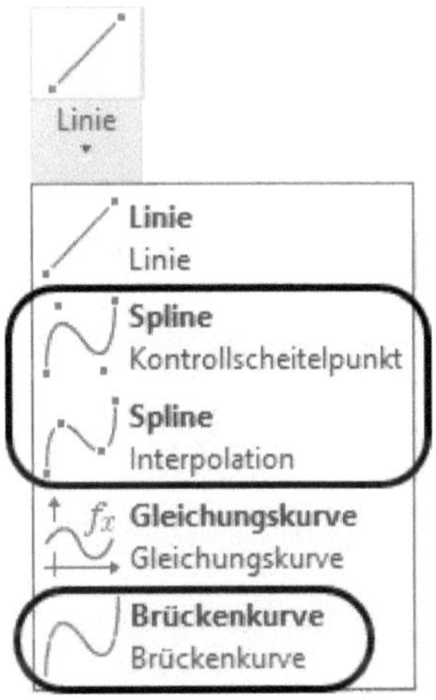

Abb. 4.46: Splinekurven für Skizzen

Für die SPLINE – INTERPOLATION geben Sie die Anpassungspunkte ein, die auf der Kurve liegen sollen.

Im Fall von SPLINE – KONTROLLSCHEITELPUNKTE definieren Sie die Stützpunkte, die ein Polygon bilden, dem die Kurve dann mit Abstand und in glatter Weise folgt. Erster und letzter Stützpunkt sind gleichzeitig Start- und Endpunkt der Kurve. Die ersten und letzten beiden Punkte definieren jeweils die *Tangenten* im Start- und Endpunkt. Die ersten und letzten drei Punkte legen die *Krümmungen* an den Enden fest.

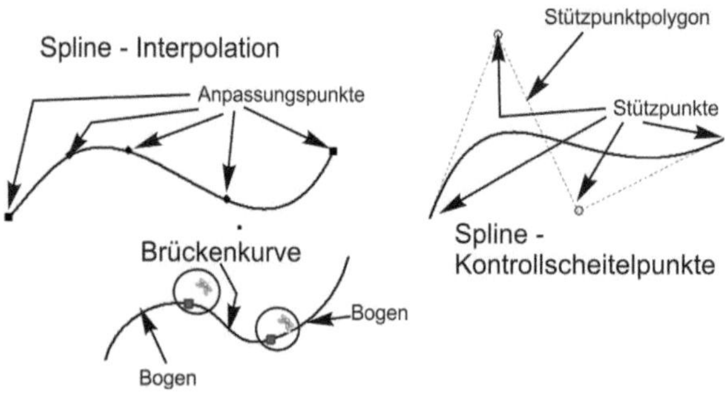

Abb. 4.47: Splinekurven für Skizzen

Für die Brückenkurve müssen Sie nur die zu verbindenden Kurvenenden anklicken. Es wird dann automatisch eine Splinekurve mit 6 Stützpunkten erzeugt, damit die Krümmung an beiden Enden angepasst werden kann.

Splinekurven können nach Erstellung noch in verschiedenster Weise manipuliert werden. Dazu können Sie die Splinekurve anklicken und das Kontextmenü aufrufen:

- GRIFF AKTIVIEREN – Damit werden an den benachbarten Punkten die Tangenten zum Bearbeiten bzgl. Länge und Richtung aktiviert.
- KRÜMMUNG – zeigt in den benachbarten Punkten die Krümmung in Form eines angeschmiegten Bogens für Modifikationen an.
- FLACH – ersetzt im nächstliegenden Punkt die Krümmung durch den Wert Null.
- IN KS-SPLINE KONVERTIEREN/ IN INTERPOLATION KONVERTIEREN – wandelt die Splinedarstellung von Anpassungspunkten in Stützpunktpolygon um und umgekehrt.

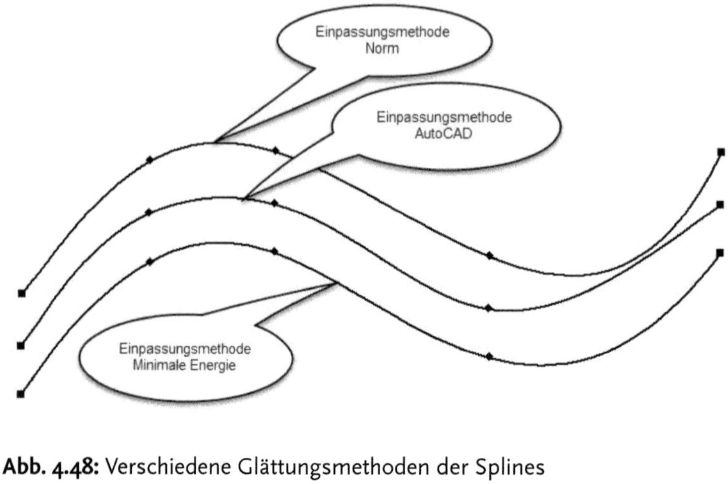

Abb. 4.48: Verschiedene Glättungsmethoden der Splines

- EINPASSUNGSMETHODE – bietet verschiedene Glättungsverfahren der Splines an (Abbildung 4.48).
- PUNKT EINFÜGEN – erlaubt das Einfügen weiterer Anpassungspunkte und macht damit den Spline flexibler.
- SPLINE SCHLIEßEN – schließt den Spline bis zum Startpunkt zur geschlossenen Kontur.
- SPLINE-SPANNUNG – variiert mit einer Vorschaufunktion einen Spannungsparameter für die Splinefunktion, damit die Kurve sich ähnlich wie eine metallene Feder unter verschiedenen Spannungszuständen deformiert.

4.3.7 Kurven mit Funktionsbeschreibungen

Eine Kurve, deren Form durch eine Gleichung bestimmt ist wie beispielsweise die Parabel **y=x²**, kann mit der Funktion GLEICHUNGSKURVE erzeugt werden. Die Funktion GLEICHUNGSKURVE verlangt zunächst die Eingabe der *Formel(n)* und des *Wertebereichs*. Vorgabemäßig wird die Formel in *Parameterform* erwartet, das heißt, die Koordinatenwerte *x* und *y* müssen in Abhängigkeit eines *Parameters t* angegeben werden. Das führt hier zu den beiden Gleichungen

- x(t) = t
- y(t) = t^2

Das Zeichen ^ steht für das Potenzieren. Dieses Zeichen erscheint erst, wenn das nachfolgende Zeichen, also die 2, getippt wird. Als Wertebereich wurde für t der Bereich von **0** bis **2** eingegeben.

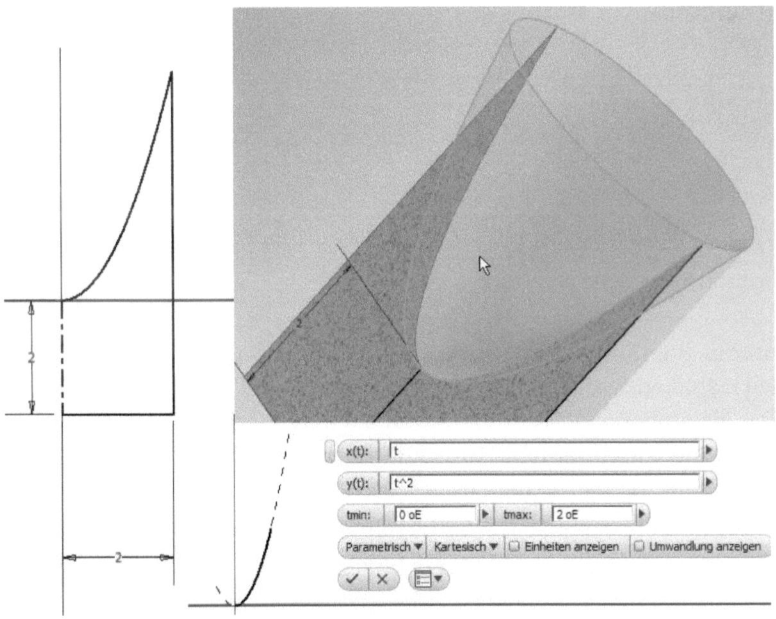

Abb. 4.49: Zeichnen einer Parabel und Verwendung als Kontur eines Volumenkörpers

Die Konstruktion zeigt, dass die Parabel noch durch eine Mittellinie ⊖ und zwei Konturlinien ergänzt wurde, um nach Beenden der Skizze daraus mit der Funktion DREHUNG einen Rotationskörper zu erzeugen. Da die Konstruktion nur eine einzige Skizze und eine einzige Mittellinie enthält, erkennt der Befehl DREHUNG das automatisch und benötigt keine weiteren Eingaben mehr außer einem **OK**.

Alternativ kann die Parabel aber auch durch die explizite Form $y=x^2$ eingegeben werden. Hierbei ist aber zu beachten, dass Inventor auf die Einheiten achtet. Die Einheit für x sind mm und die Einheit für y wäre auch mm, aber durch das Quadrieren entsteht nun mm^2. Damit sich wieder mm für y ergeben, muss hier durch mm dividiert werden. Deshalb kommt der Ausdruck **/1 mm** noch dazu.

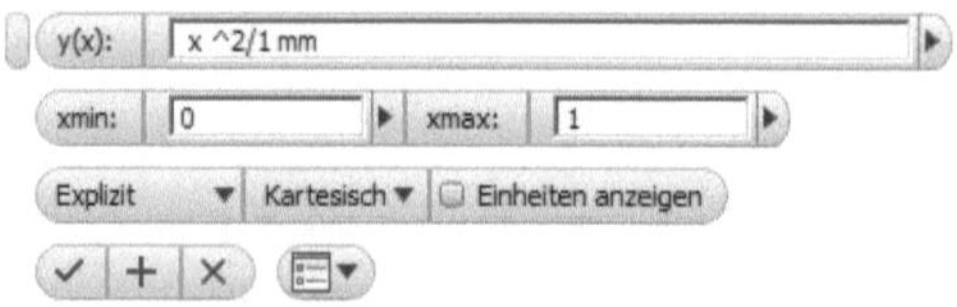

Abb. 4.50: Explizite Darstellung der Parabel unter Berücksichtigung der Einheiten

4.3.8 Rundungen und Fasen in der Skizze

Bei den Operationen RUNDUNG und FASE sollte man sich vorher überlegen, ob das in der Skizze Sinn macht oder erst später beim Volumenkörper. Wenn nämlich mehrere oder gar alle Kanten eines Volumenkörpers gerundet oder gefast werden sollen, dann ist das beim Volumenkörper später in einer einzigen Operation möglich und damit sinnvoller.

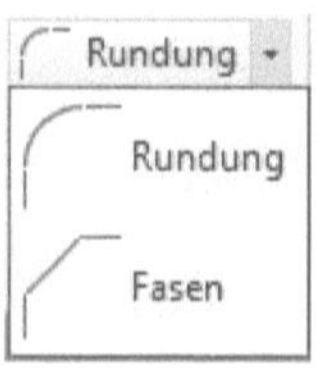

Abb. 4.51: Erstellen von Rundungen und Fasen

Auch bei mehreren Rundungen oder Fasen in der Skizze sollten Sie sich überlegen, ob alle gleich sind oder unterschiedlich. Im Fall der Gleichheit können Sie bei beiden Befehlen die Option = aktivieren. Das ist auch die Vorgabe. In solchen Fällen wird nur die erste Rundung bzw. Fase mit einer Bemaßung erstellt und die übrigen durch Referenz auf das erste Maß bestimmt. Bei den Rundungen wird die ABHÄNGIGKEIT GLEICH angewendet. Bei den Fasen werden Parameterabhängigkeiten zur Gleichsetzung verwendet. Das bewirkt dann, dass sich später beim Ändern der ersten Rundung/Fase alle anderen identisch durch die Referenz ändern.

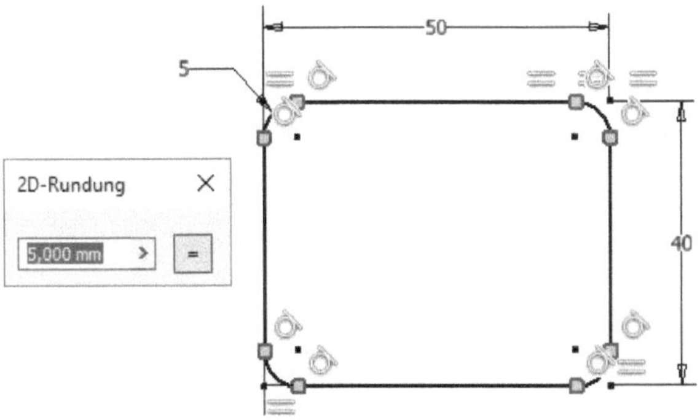

Abb. 4.52: Mehrere Rundungen mit gleichem Radius (= aktiviert)

Fasen können auf dreierlei Art definiert werden:

- mit gleichem Fasenabstand auf beiden Linien,
- mit zwei unterschiedlichen Fasenabständen,
- über einen Fasenabstand und einen Winkel.

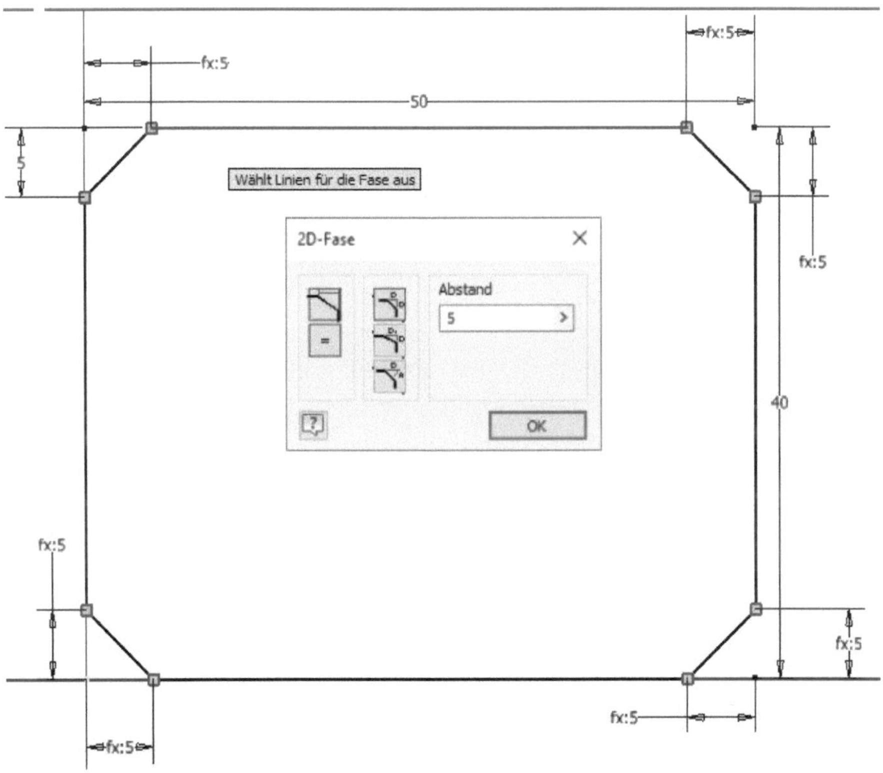

Abb. 4.53: Mehrere Fasen mit gleichem Fasenabstand (= aktiviert)

4.3.9 Texte in der Skizze

Auch Text-Objekte können in Skizzen erzeugt und später zum Modellieren von Volumenkörpern verwendet werden. Es gibt zwei Textbefehle, einen normalen TEXT und einen Text, der sich an Geometrie ausrichtet, GEOMETRIETEXT genannt (Abbildung 4.54).

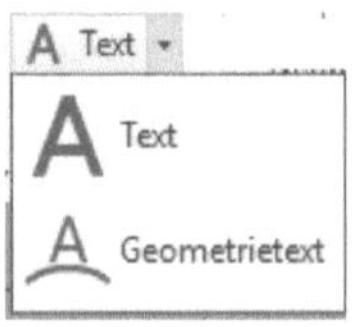

Abb. 4.54: Textbefehle

Der normale TEXT wird parallel zur X-Achse am spezifischen Punkt geschrieben. Verschiedenste Einstellungen zur Gestaltung des Textstils können über das Dialogfeld eingestellt werden (Abbildung 4.55).

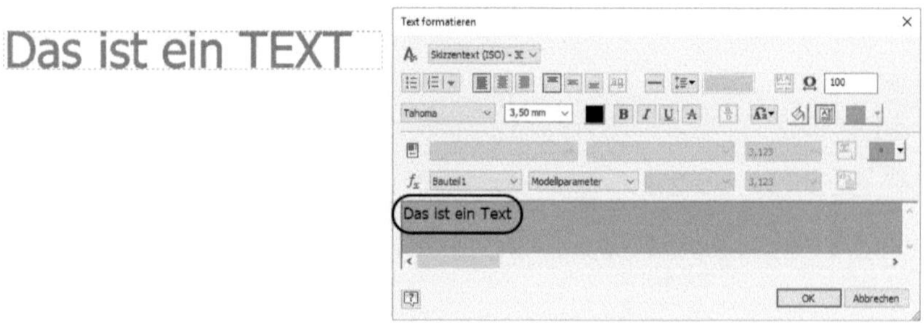

Abb. 4.55: Text

Der GEOMETRIETEXT orientiert sich an einer wählbaren Kurve wie beispielsweise an einem Bogen. Die möglichen Einstellungen zeigt das Dialogfeld (Abbildung 4.56).

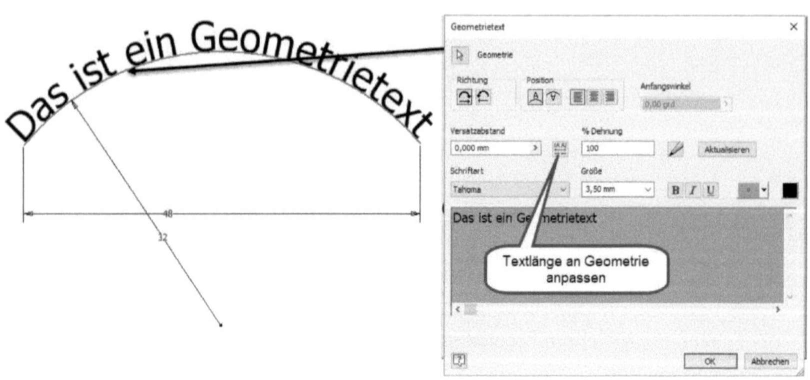

Abb. 4.56: Geometrietext

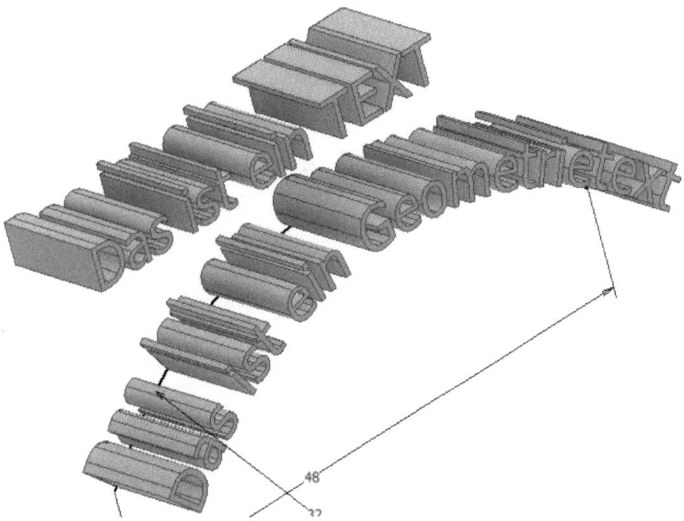

Abb. 4.57: Verwendung von TEXT und GEOMETRIETEXT für EXTRUSIONEN

4.3.10 Punkte in der Skizze

Punkte werden in der Skizze üblicherweise als Positionen für Bohrungen verwendet. Dazu ist unter FORMAT auch vorgabemäßig die Option MITTELPUNKT aktiviert. Diese Art von Punkten wird dann mit dem BOHRUNG-Feature automatisch als Bohrungsposition verwendet. Diese Punkte sind durch *Kreuze* gekennzeichnet.

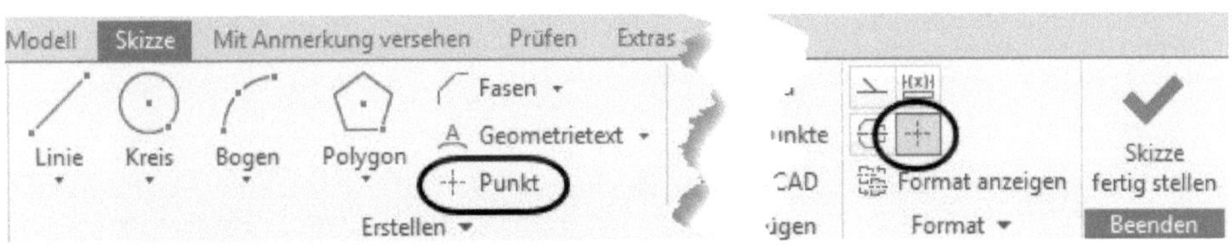

Abb. 4.58: Punktbefehl mit aktivierter Option MITTELPUNKT unter FORMAT

Im Beispiel wird eine rechteckige Platte mit einem passenden Bohrungsmuster versehen. Dazu wird im Modus KONSTRUKTIONSLINIEN ein Hilfs-RECHTECK gezeichnet und über die ABHÄNGIGKEITEN VERTIKAL und HORIZONTAL an den Mittelpunkten des äußeren Rechtecks aufgehängt. Auf die Eckpunkte werden die Mittelpunkte gesetzt. Diese Konstruktion stellt sicher, dass bei Änderungen der Bemaßungen die Punktpositionen symmetrisch in der Platte liegen bleiben.

Nach Beenden des Skizziermodus wird die Platte durch Extrusion erzeugt und danach werden mit dem BOHRUNG-Feature die Positionen automatisch anhand der Mittelpunkte lokalisiert.

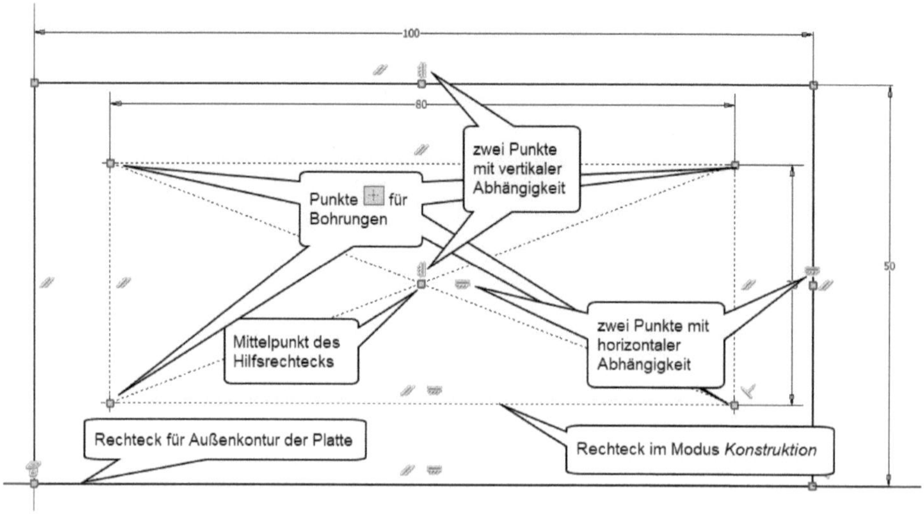

Abb. 4.59: Vier Mittelpunkte für Bohrungsmuster

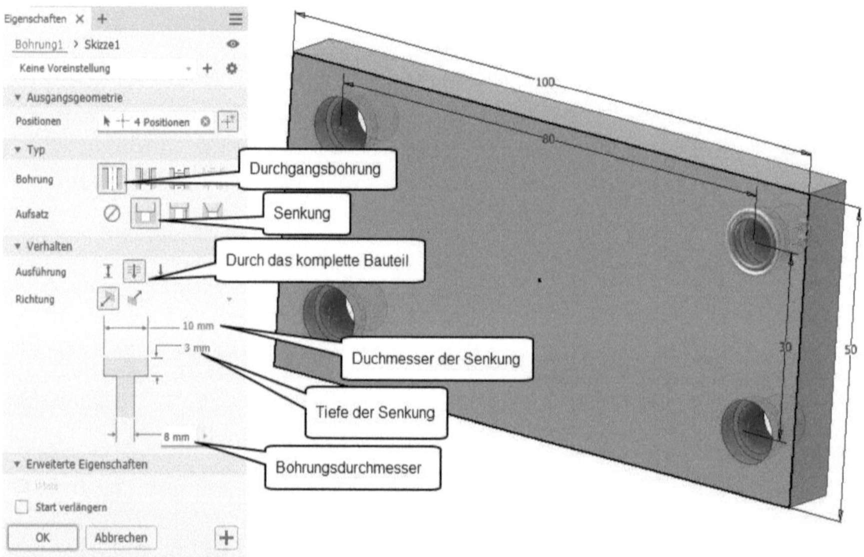

Abb. 4.60: Bohrungsplatte nach Extrusion und bei Anwendung des BOHRUNG-Features

Wenn Sie Punkte ohne die Option MITTELPUNKT erstellen, erhalten Sie *Skizzierpunkte*, die durch ein *Punktsymbol* gekennzeichnet sind. Diese Punkte können beim weiteren Skizzieren als Ausgangspositionen verwendet werden oder im Modellierungsmodus zum Erstellen von Arbeitselementen wie beispielsweise dem FIXIERTEN PUNKT.

4.3.11 Punkte aus Excel importieren

Punkte lassen sich auch aus einer Excel-Tabelle importieren. Beim Import in eine 2D-Skizze werden evtl. vorhandene Z-Koordinaten ignoriert. Die Excel-Datei sollte in der ersten Zeile und Spalte die Einheiten haben, also `mm`. In der nächsten Zeile stehen die Überschriften für die Spalten mit den Koordinaten, als **x** und **y** (und ggf. **z**) (Abbildung 4.61).

	A	B	C	D
1	mm			
2	x	y	z	
3	10	10	0	
4	12	10	0	
5	15	20	0	
6	20	20	10	
7	20	30	10	
8	25	30	15	
9	25	35	15	
10	30	30	20	
11				

Abb. 4.61: Excel-Punkte-Datei

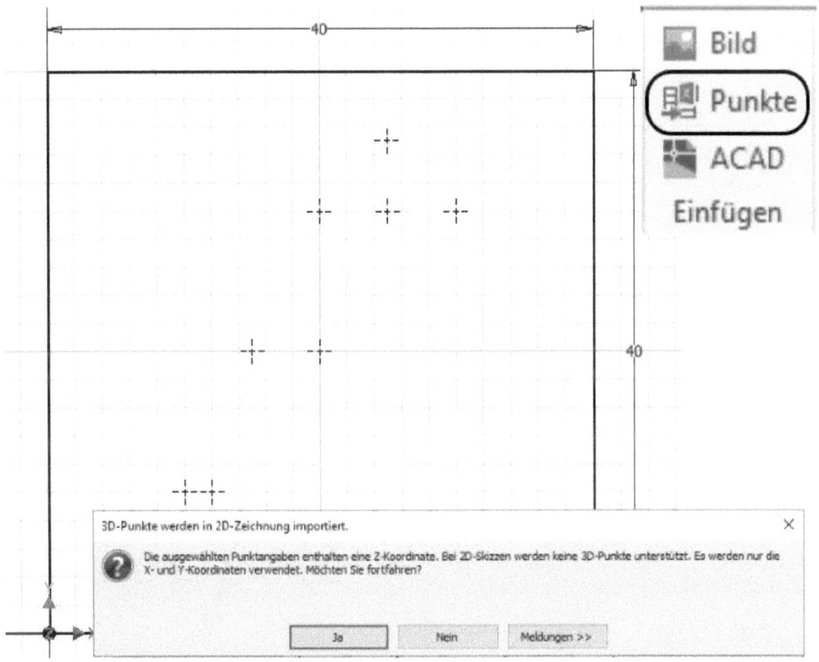

Abb. 4.62: Punkte durch automatischen Excel-Import erstellt

Die Funktion SKIZZE|EINFÜGEN|PUNKTE importiert die Punktkoordinaten, erstellt aber *keine Assoziativität* zur Excel-Datei. Nach einer späteren Änderung der Excel-Daten ändern sich die Positionen in der Skizze *nicht*.

Wenn beim Import in eine 2D-Skizze auch Z-Koordinaten vorhanden sind, erhalten Sie eine Meldung, dass diese ignoriert werden. Die Punkte müssen dann auch von Ihnen einzeln bemaßt werden.

4.3.12 Skizze aus AutoCAD importieren

Um AutoCAD-Zeichnungen in Inventor zu nutzen, gibt es zwei Möglichkeiten, die auch methodisch unterschiedlich vorgehen.

- Sie können hier im SKIZZENMODUS die Geometrie aus einer AutoCAD-Zeichnung kopieren und für Extrusion und ähnliche Volumenkörper nutzen. In diesem Fall besteht nach Import der AutoCAD-Geometrie *kein Zusammenhang mit der AutoCAD-Zeichnung* mehr.
- Andererseits können Sie in der BAUTEILUMGEBUNG mit der Funktion 3D-MODELL|ERSTELLEN|IMPORT eine assoziative Verbindung zu einer AutoCAD-Zeichnung herstellen, deren Konturen Sie dann in eine Skizze projizieren können. Mit dieser Skizze erzeugen Sie wieder Volumenkörper. In diesem Fall besteht *eine dauerhafte assoziative Verbindung von der AutoCAD-Zeichnung bis hin zum 3D-Modell.* Bei Änderungen der AutoCAD-Zeichnung wird sich Ihr Inventor-Teil anpassen. Dies wird in Abschnitt 5.1.10, »Importieren«, vorgestellt.

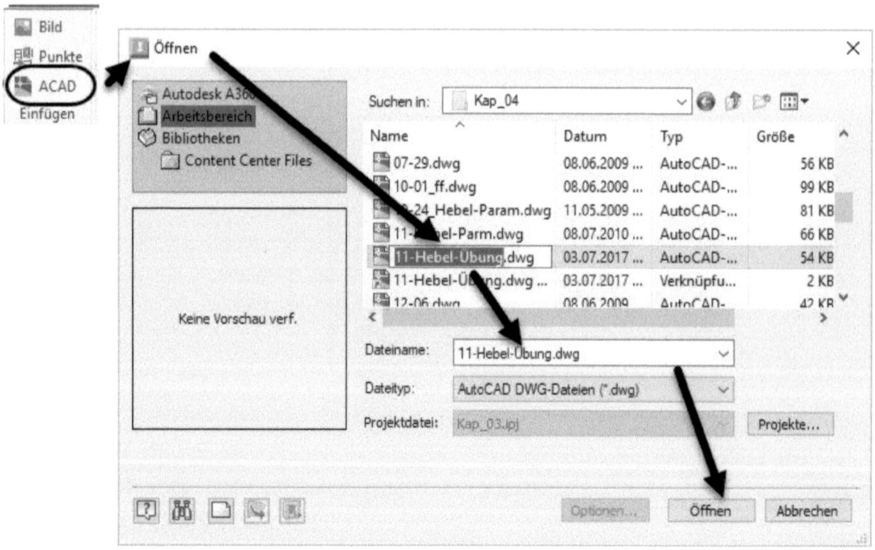

Abb. 4.63: AutoCAD-Geometrie in Skizze einfügen

Im SKIZZENMODUS beginnt der Import in die Skizze mit der Auswahl der AutoCAD-Zeichnung (Abbildung 4.63).

Die geöffnete AutoCAD-Datei wird einige Sekunden von Inventor analysiert. Dann meldet sich der IMPORTDIALOG (Abbildung 4.64). Zuerst wählen Sie die *Layer* aus ❶. Gegebenenfalls wählen Sie zwischen Modell- und Layout-Bereich ❷. Wenn nicht die komplette Zeichnungsgeometrie importiert werden soll, nehmen Sie die Aktivierung von ALLE heraus ❸ und wählen die *nutzbare* Geometrie im Fenster rechts mit üblichen Auswahlmethoden aus ❹. Mit WEITER ❺ kommen Sie zu weiteren Optionen. Überprüfen Sie hier, ob die korrekten *Einheiten* ❻ der AutoCAD-Zeichnung verwendet werden. Waren Ihre Angaben in AutoCAD falsch, dann können Sie hier noch die Einheiten korrigieren. Auf jeden Fall sollten Sie dann die ENDPUNKTE MIT ABHÄNGIGKEITEN VERSEHEN lassen ❼ und alle erkennbaren ABHÄNGIGKEITEN automatisch erstellen lassen ❽. Nach FERTIGSTELLEN ❾ dauert der Import noch eine Weile. Inventor zoomt leider nicht auf das Ergebnis. Wenn der Prozess beendet ist, sollte Sie selbst ALLES ZOOMEN aufrufen.

Wenn die Zeichnung in AutoCAD nicht am Nullpunkt lag, dann sollten Sie es hier im Inventor mit VERSCHIEBEN auf den Nullpunkt schieben. Auch können Sie nun die Linientypen und Farben an Inventor anpassen, indem Sie die komplette Geometrie wählen und im Kontextmenü EIGENSCHAFTEN wählen. Setzen Sie dort die LINIENFARBE, LINIENTYP und LINIENSTÄRKE auf **Vorgabe**.

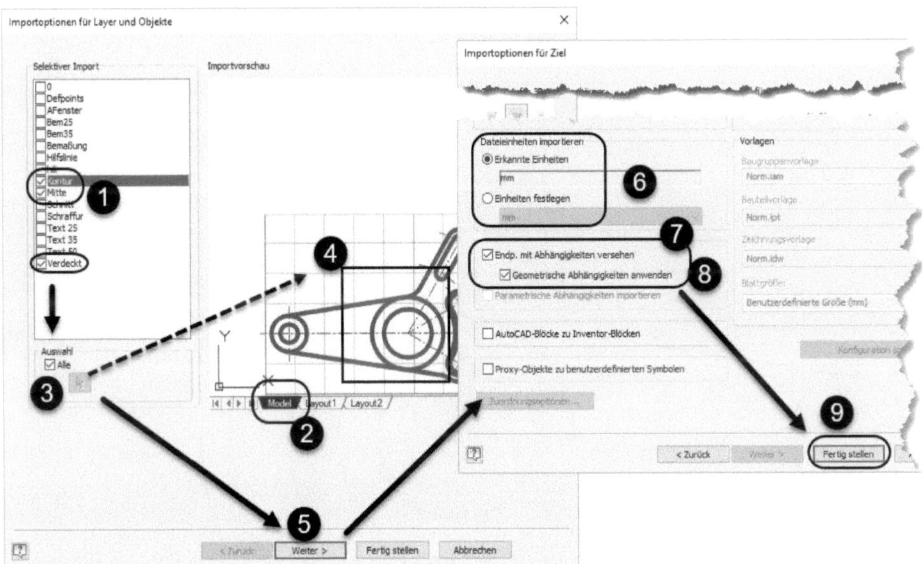

Abb. 4.64: Auswahl der Layer, der Geometrie und Aktivieren automatischer Abhängigkeiten

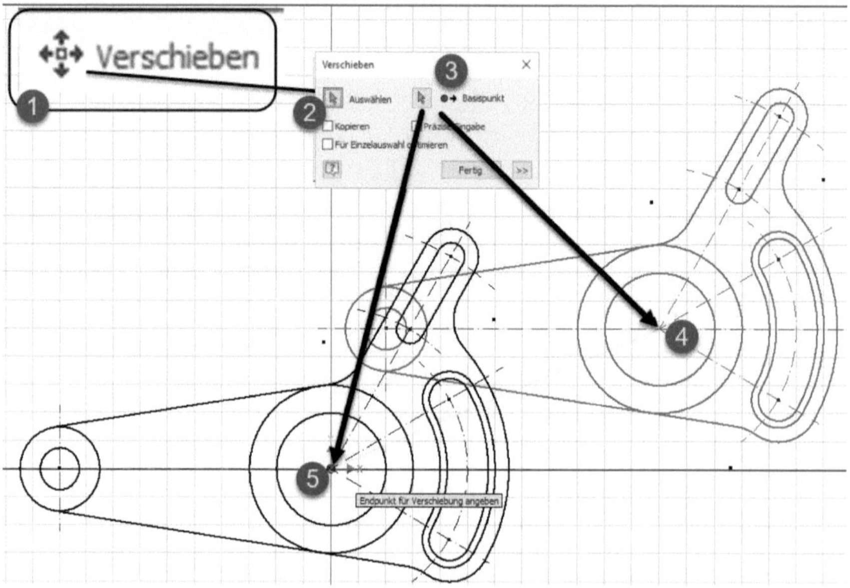

Abb. 4.65: Verschieben der Geometrie auf den Nullpunkt

Dann folgt der schwierigste Teil, nämlich Ergänzen der nötigen Abhängigkeiten und Erstellen der fehlenden Bemaßungen.

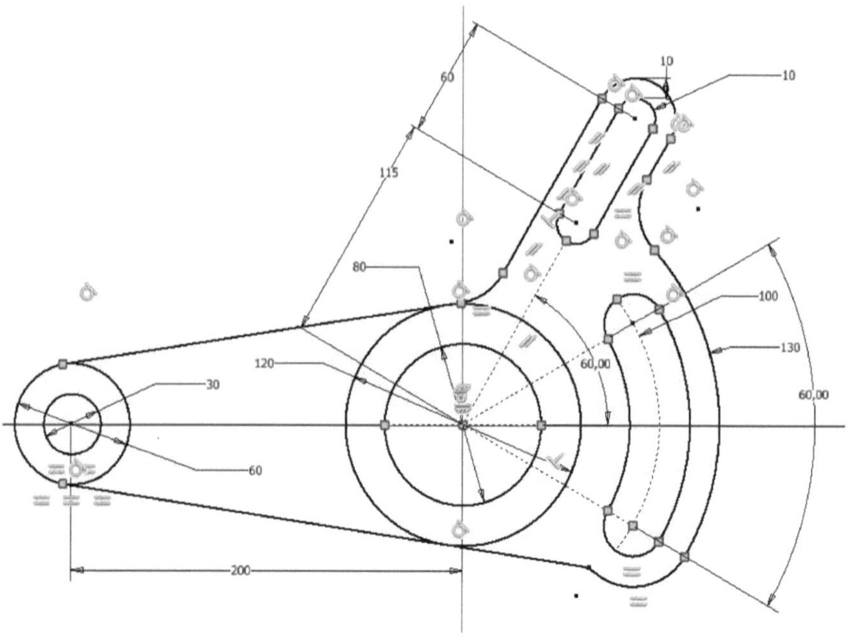

Abb. 4.66: Unnötige Geometrie gelöscht, gestutzt, restliche Geometrie mit Abhängigkeiten versehen und bemaßt

Zunächst sollten Sie alle Linien, Bögen und Kreise, die keine Konturlinien sind, zu Konstruktionslinien machen. Dann sollten Sie alle überstehenden Konstruktionslinien so weit wie möglich stutzen. Dann prüfen Sie, wo Abhängigkeiten Gleich und Tangential eingesetzt werden können. Bemaßen Sie zunächst nur die relevantesten Geometrien. Prüfen Sie dann, welche Freiheitsgrade noch übrig bleiben. Durch Automatic Dimensions and Constraints können Sie sich zeigen lassen, wo Inventor noch mit Bemaßungen und Abhängigkeiten ergänzen würde. Gehen Sie mit Entfernen wieder aus dem Befehl heraus und erstellen Sie die zeichnerisch sinnvollen Bemaßungen und Abhängigkeiten selbst.

4.3.13 Skizzenblöcke

Wenn Sie in einer Skizze mehrere Konturen für verschiedene Extrusionen oder andere 3D-Erstellungen brauchen, ist es nützlich, diese zu verschiedenen Blöcken zusammenzufassen. Dazu aktivieren Sie im Skizzenmodus die Funktion Skizze| Erstellen ▾ |Block erstellen (Abbildung 4.67).

Nachdem Sie die Geometrie erstellt haben, können Sie mit diesem Befehl die zusammenzufassenden Elemente wählen, den Einfügepunkt angeben und einen Namen (Abbildung 4.67).

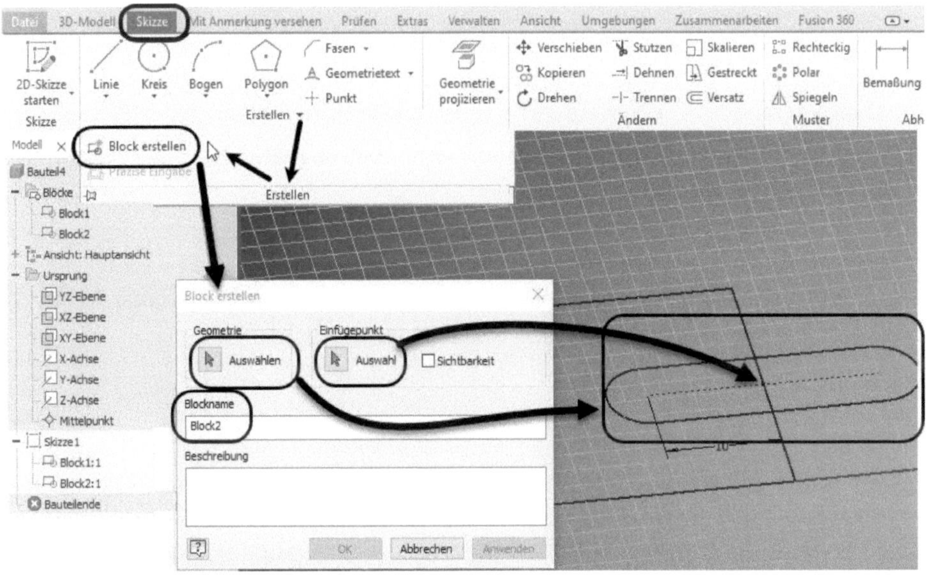

Abb. 4.67: Skizzenblock erstellen

Wichtige Vorteile von Blöcken:

- Bei der Erzeugung der 3D-Elemente durch Extrusion, Drehen o.Ä. ist dann die Wahl der Konturen einfacher (Abbildung 4.68).

- Einen Block können Sie auch kopieren und dann mit dem Einfügepunkt an die gewünschte Position legen. Damit erhalten Sie eine neue Instanz des Blocks.

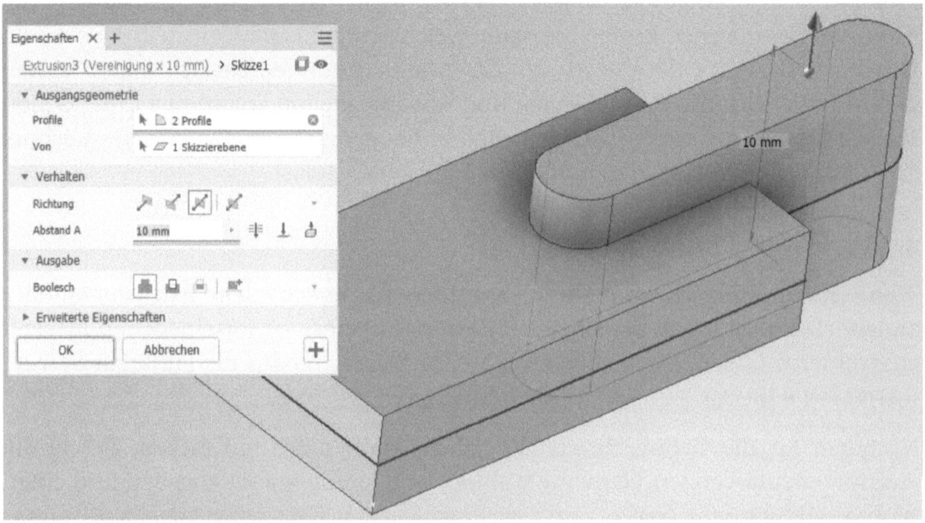

Abb. 4.68: Erzeugen einzelner Extrusionen der beiden Skizzenblöcke

- Mit Doppelklick innerhalb der Skizze können Sie in den *Bearbeitungsmodus* des Blocks gehen und ihn verändern. Dadurch werden alle Blöcke gleichen Namens analog verändert. Die Veränderung wirkt also auf alle Instanzen des Blocks.
- Nach Rechtsklick auf einen Block können Sie diese markierte Blockversion mit EXPLODIEREN wieder in Einzelkurven zerlegen.
- So wie jedes Skizzenelement können Sie auch einem Block mit Rechtsklick und EIGENSCHAFTEN neue Farbe, neue Linienstärke und neuen Linientyp zuordnen. Die Anzeige dieser individuellen Eigenschaften kann dann mit SKIZZE|FORMAT|FORMAT ANZEIGEN ein- und ausgeschaltet werden.

4.4 3D-Skizzen

3D-Skizzen werden vor allem für die Modellierfunktion SWEEP benötigt, bei der ein Profil an einem Pfad entlangbewegt wird, um einen Volumenkörper zu erstellen: Die Multifunktionsleiste für 3D-Skizzen erhalten Sie durch Aufblättern der 2D-Skizze.

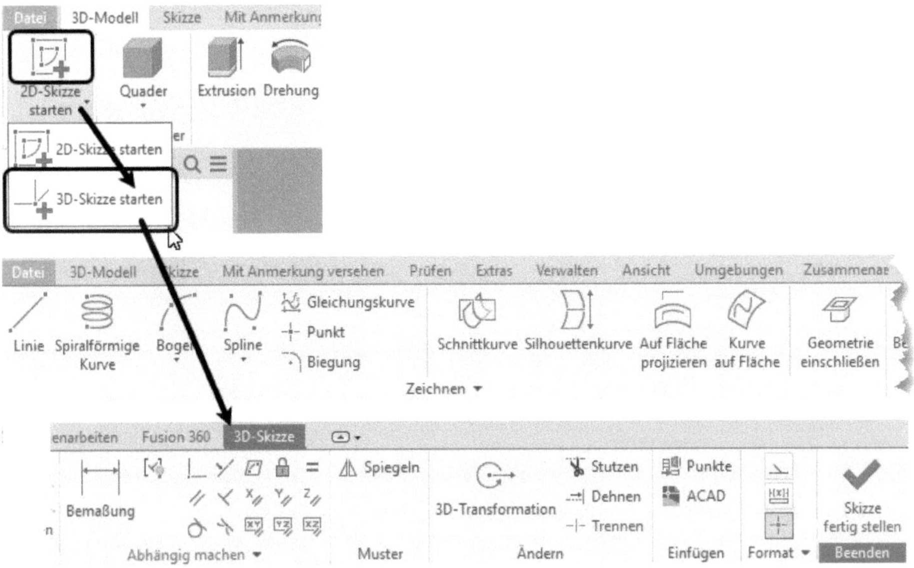

Abb. 4.69: 3D-Skizzen-Funktionen

4.4.1 3D-Koordinateneingabe

Meist müssen für 3D-Skizzen dreidimensionale Koordinaten mit exakten Werten eingegeben werden. Dazu wird Ihnen beim Start der 3D-Skizze in den Zeichenbefehlen ein Koordinatendreibein angezeigt. Wenn Sie exakt am Nullpunkt beginnen wollen, klicken Sie einfach im BROWSER unter URSPRUNG den MITTELPUNKT direkt an.

Wenn Sie weitere Positionen in den orthogonalen X-, Y- oder Z-Richtungen eingeben wollen, müssen Sie nur mit dem Cursor entlang den angezeigten Achsen ziehen und dann die Entfernung angeben (Abbildung 4.72). Dafür ist nämlich vorgabemäßig der ORTHOMODUS ganz unten in der Statusleiste aktiviert (Abbildung 4.73). Nach dem Nullpunkt geben Sie damit relative Koordinaten ein. Den nächsten Punkt im Orthomodus geben Sie über die mit dem Cursor angedeutete Achsrichtung und dann nur noch mit einer einzigen Zahl für den Abstand vom letzten Punkt an. Das Dreibein sitzt immer auf der neuesten Position, auch wenn Sie die gezeichneten Objekte wieder gelöscht haben. Vorgabemäßig wird also mit *relativen Koordinaten* gearbeitet, das Achsendreibein hat dann an der zuletzt eingegebenen Position die relativen Koordinaten x=0, y=0 und z=0.

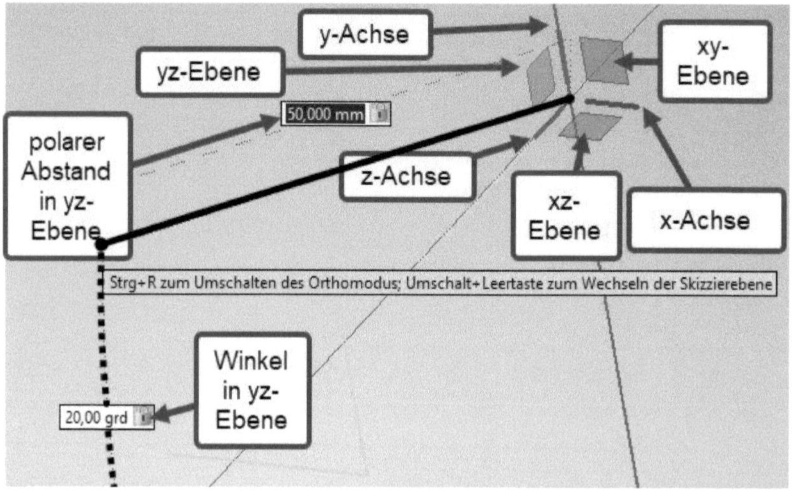

Abb. 4.70: Das Achsendreibein und das Eingabefeld in einer 3D-Skizze

Für Rohrleitungen ist es oft erwünscht, gleich Rundungen in der 3D-Skizze zu haben. Deshalb können Sie unter EXTRAS|OPTIONEN|ANWENDUNGSOPTIONEN im Register SKIZZE das automtaische Abrunden bei 3D-Linien aktivieren und unter EXTRAS|OPTIONEN|DOKUMENTEINSTELLUNGEN im Register SKIZZE den RADIUS DER AUTOM. BIEGUNG eingeben (Abbildung 4.71).

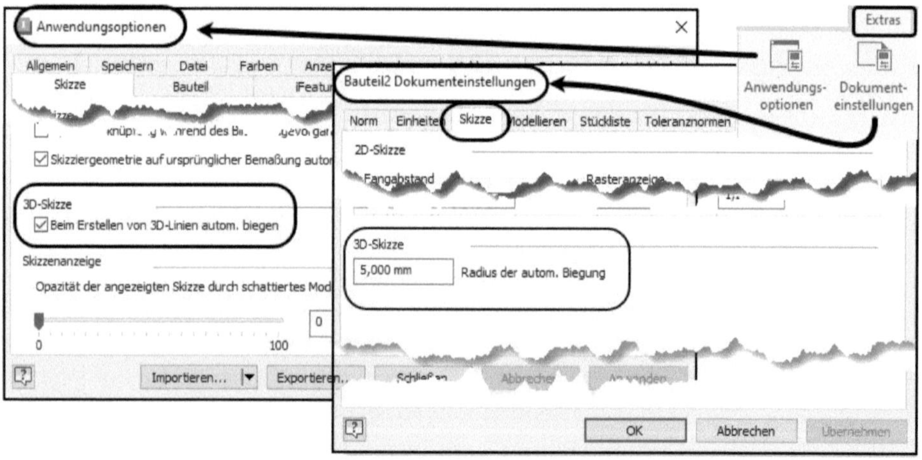

Abb. 4.71: Automatisches Abrunden in 3D-Skizzen und Radiuswert

Wenn Sie mit direkter Koordinateneingabe arbeiten wollen, aktivieren Sie 3D-SKIZZE|ZEICHNEN ▾ |PRÄZISE EINGABE und schalten dort in der zweiten Zeile die gewünschte Eingabeart, entweder RELATIV oder ABSOLUT, ein. In dieser Zeile finden Sie auch AUF URSPRUNG ZURÜCKSETZEN, um das Achsendreibein jederzeit sauber auf den absoluten Nullpunkt bzw. MITTELPUNKT zu setzen (Abbildung 4.74). Nachdem Sie in der Statusleiste ORTHOMODUS deaktiviert haben, können Sie dann in der Eingabezeile mehrere Koordinaten zugleich eingeben und damit nicht-orthogonale schräge Linien zeichnen.

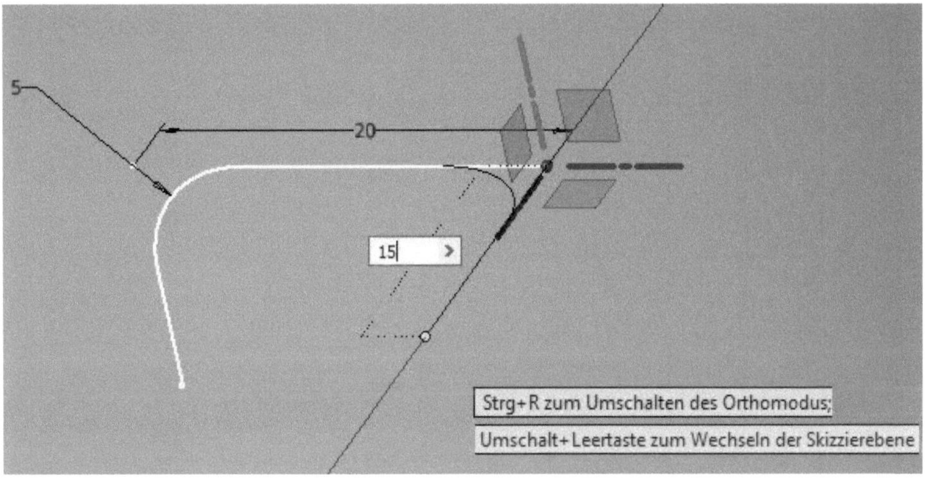

Abb. 4.72: Orthogonale Positionen in 3D-Skizze mit automatischer Verrundung

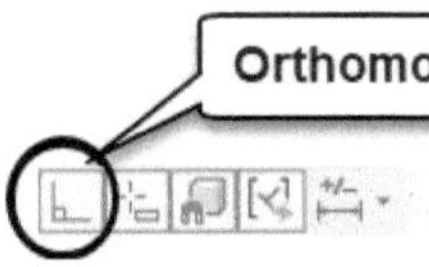

Abb. 4.73: Orthomodus unten in der Statusleiste

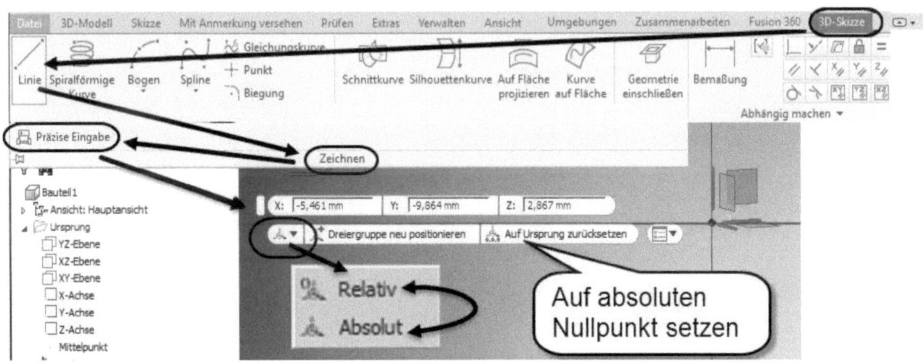

Abb. 4.74: Umschalten zwischen RELATIV und ABSOLUT und Nullpunktposition

Die Eingabe der Koordinaten kann durch Anklicken einer der grauen Flächen am mobilen Achsenkreuz auch auf eine Ebene beschränkt werden. In der Ebene können Sie die Koordinaten entweder über die präzise Eingabe eingeben oder ohne diese als Polarkoordinaten, also über Abstand und Winkel.

Punkte aus Excel-Datei

Wie für 2D-Skizzen, so können Punkte auch für 3D-Skizzen aus Excel-Dateien übernommen werden. Sie können z.B. für Splinekurven als Stützpunkte verwendet werden (siehe Abschnitt 4.3.11, Abbildung 4.61).

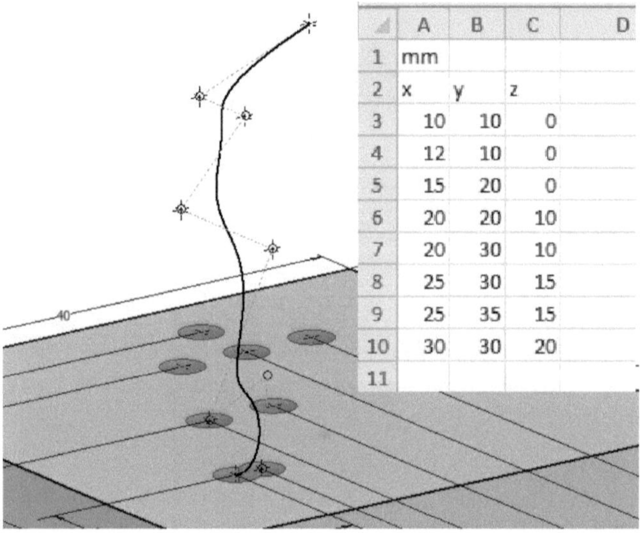

Abb. 4.75: Punkte aus Excel-Tabelle in 2D-Skizze für Bohrungen, in 3D-Skizze für Spline verwendet

4.4.2 Kurven für 3D-Skizzen

Iso-Ansicht einstellen

Für Ihre 3D-Konstruktionen ist es oft nützlich, in einer *Iso-Ansicht* mit nach oben gerichteter projizierter Z-Achse zu sein. Dazu sind nur zwei Klicks auf dem VIEW-CUBE nötig (Abbildung 4.76). Der erste Klick aktiviert die Ansicht VORNE, der zweite auf die Ecke links oben schaltet in die Iso-Ansicht.

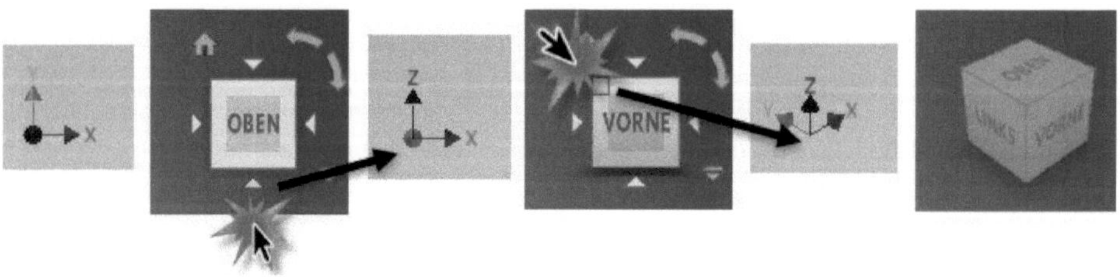

Abb. 4.76: Einstellen der Iso-Ansicht

Linie

Mit LINIE können dreidimensionale Linien punktweise konstruiert werden (Abbildung 4.77).

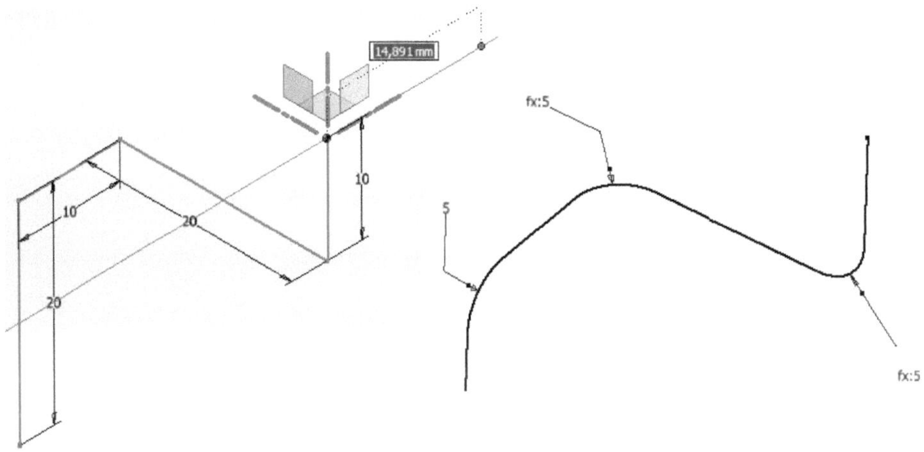

Abb. 4.77: 3D-Linie in orthogonalen Richtungen mit Verrundung

Spiralförmige Kurve

Die SPIRALFÖRMIGE KURVE verlangt als erste Eingabe einen Start- und einen Endpunkt für die Spiralachse. Dazu wäre es sinnvoll, vor dem Befehl eine passende 3D-Linie zu konstruieren. Dann gibt es zwei Typen von Spiralen: KONSTANTE SPIRALFÖRMIGE KURVE und VARIABLE SPIRALFÖRMIGE KURVE.

Bei der KONSTANTEN SPIRALFÖRMIGEN KURVE erscheint ein Eingabedialog für die Spiralparameter wie DURCHMESSER, HÖHE, STEIGUNG, UMDREHUNGEN (Abbildung 4.78). Unter DEFINITION können Sie auswählen, welche drei von den vier Parametern Sie eingeben wollen. Solange die Kurve eine Ausdehnung in der Höhe hat, wäre eigentlich der Begriff *Wendel* korrekt. Die vierte Option bei DEFINITION lautet SPIRALE und führt zu einer echten *Spiralkurve in der Ebene*. Für die wendelartigen Kurven gibt es noch eine VERJÜNGUNG für konischen Verlauf. VERJÜNGUNG bedeutet hier, dass die Wendel bei positivem Verjüngungswinkel vom Start zum Ende hin breiter wird.

Bei der VARIABLE SPIRALFÖRMIGE KURVE sind unterschiedliche Durchmesser für mehrere Abschnitte der Spirale einzugeben (Abbildung 4.78).

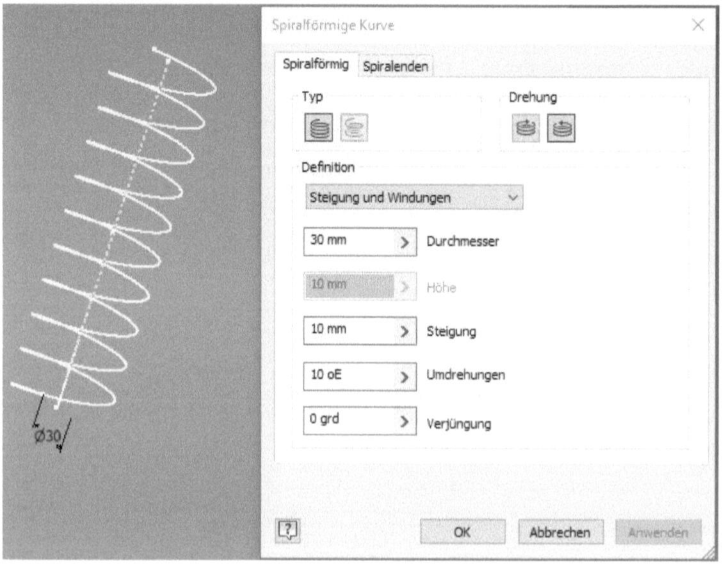

Abb. 4.78: Spiralkurve und Eingabeparameter

Bogen

Beim BOGEN-Befehl gibt es zwei Optionen: DREI PUNKTE und MITTELPUNKT. Die Eingaben entsprechen denen bei der 2D-Skizze, nur dass hier die Punkte beliebige dreidimensionale Positionen sein können.

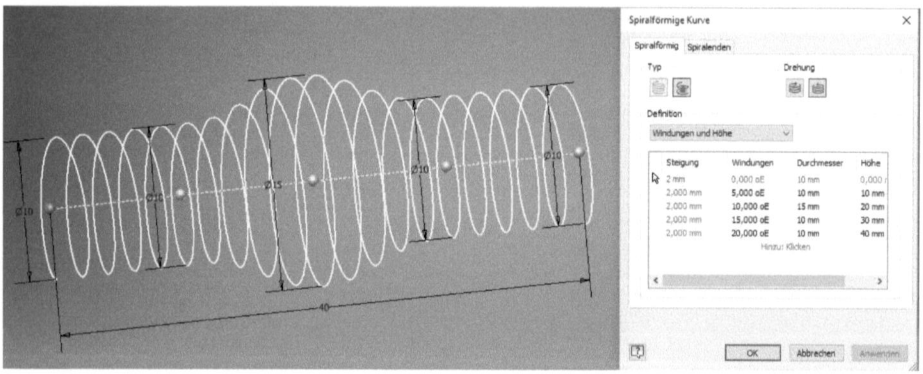

Abb. 4.79: Spirale mit variablen Durchmessern

Spline

Die SPLINEkurve hat auch wie im zweidimensionalen Fall die beiden Optionen KONTROLLSCHEITELPUNKT und INTERPOLATION. Der Unterschied zum 2D-Fall besteht wieder darin, dass hier beliebige 3D-Positionen gewählt werden dürfen.

4.4.3 Kurven mit Funktionsbeschreibungen

Gleichungskurve

Mit GLEICHUNGSKURVE können dreidimensionale Kurven parametrisch durch Gleichungen bestimmt werden. Sie können hier ähnlich wie bei 2D (Abschnitt 4.3.7, »Kurven mit Funktionsbeschreibungen«) zwischen kartesischen Koordinaten, Zylinderkoordinaten und Kugelkoordinaten wählen.

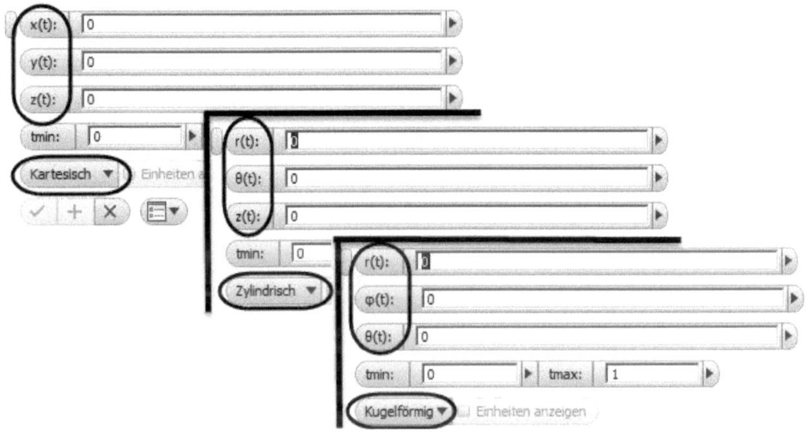

Abb. 4.80: Verschiedene Koordinatensysteme für 3D-Kurven

Punkt

Erzeugt einen PUNKT durch Eingabe von X-, Y- und Z-Koordinaten.

Biegung

BIEGUNG erzeugt eine Abrundung zwischen zwei 3D-Kurven, ähnlich zur 2D-Biegung.

Schnittkurve

Mit dieser Funktion kann eine Kurve durch den Schnitt zweier Flächen erzeugt werden. Alternativ kann auch aus zwei ebenen Kurven die Schnittkurve erzeugt werden, die sich aus den gedachten Extrusionen der beiden ergeben würde. Auch ist eine Schnittkurve möglich zwischen einer Ebene (siehe 3D-MODELL|ARBEITSELEMENTE|EBENEN) und einer Kurve, d.h. deren flächenmäßiger Extrusion.

Um das Beispiel mit zwei Flächen zu demonstrieren, ist ein kleiner Vorgriff zum Thema *Flächen* nötig. Das soll hier geschehen.

Eine Fläche lässt sich leicht aus einer 2D-SKIZZE z.B. mit der Funktion 3D-MODELL|EXTRUSION erzeugen (Abbildung 4.81). Für eine Schnittkurve ist eine zweite Fläche nötig. Deshalb wurde in der YZ-EBENE eine zweite Kurve gezeichnet und ebenfalls extrudiert. Beide Flächen wurden dann mit 3D-SKIZZE|ZEICHNEN|SCHNITTKURVE zum Schnitt gebracht (Abbildung 4.82).

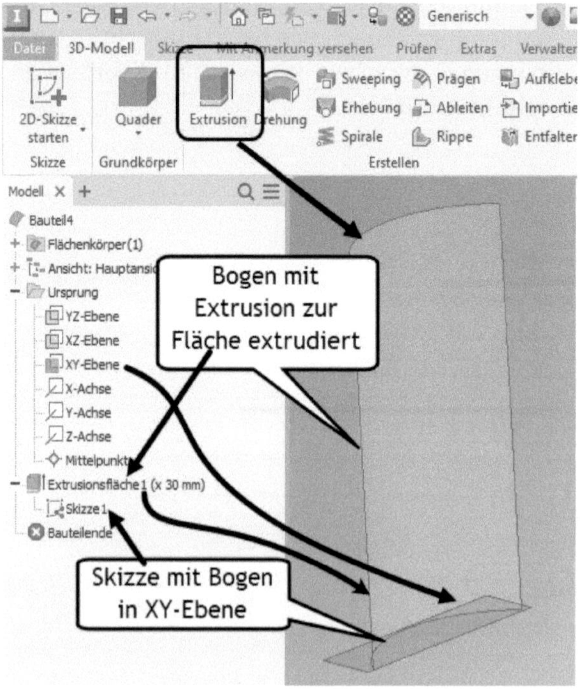

Abb. 4.81: Fläche durch EXTRUSION einer 2D-SKIZZE erzeugt

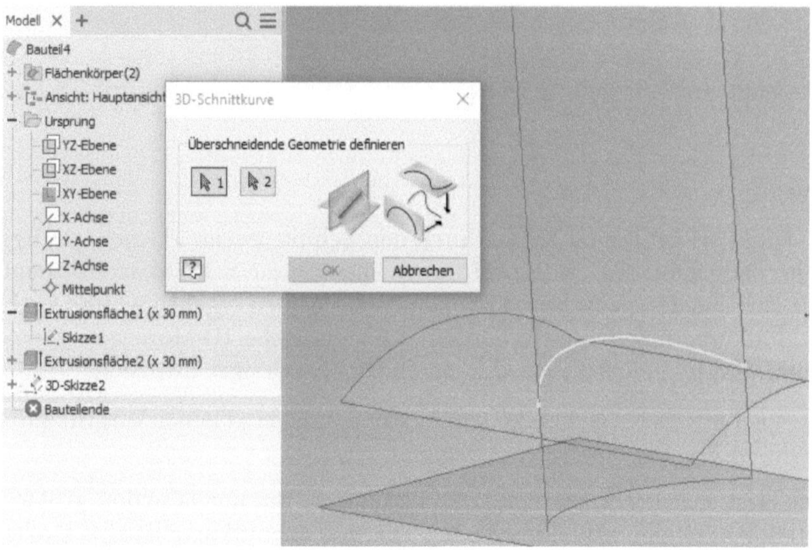

Abb. 4.82: Schnittkurve von zwei Flächen

Sie erhalten dieselbe Kurve also auch, wenn Sie die Extrusionsflächen im Beispiel unsichtbar, dafür aber Skizze 1 und Skizze 2 sichtbar schalten und daraus mit der gleichen Funktion die Schnittkurve sozusagen in der Luft erzeugen.

Silhouettenkurve

Diese Funktion erzeugt eine Kurve als Silhouette einer Fläche. Damit diese Kurve interessant demonstriert werden kann, ist eine etwas kompliziertere Vorbereitung nötig. Die Fläche wurde diesmal durch DREHUNG einer kreisförmigen 2D-SKIZZE erzeugt. Außerdem ist eine Projektionsrichtung für die Generierung der Silhouette nötig. Deshalb wurde eine Linie in einer 3D-Skizze (Abbildung 4.83) gezeichnet und eine ARBEITSACHSE mit 3D-MODELL|ARBEITSELEMENT|ACHSE ▾ AUF LINIE ODER KANTE daraufgelegt.

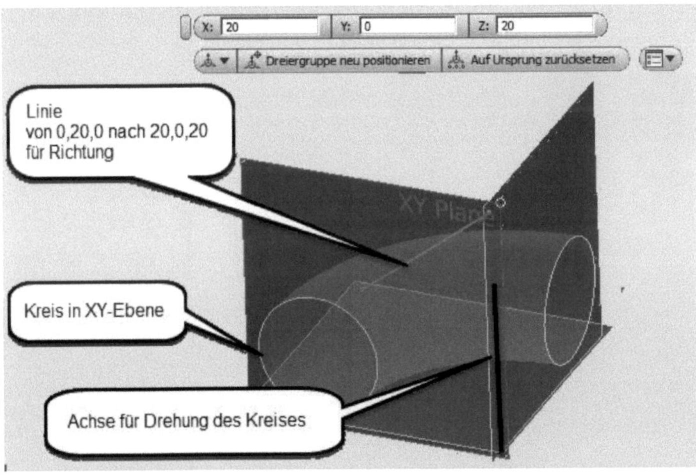

Abb. 4.83: Fläche durch DREHUNG eines Kreises um 90° und Linie für RICHTUNG

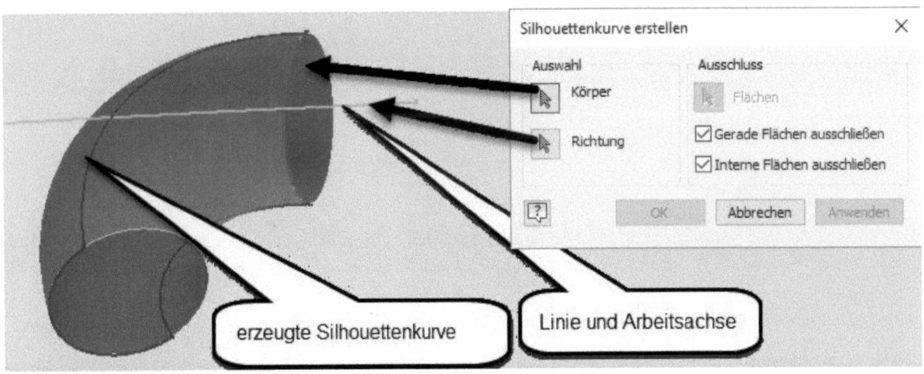

Abb. 4.84: Silhouettenkurve

Auf Fläche projizieren

Diese Funktion erzeugt eine 3D-Kurve durch Projektion einer Kurve auf eine Fläche. Bei dieser Funktion gibt es drei Möglichkeiten der Projektion:

- ENTLANG DES VEKTORS – Sie wählen die Zielfläche, dann die zu projizierende Kurve und für die Richtung eine Linie, Arbeitsachse o.Ä. Wenn Sie eine 2D-Kurve wählen, wird als Richtung die Normale dazu mit einem Doppelpfeilsymbol als Vorgabe angeboten (Abbildung 4.85).
- AUF DEN NÄCHSTEN PUNKT PROJIZIEREN – Sie wählen nur die Zielfläche und die zu projizierende Kurve. Es wird praktisch punktweise das Lot auf die Zielfläche gefällt (Abbildung 4.86).
- AUF FLÄCHE AUFBRINGEN – Diese Funktion ist nur auf abwickelbare Flächen anwendbar, also auf Flächen, die nicht doppelt gekrümmt sind. Hier wird die Kurve praktisch wie ein Abziehbild als Abwicklung aufgebracht (Abbildung 4.87).

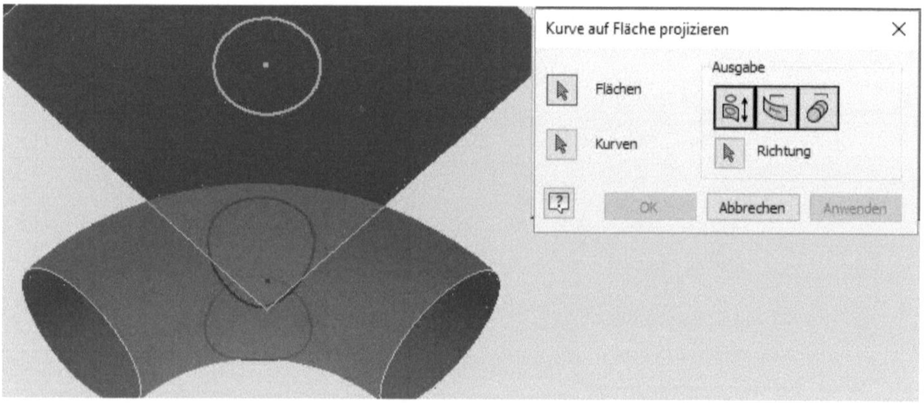

Abb. 4.85: Skizze in Vektorrichtung (hier senkrecht zum Kreis) projizieren

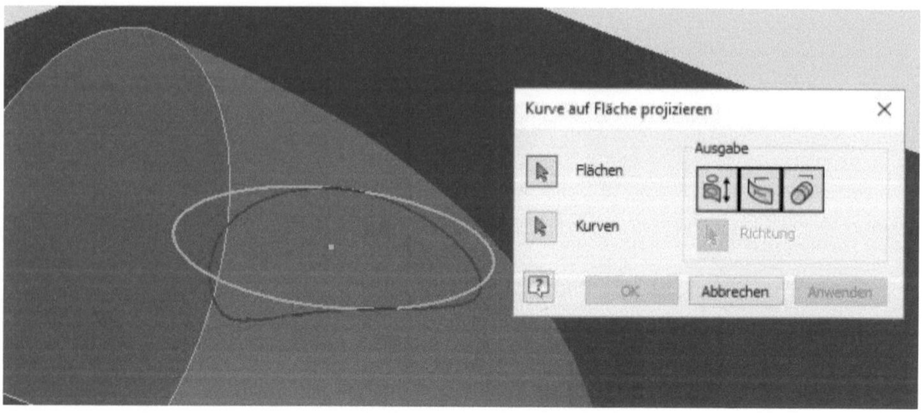

Abb. 4.86: Kurve mit punktweise lotrechter Projektion aufbringen

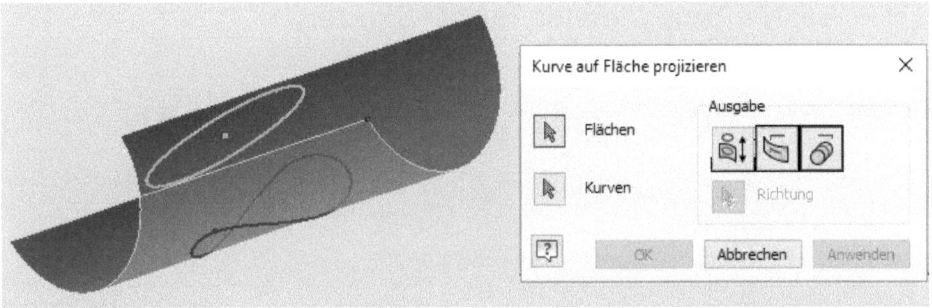

Abb. 4.87: Skizze als Abwicklung aufbringen

Kurve auf Fläche

Mit der Funktion KURVE AUF FLÄCHE können Sie Splinekurven über Anpassungspunkte auf Flächen erzeugen (Abbildung 4.88). Die Zuordnung zur Fläche ist assoziativ, das heißt, bei Modifikation der Fläche geht die Splinekurve mit und bleibt mit der geänderten Fläche verbunden (Abbildung 4.89).

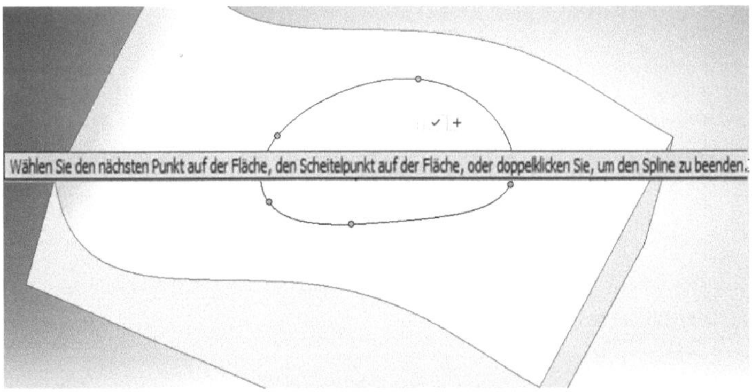

Abb. 4.88: Eine geschlossene Flächenkurve auf einer Splinefläche

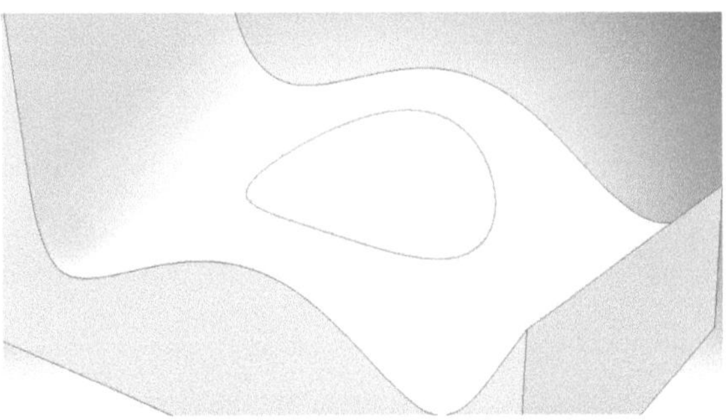

Abb. 4.89: Flächenkurve nach Variation der Fläche

4.5 Bearbeitungsbefehle für 2D-Skizzen

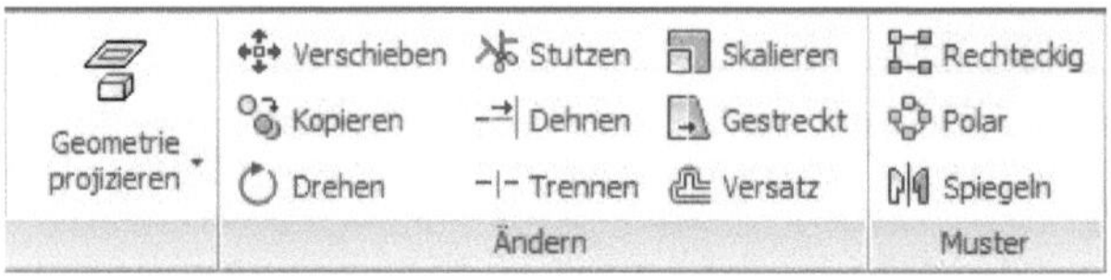

Abb. 4.90: Bearbeitungsfunktionen im 2D-Skizzenmodus

4.5.1 Geometrie projizieren/Schnittkanten projizieren

Sobald in einem Bauteil andere Geometrie vorhanden ist, seien es andere Skizzen, Flächen oder Volumenkörper, können Sie diese in die aktuelle Skizzierebene projizieren (Abbildung 4.92). Es gibt insgesamt fünf Arten der Projektion:

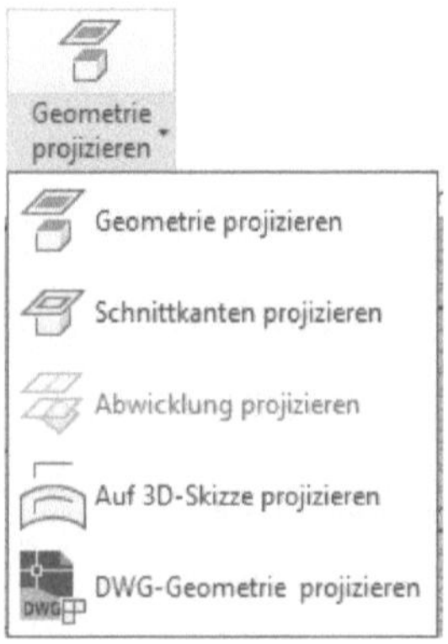

Abb. 4.91: Fünf Methoden der Projektion

- GEOMETRIE PROJIZIEREN: Die Kanten eines Volumenkörpers oder einer Fläche können einzeln projiziert werden. Die Projektion einer Linie, die senkrecht zur aktuellen Skizzierebene liegt, ergibt einen Punkt.

Tipp

Oft wird die projizierte Geometrie nur als Hilfsgeometrie gebraucht. Dann sollte man vorher den Linientyp auf KONSTRUKTIONSLINIE umstellen, damit diese Kurven bei späteren 3D-Modellierungen nicht als Konturen benutzt werden.

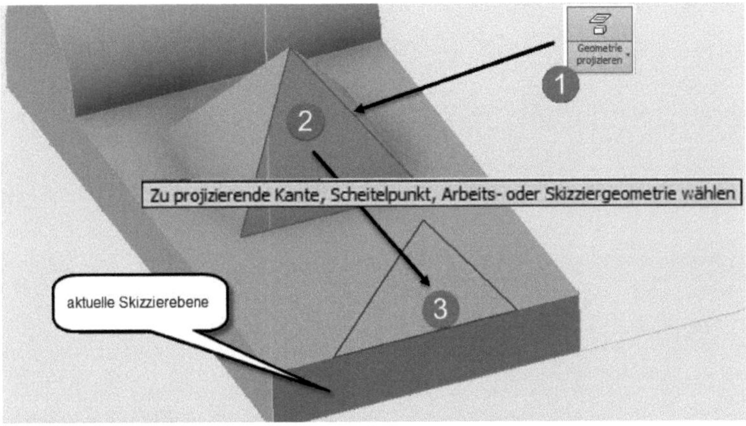

Abb. 4.92: Projizieren von Geometrie in die aktuelle Skizzierebene

- SCHNITTKANTEN PROJIZIEREN: Wenn die aktuelle Skizzierebene innerhalb eines vorhandenen Volumenkörpers liegt, benötigt man oft die Schnittkontur der Ebene mit dem Körper. Mit der Funktion SCHNITTKANTEN PROJIZIEREN erhalten Sie die komplette Schnittkontur (Abbildung 4.93).

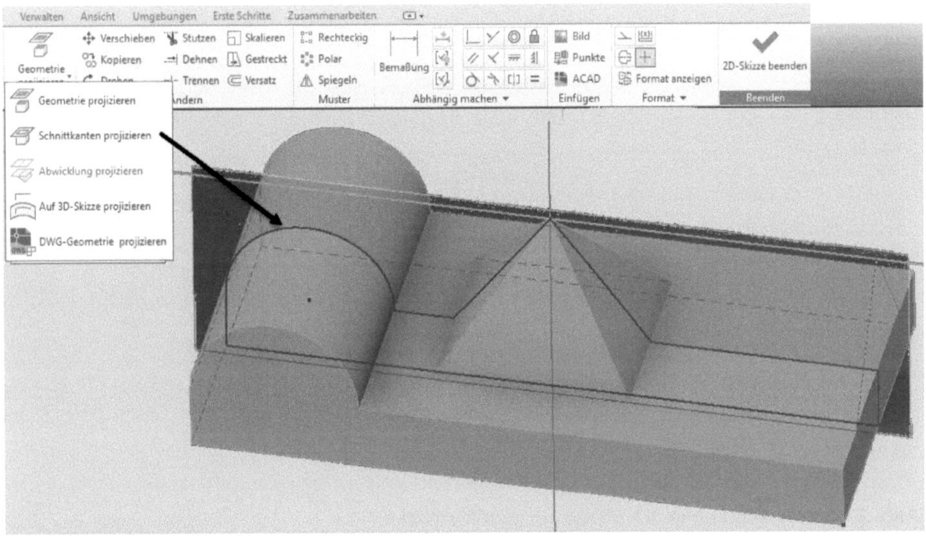

Abb. 4.93: Schnittkanten in die aktuelle Skizzierebene projiziert

- ABWICKLUNG PROJIZIEREN: Ein Blechteil kann hiermit in die Skizzenebene abgewickelt werden, sofern die Flächen über Biegungen miteinander verbunden sind (Abbildung 4.91). Sie müssen nur die abzuwickelnden Flächen anklicken.

Abb. 4.94: Blechteil in die Skizzierebene abgewickelt

- AUF 3D-SKIZZE PROJIZIEREN: Eine 2D-Kurve kann aus der Skizze heraus auf eine 3D-Fläche oder einen 3D-Volumenkörper projiziert werden. Dadurch entsteht eine 3D-Kurve, die beispielsweise für SWEEP-Operationen verwendet werden kann.

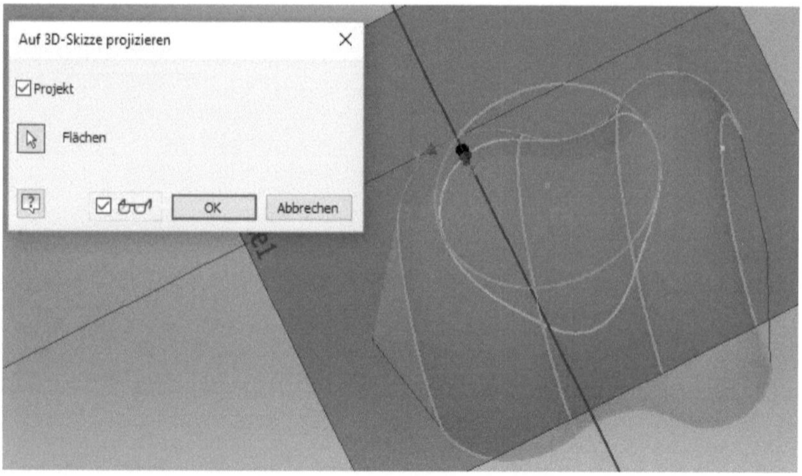

Abb. 4.95: Projektion einer 2D-Skizze auf 3D-Oberflächen

- DWG-GEOMETRIE PROJIZIEREN: Mit dieser Funktion lässt sich zu einer importierten 2D-AutoCAD-Zeichnung (3D-MODELL|ERSTELLEN|IMPORTIEREN) eine davon abhängige Inventor-Skizze erstellen (Siehe Abschnitt 5.1.10, »Importieren«). Dadurch lässt sich eine zur AutoCAD-Zeichnung *assoziative* Inventor-Geometrie erzeugen.

4.5.2 Verschieben

Das VERSCHIEBEN von Teilen einer Skizze erfolgt nach der Objektwahl und Eingabe eines Basispunkts sowie eines Endpunkts für die Verschiebung. Wenn die Geometrie schon Bemaßungen und/oder Abhängigkeiten enthält, können Sie im erweiterten Dialogfeld entscheiden, wie weit diese eingehalten werden sollen. Dieses Dialogfeld ist auch bei den nachfolgenden Befehlen verfügbar.

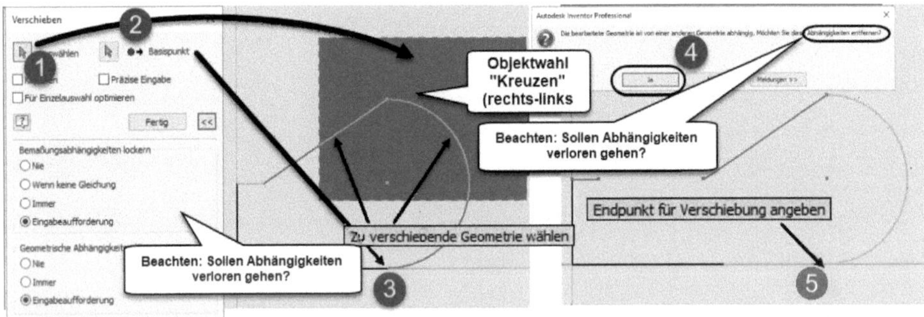

Abb. 4.96: Verschieben in der Skizze

Im aktuellen Beispiel erscheint eine Anfrage wegen der Abhängigkeiten und Bemaßungen, deren Änderung hier erlaubt wurde. Wenn Sie versuchen, Elemente einfach nach Anklicken mit dem Cursor zu verschieben, werden Sie merken, dass Sie dabei keine Abhängigkeiten abschalten können und andere Geometrien mit modifiziert werden.

4.5.3 Kopieren

Das Kopieren von Elementen in der Skizze läuft eigentlich ab wie das Verschieben, nur bleibt hier das Original an der Ursprungsposition erhalten und Sie können mehrere Kopien nacheinander erzeugen.

Tipp

Sie können die Geometrie auch in die ZWISCHENABLAGE kopieren. Mit [Strg]+[C] lässt sie sich dann auch in ein anderes Bauteil wieder einfügen.

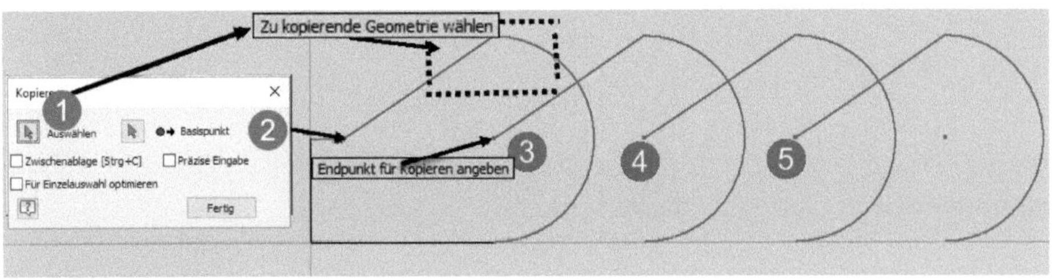

Abb. 4.97: Mehrfaches KOPIEREN von Teilen der Geometrie

4.5.4 Drehen

Beim DREHEN von Elementen in einer Skizze sind ein MITTELPUNKT und ein WINKEL einzugeben. Mit der Option KOPIEREN bleibt das Original erhalten.

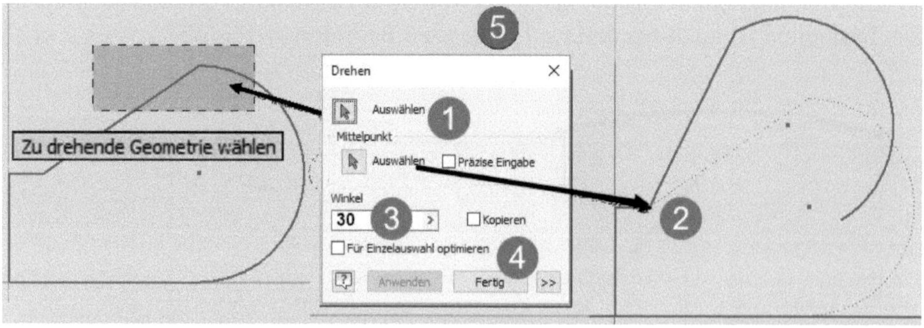

Abb. 4.98: Drehen von zwei Geometrieelementen

4.5.5 Stutzen

STUTZEN bedeutet Abschneiden von Partien der Geometrie und wird in anderer Software meist als *Trimmen* bezeichnet. Beim STUTZEN in der Skizze wird nur angeklickt, was weggenommen werden soll. Es wird dann automatisch bis zur nächsten Kante oder bis zur gedachten Verlängerung einer Kante gestutzt, aber stets nur bis zur nächsten von diesen Möglichkeiten. Sie können zum Stutzen mehrerer Kurven auch statt Klicken mit gedrückter Maustaste über die betreffenden Partien drüberfahren.

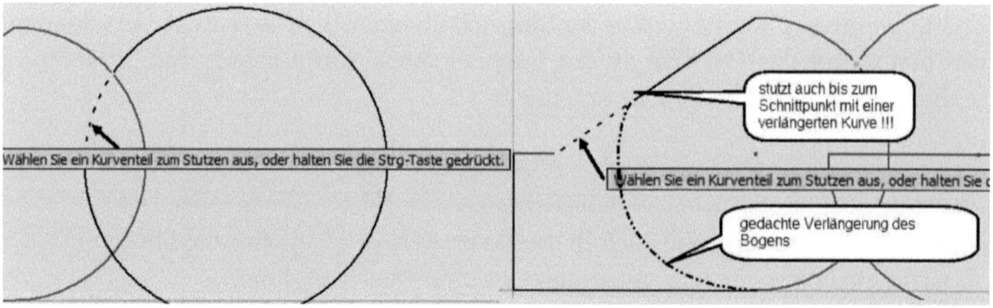

Abb. 4.99: Stutzen von Geometrie an Kanten oder verlängerten Kanten

4.5.6 Dehnen

Beim DEHNEN wird das angeklickte Ende einer Kurve verlängert. Es kann aber immer nur auf eine wirklich existierende Kante gedehnt werden. Gedachte Verlängerungen spielen hier keine Rolle.

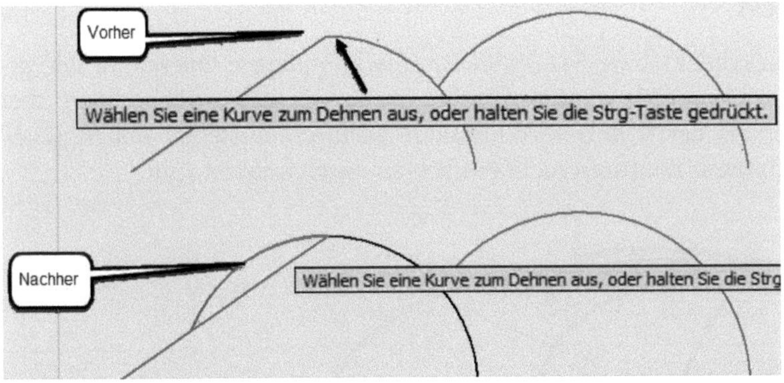

Abb. 4.100: Dehnen von Kurven auf Kanten

4.5.7 Trennen

TRENNEN dient dazu, eine Kurve am nächstmöglichen Kreuzungspunkt mit einer anderen Kurve zu unterteilen. Es wird die Position verwendet, die der angeklickten Position am nächsten ist. Das ist nützlich, wenn beispielsweise ein Teil der Kurve als Konstruktionslinie, der andere aber als Konturlinie gebraucht wird.

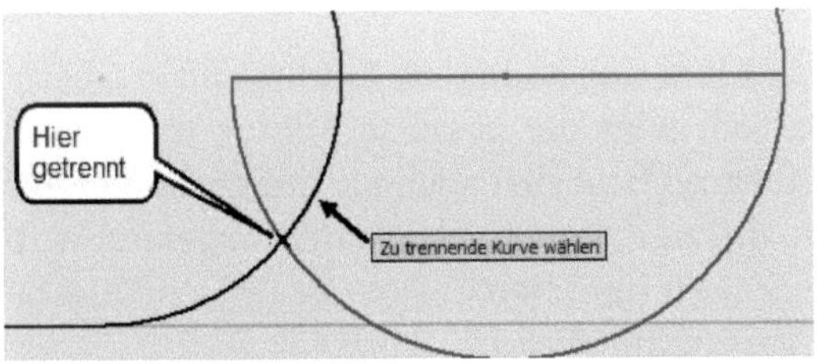

Abb. 4.101: Trennen einer Kurve an der nächsten Kante

4.5.8 Skalieren

Mit SKALIEREN werden Teile der Geometrie vergrößert oder verkleinert. Der Basispunkt bleibt als Fixpunkt bei der Aktion liegen, die restliche gewählte Geometrie wird entsprechend dem Skalierfaktor skaliert.

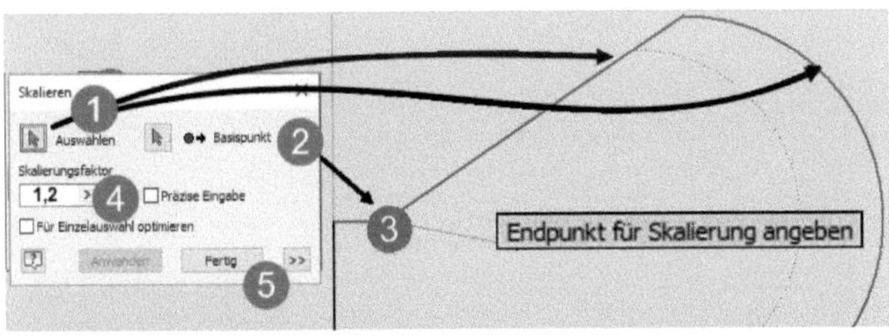

Abb. 4.102: Skalieren von Kurven bzgl. eines Basispunkts

4.5.9 Gestreckt

Die Funktion GESTRECKT bzw. STRECKEN ist eine komplexere Operation. Die gewählten Teile der Geometrie werden verschoben, die übrigen bleiben liegen, aber der Zusammenhang der Kontur wird erhalten. Dadurch entstehen Abhängigkeiten, die bei komplexen Konturen nicht einfach zu durchschauen sind.

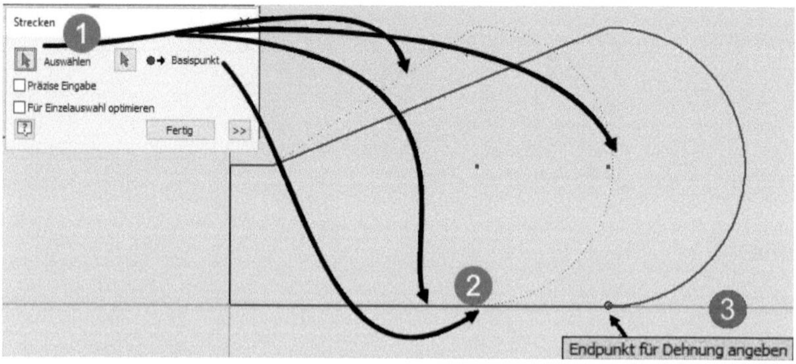

Abb. 4.103: Strecken von Geometrie

4.5.10 Versatz

Die Funktion VERSATZ wählt mit einem Klick eine komplette Kontur und erscheint dann mit einer Abstandsanfrage. Danach wird die gesamte Kontur um diesen Wert versetzt und auch bemaßt. Der Abstand lässt sich auch nachträglich noch für die gesamte Kontur ändern. Konturen, die zu einem Block zusammengefasst wurden, müssen erst wieder übers Kontextmenü mit EXPLODIEREN in einfache Konturen zurückverwandelt werden, bevor Versatz möglich ist.

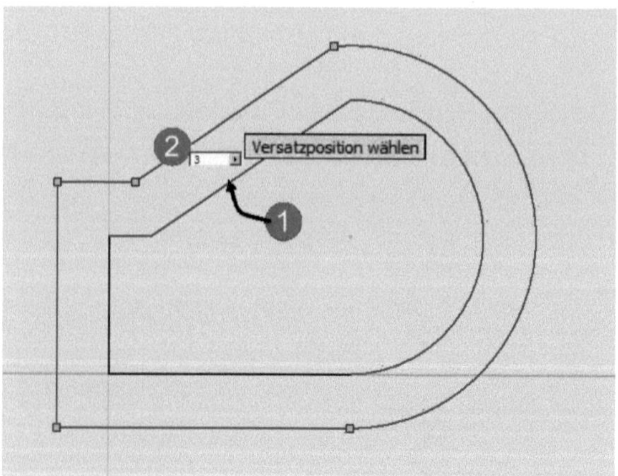

Abb. 4.104: Versatz einer Kontur

4.5.11 Muster – Rechteckig

Die MUSTER-Funktion RECHTECKIG erzeugt eine regelmäßige Anordnung der gewählten Elemente mit Vervielfachung in zwei Richtungen. Die beiden gewählten Richtungen müssen nicht orthogonal zueinander sein. Die Richtungen können über die Werkzeuge zum Richtungswechsel auch umgedreht werden. Sie geben noch die Anzahl der Vervielfachung für jede Richtung an und die Abstände für die neuen Elemente.

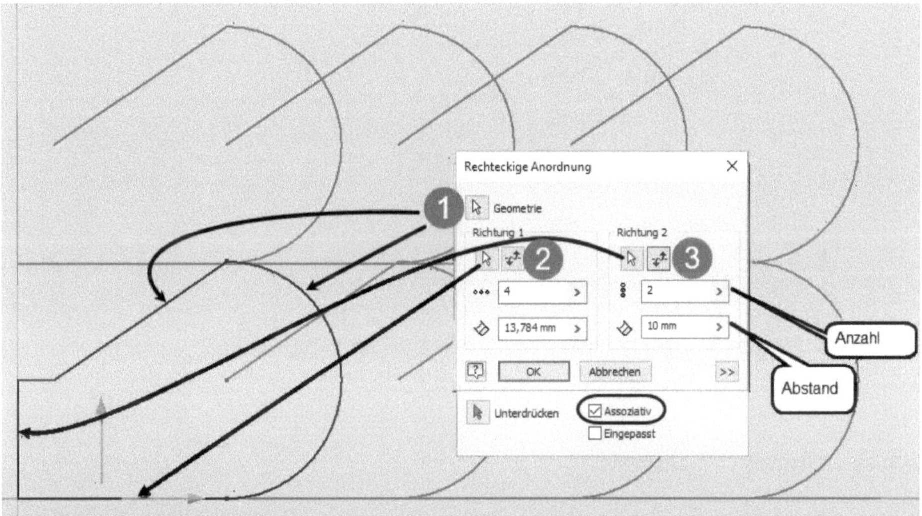

Abb. 4.105: Rechteckiges Muster

Im erweiterten Dialogfeld unter >> können Sie mit der Option ASSOZIATIV bewirken, dass die gesamte Anordnung auch später noch über diese Spezifikationen angepasst werden kann. Dazu ist dann nur ein Rechtsklick auf eines der Elemente nötig. Wenn Sie ASSOZIATIV nicht aktiviert haben, wird lediglich nach den Musterangaben kopiert, ohne dass Sie später noch auf die Musterangaben zugreifen können, weil alles dann Einzelkopien sind.

Die Option EINGEPASST ändert die Interpretation der oben angegebenen Abstände. Sie gelten dann als *Gesamtabstände*. Die Einzelabstände ergeben sich in dem Fall durch Division der angegebenen Abstände durch die Anzahl.

4.5.12 Muster – Polar

Die MUSTER-Funktion POLAR erzeugt eine mehrfache Drehung der gewählten Objekte um eine Achse oder einen Punkt. Sie geben noch die Anzahl der gewünschten Kopien und den auszufüllenden Winkel ein. Der Drehwinkel kann auch umgekehrt werden.

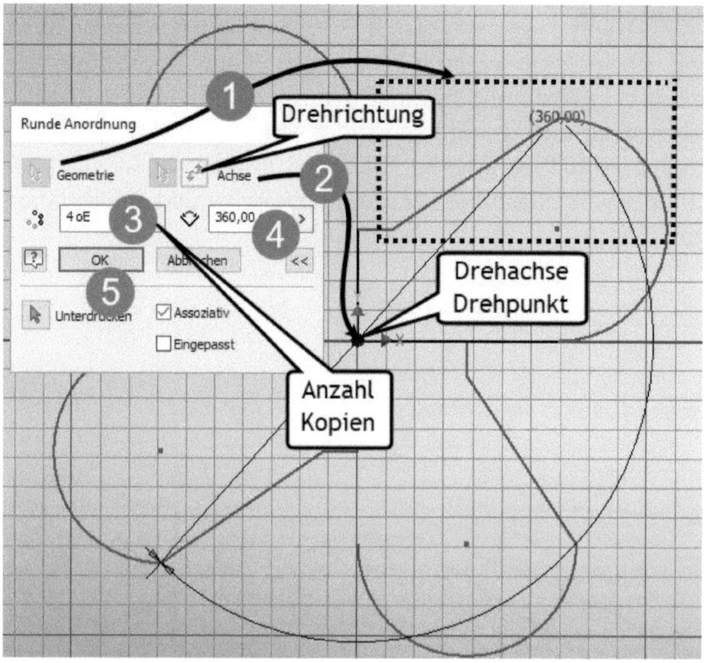

Abb. 4.106: Polares Muster

4.5.13 Muster – Spiegeln

Die letzte MUSTER-Funktion lautet SPIEGELN. Neben der Objektwahl benötigt sie eine *Spiegelachse*. Alle gespiegelten Elemente werden mit der Abhängigkeit SYMMETRISCH bzgl. der Spiegelachse versehen.

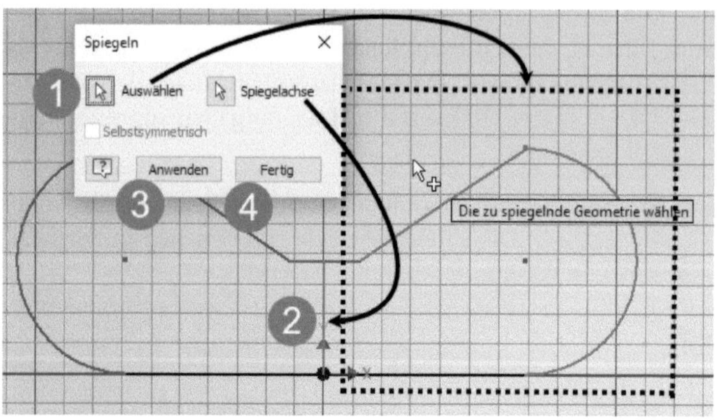

Abb. 4.107: Geometrie SPIEGELN

4.6 Bearbeitungsbefehle für 3D-Skizzen

Abb. 4.108: Bearbeitungsfunktionen im 3D-Skizzenmodus

4.6.1 Abhängigkeiten in 3D-Skizzen

Die Befehlsgruppen für 3D-Skizzen sehen etwas anders aus als in 2D-Skizzen. Schon bei den geometrischen Abhängigkeiten gibt es neue Symbole. Hier erscheinen sechs neue Symbole für Parallelität bezüglich der Koordinatenachsen und der drei Grundebenen .

Zusätzlich gibt es eine Abhängigkeit AUF FLÄCHE. Damit werden LINIEN, BÖGEN oder SPLINES auf eine ebene Fläche fixiert. PUNKTE werden damit auf ebene oder gekrümmte Flächen fixiert.

4.6.2 Die 3D-Transformation

Mit 3D-TRANSFORMATION können Sie Elemente einer 3D-Skizze verschieben oder drehen. Das Werkzeug ist hochinteraktiv und zeigt am gewählten Element die drei möglichen achsparallelen Verschiebungen (Translationen) und die drei Drehungen (Rotationen) um die Koordinatenachsen an (Abbildung 4.109).

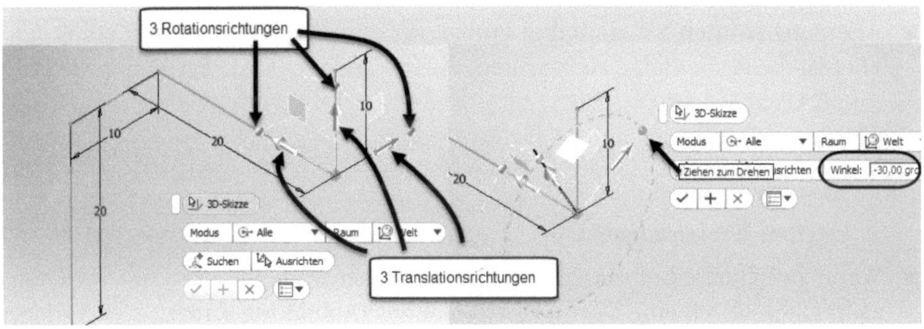

Abb. 4.109: 3D-Transformation mit 6 Verschiebungen und Drehungen

Sie klicken einfach auf das passende grafische Symbol und geben Werte für Verschiebung oder Drehwinkel ein. Allerdings sollten Sie beachten, dass Abhängigkeiten wie KOINZIDENT mit anderen Elementen beispielsweise eine Verschiebung verhindern können. Drehungen werden vereitelt durch die Abhängigkeit PARALLEL zu einer Koordinatenachse. Lassen Sie sich deshalb übers Kontextmenü die Abhängigkeiten anzeigen (siehe Abschnitt 4.8.2, »Geometrische Abhängigkeiten«).

4.7 Skizzen-Bemaßung

Nach der prinzipiellen Bestimmung der geometrischen Form über die geometrischen Abhängigkeiten dienen die Bemaßungen nun zur exakten Geometriebestimmung.

4.7.1 Bemaßungsarten

Es gibt einen einzigen Bemaßungsbefehl SKIZZE|ABHÄNGIG MACHEN|BEMAẞUNG ⊢⊣, der je nach Wahl der Objekte die verschiedenen Bemaßungen erstellt.

- Wenn Sie eine Linie anklicken, wird linear bemaßt.
- Bei einer *schrägen* Linie oder zwei Punkten können Sie nach Anklicken im Kontextmenü wählen zwischen
  - AUSGERICHTET,
  - HORIZONTAL und
  - VERTIKAL.
- Bei Kreisen können Sie nach Rechtsklick unter BEMAẞUNGSTYP wählen zwischen
  - DURCHMESSER und
  - RADIUS.
- Wenn Sie zwei Linien anklicken, entsteht eine Winkelbemaßung.
- Alternativ können Sie auch drei Punkte für eine Winkelbemaßung anklicken. Hier ist die Reihenfolge zu beachten, die von anderen CAD-Systemen wie etwa AutoCAD abweicht:
  - ersten *Winkelendpunkt*,
  - *Scheitelpunkt* und
  - zweiten *Winkelendpunkt*.
- Wenn zwischen einer normalen Linie und einer Mittellinie bemaßt wird, entsteht automatisch eine *Durchmesserbemaßung* (Abbildung 4.110).

Im Bemaßungsbefehl wird nach der Objektwahl die Maßzahl angezeigt. Sie können diese Zahl überschreiben, wenn Sie einen anderen Wert brauchen. Da die Bemaßung parametrisch ist, wird dadurch die Geometrie dann entsprechend beeinflusst, verschoben, gedehnt oder gestreckt. Unter den Anwendungsoptionen (EXTRAS|OPTIONEN|ANWENDUNGSOPTIONEN) ist die direkte Bearbeitungsmöglichkeit eingestellt (Abbildung 4.111).

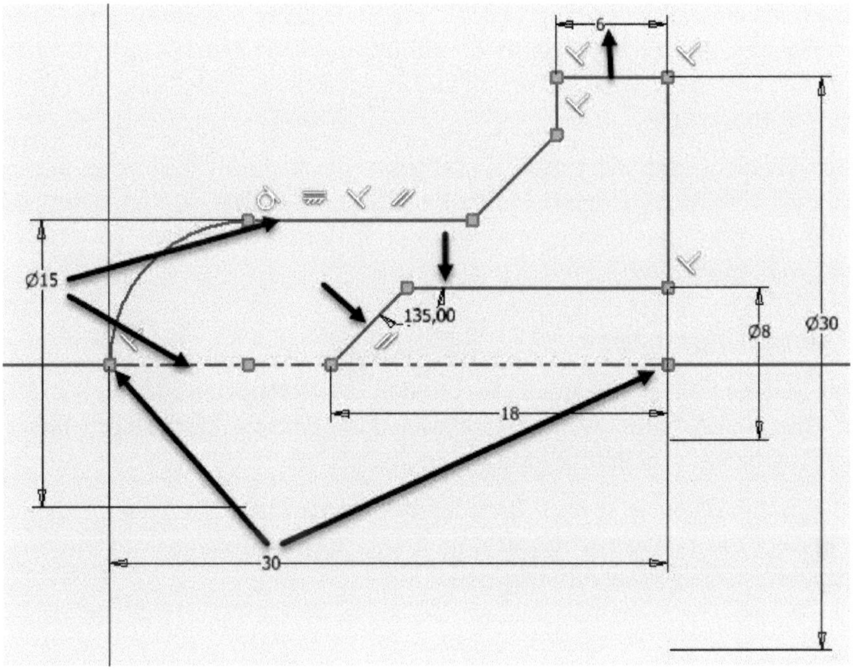

Abb. 4.110: Bemaßungsvarianten

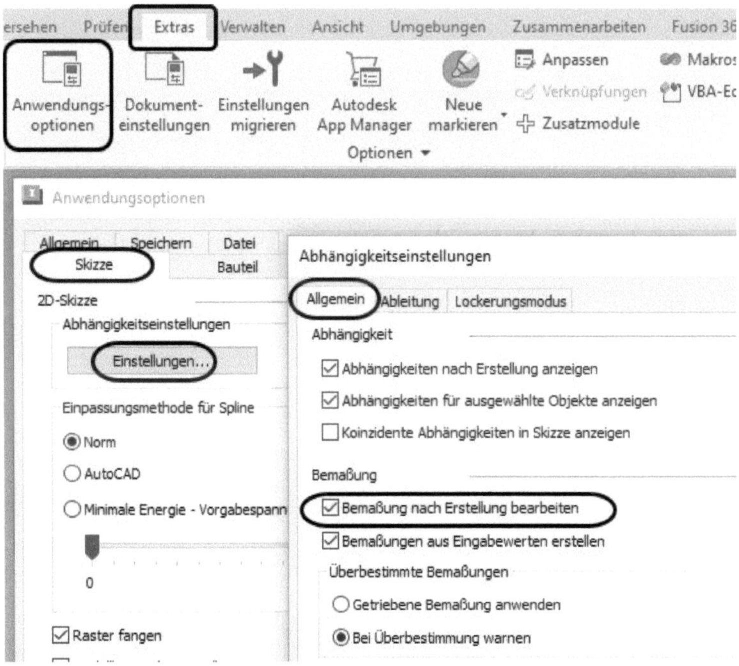

Abb. 4.111: Einstellung für direktes Bearbeiten der Bemaßung

Wenn Sie mehr Bemaßungen eingeben, als zur eindeutigen Bestimmung der Geometrie nötig sind, werden Sie gewarnt. Sie können dann die Bemaßung abbrechen oder eine GETRIEBENE BEMAẞUNG erstellen. Die getriebene Bemaßung wird dann *in Klammern* angezeigt.

Mit dem Werkzeug SKIZZE|FORMAT|GETRIEBENE BEMAẞUNG können Bemaßungen auch absichtlich zu getriebenen Bemaßungen erklärt werden, damit sie später durch äußere Randbedingungen in der Baugruppe, die das Teil enthält, bestimmt werden können.

4.7.2 Bemaßungsanzeige

Mit jeder Maßzahl ist ein Parameter verbunden. Die Parameter können Sie sich auch in einer Tabelle unter VERWALTEN|PARAMETER|PARAMETER anzeigen lassen und auch bearbeiten (Abbildung 4.114).

Wenn Sie in der Skizze oder nach Beenden der Skizze ohne markierte Elemente mit Rechtsklick das Kontextmenü aufrufen, finden Sie die Funktion zur Steuerung der Bemaßungsanzeige (Abbildung 4.112):

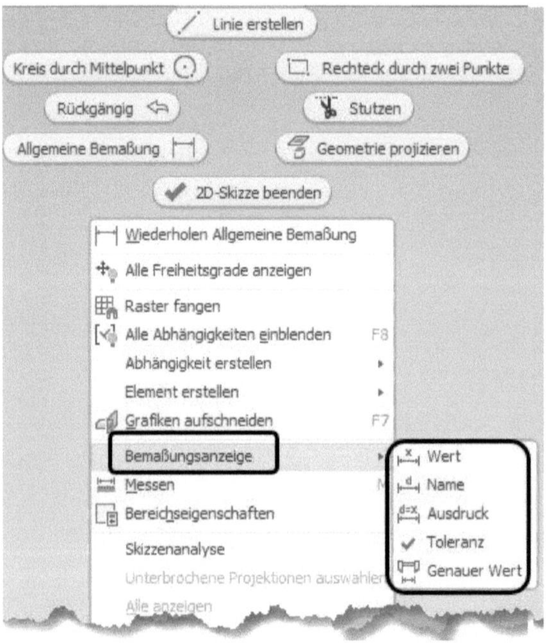

Abb. 4.112: Anzeige der Bemaßung steuern

- WERT – Vorgabemäßig wird der reine Wert der Maßzahl angezeigt.
- NAME – Es wird der Name des Parameters angezeigt.

- AUSDRUCK – Name und Wert für die Bemaßung werden angezeigt (Abbildung 4.113).
- TOLERANZ – Für Maße mit Toleranzen oder Passungsangaben werden diese angezeigt.
- GENAUER WERT – Für Maße mit Toleranzen oder Passungsangaben werden je nach Einstellung angezeigt (Abbildung 4.115):
  - NENNWERT,
  - OBERES ABMAß,
  - UNTERES ABMAß oder
  - MITTELWERT.

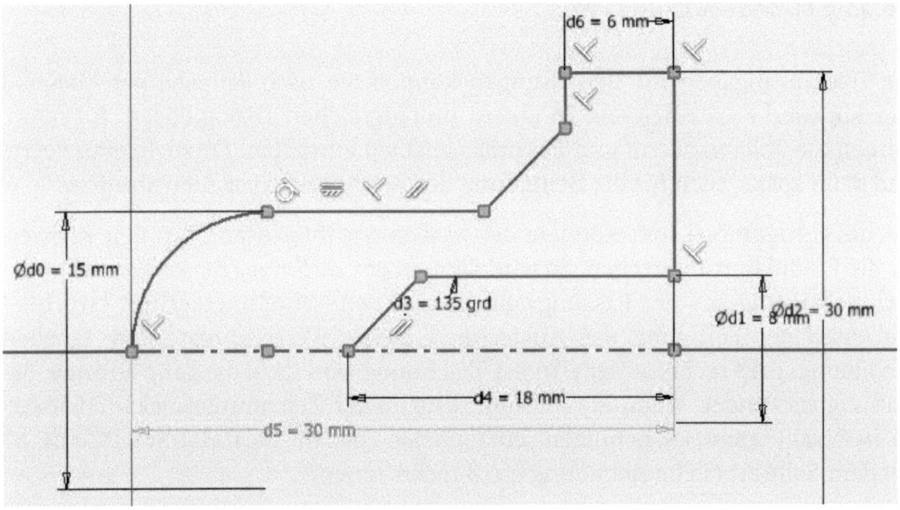

Abb. 4.113: Bemaßungen als vollständiger Ausdruck

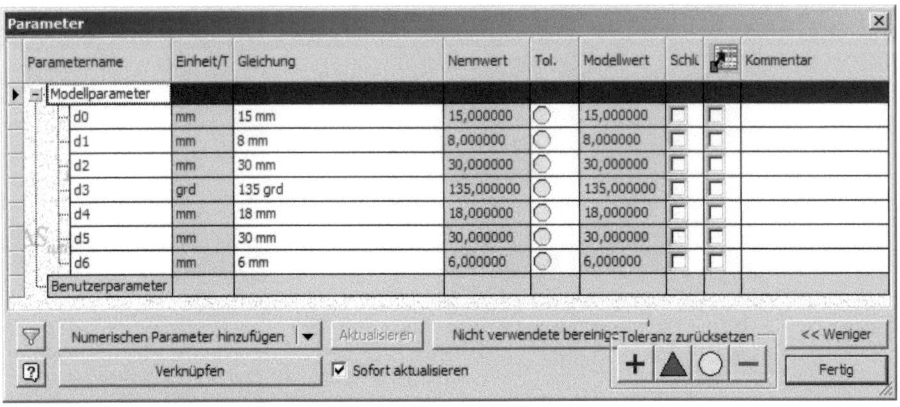

Parameter

Parametername	Einheit/T	Gleichung	Nennwert	Tol.	Modellwert	Schl.		Kommentar
Modellparameter								
d0	mm	15 mm	15,000000	○	15,000000	☐	☐	
d1	mm	8 mm	8,000000	○	8,000000	☐	☐	
d2	mm	30 mm	30,000000	○	30,000000	☐	☐	
d3	grd	135 grd	135,000000	○	135,000000	☐	☐	
d4	mm	18 mm	18,000000	○	18,000000	☐	☐	
d5	mm	30 mm	30,000000	○	30,000000	☐	☐	
d6	mm	6 mm	6,000000	○	6,000000	☐	☐	
Benutzerparameter								

Abb. 4.114: Liste der Maß-Parameter

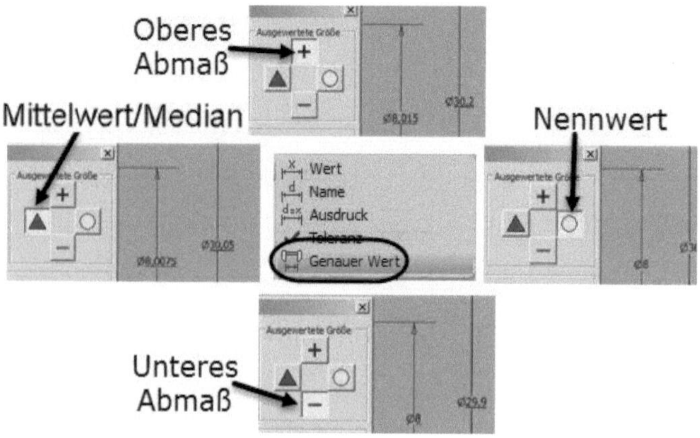

Abb. 4.115: Maßanzeige GENAUER WERT

Die Toleranzangaben für Bemaßungen können Sie nach Eingabe der Maßzahl und Klick auf ▸ spezifizieren. In einem umfangreichen Dialogfenster TOLERANZ können Sie Toleranzwerte und Passungsangaben einstellen. Diese Toleranzwerte sind dann später auch für die Bemaßung der Zeichnungsansichten abrufbar.

Für die Fertigung ist insbesondere der *Medianwert* interessant, um den Zielwert für die Produktion anzugeben. So wird dann in der *Zeichnung* dieser Wert automatisch vollständig aus der Passungsangabe und dem Durchmesserwert errechnet und spart der Fertigung das Ausrechnen dieses Werts anhand von Tabellen (Abbildung 4.118 rechts außen). In der Zeichnung wird dazu die ganz normale Bemaßung verwendet. Wenn Sie im Kontextmenü der Zeichnungsansicht MODELLKOMMENTARE ABRUFEN benutzen, erhalten Sie sowohl die PASSUNGSANGABE H7 mit dem Sollwert (siehe Abbildung 4.118 rechts innen).

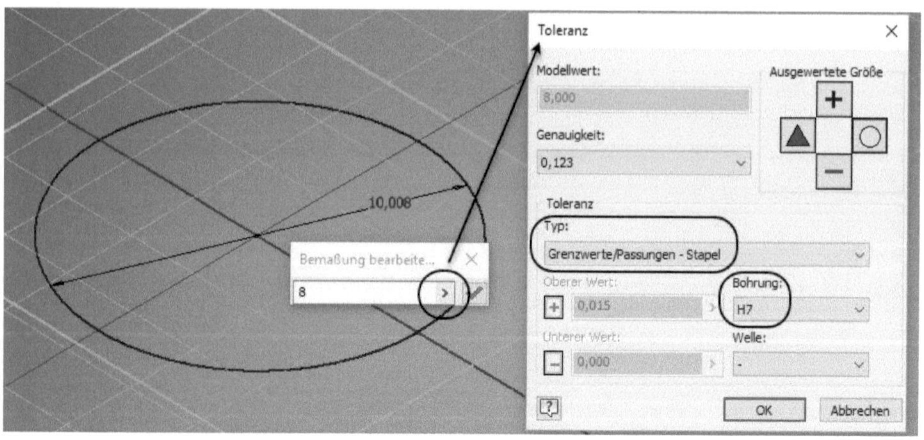

Abb. 4.116: Passungsangabe für Bemaßung

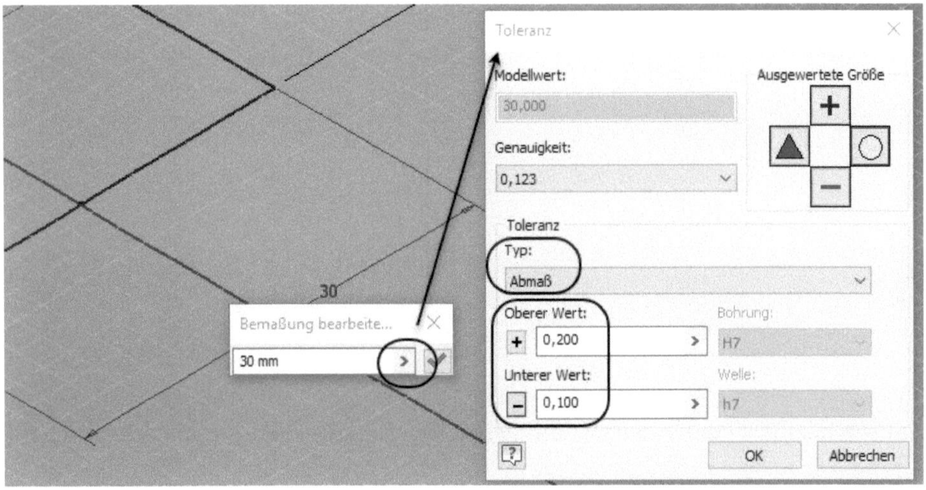

Abb. 4.117: Toleranzwerte für Bemaßung

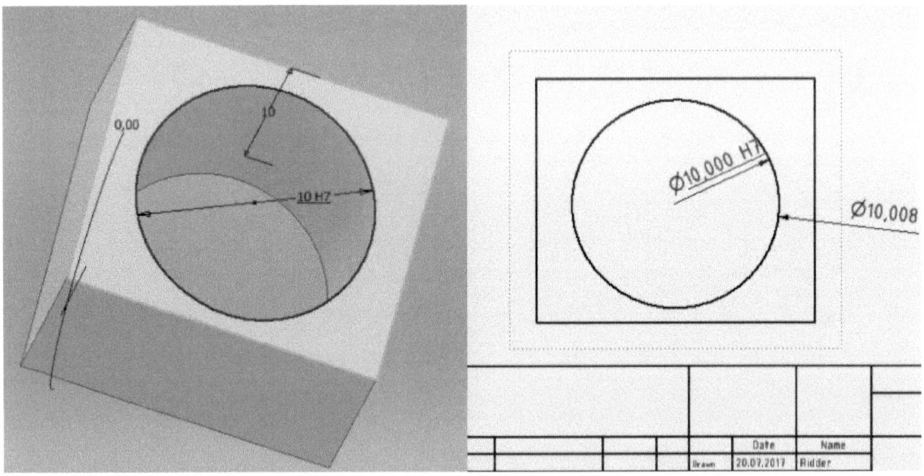

Abb. 4.118: Bemaßung mit Passungsangabe und Medianwert in der Zeichnung

4.7.3 Maße übernehmen

Sie können Maßwerte von anderen Bemaßungen sehr einfach übernehmen, indem Sie statt einen Wert einzugeben einfach eine andere Bemaßung anfahren. Dann erscheint ein kleines Hand-Symbol, und mit einem Klick wird der Parameterwert dieser Bemaßung übernommen. Der endgültige Maßwert hat dann die

Form **fx:15**. Das deutet auf ein abhängiges Maß hin, das mittels eines Parameterwerts übernommen wird.

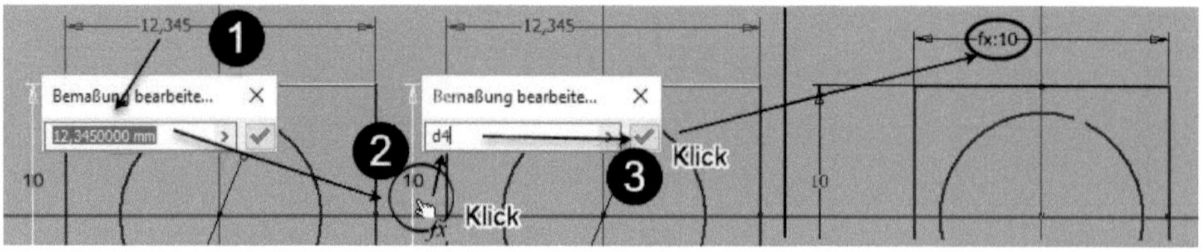

Abb. 4.119: Maßwert übernehmen

Alternativ können Sie natürlich den Parameter auch manuell anstelle des aktuellen Werts eintragen. Damit Sie die Parameterbezeichnungen sehen können, sollten Sie vorher über das Kontextmenü im Skizzenmodus die BEMAẞUNGSANZEIGE auf AUSDRUCK umgeschaltet haben.

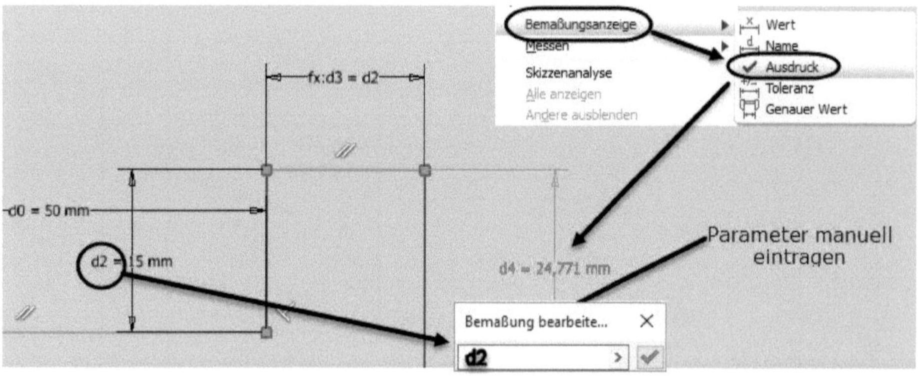

Abb. 4.120: Maß über den Parameter manuell eingeben

Falls Sie einen Parameter schon einmal für eine Bemaßung benutzt haben, erscheint er auch bei der Bemaßungseingabe im Aufklappmenü hinter ▸. Dort könnten Sie auch den Parameter **d2** übernehmen. Es erscheinen aber nur die Parameter, die schon in Zuweisungen wie oben einmal benutzt wurden.

Eine weitere Möglichkeit zur Übernahme von Maßen wäre die Option MESSEN im Aufklappmenü, damit könnten Sie die Längen von Linien oder den Abstand zweier Punkte direkt als Zahl abgreifen.

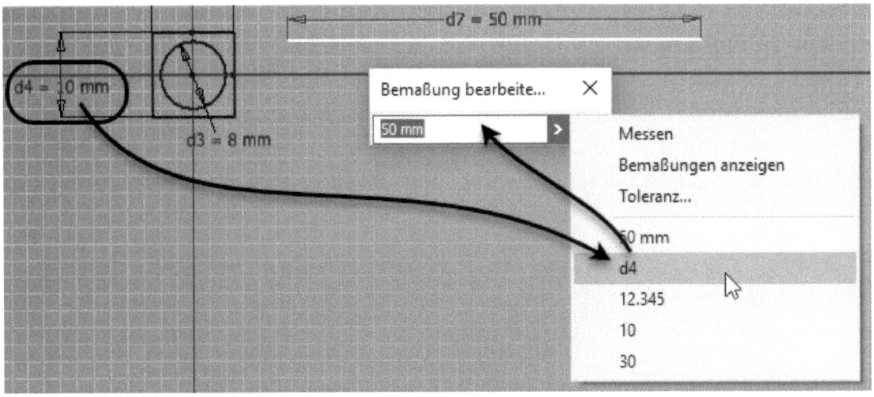

Abb. 4.121: Parameter aus dem Aufklappmenü übernehmen

4.8 Skizzen überprüfen

Wenn eine Skizze noch nicht vollständig bestimmt ist, helfen verschiedene Funktionen, die Ursachen dafür zu finden. Im Prinzip würde es auch ausreichen, an einer nicht vollständig bestimmten Skizze an verschiedenen Punkten einfach zu probieren, ob sich noch etwas bewegen lässt. Als Beispiel ist hier die erste Konstruktion des Kapitels gezeigt, bevor die langen und kurzen Linien mit der ABHÄNGIGKEIT GLEICH versehen worden sind. Die dann noch nicht bestimmten Linien erscheinen in violetter Farbe (Abbildung 4.122 rechts oben). Sie können nun versuchen, diese Objekte mit dem Cursor zu verschieben (Abbildung 4.122 unten). Hier können Sie erkennen, dass die kurze Linie noch verschoben werden kann. Also müsste eine Bemaßung der unteren langen Linie oder eine Gleichsetzung mit der anderen langen Linie dafür sorgen, dass das ausgeschlossen wird.

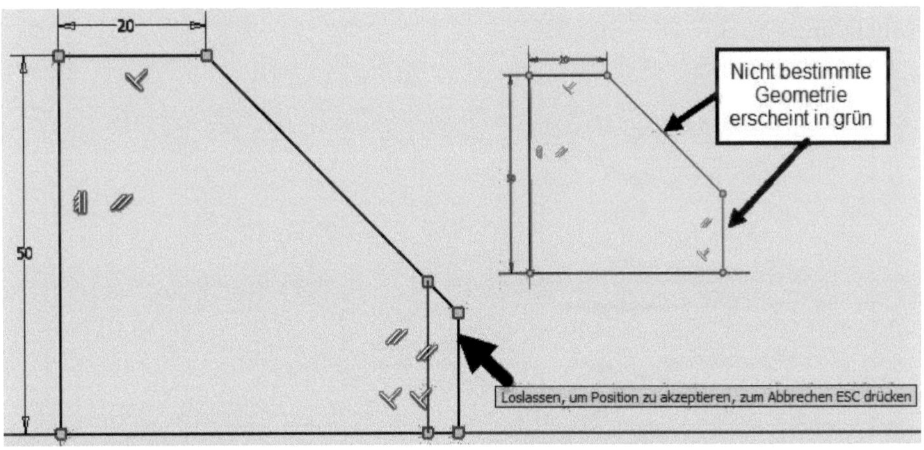

Abb. 4.122: Test der Konstruktion durch Verschieben von Elementen

Wenn Sie das getan haben, können Sie aber noch den Eckpunkt in Y-Richtung verschieben (Abbildung 4.123). Um das auszutesten, müssen Sie die Anzeige der Abhängigkeitssymbole ausschalten, da Sie sonst nur diese verschieben. Die Abhängigkeitssymbole schalten Sie nach Rechtsklick mit ALLE ABHÄNGIGKEITEN AUSBLENDEN oder mit [F9] aus. Also können Sie folgern, dass auch noch die Länge für die kurze Linie durch Gleichheit oder Bemaßung festgelegt werden muss.

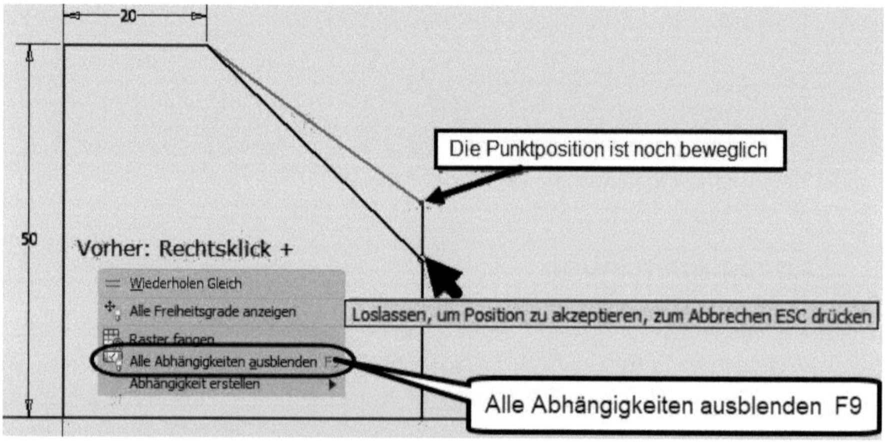

Abb. 4.123: Test der kurzen Linie durch Verschieben des Eckpunkts

4.8.1 Freiheitsgrade

Das oben erläuterte Verfahren stößt natürlich bei komplexeren Geometrien schnell an seine Grenzen. Deshalb gibt es eine Funktion, die für sämtliche Geometrieelemente die noch verbliebenen *Freiheitsgrade* anzeigt. Bei einer vollständig bestimmten Skizze dürften keine Freiheitsgrade mehr vorhanden sein. Hier zeigt sich aber, dass ein Eckpunkt noch in X- und Y-Richtung verschoben werden kann (Abbildung 4.124).

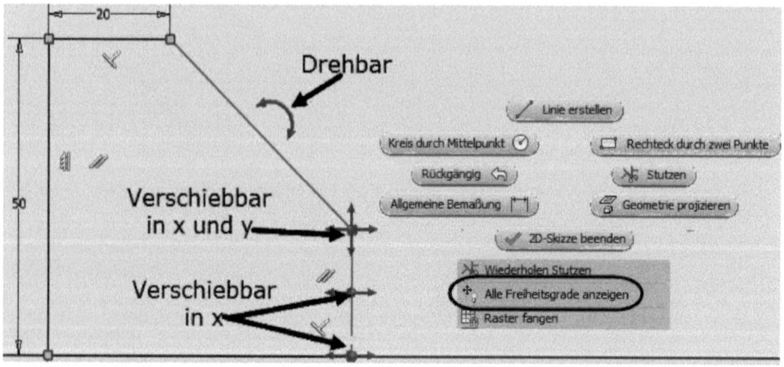

Abb. 4.124: Anzeige der Freiheitsgrade über Kontextmenü aktiviert

Die übrigen Freiheitsgrade ergeben sich daraus, nämlich die Verschiebbarkeit eines Mittelpunkts und Endpunkts in x sowie die Drehbarkeit der schrägen Linie.

Diese Freiheitsgradanzeige hilft auch bei komplexen Geometrien weiter. Sie können dann leicht versuchen, durch weitere Abhängigkeiten oder Bemaßungen die Freiheitsgrade zu reduzieren.

4.8.2 Geometrische Abhängigkeiten

Die vergebenen Abhängigkeiten der Geometrieelemente werden standardmäßig immer angezeigt. Falls sie fehlen, können sie mit dem Kontextmenü ebenfalls ein- oder ausgeschaltet werden:

- ALLE ABHÄNGIGKEITEN EINBLENDEN oder F8
- ALLE ABHÄNGIGKEITEN AUSBLENDEN oder F9

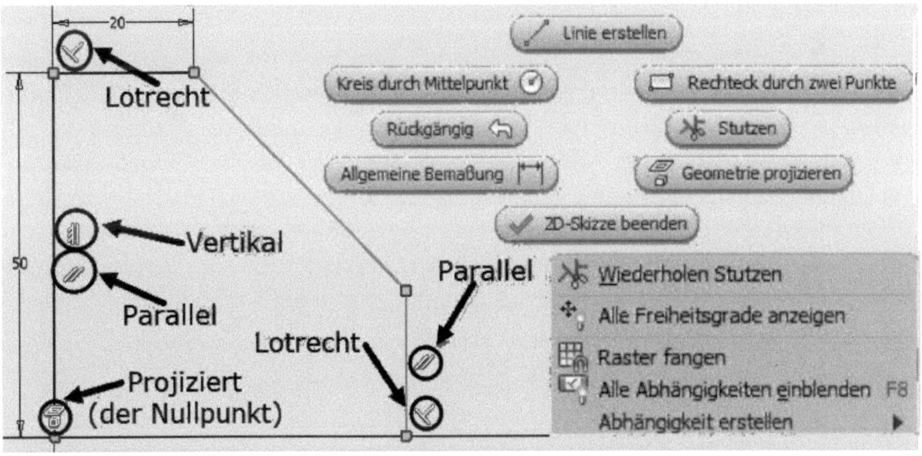

Abb. 4.125: Angezeigte geometrische Abhängigkeiten

Sie können nun versuchen, aus diesen Abhängigkeiten zu schließen, wo noch etwas fehlt.

Oft ist es auch nützlich, zu sehen, welche Abhängigkeiten mit welchen Objekten verbunden sind. Dazu müssen Sie nur eine Abhängigkeit anklicken, um das/die betroffene(n) Geometrieelement(e) hervorzuheben (Abbildung 4.126).

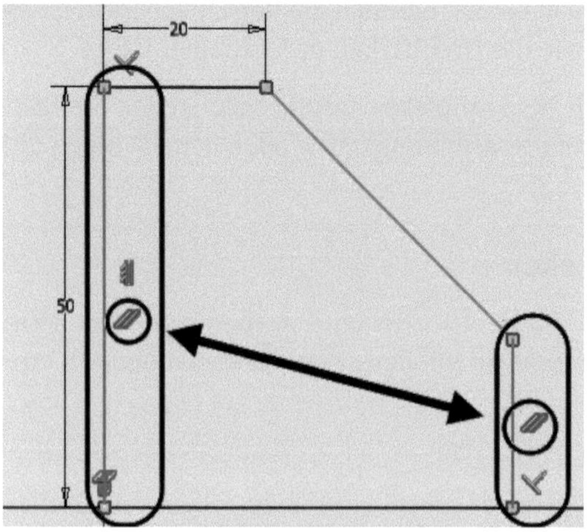

Abb. 4.126: Markieren der ABHÄNGIGKEIT PARALLEL für zwei betroffene Linien

Weil die ABHÄNGIGKEIT KOINZIDENT sehr häufig vorkommt, wird sie nicht durch die üblichen Icons visualisiert, sondern durch ein besonders kräftiges *gelbes Punktsymbol*. Die Icons dafür werden erst sichtbar, wenn Sie auf dieses Punktsymbol zeigen (Abbildung 4.127 oben). Wenn Sie länger mit dem Cursor auf einem abhängigen Objekt verweilen, erscheint sogar eine Drop-down-Liste mit sämtlichen verbundenen Abhängigkeiten, die auch die Bemaßung einschließen kann (Abbildung 4.127 rechts). Die Icons oder Listeneinträge können Sie anfahren, um die zugehörigen Elemente hervorzuheben oder um die Abhängigkeiten per Rechtsklick zu löschen.

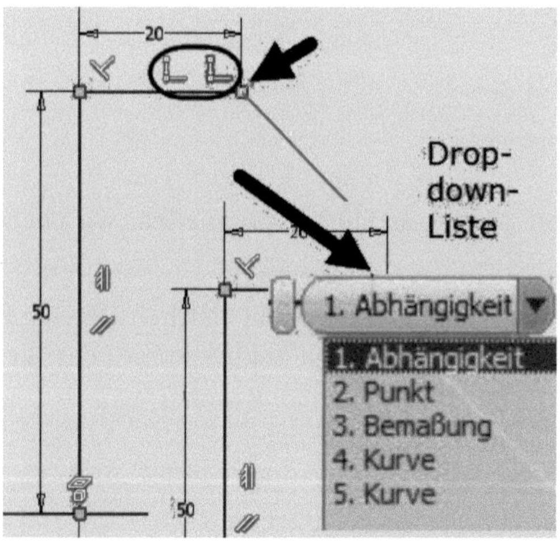

Abb. 4.127: Icon für ABHÄNGIGKEIT KOINZIDENT und Liste

Es kann auch leicht passieren, dass eine Abhängigkeit ungewollt entsteht, wenn beispielsweise eine Linie fast senkrecht stehen soll und sie dann senkrecht einrastet. In solchen Fällen müssen Sie dann die automatische Abhängigkeit durch Löschen des Icons entfernen. Dazu können Sie das Icon anklicken und [Entf] drücken oder rechtsklicken und die Option LÖSCHEN wählen.

Fehlende Abhängigkeiten wählen Sie im Register SKIZZE aus der Gruppe ABHÄNGIG MACHEN oder mit [Strg] + Rechtsklick (Abbildung 4.128).

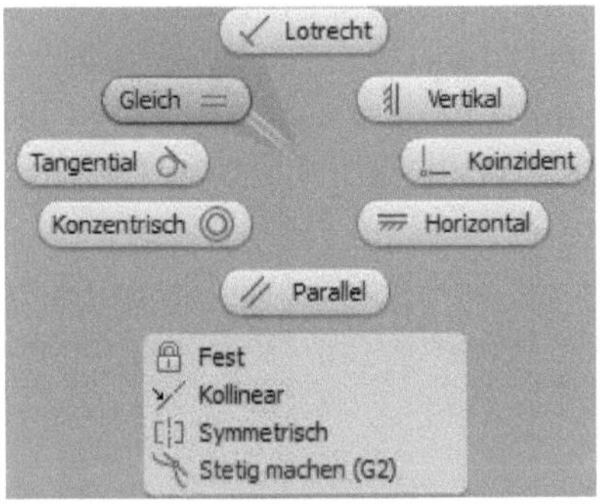

Abb. 4.128: ABHÄNGIGKEITEN über [Strg] + Rechtsklick

Sie können auch mit dem Werkzeug AUTOMATISCHE ABMESSUNGEN UND ABHÄNGIGKEITEN versuchen, nachträglich Abhängigkeiten automatisch zu erzeugen. Damit nur Abhängigkeiten neu erzeugt werden, müssten Sie die Option BEMAẞUNGEN dann aber abschalten (Abbildung 4.129). Inventor kann aber nicht alle Abhängigkeiten automatisch erkennen. Die Gleichheit der Linien, die im obigen Beispiel benötigt wird, wird hier nicht erkannt, sondern muss manuell hinzugefügt werden.

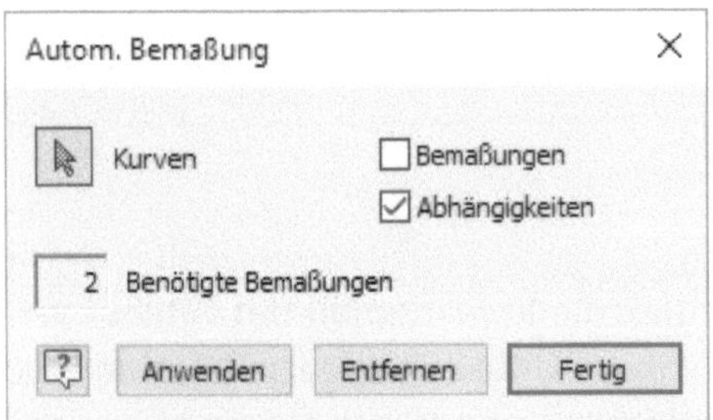

Abb. 4.129: Abhängigkeiten automatisch erstellen

4.8.3 Skizzenanalyse

Falls die Skizze trotz aller Bemühungen unbestimmt bleibt, kann als ultimatives Hilfsmittel die SKIZZENANALYSE bemüht werden. Sie wird über das Kontextmenü aufgerufen. Die Funktion sucht nach:

- REDUNDANTE PUNKTE – Das sind Kurvenpunkte, die zwar übereinanderliegen, aber nicht mit Koinzident gebunden sind. Dies ist schnell mit der ABHÄNGIGKEIT KOINZIDENT repariert.
- FEHLENDE ANHÄNGIGKEIT KOINZIDENT – Das sind Punkte, die auf einer zweiten Kurve liegen, wobei auch wieder die ABHÄNGIGKEIT KOINZIDENT fehlt.
- ÜBERLAPPENDE KURVEN – Kurven, die teilweise übereinanderliegen, erzeugen diesen Fehler. Das ist oft schwer visuell zu finden. Versuchen Sie, an den kritischen Stellen einzelne Kurven zu löschen.
- OFFENE KONTUREN – Nicht geschlossene Konturen können später nicht zur Erstellung von Volumenkörpern benutzt werden. Vielleicht fehlt auch hier nur die ABHÄNGIGKEIT KOINZIDENT.
- SICH SELBST SCHNEIDENDE KONTUREN – Kurven, die sich ähnlich einer Figur Acht überschneiden. Auch so etwas ist für die Generierung von Volumenkörpern unbrauchbar.

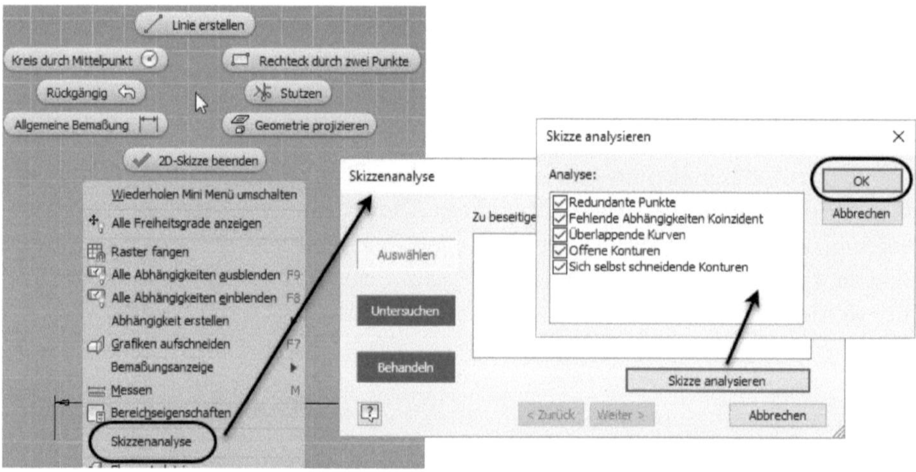

Abb. 4.130: Aufruf der SKIZZENANALYSE

Um einige der Fehler zu demonstrieren, wurde die Konstruktion mit Fehlern versehen (Abbildung 4.131). Über die schräge Linie wurde in der oberen Hälfte eine zweite gezeichnet. Die ABHÄNGIGKEIT KOINZIDENT wurde auf der rechten Seite entfernt. Es wurde eine Splinekurve dazugezeichnet, die sich überschneidet.

Nach Analyse der Fehler (Abbildung 4.131) können Sie die einzelnen Punkte der Liste anklicken, um die Probleme weiß hervorgehoben zu sehen.

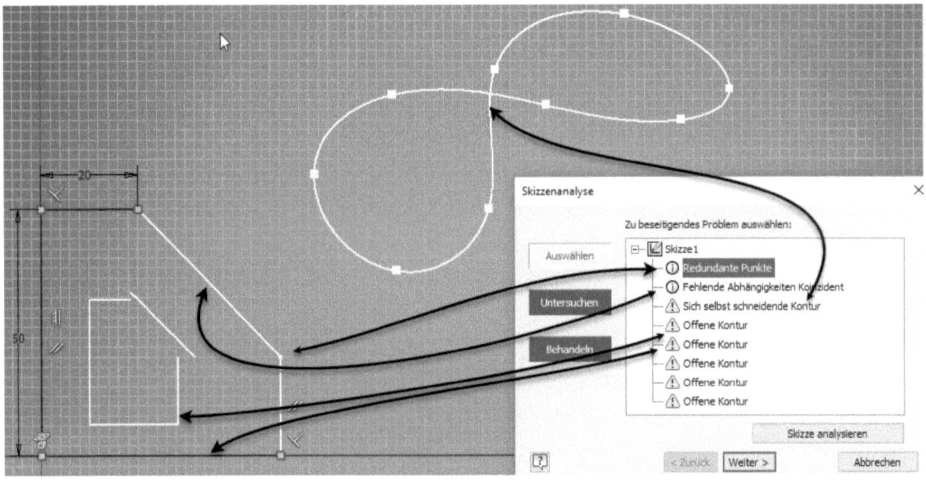

Abb. 4.131: Analysierte Fehler

Nach der Analyse können Sie im Dialogfeld auf WEITER klicken und erhalten auch oft die Probleme automatisch repariert (Abbildung 4.132). Besonders leicht lassen sich die fehlenden ABHÄNGIGKEITEN KOINZIDENT beheben. Sehr schwierig sind die Probleme, die von übereinanderliegenden Kurven verursacht werden. In allen CAD-Systemen sollten Sie generell vermeiden, Kurven übereinander zu zeichnen. Wenn Sie einen Fehler repariert haben, müssen Sie dann die SKIZZENANALYSE erneut starten, um die restlichen Fehler beheben zu können.

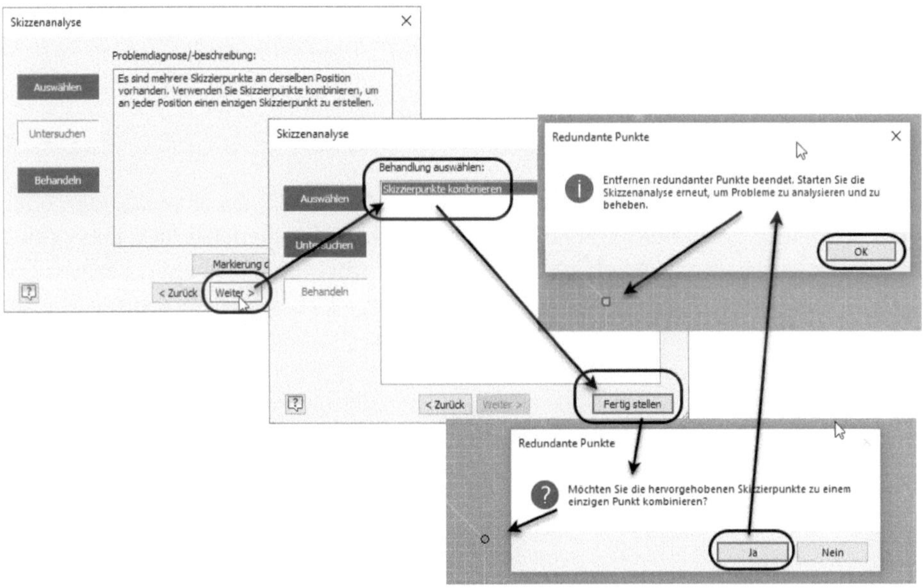

Abb. 4.132: SKIZZENANALYSE mit Reparaturschritten

4.8.4 Hilfslinien, Mittellinien

Oft werden trotz kompletter Bemaßung der Skizzenkontur noch fehlende Maße gemeldet. Das liegt dann evtl. daran, dass Hilfs- und/oder Mittellinien in der Skizze vorhanden sind, die genauso durch Bemaßungen und Abhängigkeiten bestimmt sein müssen. Im Beispiel (Abbildung 4.133) sind noch zwei Bemaßungen erforderlich. Durch Anzeige der Freiheitsgrade über das Kontextmenü kann man sehen, dass die Enden der Hilfslinie und der Mittellinie noch frei sind. Die Hilfslinie wurde mit DEHNEN bis zur Mittellinie verlängert und erhielt dadurch eine Abhängigkeit. Der Endpunkt der Mittellinie wurde mit der ABHÄNGIGKEIT VERTIKAL mit dem darüber liegenden Konturpunkt fluchtend ausgerichtet. Damit ist die Skizze dann vollständig bestimmt.

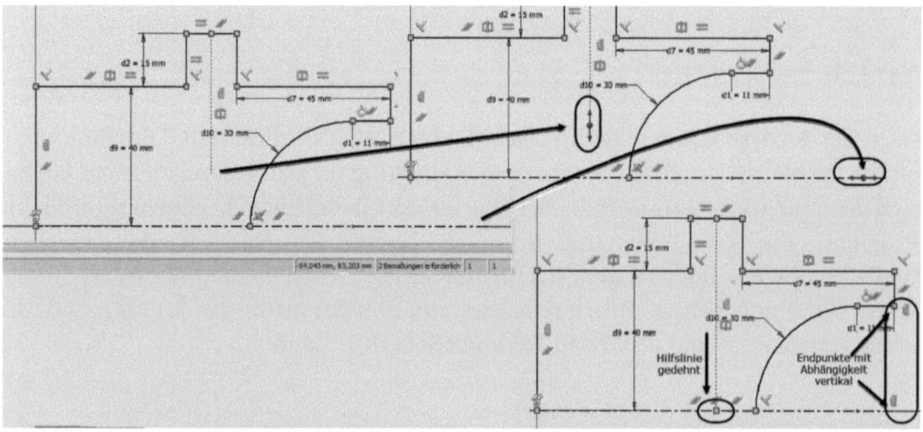

Abb. 4.133: Hilfslinien und Mittellinien erfordern Bemaßungen oder Abhängigkeiten.

4.9 Arbeitselemente

Für 2D-Skizzen können Sie in einem Bauteil *vorhandene* Ebenen verwenden oder neue erstellen. Vorhandene Ebenen sind zunächst die Ebenen unter URSPRUNG im BROWSER. Mit Rechtsklick auf eine der drei orthogonalen Ebenen können Sie diese für eine weitere Skizze auswählen (Abbildung 4.134). Ebenso können Sie *jede ebene Fläche* eines Volumenkörpers mit einem Rechtsklick als Skizzenebene verwenden (Abbildung 4.135).

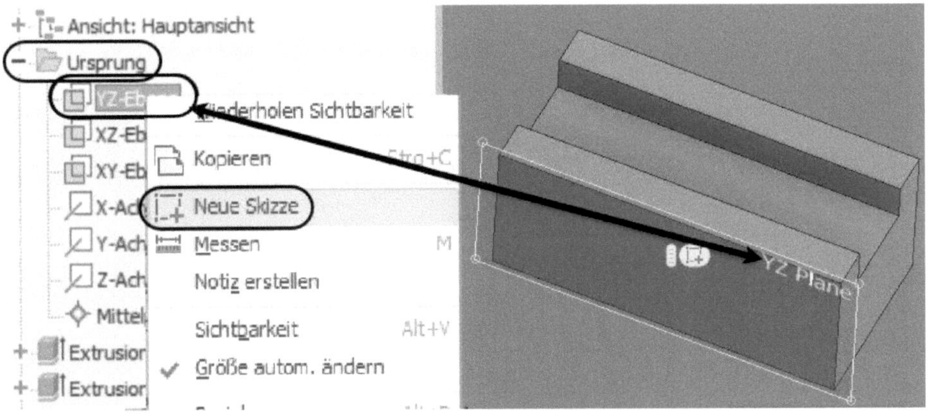

Abb. 4.134: YZ-Ebene aus Ursprung für Neue Skizze wählen

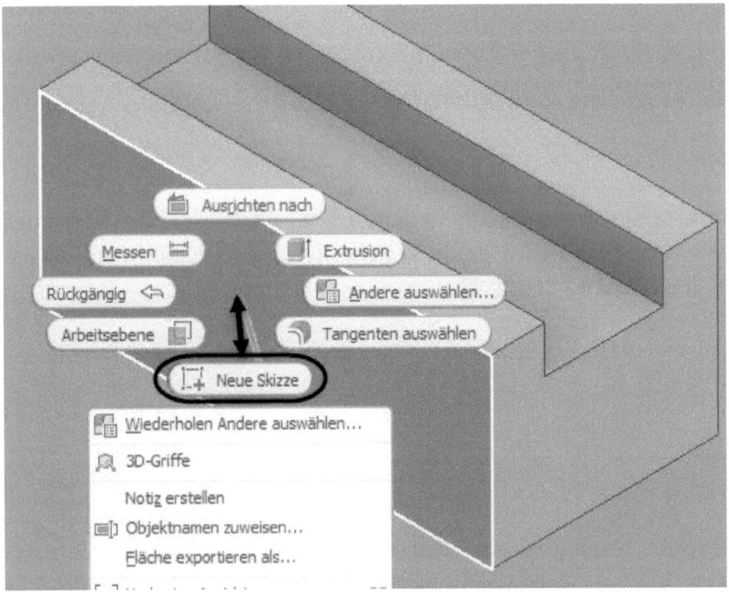

Abb. 4.135: Ebene Modell-Fläche für Neue Skizze wählen

4.9.1 Arbeitsebenen

Es gibt insgesamt zwölf Methoden, um Arbeitsebenen zu definieren. Dafür folgen nun konkrete Beispiele. Sie müssen nicht unbedingt aus der Drop-down-Liste immer vorher die gewünschte Option auswählen. Die Optionen sind durch die gewählten Geometrien auch eindeutig bestimmt. Sie können also das Icon Ebene anklicken und müssen dann nur noch *die richtigen Geometrieelemente wählen*, um die passende Arbeitsebene zu erhalten.

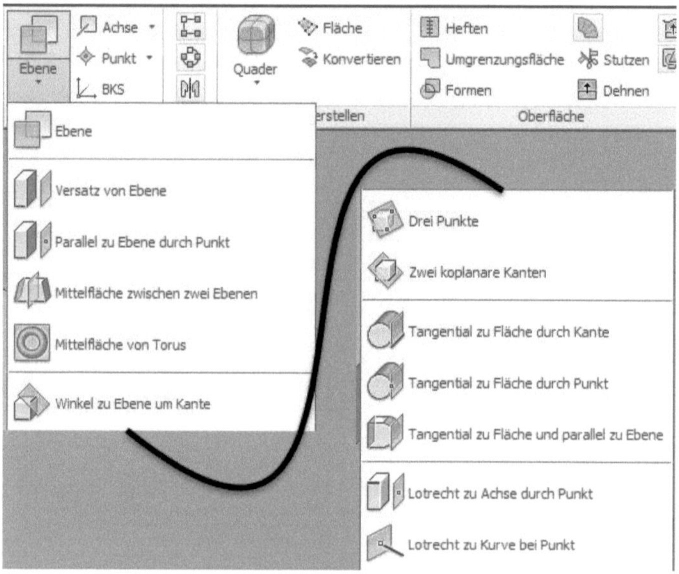

Abb. 4.136: Methoden zur Erstellung von Arbeitsebenen

Versatz von Ebene

Für die in Abbildung 4.137 gezeigte Konstruktion benötigen Sie eine Ebene im Abstand 50 mm von der Seitenfläche des Basisteils. Nach Anklicken der Bezugsfläche ❶ geben Sie den Abstand 50 ein ❷.

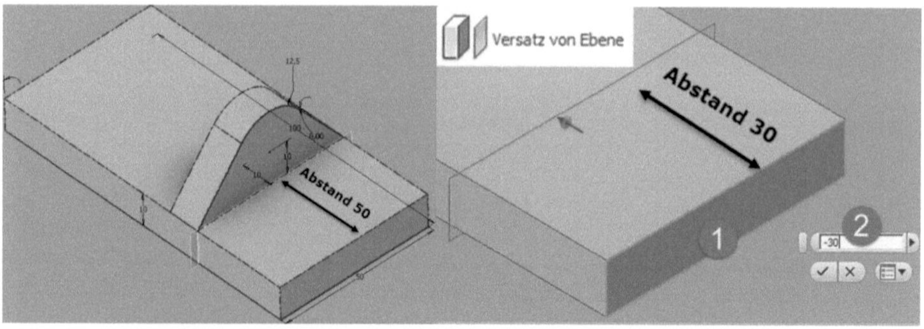

Abb. 4.137: Arbeitsebene im wählbaren Abstand zu vorhandener Ebene

Wenn Sie diese Funktion *implizit* über das Icon EBENE aktivieren wollen, klicken Sie damit einfach eine Ebene an und bewegen sie dann mit gedrückter Maustaste. Sofort erscheint die Abstandseingabe.

Parallel zu Ebene durch Punkt

Wenn Sie für Ihre Konstruktion eine Ebene brauchen, die durch den Mittelpunkt auf einer Kante geht, wäre PARALLEL ZU EBENE DURCH PUNKT eine Option. Als Punkte können alle Arten von Punkten gewählt werden:

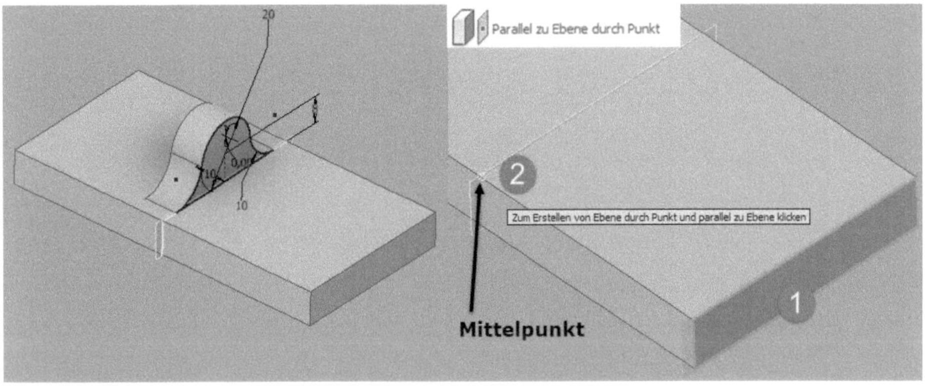

Abb. 4.138: Arbeitsebene parallel zu einer Fläche durch einen Punkt

Mittelfläche zwischen zwei Ebenen

Für die obige Aufgabenstellung wäre alternativ auch die Mittelfläche nützlich. So eine Mittelebene kann auch zum Spiegeln ganzer Anordnungen sehr nützlich sein.

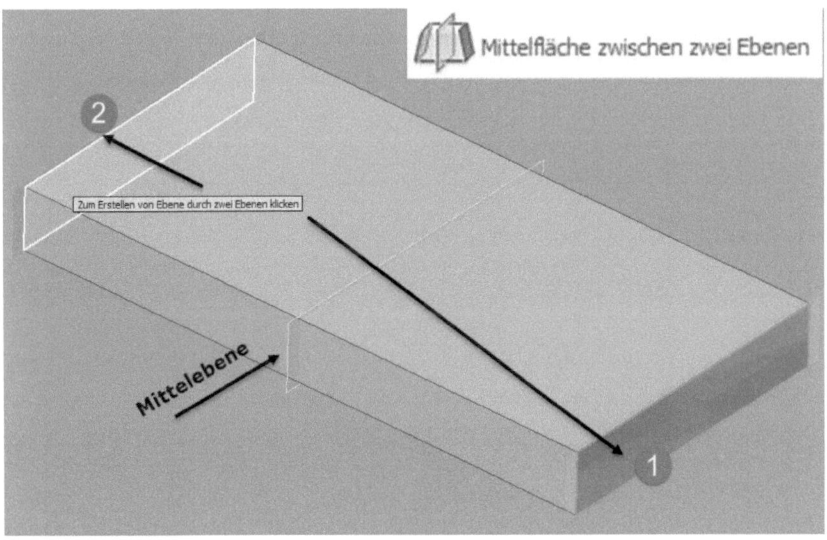

Abb. 4.139: Mittelebene zu zwei ebenen Flächen

Tipp: Auswahl ändern

Oft können Sie die gewünschten Elemente wie Ebenen, Kanten u.Ä. nicht direkt mit dem Cursor wählen, weil sie verdeckt sind. In solchen Fällen können Sie mit Rechtsklick auf ANDERE AUSWÄHLEN gehen und dann aus einem Aufklappmenü die gewünschte Auswahl treffen (Abbildung 4.140). Alternativ liefert das auch Strg+A.

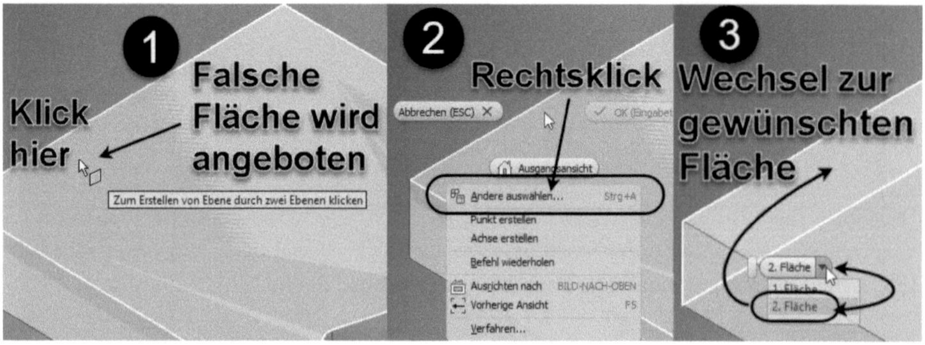

Abb. 4.140: Ändern der Auswahl

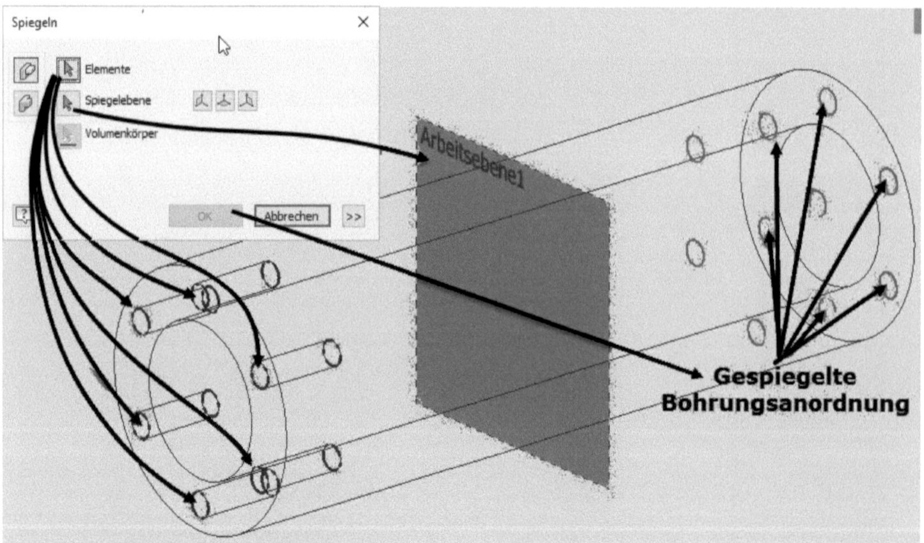

Abb. 4.141: Spiegeln an Mittelebene

Mittelfläche von Torus

Eine eher selten benötigte Option ist die Mittelfläche zum Torus, die in der Ringebene erstellt wird.

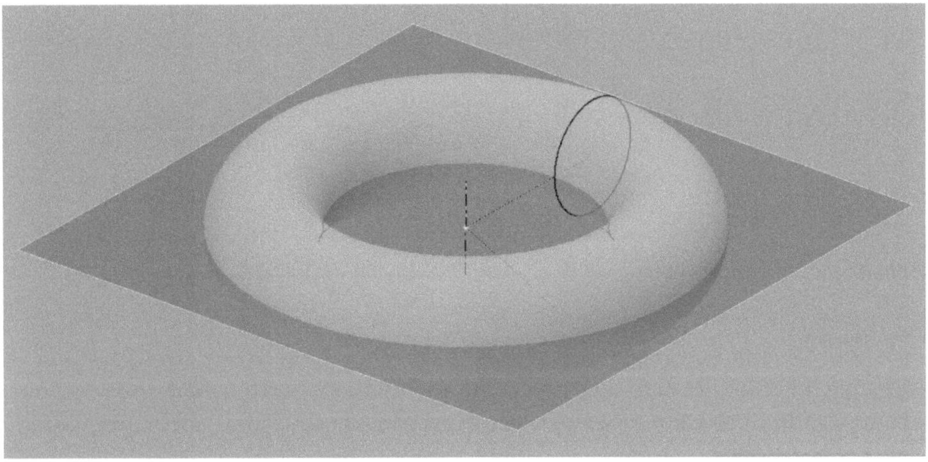

Abb. 4.142: Arbeitsebene auf der Mittelfläche eines Torus

Winkel zu Ebene um Kante

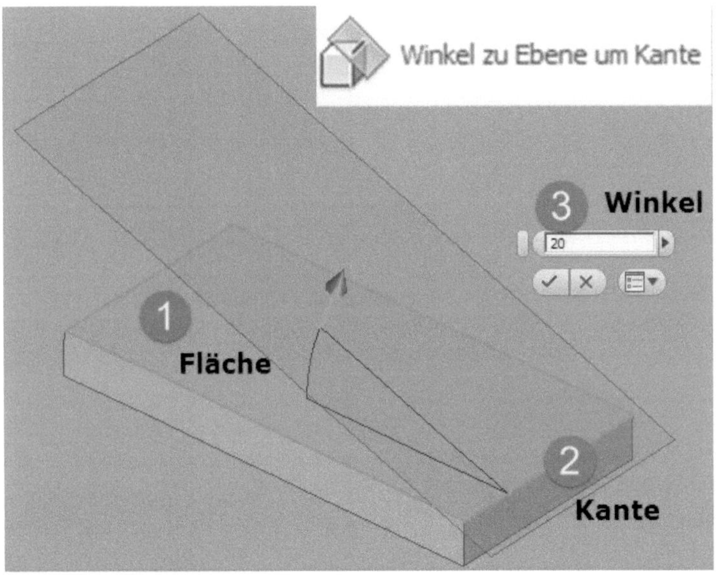

Abb. 4.143: Arbeitsebene unter einem Winkel zur Fläche durch eine Kante

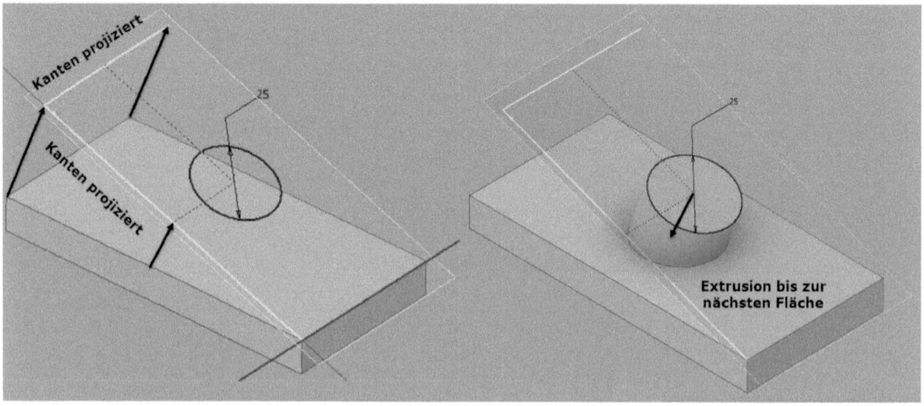

Abb. 4.144: Schräg stehender Zylinder auf dem Mittelpunkt der Platte

Drei Punkte

Die ersten beiden Punkte definieren die Richtung der ersten Kante der Arbeitsebene. Als Punkte können wieder alle Punktobjekte und End- oder Mittelpunkte von Kanten gewählt werden.

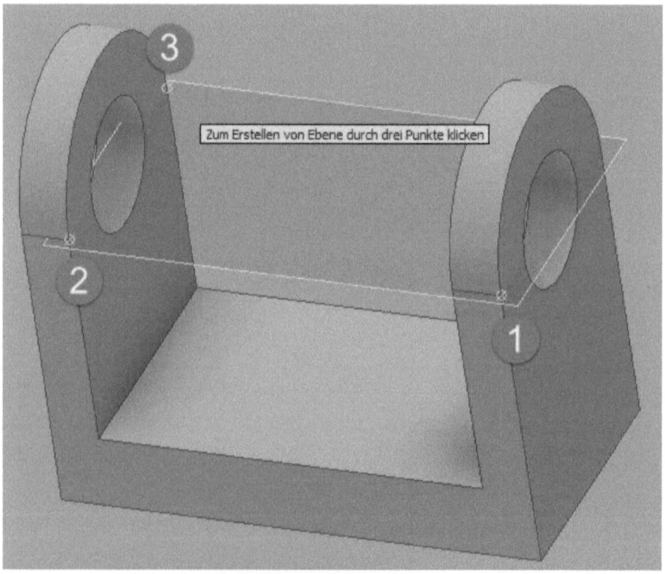

Abb. 4.145: Arbeitsebene durch drei Punkte

Zwei koplanare Kanten

Die Arbeitsebene wird hier durch zwei Kanten erstellt, die so liegen, dass sie in einer Ebene liegen. Die Kanten müssen nicht parallel laufen, aber sie dürfen nicht »windschief« liegen, das heißt, wenn man sie durch eine Regelfläche Kante zu Kante geradlinig verbindet, darf keine gewölbte Fläche entstehen.

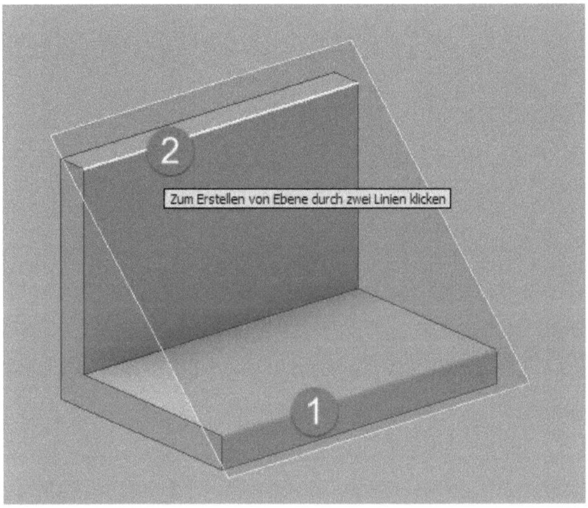

Abb. 4.146: Ebene durch zwei koplanare Kanten

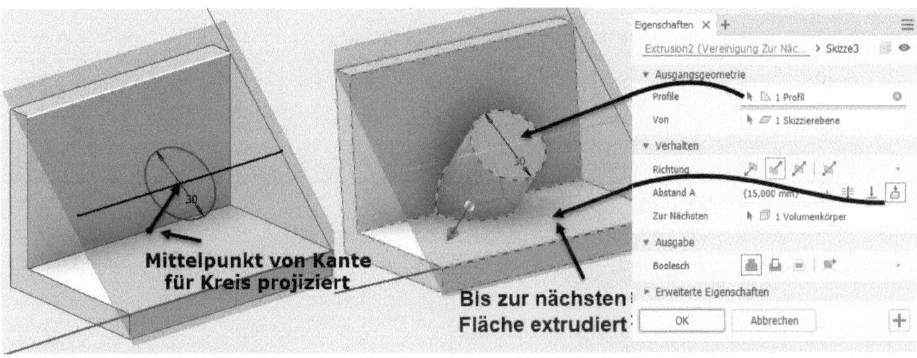

Abb. 4.147: EXTRUSION eines Profils aus der Arbeitsebene zur nächsten Fläche

Tangential zu Fläche durch Kante

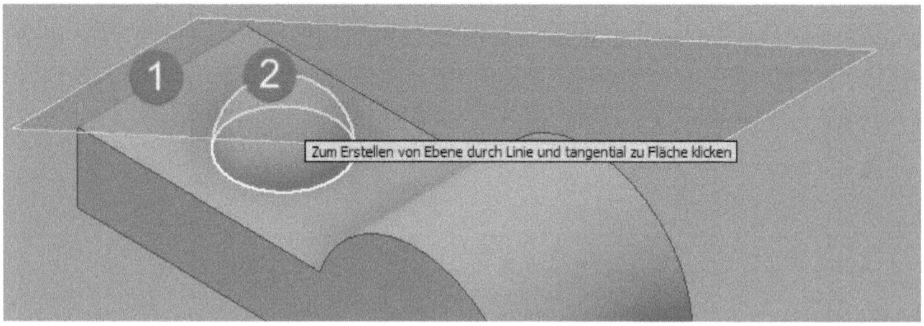

Abb. 4.148: Arbeitsebene tangential zu Kugel durch Kante

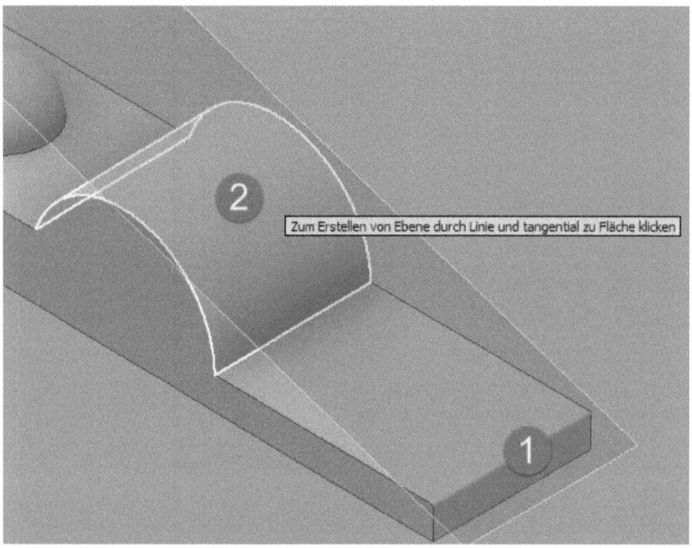

Abb. 4.149: Arbeitsebene tangential zu Fläche durch Kante

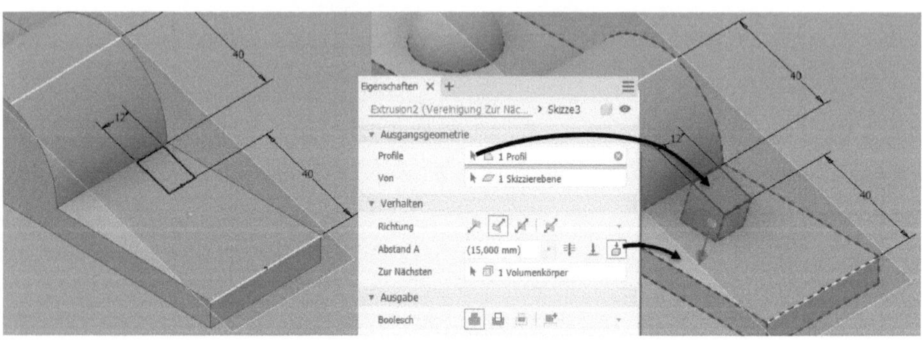

Abb. 4.150: Stützenkonstruktion mit tangentialer Arbeitsebene

Tangential zu Fläche durch Punkt

Sie wählen eine Fläche und einen Punkt *darauf.* Im vorliegenden Beispiel ist zu beachten, dass der Punkt der Mittelpunkt des Kanten-Profils ist und damit nicht der oberste Punkt des Bogens. Deshalb liegt die Ebene schräg (siehe Seitenansicht).

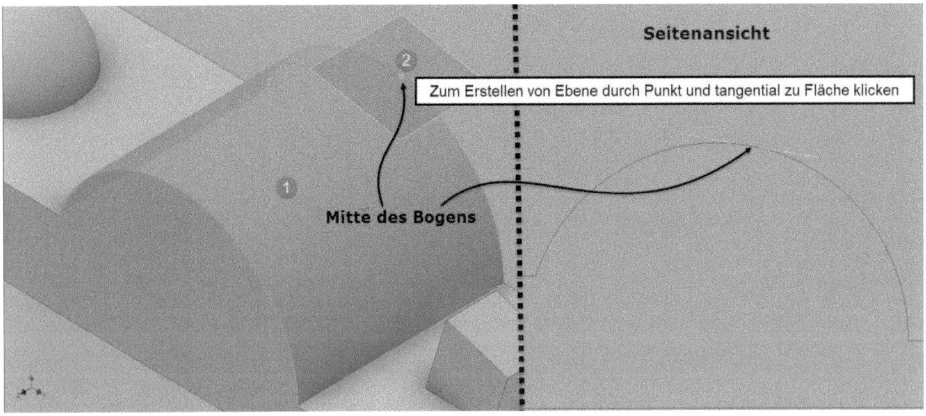

Abb. 4.151: Arbeitsebene tangential zur Fläche durch den Mittelpunkt auf der Kante

Tangential zu Fläche und parallel zu Ebene

Wählen Sie am besten zuerst die Ebene und danach die Fläche, weil es bei vielen Flächen zwei Lösungen gibt: die obere Tangentenfläche oder die untere. Inventor nimmt die gewölbte Fläche hier als endlos an und würde auch die unter dem Teil liegende Tangentenfläche ermitteln, wenn Sie auf der gewölbten Fläche zu tief klicken.

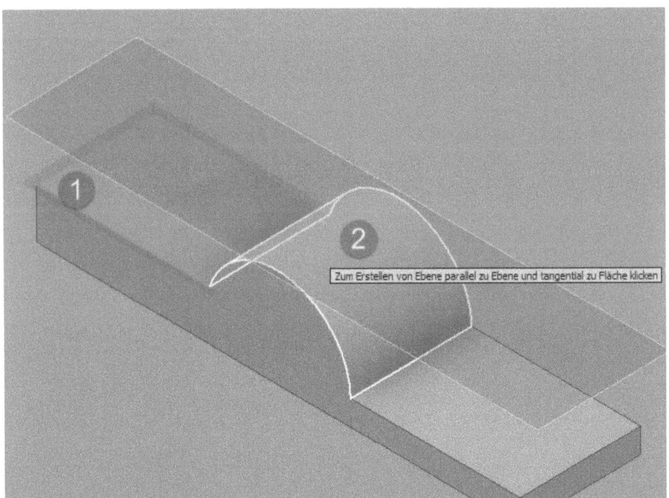

Abb. 4.152: Arbeitsebene parallel zu Ebene und tangential zu Fläche

Lotrecht zu Achse durch Punkt

Als Achse kann eine Kante oder eine Arbeitsachse gewählt werden. Der Punkt muss nicht unbedingt auf der Achse liegen. Die Achse bildet praktisch die Flächennormale, also die Ausrichtung der Fläche. Der Punkt definiert dann die Lage der Fläche.

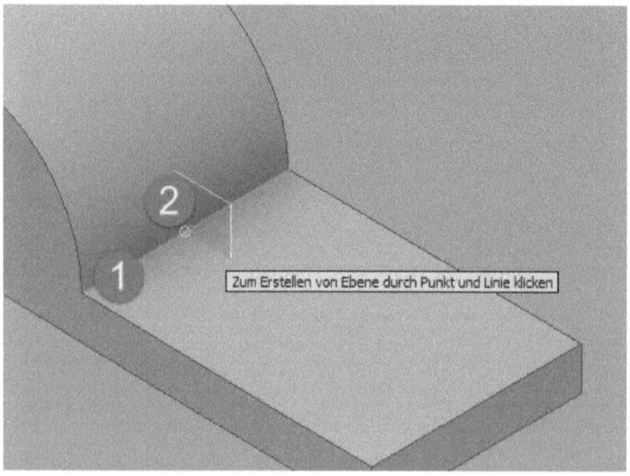

Abb. 4.153: Arbeitsebene über eine Kante und einen Punkt definiert

Lotrecht zu Kurve durch Punkt

Für *Sweeping*-Konstruktionen (siehe Abschnitt 5.1.4, »Sweeping«) brauchen Sie oft eine ebene Skizze, die senkrecht zu einer gegebenen Kurve am Start- oder Endpunkt liegt. Dafür ist LOTRECHT ZU KURVE DURCH PUNKT zu benutzen.

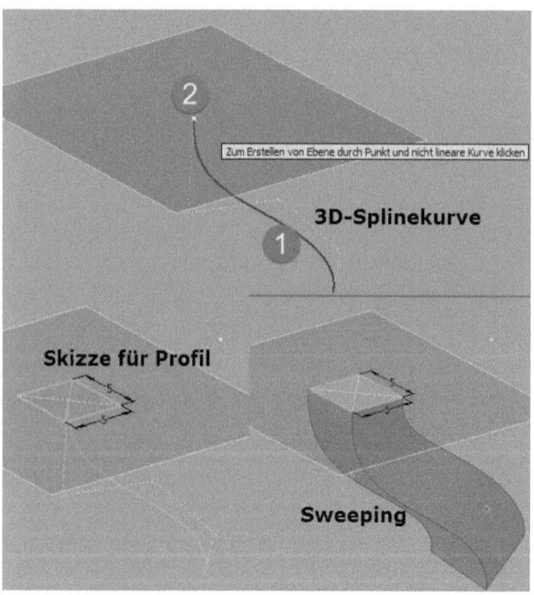

Abb. 4.154: Arbeitsebene lotrecht zu Kurve im Start-/Endpunkt

4.9.2 Arbeitsachsen

ARBEITSACHSEN können beispielsweise für Drehungsoperationen nötig sein, wenn sich keine Drehachse aus der bisherigen Bauteilkonstruktion ergibt (Abbildung 4.155). Ein Beispiel für eine DREHUNG (siehe auch Abschnitt 5.1.2, »Drehung«) mithilfe einer Arbeitsachse durch zwei Punkte zeigt Abbildung 4.156. Manchmal ist es nicht möglich, die Arbeitsachse im Grafikfenster anzuklicken, dann klappt es aber im BROWSER.

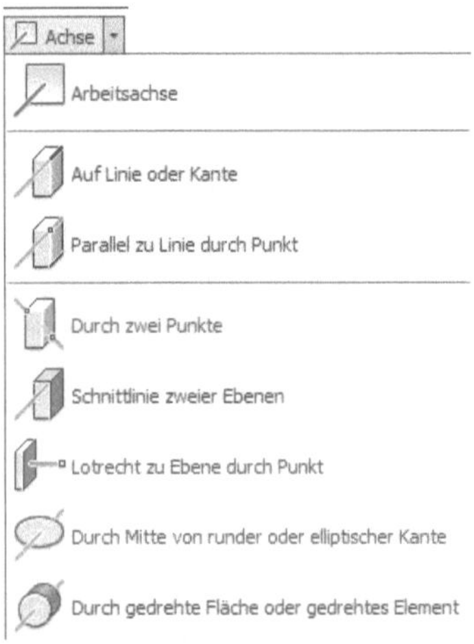

Abb. 4.155: Optionen für Arbeitsachsen

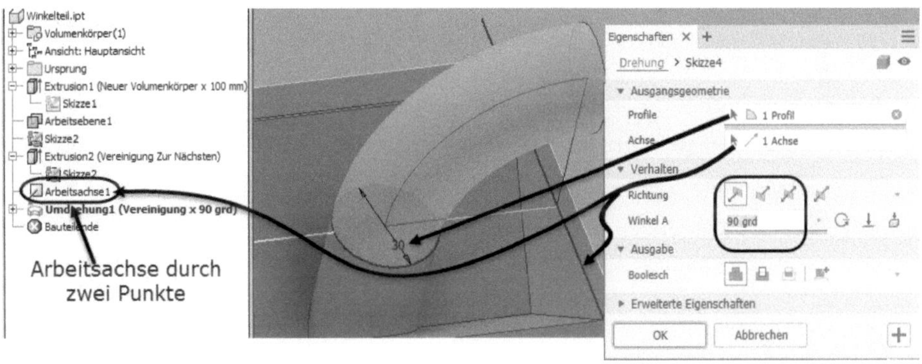

Abb. 4.156: Benutzung einer Arbeitsachse für Drehung

Tipp: Kanten als Achsen für Drehen

Sie können auch Kanten von Volumenkörpern direkt als Achsen für DREHEN anklicken. Die Arbeitsachsen sind nur in solchen Fällen nötig, wo keine normale Kante als Achse verfügbar ist.

4.9.3 Arbeitspunkte

Es gibt zwei Arten von Arbeitspunkten, die *fixierten Arbeitspunkte* hängen nicht an den Geometrieelementen, über die sie erzeugt wurden, sondern bleiben bei Änderungen der Referenzgeometrien unverändert. Sie sind über die *absoluten Koordinaten* definiert und können nur darüber verändert werden. *Nicht fixierte Arbeitspunkte* können über verschiedene Methoden geometrisch abgeleitet werden.

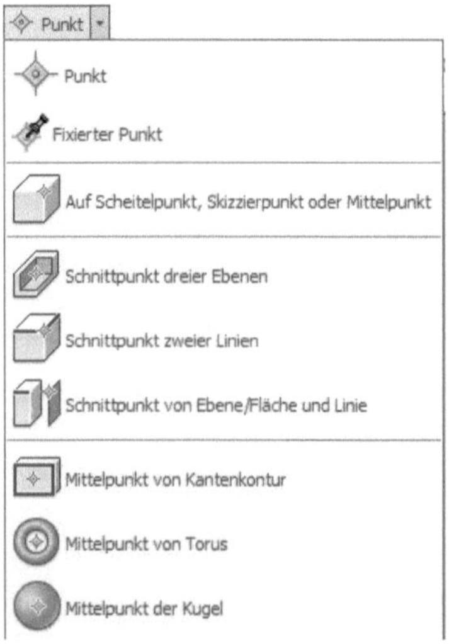

Abb. 4.157: Methoden für Arbeitspunkte

4.10 Übungsfragen

1. Nennen und erklären Sie die möglichen geometrischen Abhängigkeiten.
2. Was ist der Unterschied zwischen ABHÄNGIGKEIT HORIZONTAL und PARALLEL?
3. Wie wirkt sich der Linientyp MITTELLINIE auf Bemaßungen aus?
4. Wie sieht die Konstruktionslinie aus?
5. Welche Zeichen kennzeichnen absolute und relative Koordinaten?
6. Wie fügen Sie Objekte bei der Objektwahl hinzu?
7. Wozu kann man Abhängigkeiten lockern?
8. Was bedeutet bei der Koordinatenanzeige AUSDRUCK?
9. Wie ist die Excel-Punkte-Tabelle gestaltet?
10. Welche Konturen sind unter der RECHTECK-Funktion zu finden?

Kapitel 5

Volumenkörper und Flächen erstellen

Beim Erstellen von Volumenkörpern gibt es verschiedene Vorgehensweisen. Im einfachsten Fall wird aus einer zweidimensionalen Skizze durch Bewegen des Profils ein neuer Volumenkörper erstellt.

Es kann aber auch in einem bestehenden Volumenkörper mithilfe einer weiteren Skizze ein neuer Volumenkörper erstellt werden, der im Normalfall mit dem bestehenden sofort kombiniert wird. Dafür gibt es drei Verfahren, die *booleschen Operationen*:

- VEREINIGUNG – Der neue Volumenkörper wird zum bestehenden hinzugefügt und mit ihm verschmolzen. Dabei sind Überlappungen der beiden Körper problemlos möglich.
- DIFFERENZ – Das Volumen des neuen Körpers wird vom bestehenden abgezogen.
- SCHNITTMENGE – Aus beiden Volumina wird nur der Überlappungsbereich behalten.

Alternativ kann aber auch aus einer zweiten Skizze ein zweiter Volumenkörper erstellt werden. Eine solche Konstruktion, die aus mehreren Volumenkörpern besteht, wird als *Multipart*-Bauteil bezeichnet. Man kann später dann noch diese Volumina kombinieren.

Jedes einzelne Volumen in einem Multipart-Bauteil definiert seinerseits ein eigenes Bauteil. Üblicherweise werden diese einzelnen Bauteile in einem nächsten Schritt in Baugruppendateien mit geeigneten Abhängigkeiten und Bewegungsfreiheitsgraden zu komplexen Mechanismen mit Optionen zur Bewegungssimulation zusammengebaut.

5.1 Volumenkörper erstellen

Die Funktionen zum Erstellen von 3D-Volumenkörpern finden Sie unter MODELLIEREN|ERSTELLEN. Damit hier Volumenkörper entstehen können, sollten die Profile, die Sie nutzen wollen, geschlossen sein. Wenn Sie die nachfolgenden Funktionen auf offene Profile anwenden, erhalten Sie anstelle von Volumenkörpern dann nur Oberflächen. Die Icons in den Befehlen bedeuten dann FLÄCHENERZEUGUNG AUS (erzeugt Volumenkörper) oder FLÄCHENERZEUGUNG EIN. Achten Sie also stets auf diese Einstellung. Leicht kann es passieren, dass Sie eine Kontur nicht korrekt geschlossen haben und das erst merken, wenn Sie den Volumenkörper erzeugen wollen. Die *Flächen*, die dann entstehen, haben als Vorgabe *orange* Färbung, die *Volumenkörper graue*.

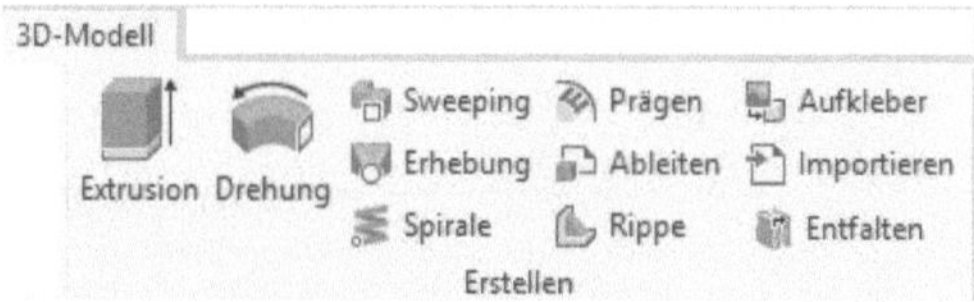

Abb. 5.1: 3D-Modellierfunktionen

- EXTRUSION – Aus einer ebenen Skizzenkontur wird durch Ausdehnung in Z-Richtung das Volumen erzeugt. Man bezeichnet diese Aktion auch als *Austragung*.
- DREHUNG – Hierzu wird eine 2D-Skizze mit einer Drehachse benötigt. Der Volumenkörper entsteht durch Rotieren der Kontur um die Achse. Oft wird dieses Vorgehen auch als *Rotation* bezeichnet.
- SWEEPING – Eine ebene Kontur kann an einer Pfadkurve entlanggeführt werden.
- ERHEBUNG – Die Funktion wird üblicherweise *Lofting* genannt. Sie erzeugt aus mehreren Querschnitten durch Verbinden mit einer Hüllfläche einen Volumenkörper.
- SPIRALE – Das ist ein Spezialfall des SWEEPING. Hier wird eine ebene Kontur auf einer *Spiralkurve* um eine wählbare Achse geführt.
- PRÄGEN – Dies ist eigentlich eine Volumenkörper-Modifikation. Ein Profil oder ein Text wird benutzt, um zu einer Fläche eines Volumenkörpers eine Vertiefung oder Erhöhung hinzuzufügen.
- ABLEITEN – Die Funktion erlaubt es, *externe Volumenkörper* mit dem aktuellen zu kombinieren. Wenn der externe Volumenkörper später geändert wird, wird dies auch in der aktuellen Zeichnung wirksam.
- RIPPE – Dies ist auch wieder mehr eine Modifikation. Anhand einfacher Kurven, meist Linien, können Verstrebungen in Volumenkörper eingebaut werden.
- AUFKLEBER – Bilder, also Rasterdateien, können hiermit wie ein Abziehbild auf eine Oberfläche projiziert werden.
- IMPORTIEREN – Diese Funktion erlaubt den Import fremder Formate, um Volumenkörper zu erhalten. Sie kann auch benutzt werden, um 2D-Geometrien aus AutoCAD zu importieren, die dann in Inventor-Skizzen projiziert werden können. Die Zuordnung ist dabei assoziativ, das heißt, eine Änderung der externen Quelldatei verändert die importierte Geometrie.

- ENTFALTEN – Ausgewählte Flächen eines Volumenkörpers können hiermit unter Beibehaltung der gemeinsamen Kanten abgewickelt werden.

5.1.1 Extrusion

Die EXTRUSION (Tastenkürzel [E]) benutzt ein 2D-Profil und bewegt es senkrecht zu dessen Ebene. Zuerst wählen Sie das Profil (Abbildung 5.2). Wenn es in Ihrem Bauteil nur ein einziges Profil gibt, wird es automatisch gewählt. Wenn das Profil geschlossen ist, wird automatisch auf VOLUMENKÖRPER geschaltet, sonst auf FLÄCHE. Sie können aber auch aus geschlossenen Profilen wahlweise Flächen erstellen wenn nötig.

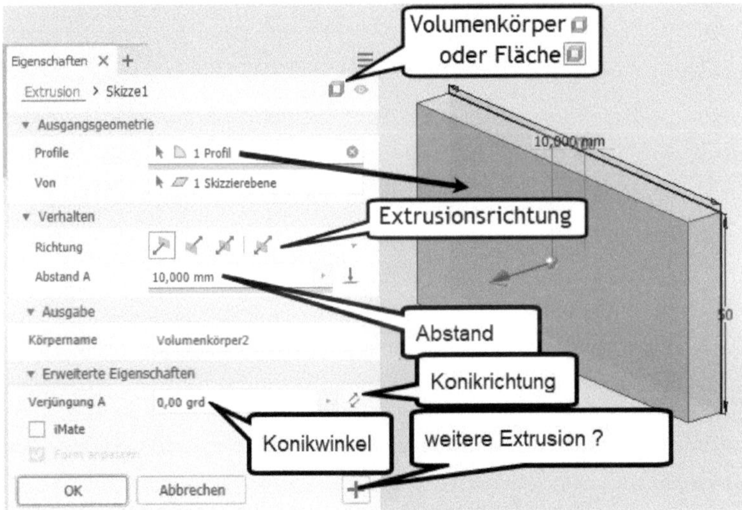

Abb. 5.2: Einfache EXTRUSION erstellen

Sofern im Bauteil noch keine anderen Volumenkörper existieren, ist zwangsläufig die Vorgabe NEUER KÖRPER. Als Nächstes wären ABSTAND und RICHTUNG der Extrusion einzugeben. Bei den Extrusionsrichtungen gibt es die durch Pfeile auch eindeutig angezeigten Richtungen RICHTUNG 1 und RICHTUNG 2 sowie SYMMETRISCH und ASYMMETRISCH. Bei SYMMETRISCH wird in beide Richtungen gleich extrudiert und Sie geben den *Gesamtabstand* an, der Abstand nach hinten und vorne beträgt jeweils die Hälfte. Für ASYMMETRISCH werden *zwei Abstände* für die beiden Richtungen einzeln angegeben.

Um die verschiedenen Abstandsoptionen der EXTRUSION zu demonstrieren, wurde ein gestuftes Teil entworfen (Abbildung 5.3) und dann auf der Fläche der untersten Stufe eine Skizze mit einem Kreis gezeichnet. Nachdem die erste Kontur normal mit ABSTAND **30** extrudiert wurde, wurde mit Rechtsklick auf die unterste Stufe über die Kontext-Funktion NEUE SKIZZE ERSTELLEN eine neue

Skizze begonnen. Da die Skizzierebene immer in Draufsicht dargestellt wird, ist sie durch den Schwenk in den Skizzenmodus zunächst durch die darüber liegenden Teile verdeckt. In solch einem Fall können Sie im Kontextmenü GRAFIKEN AUFSCHNEIDEN wählen oder [F7]. Damit wird das Bauteil in der Skizzenebene geschnitten dargestellt. Der Kreis wurde dann gezeichnet und mit ABHÄNGIGKEIT KOINZIDENT an den Seitenmitten der Kanten aufgehängt und das Kreiszentrum vertikal zur Seitenmitte. Damit ist er ohne Bemaßung vollständig bestimmt.

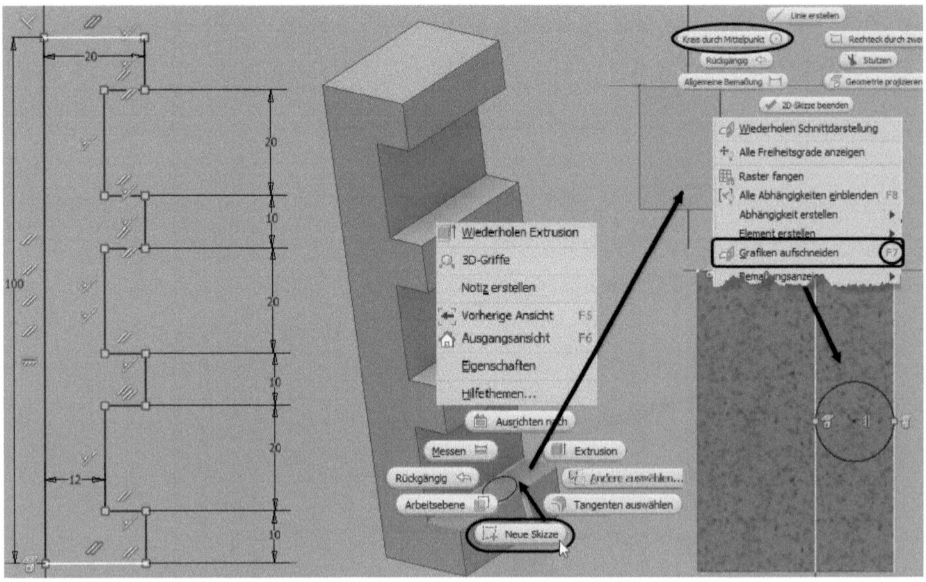

Abb. 5.3: Testteil für EXTRUSION

An diesem Testteil sollen nun die verschiedenen Abstandsvarianten demonstriert werden. Abbildung 5.4 zeigt in der Mitte die normale Angabe mit ABSTAND und Wert **10**. Rechts davon sehen Sie die Option ZUR NÄCHSTEN, wobei dann eine *Zielfläche* zu wählen ist. Es könnte auch eine Fläche auf einem anderen Volumenkörper sein.

Tipp: An Skizzierebene schneiden

Wenn wie oben eine Skizze innerhalb eines Bauteils erstellt wurde, verwenden Sie [F7] GRAFIKEN AUFSCHNEIDEN, um die Konstruktion an der Skizzierebene aufgeschnitten anzuzeigen.

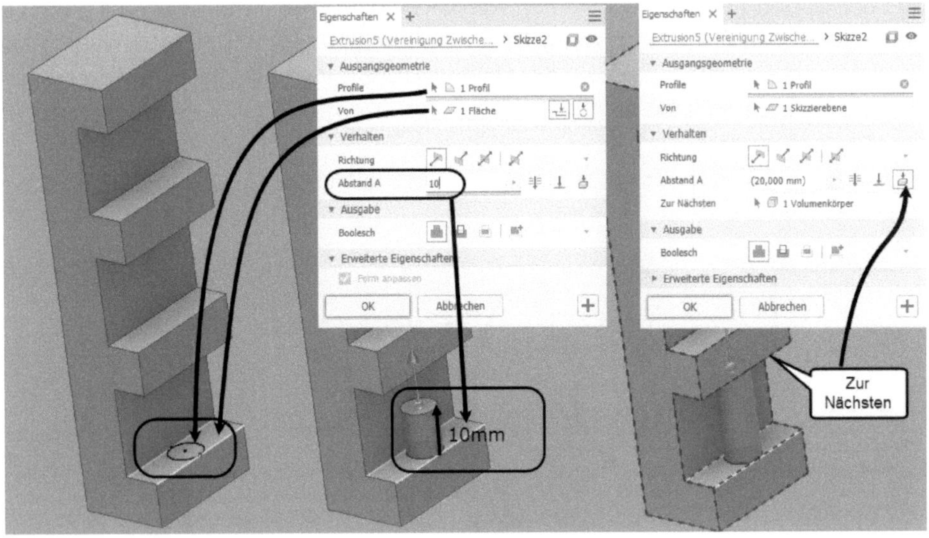

Abb. 5.4: EXTRUSION mit ABSTAND und ZUR NÄCHSTEN

Bei Verwendung der Optionen VON und BIS (bzw. ZWISCHEN) müssten Sie zwei Flächen wählen, zwischen denen der Volumenkörper erzeugt wird. Bei der Option DURCH ALLE wird schließlich durch das gesamte Teil hindurch bis zur letzten Fläche extrudiert.

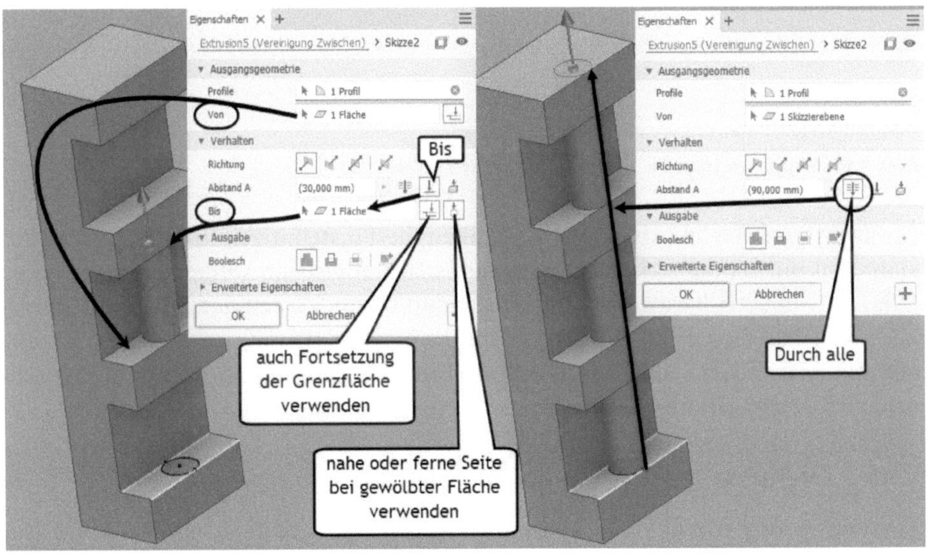

Abb. 5.5: EXTRUSION mit ZWISCHEN und ALLE

Bei der Option Bis ohne Wahl einer Startfläche wird vom Originalprofil bis hin zu einer gewählten Fläche extrudiert. In der Option Abstand von Fläche wählen Sie zuerst unabhängig von der Lage des Original-Profils eine Startfläche und geben relativ dazu einen Abstand an.

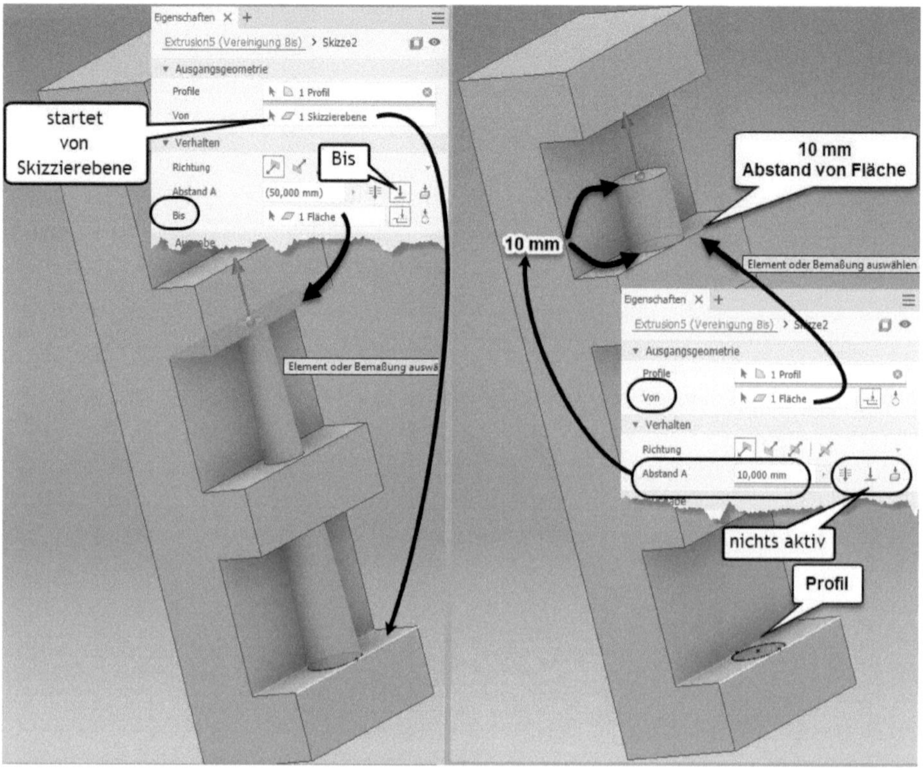

Abb. 5.6: Extrusionstypen Bis und Abstand von Fläche

Im nächsten Beispiel (Abbildung 5.7) sollen die Einstellungen für konische Extrusion, also mit schräg stehenden Extrusionsflächen gezeigt werden. Es wurde eine Skizze *asymmetrisch* extrudiert mit Abständen 10 und 5. Auf der zweiten Registerkarte Weitere Optionen wurden für die *Verjüngung* (Konik) verschiedene Winkel gewählt. Man beachte, dass *negative Winkel* eine Verjüngung der Kontur in Zugrichtung (= Bezugsrichtung) bedeuten.

5.1.2 Drehung

Rotationssymmetrische Teile können leicht und einfach über ein 2D-Profil mit einer Achse und über die Funktion Drehung (Tastenkürzel R von engl. *rotation*) erstellt werden. Die Achse muss nicht Teil der Kontur sein. Damit sie automatisch erkannt wird, sollte sie das Format Mittellinie haben (Abbildung 5.8).

Beachten Sie, dass bei der Skizzenbemaßung zwischen Konturelement und Mittellinie automatisch eine Durchmesserbemaßung entsteht.

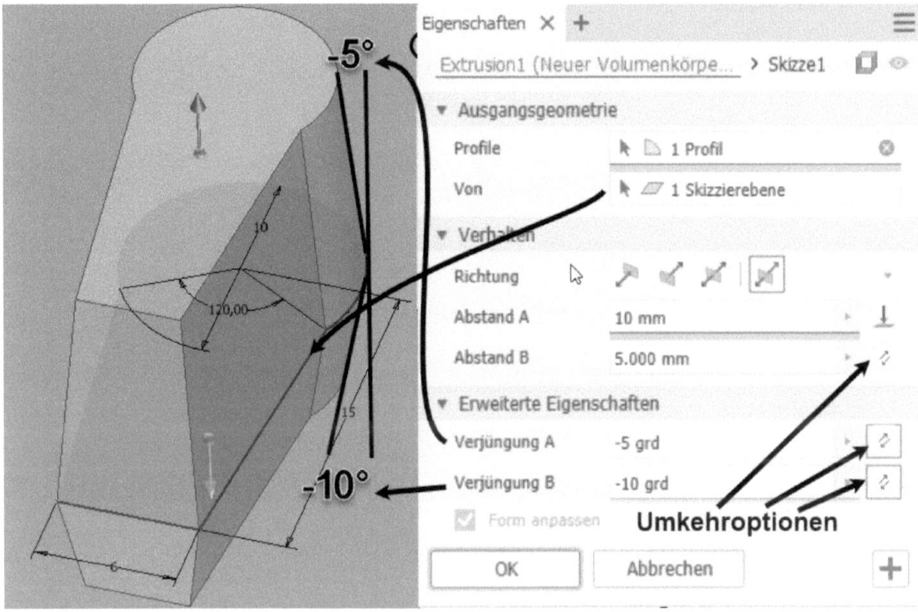

Abb. 5.7: Asymmetrische Extrusion mit verschiedenen Verjüngungswinkeln

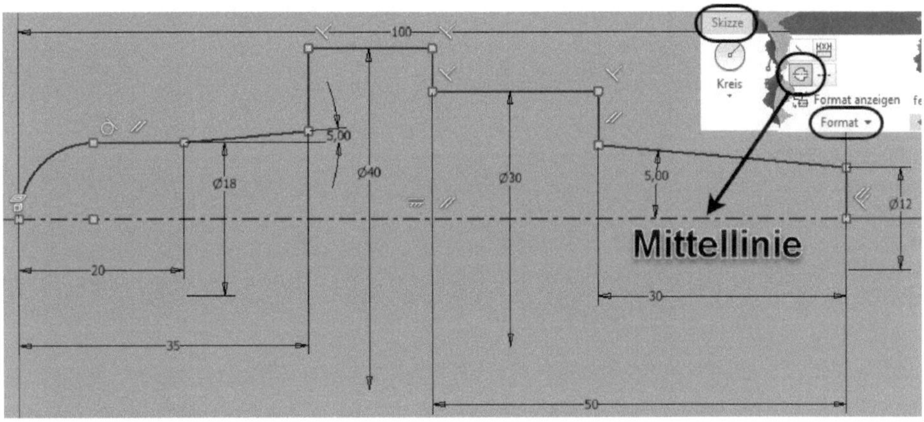

Abb. 5.8: Skizze eines Drehteils

Wenn Sie solch eine einfache Skizze für DREHEN verwenden, werden Kontur und Achse automatisch erkannt, und Sie müssen für eine volle Rotation um 360° nur noch OK anklicken (Abbildung 5.9).

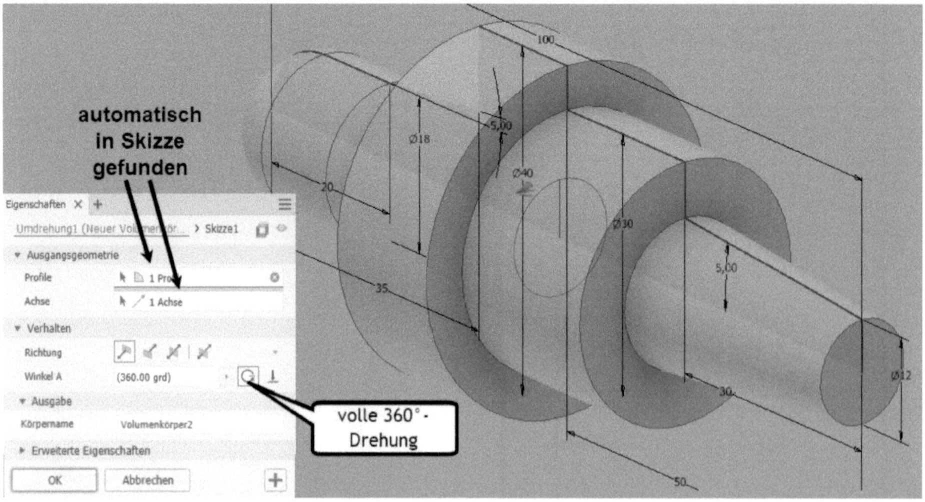

Abb. 5.9: Einfaches Drehteil komplett

Ein Drehteil mit Achse außerhalb der Kontur zeigt Abbildung 5.10.

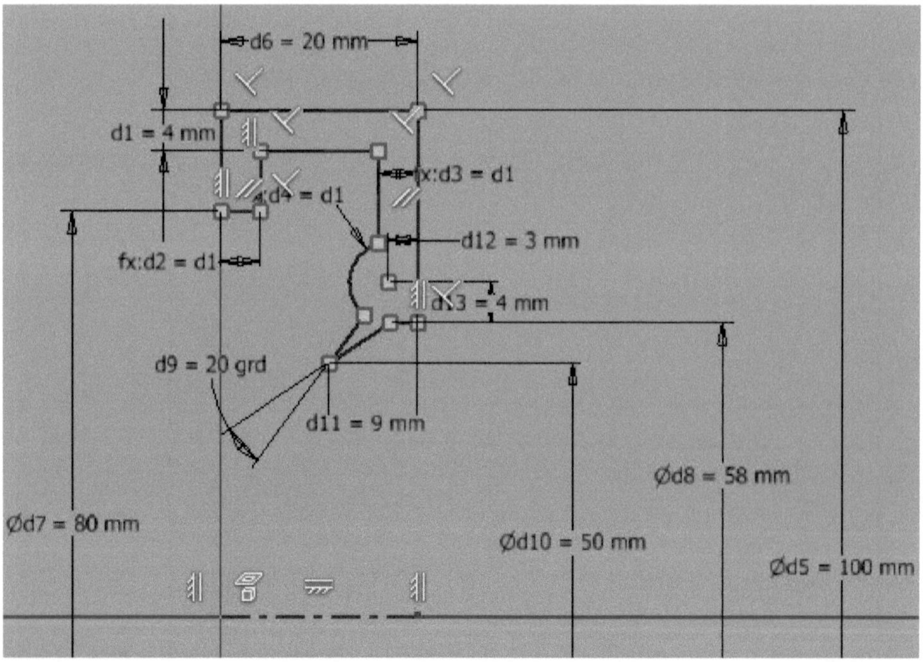

Abb. 5.10: Skizze für Drehteil mit Achse außerhalb der Kontur

In der Skizze wurden einige Maße für Abstände d1, d2 und d3 gleich gesetzt, indem beim Bemaßen von d2 und d3 keine Zahl eingegeben wurde, sondern der Parameter d1, der beim ersten Abstand auf den Wert 4 gesetzt wurde. Sie können auch bei der Dialogeingabe für das Maß d2 beispielsweise einfach die zu übernehmende Bemaßung d1 in der Skizze anklicken.

Die Achse liegt hier außerhalb der Kontur. Bei solchen Konstruktionen sollten Sie darauf achten, dass die Achse auch Bemaßungen oder Abhängigkeiten braucht. Im aktuellen Fall wurden die Endpunkte mit der ABHÄNGIGKEIT VERTIKAL mit den Punkten der Kontur verknüpft.

Die Drehung wurde diesmal auf 180° beschränkt, um den Querschnitt zu zeigen.

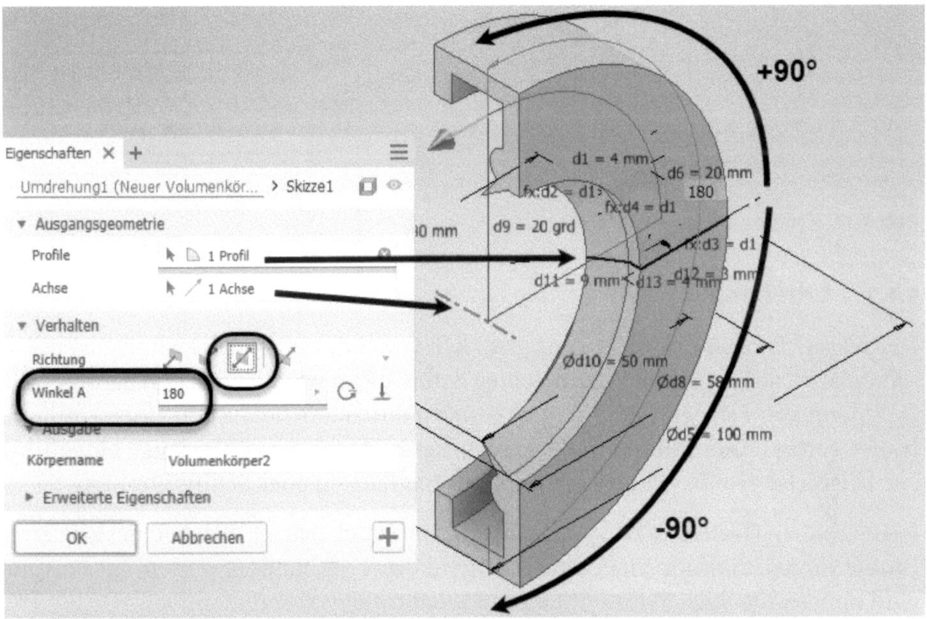

Abb. 5.11: Drehteil mit Achse außerhalb der Kontur und 180°

Für die Drehwinkel gibt es die Optionen:

- WINKEL – Hier geben Sie den Winkel an, um den das Profil rotiert wird, beispielsweise 180°.
- BIS – Hier können Sie angeben, bis zu welcher Fläche rotiert werden soll.
- ZWISCHEN – Es können zwei Ebenen gewählt werden, zwischen denen die Rotation stattfindet, im Beispiel XY-Ebene und XZ-Ebene.
- VOLL – Das Profil wird um volle 360° rotiert.

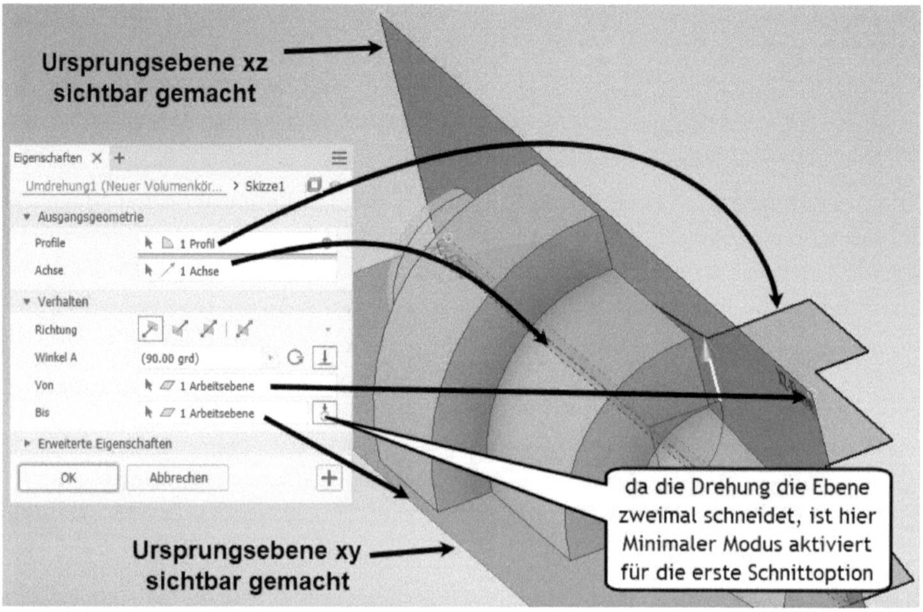

Abb. 5.12: Rotation zwischen zwei Ebenen

5.1.3 Erhebung

Der Begriff *Erhebung* ist nicht ganz glücklich gewählt, weil in der Technik eigentlich schon lange der englische Begriff *Lofting* dafür üblich ist. Man versteht darunter die Definition von Flächen und Volumenkörpern durch eine Reihe von Querschnitten. In der Fertigung bestimmter Objekte ist dieses Verfahren schon lange eingeführt wie beispielsweise bei Flugzeugrümpfen, -tragflächen oder Schiffsrümpfen.

ERHEBUNG (Tastenkürzel [Strg]+[⇧]+[L], von engl. *lofting*) setzt mindestens zwei Profile voraus, die dann zu einem Volumenkörper verbunden werden. Im Beispiel wird eine rechteckige Skizze mit einer kreisförmigen verbunden.

Die Konstruktionsschritte in Kürze:

- In der XY-Ebene wird ein Rechteck 50x50 gezeichnet und mit R=5 abgerundet und die Skizze beendet.
- Für die zweite Skizze muss zuerst eine Arbeitsebene erstellt werden mit 3D-MODELL|ARBEITSELEMENTE|EBENE▾ VERSATZ VON EBENE.
- Klicken Sie im BROWSER unter URSPRUNG die XY-EBENE an und tippen Sie den Abstand **100** ein (Abbildung 5.13).
- Mit Rechtsklick auf diese neue Arbeitsebene wählen Sie NEUE SKIZZE ERSTELLEN.
- Zeichnen Sie einen Kreis mit Radius **30** ungefähr mittig.
- Mit GEOMETRIE PROJIZIEREN sollten Sie zwei orthogonale Rechteckseiten projizieren.

- Richten Sie nun den Kreismittelpunkt mit den ABHÄNGIGKEITEN HORIZONTAL und VERTIKAL an den Mittelpunkten der Projektionen aus und beenden Sie die Skizze.
- Wählen Sie jetzt die Funktion ERHEBEN und klicken Sie die beiden Konturen an (Abbildung 5.14).

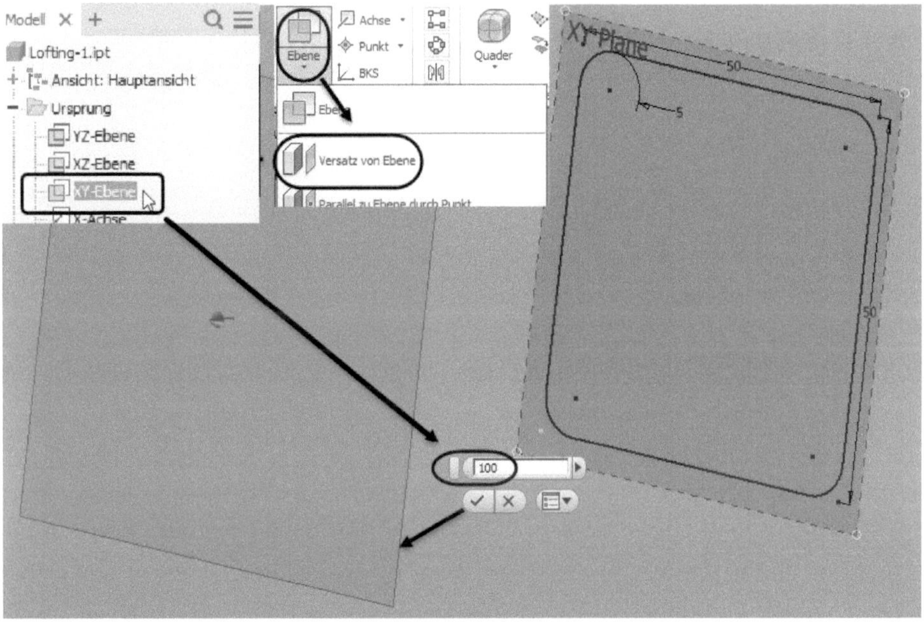

Abb. 5.13: Arbeitsebene für das zweite Profil erstellen

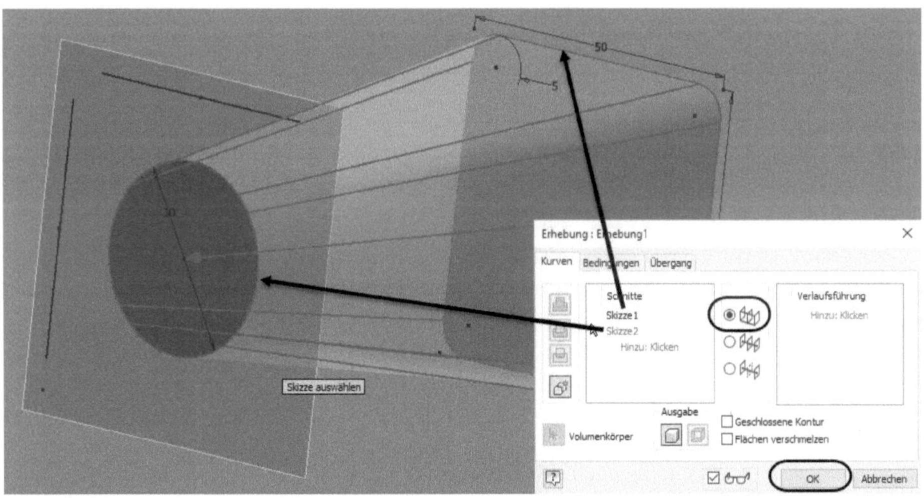

Abb. 5.14: Zwei Profile für ERHEBEN gewählt

Interessanter wird es, wenn Sie mehrere Profile verwenden (Abbildung 5.15). Sie müssen nur die Profile in der gewünschten Reihenfolge anklicken. Bei der Standard-Option VERLAUFSFÜHRUNG werden die Konturen automatisch punktweise durch Führungslinien verbunden (Abbildung 5.16). Diese punktweise Zuordnung können Sie im Register ÜBERGANG ändern. Dazu müssen Sie zuerst dort die AUTOMATISCHE ZUORDNUNG deaktivieren. Unter SATZ AUSGEW. PUNKTE wählen Sie die zu ändernde Führungslinie und in der Grafik können Sie dann die einzelnen Punkte entlang der Profile verschieben. Hier wurden alle Punkte so verschoben, dass das Design etwas mehr Pep erhält (Abbildung 5.16 Vorher-Nachher).

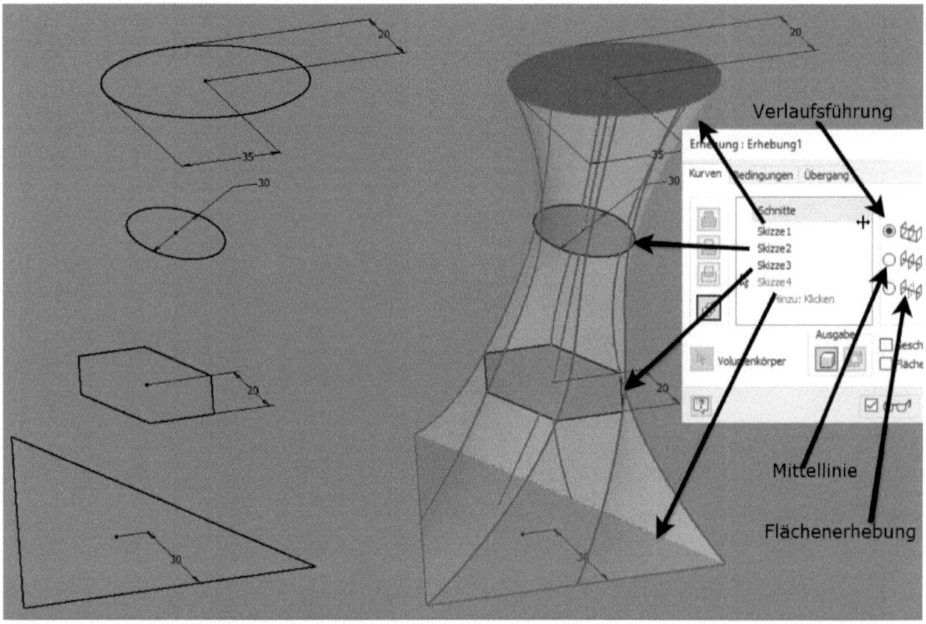

Abb. 5.15: ERHEBEN mit 4 Querschnitten

Eine weitere Modifikation wäre noch über die BEDINGUNGEN möglich (Abbildung 5.17). Dort können Sie für den ersten und letzten Querschnitt die Tangentenwinkel vorgeben. Im Beispiel wurden die Winkel auf **90**° eingestellt, das heißt, die Flächen starten in lotrechter Richtung bezogen auf die Querschnitte. Außerdem wurden die Gewichte, die den Einfluss dieser Richtungsvorschrift bestimmen, vom Standardwert **1** auf **5** sehr hoch gesetzt.

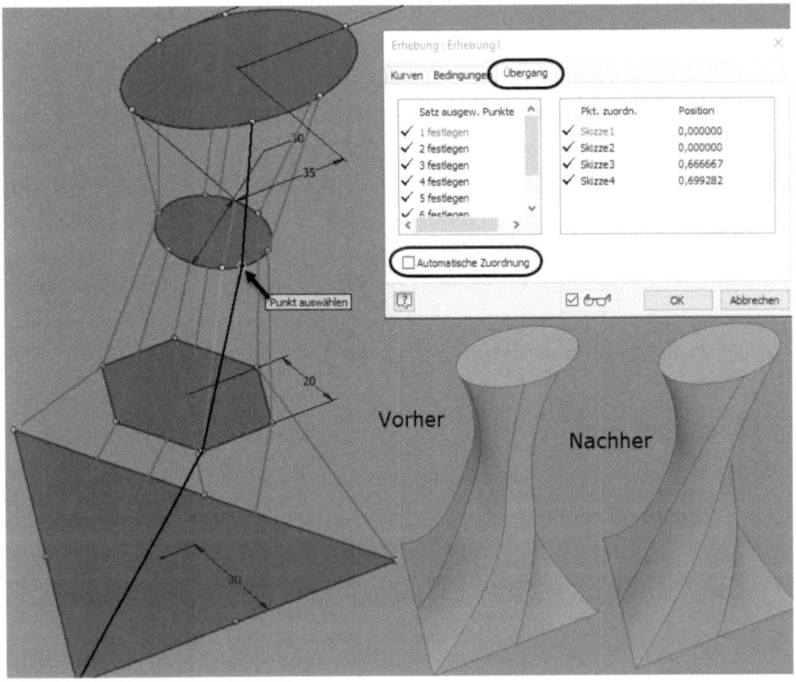

Abb. 5.16: Modifizieren der Führungslinien

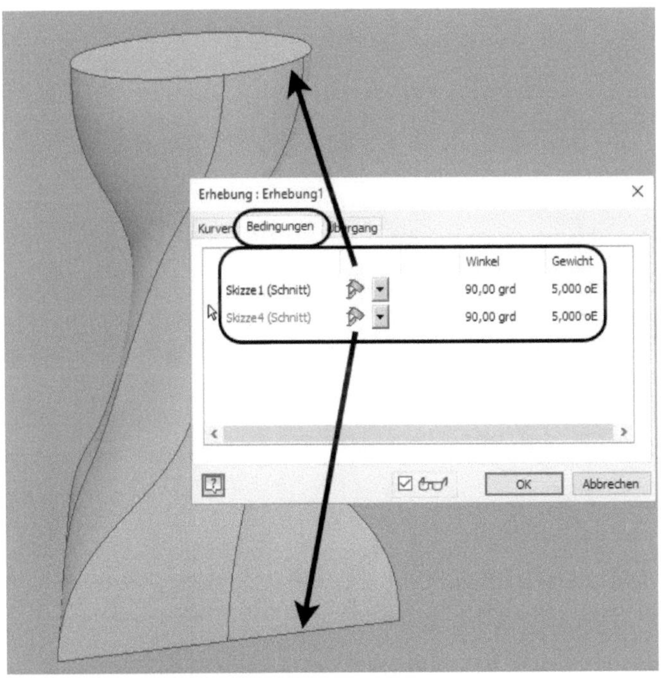

Abb. 5.17: Individuelle Winkel und Gewichte an Querschnitten

An einem weiteren Beispiel (Abbildung 5.18, Abbildung 5.19) sollen die Unterschiede der Optionen VERLAUFSFÜHRUNG, MITTELLINIE und FLÄCHENERHEBUNG demonstriert werden. Wie oben erläutert, können bei der Option VERLAUFSFÜHRUNG die *Führungslinien* modifiziert werden. Bei der Option MITTELLINIE ist eine weitere Skizze mit einer *Leitkurve* zu wählen, die nicht unbedingt immer eine Linie sein muss. Die *Profile* werden dann *lotrecht* zu dieser Leitkurve gehalten. Bei der FLÄCHENERHEBUNG wird ebenfalls eine *Leitkurve* gewählt und zusätzlich *Punkte* darauf. An jeder Punktposition kann eine Zahl für den Querschnitt oder den Umfang an dieser Stelle angegeben werden. Die Punktpositionen können als absolute Entfernungen auf der Leitkurve oder über einen Kurvenparameter angegeben werden, der entlang der Kurve von 0 bis 1 läuft.

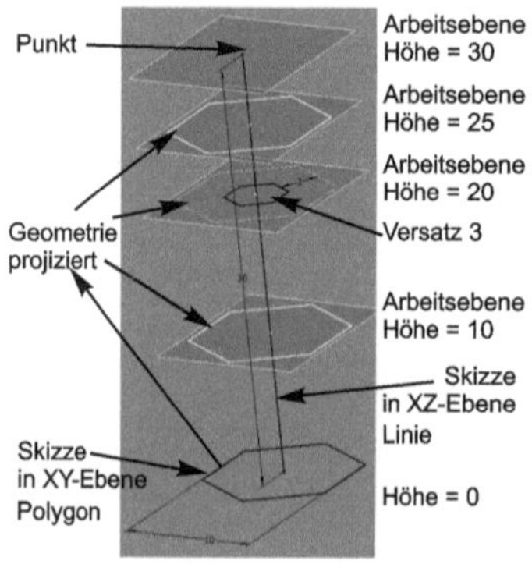

Abb. 5.18: Skizzen für Erhebung mit 4 Profilen und einem Punkt

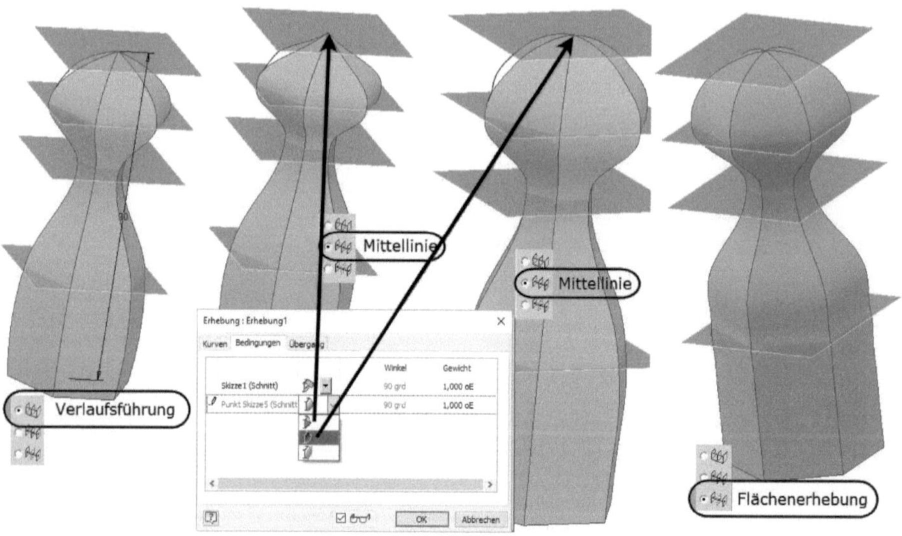

Abb. 5.19: Die Optionen VERLAUFSFÜHRUNG, MITTELLINIE und FLÄCHENERHEBUNG, sowie Punkt-Optionen

Im vorliegenden Fall sollte das Profil im unteren Bereich der Konstruktion parallel laufen. Deshalb wurde beispielsweise bei **Punkt5** mit dem Parameter **0,21** dieselbe Querschnittfläche eingestellt wie beim Parameter **0**, nämlich **86 mm²**. Auf diese Weise wurde hier das Profil an mehreren Stellen zwischen den bestimmenden Skizzen modifiziert, um die endgültige Form zu erhalten.

Sie geben diese Positionen ein, indem Sie im Dialogfeld PLATZIERTE PROFILE aktivieren und dann auf die Leitkurve an der gewünschten Position klicken. Im Eingabefeld können Sie die Punktposition noch genau per Parameterwert oder Abstand spezifizieren und dann den Wert für die Querschnittsfläche oder den Umfang eingeben. Nur mit diesem Hilfsmittel ist es gelungen, die Konturflächen im unteren Bereich parallel zu halten.

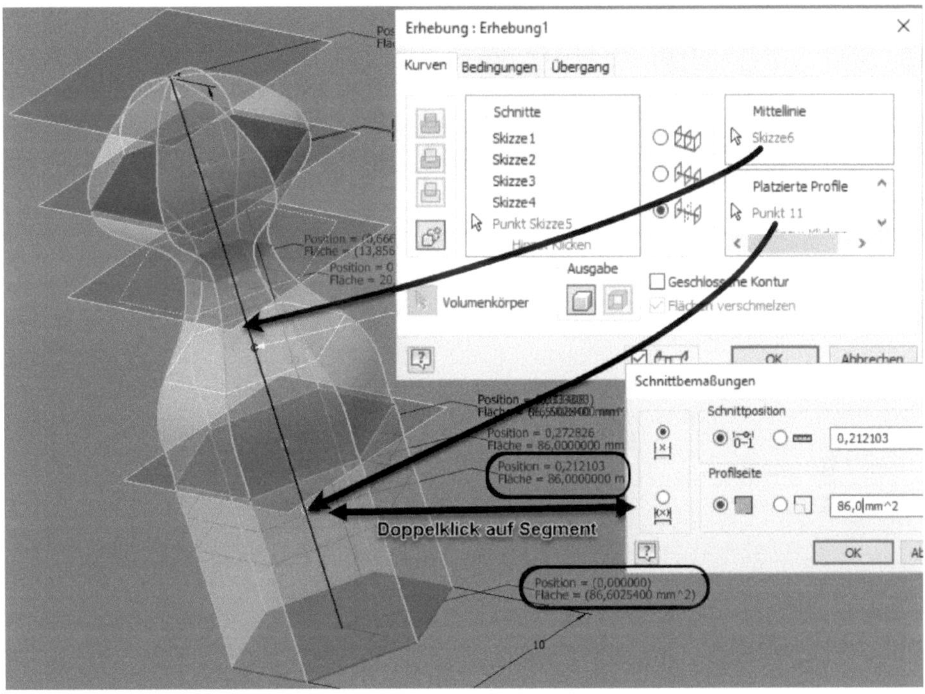

Abb. 5.20: Option FLÄCHENERHEBUNG mit verschiedenen Querschnitts-Skalierungen an verschiedenen Punktpositionen

Ein Lofting kann auch aus einem einfachen Kreis und einem Punkt in einer Ebene darüber bestehen (Abbildung 5.21). Daraus entsteht dann zuerst ein Kegel ❶. Wenn unter BEDINGUNGEN am Punkt ❷ die Option TANGENTE ❸ gewählt wird, ergibt sich die Kuppelform. Wenn am Kreis der 90°-Winkel ❹ gewählt wird und noch mit einem Gewicht von 2 ❺ versehen wird, stülpt sich der Rand auf. Übertreibt man mit dem Gewicht mit beispielsweise 9 ❻, dann wölbt sich der Rand über den Mittelpunkt auf.

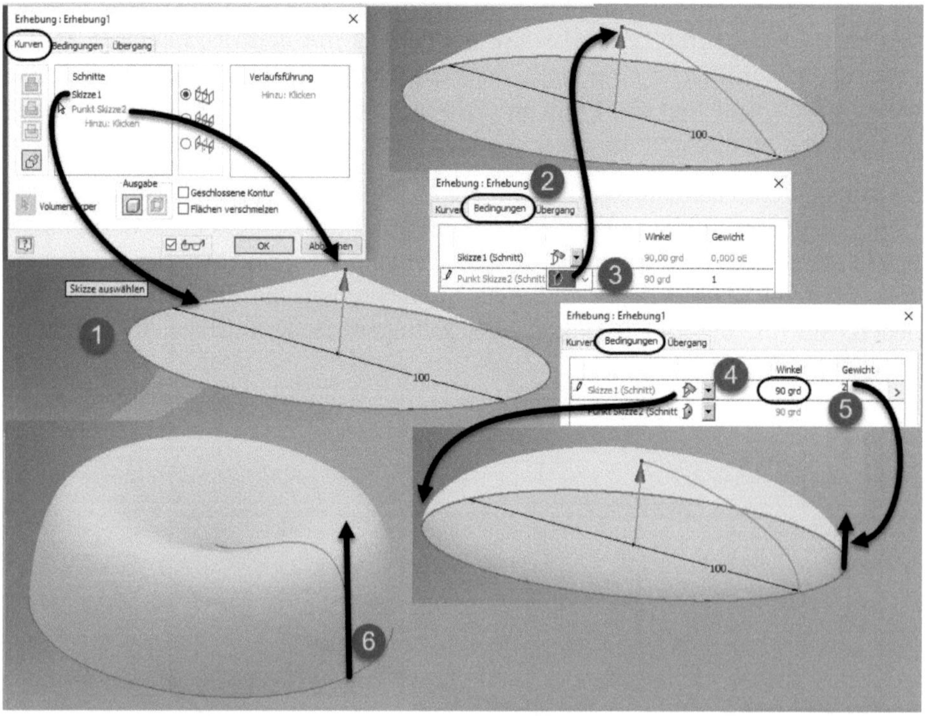

Abb. 5.21: Kuppelkonstruktion

5.1.4 Sweeping

Mit SWEEPING (Tastenkürzel Strg+⇧+S, von engl. *sweep*) wird ein ebenes Profil oder ein Volumenkörper an einem Pfad entlanggeführt, um ein Volumen zu erzeugen. Der Pfad kann eben (Abbildung 5.22) oder dreidimensional (Abbildung 5.27) sein. Im ersten Fall liegt der Pfad in der XY-EBENE und das Profil in der XZ-EBENE.

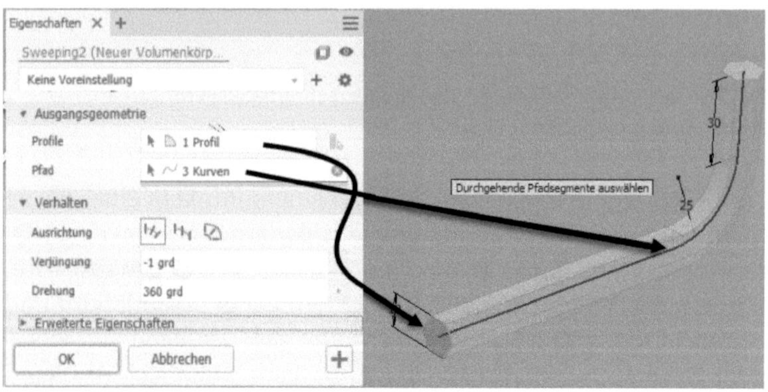

Abb. 5.22: Sweeping entlang eines ebenen Profils

Beim Befehlsaufruf wird das Profil automatisch gefunden, sofern keine weiteren Skizzen vorhanden sind. Den Pfad müssen Sie dann noch wählen. Unter ANORDNUNG wählen Sie, ob das Profil stets lotrecht zum Pfad gehalten werden soll (Vorgabe) oder parallel zur Ursprungslage am Pfad entlangläuft.

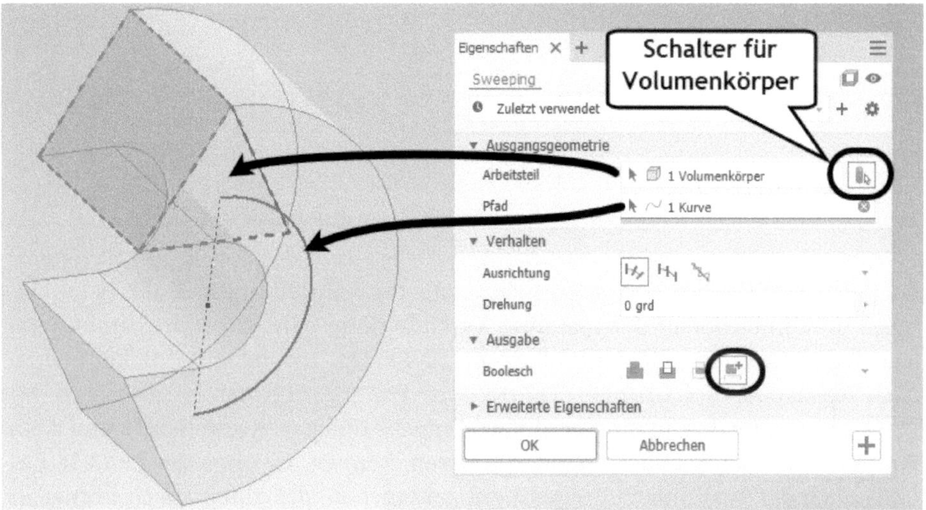

Abb. 5.23: Sweeping eines Volumenkörpers (dreieckiges Prisma) entlang eines Halbkreises

Zusätzlich kann für Profile noch eine Verjüngung eingestellt werden. Bei -1° Verjüngung wird das Profil entlang des Pfads enger. Eine Drehung kann dazu führen, dass das Profil während des Pfadverlaufs um seine Normale gedreht wird (Abbildung 5.24).

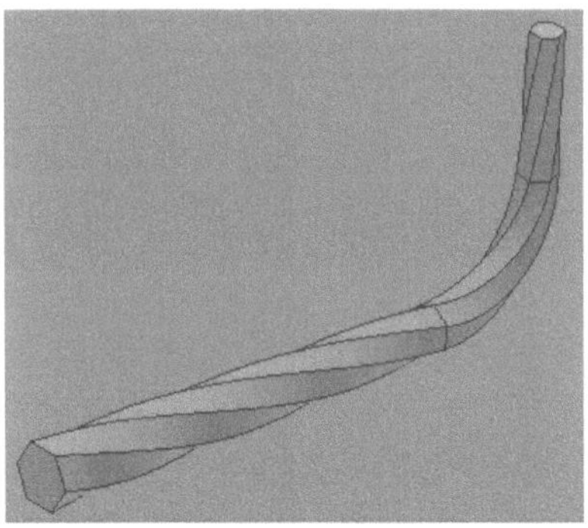

Abb. 5.24: Sweeping mit 1° Verjüngung und 360° Drehung

Abbildung 5.25 zeigt eine Nut, die durch SWEEPING einer Kugel, also eines Volumenkörpers, entlang einer GLEICHUNGSKURVE entstanden ist. Mit DIFFERENZ wurde die SWEEPING-Form vom darunter liegenden QUADER abgezogen.

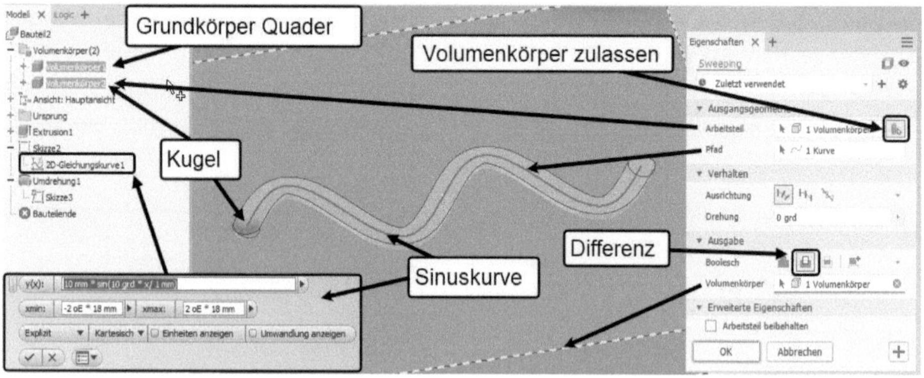

Abb. 5.25: Sinusförmige Nut durch Sweeping einer Kugel entlang einer Sinuskurve

Die Sweeping-Funktion ist auch interessant für Rohrleitungen. Dabei sind aber meist dreidimensionale achsparallele Verläufe nötig. Um einen dreidimensionalen Pfad zu zeichnen, beginnen Sie eine 3D-SKIZZE. Im Befehl LINIE können Sie nach Aufklappen der Gruppe ZEICHNEN die PRÄZISE EINGABE aktivieren. Mit [Tab] kommen Sie dort in die Koordinateneingabe und geben jeweils X, Y und Z ein. Wenn Sie nur achsparallel zeichnen müssen, können Sie ohne die PRÄZISE EINGABE auch das Koordinatendreibein gut gebrauchen, das automatisch immer im letzten Punkt steht. Darin aktivieren Sie die gewünschte Zeichenebene und dann können Sie bequem mit dem Cursor auf einer Achse einrasten und müssen nur noch die Entfernung auf dieser Achse eingeben (Abbildung 5.26).

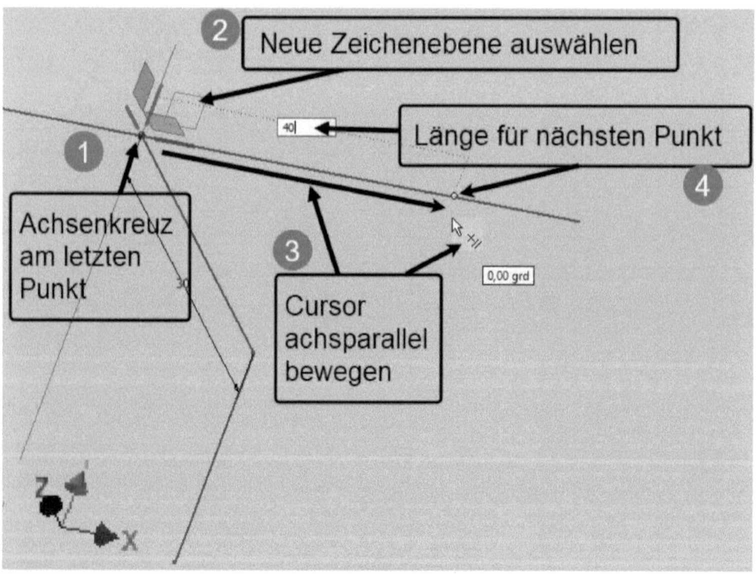

Abb. 5.26: Dreidimensionaler achsparalleler Pfad

Damit Sie für Rohrleitungen automatische Verrundungen an den Knickstellen der Linien erhalten, sollten Sie unter EXTRAS|OPTIONEN|ANWENDUNGSOPTIONEN|SKIZZE|3D-SKIZZE die Option BEIM ERSTELLEN VON 3D-LINIEN AUTOMATISCH BIEGEN aktivieren. Der RADIUS DER AUTOMATISCHEN BIEGUNG ist unter EXTRAS|OPTIONEN|DOKUMENTEINSTELLUNGEN|SKIZZE|3D-SKIZZE mit 5 mm vorgegeben. Das Profil wird dann wieder im Start- oder Endpunkt des Pfads senkrecht zur 3D-Skizze erstellt. Wenn dafür keine der Standard-Ebenen benutzt werden kann, konstruieren Sie sich eine Arbeitsebene senkrecht zum Pfad mit der Funktion 3D-MODELL|ARBEITSELEMENTE|EBENE▾ LOTRECHT ZU KURVE BEI PUNKT ERZEUGEN.

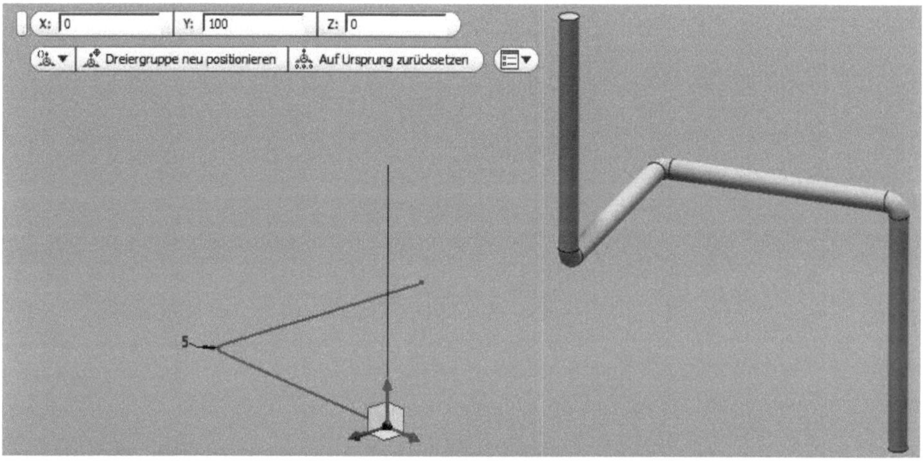

Abb. 5.27: 3D-Linie mit automatischer Rundung für Rohrleitung mit Kreisprofil

5.1.5 Spirale

Die *Spirale* ist eigentlich ein Spezialfall des SWEEPING. Die Pfadkurve ist hier eine Spiralkurve, genauer ausgedrückt je nach gewählter Methode eine Wendel oder eine ebene Spirale, die über Dialogangaben erzeugt wird. Als AUSGANGSGEOMETRIE wählen Sie ein oder mehrere PROFILE und eine ACHSE. Beides kann in einer Ebene konstruiert werden. Bei einfachen Skizzen wird das Profil automatisch gefunden, die Achse müssen Sie wählen.

Unter VERHALTEN legen Sie zuerst die Methode zur Definition der Spirale fest:

- STEIGUNG UND DREHUNG – STEIGUNG ist der Höhenunterschied für eine Windung und DREHUNG ist die Anzahl der Windungen der Wendel, die Höhe wird aus beiden dann berechnet.
- DREHUNG UND HÖHE – DREHUNG ist die Anzahl der Windungen und HÖHE ist die Gesamthöhe der Wendel, die Steigung wird daraus berechnet.
- STEIGUNG UND HÖHE – STEIGUNG ist die Höhe für eine Windung und HÖHE die Gesamthöhe der Wendel, die Anzahl Windungen wird daraus berechnet.

- SPIRALE – Eine ebene Spirale mit STEIGUNG als Radienzunahme pro Umdrehung und Anzahl der Windungen unter UMDREHUNGEN wird erzeugt.

Unter DREHUNG wird die Drehrichtung links oder rechts mit L/R angegeben.

Schließlich können Sie die Endbedingungen für die Wendelformen unter ANFANG SCHLIEßEN/ENDE SCHLIEßEN eingeben. Hier sind zwei Winkelangaben gefragt, FLACHER WINKEL definiert in Winkelgrad die Länge des flachen Wendelverlaufs ganz am Ende und ÜBERGANGSWINKEL legt die Länge des Übergangs zwischen Steigung und flachem Ende fest.

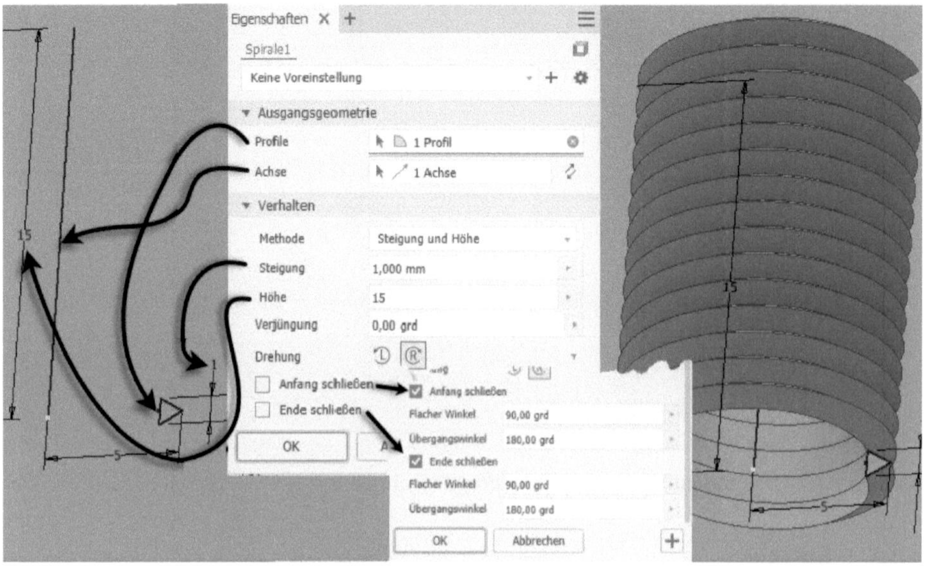

Abb. 5.28: Spirale für 3D-Gewindedarstellung

Die in Abbildung 5.28 gezeigte Wendel für ein M10-Gewinde kann nützlich sein, wenn Sie solch ein Gewinde einmal als 3D-Druck nachbauen wollen. Dann brauchen Sie das Gewinde nämlich als *echtes Volumenmodell* (Abbildung 5.28), nicht nur als *Gewinde-Feature* aus dem Menü 3D-MODELL|ÄNDERN|GEWINDE. Letzteres ist ja nur eine aufgeklebte Imitation. Die Spirale ist natürlich auch für Federn interessant. Dabei sind aber dann die unter ANFANG SCHLIEßEN/ENDE SCHLIEßEN angebotenen Deformationen der Enden nötig, weil bei Federn die Enden typischerweise abgeflacht werden. Die Wendel für das Gewinde hat keine deformierte Endbedingung (Abbildung 5.29). In der Seitenansicht ergibt sich die Kontur einer Sinus- oder Kosinus-Kurve.

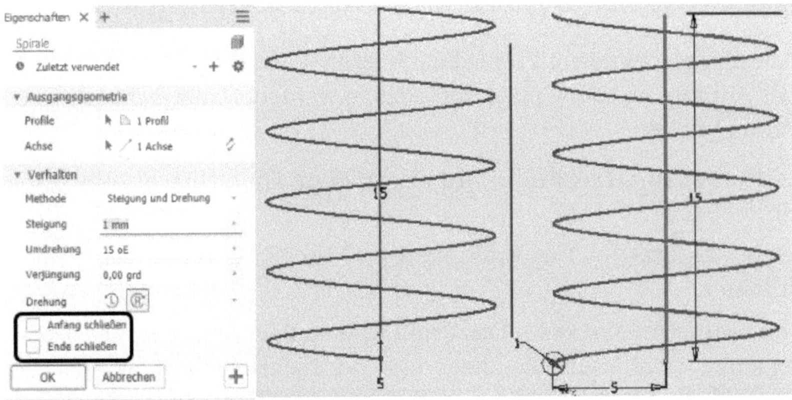

Abb. 5.29: Wendel mit natürlichen Enden

Eine Federspirale muss dagegen flache Enden haben wie in Abbildung 5.30 gezeigt. Dabei kann man die Länge des flachen Endes noch über den Winkel (in Draufsicht gemessen) bestimmen. Je nach Dicke und Steigung der Feder ist das flache Ende beschränkt. Ein Winkel von 360° kommt nicht infrage, weil sich dann die Feder mit Ihrer Drahtstärke selbst berührt. Das wird von der Software nicht unterstützt. Die Länge des flachen Endes wurde im Beispiel auf 180° gesetzt und genauso groß auch der Übergangswinkel, über den die Feder von ihrer normalen Steigung von 5 mm pro Windung auf die Steigung 0 mm gebracht wird.

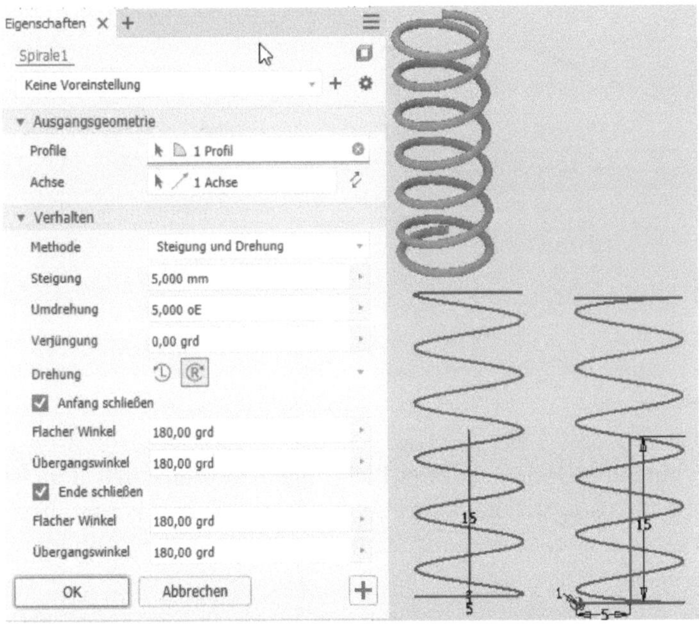

Abb. 5.30: SPIRALE mit flachen Enden und erhöhter Steigung

5.1.6 Prägen

Mit *Prägen* können geschlossene Profile aus Skizzen, auch Texte, auf einen Volumenkörper als Auftragung oder Gravur aufgebracht werden. Dabei gibt es drei verschiedene Verfahren:

- VON FLÄCHE PRÄGEN – Das Profil wird als Erhöhung aufgebracht (Abbildung 5.31 links).
- VON FLÄCHE GRAVIEREN – Das Profil wird als Vertiefung aufgebracht (Abbildung 5.31 Mitte).
- VON EBENE PRÄGEN/GRAVIEREN – Das Profil wird von der Skizzenebene aus als Erhöhung aufgebracht, wenn die Ebene über der Zielfläche liegt, es wird aber graviert, sobald die Skizzenebene in das Volumen eintaucht (Abbildung 5.31 rechts).

In den beiden ersten Fällen ist unter TIEFE der Betrag für die Erhöhung oder Vertiefung anzugeben.

Die Option AUF FLÄCHE AUFBRINGEN bewirkt, dass das Profil nur nach Vorgabe einer *einzigen* Fläche projiziert wird und angrenzende Flächen von ihrer Form her ignoriert werden. Wäre im Beispiel die Zielfläche der zylindrische Bereich, dann geht die Aufprägung über deren Rand hinaus, folgt aber nicht der Abrundung, sondern setzt sich auf der gedachten Verlängerung der Zylinderfläche fort.

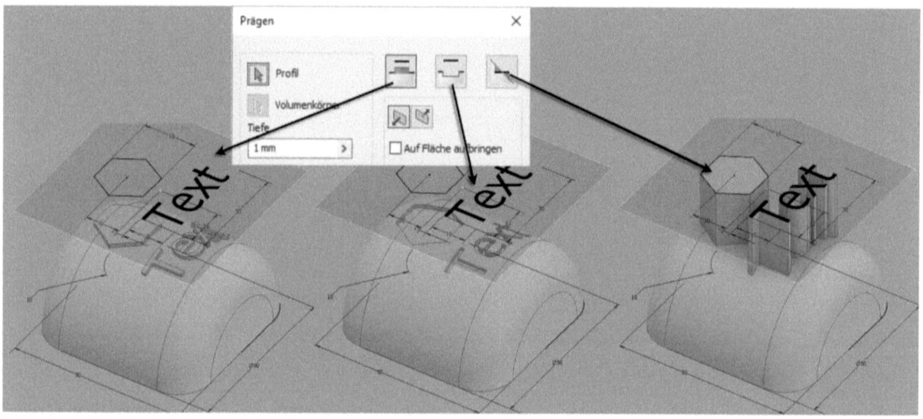

Abb. 5.31: Optionen beim Prägen

Es gibt beim Prägen auch die Option, in zwei Richtungen zu projizieren. Das ist interessant, wenn die Ausgangsfläche teilweise in dem Volumenkörper liegt. Damit können dann Gravuren und Erhebung zugleich erzeugt werden (Abbildung 5.32).

Abb. 5.32: Prägen in zwei Richtungen

5.1.7 Ableiten

Der Befehl ABLEITEN dient dazu, andere Bauteile (`*.ipt`-Datei) in das eigene Bauteil einzufügen. Es wird als Referenz eingefügt, das heißt, Änderungen an der anderen Datei werden später automatisch in meinem Bauteil wirksam.

In einem Beispiel soll in das Teil **`Ableiten-1.ipt`** das Bauteil **`Ableiten-2.ipt`** mittig mit Differenz eingefügt werden. Das geschieht in mehreren Schritten:

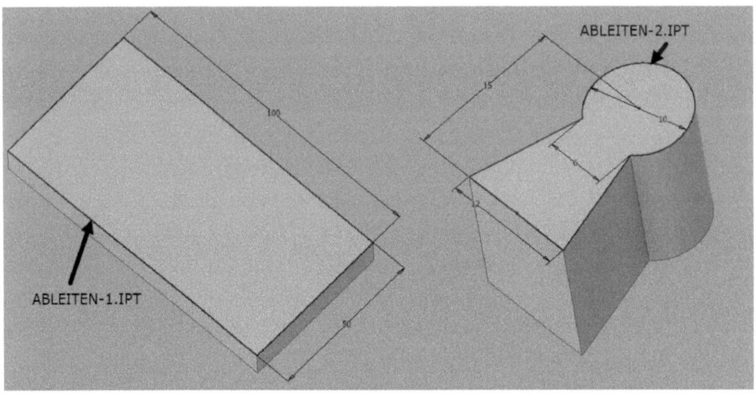

Abb. 5.33: In **`Ableiten-1.ipt`** soll **`Ableiten-2.ipt`** eingefügt werden.

1. Ableiten aufrufen und das Bauteil **`Ableiten-2.ipt`** wählen. Das Bauteil darf dafür nicht mehr in Inventor geöffnet sein. Es muss gespeichert und geschlossen sein, sonst könnte eine zyklische Referenz entstehen.
2. In einem Dialogfeld können Sie mit + markieren, was Sie außer der schon aktivierten Geometrie noch übernehmen wollen. Hier könnte man beispielsweise noch die Parameter aktivieren. Dann werden die Parameter der Bemaßungen in **`Ableiten-2.ipt`** in dieser Zeichnung auch im Parameter-Manager (Verwalten|Parameter|Parameter) angezeigt, können aber nicht modifiziert werden. Sie sind nur in der Ursprungszeichnung änderbar. Im Ableiten-Dialogfeld können Sie das Teil noch *skalieren* und *spiegeln* (Abbildung 5.34).

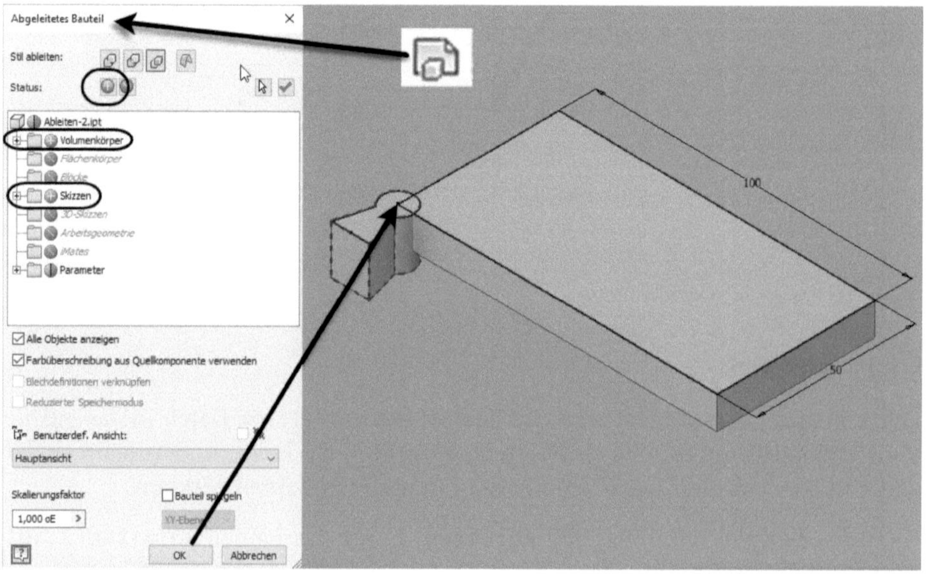

Abb. 5.34: Eingaben zum Ableiten

3. Nun soll das abgeleitete Teil, das mit seinem Nullpunkt am Nullpunkt der aktuellen Zeichnung eingefügt wurde, in die Mitte der Platte verschoben werden. Rufen Sie 3D-Modell|Ändern ▾ Körper verschieben auf und geben Sie die Werte für die Verschiebung in X- und Y-Richtung ein, hier **50** und **25** (Abbildung 5.35).

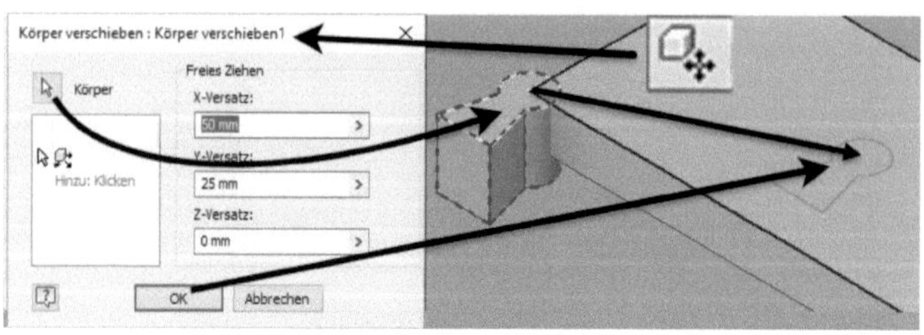

Abb. 5.35: Verschieben des abgeleiteten Teils

4. Momentan haben wir hier eine Multipart-Konstruktion, d.h. ein Bauteil, das aus zwei Teilen besteht. Das eingefügte Volumen sollte eigentlich von der Platte abgezogen werden. Das wird mit 3D-MODELL|ÄNDERN|KOMBINIEREN durchgeführt. Wählen Sie die Platte als Basisteil, das abgeleitete Teil als Arbeitsteil und aktivieren Sie die Option DIFFERENZ. Nun wird die abgeleitete Komponente volumenmäßig von der Platte abgezogen (Abbildung 5.36).

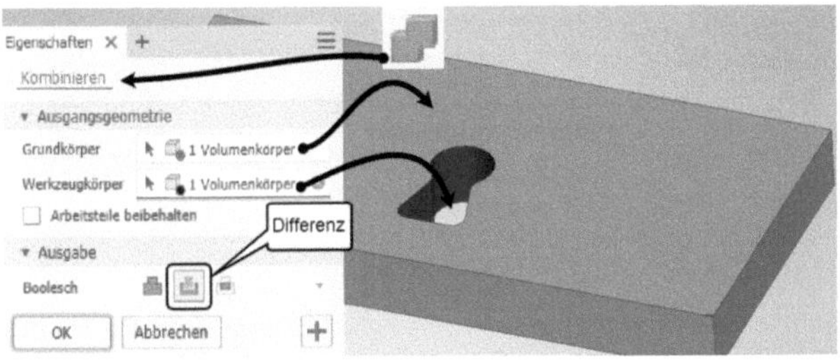

Abb. 5.36: Abgeleitetes Bauteil mit Differenz kombinieren

Der Wert der Funktion ABLEITEN wird klar, wenn das Teil **`Ableiten-2.ipt`** geändert wird. In Abbildung 5.37 wurden mit 3D-MODELLIEREN|RUNDUNG mehrere Kanten mit **`2 mm`** abgerundet. Wenn Sie diese Konstruktionsänderung speichern und in **`Ableiten-1.ipt`** nachsehen, werden Sie dort an zwei Stellen ein Blitzsymbol finden, das auf die Notwendigkeit zur Aktualisierung hinweist. Sie brauchen nun nur auf das Symbol im SCHNELLZUGRIFF-WERKZEUGKASTEN zu klicken, um die Aktualisierung zu erreichen. Die neue Geometrie von **`Ableiten-2.ipt`** wird nun auch hier wirksam (Abbildung 5.38).

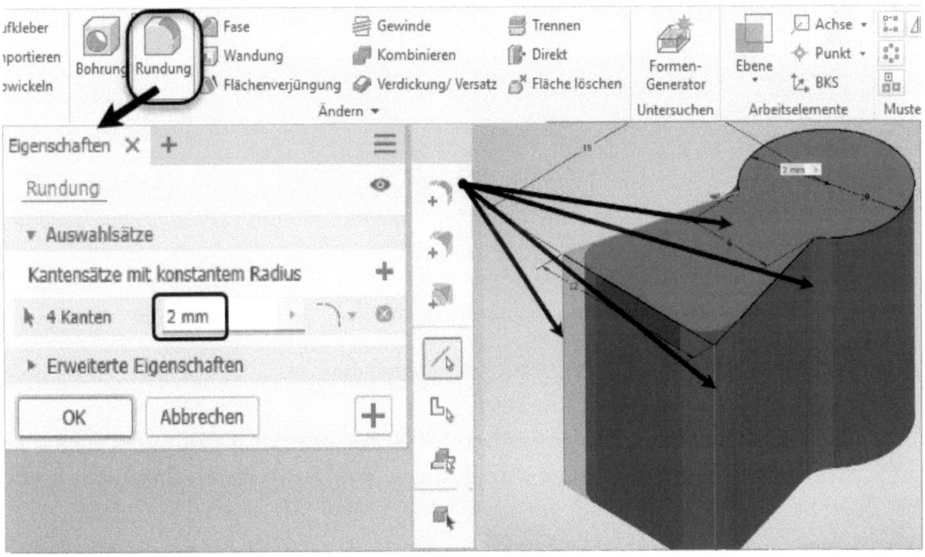

Abb. 5.37: Konstruktionsänderung in **`Ableiten-2.ipt`**

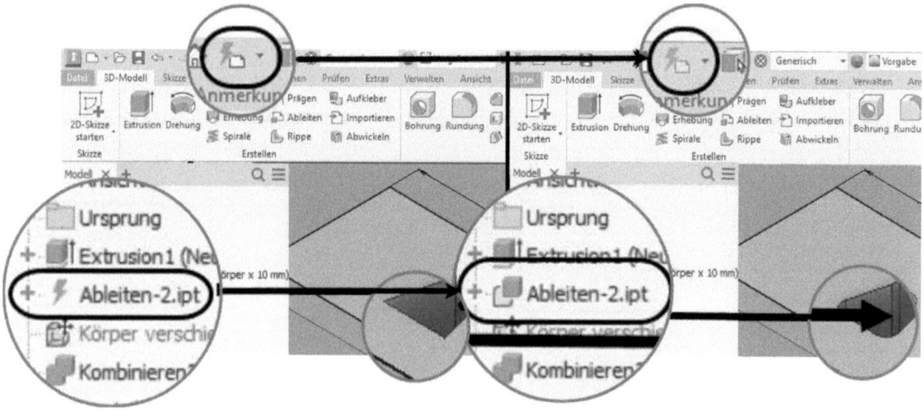

Abb. 5.38: Aktualisierung in `Ableiten-1.ipt`

Der Parameter-Manager zeigt die Parameter der aktuellen Zeichnung an, über die alle Maße beliebig geändert werden können. Wenn Sie beim ABLEITEN-Befehl die Parameter noch aktiviert haben, finden Sie diese hier auch, aber sie sind nicht änderbar, nur im Originalteil.

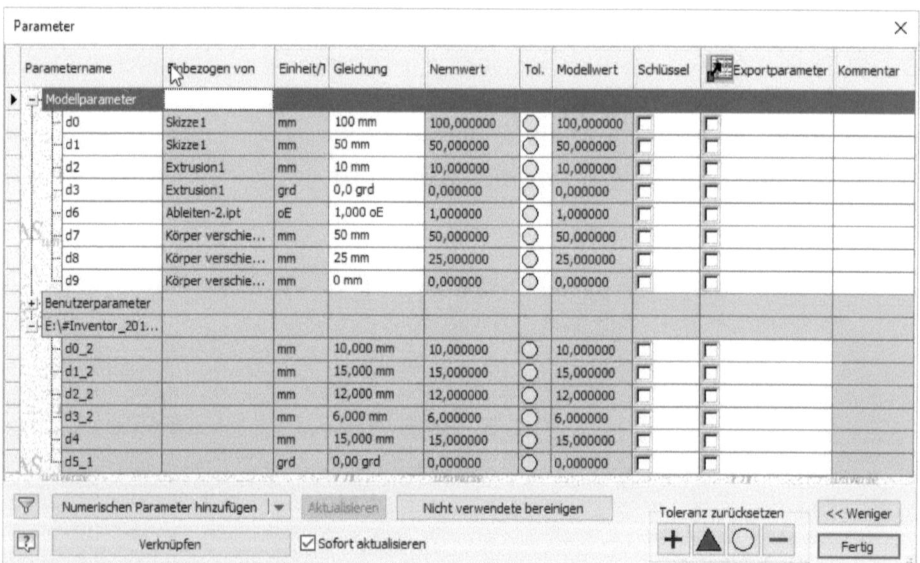

Parameter

Parametername	bezogen von	Einheit/T	Gleichung	Nennwert	Tol.	Modellwert	Schlüssel	Exportparameter	Kommentar
Modellparameter									
d0	Skizze1	mm	100 mm	100,000000		100,000000			
d1	Skizze1	mm	50 mm	50,000000		50,000000			
d2	Extrusion1	mm	10 mm	10,000000		10,000000			
d3	Extrusion1	grd	0,0 grd	0,000000		0,000000			
d6	Ableiten-2.ipt	oE	1,000 oE	1,000000		1,000000			
d7	Körper verschie...	mm	50 mm	50,000000		50,000000			
d8	Körper verschie...	mm	25 mm	25,000000		25,000000			
d9	Körper verschie...	mm	0 mm	0,000000		0,000000			
Benutzerparameter									
E:\#Inventor_201...									
d0_2		mm	10,000 mm	10,000000		10,000000			
d1_2		mm	15,000 mm	15,000000		15,000000			
d2_2		mm	12,000 mm	12,000000		12,000000			
d3_2		mm	6,000 mm	6,000000		6,000000			
d4		mm	15,000 mm	15,000000		15,000000			
d5_1		grd	0,00 grd	0,000000		0,000000			

Abb. 5.39: Anzeige der Parameter nach Parameterübernahme

Eine abgeleitete Komponente kann über das Kontextmenü im Browser auch von der Ursprungsdatei gelöst werden (Abbildung 5.40). Dann ist sie aber nicht mehr bearbeitbar.

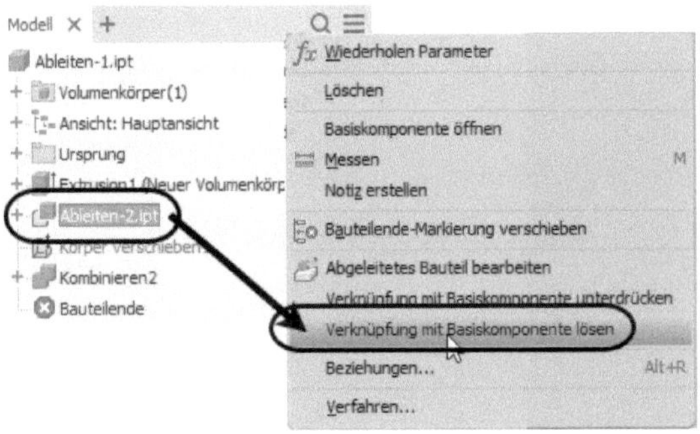

Abb. 5.40: Verknüpfung mit dem abgeleiteten Teil lösen

5.1.8 Rippe

Mit der Funktion RIPPE können *Verstrebungen* in Teile eingebaut werden. Die Formen sind sehr vielfältig und sollen an einigen Beispielen demonstriert werden.

Als Demonstrationsobjekt wurde ein L-förmiges Teil mit EXTRUSION erstellt und mit zwei Arbeitsebenen versehen. Die linke Arbeitsebene entstand mit der Ebenen-Funktion VERSATZ VON EBENE im Abstand von **50 mm** von der hinteren L-förmigen Fläche, die vordere durch ZWEI KOPLANARE KANTEN. In beiden Ebenen wurden je eine Linie und ein Bogen gezeichnet.

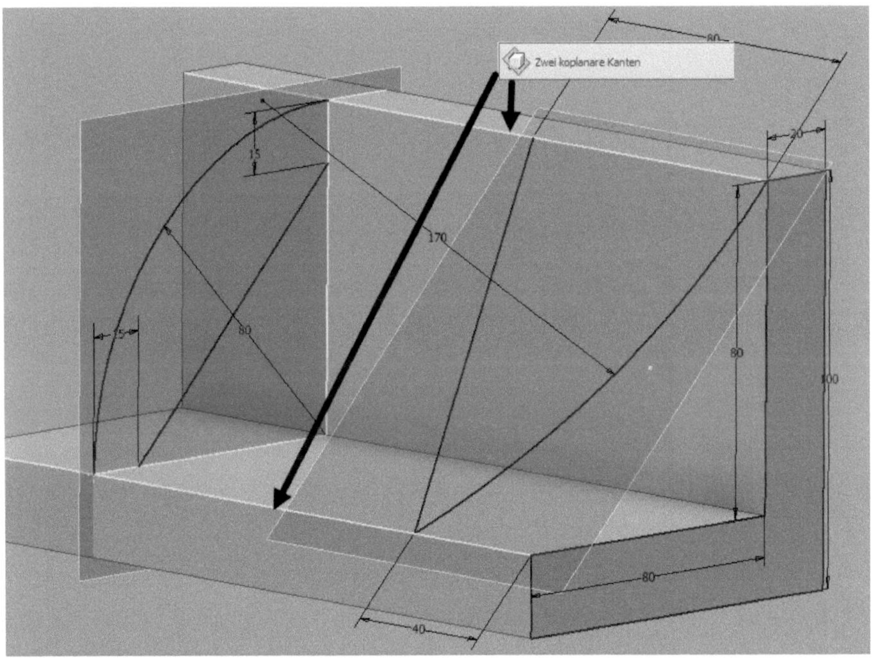

Abb. 5.41: Zwei Skizzen mit Linien und Bögen für die Rippenkonstruktion

Die Funktion RIPPE kann auf der Basis der gezeigten Linien und Bögen die Verstrebungen konstruieren, die sich dann bis zu den Flächen des Volumenkörpers ausdehnen können.

Zuerst wählen Sie im Dialogfeld links zwischen den Rippen-Ausrichtungen:

- LOTRECHT ZUR SKIZZIEREBENE – Das werden die beiden Rippen auf der rechten Seite. Diese Rippen können auch noch mit einer *Konik* versehen werden und *Schraublöcher* erhalten.
- PARALLEL ZUR SKIZZIEREBENE – Das sind die Rippen links hinten (Abbildung 5.42).

Dann wählen Sie zwischen den Ausdehnungen:

- BEGRENZT – Es entsteht ein Steg mit einer noch zu spezifizierenden Stärke.
- ZUR NÄCHSTEN – Die Rippe wird bis zur nächsten Fläche ausgedehnt.

Unter STÄRKE ist die *Breite* der Rippen/Stege anzugeben und darunter die Lage bezüglich der Skizzenkurve zu wählen.

Mit den Pfeilsymbolen auf der linken Seite kann man noch steuern, in welcher Richtung die nächsten Flächen gesucht werden. Wenn hier die Richtung nicht passt, gibt's keine Rippe. Also probieren Sie hier die Richtung aus.

Die Option PROFIL DEHNEN bedeutet, dass im Falle eines Stegs die Unterkante, die ja eine Versatzkurve ist, eventuell von der Wand abhebt. Damit dann wieder ein Steg entstehen kann, muss diese unsichtbare Versatzkurve eben bis zur Wand *gedehnt* werden.

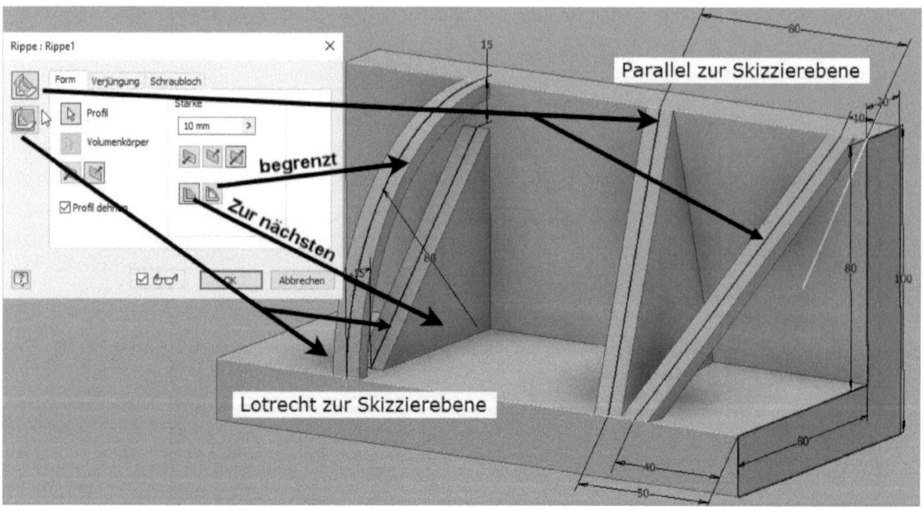

Abb. 5.42: Formen der Rippen

Im aktuellen Fall müsste bei dem linken Steg, der ja einen Viertelbogen beschreibt, die Versatzkurve exakt die Wand treffen. Dennoch muss PROFIL DEHNEN gewählt werden. Das ist eventuell ein Genauigkeitsproblem.

Die Ausformung der Rippen mit Konik und Schraublöchern zeigt Abbildung 5.43.

Im Register VERJÜNGUNG geben Sie für eine Verbreiterung der Rippen nach unten einen positiven Verjüngungswinkel an. Sie können hier wählen, ob die angegebene Breite für die Ober- oder Unterkante gelten soll.

Im Register SCHRAUBLOCH müssen Sie für die Positionen Punkte wählen, die Sie vorher in der Skizze eingezeichnet haben. ALLE AUSWÄHLEN wählt eben alle Punkte, die in der Skizze enthalten sind. Es müssen die kreuzförmigen Mittelpunkte sein. Dann geben Sie die geometrischen Daten für die Schraubloch-Verstärkung an. Bei geometrisch inkompatiblen Angaben gibt's kein Schraubloch!

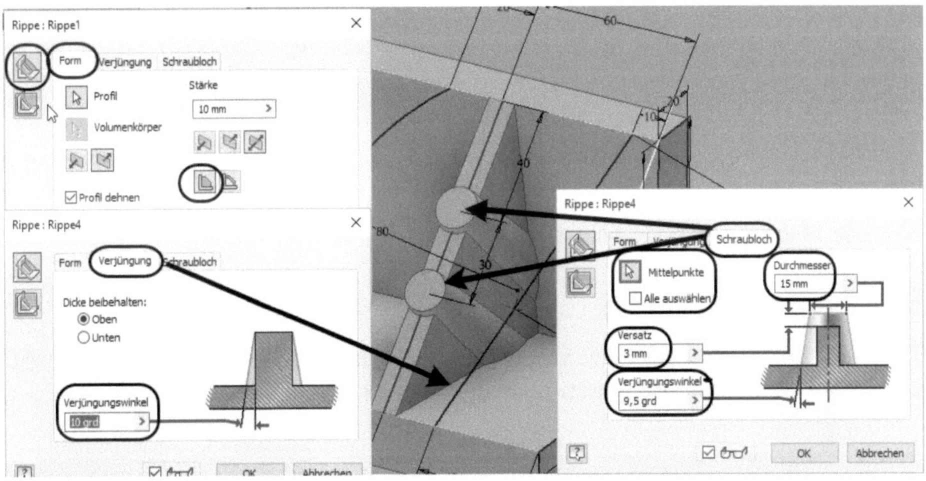

Abb. 5.43: Rippe mit Verjüngung und Schraubloch

Wenn Sie nun noch die Gewindebohrung für das Schraubloch anbringen wollen, benutzen Sie den Bohrungsmanager 3D-MODELL|ÄNDERN|BOHRUNG. Normalerweise würde man für Bohrungen die Mittelpunkte aus der Skizze verwenden. Die liegen im aktuellen Fall aber 3 mm unter der Oberkante der Verstärkungen. Man müsste also eine neue Skizze mit passend projizierten Mittelpunkten erzeugen. Alternativ kann man hier die Bohrungs-Option KONZENTRISCH nutzen und nach Anklicken der jeweiligen FLÄCHE und der kreisförmigen Kante als KONZENTRISCHER REFERENZ die Bohrungen erstellen. Die Angaben für Gewindetyp, Größe und Gewindeabmessungen zeigt Abbildung 5.44.

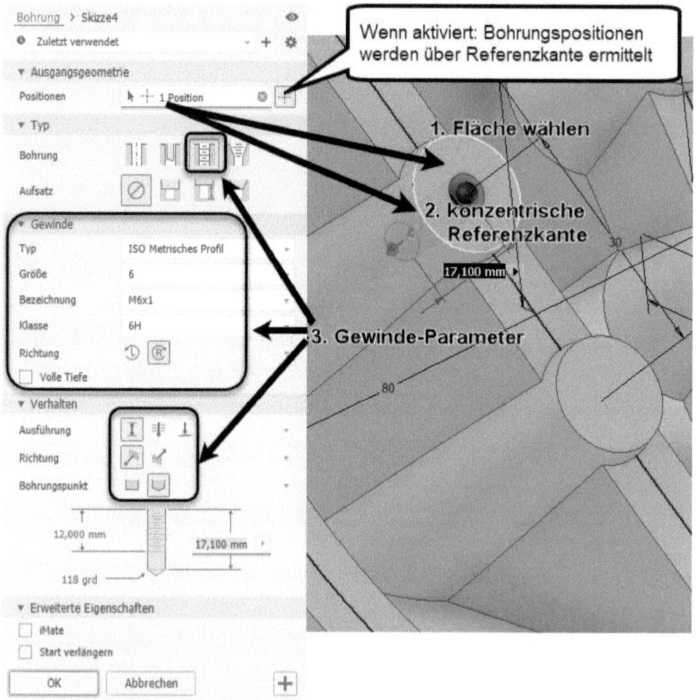

Abb. 5.44: Metrische Gewindebohrung mit konzentrischer Referenz erstellen

5.1.9 Aufkleber

Die Funktion AUFKLEBER setzt voraus, dass Sie eine Fläche oder einen Volumenkörper haben, die Sie mit einem BILD aus einer Skizze bekleben wollen.

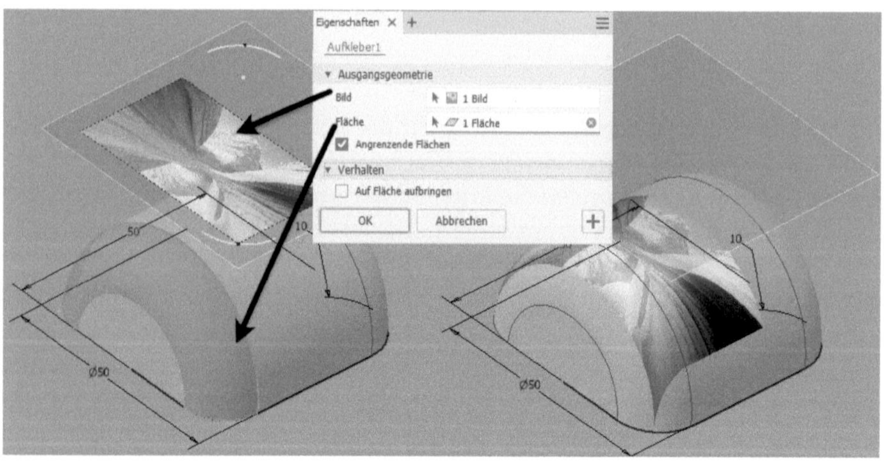

Abb. 5.45: AUFKLEBER aus Skizze mit Bild anbringen

Zuerst müssten Sie sich also zu dem Volumenkörper noch eine zusätzliche Skizze erstellen, meist oberhalb in einer neuen Skizzierebene. Dann fügen Sie mit SKIZZE|EINFÜGEN|BILD eine Bilddatei ein. Diese Bilddatei können Sie über die Eckpunkte verschieben und skalieren und auch mit Abhängigkeiten über die Ränder und Eckpunkte fixieren und ausrichten.

Für die Art der Projektion gibt es zwei Methoden:

- AUF FLÄCHE AUFBRINGEN – erzeugt eine Abwicklung auf eine einzige Fläche, die diese Fläche komplett abdeckt (Abbildung 5.46 rechts).
- ANGRENZENDE FLÄCHEN – erweitert die Abwicklung des Bildes nach der Projektion auf die gewählte Fläche auf die Nachbarflächen (Abbildung 5.46 links).

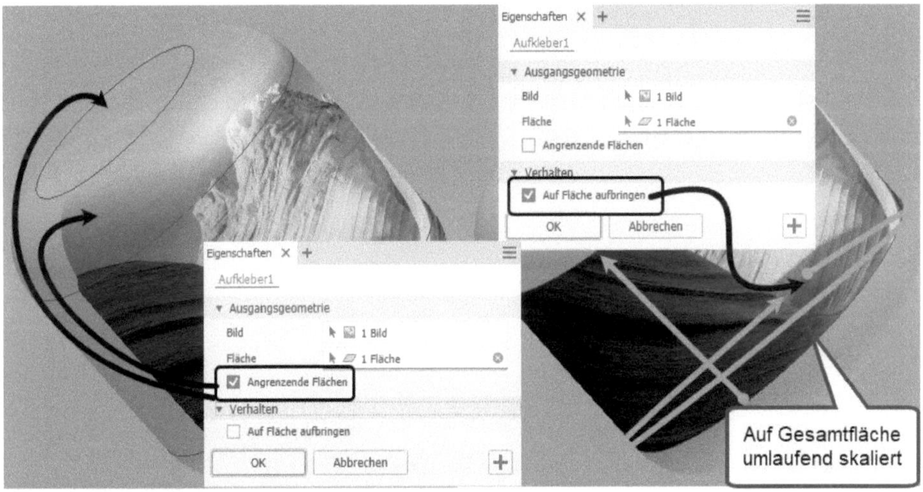

Abb. 5.46: Aufkleber flächenübergreifend projiziert oder auf eine Fläche abgewickelt

5.1.10 Importieren

Mit dieser Funktion können Sie viele Fremdformate (Abbildung 5.47) öffnen und teilweise auch bearbeiten. Im Beispiel soll gezeigt werden, wie Sie AutoCAD-Zeichnungen verwenden können, um in Inventor Bauteile zu erstellen, die dann assoziativ zur AutoCAD-Zeichnung sind. Wenn Sie also die AutoCAD-Zeichnung ändern, können Sie in Inventor die Aktualisierung anklicken, um die Änderungen zu übernehmen:

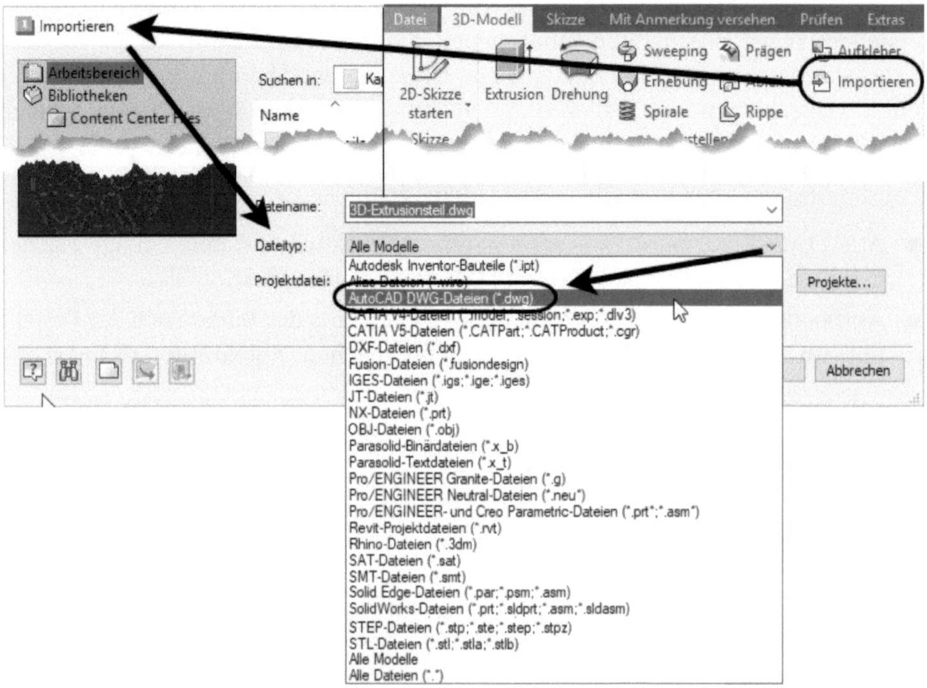

Abb. 5.47: Formate, die importiert werden können

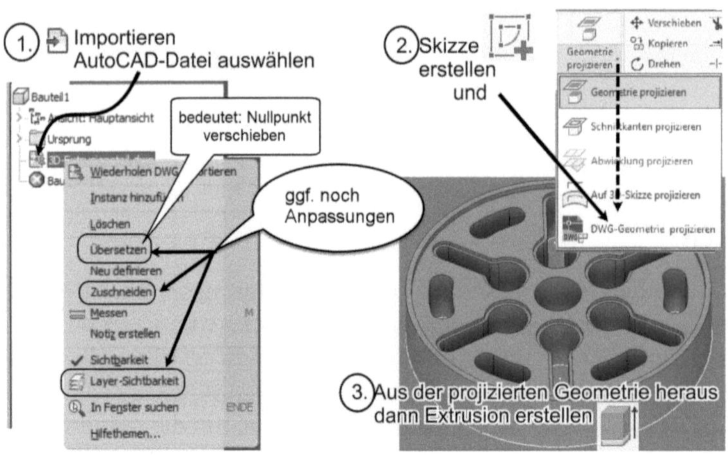

Abb. 5.48: AutoCAD-DWG importieren und dazu Skizze und Extrusion erstellen

1. Nach dem IMPORT finden Sie das Logo der DWG im BROWSER ❶. Diese ist aber nicht direkt für eine EXTRUSION o.Ä. nutzbar (Abbildung 5.48). Für einen problemlosen Import sollte die DWG vorher schon im aktuellen Projektverzeichnis liegen.

2. Sie müssen dann eine SKIZZE erstellen ❷ und mit SKIZZE|ERSTELLEN|DWG-PROJIZIEREN die relevante Geometrie aus der DWG in die Skizze übernehmen.
3. Nach Beenden der SKIZZE kann die Erstellung des Volumenkörpers mit EXTRUSION o.Ä. erfolgen ❸.

Die Inventor-Konstruktion ist über diesen Weg assoziativ an die AutoCAD-Zeichnung gekoppelt. Änderungen an der AutoCAD-Zeichnung werden dadurch von Inventor registriert. In Inventor wird sofort nach Speichern der AutoCAD-Änderung das Aktualisierungslogo am AutoCAD-DWG-Knoten im Browser erscheinen. Sie brauchen nun im Schnellzugriff-Werkzeugkasten nur noch die Aktualisierungs-Funktion anzuklicken, um die Aktualisierung auszuführen (Abbildung 5.49 links).

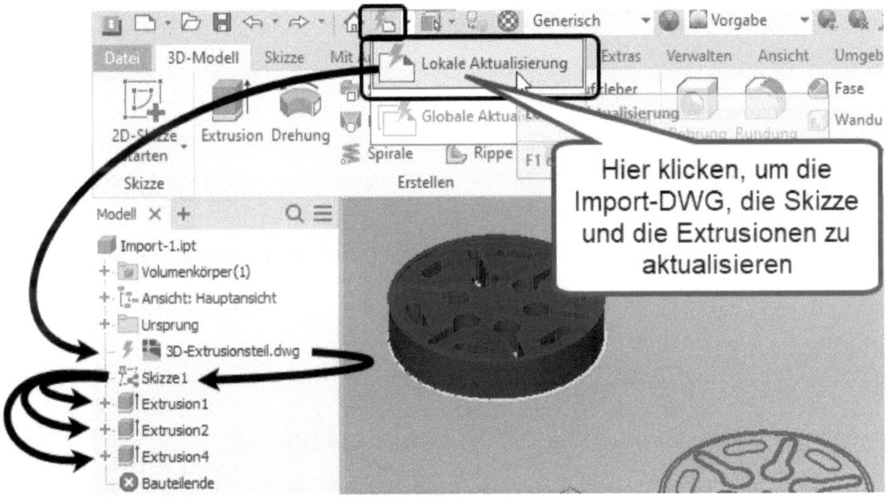

Abb. 5.49: Inventor-Konstruktion nach Änderung in AutoCAD-Zeichnung aktualisieren

Importierte DWG anpassen

Oft enthält die importierte DWG viel mehr Informationen als für das Inventor-Projekt nötig oder hat keinen sinnvollen Nullpunkt. Deshalb gibt es im Kontextmenü der DWG im Browser noch interessante Funktionen (Abbildung 5.48 links):

ÜBERSETZEN – Diese Funktion sollte vielleicht besser *Verschieben und Drehen* heißen (*Übersetzen* ist vermutlich ein Übersetzungsfehler des englischen Worts *Translate*). Mit dieser Funktion (Abbildung 5.50) können Sie im Wesentlichen den Nullpunkt neu festlegen. Zuerst klicken Sie dabei auf den Ursprungspunkt des Achsenkreuzes ❶ und dann auf den gewünschten Nullpunkt in der DWG ❷. Dabei rastet das Achsenkreuz bei üblichen Objektfangpositionen ein und wird verschoben. Sollte das Achsenkreuz ❶ nicht zu sehen sein, dann liegt der DWG-Ursprung zu weit weg und Sie müssen zoomen.

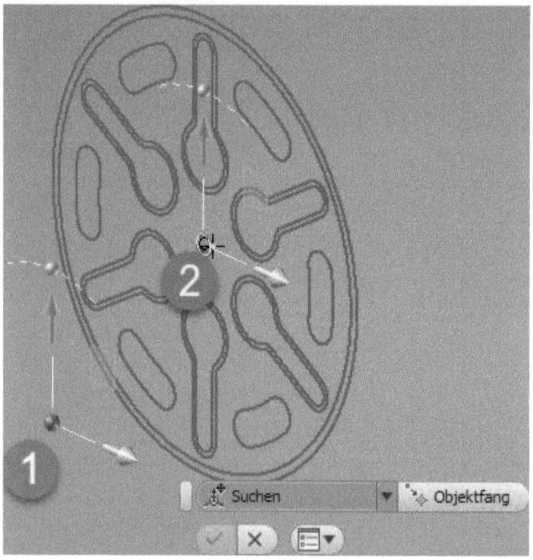

Abb. 5.50: Nullpunktsverschiebung

LAYER-SICHTBARKEIT – Oft brauchen Sie von der DWG nur die Layer KONTUR und MITTELLINIE. Dann können Sie mit der Layer-Sichtbarkeit (Abbildung 5.51) zunächst alle Layer ausschalten ❶ und dann die benötigten aktivieren ❷.

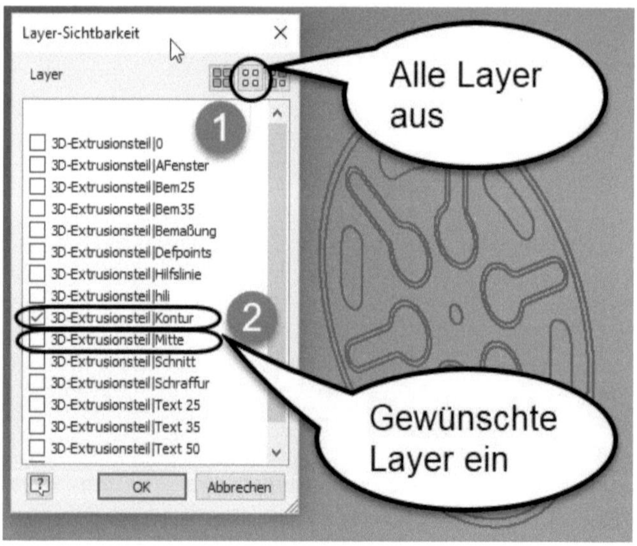

Abb. 5.51: Layer-Sichtbarkeit schalten

ZUSCHNEIDEN – Schließlich können Sie auch den Sichtbarkeitsbereich der DWG (Abbildung 5.52) über zwei diagonale Klickpositionen begrenzen ❶, ❷. Sie beenden mit Rechtsklick und OK ❸.

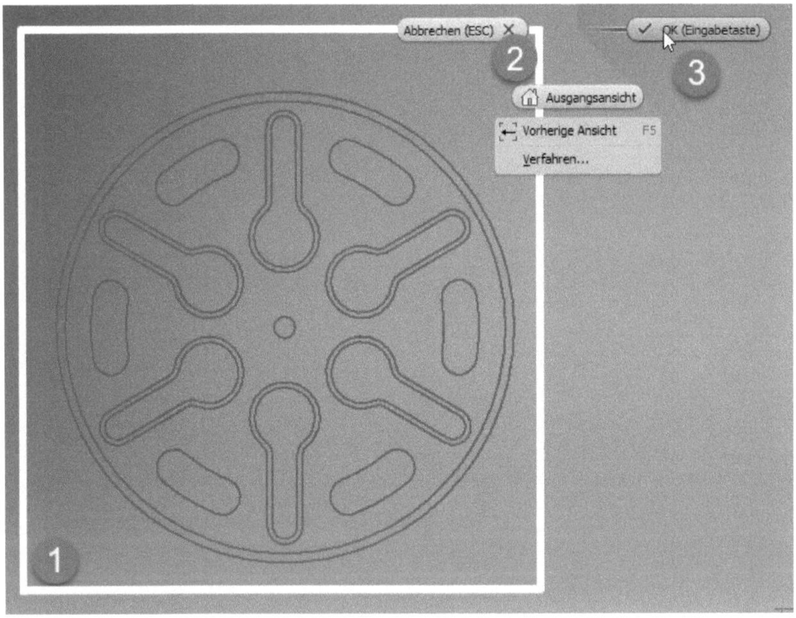

Abb. 5.52: Zuschneiden des Sichtbarkeitsbereichs der DWG

5.1.11 Entfalten

Bei ENTFALTEN denkt man unwillkürlich an Blechabwicklungen, aber das ist hiermit eben nicht gemeint. Mit dieser Funktion wird die Oberfläche eines Volumenkörpers mit Kanten und/oder Wölbungen als ebene Fläche ausgewalzt, aber irgendwelche Materialeigenschaften oder Blechdicken werden nicht berücksichtigt. Bei der Auswahl können Sie eine einzelne Fläche eines Körpers wählen oder auch mehrere glatt verbundene. Für relativ einfache Entfaltungen ergeben sich plausible Ergebnisse als ebene Flächen. Während der Erstellung werden noch die Bereiche mit starker Deformation farblich in Rot hervorgehoben.

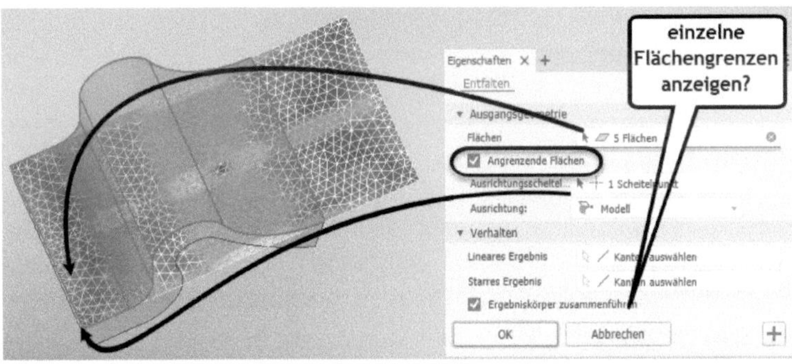

Abb. 5.53: Entfaltung einer Körperfläche

Wenn die Flächen in mehreren Richtungen gewölbt sind, ergeben sich stark verzerrte Flächen. Mit der Option LINEARES ERGEBNIS können die Kanten ausgewählt werden, die am Schluss eine gerade Flächenkante bilden sollen.

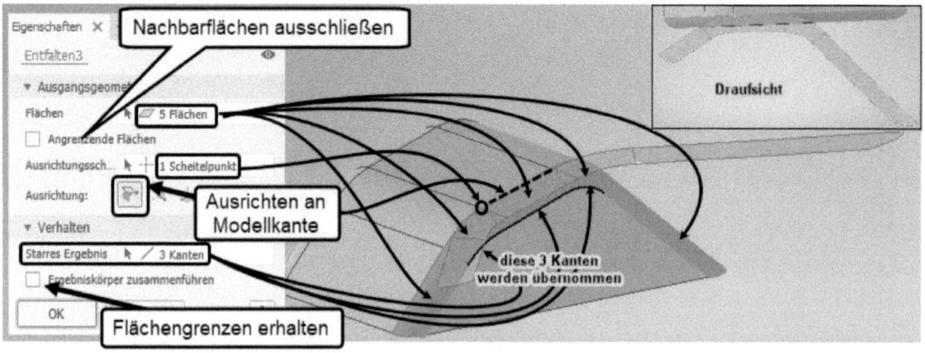

Abb. 5.54: Entfaltung einer komplexen Körperfläche

5.2 Grundkörper

In der Gruppe GRUNDKÖRPER werden vier fertige Körperformen angeboten: QUADER, ZYLINDER, KUGEL und TORUS. Die Gruppe ist standardmäßig im Register 3D-MODELL ausgeschaltet. Sie müssten diese Gruppe also erst nach einem Rechtsklick auf die Gruppentitel mit GRUPPEN ANZEIGEN|GRUNDKÖRPER aktivieren. Wenn Sie diese Grundkörper in einem leeren Bauteil erstellen, werden Sie zuerst nach der Ebene des Koordinatensystems gefragt.

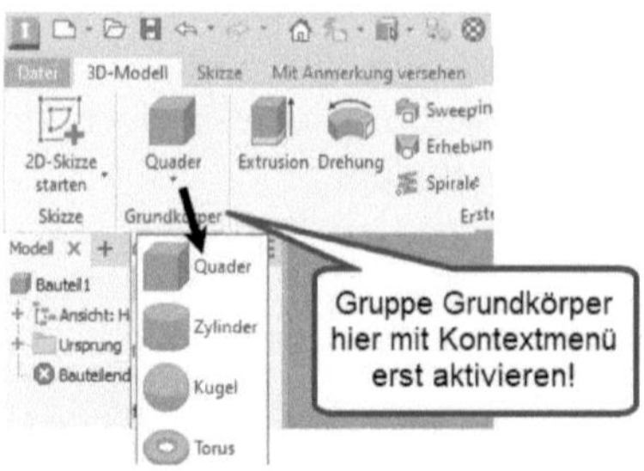

Abb. 5.55: Grundkörperformen

In einem bestehenden Bauteil können Sie beliebige Flächen wählen, auch Flächen eines Volumenkörpers. In diesem Fall können Sie bei der Fertigstellung auch aus den booleschen Operationen (Vereinigung, Differenz, Schnittmenge) auswählen oder einen zweiten Volumenkörper erzeugen.

5.2.1 Quader

Der QUADER wird hier mit dem RECHTECK über zwei Punkte als Grundfläche, nämlich symmetrisch mit Mittelpunkt und Eckpunkt erstellt.

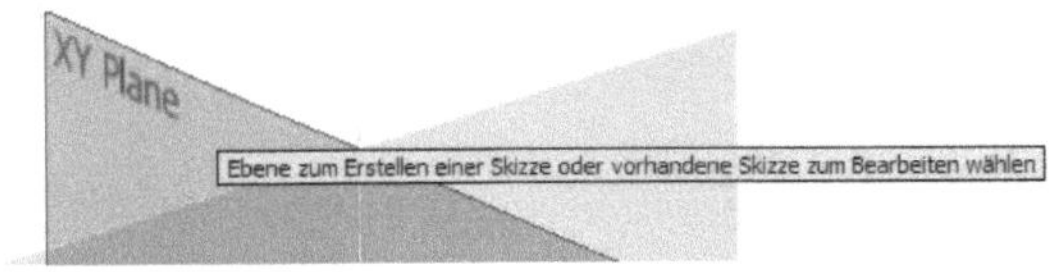

Abb. 5.56: QUADER: Auswahl der Skizzenebene

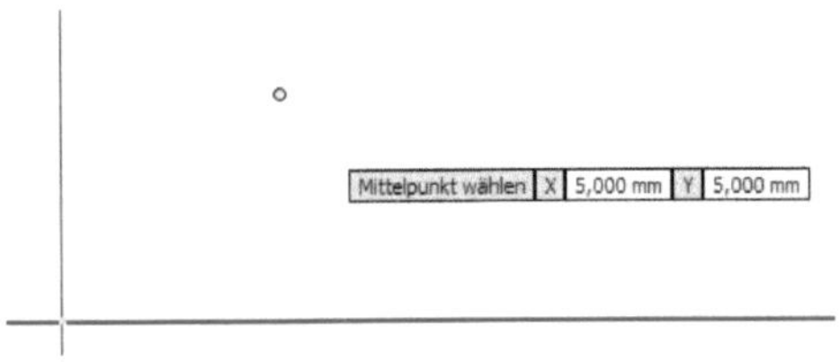

Abb. 5.57: QUADER: Position für Mittelpunkt eingeben

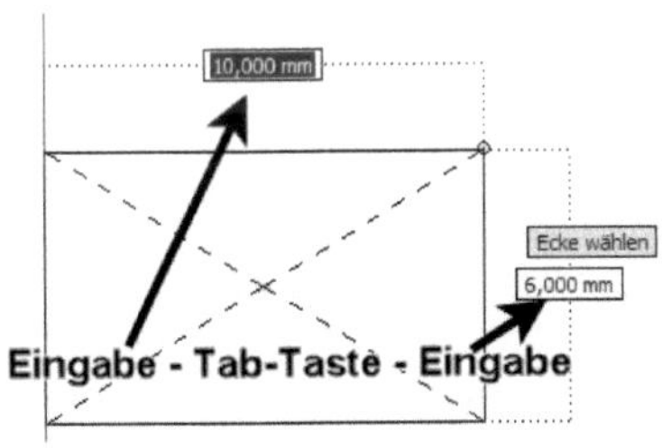

Abb. 5.58: QUADER: Position für eine Ecke eingeben

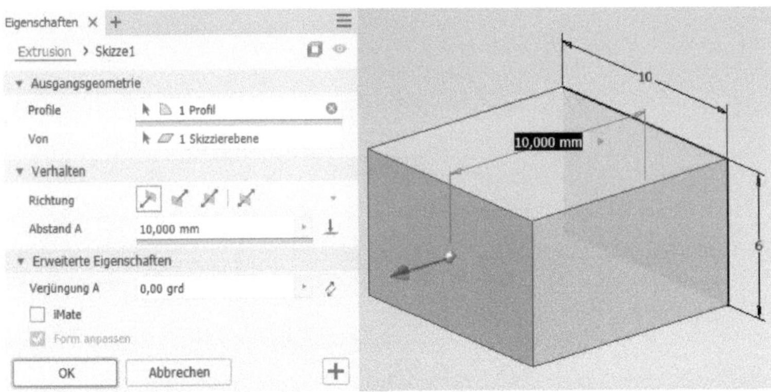

Abb. 5.59: QUADER: Höhe unter ABSTAND eingeben, Richtung wählen, ggf. boolesche Operation mit vorhandenen Volumenkörpern wählen

5.2.2 Zylinder

Der ZYLINDER wird mit einem Kreis als Grundfläche durch Eingabe von Mittelpunkt und Durchmesser begonnen. Daraus wird dann eine Extrusion erstellt.

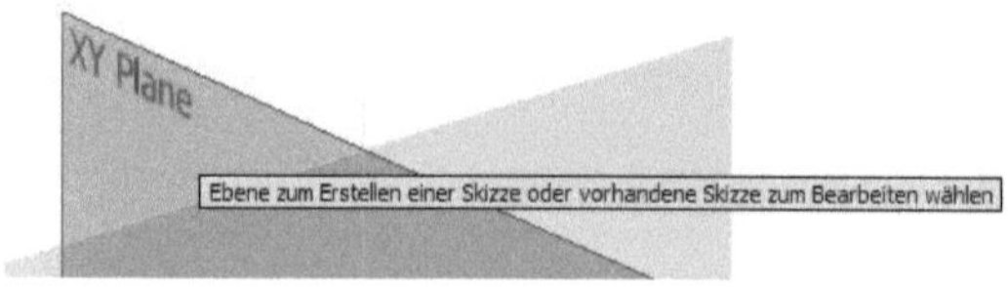

Abb. 5.60: ZYLINDER: Skizzierebene wählen

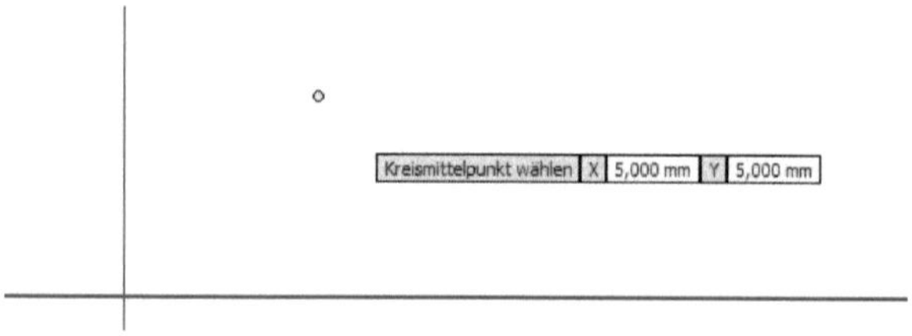

Abb. 5.61: ZYLINDER: Mittelpunkt der Bodenfläche eingeben

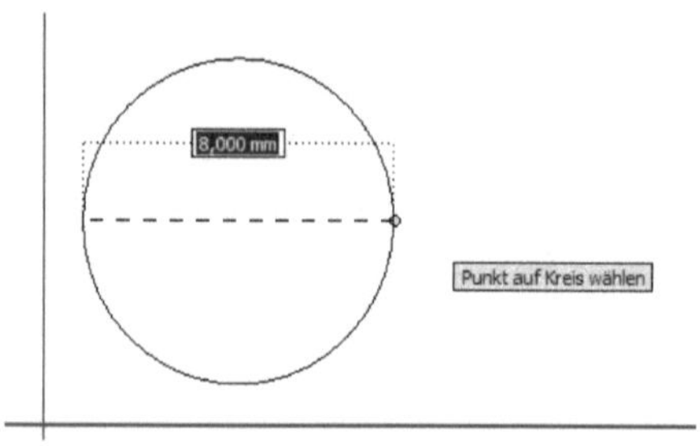

Abb. 5.62: ZYLINDER: Durchmesser eingeben

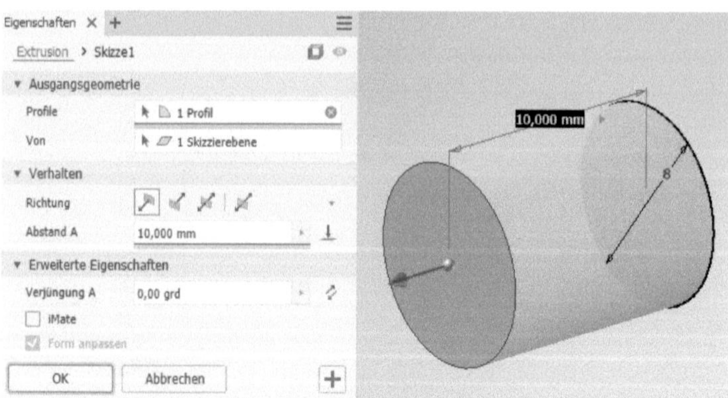

Abb. 5.63: ZYLINDER: Höhe als Extrusions-Abstand eingeben

5.2.3 Kugel

Die KUGEL entsteht durch DREHUNG eines Vollkreises, in den automatisch eine Mittellinie gelegt wird.

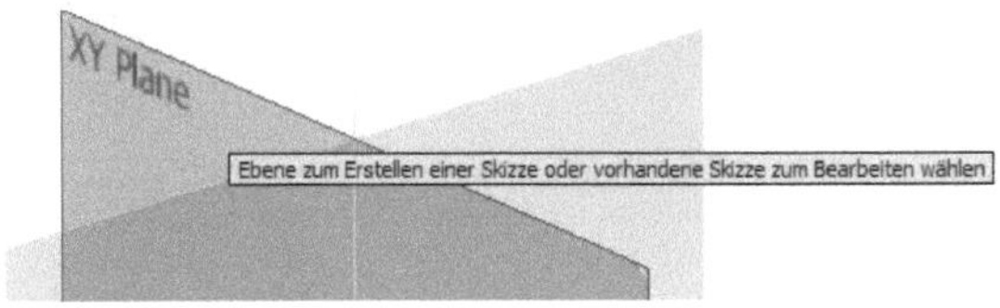

Abb. 5.64: KUGEL: Ebene wählen

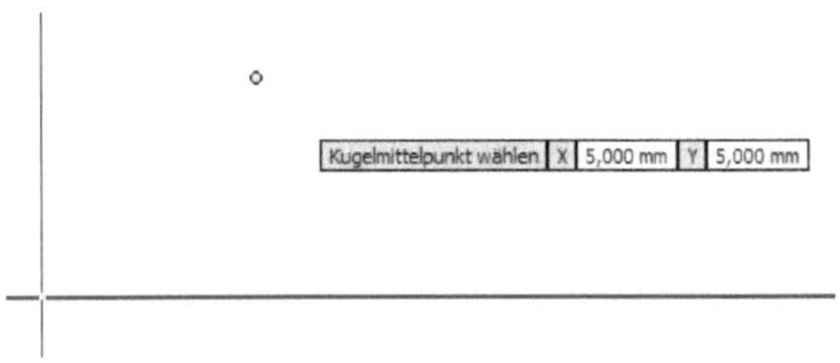

Abb. 5.65: KUGEL: Mittelpunkt für Kreis wählen

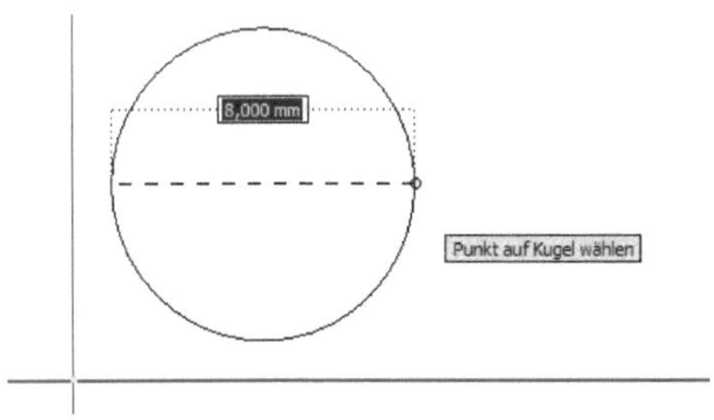

Abb. 5.66: KUGEL: Durchmesser wählen

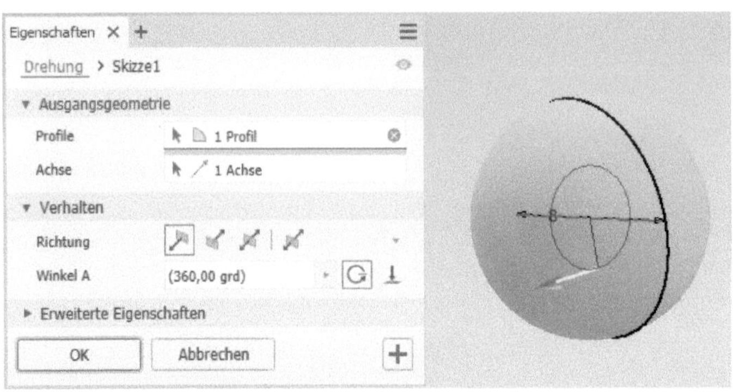

Abb. 5.67: KUGEL: Drehung ausführen

5.2.4 Torus

Der TORUS entsteht durch DREHUNG eines KREISES um eine Achse. Die gewählte Ebene ist die für Achse und Rohrquerschnitt. Der TORUS selbst liegt dann in einer Ebene senkrecht dazu. Zuerst ist der Mittelpunkt der Achse einzugeben, dann der Mittelpunkt des Kreises für das Torus-Rohr und schließlich der Durchmesser des Rohrs.

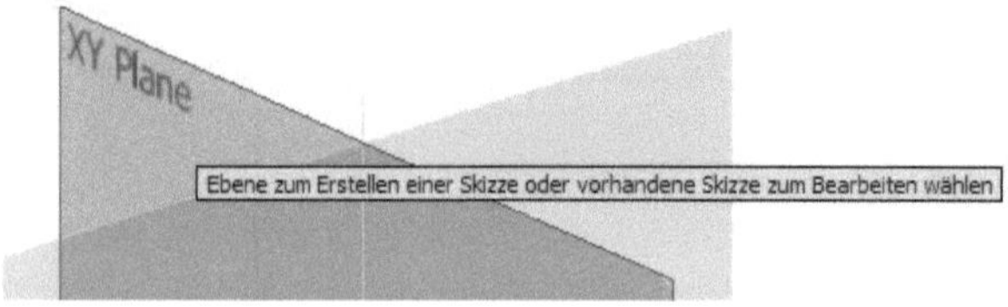

Abb. 5.68: TORUS: Skizzierebene für Achse und Rohr-Kreis wählen

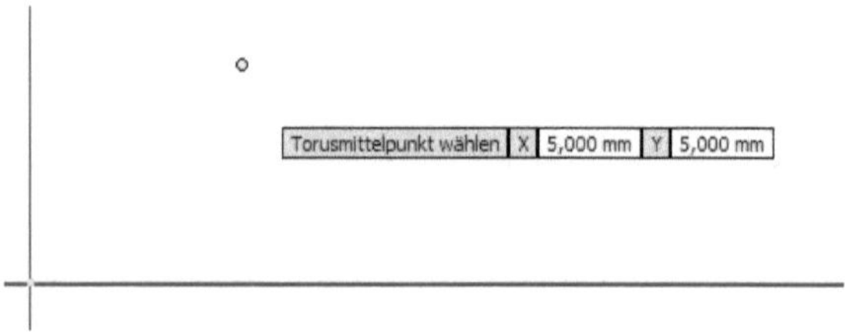

Abb. 5.69: TORUS: Mittelpunkt für Achse

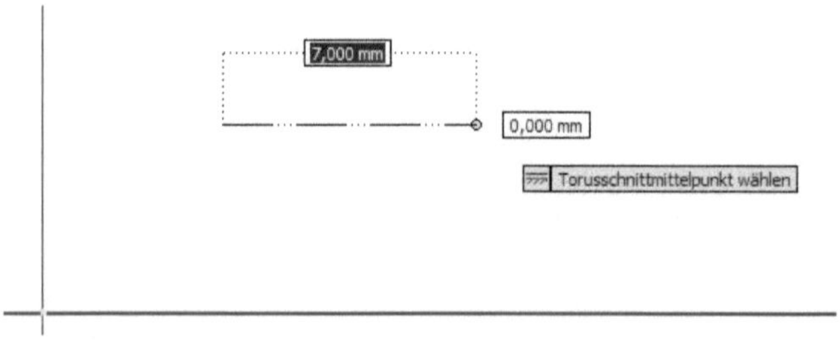

Abb. 5.70: TORUS: Mittelpunkt für Torus-Rohr eingeben

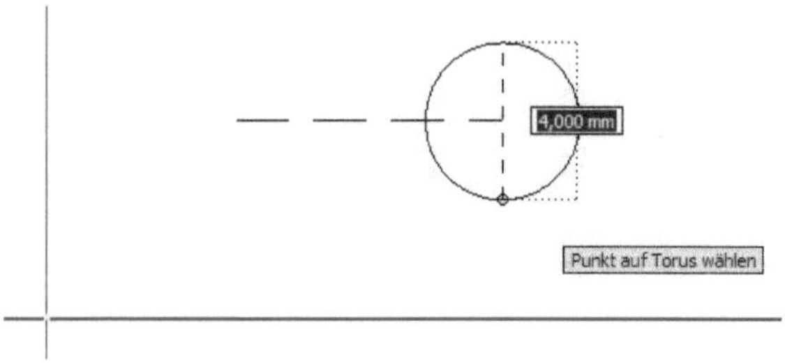

Abb. 5.71: TORUS: Durchmesser des Rohrs angeben

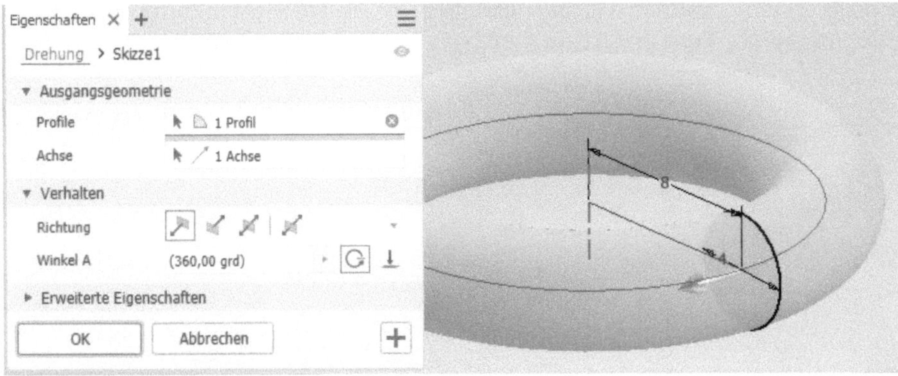

Abb. 5.72: TORUS: DREHUNG ausführen

5.3 Flächen

Flächen können mit denselben Funktionen erstellt werden, die auch Körper erzeugen. Der Unterschied ist nur, dass Sie bei Erstellung im Dialogfeld oben statt der Volumenkörperoption (bzw. Fläche-deaktiviert) die Flächenoption (bzw. Fläche-aktiviert) anwählen (Abbildung 5.73). Wenn Sie zur Erzeugung keine geschlossenen Skizzen-Konturen verwenden, sondern offene, dann ist automatisch nur die Flächenoption aktivierbar und damit vorgegeben.

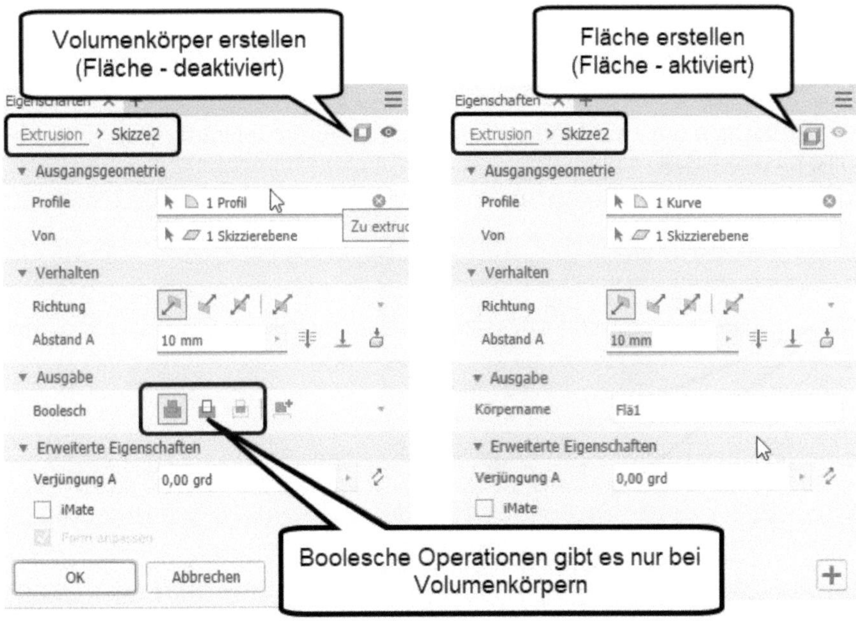

Abb. 5.73: Extrusion erzeugt links Volumenkörper oder rechts Flächen.

All diese Befehle können Flächen erstellen: EXTRUSION (Abbildung 5.74), DREHUNG, SWEEPING, ERHEBUNG und SPIRALE.

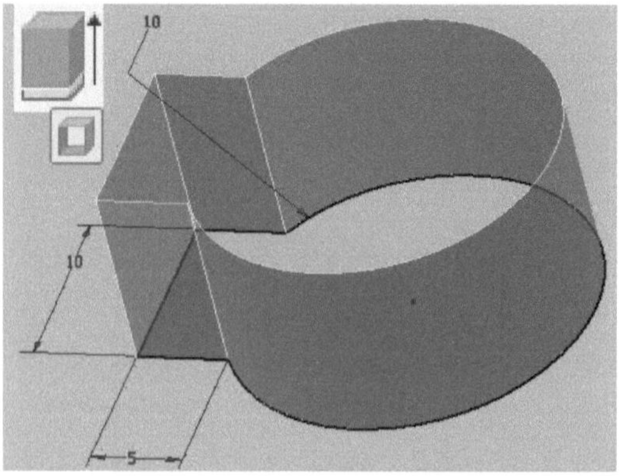

Abb. 5.74: Fläche durch EXTRUSION eines Profils

Weitere Flächenfunktionen sind unter 3D-MODELL|OBERFLÄCHE zu finden:

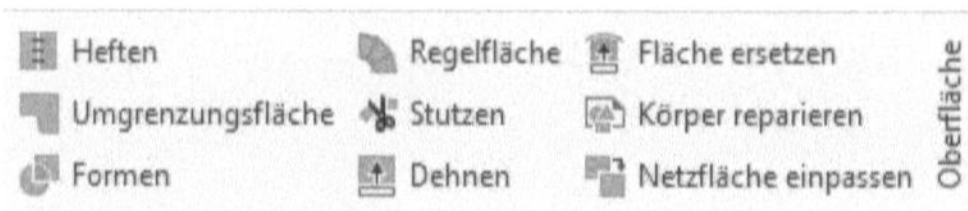

Abb. 5.75: Flächenfunktionen

5.3.1 Heften

Mit HEFTEN können Sie zwei Flächen innerhalb gewisser Toleranzen zu einer einzigen Fläche verbinden.

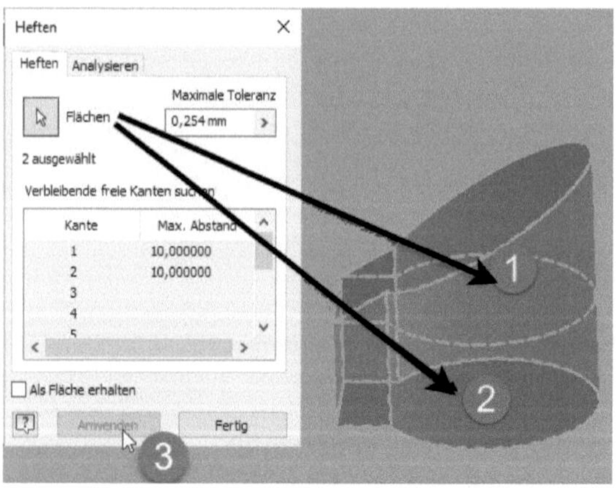

Abb. 5.76: Flächen werden mit HEFTEN verbunden

5.3.2 Umgrenzungsfläche

UMGRENZUNGSFLÄCHE erstellt eine Abschlussfläche zu einer Öffnung in einer Fläche. Die neue Fläche kann zu den übrigen Flächen tangential gestaltet werden. Über Angabe von Gewichten kann der Einfluss der tangierenden Flächen einzeln gesteuert werden. Durch ein hohes Gewicht an der bogenförmigen Kante wird hier die Aufwölbung der neuen Fläche erreicht. Für die Kanten gibt es drei Anschluss-Bedingungen:

- FREIE BEDINGUNG – bedeutet Knick beim Übergang.
- TANGENTENBEDINGUNG – generiert einen tangentialen Übergang.
- STETIGE (G2) BEDINGUNG – ist nicht nur ein tangentialer Übergang, sondern auch noch ein krümmungsstetiger Übergang.

Die Option FORTLAUFENDE KANTEN erlaubt es, eine komplette geschlossene Kontur zusammenhängend zu wählen.

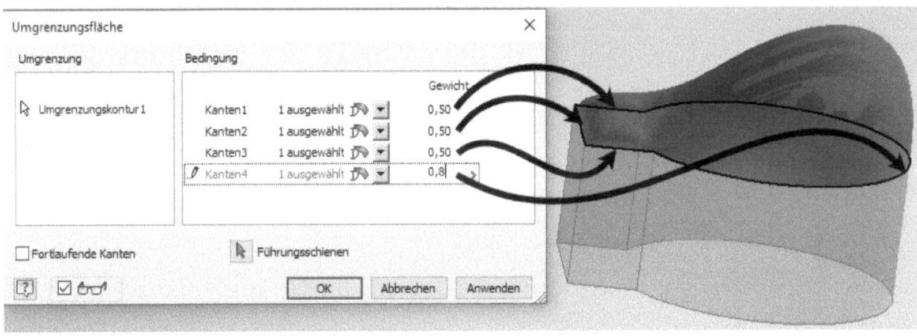

Abb. 5.77: Umgrenzungsfläche an die Extrusionsfläche angeschlossen

5.3.3 Formen

Mit FORMEN wird für mehrere Flächen ❶ ein Volumenkörper generiert. Voraussetzung ist, dass die Flächen wasserdicht ein Volumen einschließen. Außerdem müssen Sie die Flächennormalen ❷ so einstellen, dass sie nach innen zeigen ❸. Dazu werden die Normalen zunächst mit Pfeilen in beiden Richtungen angezeigt.

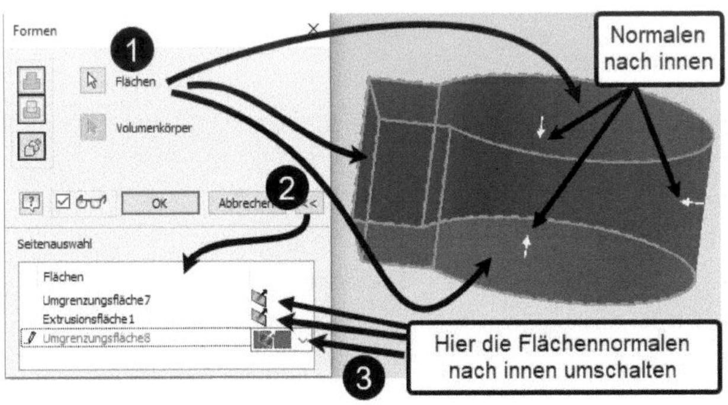

Abb. 5.78: Volumenkörper aus Flächen erstellen

5.3.4 Regelfläche

Das Werkzeug REGELFLÄCHE bietet verschiedene Möglichkeiten, um an den Kanten vorhandener Flächen neue anzuschließen. Der dabei angezeigte Richtungsvektor kann in jedem Fall angeklickt und noch im WINKEL gedreht werden. Wenn Sie an einer Kante zwischen zwei Flächen die Regelfläche ansetzen, dann können Sie über das Werkzeug ALTERNIEREN die Fläche wechseln, an der sich die Regelfläche orientiert.

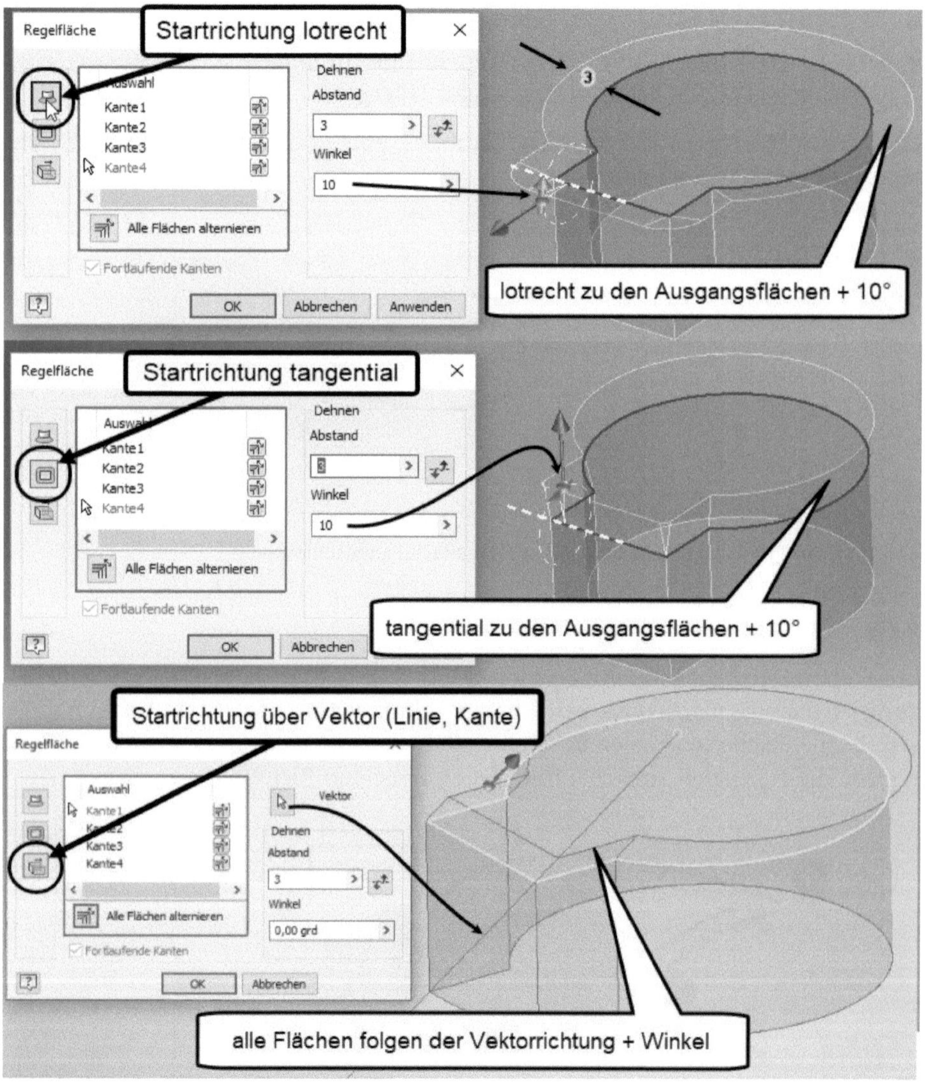

Abb. 5.79: REGELFLÄCHEN mit verschiedenen Optionen

5.3.5 Stutzen

Flächen können an anderen Flächen oder Arbeitsebenen gestutzt werden. Zuerst wählen Sie das Stutzwerkzeug ❶, im Beispiel eine Arbeitsfläche. Dann klicken Sie den zu entfernenden Flächenteil an ❷. Mit dem Button neben ENTFERNEN können Sie zwischen den zu entfernenden Flächenteilen hin- und herschalten ❸. Beenden Sie mit OK ❹.

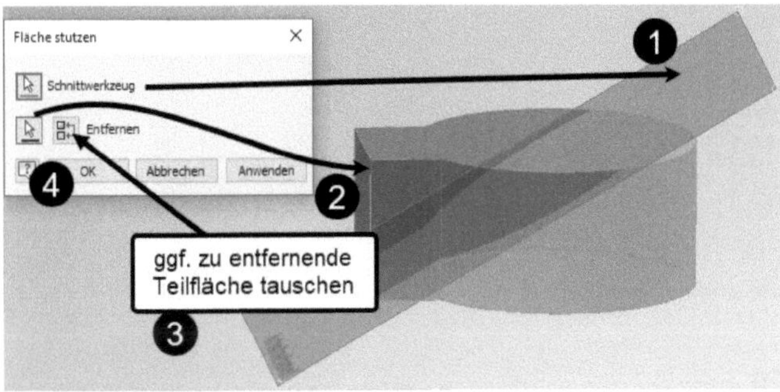

Abb. 5.80: Stutzen der Extrusionsfläche mit einer Arbeitsebene

5.3.6 Dehnen

Mit DEHNEN werden Flächen an den Kanten verlängert. Es gibt zwei Varianten für die GRÖẞE der Verlängerung, entweder wird der ABSTAND angegeben oder mit BIS eine Zielfläche definiert. Die Option FORTLAUFENDE KANTEN erkennt nur tangentiale Konturen als fortlaufend an.

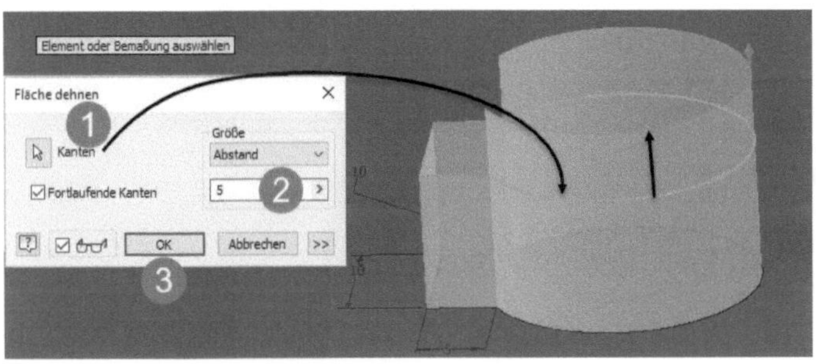

Abb. 5.81: Fläche wird gedehnt.

5.3.7 Fläche ersetzen

Mit FLÄCHE ERSETZEN können Sie eine Oberfläche eines Volumenkörpers durch eine eigene Flächenkonstruktion ersetzen. Im Beispiel wird die ebene Deckfläche des Zylinders durch die gewölbte Fläche darüber ersetzt. Die restlichen Körperflächen werden auch an die neue Deckfläche angepasst.

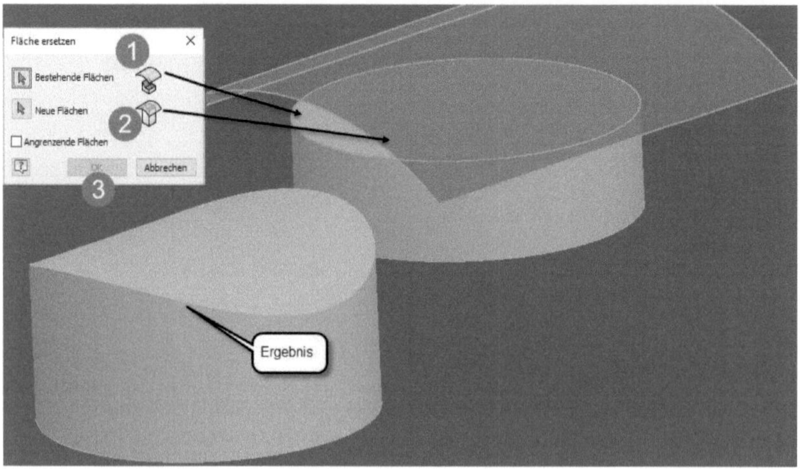

Abb. 5.82: Oberfläche durch eine andere ersetzen

5.3.8 Körper reparieren

Die Funktion KÖRPER REPARIEREN erlaubt bei Modellierungsfehlern, Volumenkörper flächenmäßig mit speziellen Funktionen der *Reparaturumgebung* zu bearbeiten und daraus einen reparierten Körper zu erstellen. Auch bei importierten Geometrien aus anderen CAD-Systemen kann eine Reparatur nötig sein.

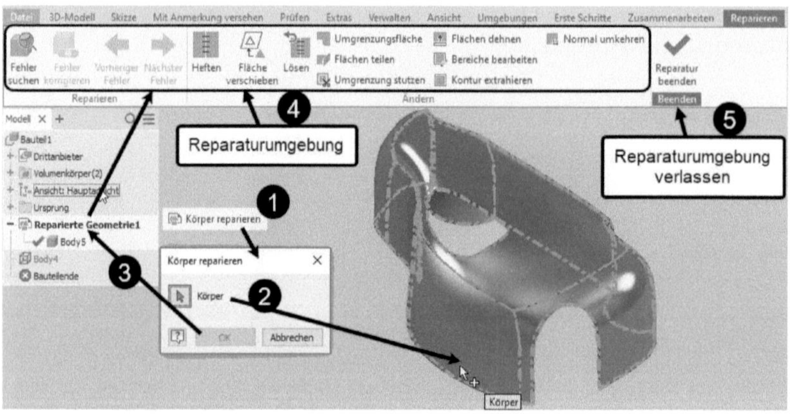

Abb. 5.83: Körper in der Reparaturumgebung bearbeiten

5.3.9 Netzfläche anpassen

Netzflächen sind Flächen aus anderen CAD-Systemen mit Netzstruktur wie beispielsweise STL-Dateien (Stereolithografie-Format für 3D-Druck). Diese können Sie in eine Bauteildatei mit DATEI|ÖFFNEN|CAD-DATEIEN IMPORTIEREN oder mit 3D-MODELL|ERSTELLEN|IMPORTIEREN einfügen. Mit der Funktion NETZFLÄCHE ANPAS-

SEN lassen sich dazu Inventor-Flächen praktisch durch Abtasten erzeugen. Sie fahren bei dieser Funktion mit einem virtuellen Pinsel über diese Netzfacetten und erzeugen dadurch eine abgeformte Inventor-Fläche. Achten Sie darauf, dass Sie keine Facetten auf der Rückseite des Teils mitwählen, weil die entstehende Fläche eine glatte Form erhalten muss. Es müssen auch nicht alle Facetten zur Berechnung gewählt werden. Nützlich ist es auch, wenn die Flächenform wie etwa Zylinder schon vorgewählt werden kann, damit die Abformung besser passt.

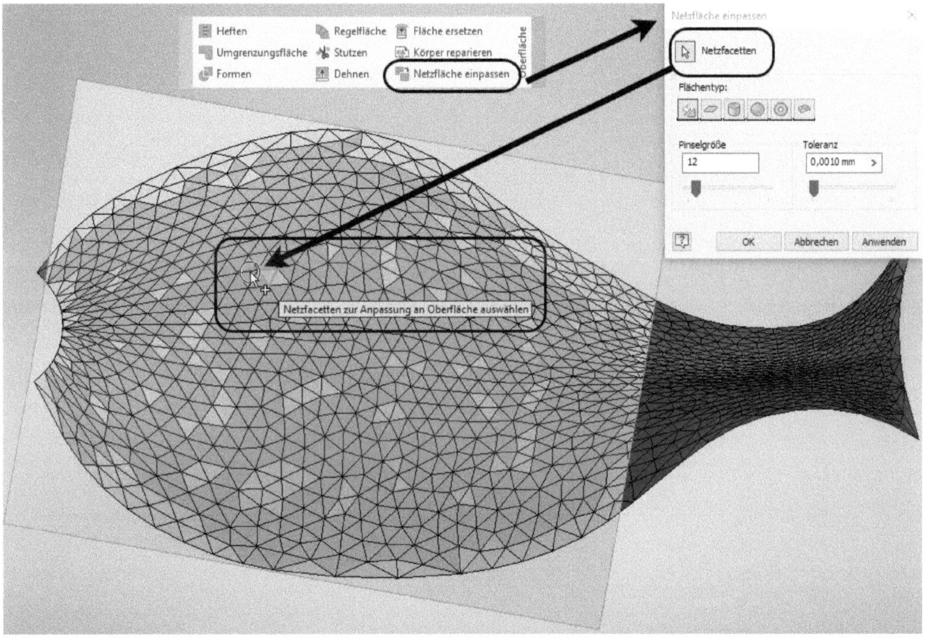

Abb. 5.84: Anpassen einer Fläche an ein importiertes Netz

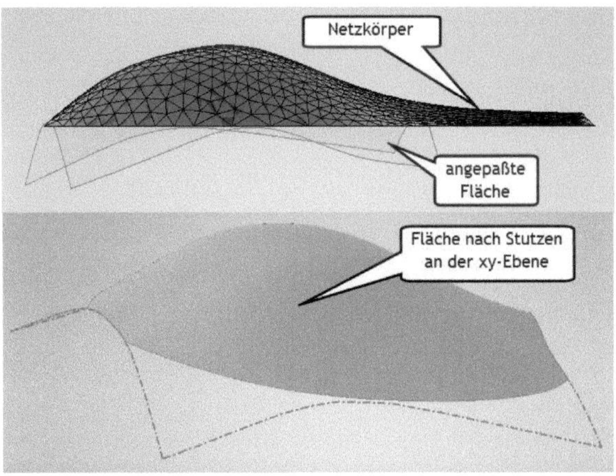

Abb. 5.85: Angepasste Fläche nachträglich an der XY-Ebene gestutzt

5.3.10 Weitere Flächenbearbeitungen mit Volumenkörper-Funktionen

Viele Funktionen aus 3D-MODELL|ÄNDERN können ganz analog auch auf Flächen bzw. Flächenkanten angewendet werden. Sie werden im folgenden Kapitel für Volumenkörper vorgestellt:

- RUNDUNG,
- FASE,
- VERDICKUNG/VERSATZ,
- TRENNEN und
- FLÄCHE LÖSCHEN.

5.4 Bemaßungen im Bauteil

Bemaßungen können nicht nur in der später abgeleiteten Zeichnung eingefügt werden, sondern auch schon in die Bauteile. Diese Daten können später bei der Zeichnungsableitung übernommen werden. Damit ist es möglich, sehr anschauliche, instruktive Modelldarstellungen mit exakter Bemaßung für die Fertigung zu erzeugen. Auch Form- und Lagetoleranzen können in der 3D-Darstellung der Teile angebracht werden. Dazu gibt es in der Bauteilumgebung die Multifunktionsleiste MIT ANMERKUNG VERSEHEN.

Abb. 5.86: Multifunktionsleiste zur Illustration der 3D-Teile

- In der Gruppe GEOMETRISCHE ANMERKUNG sind die Form- und Lagetoleranzangaben zu finden.
- Unter ALLGEMEINE ANMERKUNG ist die normale Bemaßung angeordnet.
- Für Hinweistexte ist der FÜHRUNGSLINIENTEXT in der Gruppe ANMERKUNGEN nützlich.
- Unter VERWALTEN kann auch eine Schnittdarstellung erzeugt werden.

- Die Gruppe ANALYSIEREN enthält die Funktion TOLERANZANALYSE, mit der die Wirkung mehrerer tolerierter Maße auf eine Gesamtabmessung berechnet werden kann.
- Schließlich sind unter EXPORTIEREN noch die Funktion zum 3D-PDF-Export und die Ausgabe in den verschiedensten CAD-Formaten sehr wichtige Funktionen.

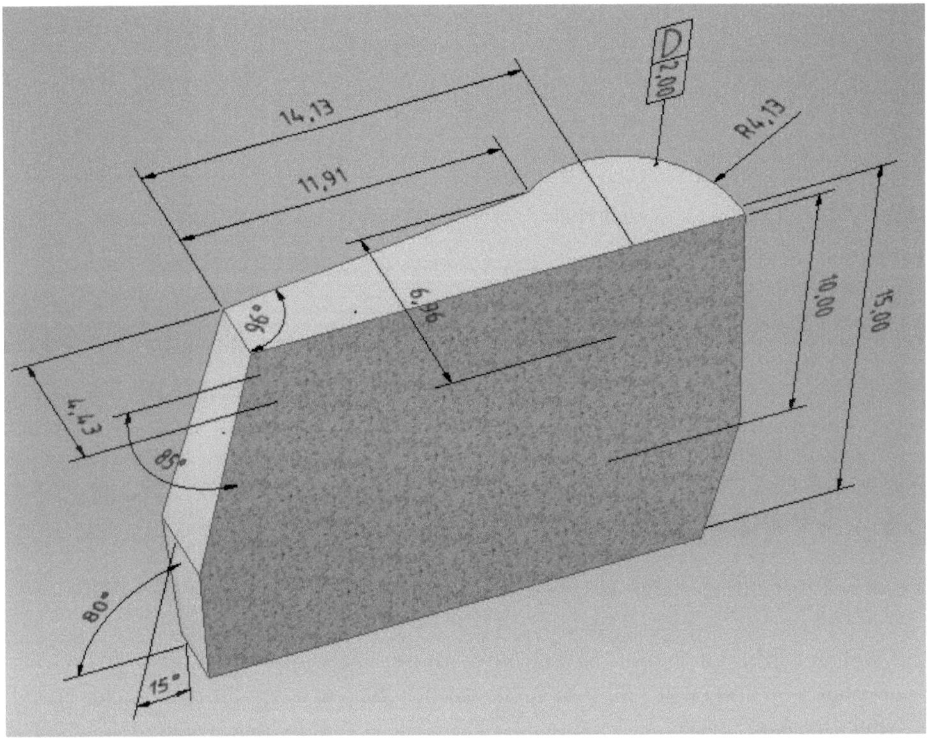

Abb. 5.87: Bemaßtes Bauteil

Die Bemaßungsfunktion erfordert nur die Wahl der zu bemaßenden Elemente und bietet dann automatisch jeweils den passenden Bemaßungstyp an (Abbildung 5.87). Übers Kontextmenü kann noch der Typ geändert werden wie beispielsweise Radius oder Durchmesser. Mit [Leer] können Sie zwischen verschiedenen möglichen Ebenen für die Bemaßung umschalten.

Die Bemaßungen können dann später auch bei der Erstellung der Zeichnungsansichten über die Kontextfunktion MODELLKOMMENTARE ABRUFEN abgeholt werden (Abbildung 5.88).

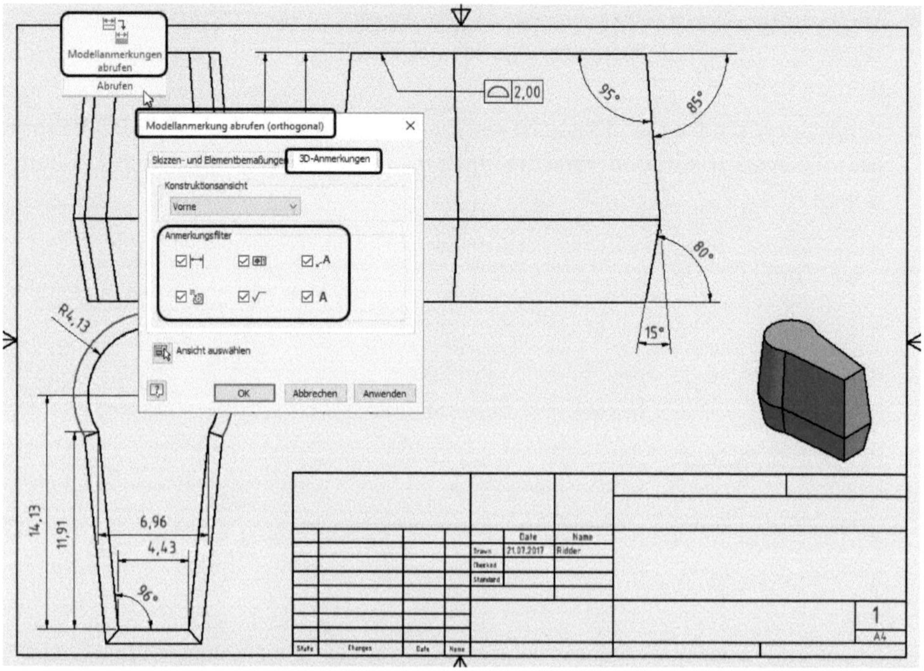

Abb. 5.88: Anmerkungen in der Zeichnung abgerufen

5.5 Übungsfragen

1. Wie können Sie in der Skizze eine Linienkonstruktion mit einem Bogen fortsetzen?
2. Welcher Punkt aus einer Skizze wird automatisch vom Bohrungsmanager verwendet, MITTELPUNKT oder SKIZZIERPUNKT? Beschreiben Sie das Aussehen beider Objekte.
3. Was ist der Unterschied zwischen den Abhängigkeiten VERTIKAL und LOTRECHT?
4. Was ist der Unterschied zwischen den Abhängigkeiten PARALLEL und KOLLINEAR?
5. Welche Möglichkeiten zur Überprüfung gibt es bei einer nicht voll bestimmten Skizze?
6. Worin ähneln sich die Volumenkörper-Erstellungen EXTRUSION und SWEEPING?
7. Welche Abhängigkeit ist für ein POLYGON noch nötig, wenn Mittelpunkt und ein Punkt auf In- oder Umkreis schon bestimmt sind?
8. Was bedeutet FLÄCHENVERJÜNGUNG?
9. Können Sie in einem Bauteil *mehrere Volumenkörper* erstellen?

Kapitel 6

Volumenkörper bearbeiten

6.1 Features

Features werden auch mit *Platzierte Elemente* übersetzt. Das sind nach Erstellung von Volumenkörpern die für die Detaillierung wichtigsten Funktionen. Dazu zählen *Bohrungen, Rundungen, Fasen,* Erzeugung von Hohlkörpern über *Wandstärken* (WANDUNG), Gestaltung von konischen Formen mittels *Schrägstellung von Flächen* (FLÄCHENVERJÜNGUNG), *Zerschneiden* von Körpern (TRENNEN), Gestalten von *Gewinden, Verbiegen* von Körpern (BIEGUNGSTEIL), *Verdickung und Versatz* von Flächen.

Abb. 6.1: Funktionen der Gruppe ÄNDERN im Register 3D-MODELL

6.1.1 Bohrungen

Der Befehl BOHRUNG (Tastenkürzel H von engl. *hole*) legt die Art zur Platzierung der Bohrung implizit durch die Wahl der Bestimmungsstücke für die Bohrung fest. Die meisten Bohrungen bereitet man normalerweise derart vor, dass man eine Skizze mit Mittelpunkten erzeugt. Dazu wird in der Skizze FORMAT|MITTELPUNKT aktiviert und der Punkt mit ERSTELLEN|PUNKT + erzeugt. Der Bohrungsmanager 3D-MODELLIEREN|ÄNDERN|BOHRUNG wählt mit der Vorgabeeinstellung dann automatisch diese Mittelpunkte und bietet den zuletzt benutzten Bohrungstyp an.

Es gibt unter POSITIONIERUNG vier verschiedene Arten, die Bohrung zu definieren. Zur Erklärung der verschiedenen Platzierungen werden hier einfach noch mal die in früheren Versionen explizit wählbaren Bezeichnungen verwendet und mit der modernen Vorgehensweise beschrieben. Die Platzierungen sind folgende: NACH SKIZZE (Standard), LINEAR, KONZENTRISCH (Bogenmitte) und AUF PUNKT (schräge Bohrung).

NACH SKIZZE – verwendet Positionen von Mittelpunkten (Symbol dafür ist ein Kreuz) aus einer *sichtbaren* Skizze. Wenn es nur eine einzige Skizze mit Mittelpunkten gibt, dann werden diese alle automatisch für Bohrungen aktiviert (Abbildung 6.2). Nicht erwünschte Bohrpositionen müssen Sie einzeln mit ⇧ + Klick bzw. Strg + Klick abwählen. Falls mehrere Skizzen mit Mittelpunkten vorliegen, müssen Sie die gewünschten Mittelpunkte selbst anklicken. Dies ist die Standard-Voreinstellung im aktuellen Befehl. Die Bohrungspositionen können Sie auch mit den Objektwahlmethoden KREUZEN und FENSTER wählen.

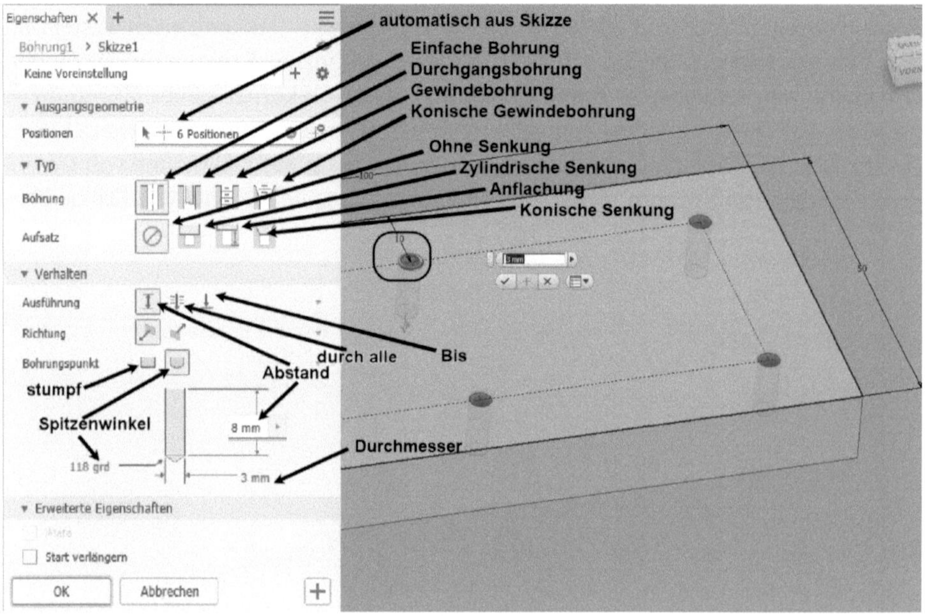

Abb. 6.2: Skizze mit Mittelpunkten und Bohrungsmanager

Wichtig: Bohrungsskizzen

Achten Sie darauf, dass in der Skizze das Format für Mittelpunkte aktiviert ist, d.h. blau unterlegt (Abbildung 6.3).

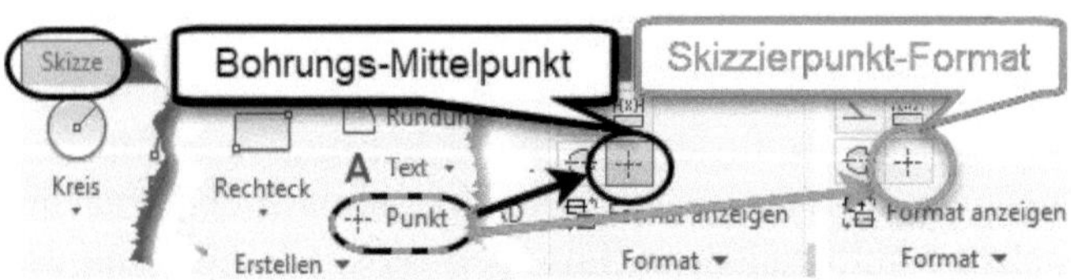

Abb. 6.3: Format-Einstellung für Mittelpunkte in Skizzen

Sie können im Bohrungsbefehl auch auf *beliebige Positionen* auf einer Oberfläche klicken oder Skizzierpunkte (Symbol ist ein Punkt) oder *Endpunkte* von Linien oder Konstruktionslinien anklicken. Wenn noch keine aktive Skizze existiert, wird aus den beliebigen Positionen eine Skizze erzeugt, die Sie natürlich auch nachbearbeiten und bemaßen können. Ansonsten werden diese Positionen der aktiven Skizze hinzugefügt.

LINEAR – Eine Bohrungsposition wird hier über die Bezugsfläche und zwei Referenzkanten sowie den Abständen von diesen Kanten festgelegt. Die Kanten müssen nicht unbedingt orthogonal stehen, sie können auch einen beliebigen Winkel einschließen, dürfen nur nicht fluchtend sein. Dazu klicken Sie zuerst in die gewünschte Bezugsfläche hinein und lassen sich nicht dadurch irritieren, dass an der Klickposition schon die Bohrung entsteht. Danach klicken Sie jeweils eine der beiden Kanten an und tragen in der Zeichnung den Abstandswert ein.

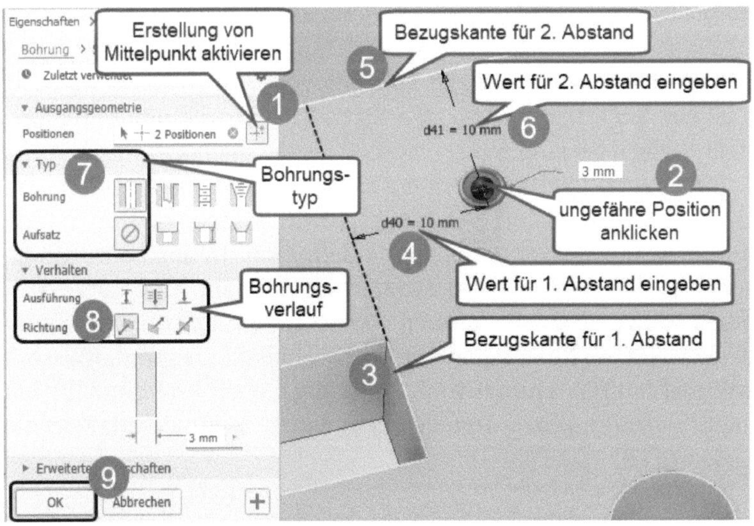

Abb. 6.4: Bohrungsdefinition LINEAR

KONZENTRISCH – Diese Option platziert eine Bohrung im Zentrum einer bogenförmigen Kante. Dazu aktivieren Sie eine Fläche, auf der die Bohrung beginnen soll, und wählen dann die konzentrische Referenzkante oder -fläche (Abbildung 6.5).

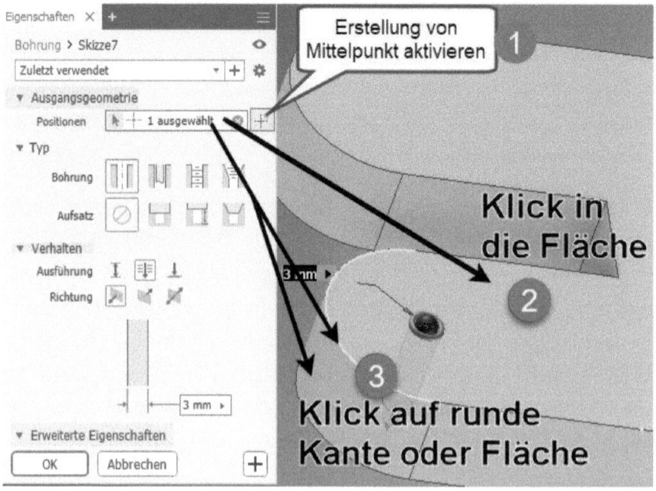

Abb. 6.5: Bohrungsdefinition KONZENTRISCH

AUF PUNKT – Diese Variante kann schräge Bohrungen *mit vorgegebener Richtung* erzeugen. Dazu ist ein ARBEITSPUNKT für den Start der Bohrung nötig und eine Kante an beliebiger Stelle oder eine ARBEITSACHSE, die für die Bohrungsrichtung verwendet wird. Einen ARBEITSPUNKT können Sie auf einen MITTELPUNKT oder SKIZZENPUNKT mit 3D-MODELL|ARBEITSELEMENTE|PUNKT setzen. Dort finden Sie auch weitere Möglichkeiten zur Arbeitspunktdefinition. In der Bohrungsoption AUF PUNKT wählen Sie zuerst den ARBEITSPUNKT und dann eine Kante oder ARBEITSACHSE für die RICHTUNG. So können Sie auch eine Bohrung *schräg* zu einer Fläche erzeugen. Da die Bohrung direkt im Arbeitspunkt beginnt, müssten Sie eigentlich zweimal bohren, einmal vom Punkt nach oben und einmal nach unten (Abbildung 6.6). Dafür gibt es deshalb bei ERWEITERTE EIGENSCHAFTEN die Option START VERLÄNGERN.

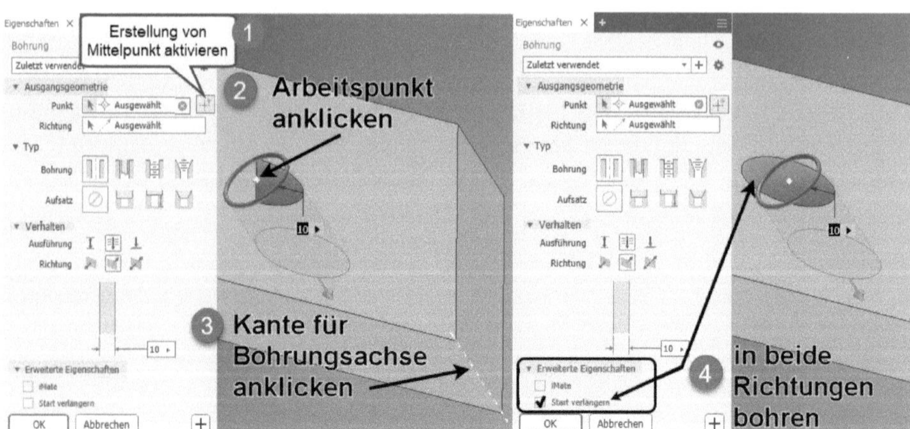

Abb. 6.6: Schräge Bohrung vom Arbeitspunkt in beide Richtungen

Es gibt vier verschiedene TYPEN der Bohrung (Abbildung 6.7): EINFACHE BOHRUNG, DURCHGANGSBOHRUNG, GEWINDEBOHRUNG und GEWINDEBOHRUNG MIT VERJÜNGUNG. Darunter finden Sie verschiedene Formen von Senkungen: ZYLINDRISCHE SENKUNG, ANFLACHUNG und KONISCHE SENKUNG. Die Abmessungen können Sie in die Grafik unten nach Doppelklick eintragen.

Für DURCHGANGSBOHRUNG und GEWINDEBOHRUNG können Sie unter SCHRAUBEN bzw. GEWINDE noch NORM, TYP, GRÖßE etc. aussuchen.

Für Sacklöcher können Sie unter BOHRUNGSPUNKT das Bohrungsende FLACH oder WINKEL wählen und in der Grafik den *Spitzenwinkel* angeben.

Als AUSFÜHRUNG gibt es ABSTAND für Sacklöcher und DURCH ALLE für Durchgangslöcher. Mit der Option BIS können Sie die Bohrungstiefe auf eine Fläche, auch auf die Verlängerung einer Fläche beschränken.

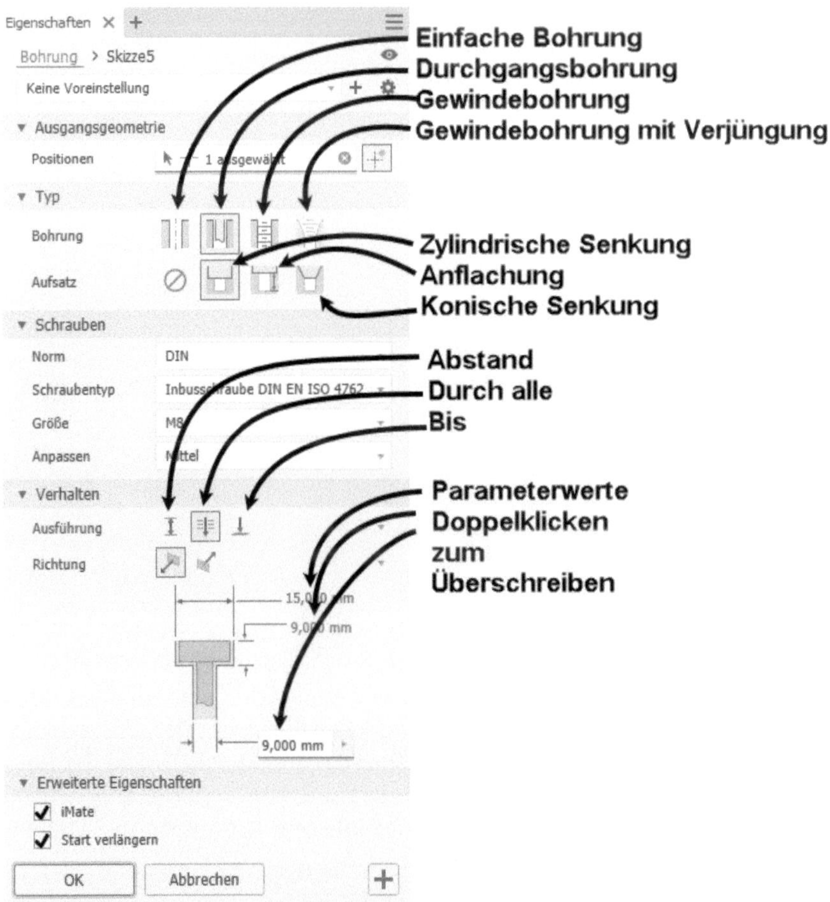

Abb. 6.7: Parameter im Bohrungsmanager

6.1.2 Rundungen

Mit 3D-MODELL|ÄNDERN|RUNDUNG (Tastenkürzel [F] von engl. *fillet*) können Bauteile an Kanten und zwischen Flächen abgerundet werden. Dazu gibt es drei Befehlsvarianten für RUNDUNG, FLÄCHENRUNDUNG und VOLLE ABRUNDUNG.

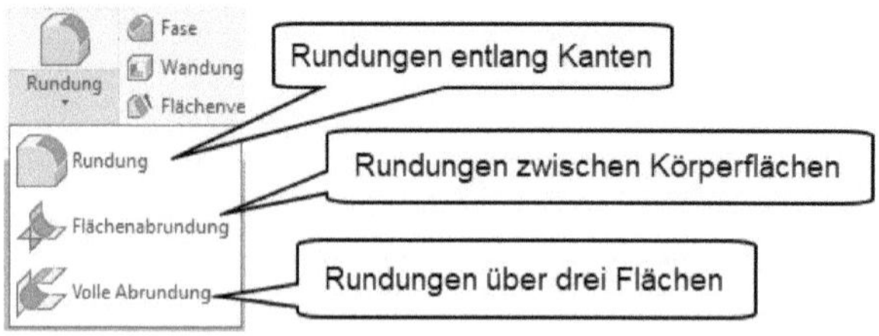

Abb. 6.8: Drei Verfahren zum Abrunden von Kanten

Rundung entlang Kanten

Dies wird über den AUSWAHLMODUS gesteuert. Bei der Option KANTE wählen Sie die Kanten fürs Abrunden einzeln aus (Abbildung 6.9).

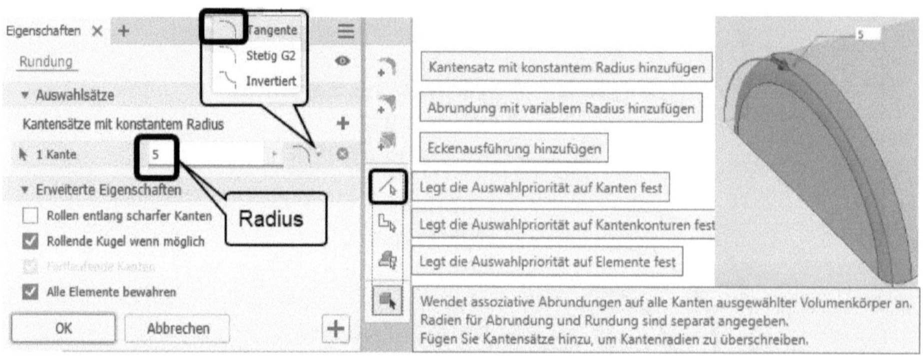

Abb. 6.9: Rundung an einer Kante

Drei Arten der Rundung stehen zur Wahl:

- TANGENTE – Das ist die normale Abrundung mit bogenförmiger Kontur.
- STETIG G2 – Diese Abrundung ist nicht nur tangential, sondern auch noch *krümmungsstetig*. Die Rundung startet also an jeder Kante mit derselben Krümmung wie die anschließende Fläche. Dies ist nur dadurch möglich, dass der Rundung eine *Splinefläche* mit *variabler Krümmung* zugrunde liegt. Der angegebene Radius entspricht dann dem kleinsten Radius in diesem Krümmungsverlauf.
- INVERTIERT – Erzeugt eine Rundung, bei der die Richtung des Radius gegenüber dem Normalfall umgekehrt wird (Abbildung 6.10).

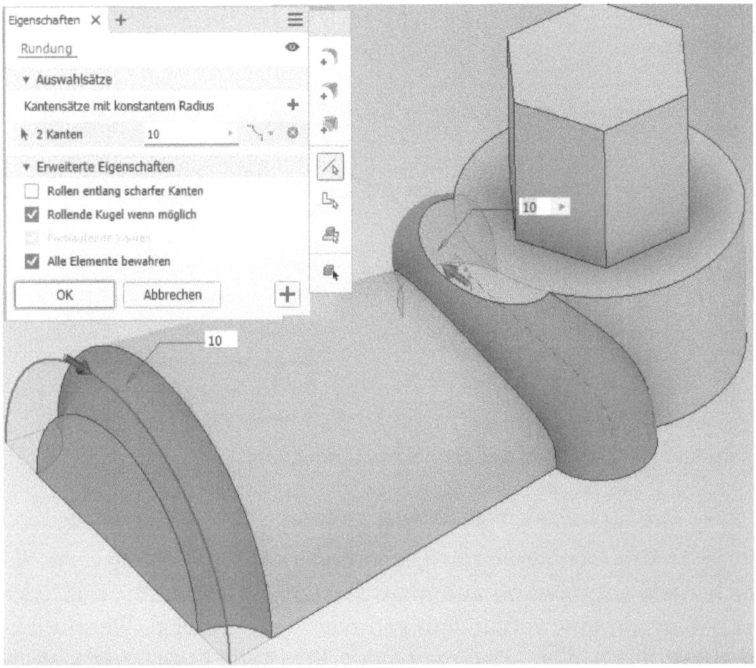

Abb. 6.10: Rundungen mit invertierten Radien

Mit der Option KONTUR können Sie durch geschicktes Anklicken der richtigen Kontur gleich mehrere Kanten auf einmal abrunden (Abbildung 6.11).

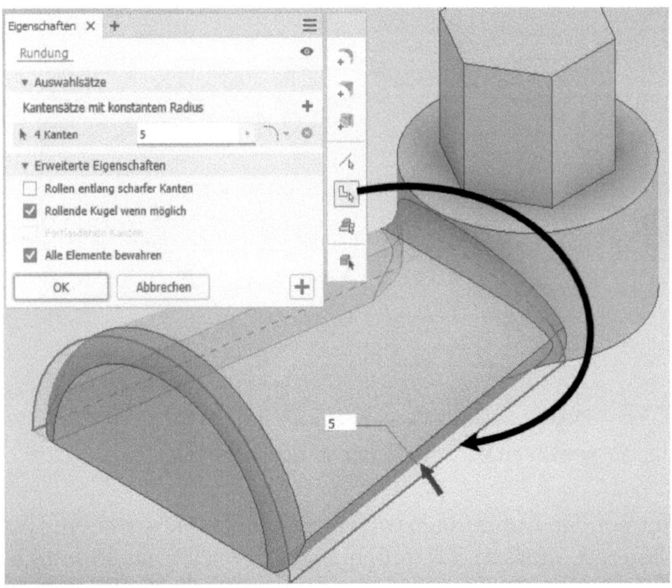

Abb. 6.11: Rundung entlang einer Kontur

Mit ELEMENT können Sie auswählen, welche(s) Element(e) in Ihrem Browser abgerundet werden soll(en).

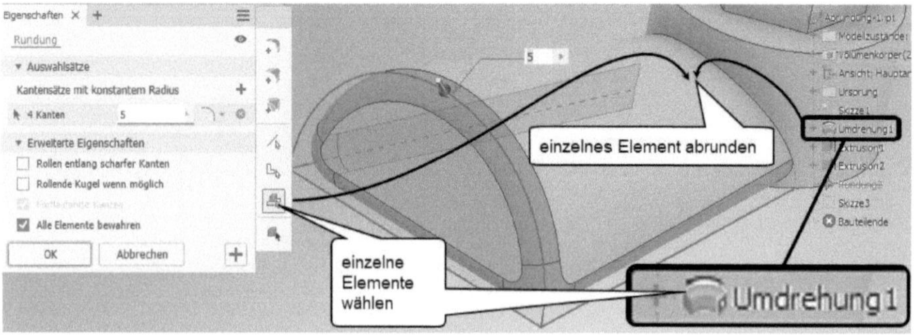

Abb. 6.12: Mehrere Rundungen über Wahl des Elements »Umdrehung1«

Wenn es mehrere Volumenkörper in Ihrem Teil gibt, können Sie den/die Körper auswählen, wobei jeder Volumenkörper für sich gerundet wird (Abbildung 6.13). Sie können dann auch noch angeben, ob automatisch ALLE AUSSENKANTEN und/oder ALLE INNENKANTEN (hier nur eine vorhanden) gerundet werden sollen. Wenn mehrere Rundungen zusammenstoßen, wird die Option ROLLENDE KUGEL WENN MÖGLICH im Aufklappmenü >> wirksam. Es wird dann versucht, alles so abzurunden, als ob eine Kugel mit konstantem Radius an allen Kanten und auch zwischen den Rundungen entlangrollt. Ist diese Option deaktiviert, dann entsteht an den Schnittstellen mehrerer Rundungen ggf. ein größerer Radius bzw. ein glatterer Übergang.

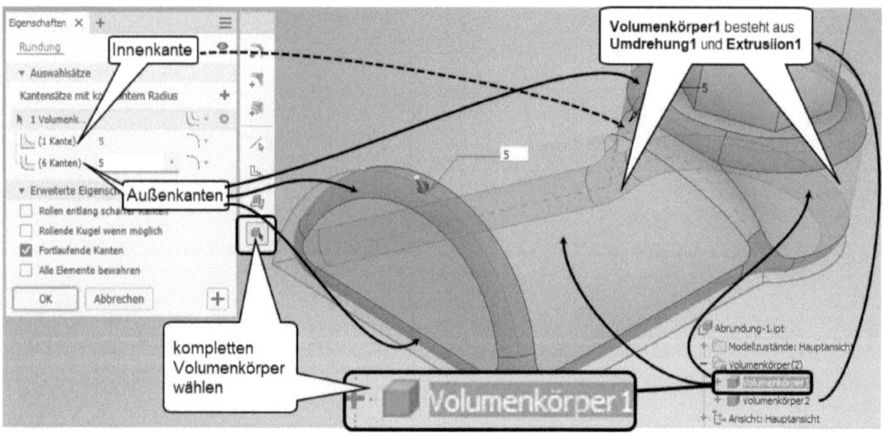

Abb. 6.13: RUNDUNG für einen ausgewählten Volumenkörper an allen Kanten

Im Register VARIABEL können Sie Rundungen mit variablem Radius erstellen. Um die Kanten wählen zu können, müssen Sie in den Dialogbereich links hineinklicken, wo es heißt: HIER KLICKEN. Danach können Sie eine Kante wählen. Jede Kante ist mit dem Startparameter 0 und dem Endparameter 1 parametrisiert, für die Sie verschiedene Radien eingeben können. Weitere Punktpositionen entlang der Kanten können Sie in der Grafik anklicken und dann einen konkreten Parameterwert und einen Radius dafür eingeben. Inventor zeigt ein Pfeilsymbol an der gewählten Position. Markierte Kanten oder Positionen werden mit `Entf` gelöscht.

Wenn mehrere Kanten zusammenstoßen, ergibt sich eine Ecken-Situation. Für die Ecke können Sie im Register ECKENAUSFÜHRUNGEN die Option SCHEITELPUNKT aktivieren (Abbildung 6.14) oder rechts für die einzelnen Kanten in der Spalte ECKENAUSFÜHRUNGEN verschieden große Übergangsradien wählen (Abbildung 6.15).

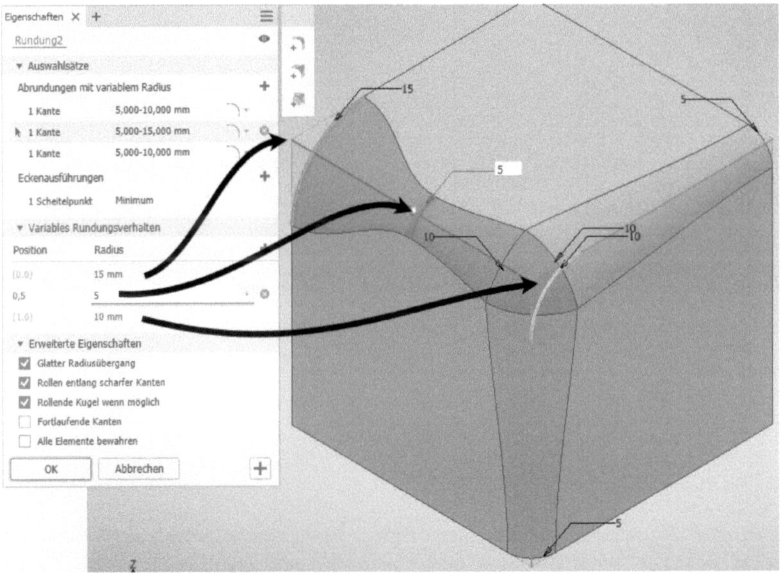

Abb. 6.14: Variable Rundung, Ecke = Scheitelpunkt

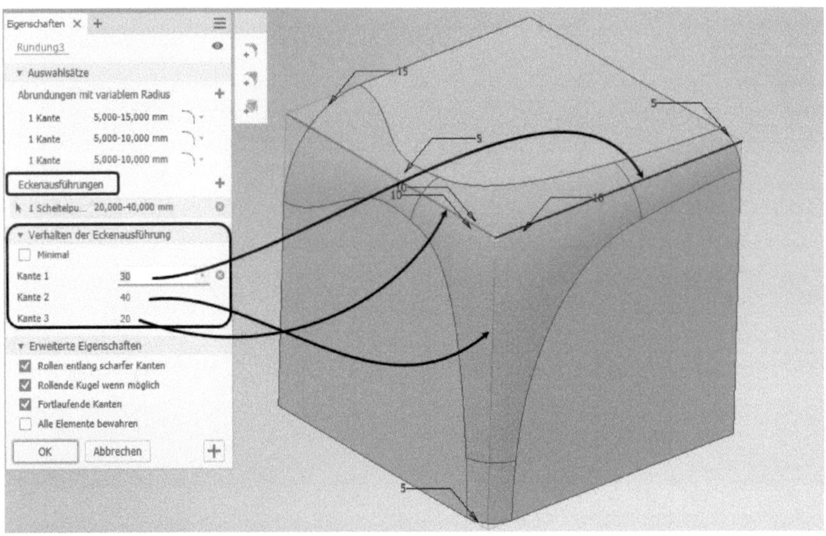

Abb. 6.15: Variable Rundung, Eckenausführung mit verschiedenen Radien

Auslaufende Rundungen

Auslaufende Rundungen können mit dem variablen Radius realisiert werden, entweder über mehrere Einzelkanten oder eine durchgehende Kante.

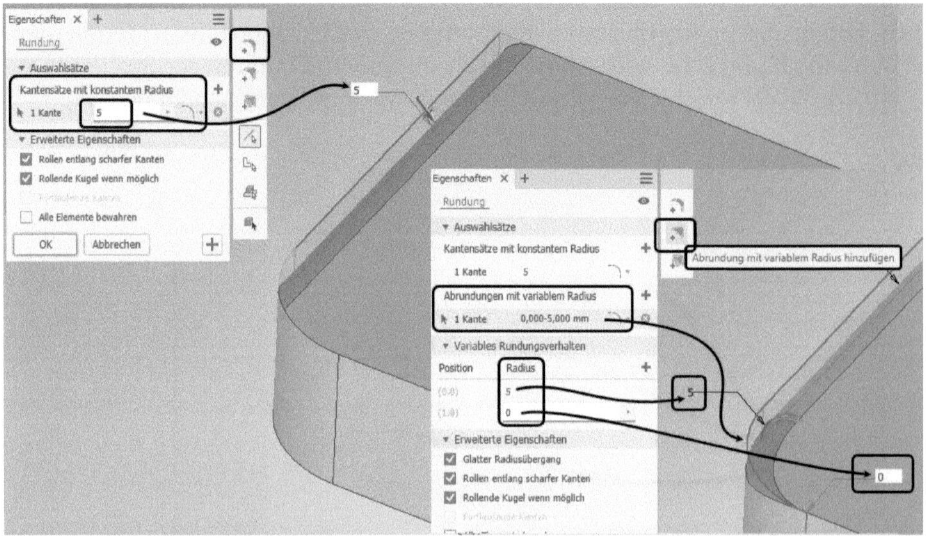

Abb. 6.16: Auslaufende Rundungen

Rundung zwischen zwei Flächen

Mit der Methode FLÄCHENABRUNDUNG wählen Sie die abzurundenden Flächen aus und Inventor schlägt dann einen möglichst großen Radius vor, den Sie aber überschreiben können (Abbildung 6.17). Ein sehr großer Radius kann auch dazu führen, dass Flächen, die nicht direkt an der Rundung beteiligt sind, modifiziert werden (Abbildung 6.18).

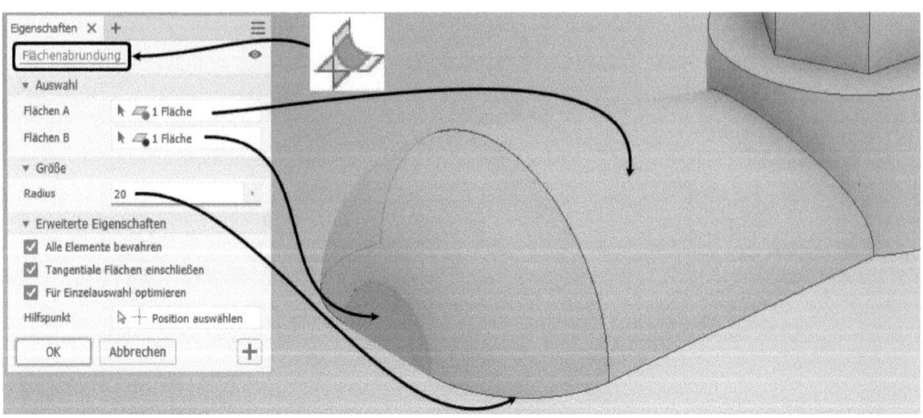

Abb. 6.17: Flächenabrundung mit Auswahl der Flächen

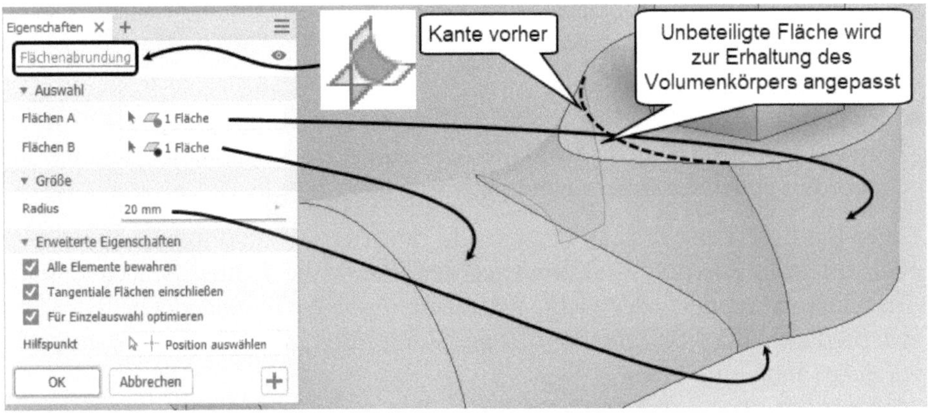

Abb. 6.18: Verzerrung einer Fläche, die nicht für die Rundung gewählt wurde

Rundung über drei Flächen

Die dritte Methode für Rundungen heißt VOLLE ABRUNDUNG. Hiermit können Sie ohne Angabe eines Radius eine Wandung mit eckigem Querschnitt komplett in eine Rundung verwandeln bzw. über drei Flächen abrunden (Abbildung 6.19). Wenn die erste und letzte Fläche nicht parallel sind, entsteht sogar eine variable Rundung (siehe Beispiel rechts).

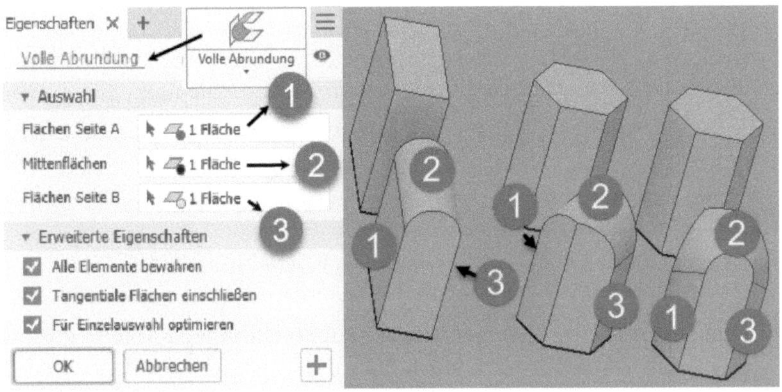

Abb. 6.19: Volle Abrundung über drei Flächen

6.1.3 Fasen

Beim Befehl 3D-MODELL|ÄNDERN|FASEN (Tastenkürzel [Strg]+[⇧]+K) gibt es die schon vom Skizziermodus her bekannten drei Arten der Fasendefinition:

- ABSTAND – Für beide Flächen an einer Kante gilt der gleiche Fasenabstand, es ist deshalb nur die Kante anzuklicken.

- Abstand und Winkel – Die Fase ist durch einen Fasenabstand und einen Winkel definiert. Dafür ist zuerst eine Bezugsfläche für Abstand und Winkel zu wählen, danach die Kante.
- Zwei Abstände – Die Fase wird durch zwei verschiedene Abstände definiert und es gibt zusätzlich zur Wahl der Kante noch einen Umkehrbutton, um die Zuordnung der Abstände zu ändern.

Unter Fortlaufende Kanten können alle tangential verbundenen Kanten oder einzelne Kanten aktiviert werden, damit die Kantenwahl tangentiale Anschlüsse akzeptiert oder nicht. Wo Fasen an Ecken aufeinandertreffen, kann zwischen zwei Eckenausführungen gewählt werden mit gefaster Ecke oder spitzer Ecke (Abbildung 6.20).

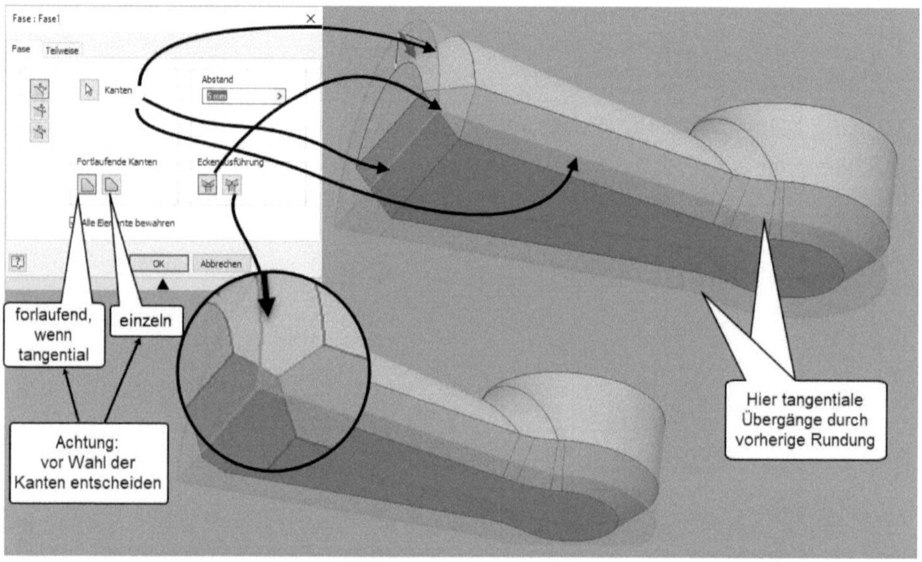

Abb. 6.20: Fasen mit tangentialen Kanten und verschiedenen Eckenausführungen

Im Register Teilweise kann eine Fase auf einen Teilbereich einer Kante begrenzt werden (Abbildung 6.21). Dieser Bereich kann über den Abstand zum Anfang der Kante, zum Ende der Kante oder Länge der Fase definiert werden. Jeder der drei Werte hängt von den anderen beiden ab. Unter Getriebene Bemaßung festlegen entscheiden Sie, welcher der drei Werte der abhängige ist, im Beispiel ist es der Abstand zum Ende. Um etwas eintragen zu können, klicken Sie zunächst in der Grafik in eine Kante und spezifizieren dann die gewünschten Werte.

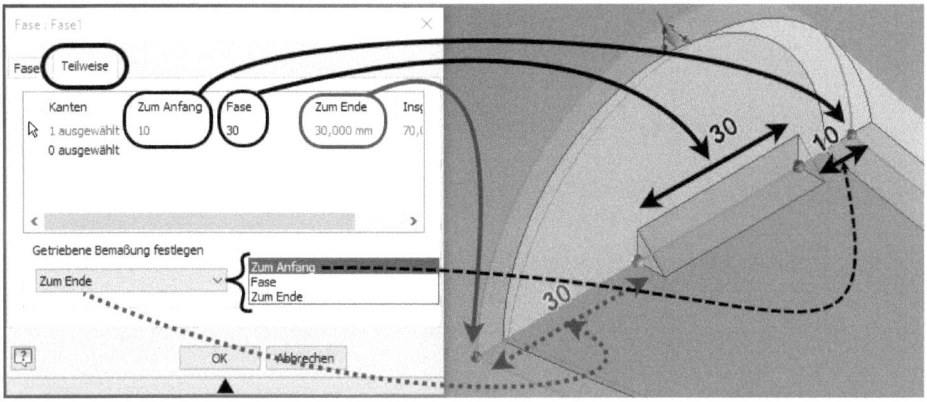

Abb. 6.21: Teilweise Fase an einer Kante mit Abstand 10 vom Anfang und Fasenlänge 30

Eine auslaufende Fase könnte mit der Funktion ERHEBUNG konstruiert werden (Abbildung 6.22).

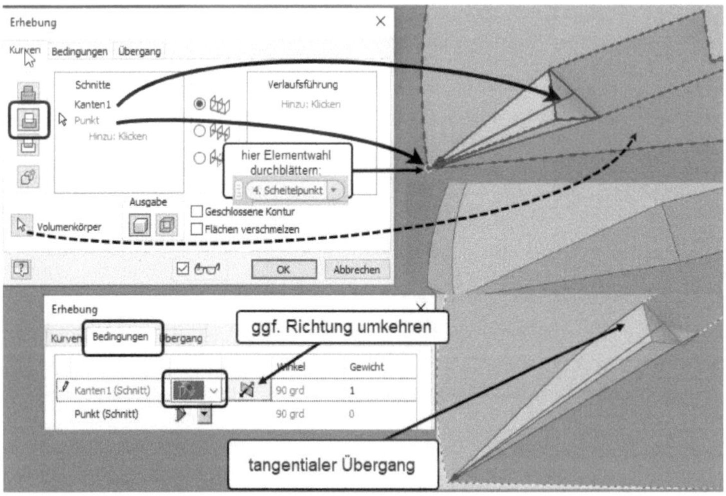

Abb. 6.22: Auslaufende: Volumen aus Befehl ERHEBUNG abziehen

6.1.4 Wandung

Der Befehl WANDUNG höhlt einen Volumenkörper bis zu einer anzugebenden Wandstärke aus. Sie können bei mehreren Volumenkörpern im Bauteil zuerst die gewünschten Volumenkörper auswählen. Die Wand-STÄRKE wird grundsätzlich auf alle Wände angewendet. Der Körper bliebe also komplett geschlossen und innen hohl, wenn Sie nicht die Flächen, die offen bleiben sollen, mit FLÄCHEN ENTFERNEN herausnehmen.

Im Erweiterungsdialogfeld (>>) können Sie einzelne Wände wählen, die eine abweichende Wandstärke bekommen sollen.

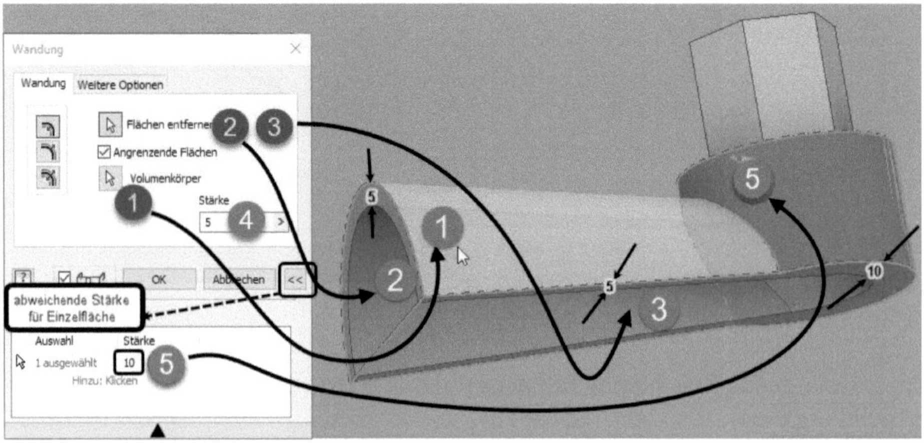

Abb. 6.23: Wandung für einen einzigen Volumenkörper mit offenen Flächen und verschiedenen Wandstärken

6.1.5 Flächenverjüngung

Mit 3D-MODELL|ÄNDERN|FLÄCHENVERJÜNGUNG verändern Sie den *Neigungswinkel* einzelner oder mehrerer Flächen, um konische Teile zu erhalten. In der Praxis ist das zur Gestaltung von Abzugsschrägen oft nötig. Es gibt drei Varianten der Verjüngung:

- FESTE KANTE – Als Bezugskante (bleibt fixiert) wird eine Kante der Fläche(n) verwendet, die gegenüberliegenden Kanten werden dann durch die Flächenneigung natürlich modifiziert. Bei der Flächenwahl wird die Bezugskante automatisch mitgewählt, es wird nämlich die Kante, die dem Cursor bei der Flächenwahl am nächsten liegt, zur Bezugskante (Abbildung 6.24).

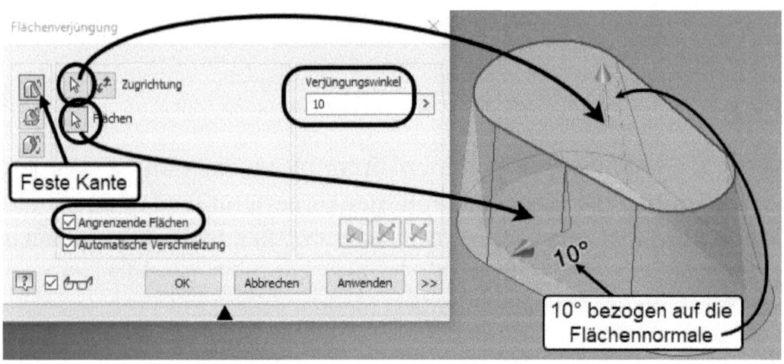

Abb. 6.24: FLÄCHENVERJÜNGUNG von der oberen Flächenkante aus

- FESTE EBENE – Die Bezugskante ist die Schnittkurve einer Ebene mit den Flächen. Von dort aus werden die oberen und unteren Teile der Flächen mit einem einzigen oder auch mit verschiedenen Winkeln unterschiedlich geneigt (Abbildung 6.25). Die Ebene kann eine Arbeitsebene oder eine ebene Fläche des Bauteils sein.

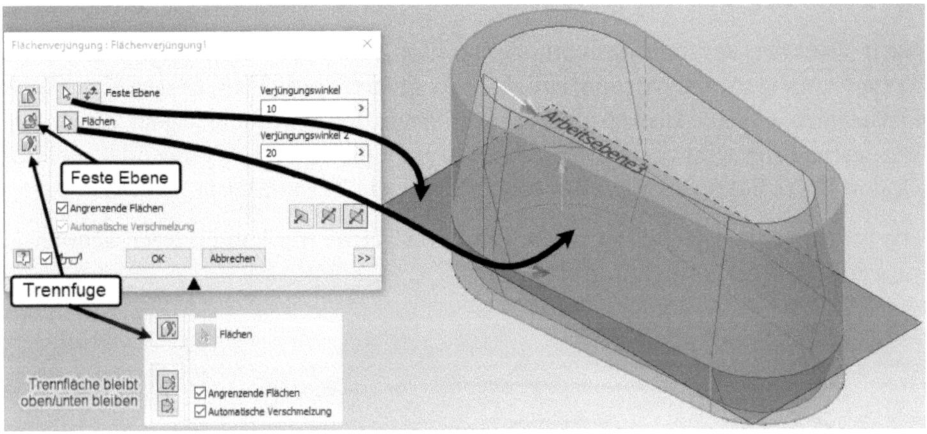

Abb. 6.25: FLÄCHENVERJÜNGUNG von einer ARBEITSEBENE aus in beide Richtungen mit unterschiedlichen Winkeln

- TRENNFUGE – Die Bezugskante kann durch eine Ebene oder Skizze definiert werden. Die oberen und unteren Teile der Flächen können unterschiedlich geneigt werden, und Sie legen zusätzlich fest, ob die *Trennfuge* oder die *Ober- und Unterkanten* der Flächen *fixiert* bleiben (Abbildung 6.26).

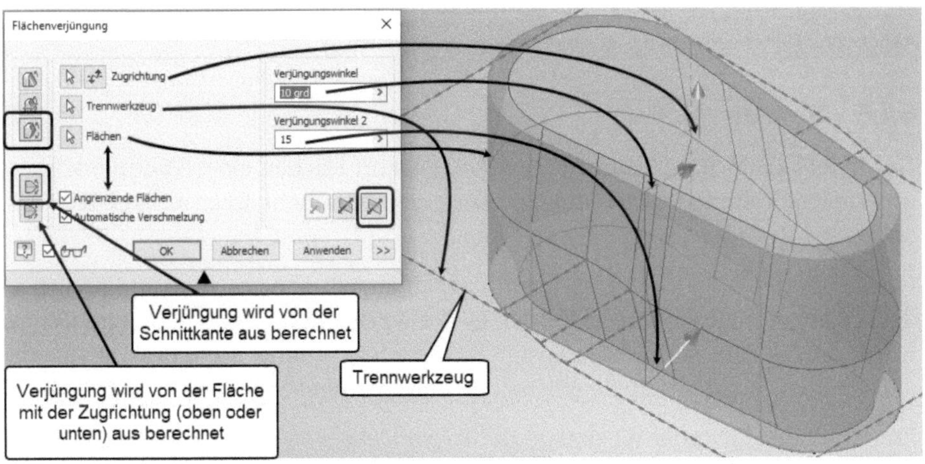

Abb. 6.26: FLÄCHENVERJÜNGUNG von einer ARBEITSEBENE aus in beide Richtungen mit unterschiedlichen Winkeln und Erhaltung der Trennfuge

Tipp: Trennen

Wenn die Trennfuge durch eine sehr komplexe Geometrie beschrieben wird, ist es einfacher, mit dem Befehl TRENNEN (siehe Abschnitt 6.1.6, »Trennen«) zunächst die Flächen des Volumenkörpers an der Trennfugengeometrie zu unterteilen und danach die FLÄCHENVERJÜNGUNG anzuwenden.

Nach Wahl der Verjüngungsmethode ist eine ZUGRICHTUNG gefragt. Das ist die *Bezugsrichtung* für die *Neigungswinkel*. Dazu suchen Sie sich am besten eine ebene Fläche aus, die als Deckel- oder Bodenfläche des Volumenkörpers dient. Als Bezugsrichtung wird dann die Flächennormale dieser Fläche verwendet. Bei der Option FESTE EBENE definiert die Arbeitsebene die ZUGRICHTUNG.

Die FLÄCHENVERJÜNGUNG kann auch an einer Fläche mit komplexerer Geometrie verwendet werden (Abbildung 6.27).

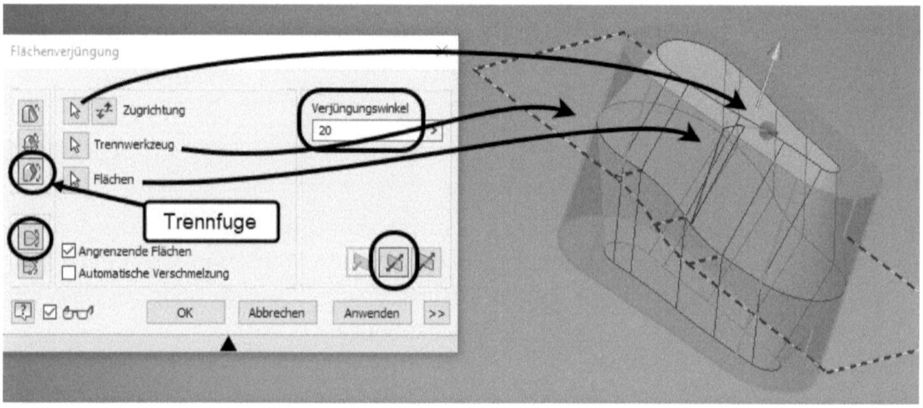

Abb. 6.27: Flächenverjüngung an einer konstruierten Fläche

6.1.6 Trennen

Der Befehl 3D-MODELL|ÄNDERN|TRENNEN kann Flächen eines Volumenkörpers unterteilen, Volumenkörper stutzen oder einen Volumenkörper in zwei Teile zerteilen.

Für das Demo-Beispiel wurden zwei Skizzen erstellt, die geschlossene Kontur in der XY-Ebene und die offene Kontur in der XZ-Ebene. Die geschlossene Kontur wurde um 30 mm nach oben extrudiert, die offene Kontur ebenfalls um 30, aber nach beiden Seiten gleich. So entstanden ein Volumenkörper und eine Fläche.

Zuerst wählen Sie unter WERKZEUG die Trennfläche. Folgende Aktionen sind dann möglich:

- *Fläche(n) trennen* – Dies ist die Vorgabe, solange die Option VOLUMENKÖRPER deaktiviert ist: . Der Volumenkörper bleibt in seiner äußeren Form identisch erhalten, nur die Flächen werden unterteilt. Diese Option ist nützlich, wenn Sie eine Weiterbearbeitung einzelner Flächen z.B. mit Flächenverjüngung beabsichtigen (Abbildung 6.28).
- *Volumenkörper trennen, eine Seite behalten* – Der Volumenkörper wird durchgeschnitten und Sie können unter SEITE BEHALTEN die Hälfte auswählen , die Sie behalten wollen. Ein roter Pfeil markiert dann die Seite, die entfernt wird (Abbildung 6.29).
- *Volumenkörper trennen, beide Seiten behalten* – Option VOLUMENKÖRPER und BEIDE SEITEN BEHALTEN müssen hierfür aktiviert sein. Der Volumenkörper wird durchgeschnitten, beide Teile bleiben erhalten, und Sie können nun unabhängig die Einzelkörper beispielsweise verschieben (Abbildung 6.30).

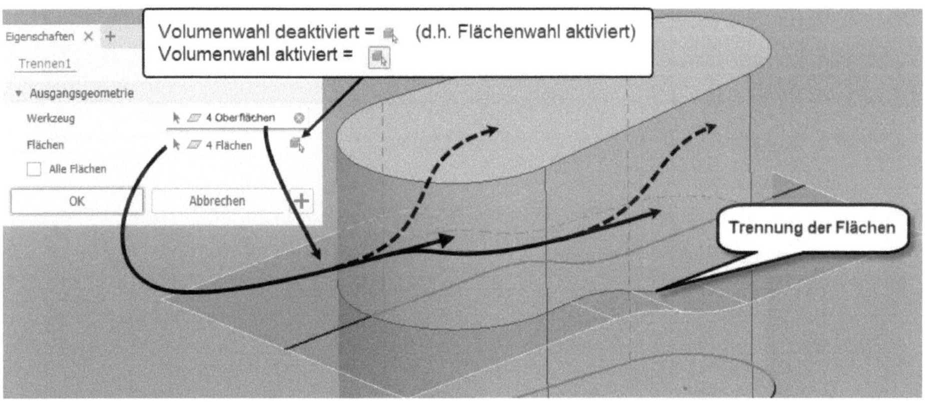

Abb. 6.28: TRENNEN mit Option FLÄCHEN TRENNEN

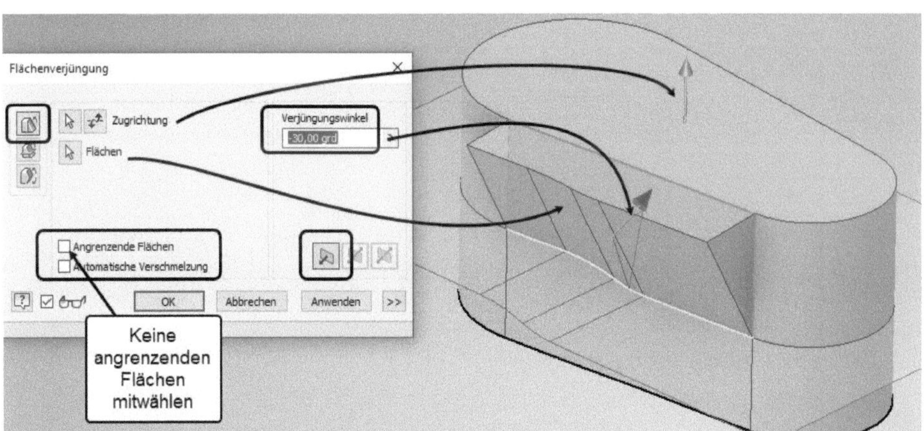

Abb. 6.29: Verjüngung für Einzelfläche ist nach Trennen möglich.

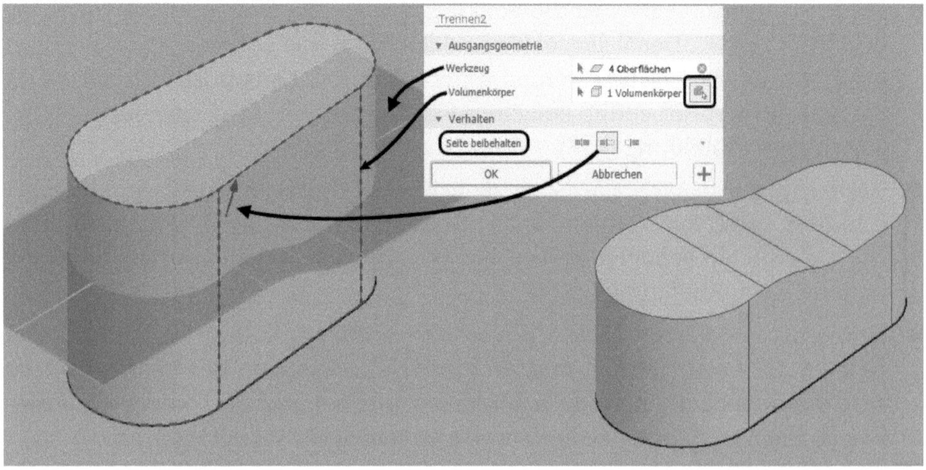

Abb. 6.30: TRENNEN, Option EINE SEITE BEIBEHALTEN

Bei der Option VOLUMENKÖRPER TEILEN bleiben beide Teile erhalten und können danach einzeln mit 3D-MODELL|ÄNDERN ▾ KÖRPER VERSCHIEBEN individuell verschoben werden (Abbildung 6.32).

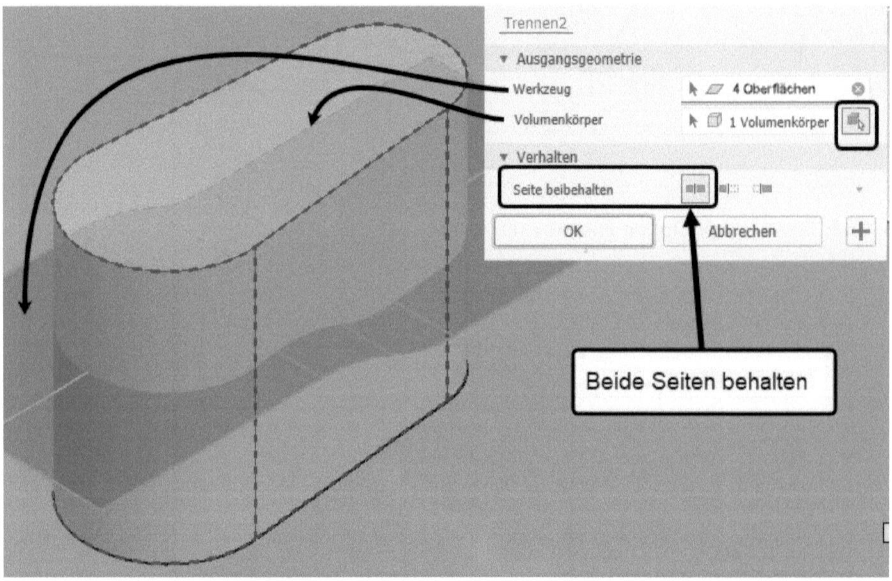

Abb. 6.31: TRENNEN, Option BEIDE SEITEN BEIBEHALTEN

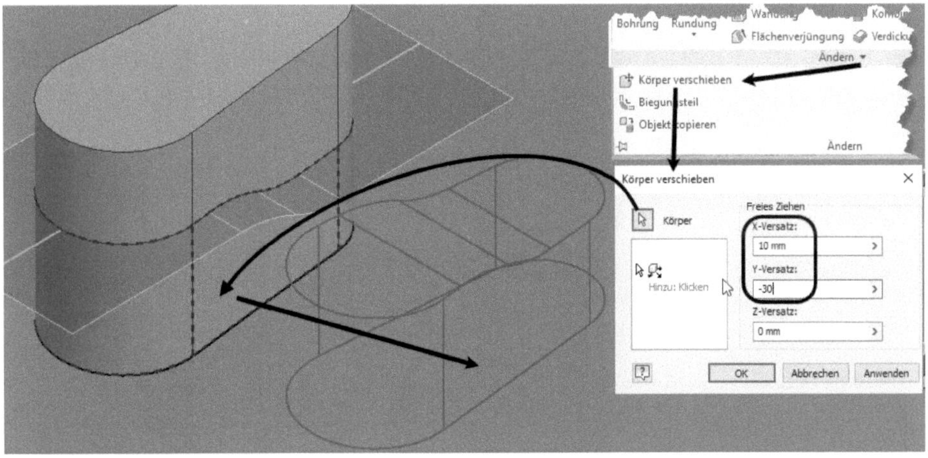

Abb. 6.32: Verschieben eines Teils des geteilten Volumenkörpers

6.1.7 Gewinde

Die Funktion GEWINDE dient dazu, auf zylindrischen Körpern eine Gewindeandeutung aufzubringen. Das ist kein 3D-mäßig auskonstruiertes Gewinde. Dazu müsste man mit dem Werkzeug SPIRALE und einem dreieckigen Profil ein echtes Gewinde auskonstruieren. Das wäre aber viel zu aufwendig. Deshalb wird hier das Gewinde nur grafisch angedeutet. Bei der Zeichnungserstellung später wird dieses Gewinde aber erkannt und zeichentechnisch korrekt wiedergegeben.

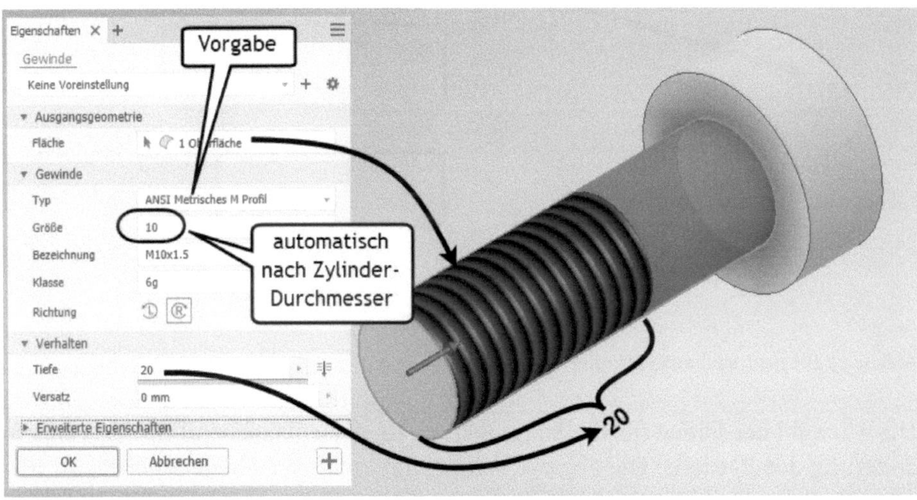

Abb. 6.33: Außengewinde

6.1.8 Biegungsteil

Der Befehl 3D-MODELL|ÄNDERN ▾ BIEGUNGSTEIL kann ebene Teile an einer *Biegungslinie* mit wählbarem Radius und Winkel in verschiedene Richtungen verbiegen.

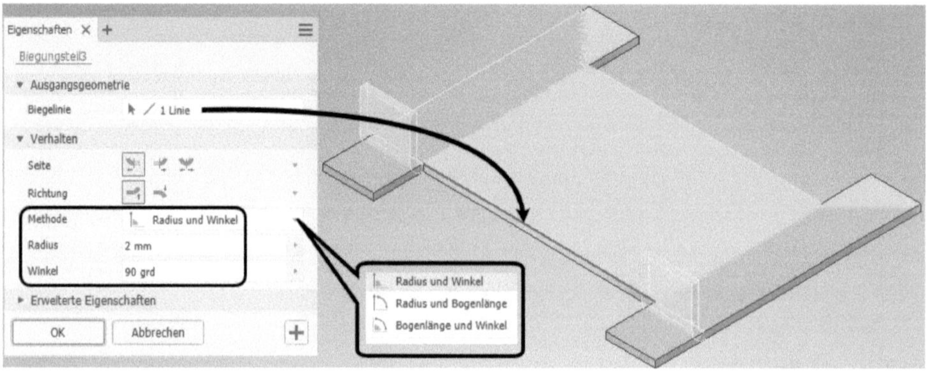

Abb. 6.34: BIEGUNGSTEIL mit Biegungslinie

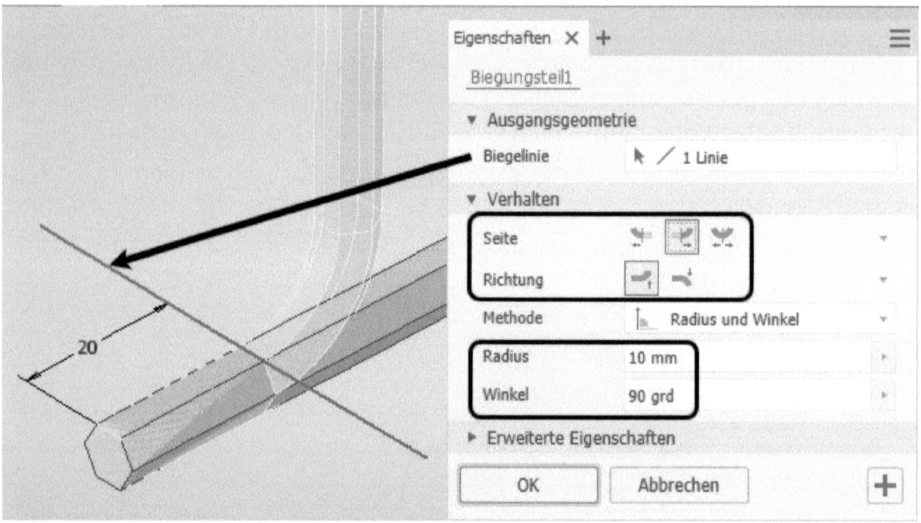

Abb. 6.35: Biegungsteil aus extrudiertem Profil

Die Auswahl der Ebene für die Biegungslinie ist ausschlaggebend für die Längenänderung des Bauteils. Die abgewickelte Länge in dieser Ebene bleibt beim Biegen erhalten, die Längen über oder unter dieser Ebene werden verringert bzw. gedehnt.

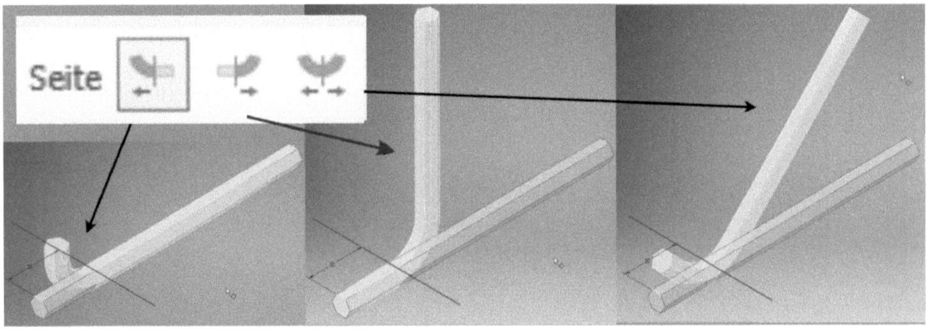

Abb. 6.36: Auswahl der Biegungsseite

6.1.9 Verdickung/Versatz

Mit VERDICKUNG/VERSATZ können Sie *auf Flächen* eines Volumenkörpers eine Verdickung aufbringen. Die Verdickung kann aber auch umgekehrt werden und dann als Differenz vom Originalkörper abgezogen werden. Auch die Schnittmenge oder ein getrennter Volumenkörper ist hier möglich. In der zweiten Registerkarte können noch Toleranzen für kritische Fälle spezifiziert werden.

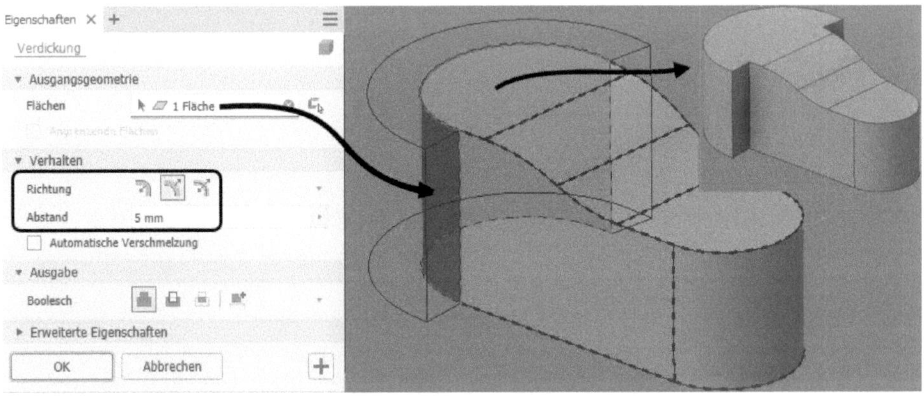

Abb. 6.37: VERDICKUNG um **5 mm** als VEREINIGUNG mit dem Volumenkörper

6.1.10 Markieren

Die MARKIEREN-Funktion dient dazu, Elemente einer 2D-Skizze als Markierungselemente auf fluchtende ebene Körperflächen zu übertragen. Diese Markierungselemente sind praktisch Teilflächen der Körperflächen.

6.2 iFeatures

Weitere Details, die Sie nicht unter 3D-MODELL|ÄNDERN finden, können Sie selbst modellieren, in einer Bibliothek als IFEATURE speichern und dann in andere Bauteile einfügen. Als Beispiel dient hier eine quadratische Senkung. Sie ist in einem Basisteil als EXTRUSION mit bestimmten Abmessungen und mit Abständen vom Nullpunkt konstruiert worden (Abbildung 6.38).

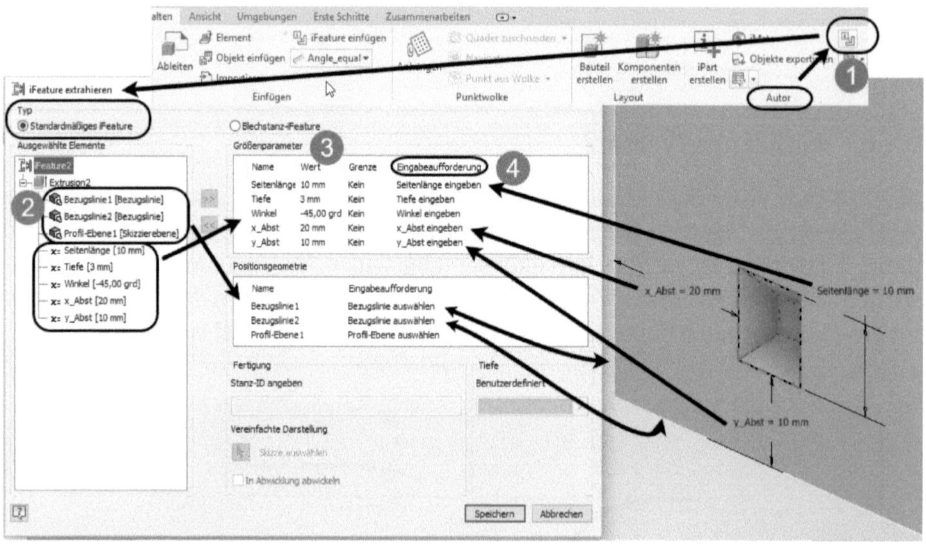

Abb. 6.38: iFeature erstellen

Damit die Bedeutung der Parameter klar wird, wurde in der Konstruktion die SKIZZENANZEIGE aktiviert und die BEMAẞUNGSANZEIGE nach Rechtsklick in der Skizze auf AUSDRUCK (*Parametername und Wert*) geschaltet. Es lohnt sich, den Bemaßungen sinnvolle selbsterklärende Namen zu geben. Nutzen Sie BEMAẞUNGSEIGENSCHAFTEN im Kontextmenü der Bemaßung, um den Namen zu ändern. Auch über den Befehl PARAMETER f_x aus dem SCHNELLZUGRIFF-WERKZEUGKASTEN bzw. aus VERWALTEN können Sie die Namen ändern. Diese Namen werden dann nämlich automatisch in das iFeature übernommen.

Mit VERWALTEN|AUTOR|IFEATURE EXTRAHIEREN ❶ erzeugen Sie aus der Extrusion das iFeature. Im Dialogfenster erscheint ein vorläufiger Name **`iFeaturex`**, den Sie am besten jetzt mit Rechtsklick und UMBENENNEN sinnvoll definieren. Er wird beim Speichern des iFeature-Elements als Vorgabe-Dateiname verwendet.

Klicken Sie nun das Element für das iFeature im Browser an. Damit werden die Parameter der Geometrie links im Dialogfeld eingetragen. Wenn Sie den **`Parametern`** schon sinnvolle Namen gegeben haben, werden sie automatisch aus der linken Spalte in die iFeature-Tabelle übernommen. Ansonsten wählen Sie links diejenigen Parameter aus, die Sie später spezifisch festlegen wollen ❷. Übertragen Sie die mit >> in den Bereich rechts ❸ und geben Sie für den Eingabedialog sinnvolle Abfragetexte ein ❹. Für das spätere Einfügen ist es auf jeden Fall sinnvoll, die PROFIL-EBENE und den REFERENZPUNKT oder die REFERENZKANTEN als Parameter ins iFeature zu übernehmen. Die Zeilen auf der rechten Seite können Sie anklicken, bearbeiten und auch in der Reihenfolge noch verschieben.

Vorgabemäßig wird ein iFeature im Verzeichnis `Catalog` abgelegt (`C:Benutzer\Öffentlich\Öffentliche Dokumente\Autodesk\Inventor 2023\Catalog`).

Mit VERWALTEN|EINFÜGEN|IFEATURE EINFÜGEN können Sie ein iFeature in beliebige Bauteile einsetzen. Der Dialog durchläuft folgende Bereiche (Abbildung 6.39):

- AUSWÄHLEN – Sie wählen das gewünschte iFeature aus dem oben bezeichneten Verzeichnis aus.
- POSITION – Hier legen Sie die *Bezugsebene,* den *Bezugspunkt* oder die *Bezugslinien* fest.
- GRÖẞE – Hier spezifizieren Sie sämtliche *Abmessungen,* die für das iFeature vorgesehen sind. Die Abmessungen werden aber erst wirksam, wenn Sie die Aktion mit FERTIG STELLEN beenden.
- GENAUE POSITION – Hiermit könnten Sie noch in den Skizziermodus wechseln und das iFeature neu modellieren.

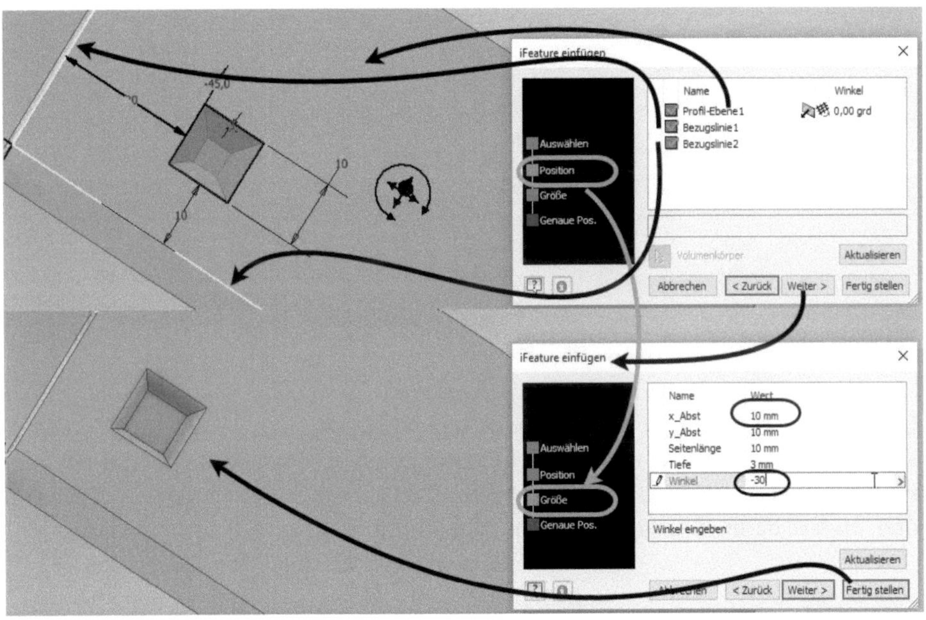

Abb. 6.39: iFeature einfügen

6.3 Weitere Ändern-Befehle

Dieser Abschnitt zeigt die selteneren ÄNDERN-Befehle.

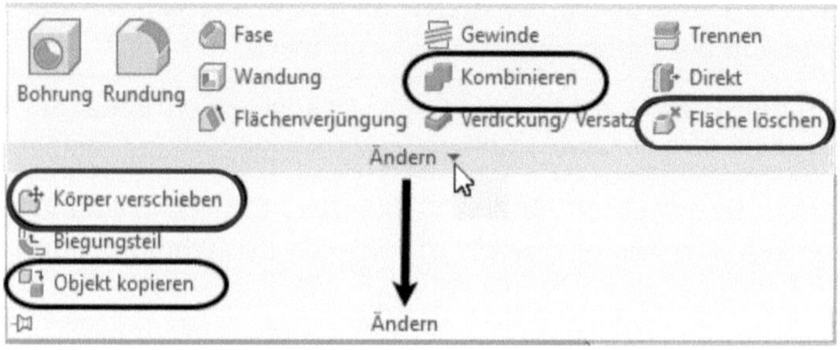

Abb. 6.40: Seltenere ÄNDERN-Befehle

6.3.1 Kombinieren

Wenn Sie ein Bauteil mit mehreren Volumenkörpern haben (Abbildung 6.41), können Sie diese mit KOMBINIEREN zusammenfügen.

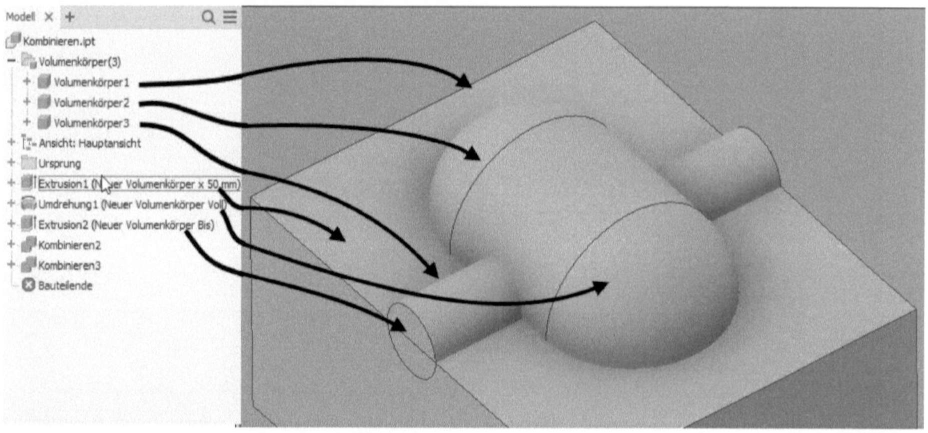

Abb. 6.41: Bauteil mit drei Volumenkörpern

Der Befehl bietet die bekannten booleschen Operationen VEREINIGUNG, DIFFERENZ und SCHNITTMENGE. Der Befehl verlangt einen GRUNDKÖRPER und ein oder mehrere WERKZEUGKÖRPER. Der GRUNDKÖRPER ist bei Differenz der erste, von dem andere dann abgezogen werden (Abbildung 6.42).

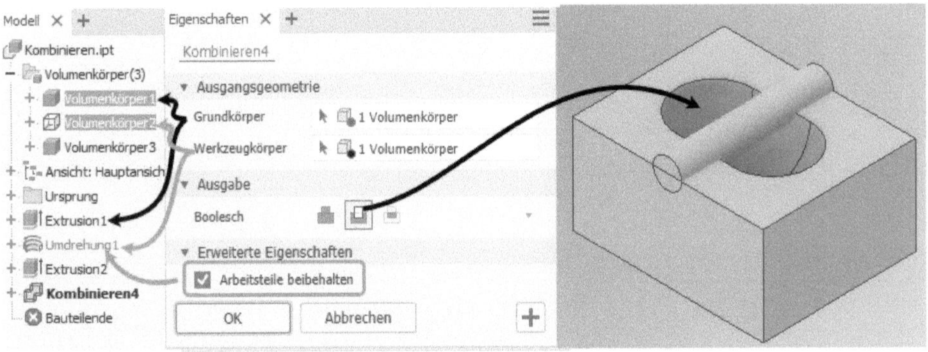

Abb. 6.42: Kombinieren mit Differenz, aber Beibehalten des Arbeitsteils

Der Befehl erlaubt nun aber, dass die Original-Volumenkörper auch erhalten bleiben. Dadurch gibt es dann die Möglichkeit, später die Teile einzeln über den Browser wieder sichtbar zu machen (Abbildung 6.43). Auch später bei der Zeichnungsableitung können die Teile, die durch Kombinieren unsichtbar geworden sind, wieder sichtbar und die anderen unsichtbar gemacht werden. Dadurch ist es möglich, in der abgeleiteten Zeichnung auch Ansichten mit den verarbeiteten Arbeitsteilen zu zeigen und zu bemaßen.

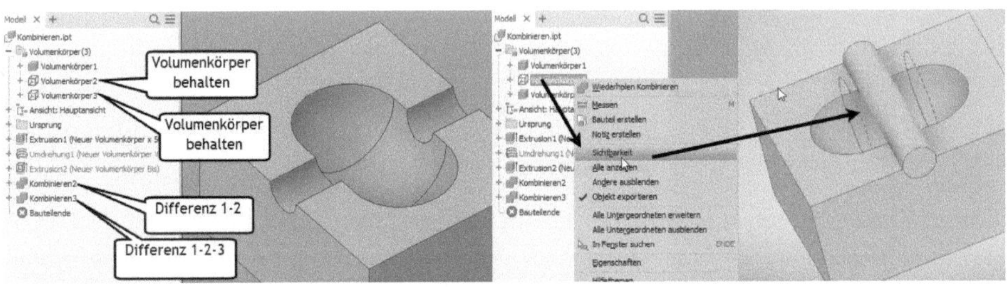

Abb. 6.43: Nach Kombinieren und Erhalten der Volumenkörper können diese später wieder sichtbar gemacht werden.

6.3.2 Fläche löschen

Mit FLÄCHE LÖSCHEN können Sie Flächen aus einem Volumenkörper entfernen, mit der Option KORRIGIEREN wird dann versucht, den Flächenverbund durch Verlängern der Flächen neben dem entstandenen Loch wieder zu schließen.

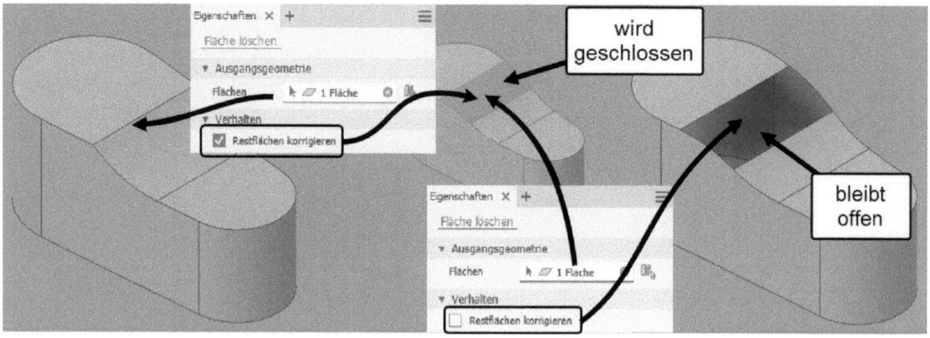

Abb. 6.44: FLÄCHE LÖSCHEN mit und ohne KORRIGIEREN

6.3.3 Körper verschieben

Die Funktion KÖRPER VERSCHIEBEN liegt etwas versteckt unter 3D-MODELL|ÄNDERN ▾ KÖRPER VERSCHIEBEN. Damit ist auch mehr möglich als nur eine Verschiebung. Nach Auswahl eines oder mehrerer Körper mit dem Pfeil-Icon werden folgende Optionen angeboten:

- FREIES ZIEHEN – erlaubt eine Verschiebung um bestimmte Beträge in X-, in Y- und in Z-Richtung.
- VERSCHIEBEN entlang eines Strahls – verlangt eine Körperkante, eine Koordinatenachse oder ein anderes richtungweisendes Element sowie eine Entfernung für eine Verschiebung.
- DREHUNG UM EINE LINIE – benötigt ebenfalls eine Kante oder ein anderes lineares Element und einen Drehwinkel.

Bei den letzten Optionen können die Richtungen umgekehrt werden. Es können durch Klicken links im Dialogfeld auch *mehrere* der Optionen nacheinander angewendet werden, um eine kombinierte Dreh-Kipp-Bewegung auszuführen. Sie können auch unter > zur Option MESSEN verzweigen, um den Abstand zweier Punkte abzugreifen.

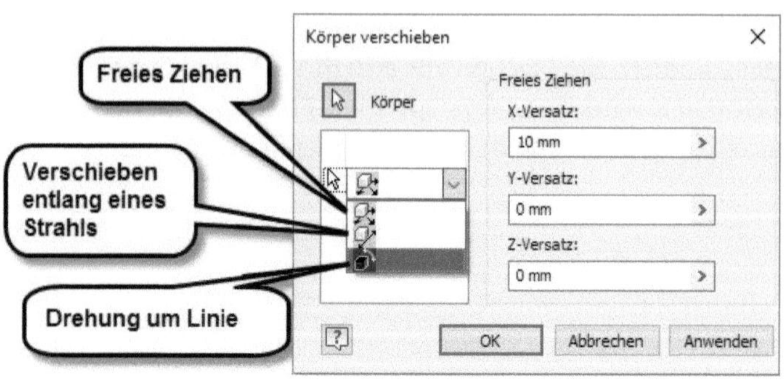

Abb. 6.45: Optionen in KÖRPER VERSCHIEBEN

6.3.4 Objekt kopieren

Auch die Funktion OBJEKT KOPIEREN sitzt im Aufklappmenü unter 3D-MODELL|ÄNDERN|OBJEKT KOPIEREN. Ihre Standard-Einstellung ist nicht das Kopieren von einem Ort an einen anderen, sondern bedeutet das Kopieren in einen anderen Objekttyp. So wird mit Normaleinstellungen ein Volumenkörper in einen *Flächenverband* kopiert.

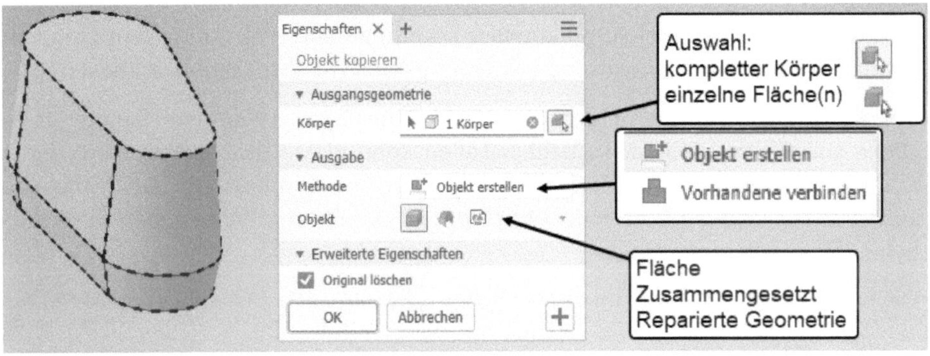

Abb. 6.46: Objekt kopieren zwecks Umwandlung in Flächen in verschiedenen Umgebungen

Die Optionen haben folgende Wirkung:

- FLÄCHE – kopiert als Flächen in die aktuelle *Bauteilumgebung*.
- ZUSAMMENGESETZT – kopiert als Flächenverbund in die aktuelle *Bauteilumgebung*. Daraus können Sie aber mit 3D-MODELL|OBERFLÄCHE|FORMEN wieder einen Volumenkörper erstellen.
- REPARIERTE GEOMETRIE – kopiert als Flächen in die *Reparaturumgebung* und erzeugt daraus eine reparierte Geometrie als Volumenkörper.

Die REPARATURUMGEBUNG ist ein spezieller Bereich für die Bearbeitung von *Flächen*, damit Sie problematische Volumenkörper über die Außenflächen gestalten und reparieren können. Die REPARATURUMGEBUNG verfügt über eine eigene Fehler-Such- und Korrektur-Funktion.

6.4 Direkt bearbeiten

Die Funktion 3D-MODELL|ÄNDERN|DIREKTBEARBEITUNG ist eine sehr universelle Funktion zur Bearbeitung eines Volumenkörpers. Bei allen Aktionen ist darauf zu achten, dass natürlich *keine geometrisch unmöglichen Formen* entstehen dürfen. Sollte das passieren, werden Sie mit einem gelben Warndreieck darauf aufmerksam gemacht. Auch anhand der Vorschau sehen Sie, wie sich Ihr Teil entwickelt. Wenn Sie keine Vorschau mehr sehen, dann haben Sie die Geometrie des Teils zu sehr mit Ihrer Aktion verzerrt, dann ist bestimmt auch schon das gelbe Warndreieck da.

Bei allen Funktionen außer MAßSTAB geht es darum, Flächen zu wählen. Bei der Wahl werden die Flächen *rot* markiert und es erscheint auch ein *grüner* Punkt, der mit einem Kreissymbol besonders hervorgehoben wird. Je nach der Position Ihres Cursors kann der grüne Punkt an verschiedenen Flächenkanten oder -ecken auftreten. Dieser Punkt ist der *Basispunkt* für die Bearbeitung. Am wichtigsten ist er beim DREHEN als Drehpunkt.

Bei Aktionen, die eine Richtung benötigen, erscheint außerdem ein Achsendreibein. Dieses richtet sich entweder an linearen Flächenkanten aus, sofern vorhanden, oder es liegt parallel zum aktuellen Koordinatensystem. An diesem Dreibein können Sie dann den gewünschten Richtungspfeil für Ihre Aktion anklicken.

Bei den Drehen-Aktionen erscheint ein ähnliches Symbol, an dem Sie die Drehebene auswählen können. In beiden Fällen können Sie Ihre Aktion dann dynamisch durch Ziehen am Pfeil oder Bewegen des Symbols in der Drehebene ausprobieren und die Vorschau betrachten. Die konkreten Werte geben Sie natürlich in Eingabefeldern ein.

Die DIREKTBEARBEITUNG beinhaltet mehrere sehr interaktiv zu bedienende Aktionen:

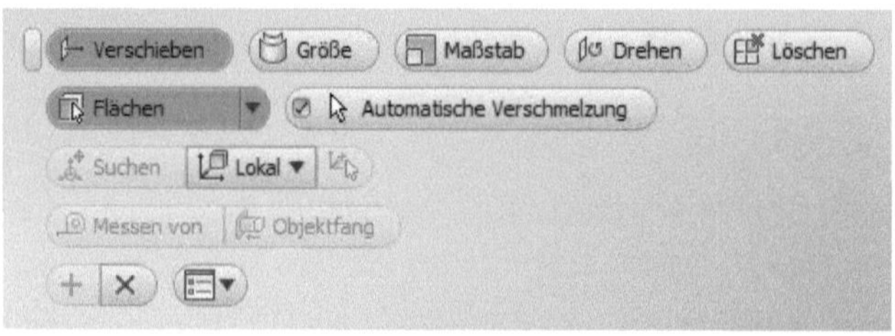

Abb. 6.47: Menü der DIREKTBEARBEITUNG

- VERSCHIEBEN – verschiebt eine oder mehrere Flächen eines Volumenkörpers. Das klappt, sofern die restlichen Flächen durch Verlängerung oder Verkürzung angepasst werden können.
- GRÖßE – dient zum Vergrößern runder Flächen. Tangential angrenzende Flächen werden mit vergrößert.
- MAßSTAB – bedeutet eigentlich *Skalieren* (falsche Übersetzung von engl. scale). Damit können Sie ganze Volumenkörper einheitlich skalieren, aber auch eine Option zum uneinheitlichen Skalieren wählen. Oft möchte man ein Teil nur in Z-Richtung stärker machen. Dann wäre nur der Z-Skalierfaktor größer als 1 zu setzen.
- DREHEN – erlaubt, einzelne oder mehrere Flächen zu verdrehen. Der Basispunkt an der ersten Fläche definiert den Drehpunkt. Bei vielen Teilen ist als Drehachse die Innenfläche einer Bohrung mit Ihrer Achse eine sehr sinnvolle Wahl. Die eigentlich zu drehende Fläche ist dann oft die zweite gewählte.

- LÖSCHEN – löscht eine oder mehrere Flächen des Volumenkörpers. Hier ist es auch wieder ganz wichtig, dass das nur funktioniert, wenn die verbleibenden Flächen die entstehende Lücke durch Erweiterungen schließen können.

6.4.1 Verschieben

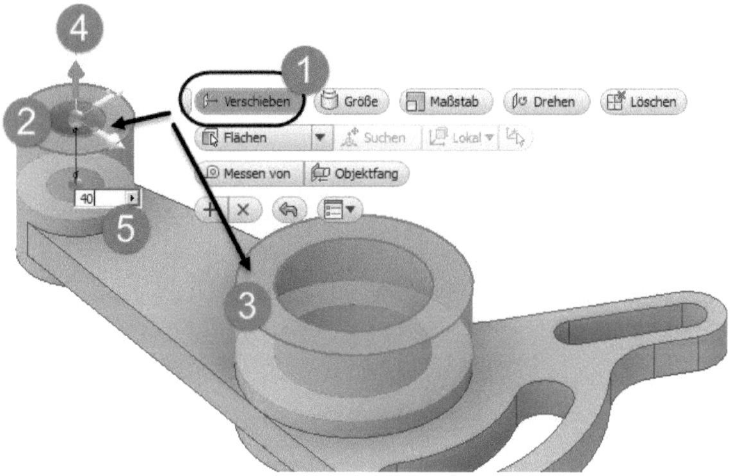

Abb. 6.48: Verschieben von zwei Flächen gleichzeitig in Z-Richtung

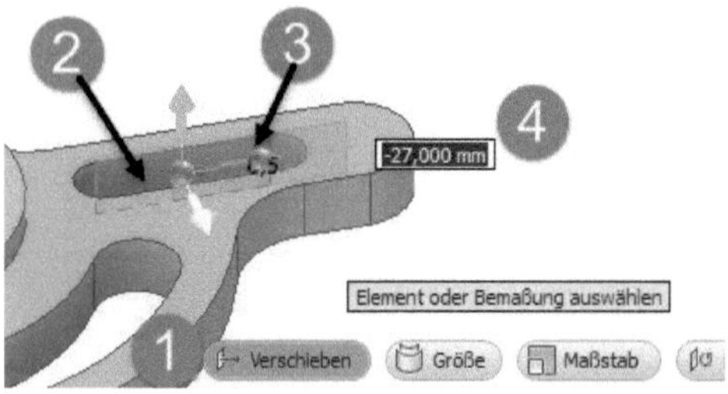

Abb. 6.49: Verschieben des gesamten Langlochs anhand einer gewählten Fläche, über ABHÄNGIGKEIT PARALLEL verbundene gehen mit.

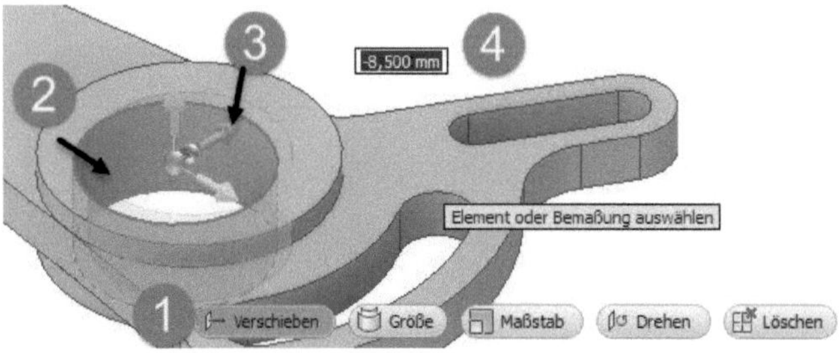

Abb. 6.50: Verschieben der Bohrung in Y-Richtung

6.4.2 Größe

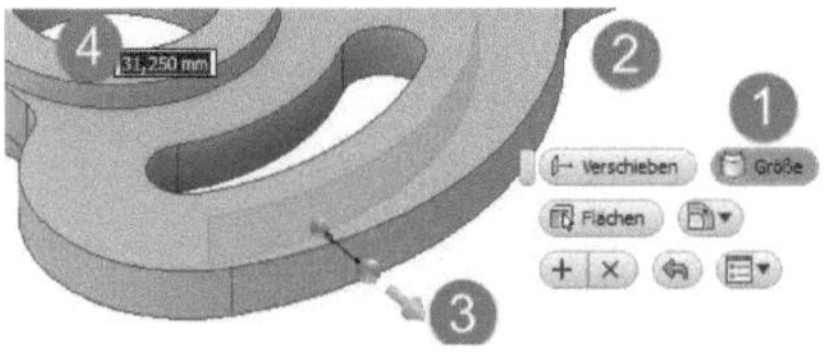

Abb. 6.51: Größenänderung anhand einer einzelnen Fläche, über ABHÄNGIGKEIT TANGENTIAL verbundene gehen mit.

6.4.3 Maßstab (besser: Skalieren)

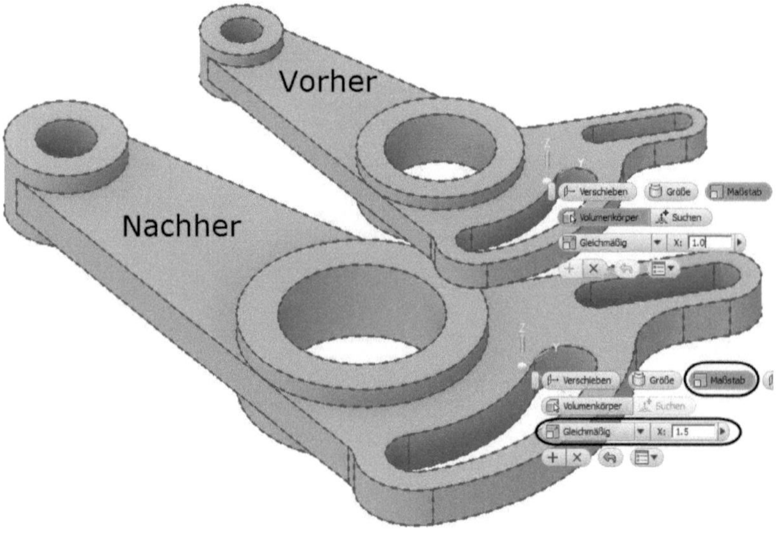

Abb. 6.52: Gleichmäßiges Skalieren

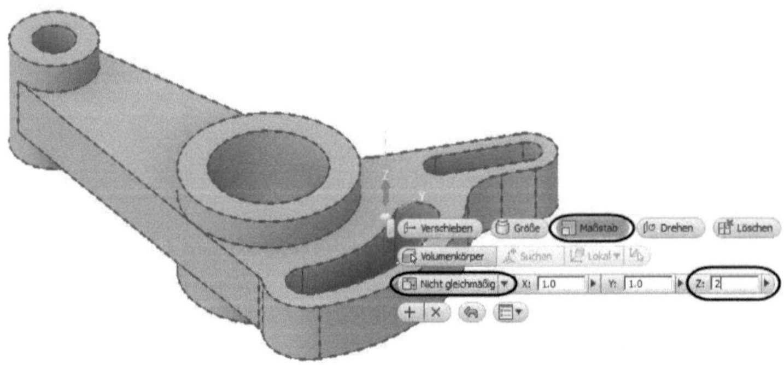

Abb. 6.53: Skalieren nur in Z-Richtung

6.4.4 Drehen

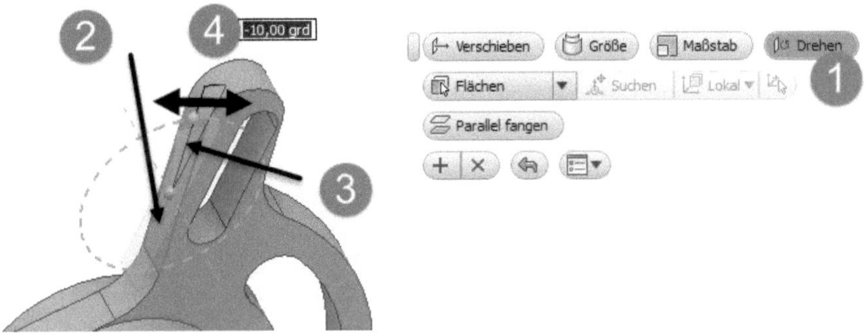

Abb. 6.54: Drehen anhand einer einzigen Fläche, über ABHÄNGIGKEIT PARALLEL verbundene gehen mit.

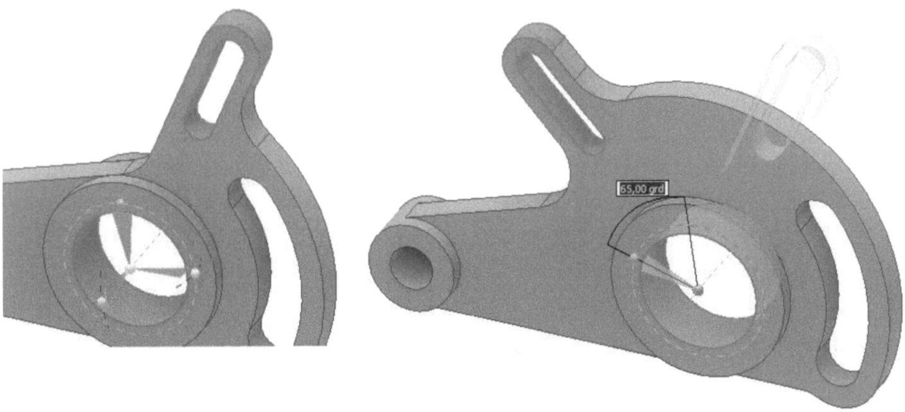

Abb. 6.55: Drehen um die Achse einer Bohrung (erste Fläche)

6.4.5 Löschen

Abb. 6.56: Löschen einer Fläche

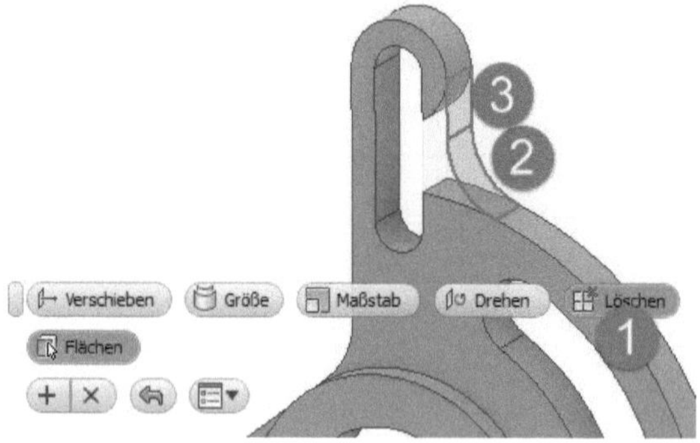

Abb. 6.57: Löschen mehrerer Flächen, Lücke wird von den Restflächen geschlossen.

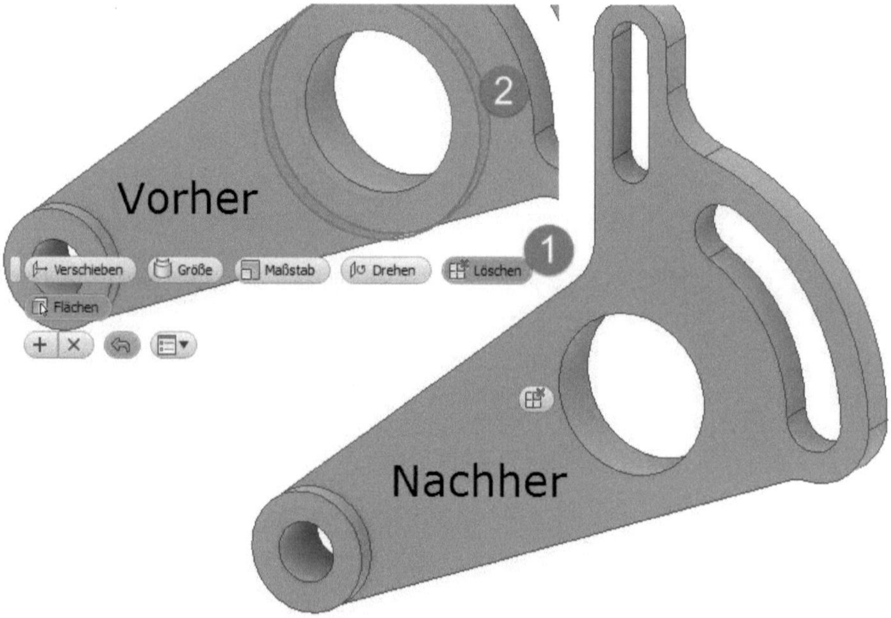

Abb. 6.58: Löschen einer geschlossenen Fläche, obere Ringfläche geht verloren.

6.5 Muster

Um regelmäßige Anordnungen von Volumenkörpern oder Teilelementen im Bauteil zu generieren, stehen in der Gruppe MUSTER vier Anordnungsfunktionen zur Verfügung:

- RECHTECKIGE ANORDNUNG – erzeugt eine Anordnung mit mehreren Kopien, die sich an ein bis zwei Richtungen orientiert.
- RUNDE ANORDNUNG – ordnet ein Element mehrfach polar um eine Drehachse an.

- SKIZZENBASIERT – generiert eine Anordnung gemäß den Punktpositionen aus einer Skizze.
- SPIEGELN – spiegelt Elemente an einer Spiegelebene.

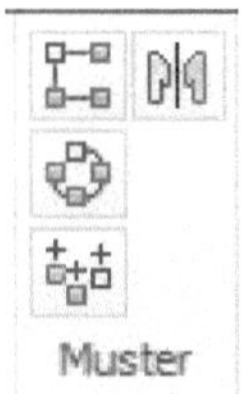

Abb. 6.59: Gruppe Muster

6.5.1 Rechteckige Anordnung

Die RECHTECKIGE ANORDNUNG verlangt ein oder zwei Kanten als Richtungen und dann die Abstände und Elementzahlen in diesen Richtungen. Die Abstände können als INTERVALL zwischen den einzelnen Objekten oder als GESAMTABSTAND zwischen erstem und letztem Element angegeben werden. Die Anordnung kann vom gewählten Element in die gewählte Richtung oder entgegengesetzt laufen, aber auch mittig zentriert vom gewählten Element in beide Richtungen.

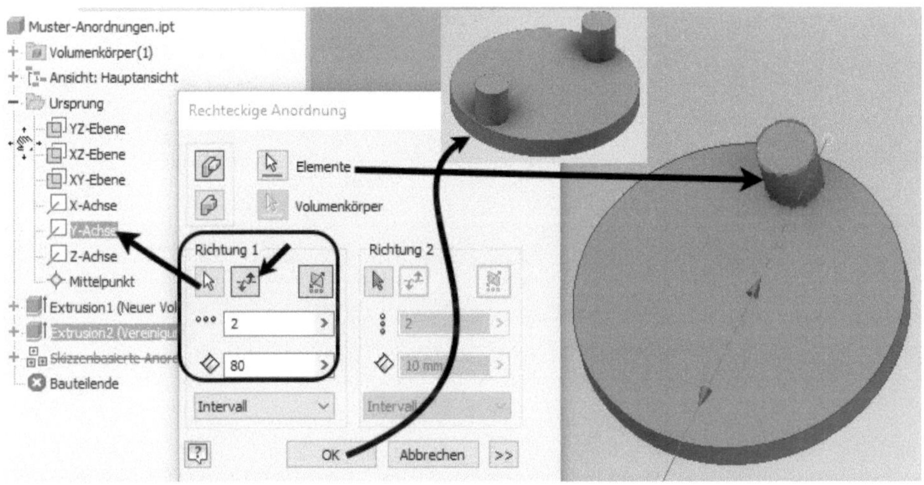

Abb. 6.60: Rechteckige Anordnung entlang der Y-Achse

6.5.2 Runde Anordnung

Die RUNDE ANORDNUNG verlangt nach der Wahl des anzuordnenden Elements eine DREHACHSE. Das kann eine Linie oder auch eine kreisförmige Kante oder Fläche sein, deren Mittelachse dann verwendet wird. Es kann ein Vollkreis mit Elementen ausgefüllt werden oder auch ein Teilkreis festgelegt über den Winkel.

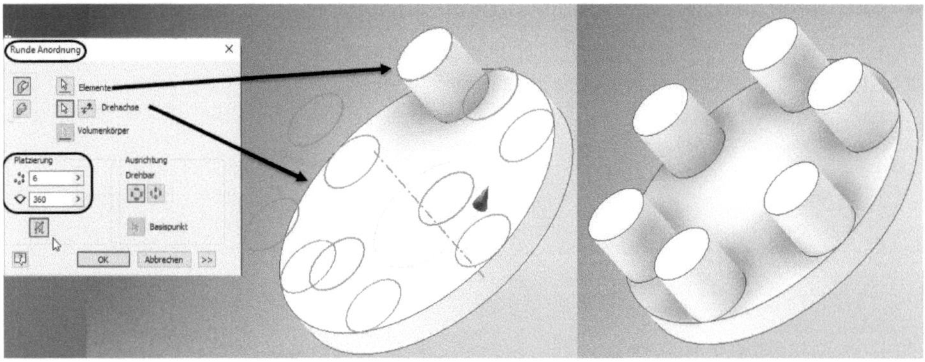

Abb. 6.61: Runde Anordnung mit sechs Elementen um die Scheibenmitte

6.5.3 Skizzenbasiert

Mit der SKIZZENBASIERTEN Anordnung können Sie Elemente gemäß einem Punktemuster anordnen, das Sie über eine SKIZZE liefern. Im Beispiel wird eine spiralförmige Anordnung angestrebt. Dazu wird über die Skizzenfunktion GLEICHUNG KURVE zunächst eine Spirale definiert. Darauf werden dann bei vorgegebenen Positionen Punkte platziert. Die Punktpositionen ergeben sich hier über Hilfslinien mit festen Winkelabständen und die Spiralkurve. Mit der Funktion SKIZZENBASIERT wählen Sie dann nur noch das Element für die Anordnung und die Skizze.

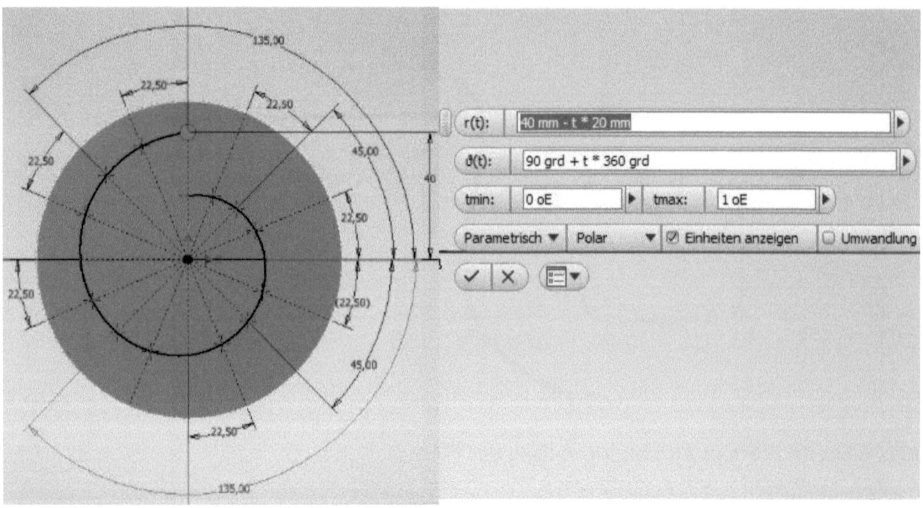

Abb. 6.62: Skizze einer Spirale mit Schnittpunkten für die Anordnungspositionen

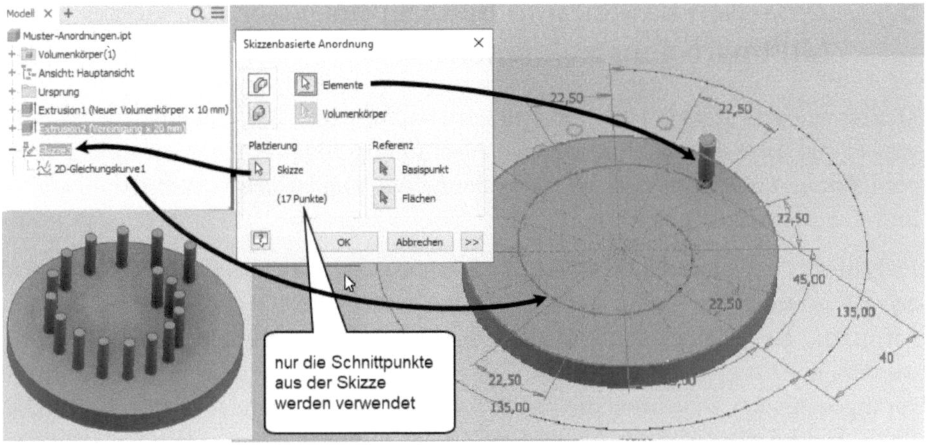

Abb. 6.63: Muster mit einer skizzenbasierten Anordnung

6.6 Benutzer-Koordinaten-Systeme

Mit der Funktion 3D-MODELL|ARBEITSELEMENTE|BKS können Sie in Ihrer Konstruktion ein weiteres Koordinatensystem mit den drei Koordinatenachsen, einem neuen Nullpunkt und den drei Arbeitsebenen erstellen. *BKS* steht für *B*enutzer-*K*oordinaten-*S*ystem. Es ist nützlich, wenn Sie dann Skizzen in so einem gedrehten System erstellen müssen. Das neue Koordinatensystem wird über drei Punkte festgelegt, der erste definiert den *Nullpunkt*, der zweite die *X-Richtung* und der dritte muss nicht exakt in Y-Richtung liegen, aber er definiert die *positive XY-Halbebene*, d.h. den Teil der XY-Ebene, in dem Y positiv ist. Die Punkte können Flächenecken des bisherigen Bauteils sein. Sie können dann in diesem neuen Koordinatensystem die Ebenen für weitere Skizzen wählen.

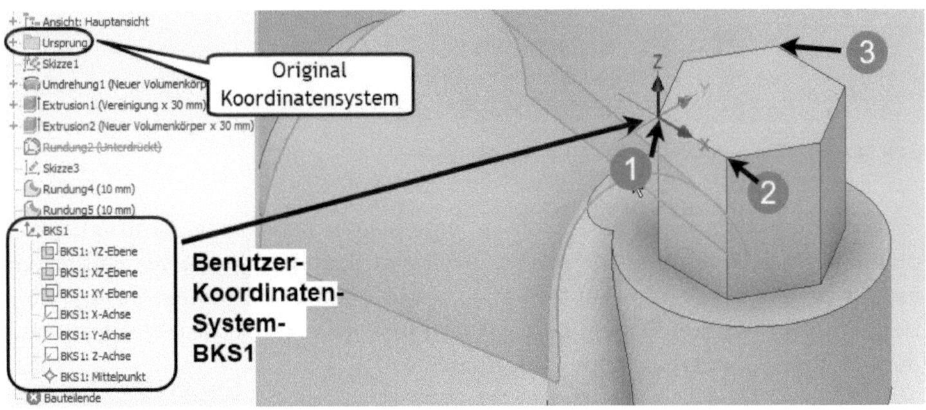

Abb. 6.64: Definition eines neuen Benutzer-Koordinaten-Systems

6.7 Zwischen Bauteil und Baugruppe: Multipart-Konstruktionen

Traditionell geht man bei 3D-Konstruktionen davon aus, dass erst einzelne Bauteile erstellt und diese dann zu Baugruppen zusammengefügt werden. Man spricht dabei vom *Bottom-Up-Prinzip*, was so viel bedeutet wie *vom kleinen Einzelteil zum großen und komplexen Zusammenbau*.

Es geht aber auch anders. In INVENTOR können *innerhalb eines Bauteils mehrere einzelne Volumenkörper* erstellt werden. Der Vorteil dieser Vorgehensweise besteht darin, dass diese Teile mit Abhängigkeiten und Referenzen zueinander konstruiert werden. Die Skizzen der einzelnen Teile verwenden natürlich projizierte Konturen vorangegangener Teile und sind damit automatisch miteinander adaptiv verknüpft. Beim Ändern der Grundplatte wird sich beispielsweise die gesamte Konstruktion anpassen.

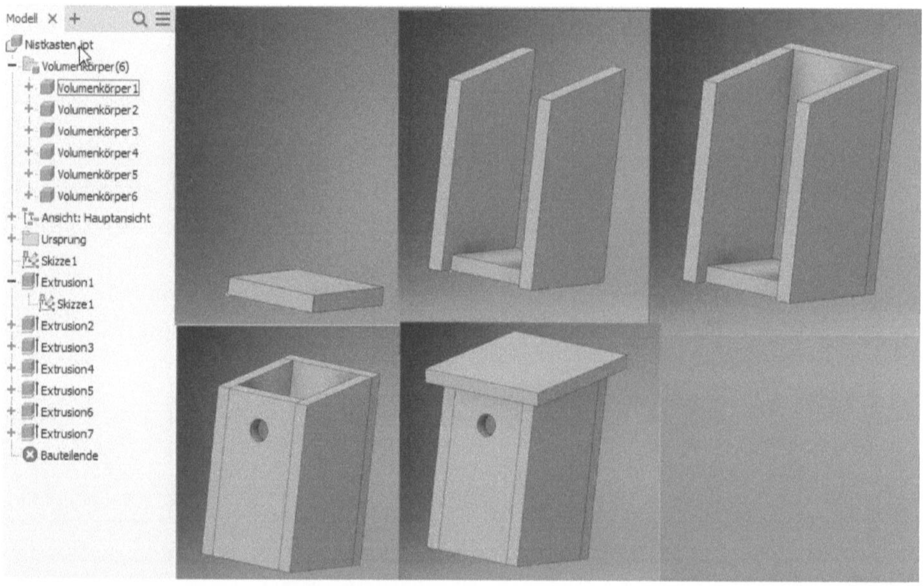

Abb. 6.65: Multipart-Konstruktion für einen Nistkasten

Wenn es nun aber weitergehen soll zu einer echten Baugruppe, dann muss aus den einzelnen Volumenkörpern des Multipart-Bauteils eine neue Baugruppe erstellt werden, in der die Bauteile auch relativ zueinander bewegt werden können. Mit der Funktion VERWALTEN|LAYOUT|KOMPONENTEN ERSTELLEN entsteht aus dem Multipart-Bauteil die neue Baugruppe.

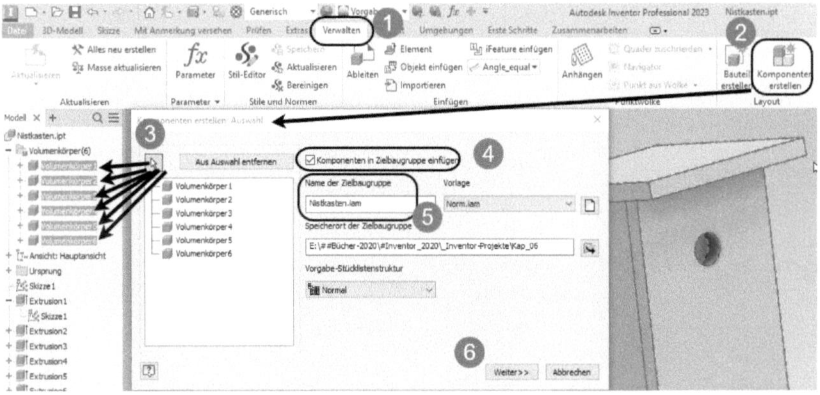

Abb. 6.66: Baugruppe aus Multipart-Bauteil erstellen

Achten Sie darauf, dass nach WEITER im nächsten Dialogfenster *nicht* die Option ALLE KÖRPER ALS FLÄCHEN aktiviert ist!

Sieht man sich diese neue Baugruppe im Browser an, dann zeigt sich, dass alle Bauteile *fixiert* sind. Abhängigkeiten zwischen Bauteilen, wie sie im nächsten Kapitel beschrieben werden, können nicht automatisch generiert werden, sondern müssen dann vom Konstrukteur in sinnvoller Weise angebracht werden. In Abbildung 6.67 wurden die automatischen Fixierungen der Teile durch nachträglich erstellte Abhängigkeiten ersetzt.

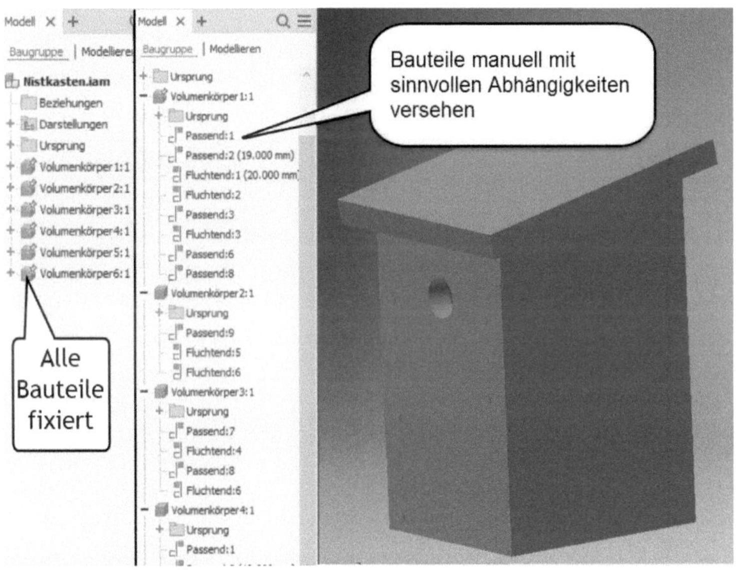

Abb. 6.67: Baugruppe mit automatisch fixierten Bauteilen links und mit sinnvoll abhängig gemachten Bauteilen rechts

Auch eine Stückliste der Baugruppe lässt sich mit VERWALTEN|VERWALTEN|STÜCKLISTE unkompliziert erstellen. Die einzelnen Bauteile können Sie über diese Liste nach Rechtsklick in der THUMBNAIL-Spalte mit ÖFFNEN erreichen.

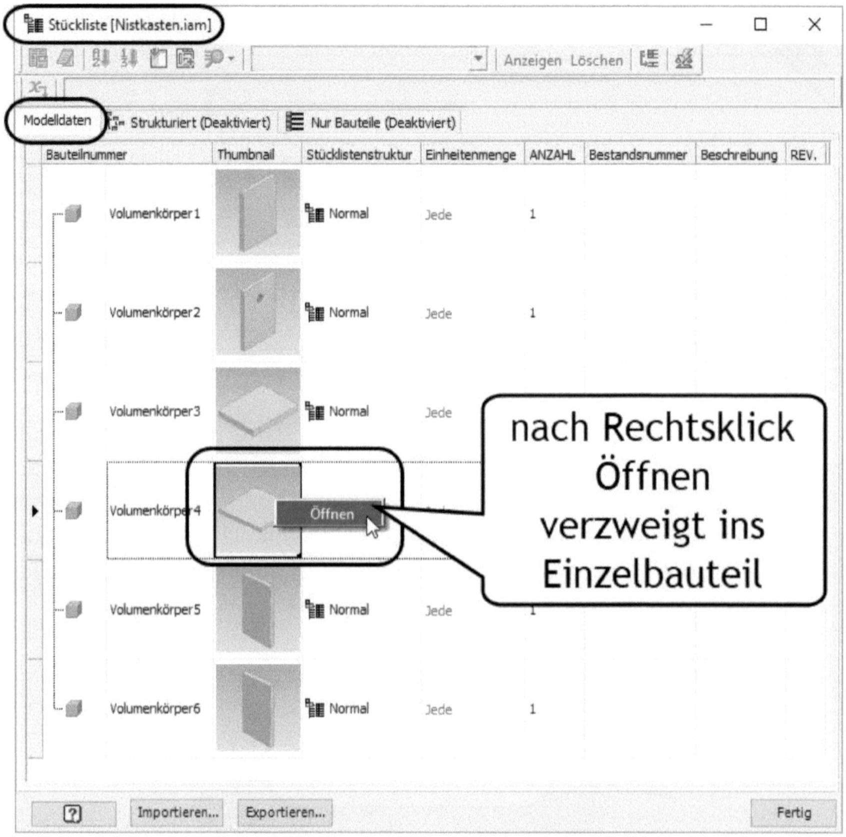

Abb. 6.68: Stückliste mit Bildern

Da die Dateien nun adaptiv miteinander verknüpft sind, müssten Sie für Konstruktionsänderungen in das Multipart-Bauteil gehen (hier `Nistkasten.ipt`), um Maße zu ändern. Danach werden Sie dann in der Baugruppe (hier `Nistkasten.iam`) das Aktualisierungs-Logo im Schnellzugriff-Werkzeugkasten finden. Ein Klick darauf aktualisiert sofort Ihre Baugruppe.

6.8 Konstruktionsbeispiel

Nachdem nun alle Befehle für Bauteile vorgestellt wurden, soll noch einmal anhand eines Beispiels die Vorgehensweise der 3D-Konstruktion dargestellt werden. Das Beispiel aus Abbildung 6.69 soll schrittweise erstellt werden.

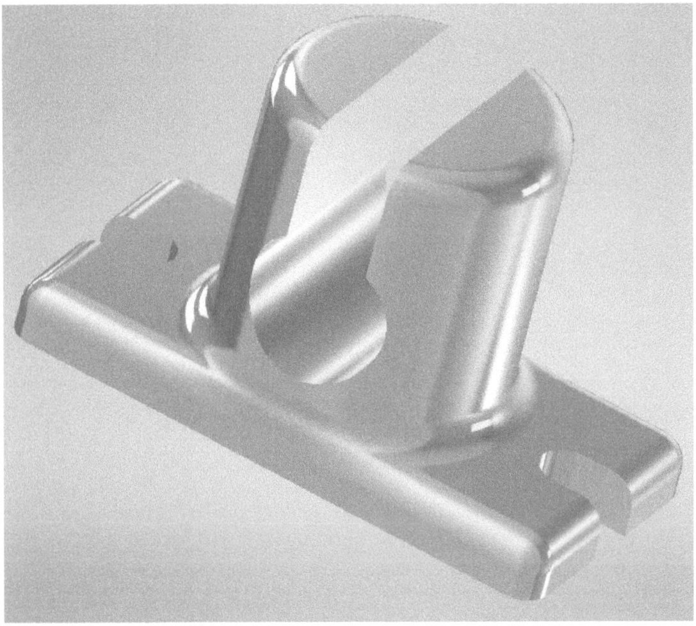

Abb. 6.69: Beispiel-Konstruktion

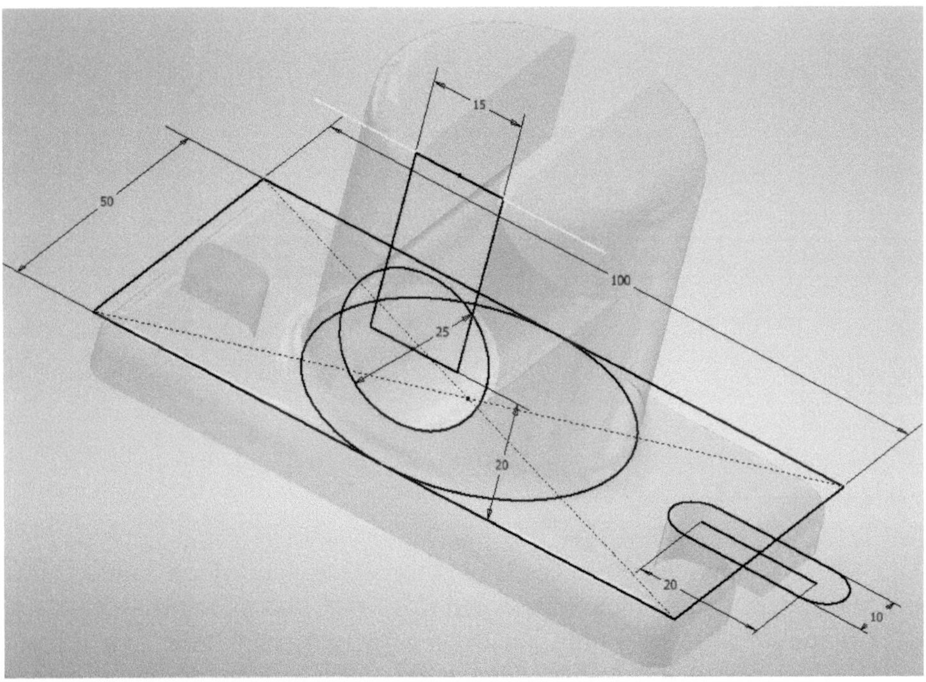

Abb. 6.70: Skizzen für die Konstruktion

Zuerst entsteht die Grundplatte als EXTRUSION eines Rechtecks (Abbildung 6.71).

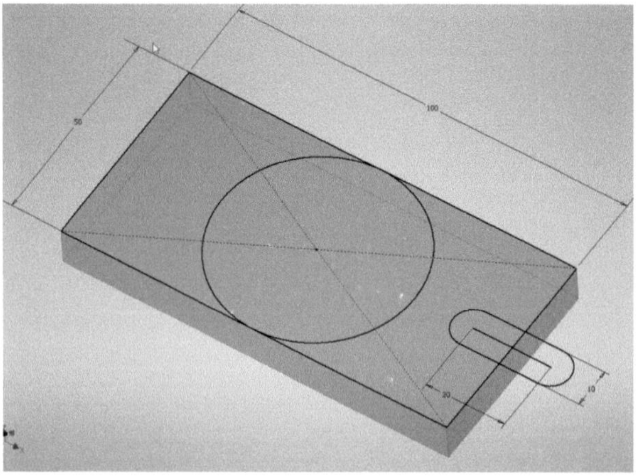

Abb. 6.71: Rechteck mit Extrusion

Danach wird ein Kreis als Skizze gezeichnet und extrudiert mit Option VEREINIGUNG (Abbildung 6.72).

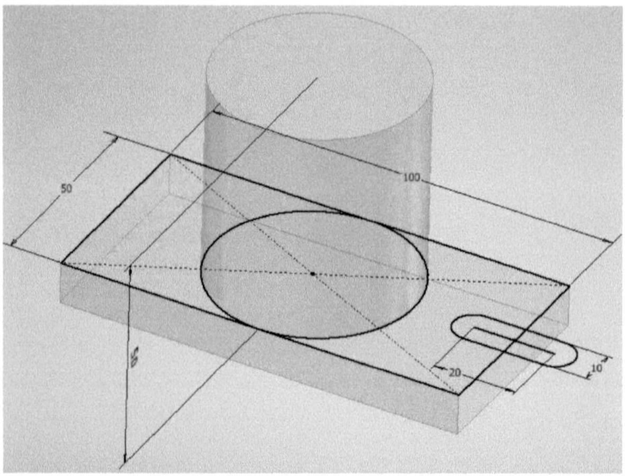

Abb. 6.72: Zylinder hinzugefügt

Eine Skizze wird nun für einen der Schlitze mit der Rechtecksform LANGLOCH mit Mittelpunkt auf der Kante erstellt, dann als EXTRUSION mit DIFFERENZ von der Grundplatte abgezogen, und danach an einer versetzten Ebene gespiegelt (Abbildung 6.73). Im Prinzip können aber auch die Skizzen für Rechteck, Zylinder und Schlitze in einer einzigen zusammengefasst (Abbildung 6.70) und dann einzeln extrudiert werden.

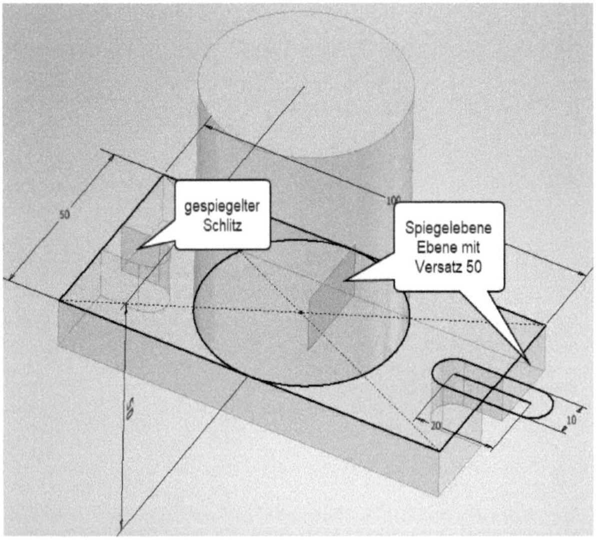

Abb. 6.73: Schlitz mit EXTRUSION, Option DIFFERENZ hinzugefügt und an Mittelebene gespiegelt

Die Ecken können nun mit 3D-MODELL|ÄNDERN|RUNDUNG mit Radius **5** abgerundet werden. Alternativ kann aber auch schon das Rechteck in der Skizze abgerundet werden (Abbildung 6.74).

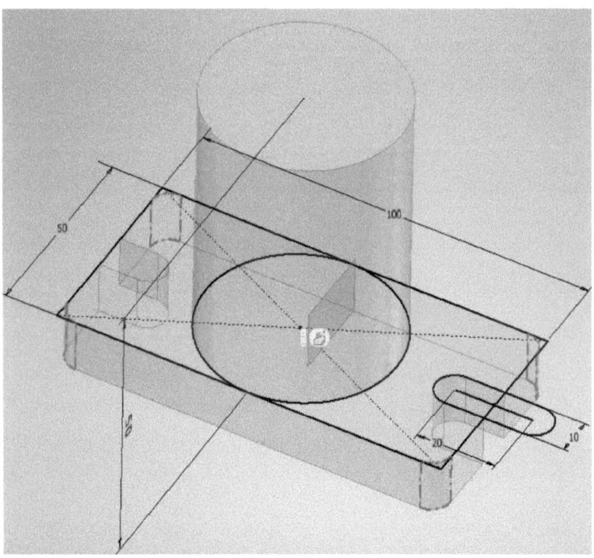

Abb. 6.74: Ecken der Grundplatte abgerundet

Für den Schlitz im Zylinder kann die Skizze auf der Seitenfläche der rechteckigen Grundplatte erstellt werden. Mit Extrusion und Option DIFFERENZ wird dann der Schlitz erzeugt (Abbildung 6.75).

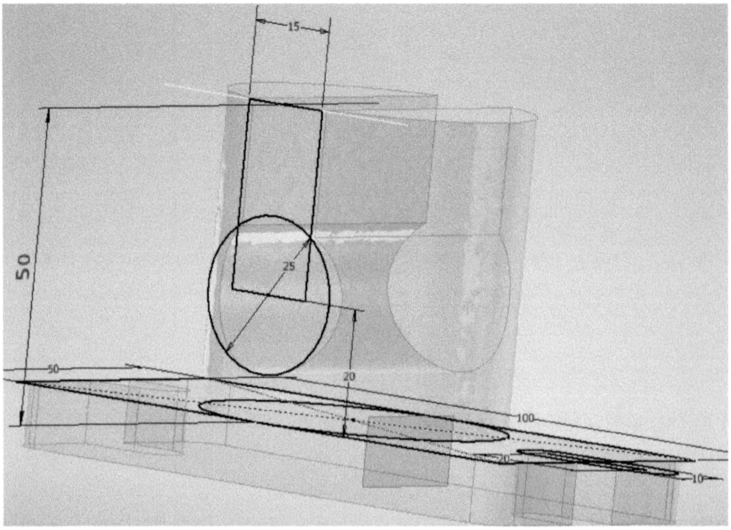

Abb. 6.75: Skizze für den Schlitz im Zylinder und Differenzbildung

Abschließend können mit 3D-MODELL|ÄNDERN|RUNDUNG die abzurundenden Kanten gewählt und mit dem Radius **5** versehen werden.

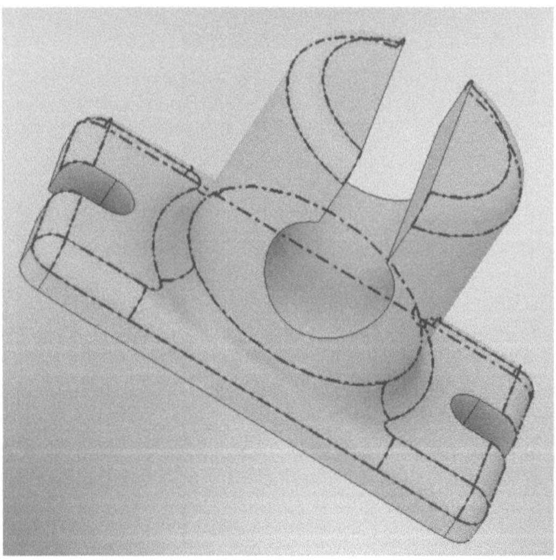

Abb. 6.76: Mehrere Kanten abgerundet

6.9 Übungsfragen

1. Welche Operationen gibt es bei DIREKT BEARBEITEN?
2. Womit legen Sie die Position der Bohrung beim Modus KONZENTRISCH fest?
3. Was ist der Unterschied zwischen Bohrungsmodus AUF PUNKT und NACH SKIZZE?
4. Wie kann bei RUNDUNG der Umfang der Aktion festgelegt werden?
5. Was bedeutet die Funktion WANDUNG?
6. Wozu dient KOMBINIEREN?
7. Wie können Sie eine Fläche eines Volumenkörpers schräg stellen?
8. Welche Möglichkeiten bietet der Befehl VERDICKUNG?
9. Was erzeugt der Befehl AUFKLEBER?
10. Was wird beim Befehl PRÄGEN mit der Option VON FLÄCHE GRAVIEREN erzeugt?

Kapitel 7

Baugruppen zusammenstellen

Eine Baugruppe wird aus mehreren Bauteilen oder Unter-Baugruppen zusammengesetzt, die miteinander in bestimmter Weise verbunden sind, damit ein sinnvoller Mechanismus entsteht. Der Zusammenbau beginnt mit einem Basisteil, dem dann weitere mit bestimmten geometrischen Abhängigkeiten hinzugefügt werden.

7.1 Projekt erstellen

Sobald Sie Konstruktionen mit mehreren Bauteilen erstellen, ist es empfehlenswert, dass Sie ein *Projekt* einrichten. Durch ein Projekt werden alle Dateien, die zum Projekt gehören, in einem extra eingerichteten Ordner gespeichert (Abbildung 7.1). Zum Projekt gehören mindestens die *Bauteile* (`*.ipt`-Dateien), evtl. auch Unter-*Baugruppen* (`*.iam`-Dateien) und die *Zeichnungen* (`*.dwg`- oder `*.idw`-Dateien).

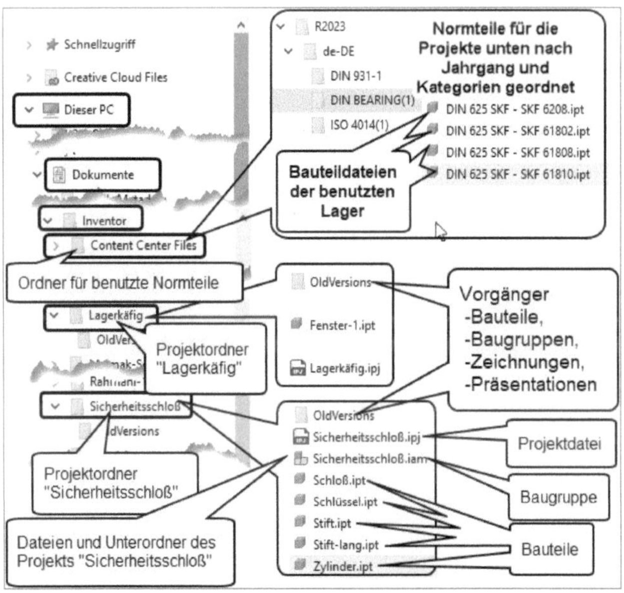

Abb. 7.1: Organisation eines Inventor-Projekts

Eventuell erstellen Sie noch *Explosionsdarstellungen*, auch *Präsentationen* genannt (`*.ipn`-Dateien). Dann werden Sie aus den Bibliotheken *Normteile* in die Konstruktionen einbauen. Diese landen dann für alle Projekte in einem gemeinsamen

Unterverzeichnis mit dem Namen `Content Center Files`. Wenn Sie den KONSTRUKTIONSASSISTENTEN benutzen, um *Zahnräder, Gestelle, Wellen* oder andere spezielle Konstruktionsaufgaben zu lösen, werden Hilfsgeometrien in extra Unterverzeichnissen wie `Konstruktions-Assistent` oder `Frame` gespeichert. *Sicherungsdateien* entstehen immer dann aus den alten Dateiversionen, wenn Sie eine Datei speichern. Diese werden im Ordner `OldVersions` abgelegt.

Damit diese Dateien und Verzeichnisse in einer soliden Struktur abgelegt werden, sollten Sie mit jeder neuen BAUGRUPPE ein PROJEKT starten, wie bereits in Abschnitt 3.1.1, »Ein neues Projekt anlegen« beschrieben.

Immer, wenn Sie nun speichern oder öffnen, wird das Arbeitsverzeichnis des aktuellen Projekts verwendet, auch nach Neustart des Programms (Abbildung 7.2). Der Projektordner liegt im anwenderspezifischen Verzeichnis DOKUMENTE unter dem Ordner INVENTOR. Solange Sie im aktuellen Projekt bleiben, müssen Sie außer dem Dateinamen keine weiteren Angaben zum Speicherort mehr machen.

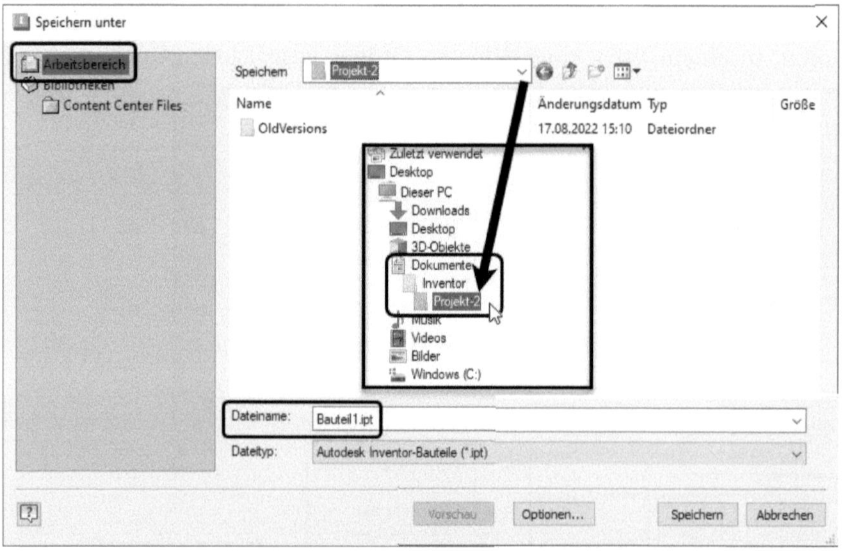

Abb. 7.2: Verwendung des aktuellen Projektordners Projekt-2 beim Speichern und Öffnen

Wenn Sie zu einem anderen Projekt wechseln wollen, müssen Sie nur auf der STARTSEITE in der Projektverwaltung zum gewünschten Projekt blättern.

Wie schon in Abschnitt 1.5, »Die Bottom-Up- und Top-Down-Methoden« beschrieben, gibt es zwei Verfahren, zusammengesetzte Konstruktionen zu erstellen. Hier wird zunächst die einfachere Variante der *Bottom-Up-Methode* vorgestellt, nach der zuerst einzelne Bauteile konstruiert werden, diese dann zu einer Baugruppe zusammengesetzt und mit Abhängigkeiten zur Bestimmung der Bewegungsmöglichkeiten versehen werden.

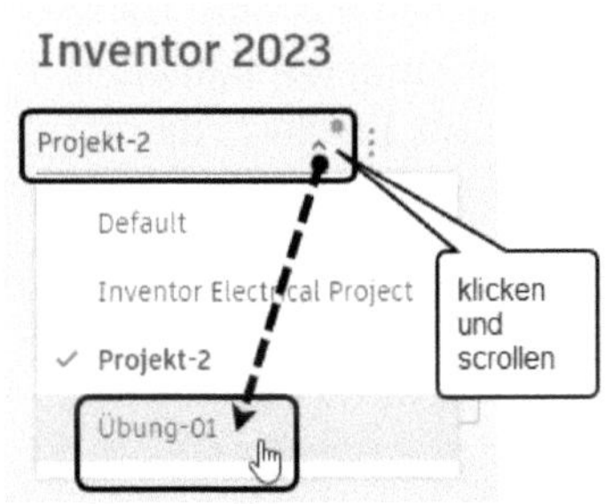

Abb. 7.3: Zu einem anderen Projekt wechseln

7.2 Funktionsübersicht Baugruppen

Die wichtigste Multifunktionsleiste in der Benutzeroberfläche für Baugruppen ist ZUSAMMENFÜGEN.

Unter der Gruppe KOMPONENTE können Sie mit PLATZIEREN die Bauteile in Ihre Baugruppe einfügen (Abbildung 7.4). Die Funktion AUS INHALTSCENTER PLATZIEREN bietet Ihnen die Normteilebibliothek von Inventor an. Daraus können Sie verschiedenste Normteile nach Typ und mit den angebotenen Abmessungen auswählen. Nach Ihrer Auswahl wird dann entsprechend den gewählten Abmessungen das Normteil als Bauteil erzeugt, unter dem Projekt-Unterordner `Content Center` gespeichert und nun in die Baugruppe eingefügt. Wenn Sie Bauteile aus anderen CAD-Programmen haben, können Sie diese mit IMPORTIERTE CAD-DATEIEN PLATZIEREN einfügen.

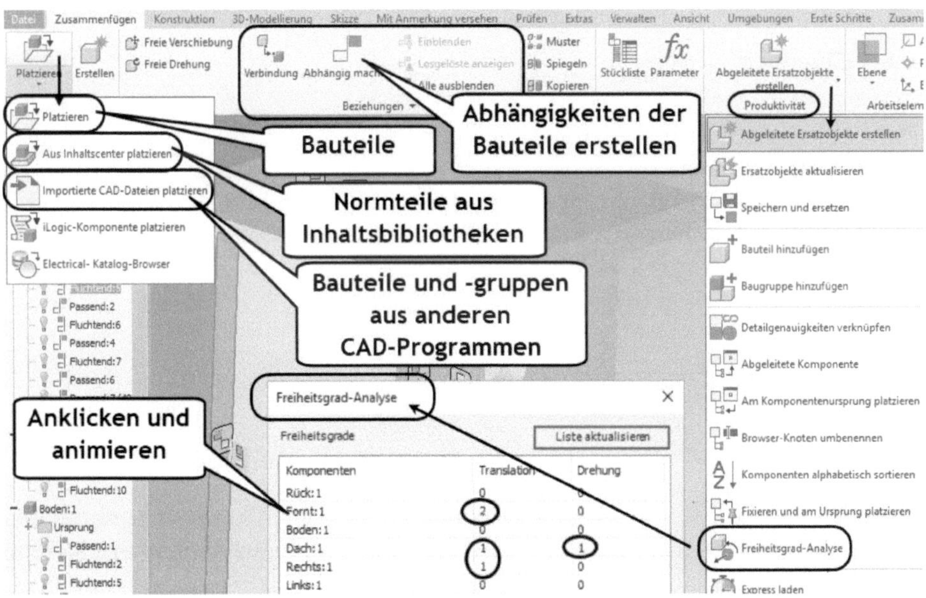

Abb. 7.4: Register ZUSAMMENFÜGEN in der Baugruppen-Umgebung

Nach dem Einfügen haben die Bauteile noch keine spezifische Position. Diese erhalten sie erst durch *Abhängigkeiten* mit dem Basisteil bzw. anderen Bauteilen. In der Gruppe BEZIEHUNGEN finden sich die Funktionen zum Erstellen dieser Abhängigkeiten.

Damit die Beziehungen einfacher, teilweise auch automatisch erkannt und erstellt werden können, ist es manchmal nötig, sie nach dem Einfügen in eine brauchbarere Position zu bringen. Dazu bietet die Gruppe POSITION die Werkzeuge FREIE VERSCHIEBUNG und FREIE DREHUNG.

Regelmäßige Anordnungen von Bauteilen können durch die Funktionen unter MUSTER erzeugt werden. Unter VERWALTEN finden Sie eine STÜCKLISTEN-Funktion und die Liste der PARAMETER der Baugruppe. Unter der Gruppe PRODUKTIVITÄT wird zunächst die FREIHEITSGRAD-ANALYSE interessant sein, um zu prüfen, ob alle Bauteile die nötigen ABHÄNGIGKEITEN besitzen.

Im Register KONSTRUKTION finden Sie zahlreiche Spezialkonstruktionen des Konstruktions-Assistenten bzw. des Gestell-Generators (Abbildung 7.5).

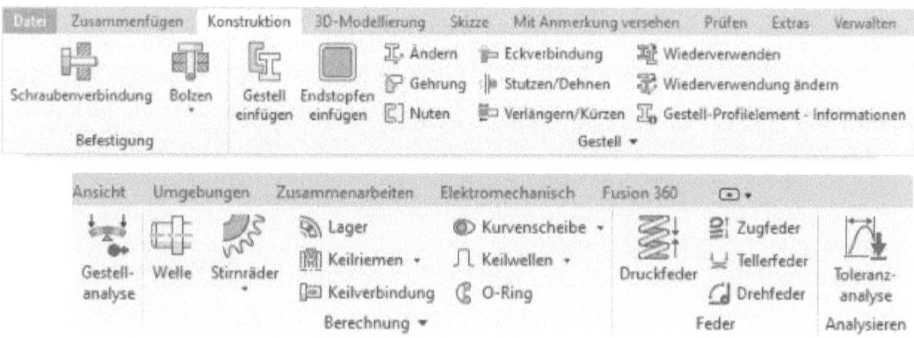

Abb. 7.5: Register KONSTRUKTION

Das Register ANSICHT bietet einige nützliche Unterstützungsfunktionen an. Unter SICHTBARKEIT können Sie den SCHWERPUNKT aktuell anzeigen lassen und die FREIHEITSGRADE in Baugruppen. So erfahren Sie dann, ob sich ein Bauteil noch verschieben und drehen lässt und in welcher Richtung (Abbildung 7.6).

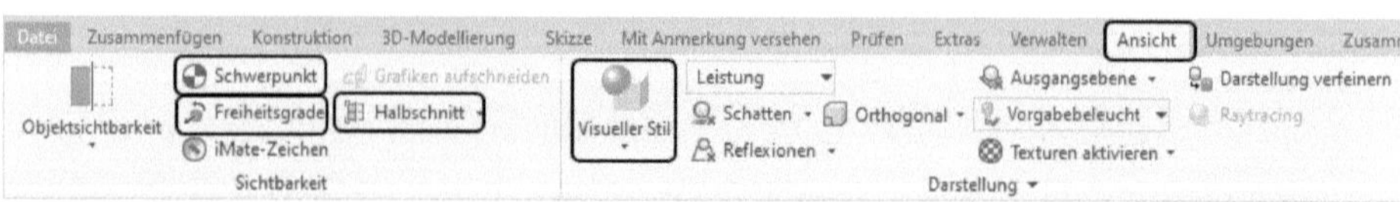

Abb. 7.6: Register ANSICHT

Unter VISUELLER STIL lässt sich die Darstellung der Konstruktion als Drahtmodell oder schattiertes Modell oder auch schattiert mit verdeckten Kanten anzeigen, je nachdem, wie Sie es brauchen. Bei HALBSCHNITT können Sie natürlich auch einen Halbschnitt mit dynamisch verschiebbarer Schnittfläche aktivieren und wieder abschalten. Das hilft insbesondere beim Platzieren von Bauteilen innerhalb einer Hüllgeometrie.

Das Register UMGEBUNGEN bietet noch einmal zahlreiche Zusatz-Funktionen an wie die DYNAMISCHE SIMULATION, eine FE-BELASTUNGSANALYSE und SCHWEIß-KONSTRUKTIONEN. Auch die Ausgabe als BIM-INHALT für das Architekturprogramm *Revit* ist hier enthalten. Sie können beispielsweise einen Heizkörper in Inventor konstruieren, ihn dann mit den nötigen Elektro- und/oder Wasseranschlüssen versehen und als *Revit-Familienteil* (`*.rfa`) speichern. Das lässt sich dann direkt in *Revit* einfügen und mit den nötigen Rohrleitungsanschlüssen und der elektrischen Verkabelung versehen.

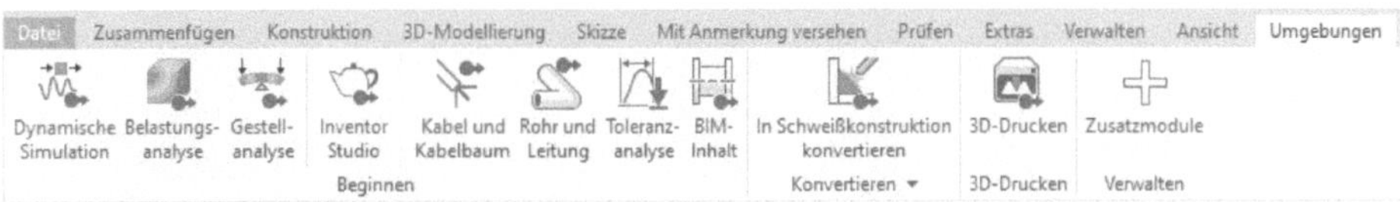

Abb. 7.7: Register UMGEBUNGEN

7.3 Erster Zusammenbau

Das erste Beispiel für eine Baugruppe stellt eine ganz einfache Mechanik dar, bei der sich ein Bauteil linear in einer Führungsschiene des Basisteils bewegen soll.

7.3.1 Die Bauteile

Die erste Baugruppe besteht aus zwei Bauteilen, die durch Extrusion einfacher Skizzen entstehen (siehe Abbildung 7.8, Abbildung 7.9).

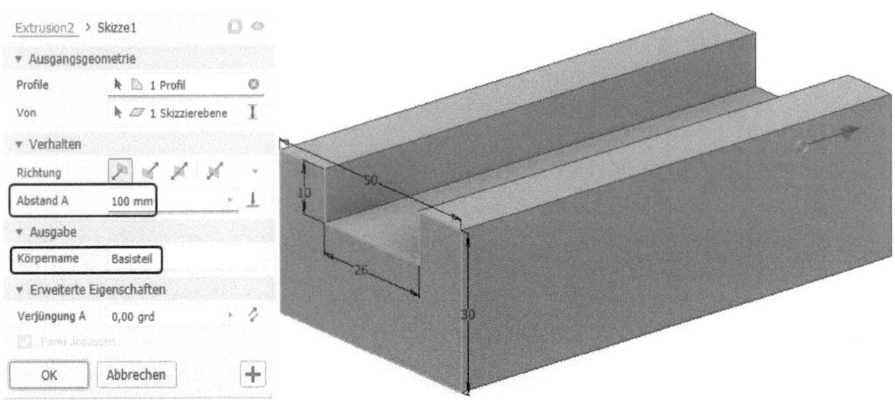

Abb. 7.8: SKIZZE und EXTRUSION des Basisteils

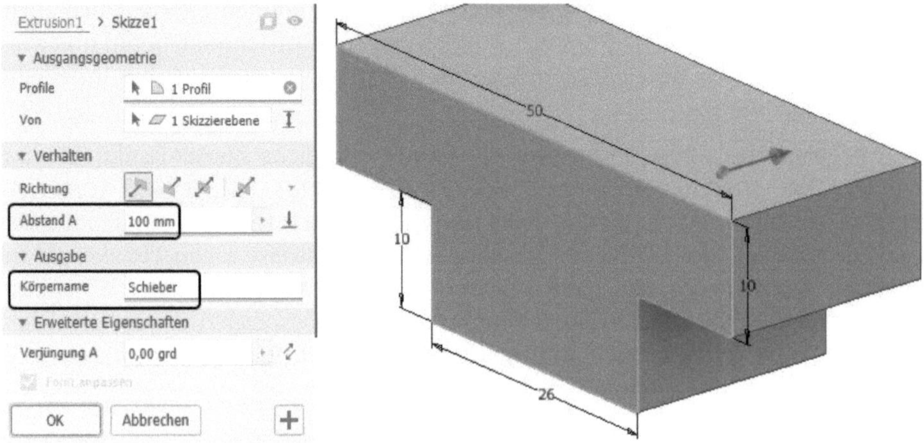

Abb. 7.9: SKIZZE und EXTRUSION des zweiten Teils

7.3.2 Das Platzieren

Beginnen Sie nun eine neue Baugruppe, in die Sie dann die Bauteile einbauen und mit den nötigen Abhängigkeiten versehen.

Abb. 7.10: Baugruppe neu beginnen

Das Einfügen der Bauteile geschieht dann mit dem Befehl ZUSAMMENFÜGEN| PLATZIEREN (Abbildung 7.11). Das erste Bauteil spielt eine besondere Rolle, es ist das *Basisteil*, an das meist alle übrigen Teile angebaut werden. Im Prinzip könnte man es beliebig positionieren, aber die sauberste Art wäre, das Teil nach Rechtsklick mit der Option AM URSPRUNG FIXIERT zu platzieren. Damit liegt das Teil dann mit seinem Nullpunkt (linke untere Ecke der ursprünglichen Skizze) auch sauber auf dem Nullpunkt der Bauteilkoordinaten (Abbildung 7.12). Nach dem Platzieren wird Ihnen sofort eine zweite Kopie zum weiteren Positionieren angeboten. An dieser Stelle beenden Sie die Aktion per Rechtsklick und OK.

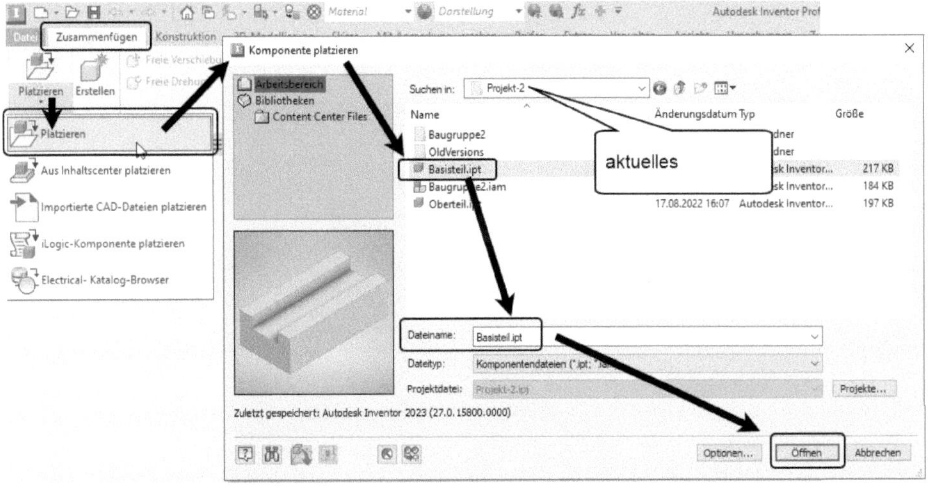

Abb. 7.11: Auswahl des Basisteils

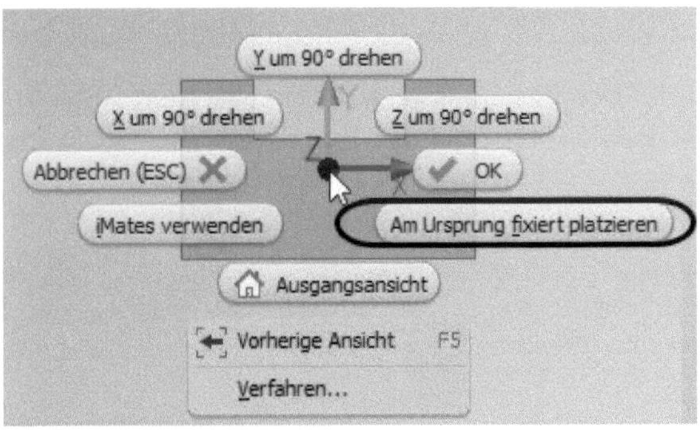

Abb. 7.12: PLATZIEREN des Basisteils

Das zweite Teil **Schieber.ipt** wird per Klick an beliebiger Position platziert (Abbildung 7.13). Seine endgültige Position wird in der Folge über die Abhängigkeiten zum Basisteil festgelegt. Über ANSICHT|SICHTBARKEIT|FREIHEITSGRADE lassen sich die Freiheitsgrade aller Bauteile einer Baugruppe sichtbar machen. Im momentanen Zustand werden das keine Freiheitsgrade beim Basisteil sein, denn das ist ja fixiert, aber es gibt sechs Freiheitsgrade beim zweiten Teil (Abbildung 7.14). Jeder Volumenkörper, der keinen Bedingungen unterliegt, hat stets sechs Freiheitsgrade:

- DREI FREIHEITSGRADE DER TRANSLATION, also der Bewegung in den orthogonalen Achsrichtungen X, Y und Z
- DREI FREIHEITSGRADE DER ROTATION, also zur Drehung um jede dieser drei Achsen

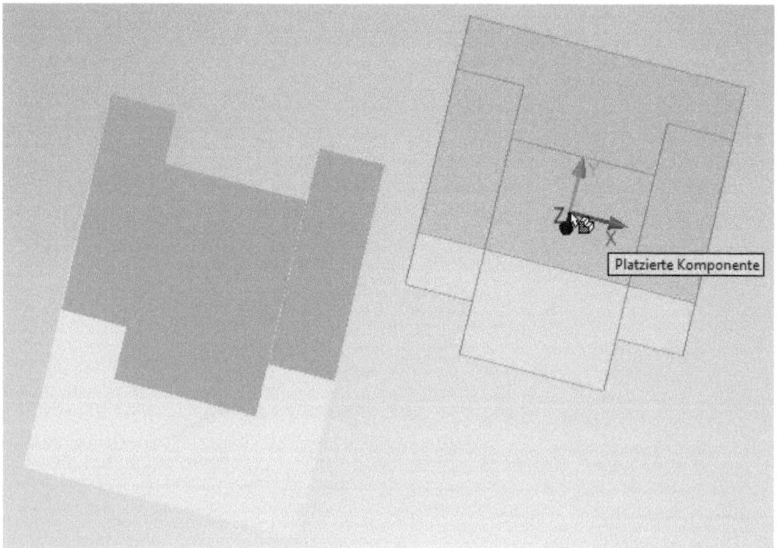

Abb. 7.13: Platzieren ohne Position

Wenn das zweite Teil nun in der Nut des Basisteils verschiebbar werden soll, darf von den Freiheitsgraden nur noch der Freiheitsgrad der Translation in Z-Richtung übrig bleiben.

Abb. 7.14: Freiheitsgrade des zweiten Teils

7.3.3 Abhängigkeiten erstellen

Die Reduzierung der Freiheitsgrade wird mit Zusammenfügen|Beziehungen|Abhängig machen durch verschiedenartige Abhängigkeiten erreicht. Die einfachste Abhängigkeit ist Passend. Passend richtet zwei Flächen koplanar aus, und zwar so, dass beide Flächennormalen entgegengerichtet sind. Mit dieser Abhängigkeit werden nun die Fläche der Nut (Abbildung 7.15) und die unterste Fläche des Schiebers verknüpft.

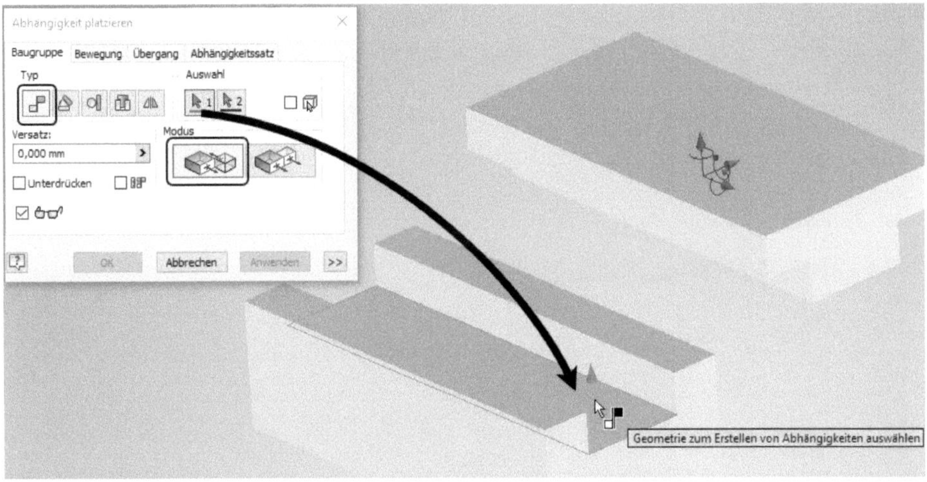

Abb. 7.15: Erste Fläche für Abhängigkeit PASSEND

Beim Schieber besteht nun die Schwierigkeit darin, dass die untere Fläche aus der aktuellen Ansicht heraus kompliziert zu wählen ist. Inventor bietet als Vorgabe die Frontfläche an.

In solch einem Fall können Sie per Rechtsklick das Kontextmenü aktivieren und darin die Option ANDERE AUSWÄHLEN (Abbildung 7.16). Wenn Sie diese Option anklicken, zeigt Ihnen Inventor eine Liste weiterer wählbarer Elemente für diese Stelle an. Darunter wird auch die untere Fläche sein, deren grüne Flächennormale nach unten zeigt.

Eine weitere Methode, andere Objekte zu wählen, besteht darin, so lange zu warten, bis Inventor automatisch die Liste weiterer wählbarer Elemente anbietet.

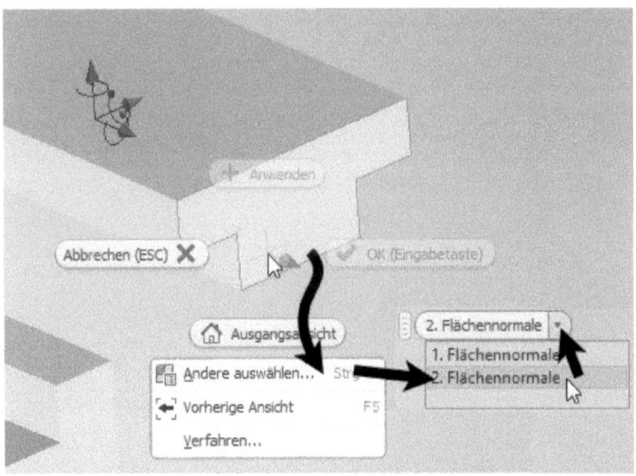

Abb. 7.16: Zweite nicht direkt sichtbare Fläche über ANDERE AUSWÄHLEN

Nachdem Sie diese erste Abhängigkeit nun erstellt haben, reduzieren sich die Freiheitsgrade auf drei. Der Schieber ist jetzt an die XZ-Ebene gefesselt (Abbildung 7.17). Die Translation (lineare Bewegung) in Y-Richtung ist verloren gegangen, und als einzige Drehung ist nur noch die Drehung um die Y-Achse möglich (siehe Abbildung 7.13 wegen der Achsenrichtungen).

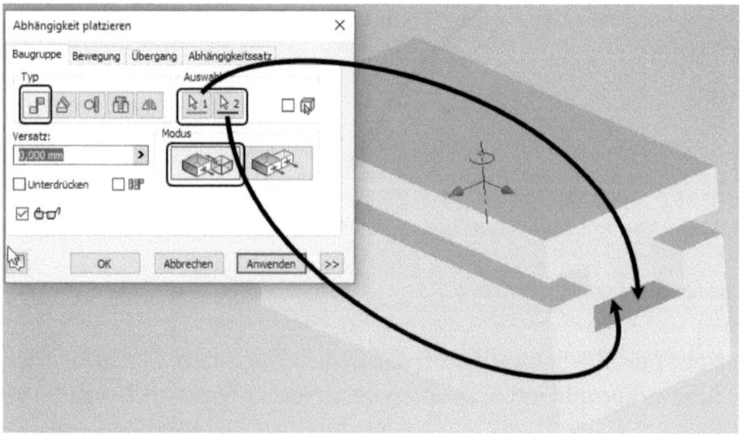

Abb. 7.17: Übrige Freiheitsgrade nach Abhängigkeit PASSEND

Als zweite Abhängigkeit werden die Seitenflächen des Schiebers und der Nut passend ausgerichtet (Abbildung 7.18). Dadurch bleibt dann wirklich nur noch ein einziger Freiheitsgrad in Nut-Richtung übrig.

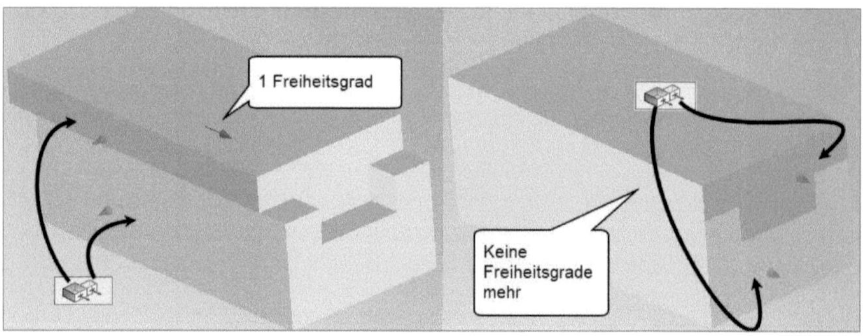

Abb. 7.18: Nächste Flächen mit PASSEND abhängig gemacht

Damit der Schieber sich nur innerhalb der Vorder- und Hinterkante der Nut bewegen kann, soll nun auch noch die restliche Bewegung wenigstens beschränkt werden. Dazu werden die beiden vorderen Flächen jetzt fluchtend ausgerichtet. Im Erweiterungsbereich des Dialogfensters können nun für diesen Abstand der beiden Flächen GRENZWERTE angegeben werden. Der Standardabstand wurde unter VERSATZ auf **50** eingestellt. Das MINIMUM ist **0** und das MAXIMUM **80** (Abbildung 7.19).

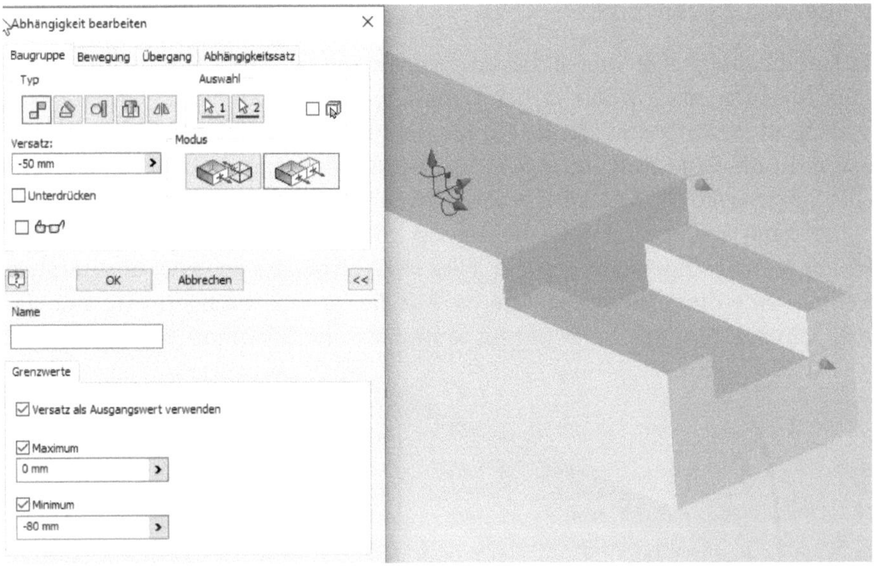

Abb. 7.19: Dritte Abhängigkeit FLUCHTEND mit Spielraum

Da der Schieber 20 mm dick ist, liegt die hintere Kante dann bei 100, und das ist exakt die Länge der Führung. Damit bleibt dem Schieber in dieser Richtung etwas Beweglichkeit. Mit dem Cursor lässt sich nun der Schieber innerhalb der GRENZWERTE verschieben.

Die erstellten Abhängigkeiten werden auch im BROWSER bei jedem betroffenen Bauteil angezeigt (Abbildung 7.20).

Abb. 7.20: Anzeige der ABHÄNGIGKEITEN im BROWSER

7.3.4 Bewegungsanzeige

Sobald Sie Abhängigkeiten erstellt haben, können Sie die Teile nach diesen Abhängigkeiten bewegen, auch wenn vorher keine Grenzwerte bestimmt wurden. Nach Rechtsklick auf FLUCHTEND wird die Funktion BEWEGUNG angeboten. Dort wird der Spielraum für die Bewegung unter START und ENDE eingetragen. Unter INKREMENT kann die Schrittweite als WERTGRÖSSE eingegeben werden, hier **1,0 mm**. Bei WIEDERHOLUNGEN kann auch eine Endlos-Bewegung mit START/ENDE/START und der gewünschten Anzahl eingetragen werden. Hier steht **10 oE**, das bedeutet **o**hne **E**inheiten, weil das eine dimensionslose Zahl ist. Mit diesen Einstellungen wird sich der Schieber zehnmal hin- und herbewegen, wenn Sie unter START auf ▸ klicken.

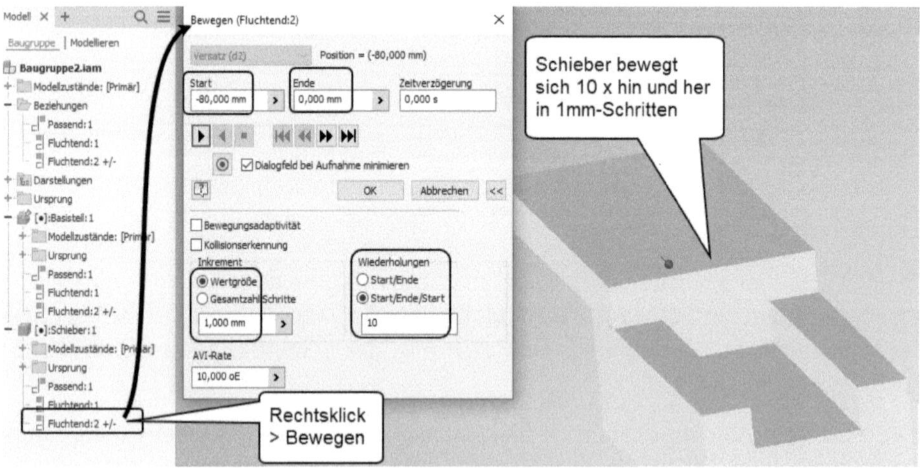

Abb. 7.21: Bewegung gemäß der Abhängigkeit FLUCHTEND

7.4 Baugruppen-Abhängigkeiten

Baugruppen-Abhängigkeiten sind Abhängigkeiten, die für das statische Zusammenfügen der Bauteile zu einer Baugruppe nötig sind. Die nachfolgenden Abhängigkeiten werden zur statischen Zuweisung für Bauteile angeboten:

7.4.1 Passend/Fluchtend

PASSEND/FLUCHTEND richtet Flächen, Achsen, Punkte oder Kanten aneinander aus. Daraus ergibt sich eine Vielzahl von Kombinationen.

Lassen Sie uns zwei grundlegende Geometrien betrachten: eine quaderförmige Platte und einen Zylinder. Um zu sehen, was bei einer Abhängigkeit alles möglich ist, gehen Sie am besten an den Flächenrand und wählen im Kontextmenü (erscheint auch ohne Rechtsklick, wenn Sie genügend lange warten) ANDERE AUSWÄHLEN.

Bei der Platte sind *Kante, Scheitelpunkt* und *Flächennormale* möglich, und zwar von der direkt sichtbaren Fläche oder den hinten liegenden. Beim Zylinder werden *Mittelpunkt, Flächennormale* und *Achse* angeboten (Abbildung 7.22). Machen Sie sich einmal klar, welche Bewegungsmöglichkeiten sich bei den verschiedenen Kombinationen noch ergeben. Wenn Sie beispielsweise Scheitelpunkt und Mittelpunkt abhängig machen, verlieren Sie die drei Freiheitsgrade der Translation. Sie können nichts mehr linear verschieben, aber Sie behalten alle drei Freiheitsgrade der Rotation. Der Zylinder kann also bei fixiertem Mittelpunkt noch in beliebige Richtungen geschwenkt werden.

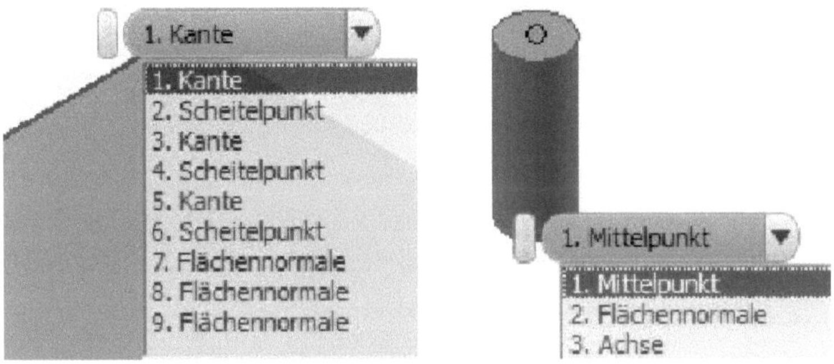

Abb. 7.22: Was man bei PASSEND/FLUCHTEND alles wählen kann!

Die Abhängigkeiten können auch mit einem festen Abstand versehen werden. Dazu aktivieren Sie am besten die Option VORAUSSICHTLICHEN VERSATZ UND AUSRICHTUNG ANZEIGEN im Abhängigkeits-Dialog. Dann wird der aktuelle Abstand zunächst als fester Versatz übernommen, bis Sie ihn ändern.

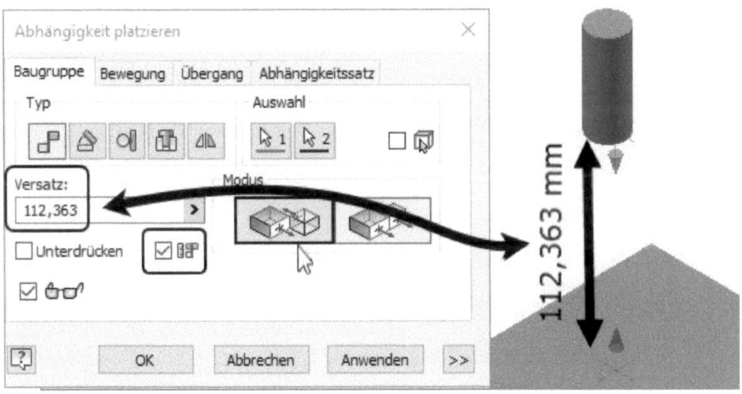

Abb. 7.23: Zylinder wird mit Versatz flächenmäßig fluchtend fixiert.

7.4.2 Hilfsmittel Freie Verschiebung/Freie Drehung

Manchmal liegen die Teile, die Sie in irgendeiner Weise voneinander abhängig machen wollen, vom erstmaligen Platzieren her ungünstig. Das kann sogar so weit gehen, dass Sie die gewünschte Abhängigkeit nie erreichen können, auch unter Ausnutzung aller angebotenen Optionen und Auswahl-Alternativen. Dann ist es sehr nützlich, wenn Sie vor dem Generieren der Abhängigkeiten die Teile in geeigneter Weise vorpositionieren können. Dazu gibt es die Gruppe ZUSAMMENFÜGEN|POSITION (Abbildung 7.24).

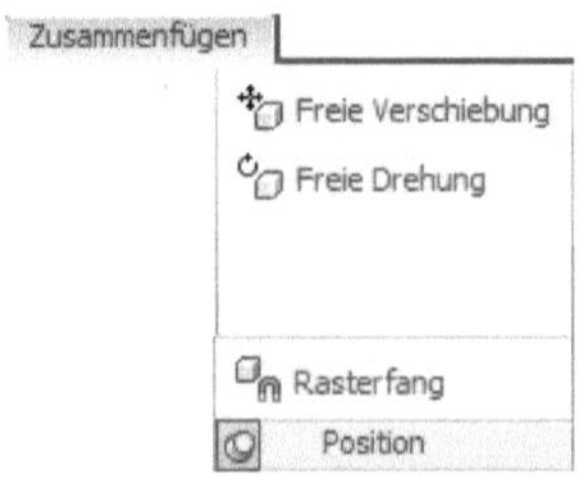

Abb. 7.24: Gruppe ZUSAMMENFÜGEN|POSITION mit Aufklappmenü

Mit den Befehlen FREIE VERSCHIEBUNG und FREIE DREHUNG können Sie die Teile so lange drehen und verschieben, bis sie sich besser abhängig machen lassen. Auch bereits abhängige Teile können damit gedreht werden, kehren aber bei der leichtesten Berührung mit dem Cursor wieder in ihre Abhängigkeit zurück, sobald Sie FREIE DREHUNG/VERSCHIEBUNG verlassen haben. Beim freien Drehen arbeitet Inventor wie beim ORBIT-Befehl praktisch mit einer durchsichtigen Plastikkugel, die das gewählte Objekt umschließt und das Teil kontinuierlich dreht, als ob Sie einen durchsichtigen Ball drehen.

Im Gegensatz dazu gibt es im Aufklappmenü von POSITION den RASTERFANG. Hierbei können Sie über ein Menü nach Anklicken des Objekts *Bezugskanten* wählen, die Sie für Ihre Aktionen nutzen können. Während der Aktionen können auch Abstände und Winkel eingegeben werden.

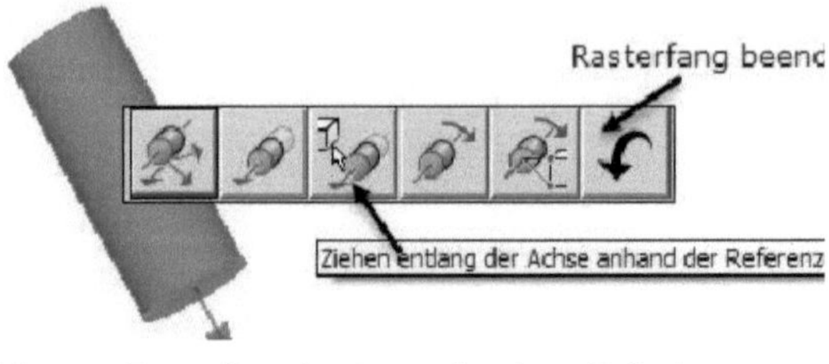

Abb. 7.25: Rasterfang-Optionen für einen Zylinder

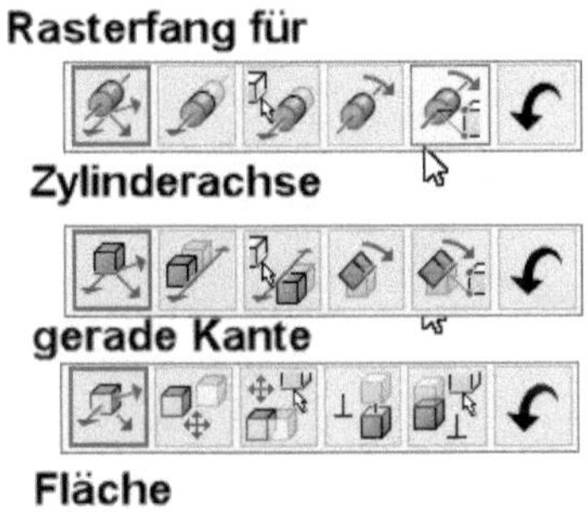

Abb. 7.26: Rasterfang-Optionen für Achsen, Kanten und Flächen

7.4.3 Winkel

Die Abhängigkeit WINKEL legt einen Winkel zwischen Flächen, Kanten oder Achsen fest, ggf. unter Verwendung einer Drehachse. Wenn die beiden Kanten in einer gemeinsamen Ebene liegen, müssen Sie nur die Kanten wählen. Wenn es sich um zwei Flächen mit gemeinsamer Kante als Drehachse handelt, brauchen Sie auch keine dritte Achse oder Kante. Sonst ist eine Drehachse als dritte Referenzkante anzugeben.

Die beiden Optionen GERICHTETER WINKEL und UNGELEITETER WINKEL unterscheiden sich insofern, als beim UNGELEITETEN WINKEL das Vorzeichen keine Rolle spielt.

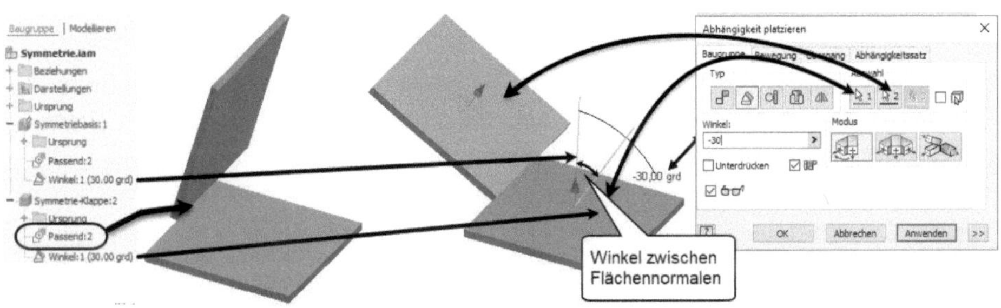

Abb. 7.27: WINKEL-ABHÄNGIGKEIT mit gemeinsamer Kante

Abbildung 7.28 zeigt, wie zwei Zylinderachsen eine WINKEL-Abhängigkeit bekommen. Als dritte Referenzkante wurde hier die X-ACHSE des Koordinatensystems aus dem BROWSER gewählt. Die wahre Drehachse ist in diesem Fall eine Parallele zur X-Achse.

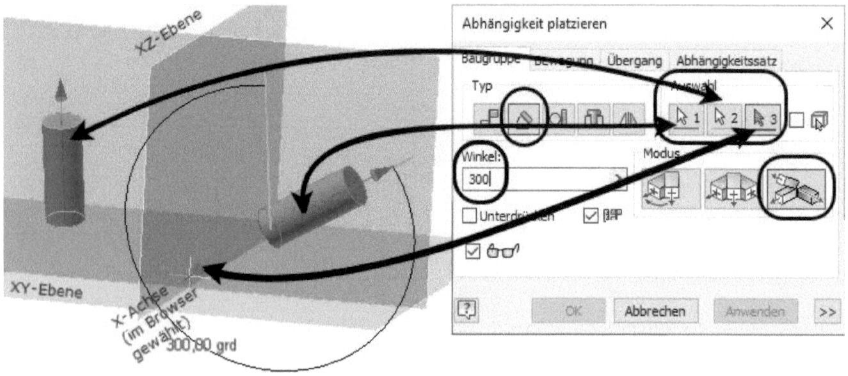

Abb. 7.28: WINKEL-ABHÄNGIGKEIT, Option EXPLIZITER REFERENZVEKTOR

7.4.4 Tangential

TANGENTIAL definiert einen Berührkontakt zwischen zwei Flächen. Die Flächen können sich dann mit der Berührstelle frei bewegen. Es ist nicht darunter zu verstehen, dass sie in einem bestimmten Verhältnis aneinander gleiten oder in einer festen Beziehung von Radius zu Länge abrollen müssen. Zu beachten ist hier auch, dass dieser Kontakt für die mathematische Fläche gilt, die ja unendlich groß ist. Wenn eine Kugel tangential zu einer ebenen Fläche adaptiv ist, dann hört das nicht an den Kanten der Fläche auf, sondern geht unendlich weiter, sofern nicht andere Abhängigkeiten das weiter einschränken.

7.4.5 Einfügen

EINFÜGEN definiert die Abhängigkeiten, die typisch für die Kombination Bohrung-Schraube nötig sind, nämlich zwei Achsen (Loch/Bohrung) passend zueinander und zusätzlich zwei Kontaktflächen zueinander (meist lotrecht dazu).

7.4.6 Symmetrie

SYMMETRIE definiert eine Symmetrie zwischen zwei Flächen bzw. deren Flächennormalen bezüglich einer Symmetriefläche. Das kann man z.B. für gewisse Scharnier- und Klappmechanismen nutzen, die symmetrisch ablaufen müssen.

7.4.7 Abhängigkeiten unterdrücken

Bei den Versuchen, komplexe Baugruppen mit verschiedensten Abhängigkeiten zu erstellen, kann es immer wieder passieren, dass welche untereinander unverträglich sind. Dann müssen Sie probieren, woran das liegt. Dazu ist es nützlich, dass man Abhängigkeiten unterdrücken kann. Im BROWSER finden Sie die Option bei jeder Abhängigkeit im Kontextmenü. Sie können auch komplette Bauteile unterdrücken. Das Gute daran ist, dass sie später mit einem einzigen Klick wieder aktiviert werden können.

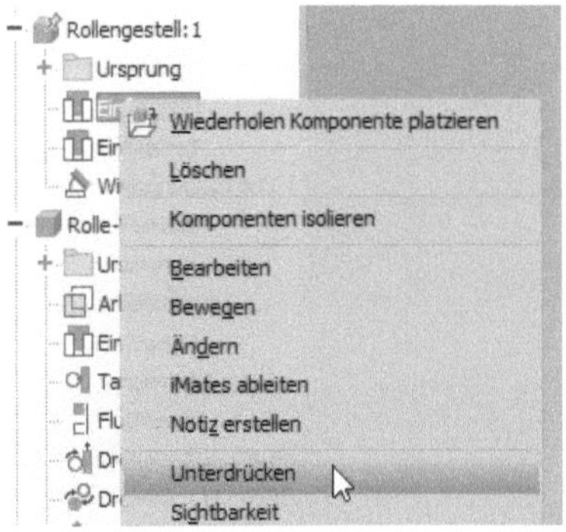

Abb. 7.29: Abhängigkeiten können für Testzwecke unterdrückt und wieder aktiviert werden.

7.4.8 Passend/Fluchtend-Beispiel

Obwohl das erste Abhängigkeitsbeispiel schon zum Thema PASSEND/FLUCHTEND gehört, soll hier noch ein zweites folgen. Es soll eine Handkurbel modelliert werden.

Der Griff ist ein Rotationsteil mit einer Freiform-Kontur. Sie wurde mit einer Splinekurve des Typs `Interpolation` zunächst freihändig entworfen. Um eine vollständig bestimmte Skizze zu erhalten, wurde dann die automatische Bemaßung aktiviert. Das spart viel Arbeit mit den Einzelbemaßungen. Nur mussten die Bemaßungen händisch verschoben werden, um lesbar zu sein. Um die spätere Arbeit und Maßkontrolle zu vereinfachen, wurden die Maße mit glatten Werten überschrieben.

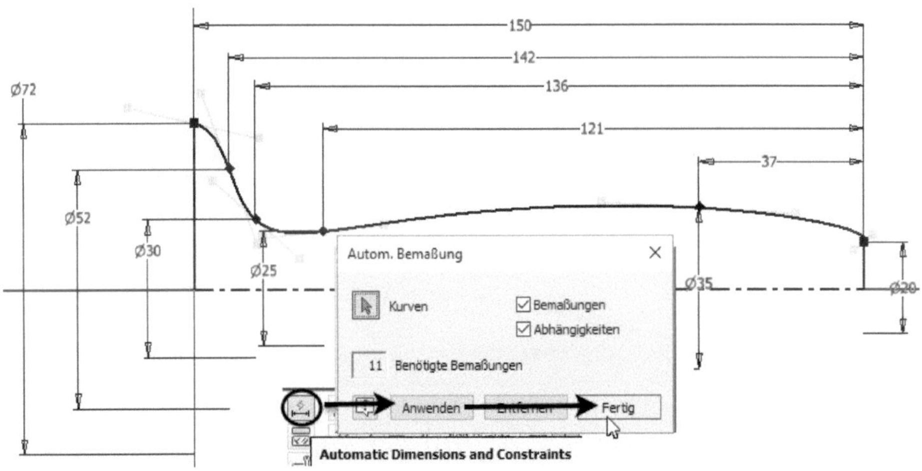

Abb. 7.30: Kurbelgriff als Skizze

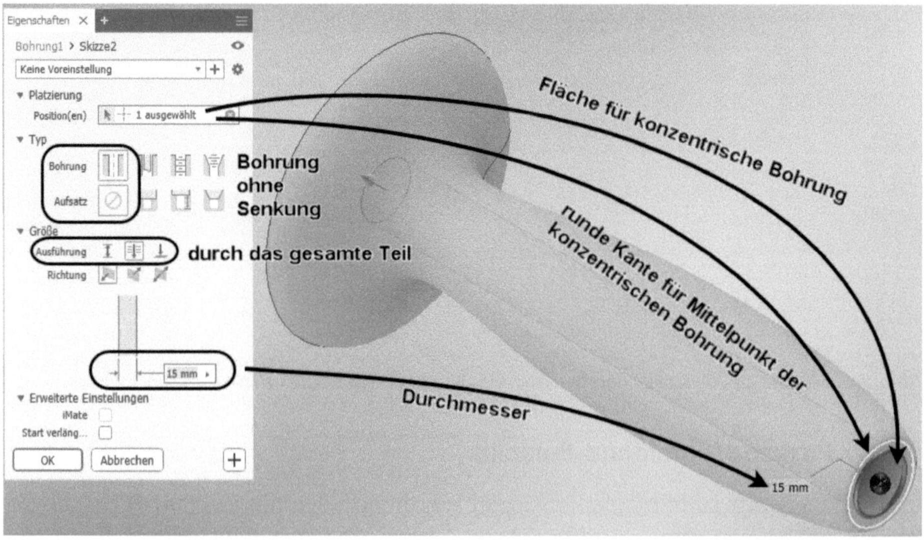

Abb. 7.31: Griff nach Drehung und konzentrischer Bohrung

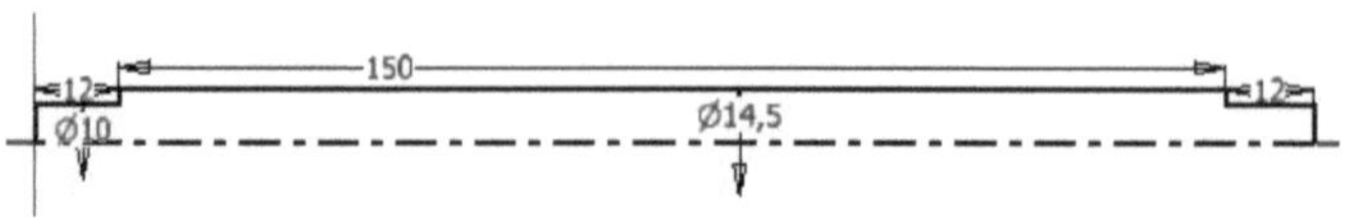

Abb. 7.32: Skizze für Griffachse

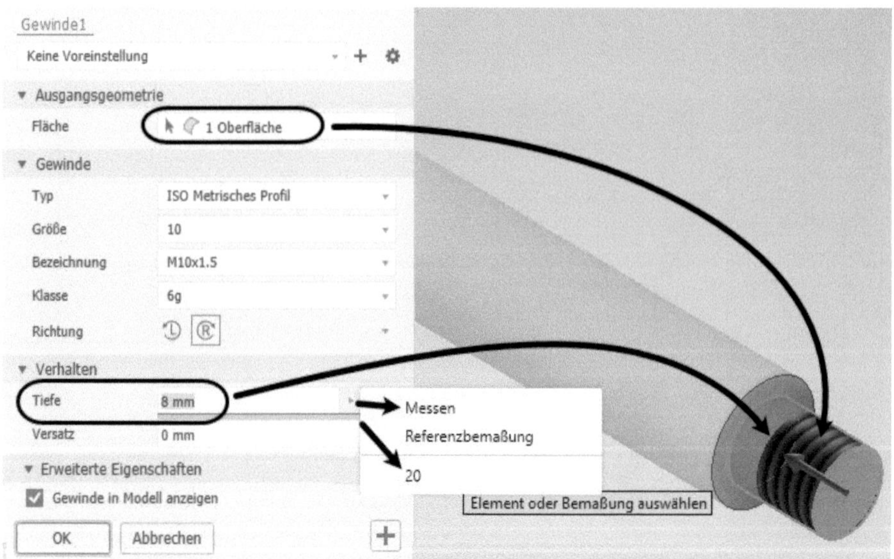

Abb. 7.33: Griffachse mit Gewinden versehen

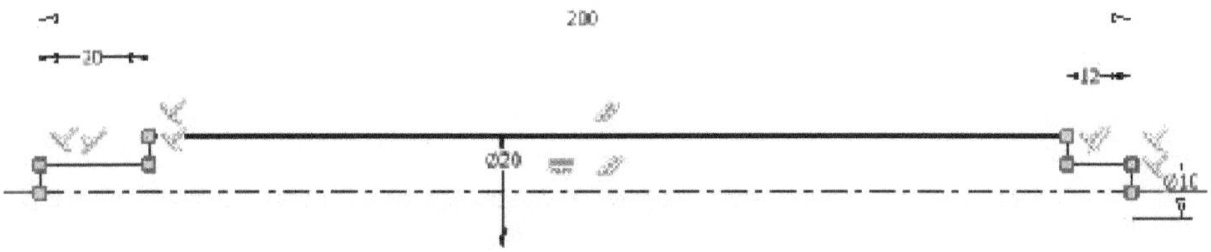

Abb. 7.34: Skizze für Kurbelwelle

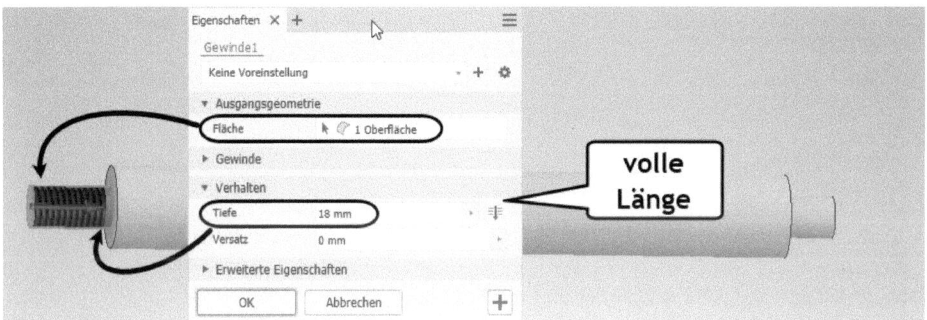

Abb. 7.35: Kurbelwelle mit Gewinden

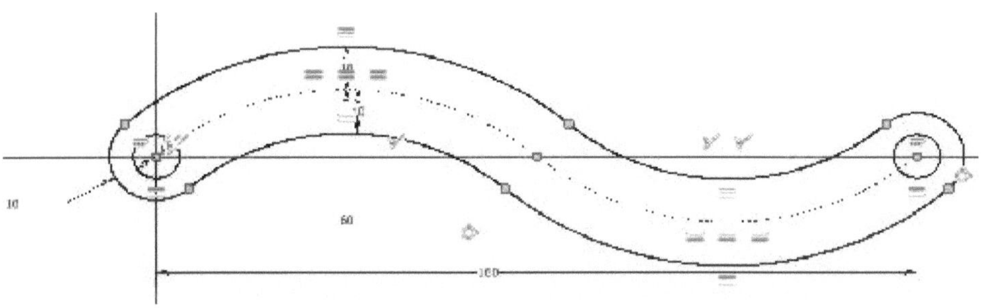

Abb. 7.36: Skizze für Schwengel

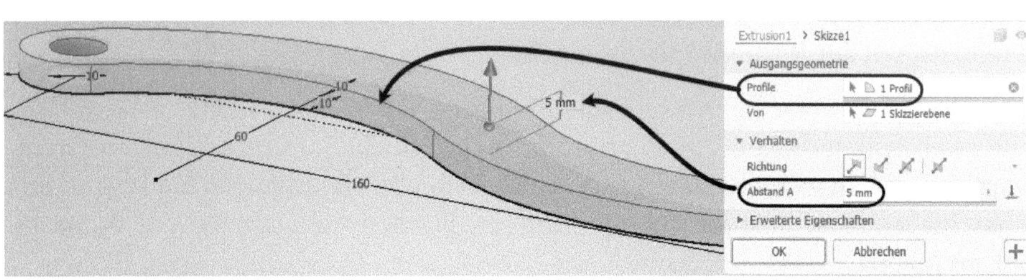

Abb. 7.37: Schwengel extrudiert

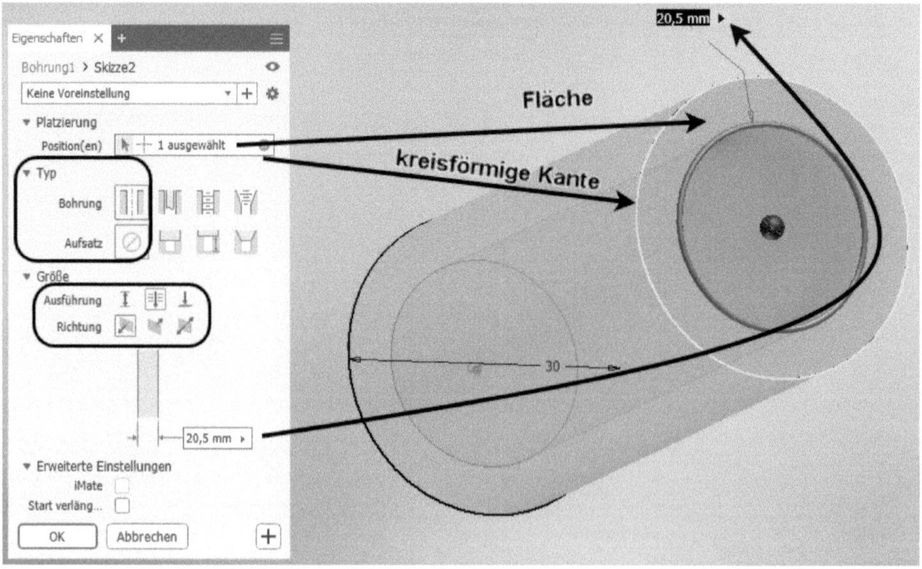

Abb. 7.38: Lagerbuchse aus Zylinder und mit Bohrung

Nachdem die Einzelteile für unsere nächsten Übungsbeispiele gebaut sind, soll nun der Zusammenbau beginnen. Starten Sie wie im Anfang des Kapitels beschrieben eine neue BAUGRUPPE, speichern Sie diese unter **`Kurbel.iam`** ab und platzieren Sie als Basisteil die Lagerbuchse mit der Kontextmenü-Funktion AM URSPRUNG FIXIERT PLATZIEREN.

Die Kurbelwelle wird dann als zweites Teil zunächst beliebig platziert und mit ZUSAMMENFÜGEN|BEZIEHUNGEN|ABGHÄNGIG MACHEN und der ABHÄNGIGKEIT PASSEND in die Buchse eingebaut 1, 2. Bei der Wahl von Zylinderflächen 3, 4 wird diese Abhängigkeit auf die *Achsen* angewendet (Abbildung 7.39). Die beiden Zylinderachsen liegen damit aufeinander. Sie sind aber noch axial verschiebbar und natürlich gegeneinander drehbar. Die gegenseitige Orientierung lässt sich danach noch wählen 5. Die Anzeige der Freiheitsgrade zeigt nur noch zwei Freiheitsgrade an (Abbildung 7.40), einen Freiheitsgrad der Translation, nämlich axial, und einen Freiheitsgrad der Rotation um diese Achse.

Um die axiale Verschiebbarkeit auf bestimmte Grenzen zu reduzieren, müssen die zwei Zylinderböden von Buchse und Achse fluchtend mit geeigneten Grenzwerten gemacht werden. Damit sich die Welle bei Betätigung noch bis 20 mm hinausschieben lässt, wurden für die hinteren Flächen die Grenzen auf **`0 mm`** bis **`20 mm`** gesetzt.

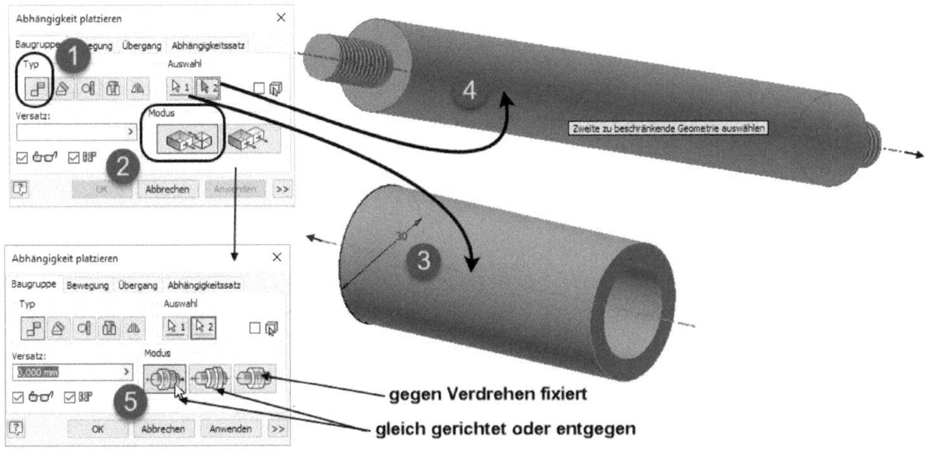

Abb. 7.39: Zuordnung der Achsen für PASSEND

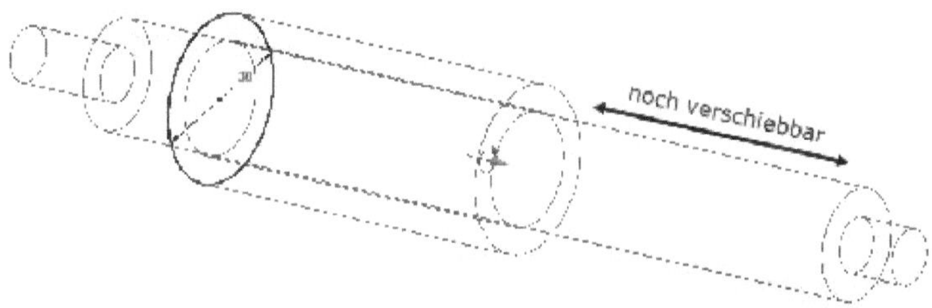

Abb. 7.40: Restliche Freiheitsgrade: axial verschiebbar und drehbar

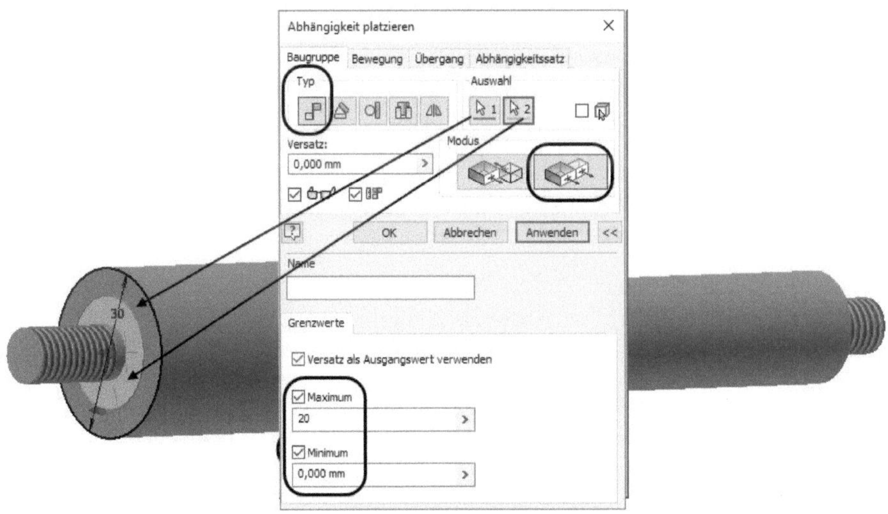

Abb. 7.41: Welle innen kann bis 20 mm hinausgeschoben werden.

Um als Nächstes den Schwengel vorn auf die Welle zu setzen, könnte man wieder daran denken, Welle und Bohrung im Schwengel passend zu machen und danach Wellenende und Schwengelfläche fluchtend, aber diesmal mit Abstand 0 mm. Für diese Kombination gibt es aber eine spezielle Abhängigkeit, nämlich EINFÜGEN.

7.4.9 Einfügen-Beispiel

Denken Sie an eine Schraube, die in eine Gewindebohrung eingesetzt werden soll. Da liegen dieselben Verhältnisse vor. Das Gewinde muss passend zur Bohrungsachse sein und die Anschlagsfläche der Schraube passend zur Teileoberfläche. Da dies sehr oft vorkommt, gibt es eben für diese Kombination von Abhängigkeiten extra noch die Abhängigkeit EINFÜGEN. Sie wählen hier immer zwei Kreisflächen, die zwei Bedingungen auf beiden Teilen erfüllen müssen. Sie müssen die richtige Drehachse definieren, die lotrecht zum Kreis durch den Mittelpunkt verläuft, und sie müssen auf den Flächen liegen, die dann fluchtend oder passend werden sollen. Es gilt hier, zwischen zwei Modi zu wählen, je nachdem, ob die Achsen gleich- oder gegengerichtet sind.

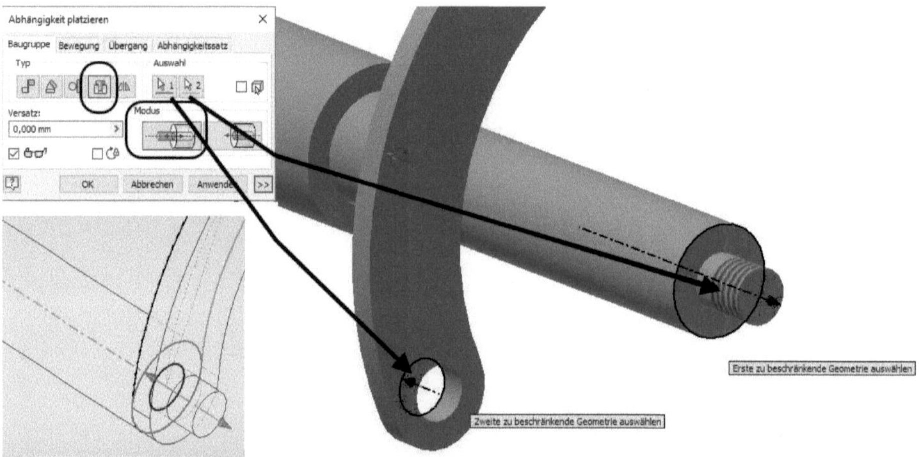

Abb. 7.42: Welle-Bohrung mit Abhängigkeit EINFÜGEN

Mit dieser Abhängigkeit EINFÜGEN können Sie dann den Rest der Kurbel zusammenbauen. Zwar fehlen jetzt noch die Scheiben und Muttern, aber das wird in Kürze erklärt.

Die Abhängigkeiten können Sie mit dem Kontextmenü im Browser auch in der Darstellung sichtbar machen und auch dort dann anklicken und bearbeiten (Abbildung 7.43).

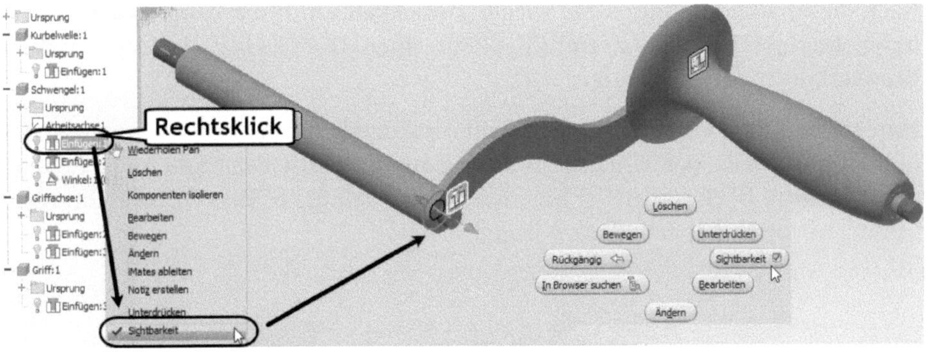

Abb. 7.43: Kurbelmechanismus mit sichtbar gemachten Abhängigkeiten

7.4.10 Winkel-Beispiel

Es wäre schön, wenn man nun den Schwengel über einen Winkel definiert drehen könnte. Da der Schwengel nirgends eine lineare Kante hat, lässt sich da auch kein Winkel definieren. In solch einem Fall braucht man eine Arbeitsachse. Wir müssen also in das Bauteil `Schwengel` eine Arbeitsachse einbauen, die beispielsweise von einem Bohrungsmittelpunkt zum anderen läuft. Da wir uns momentan in der Baugruppe befinden, ist es möglich, gleich dort in das einzelne Bauteil zu wechseln. Sie müssen nur auf das Bauteil `Schwengel` entweder im Zeichenbereich oder im Browser (Abbildung 7.44) doppelklicken.

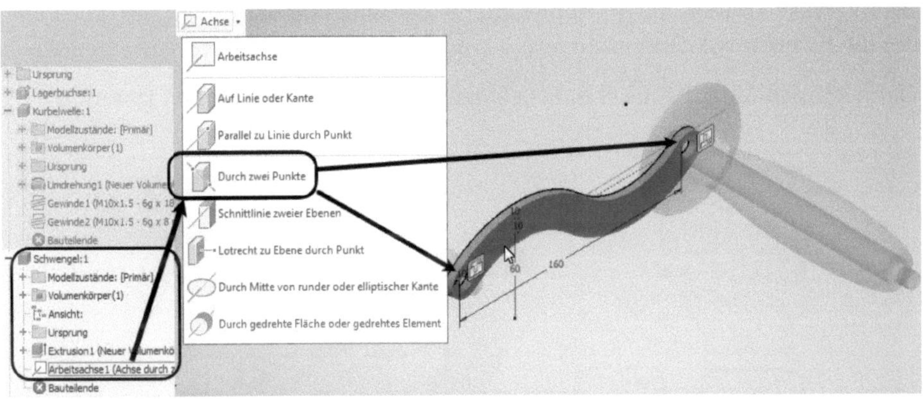

Abb. 7.44: Bauteil mit Doppelklick in Baugruppenumgebung aktiviert

Gegebenenfalls müssen Sie nun die Skizze über das +-Zeichen vor EXTRUSION1 aktivieren und über das Kontextmenü sichtbar schalten. Sie müssen aber nicht direkt in die Skizzenumgebung hineinwechseln. Sie brauchen die sichtbare Skizze nur, um über die Kreismittelpunkte die Arbeitsachse zu definieren. Diese Arbeitsachse bekommen Sie mit der Funktion 3D-MODELL|ARBEITSELEMENTE| ACHSE|DURCH ZWEI PUNKTE.

Nach dieser Aktion können Sie wieder zurückkehren in die Baugruppen-Umgebung. Das geschieht ganz einfach durch einen Doppelklick auf den obersten Browserknoten, die Baugruppe.

Nun können Sie die gewünschte Winkel-Abhängigkeit zwischen der Arbeitsachse und beispielsweise der X-Achse mit Bezug auf die Achse der Kurbelwelle definieren. Die dritte Bezugsachse ist hier notwendig, weil die beiden Winkelrichtungen 1 und 2 in verschiedenen Ebenen liegen.

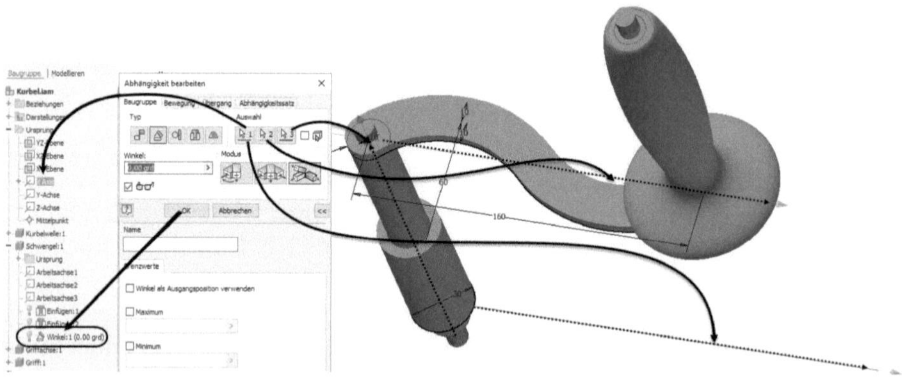

Abb. 7.45: Winkelabhängigkeit zwischen X-Achse und Arbeitsachse des Schwengels bzgl. Kurbelwelle

Im BROWSER können Sie im Kontextmenü zur Winkelabhängigkeit nun auch wieder die BEWEGUNGS-Option finden.

Dann können Sie die Kurbel in beliebigen Winkelbereichen drehen lassen.

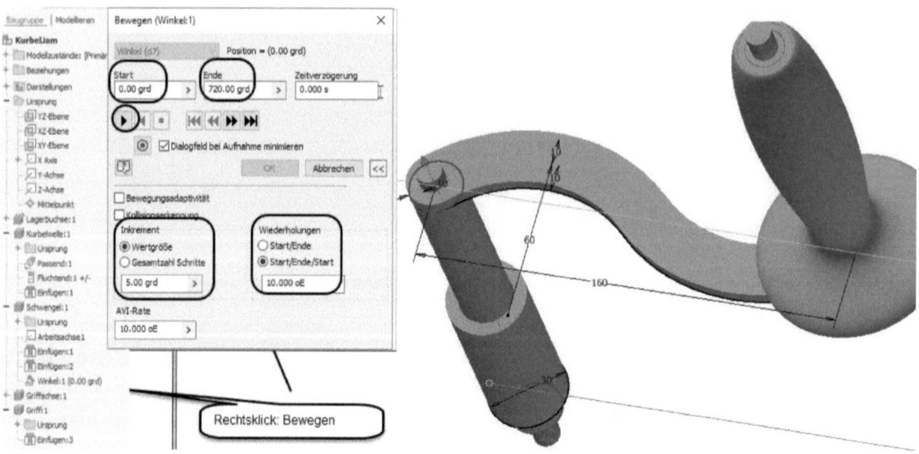

Abb. 7.46: Bewegungsanimation der Kurbel

7.4.11 Tangential-Beispiel

Wenn zwei *Flächen in Berührung* bleiben sollen, dann wählen Sie die Abhängigkeit TANGENTIAL. In der Beispiel-Konstruktion haben wir als Basisteil eine Platte 200x100 groß und 10 stark und als zweites Teil einen Zylinder mit Durchmesser 20 und 50 hoch. Wenn beide TANGENTIAL gemacht werden, können Sie den Zylinder mit dem Cursor noch ziemlich frei bewegen, aber er hebt nicht mehr von der Platte ab. Manchmal scheint es so, als sei er abgehoben, aber wenn Sie das Teil von der Seite ansehen, dann sehen Sie, dass der Zylinder vielleicht außerhalb der Platte liegt, aber er hat nicht abgehoben. Das kommt daher, dass sich all diese Abhängigkeitsbedingungen auf eine unendliche Geometrie beziehen. Die Plattenoberfläche ist für die Bedingung TANGENTIAL (und das gilt auch für alle anderen Abhängigkeiten) unendlich groß, eine unendliche Ebene. So sind auch die Achsen in den vorherigen Beispielen unendlich lang.

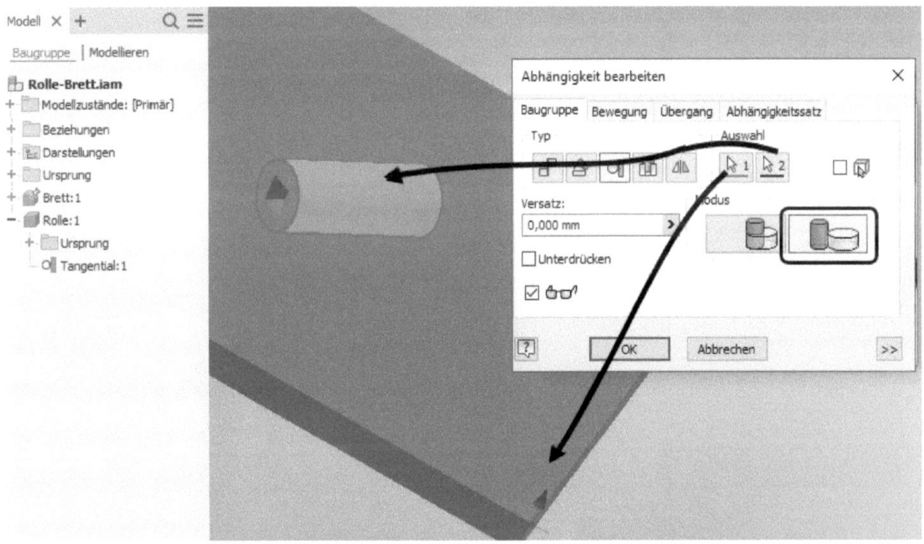

Abb. 7.47: Abhängigkeit TANGENTIAL zwischen Plattenoberfläche und Zylinder

Es gibt noch eine zweite Option zur Zuordnung der Oberflächen. Dabei werden die Flächennormalen umgekehrt berechnet. Infolgedessen berührt nun der Zylinder die Plattenoberfläche von unten.

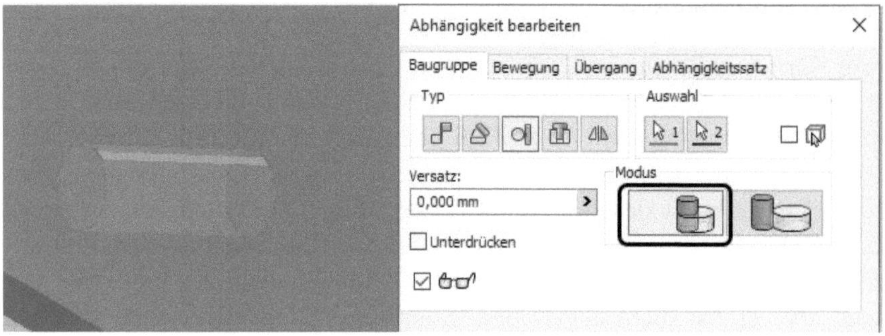

Abb. 7.48: Umgekehrte Zuordnung der Flächennormalen

7.4.12 Symmetrie-Beispiel

Die Abhängigkeit SYMMETRIE hält zwei Flächen symmetrisch zu einer dritten.

Als typisches Beispiel wird eine Klappbrücke gezeigt. Die beiden Brückenteile sind hier symmetrisch zur YZ-Ebene. Wenn Sie eine der Klappen bewegen, geht die andere automatisch mit.

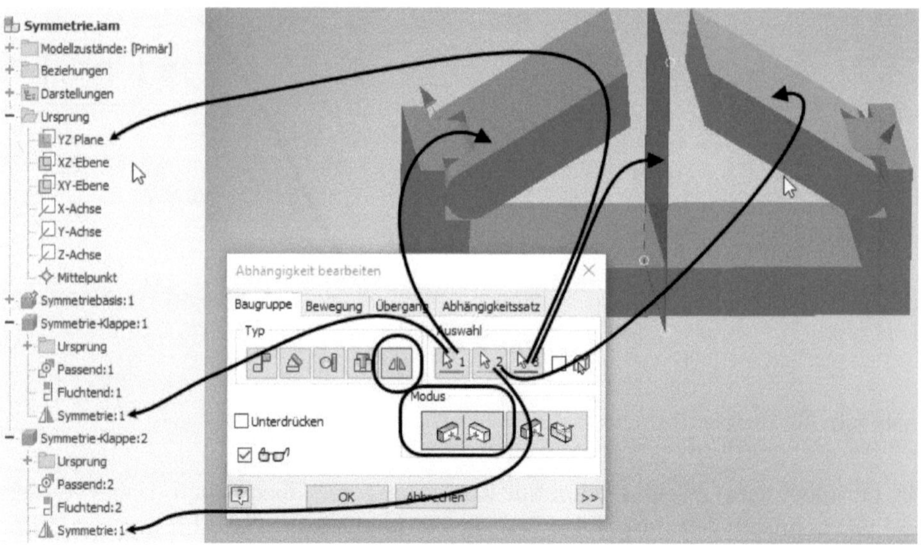

Abb. 7.49: Symmetrie-Abhängigkeit für eine Klappbrücke

7.5 Bewegungs-Abhängigkeiten

Ganz wichtig für komplexe Mechanismen sind Abhängigkeiten, die Bewegungen übertragen. Es gibt davon zwei Arten:

- DREHUNG – überträgt die Drehung von einem rotierenden Teil auf ein anderes mit einstellbarem Übersetzungsverhältnis,
- DREHUNG-TRANSLATION – überträgt die Drehbewegung eines zylindrischen Teils auf die lineare Bewegung der linearen Kante eines anderen Teils und umgekehrt. Auch hier ist das Verhältnis einstellbar.

7.5.1 Beispiel für Drehung

In diesem Beispiel wurde ein Gestell gebaut, das zwei zylindrische Rollen mit Achsen aufnimmt. Die statischen Abhängigkeiten sind die üblichen, nämlich EINFÜGEN. Damit die Drehbewegungen sichtbar werden, wurden die Vierkante hinzugefügt. Beide Rollen sollen sich nun in gleicher Richtung synchron drehen. Das Übersetzungsverhältnis muss für eine korrekte Konstruktion dem Verhältnis der Radien entsprechen.

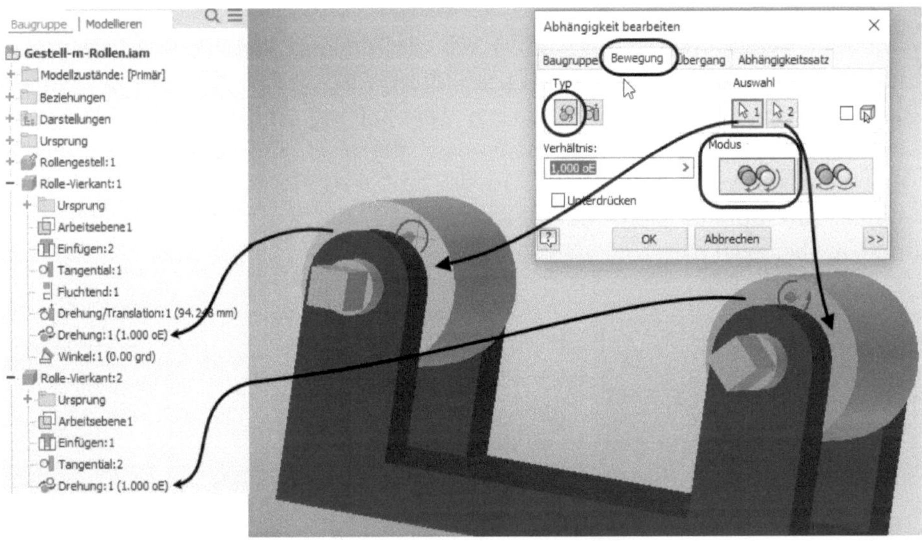

Abb. 7.50: Drehung eines Zylinders auf einen anderen übertragen

7.5.2 Beispiel für Drehung-Translation

Der Konstruktion wurde noch eine Leiste hinzugefügt, die tangential auf den Rollen liegt. Damit sie seitlich nicht wegrutschen kann, muss sie auch fluchtend zu den Rollen ausgerichtet werden. Damit die Rollen nun die Leiste verschieben können, muss die Rollenkante 1 für die Drehung und die Kante der Leiste 2 (nur Kante, keine Fläche) gewählt werden. Damit das Abrollen den physikalischen Gegebenheiten entspricht, sollte der Übersetzungsfaktor `p*D` betragen. Als Formel können Sie dann eingeben: **`30 mm * PI`**. Achten Sie auf die Großschreibung bei PI!

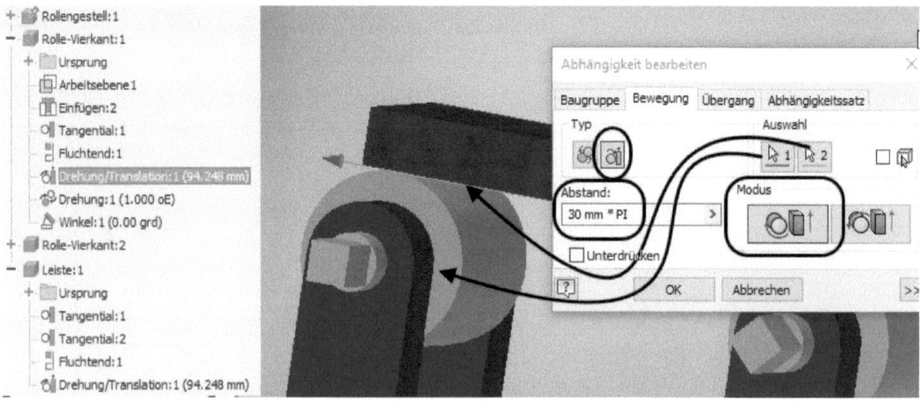

Abb. 7.51: Beispiel für synchronisierte Dreh- und Schiebe-Bewegungen

7.5.3 Schraubbewegung

Auch eine Schraubbewegung kann durch die Abhängigkeit DREHUNG/TRANSLATION realisiert werden. Im Beispiel (Abbildung 7.52) wurde der linke Quader als Basisteil fixiert. Beide Quader wurden zweimal mit Abhängigkeit FLUCHTEND bzgl. der Außenflächen versehen, sodass sich der rechte nur noch in Richtung des Doppelpfeils bewegen kann. Beide Quader besitzen eine Bohrung, darin läuft die Spindel. Die Spindel sitzt mit Abhängigkeit EINFÜGEN im linken Quader zwar drehbar, aber axial fixiert.

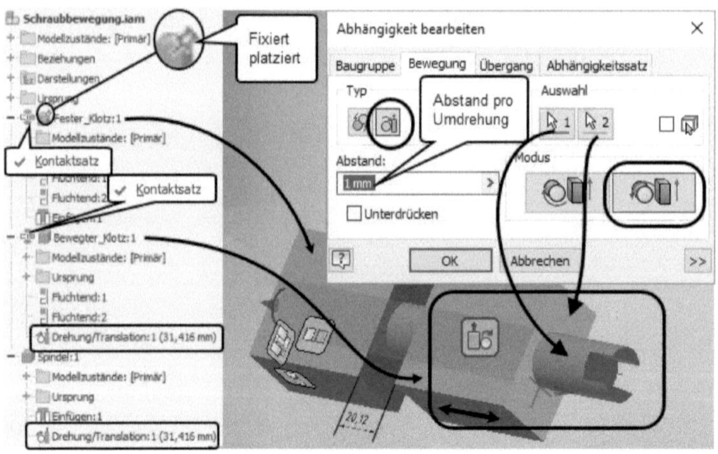

Abb. 7.52: Schraubbewegung über DREHUNG/TRANSLATION

Die Abhängigkeit DREHUNG/TRANSLATION wurde nun zwischen der Spindel und der Fläche des rechten Quaders etabliert. Der ABSTAND wurde so eingestellt, dass sich der Quader bei einer Umdrehung um **1 mm** verschiebt. Für die Demonstration wurden hier übrigens alle Abhängigkeiten im Browser auf SICHT-

BAR geschaltet. Über MIT ANMERKUNG VERSEHEN|ALLGEMEINE BEMAẞUNG|BEMAẞUNG wurde der Abstand zwischen beiden Quadern sichtbar gemacht.

Damit die Bewegung stoppt, wenn sich die beiden Quader berühren, wurde für beide im BROWSER übers Kontextmenü die Option KONTAKTSATZ aktiviert. Damit diese Einstellung die beabsichtigte Wirkung hat, muss allerdings PRÜFEN|KOLLISION|KONTAKTLÖSER AKTIVIEREN eingeschaltet werden, sonst wirkt die KONTAKTSATZ-Einstellung nicht.

Sie können nun mit dem Cursor die Spindel drehen und die Änderung des Abstands beobachten. Das Abstandsmaß wird allerdings nicht ganz dynamisch mitgeführt, erscheint aber nach jeder manuellen Aktion mit dem aktualisierten Wert. Um die Schraubbewegung automatisiert auszuführen, müssten Sie noch eine WINKEL-Abhängigkeit zwischen einer Seite des Basis-Quaders und einer Fläche der Spindel-Nut etablieren und dann die BEWEGUNG damit aktivieren.

7.5.4 Schraubbewegung über Parameter-Manager

Die Schraubbewegung spielt natürlich in vielen Geräten eine wichtige Rolle, und nicht immer steht die Kante eines Quaders zur Verfügung wie im letzten Beispiel. Hier muss eine Drehbewegung in anderer Weise mit einer linearen Bewegung gekoppelt werden. Abbildung 7.53 zeigt einen Abzieher, dessen Spindel mit der Spindelachse passend zur Bohrungsachse (PASSEND 1) zugeordnet wurde.

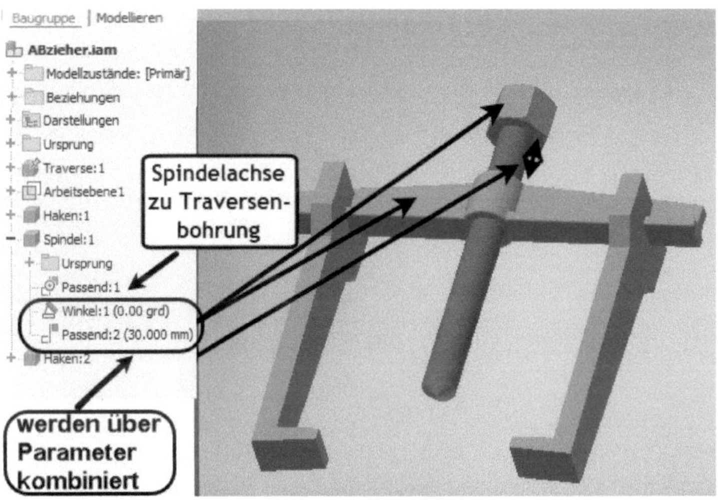

Abb. 7.53: Abhängigkeiten für Schraubbewegung

Dann wurde eine Winkelabhängigkeit zwischen den markierten Flächen auf der Traverse und dem Sechskant etabliert. Über diese Winkelabhängigkeit kann nach einem Rechtsklick im Browser die Drehbewegung erzeugt werden. Schließlich wurde noch eine PASSEND-Abhängigkeit zwischen Unterkante Sechskant und

Oberkante Traverse mit ursprünglich 30 mm Abstand eingerichtet. Die zugehörige Entfernung soll nun je nach Drehwinkel variieren.

In der Parametertabelle, die Sie mit der Funktion ZUSAMMENFÜGEN|VERWALTEN|PARAMETER aktivieren, sind der Winkel `d9` und das Maß `d16 = 30 mm` leicht zu identifizieren. Dort tragen Sie die Formel ein, die pro Umdrehung die Spindel um 1 mm weiterschiebt oder anders ausgedrückt pro Grad um 1/360 mm: **`30mm+(d9/360 grd)*1mm`** (Abbildung 7.54). Achten Sie besonders darauf, dass die Einheiten korrekt angegeben werden, weil sonst unerklärliche Ergebnisse entstehen können. Die Einheiten müssen sich ggf. auch untereinander korrekt kürzen wie hier: **`mm+(grd/grd)*mm`**.

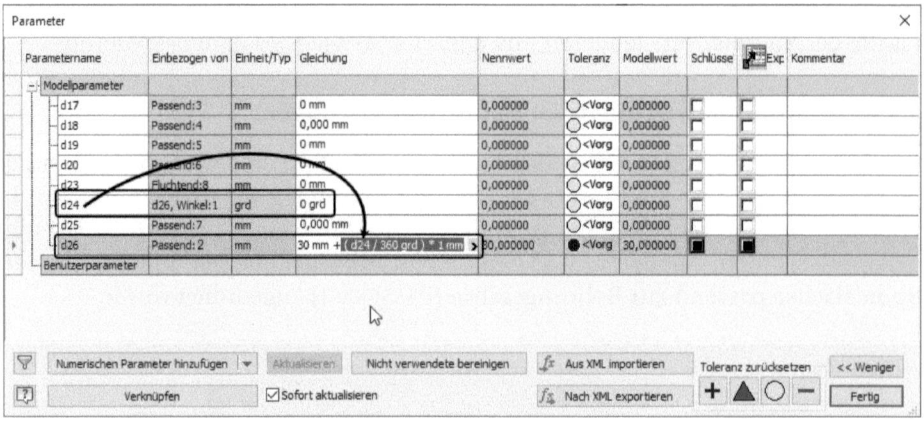

Abb. 7.54: Parametertabelle mit der Formel für Schraubbewegung

Nachdem die Formel in die Parametertabelle eingetragen ist, können Sie die Konstruktion in Bewegung setzen. Mit einem Rechtsklick auf die Winkelabhängigkeit im BROWSER starten Sie die Bewegungsanimation ❶ (Abbildung 7.55).

Abb. 7.55: Bewegungsanimation

Als Endposition für den Winkel tragen Sie ruhig einen großen Wert ein (hier 1800°) ❷, damit die Animation über mehrere Umdrehungen läuft. Dann starten Sie den Bewegungsablauf mit ▶ ❸. Über die Erweiterungsdialogfläche >> können Sie die Animation auch mehrfach hin- und herlaufen lassen.

7.6 iMates

Mit der IMATE-Funktionalität können Sie Abhängigkeiten für zwei Bauteile praktisch in den einzelnen Bauteilen schon vorprogrammieren, sodass sich beim Platzieren ein Bauteil automatisch auf ein gleichnamiges IMATE eines schon vorhandenen Bauteils einfügt.

Als Beispiel wird ein Niet konstruiert und mit dem IMATE für EINFÜGEN versehen. Eine Grundplatte erhält Bohrungen ebenfalls mit IMATE vom Typ EINFÜGEN. In der Baugruppe wird zuerst die Grundplatte eingefügt. Beim Hinzufügen der Niete werden diese aufgrund der IMATES dann automatisch in die Bohrungen gesetzt.

Mit VERWALTEN|AUTOR|IMATE ❶ ❷ wählen Sie den Typ EINFÜGEN ❸ aus, auch den korrekten MODUS ❹ und klicken die Position an ❺ (Abbildung 7.56). Das IMATE wird durch ein kleines Kringelchen markiert und im Browser eingetragen.

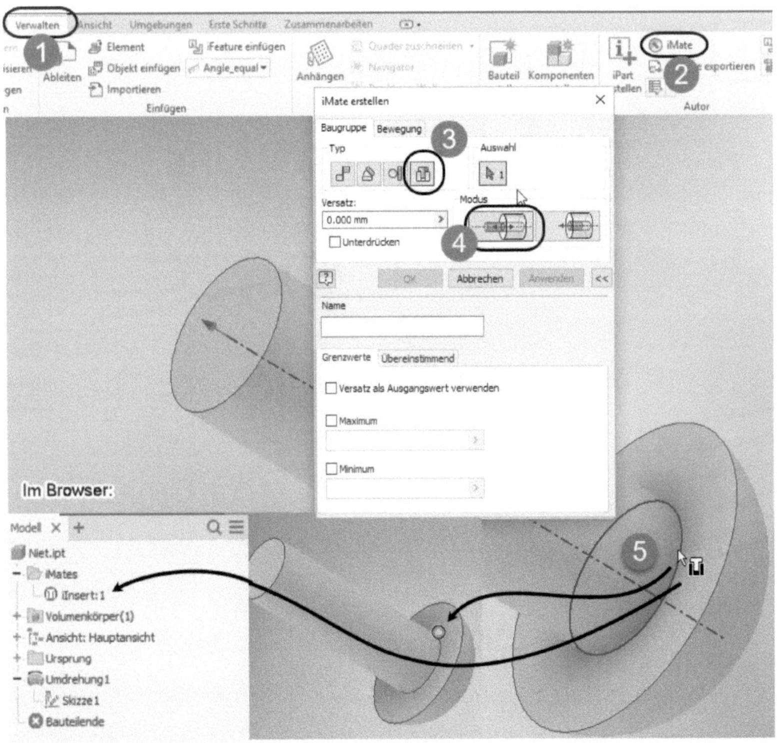

Abb. 7.56: Niet mit iMate vom Typ EINFÜGEN

Bei der Grundplatte können Sie im Befehl BOHRUNG gleich das IMATE mit erstellen lassen (Abbildung 7.57).

Beim Vervielfachen der Bohrung mit RECHTECKIGE ANORDNUNG wird das IMATE leider nicht mitgenommen und muss deshalb für jede Bohrung erneut erzeugt werden.

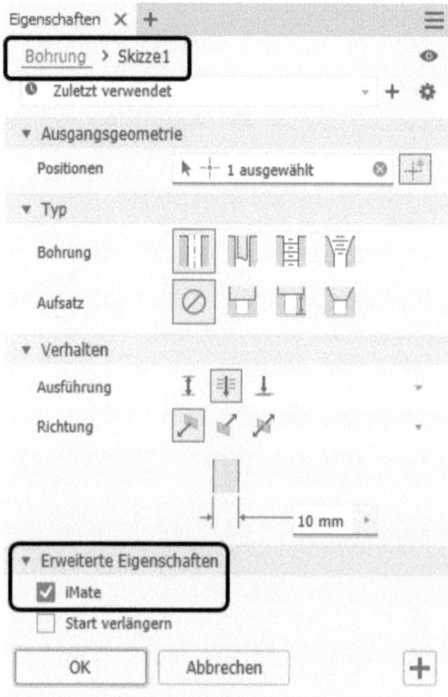

Abb. 7.57: IMATE im BOHRUNGS-Befehl

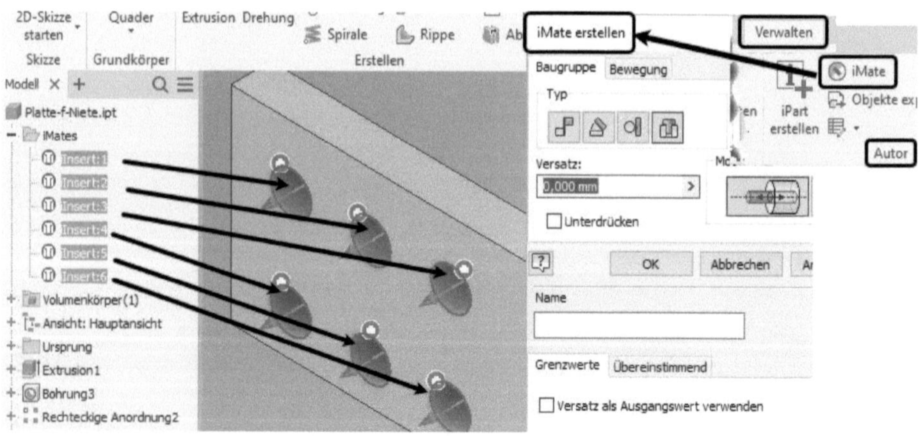

Abb. 7.58: Weitere IMATES für Bohrungen erstellt

In die Baugruppe wird natürlich als Erstes die Grundplatte eingefügt.

Beim PLATZIEREN des ersten Niets aktivieren Sie die Option INTERAKTIV MIT IMATES PLATZIEREN ❶ ❷. Dadurch wird der Niet automatisch auf die erste Einfüge-Position gesetzt ❸. Sie wird im Browser englisch als `Insert 1` angezeigt. Alle weiteren Niete können Sie nun über verschiedene Kontextmenü-Optionen positionieren:

- AUF ALLEN ÜBEREINSTIMMENDEN IMATES PLATZIEREN – Sie können beim Platzieren des ersten Niets gleich alle auf alle IMATES setzen.
- RESTLICHE IMATE-ERGEBNISSE GENERIEREN – Sie können nach dem Setzen des ersten Niets die übrigen IMATES besetzen.
- NÄCHSTES BAUGRUPPEN-IMATE – Hiermit wird ein IMATE übersprungen, falls eine Bohrung frei bleiben soll.
- VORHERIGES BAUGRUPPEN-IMATE – Hiermit gehen Sie wieder um ein IMATE zurück.

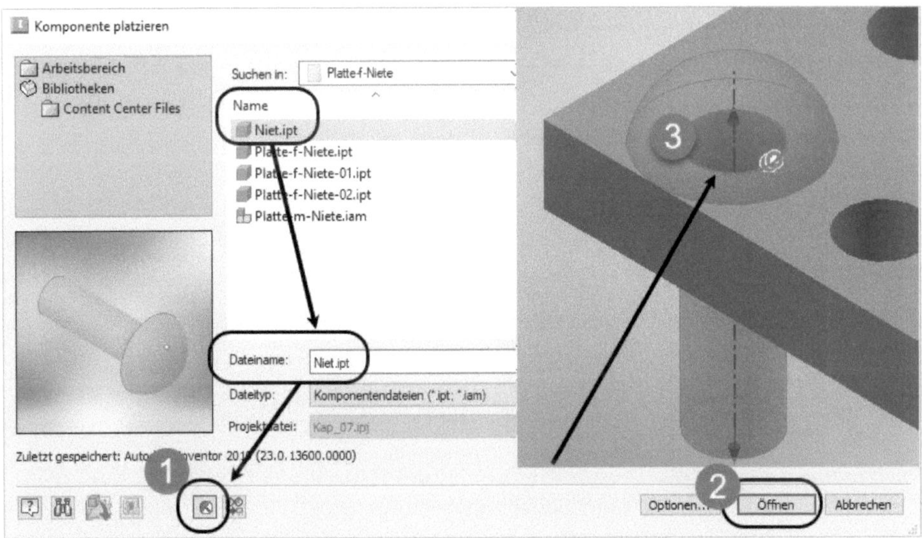

Abb. 7.59: Niet mit IMATE platzieren

Es gibt auch eine Möglichkeit, einen Niet manuell auf eine bestimmte IMATE-Position zu ziehen. Nachdem der Niet *ohne besondere Positionierung frei* eingefügt wurde, klicken Sie ihn an, drücken die `Alt`-Taste und ziehen ihn nun mit dem IMATE-Symbol auf eine der noch freien IMATE-Positionen der Platte. Er rastet sichtbar dort ein. Auch Bohrungen *ohne* IMATE-Marke sind möglich.

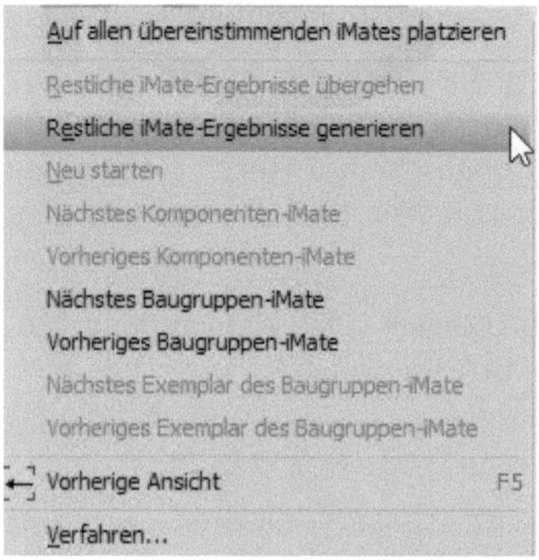

Abb. 7.60: Kontextmenü beim Platzieren mit iMates

7.7 Abhängigkeiten über die Verbindungsfunktion

Eine alternative Funktion zur Erzeugung von Abhängigkeiten bietet die Funktion ZUSAMMENFÜGEN|BEZIEHUNGEN|VERBINDUNG. Diese Funktion arbeitet etwas mehr automatisch und intuitiv. Diese Abhängigkeiten sind gut geeignet für Bewegungsstudien in Mechaniken mit vielen Gelenkverbindungen. Durch Anklicken der zu verbindenden Flächen und Berührpunkte kann eine Abhängigkeit oft automatisch erstellt werden. Sie können aber auch den Typ der Abhängigkeit vorbestimmen. Folgende Verbindungs- oder Gelenktypen (Abbildung 7.61) sind wählbar:

- AUTOMATISCH – Die erzeugte Abhängigkeit hängt von den gewählten Flächen und Berührpunkten ab.
- STARR – Beide Teile werden fest verbunden, sodass keine Freiheitsgrade mehr übrig bleiben.
- DREHBAR – Beide Teile werden so verbunden, dass sie noch um eine Achse drehbar sind wie bei einem Scharnier.
- VERSCHIEBBAR – Beide Teile sind noch in einer Richtung verschiebbar.
- ZYLINDRISCH – Beide Teile sind um eine Achse drehbar und in Achsenrichtung verschiebbar.
- PLANAR – Beide Teile sind in einer Ebene in allen Richtungen verschiebbar.
- KUGELFÖRMIG – Beide Teile sind nur durch einen Punkt verknüpft und um diesen in jeder Richtung schwenkbar.

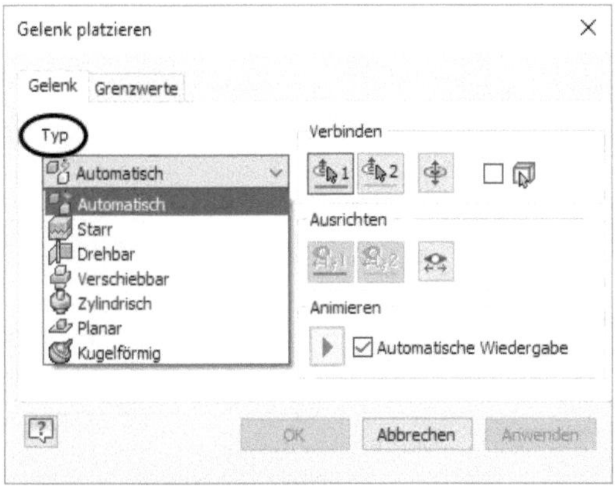

Abb. 7.61: TYPEN für VERBINDUNG

In Abbildung 7.62 wird eine Verbindung zwischen zwei rechteckigen Flächen und jeweils einem Bezugspunkt mit dem Typ AUTOMATISCH erstellt. Das Ergebnis ist dann eine Abhängigkeit STARR (Abbildung 7.63) AUF GRUND DER FORM DER BEIDEN FLÄCHEN. Bei Anklicken einer Kante müssen Sie nur darauf achten, dass Sie die richtige Position und die richtige Fläche dafür markieren. Über das Dialogfenster haben Sie aber noch die Möglichkeit, diese Einstellungen anzupassen.

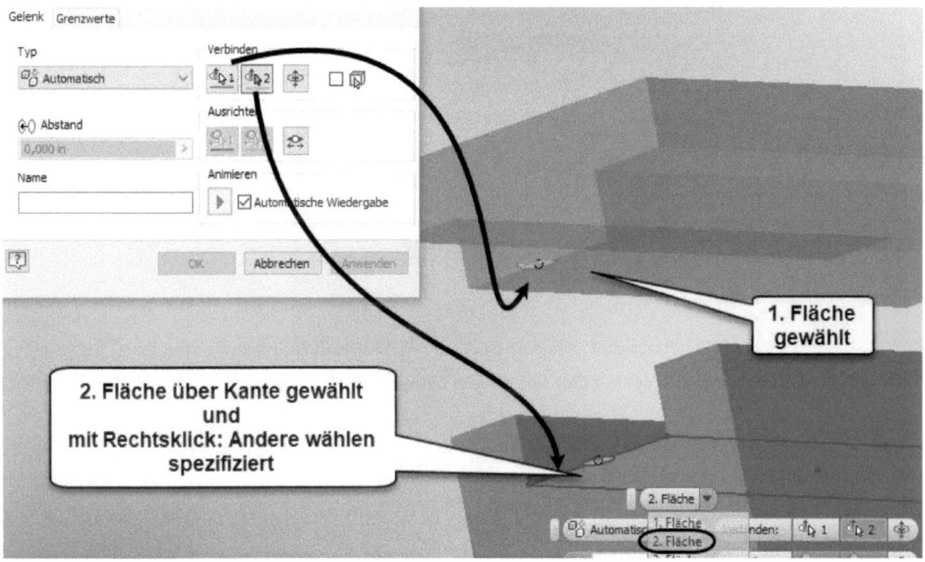

Abb. 7.62: VERBINDUNG zwischen 2 Flächen mit Typ AUTOMATISCH

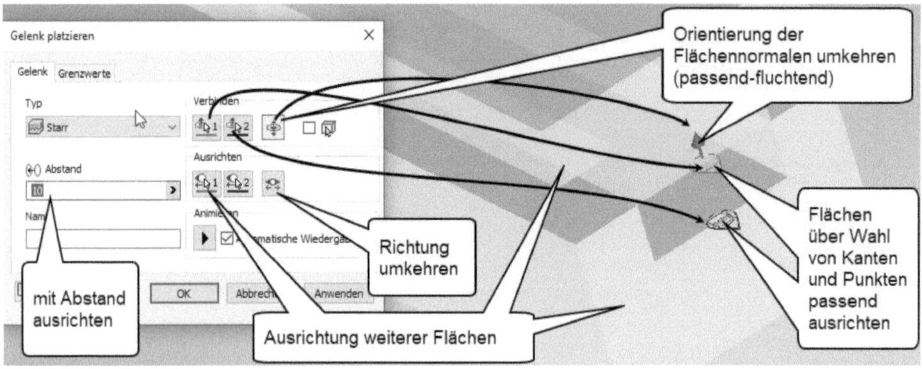

Abb. 7.63: Abhängigkeit STARR

Wenn man den TYP vorher explizit wählt, erhält man die in den nachfolgenden Bildern dargestellten Abhängigkeiten mit den über die Pfeilsymbole abgebildeten Freiheitsgraden. Der Typ lässt sich auch nachträglich mit der Funktion BEARBEITEN ändern. Die über VERBINDUNGEN verknüpften Teile können über GRENZWERTE, die in der zweiten Registerkarte einzugeben sind, schon bei Erstellung in der Bewegung begrenzt werden. Sie können auch mit dem Cursor dann innerhalb dieser Grenzen direkt bewegt werden. Abgesehen von Typ STARR gibt es auch hier die Funktion BEWEGEN im Kontextmenü.

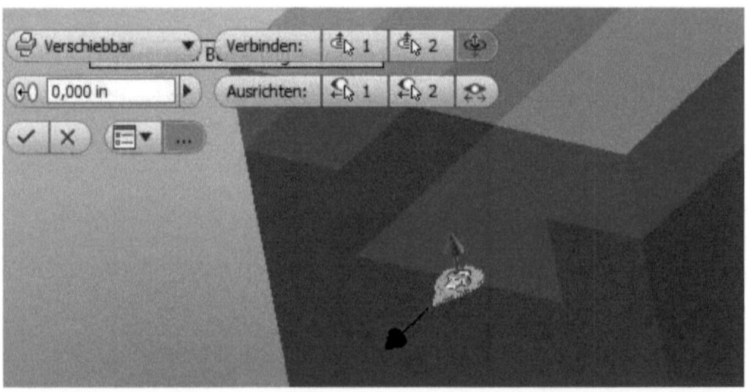

Abb. 7.64: Abhängigkeit VERSCHIEBBAR mit einem übrigen Freiheitsgrad

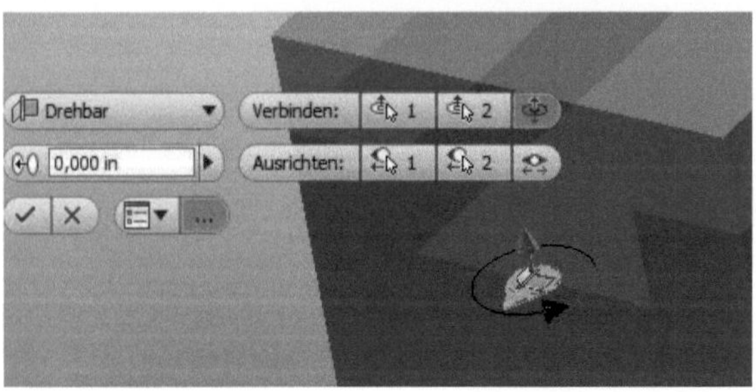

Abb. 7.65: Abhängigkeit DREHBAR mit einem Freiheitsgrad zur Rotation

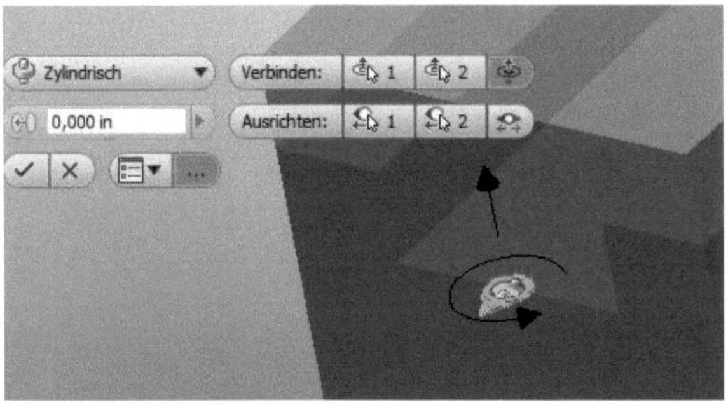

Abb. 7.66: Abhängigkeit ZYLINDRISCH mit einem Freiheitsgrad zum Drehen und einem Freiheitsgrad zum Verschieben entlang der Drehachse

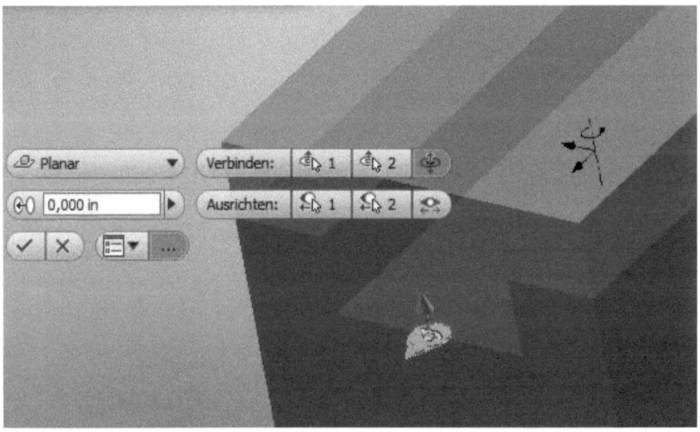

Abb. 7.67: Abhängigkeit PLANAR mit einem Freiheitsgrad der Rotation und zwei Freiheitsgraden der Verschiebung

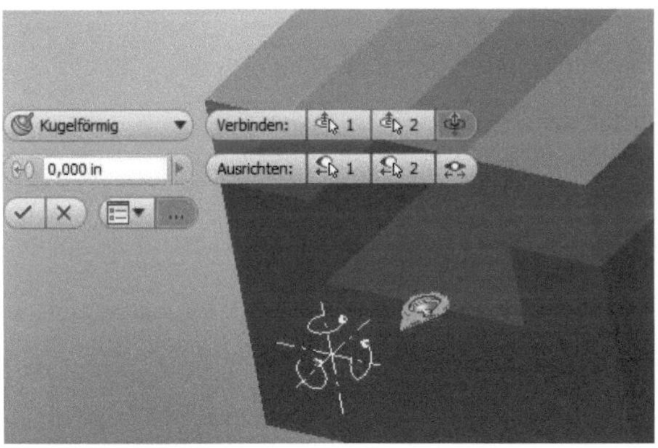

Abb. 7.68: Abhängigkeit VERSCHIEBBAR mit drei Freiheitsgraden der Rotation

Die Teile können auch gemäß den Verbindungstypen nach Rechtsklick im Browser bewegt werden.

Es sind auch Gelenkverbindungen zwischen *Zapfen und Langloch* möglich. Im beweglichen Teil mit dem Langloch kann die Mitte des Langlochs gewählt werden, wenn man die Auswahlebene mit `Strg` festhält (Abbildung 7.69). Als zweites Element wird dann der Zapfenmittelpunkt gewählt und der Gelenktyp auf VERSCHIEBBAR geändert. Die Verschiebungsrichtung kann z.B. über die Flächennormalen bestimmt werden (Abbildung 7.70). Im Register GRENZEN können die Grenzwerte für die Verschiebungen definiert werden (Abbildung 7.71).

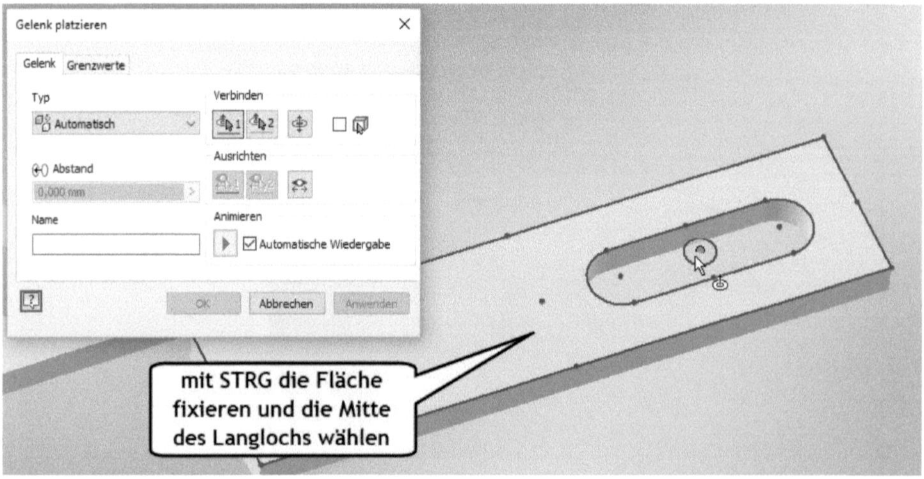

Abb. 7.69: Gelenk auf Langloch-Mitte positionieren

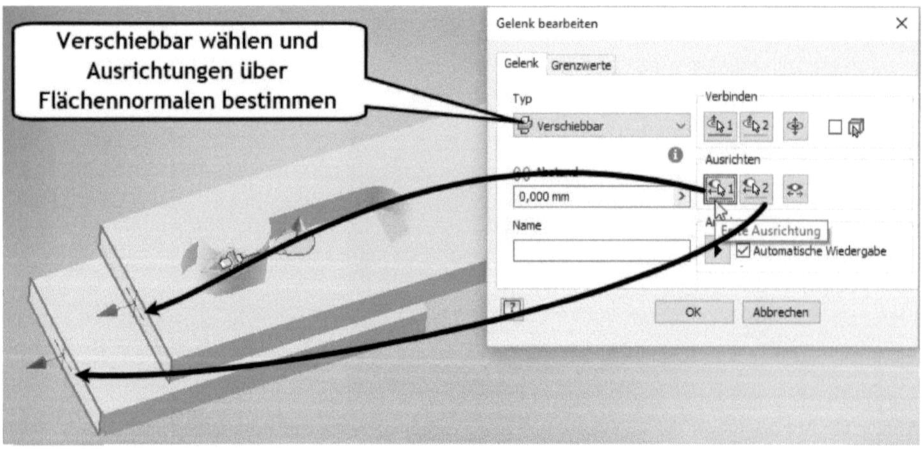

Abb. 7.70: Gelenktyp auf VERSCHIEBBAR ändern und Richtung festlegen

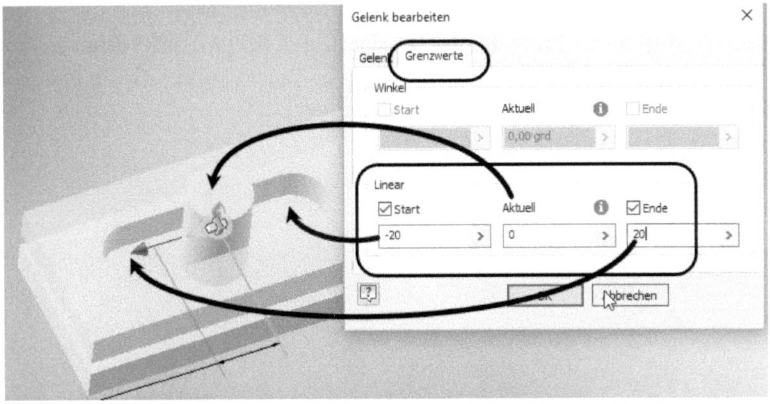

Abb. 7.71: Grenzen für Langloch-Verschiebung festlegen.

7.8 Adaptive Bauteile

Adaptive Bauteile sind Teile, die an andere Bauteile angepasst sind und sich mit diesen auch automatisch stets ändern.

7.8.1 Adaptivität nachrüsten

Sie können Bauteile auch nachträglich adaptiv machen. Das soll am Beispiel der ersten Konstruktion des Kapitels gezeigt werden. Ändern Sie dafür das Bauteil **`Schieber`** durch BEARBEITEN der EXTRUSION auf **`20 mm`**. Der **`Schieber`** ist damit kürzer als das **`Basisteil`**.

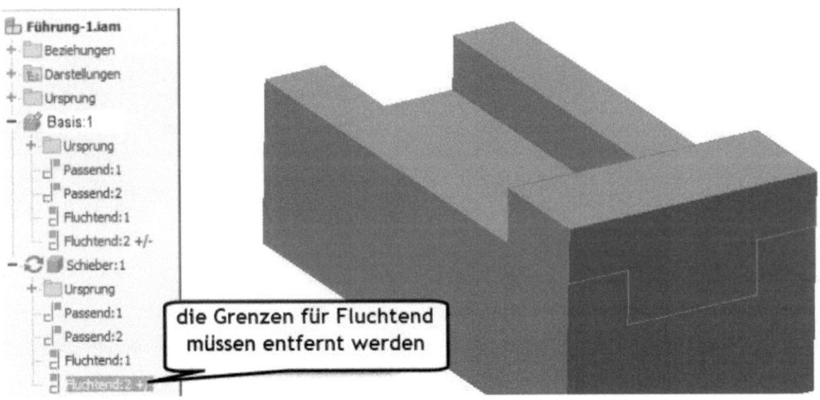

Abb. 7.72: Baugruppe mit Basisteil und Schieber

Nun wollen Sie den **`Schieber`** genauso lang machen wie das **`Basisteil`**. Damit die Adaptivität wirken kann, müssen in der Baugruppe vorher die Grenzwerte aus der Abhängigkeit **`Fluchtend 1`** durch BEARBEITEN herausgenommen werden.

Dann müssen Sie die Länge des **Schiebers** adaptiv machen. Dazu wechseln Sie von der *Baugruppen-Umgebung* durch Doppelklick auf das Bauteil **Schieber** in die *Bauteil-Umgebung*. Im Bauteil **Schieber** bearbeiten Sie per Rechtsklick die EXTRUSION und aktivieren ADAPTIV (Abbildung 7.73).

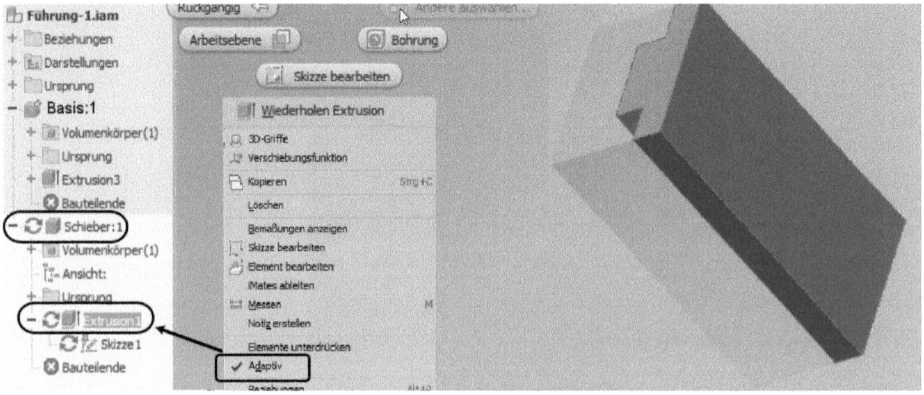

Abb. 7.73: Die Extrusion in Schieber wird auf ADAPTIV geschaltet.

Danach gehen Sie zurück per Doppelklick oben auf den Baugruppen-Namen in die *Baugruppe* und stellen für die zweite Endfläche des **Schiebers** eine neue Abhängigkeit FLUCHTEND mit der hinteren Fläche des Basisteils her, und der Schieber passt sich automatisch an. Damit wirkt nun die Adaptivität.

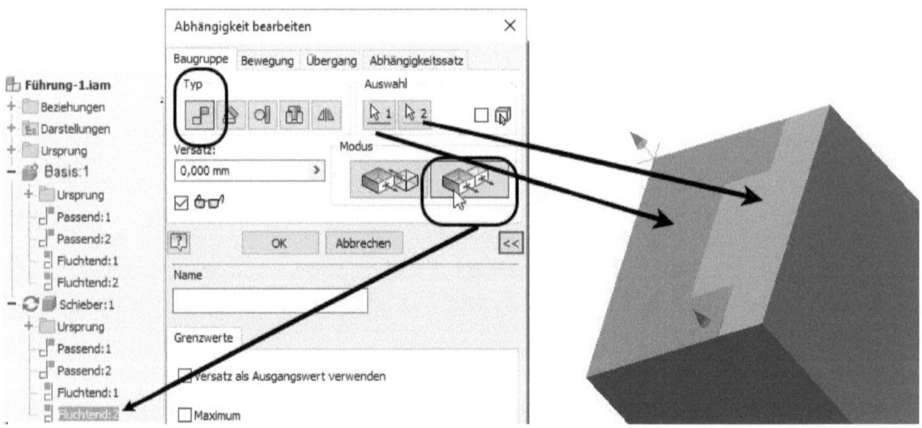

Abb. 7.74: Endflächen fluchtend machen, die Adaptivität macht's möglich.

Wie immer Sie die Extrusionslänge im Bauteil **Basisteil** einstellen, die Länge des **Schiebers** passt sich automatisch an. Das können Sie leicht ausprobieren, indem Sie die Extrusionslänge des Basisteils ändern (siehe Abbildung 7.75 und Abbildung 7.76).

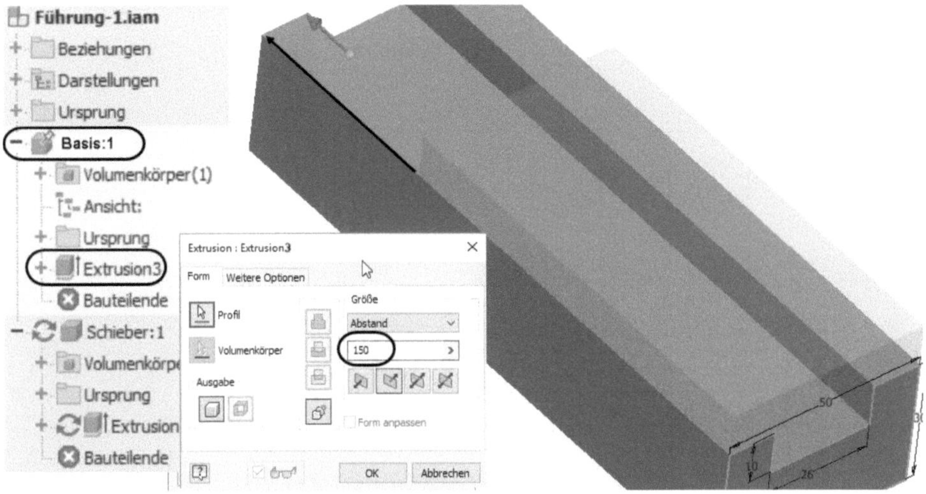

Abb. 7.75: Die Extrusionslänge des Basisteils wird nach Doppelklick geändert.

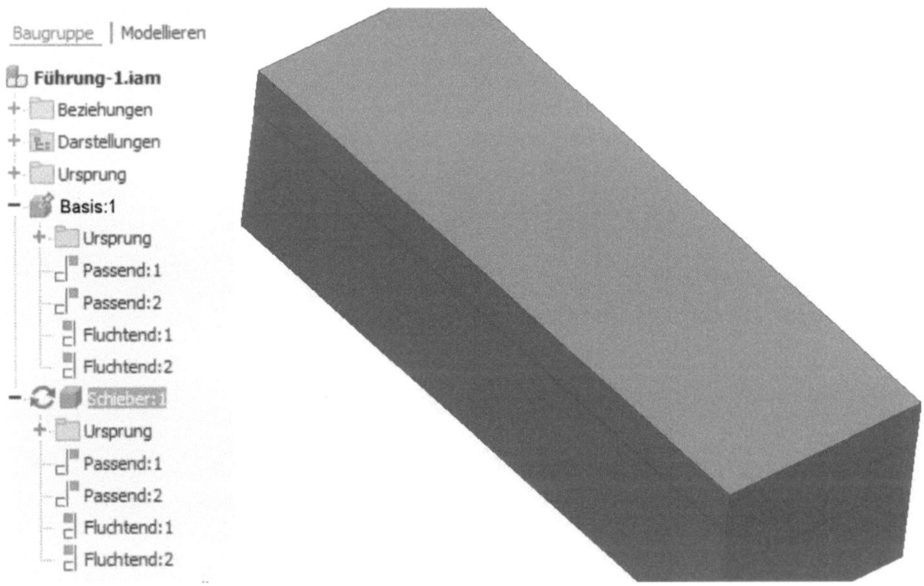

Abb. 7.76: Der Schieber hat sich automatisch ans Basisteil angepasst.

7.8.2 Bauteil in Baugruppe erstellen

Es gibt eine andere Möglichkeit, dass ein Teil *von Anfang an adaptiv* zu anderen Teilen erstellt wird. Dazu müssen Sie das Teil *in der Baugruppenumgebung* mit der Funktion ZUSAMMENFÜGEN|KOMPONENTE|ERSTELLEN konstruieren. Es sei der unten gezeigte **Kurbelsteg** als Bauteil gegeben (Abbildung 7.78), zu dem ein passender Lagerbock oben als passendes Bauteil eingebaut werden soll.

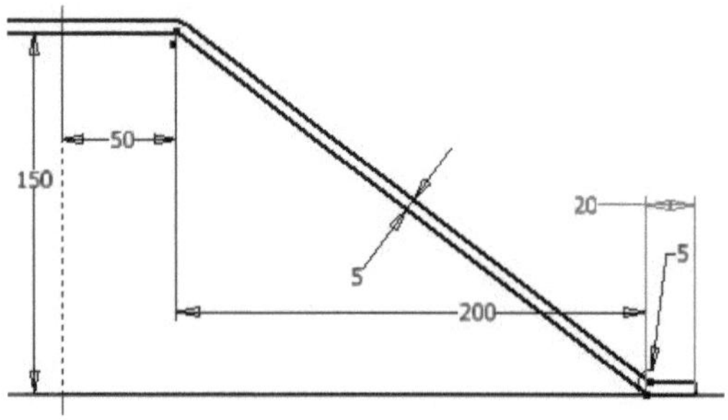

Abb. 7.77: Skizze für symmetrischen Kurbelsteg

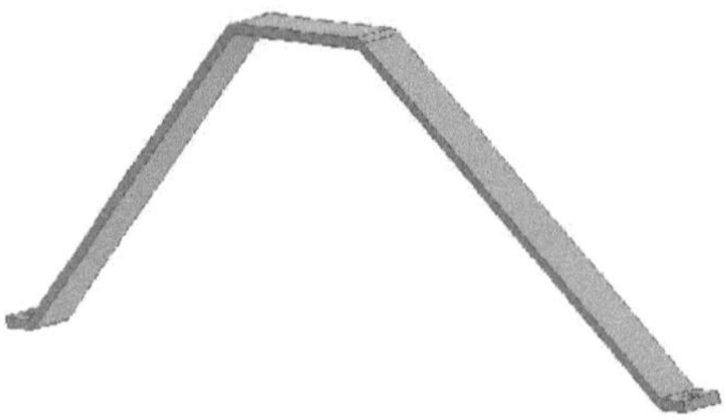

Abb. 7.78: Kurbelsteg als 20-mm-Extrusion

Erstellen Sie also eine neue Baugruppe, in die der **`Kurbelsteg`** als erstes Bauteil platziert wird. Dann wählen Sie den Befehl ERSTELLEN ❶ und geben im Dialogfeld den Namen für das neue Bauteil **`Lagerbock-Kurbel`** ❷ ein. (Abbildung 7.79). Nach OK ❸ befinden Sie sich im neuen Bauteil. Hier wählen Sie dann die passende Ebene des Kurbelstegs ❹ als Skizzierebene für das neue Bauteil.

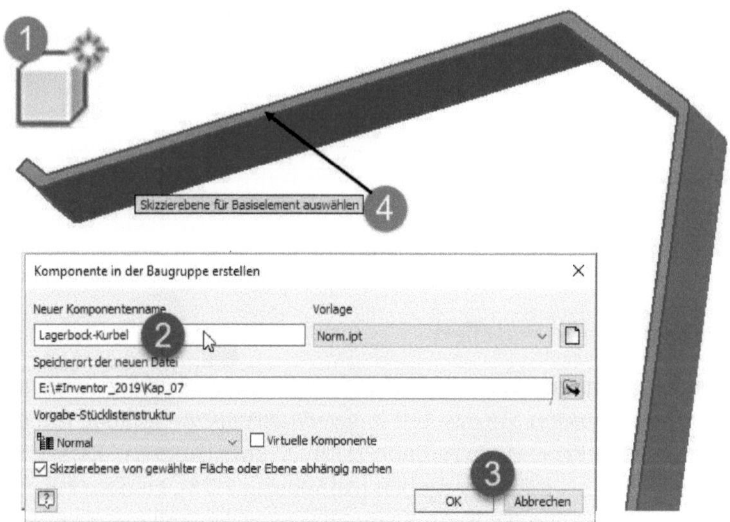

Abb. 7.79: Bauteil wird in der aktuellen Baugruppe erstellt.

Rufen Sie nun in der Bauteilumgebung 2D-SKIZZE STARTEN auf ❺ und wählen Sie die XY-EBENE als Skizzierebene ❻.

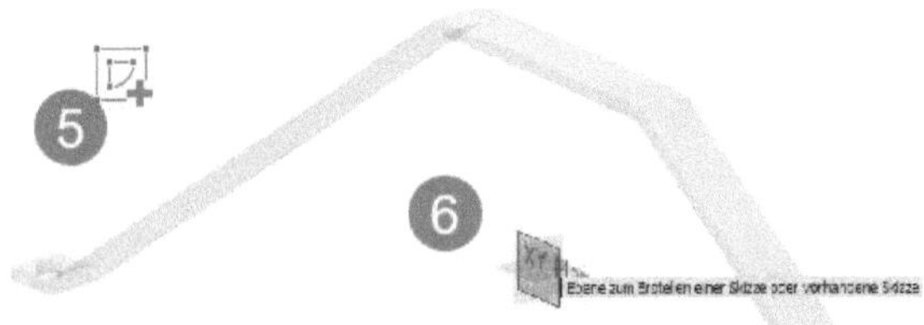

Abb. 7.80: Auswahl der XY-Ebene für die Skizze

In der Skizzenumgebung wählen Sie GEOMETRIE PROJIZIEREN ❼, um die Kanten für die Kontur abzugreifen ❽, und zeichnen Sie danach Ihre eigene LINIE und den KREIS mit Abhängigkeiten und Bemaßung ❾.

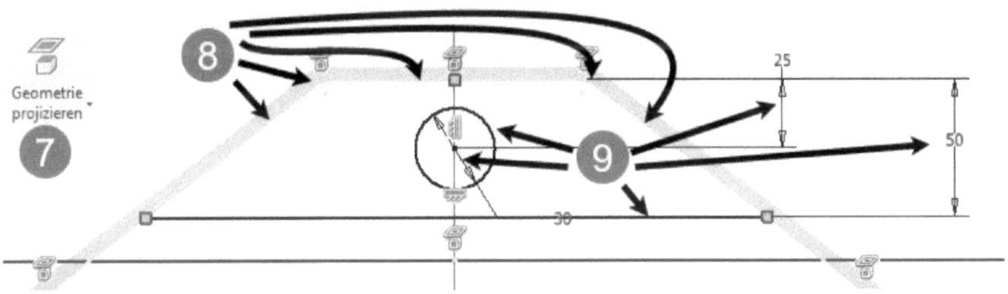

Abb. 7.81: Neue Skizze mit projizierten Kanten und neuen Skizzenelementen

Wenn die Skizze vollständig bestimmt ist, rufen Sie im Bauteil die EXTRUSION auf, wählen Sie das PROFIL durch Hineinklicken und verwenden Sie die hintere Fläche des Kurbelstegs mit der Option BIS für die Abstandsangabe. Schon an den Symbolen erkennen Sie, dass ein adaptives Bauteil entstanden ist. Jede Veränderung an der Kontur des Kurbelstegs wird sich automatisch auf den Lagerbock auswirken.

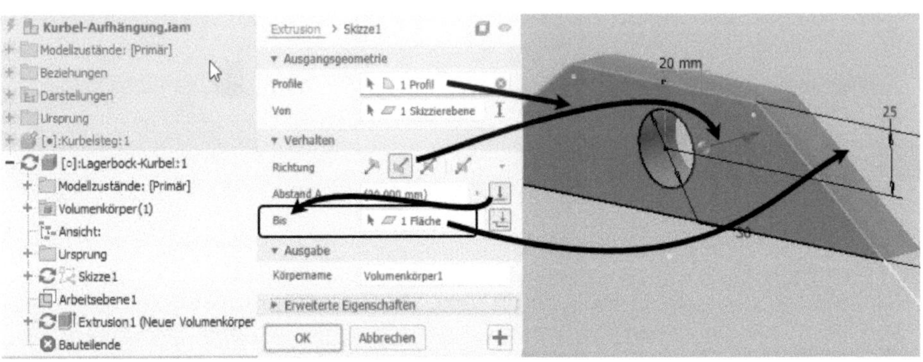

Abb. 7.82: Extrusion für das neue adaptive Bauteil

Damit der Lagerbock als eigenes Bauteil endgültig gespeichert wird, müssen Sie nur noch die Baugruppe mit Doppelklick aktivieren und einmal SPEICHERN aufrufen. Mit der Baugruppe zusammen wird dann auch das neue Teil gespeichert.

7.9 Teile aus Inhaltscenter einfügen

7.9.1 Beispiel Kugellager

An einem Übungsteil für eine Welle soll nun demonstriert werden, wie der Einbau von Bibliotheksteilen verläuft. Abbildung 7.83 zeigt die Skizze mit dem Rotationsteil der Welle. Die Welle wurde in eine Baugruppe fixiert platziert. In der Baugruppe wird dann unter PLATZIEREN die Option AUS INHALTSCENTER PLATZIEREN gewählt.

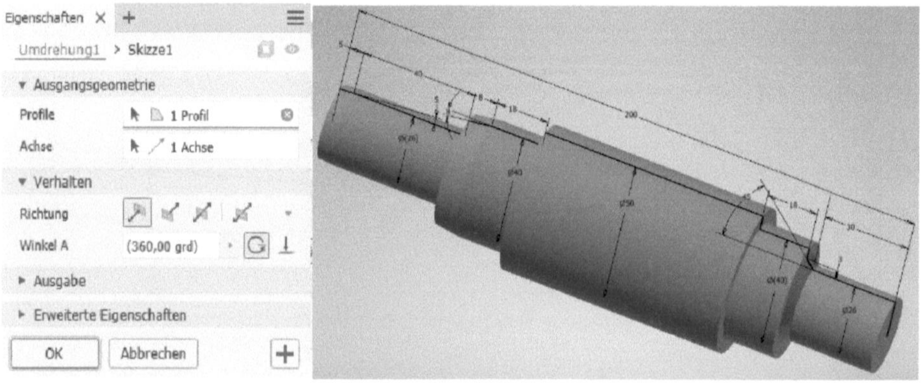

Abb. 7.83: Übungsteil Welle

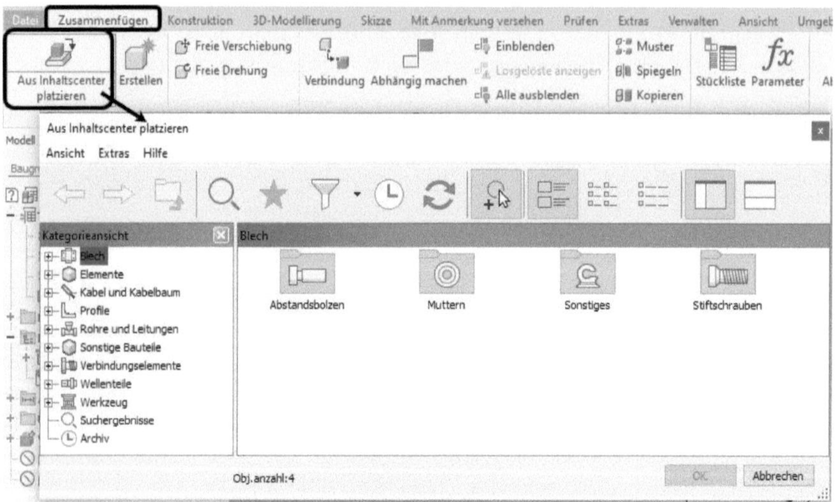

Abb. 7.84: Aufruf des Inhaltscenters (Content Center)

Bei Standard-Installation sind im Inhaltscenter sehr viele Normen zu finden. Mit dem FILTER-Werkzeug können Sie diese Vielfalt erst einmal auf DIN reduzieren. Es soll nun ein normales Rillenkugellager eingebaut werden. Sie finden es im Pfad WELLENTEILE|LAGER|KUGELLAGER|RILLENKUGELLAGER.

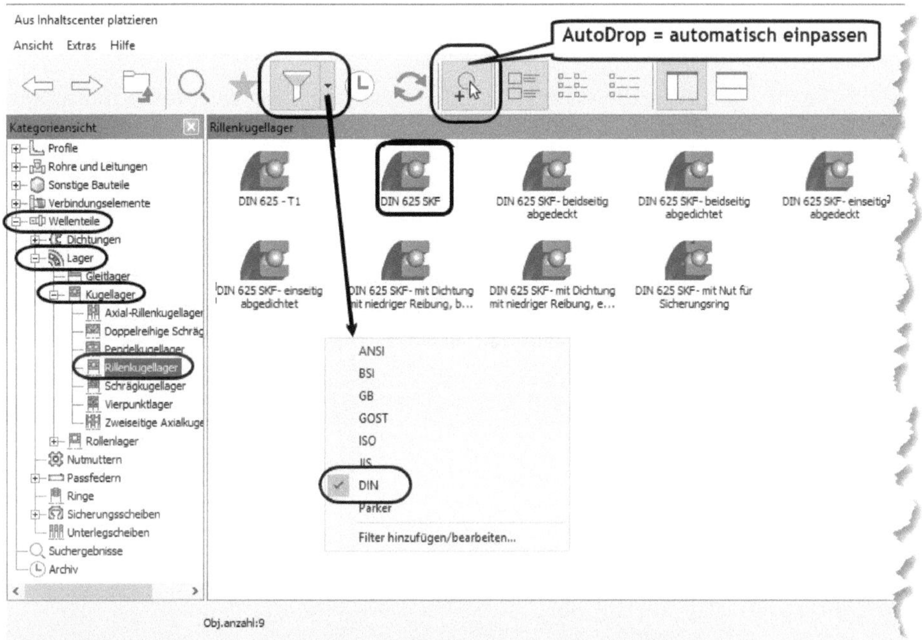

Abb. 7.85: Im Inhaltscenter Normenvielfalt verringern, Kugellager wählen

Die Lager sind besonders benutzerfreundliche Bauteile, die nicht normal eingefügt und dann hinterher abhängig gemacht werden, sondern sie werden nach einem Doppelklick automatisch nach Anfahren der betreffenden Teile-Geometrie positioniert und gleich auch dimensioniert.

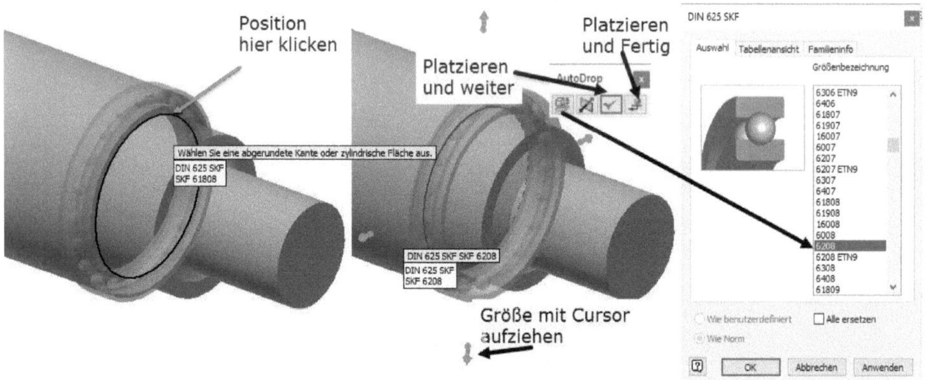

Abb. 7.86: Lager interaktiv einfügen und anpassen

Wenn Sie also mit dem Lager am Cursor die Kreiskontur zwischen 40er-Durchmesser und der hinteren Anschlagfläche rot markiert sehen, dürfen Sie *zum Positionieren klicken.* Dann erscheint das Lager erst einmal vielleicht mit einer ganz falschen Größe, denn es ist nun erst innen angepasst. Nun erscheinen *vier rote Pfeile* am Außenrand. In diese gehen Sie mit dem Cursor hinein und *ziehen* so lange mit gedrückter Maustaste, bis die *gewünschte Größe* erreicht ist. In unserem Fall wäre es das Lager 6208.

Seit der Positionierung haben Sie ein Begleitmenü mit vier Werkzeugen auf dem Bildschirm. Das Werkzeug ganz links GRÖẞE ÄNDERN könnten Sie alternativ benutzen, um die Lagergröße auszuwählen. Wenn Sie die Größenangaben nicht kennen, zeigt Ihnen Inventor über das Register TABELLENANSICHT die charakteristischen Daten an, insbesondere Innen- und Außendurchmesser. Auch hier können Sie auswählen und mit OK dann das Lager bestätigen. Falls es mehrere Typen mit gleichen Abmessungen gibt, käme jetzt noch ein weiteres Tabellendialogfeld zur Auswahl.

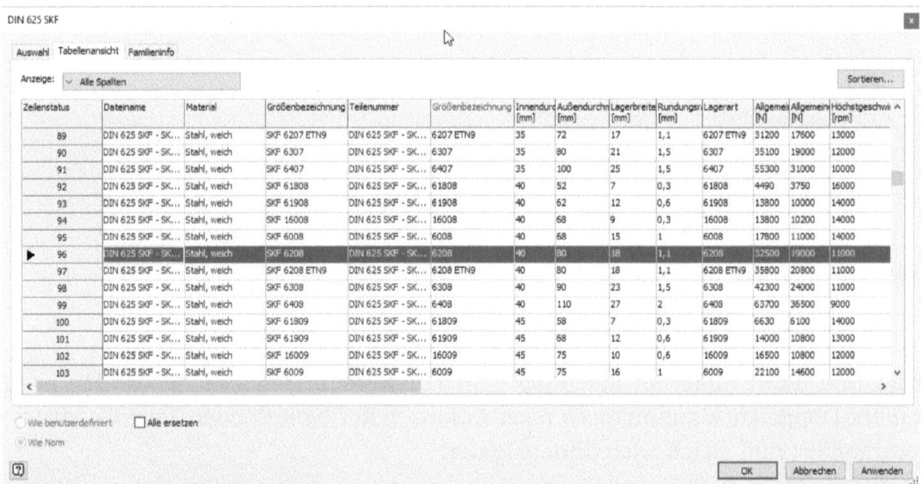

Abb. 7.87: Tabellendaten anzeigen lassen

Da Sie noch ein weiteres Lager brauchen, können Sie das erste Lager mit dem Button PLATZIEREN UND WEITER abschließen und dann gleich zum nächsten Durchmesser weitergehen. Erst nach dem zweiten Lager schließen Sie endgültig mit PLATZIEREN UND FERTIG ab (Abbildung 7.88.

Wenn die Welle falsch konstruiert ist und kein normgerechtes Lager gefunden werden kann, wird alles in rötlichem Ton angezeigt und eine entsprechende Meldung angezeigt (Abbildung 7.89).

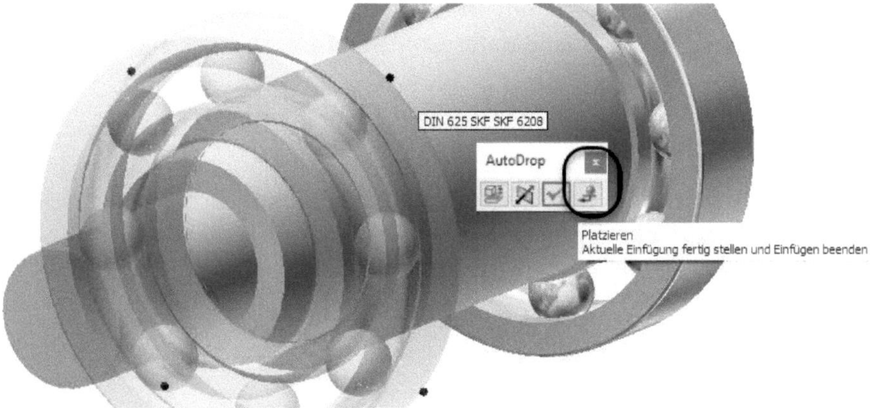

Abb. 7.88: Nach zweitem Lager beenden

Abb. 7.89: Fehler, wenn Welle nicht zum Lager passt

Nachdem die Lager nun eingefügt sind, ist natürlich die Frage: Wo liegen die Teile? Sie liegen standardmäßig nicht in Ihrem jeweiligen Projektverzeichnis, sondern zentraler unter

`C:\Benutzer\`*`Benutzername`*`\Dokumente\Inventor\Content Center Files\R2023` (Abbildung 7.90).

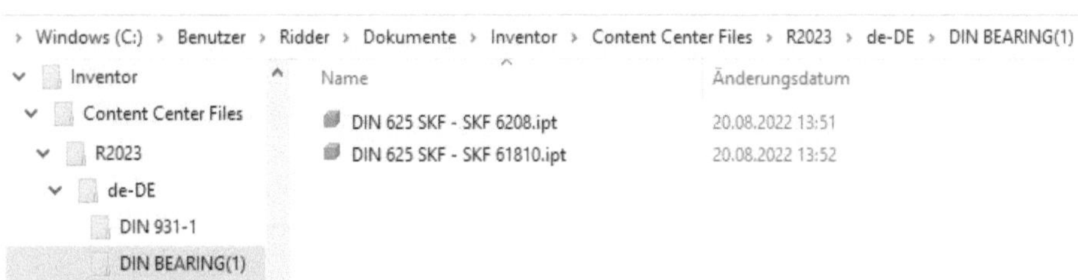

Abb. 7.90: Unter `Benutzernamen` und `Dokumente\Inventor` liegen die Inhaltscenter-Dateien.

Während das Inhaltscenter selbst nur eine Datenbank mit Tabellen für die Generierung der Teile ist, sind die Teile unter CONTENT CENTER FILES nun echte Bauteile.

7.9.2 Beispiel Schrauben

Für die Schrauben ist es wichtig, dass bei Senkungen und Durchmessern schon im Bohrungsmanager die richtigen Typen gewählt wurden, damit hier nun die korrekten Schrauben automatisch platziert werden können.

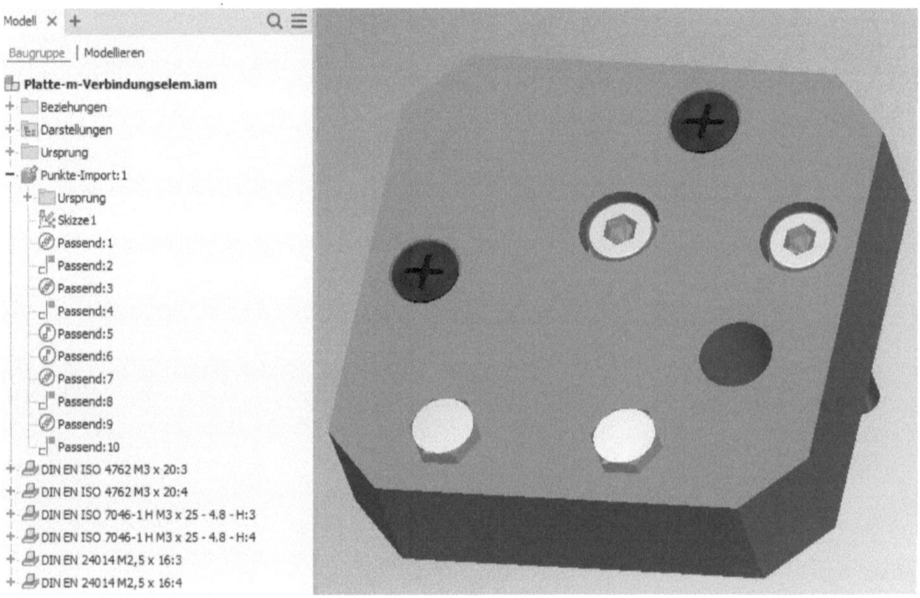

Abb. 7.91: So soll die Platte nun mit Schrauben bestückt werden.

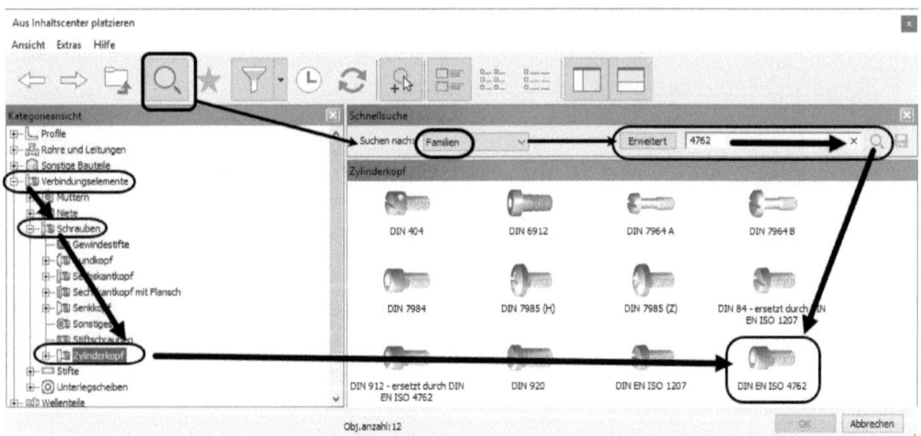

Abb. 7.92: Auswahl der Inbus-Schraube

Die Schrauben-Typen finden Sie leicht unter den VERBINDUNGSELEMENTEN. Auch hier wird jedes Mal der Typ mit Doppelklick aktiviert und dann die passende Bohrung angeklickt. Dadurch stellt sich automatisch der Durchmesser zur Bohrung ein. Danach kann die Schraubenlänge wieder durch Ziehen am roten Doppelpfeilsymbol ausgewählt werden. Automatisch werden hier die übrigen identischen Bohrungen gefunden und bei Abschluss des Befehls mit Schrauben bestückt. Die Option zum Mehrfacheinfügen wurde hier automatisch aktiviert, weil Inventor die identischen Bohrungen erkennt.

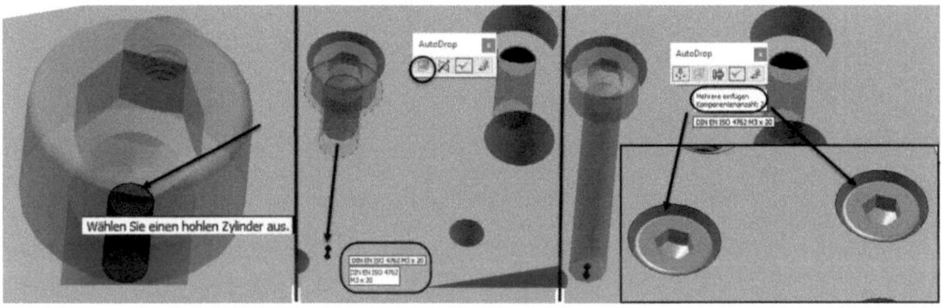

Abb. 7.93: Einfügen aller Inbus-Schrauben in die passenden Bohrungen

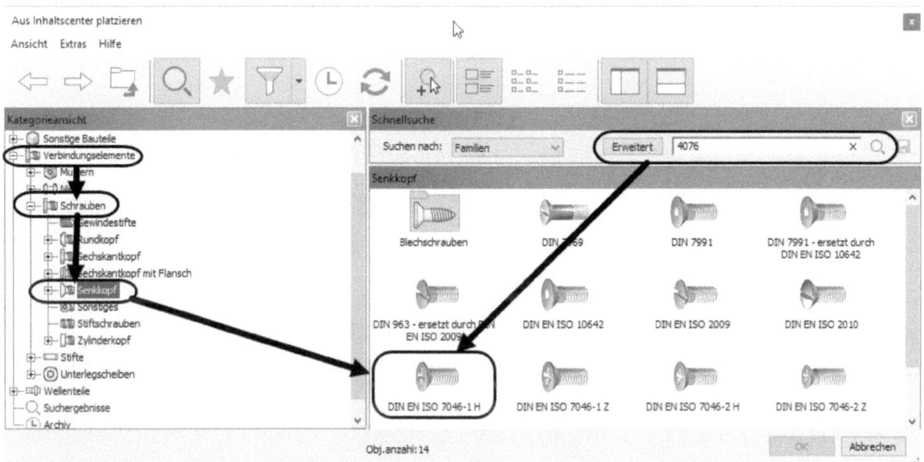

Abb. 7.94: Auswahl der Senkkopf-Schraube

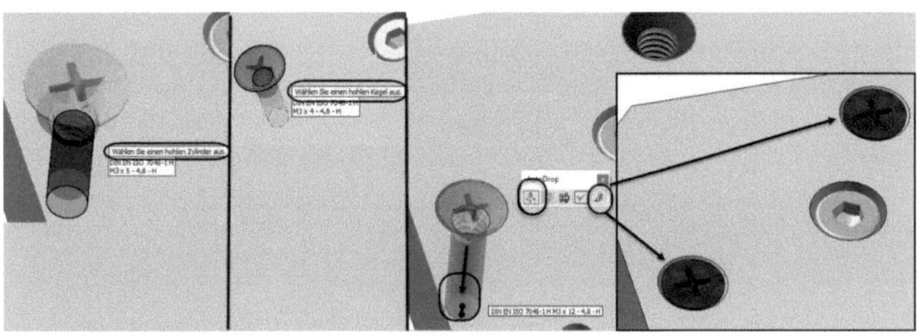

Abb. 7.95: Platzieren der Senkkopf-Schrauben

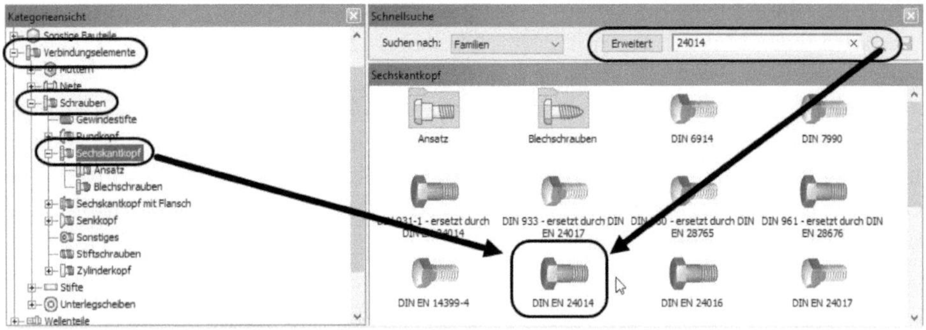

Abb. 7.96: Auswahl der Sechskantkopf-Schrauben

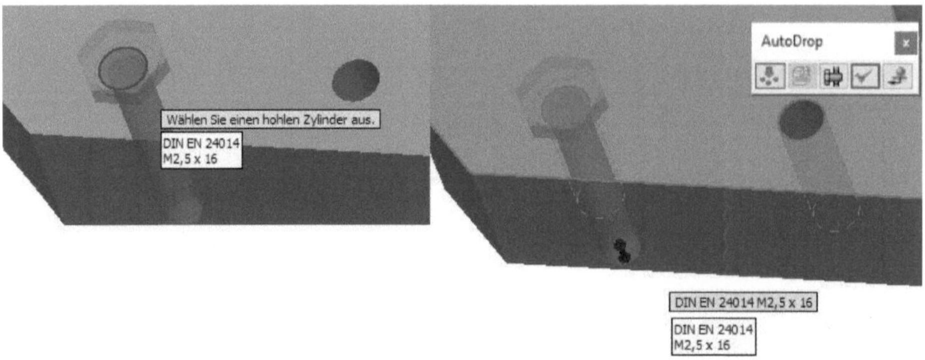

Abb. 7.97: Platzieren der Sechskantkopf-Schrauben

7.10 iParts

Wenn Sie Teile benötigen, die in *ähnlicher Form*, aber mit *verschiedenen Abmessungen* oft verwendet werden, dann lohnt es sich, IPARTS zu erstellen. Das sind Bauteile, bei denen Sie beim Einfügen oder auch später in der Baugruppe zwischen mehreren Parametergruppen wählen können. Ein IPART ist zunächst ein normales Bauteil, für das Sie dann im IPART-Dialog angeben, wie viele Varianten mit welchen Parameterwerten Sie später brauchen.

Als Beispiel soll ein Zylinder aus einem extrudierten Kreis dienen. Mit VERWALTEN|AUTOR|IPART ERSTELLEN wird eine Tabelle für die Varianten angelegt und zuerst werden die variablen Parameter ausgewählt. Damit ist dann eine Zeile mit den Parameterwerten der ersten Variante erstellt. Mit Rechtsklick in diese Zeile links können nun weitere Varianten mit geänderten Werten erstellt werden. Entsprechend werden im Browser die Varianten angezeigt. Im aktuellen Beispiel geht es nur um die geometrischen Abmessungen, aber die übrigen Register erlauben noch weitere Variationsmöglichkeiten.

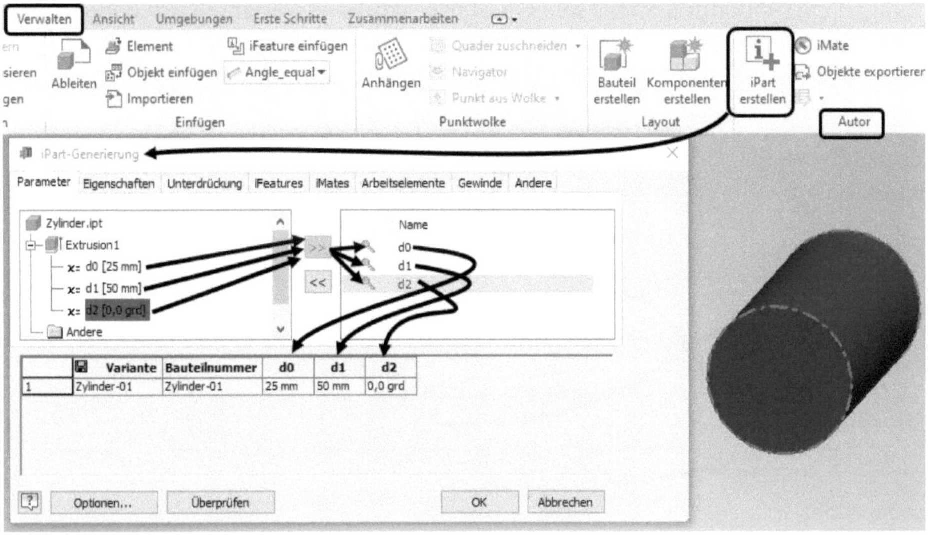

Abb. 7.98: IPART erstellen und Parameter auswählen

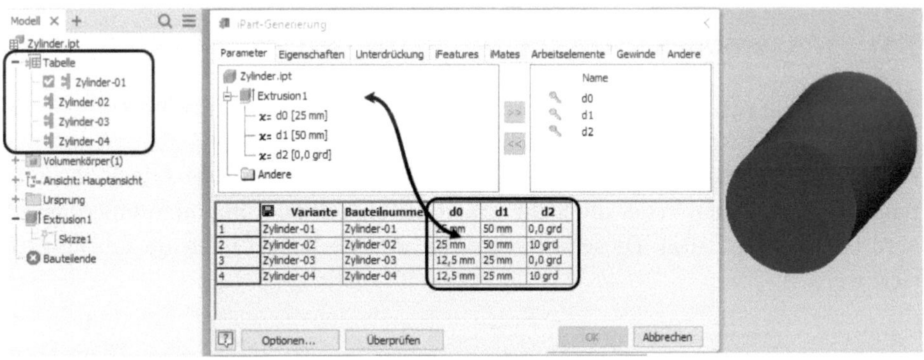

Abb. 7.99: IPART mit verschiedenen Varianten anlegen

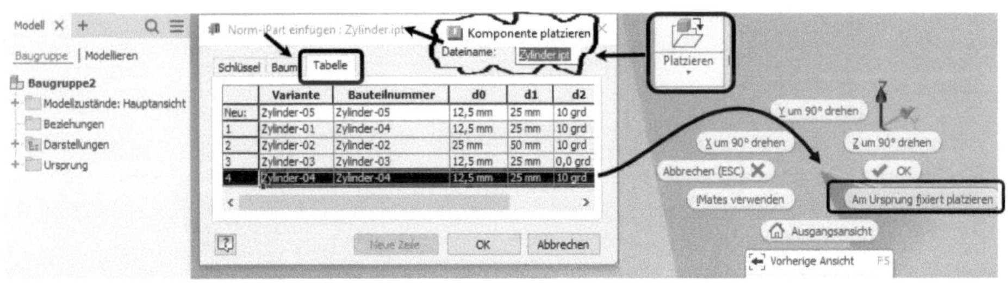

Abb. 7.100: Auswahl der IPART-Varianten in der Baugruppe

Beim Einfügen der IPARTS in eine Baugruppe können Sie dann die Variante am besten unter dem Register TABELLE aussuchen (Abbildung 7.100). In der fertigen

Baugruppe (Abbildung 7.101) sehen Sie insgesamt drei Varianten des Bauteils entsprechend den Zeilen 1, 4 und 3 der Tabelle.

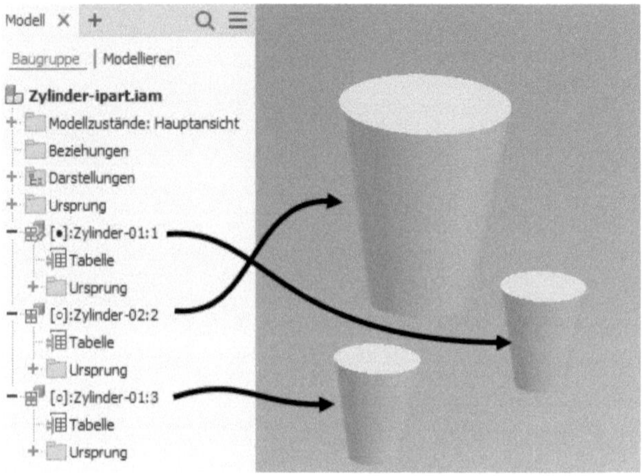

Abb. 7.101: Drei verschiedene IPART-Varianten in einer Baugruppe

7.11 iAssemblies

Eine IASSEMBLY ist im Wesentlichen eine Baugruppe, bei der einzelne Komponenten ein- und ausgeblendet werden können. Mit VERWALTEN|AUTOR|IASSEMBLY ERSTELLEN in der Baugruppenumgebung können Sie hier eine Tabelle für eine Baugruppe erstellen, in der die Sichtbarkeit der einzelnen Komponenten gesteuert wird (Abbildung 7.102). Diese können dann je nach Bedarf über die Tabelle aktiviert werden.

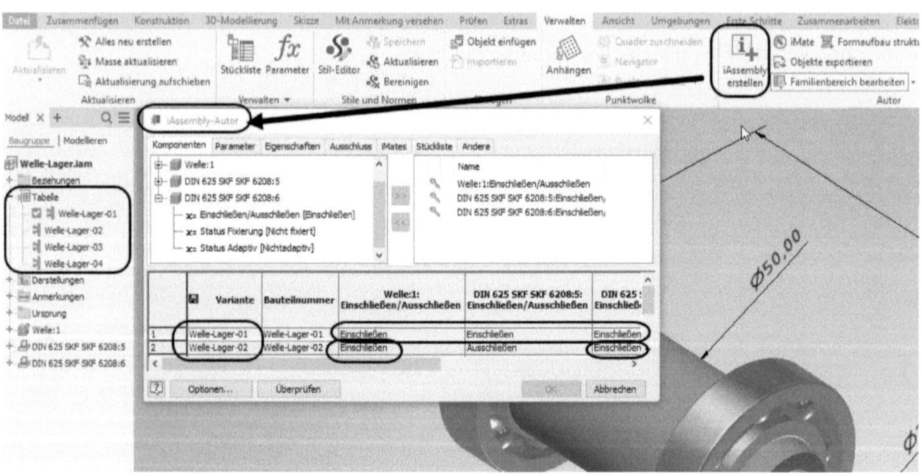

Abb. 7.102: iAssembly mit verschiedenen Teile-Sichtbarkeiten

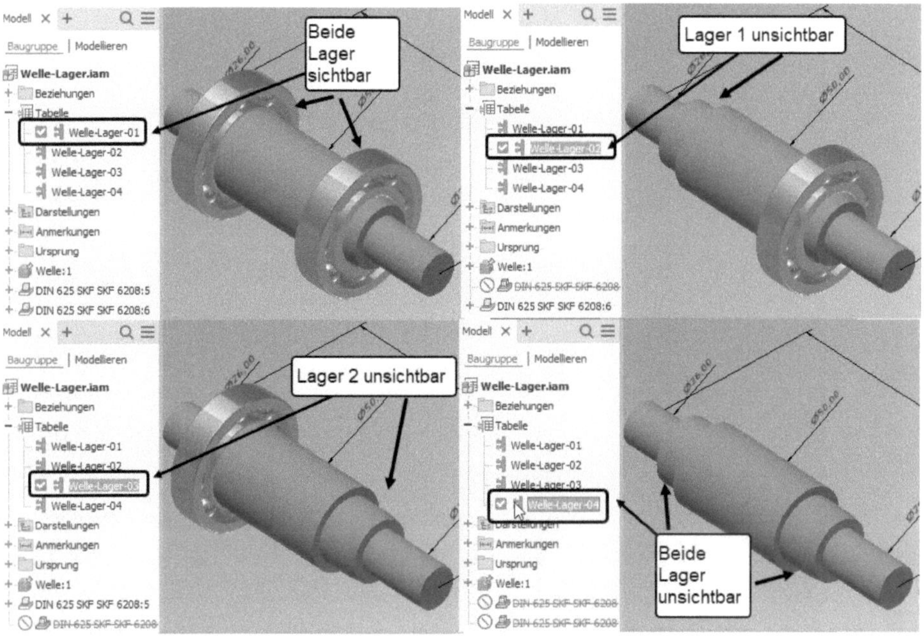

Abb. 7.103: Verschiedene Varianten der iAssembly aktiviert

7.12 Modellzustände

Verschiedene Varianten eines Bauteils oder einer Baugruppe können seit der Version Inventor 2022 sehr einfach durch die Definition verschiedener MODELLZUSTÄNDE erzeugt werden. Die MODELLZUSTÄNDE können im obersten Knoten des Browsers definiert werden. Für jeden Modellzustand können die individuellen Eigenschaften der einzelnen Komponenten wie Unterdrückung, Abhängigkeit, Werte der Abhängigkeiten u.Ä. individuell festgelegt werden.

- Der Unterschied zur iAssembly besteht nun darin, dass die MODELLZUSTÄNDE alle *innerhalb eines einzigen Modells* definiert werden.
- Es gibt aber auch Gestaltungswünsche, für die *mehrere unterschiedliche Einzelkomponenten in Form einzelner Dateien* gewünscht werden. Dafür sind dann die IASSEMBLIES vorzuziehen.

Nachdem Sie einen neuen Modellzustand erstellt haben, ist dieser im Änderungszustand, angezeigt durch das Bleistiftsymbol. Mit einem Doppelklick in die oberste Zeile können Sie den Editierzustand auch auf alle Zustände erweitern, was durch den eingerahmten Bleistift signalisiert wird. Für alle als editierbar markierten Zustände werden dann Ihre Konstruktionsänderungen wie das Unterdrücken von Elementen oder das Ändern von Abhängigkeitswerten wirksam. In Abbildung 7.105 wurden die Abstände der Zughaken in den FLUCHTEND-Abhängigkeiten und auch der Abstand der EINFÜGEN-Abhängigkeit der Spindel variiert. Die Zughaken wurden in MODELLZUSTAND4 komplett unterdrückt.

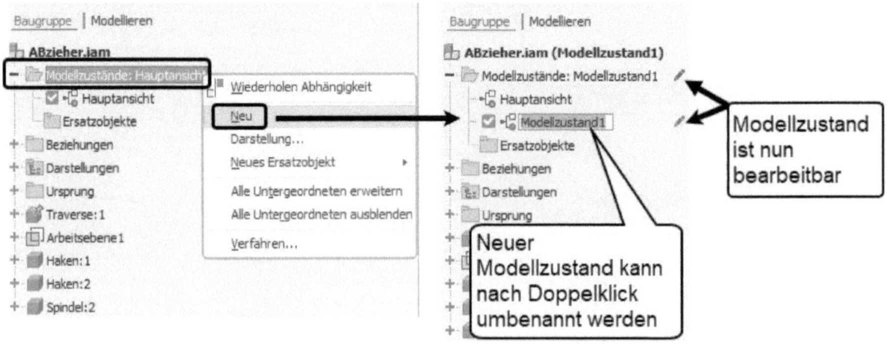

Abb. 7.104: Neuen Modellzustand erzeugen

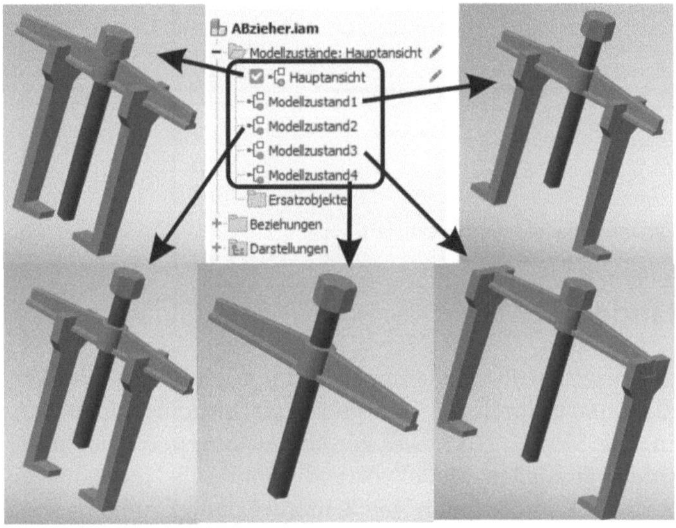

Abb. 7.105: Verschiedene Modellzustände einer Baugruppe

Auch in Bauteilen können Bemaßungen und einzelne Konstruktionsschritte, iProperties und Parameter über die Modellzustände gesteuert werden. Damit können beispielsweise einzelne Fertigungsphasen oder Vereinfachungen realisiert werden.

In früheren Programmversionen gab es unterschiedliche DETAILGENAUIGKEITEN zur Darstellung der verschiedenen Teilevarianten. Diese werden seit Version 2022 automatisch in MODELLZUSTÄNDE transformiert.

7.13 Exemplareigenschaften

In einer Baugruppe können einzelnen Bauteilen individuelle EXEMPLAREIGENSCHAFTEN zugeordnet werden, Im BROWSER finden Sie nach Rechtsklick auf ein Exemplar die Funktion EXEMPLAREIGENSCHAFTEN (Abbildung 7.106).

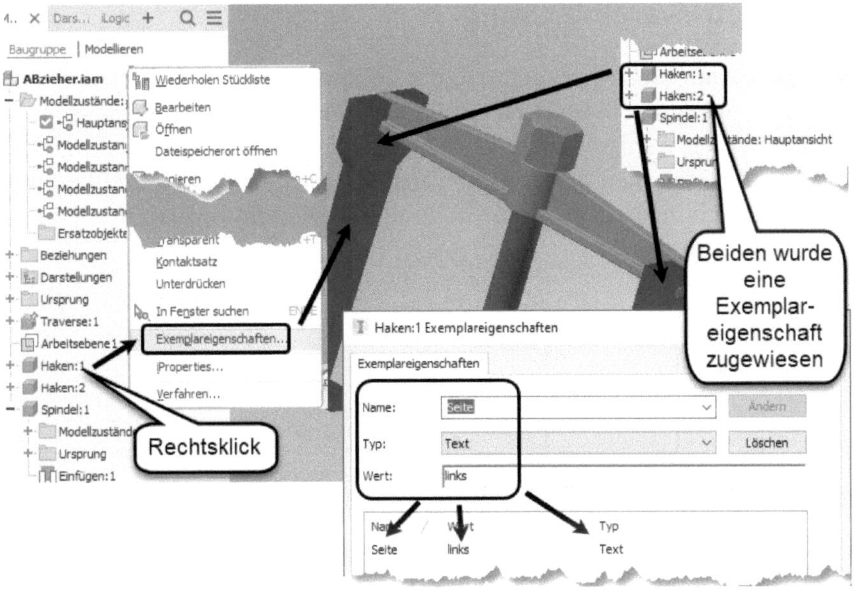

Abb. 7.106: Exemplareigenschaften im Browser erstellen

Die so zugeordneten individuellen Daten können beispielsweise in der STÜCKLISTE unter ZUSAMMENFÜGEN|VERWALTEN|STÜCKLISTE oder VERWALTEN|...|... über eine benutzerdefinierte Spalte angezeigt werden und auch zum Zweck der Beschriftung verwendet werden (Abbildung 7.107).

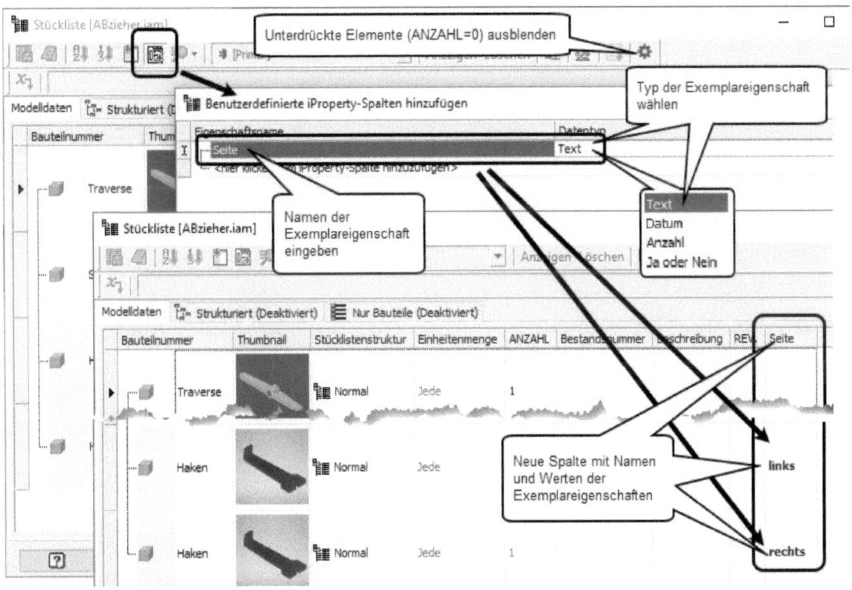

Abb. 7.107: Exemplareigenschaften in einer benutzerdefinierten Spalte anzeigen

7.14 Geometrievereinfachung

Wenn komplexe Baugruppen in andere Konstruktionen ohne zu viel Detaildarstellung eingebaut werden sollen oder beispielsweise in ein Architekturprogramm wie Revit übertragen werden sollen, können mit dem Befehl VEREINFACHEN die überflüssigen Komponenten unterdrückt werden. Die Funktion verfügt über eine Vielzahl von Einstellungen bzgl. Vereinfachung und Weglassung von Komponenten (Abbildung 7.110).

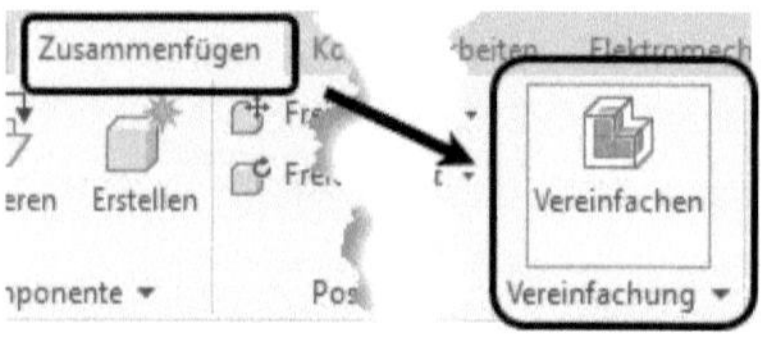

Abb. 7.108: Befehlsaufruf VEREINFACHEN

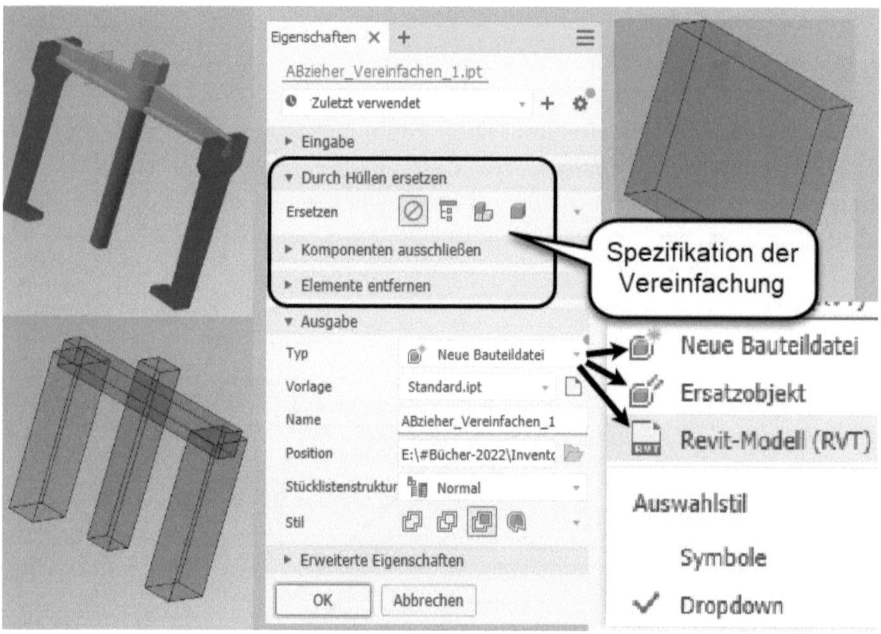

Abb. 7.109: Beispiele für extreme Vereinfachungen einer Baugruppe

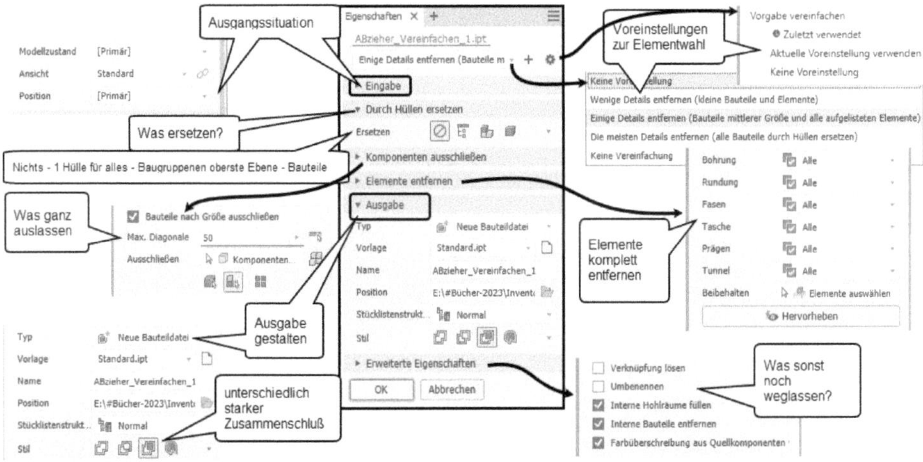

Abb. 7.110: Einstellungen für die Vereinfachung

7.15 Übungsfragen

1. Mit welcher Option platzieren Sie das Basisteil?
2. Welche BAUTEILABHÄNGIGKEITEN gibt es?
3. Was ist der Unterschied zwischen FLUCHTEND und PASSEND?
4. Wozu brauchen Sie die Funktionen FREIE DREHUNG/FREIE VERSCHIEBUNG?
5. Geben Sie ein Beispiel für die Abhängigkeit TANGENTIAL.
6. Welche Freiheitsgrade gibt es noch, nachdem Sie zwei Achsen mit Abhängigkeit PASSEND versehen haben?
7. Welche BEWEGUNGSABHÄNGIGKEITEN gibt es?
8. Beschreiben Sie den Unterschied zwischen TANGENTIAL und DREHUNG-TRANSLATION.
9. Mit welchen Verfahren können Sie Bauteile adaptiv machen?
10. Mit welchem Befehl werden Bibliotheksteile eingefügt?

Kapitel 8

Zeichnungen ableiten

Bevor Sie eine Zeichnung von einem Bauteil oder einer Baugruppe ableiten, ist es sinnvoll, das betreffende Bauteil oder die Baugruppe zu öffnen. Dann wird nämlich beim Start der Zeichnungsableitung in mehreren Vorgabeformaten gleich eine oder mehrere Ansichten dieses Bauteils bzw. dieser Baugruppe automatisch erstellt.

Eine neue Zeichnung beginnen Sie entweder über den SCHNELLZUGRIFF-WERKZEUGKASTEN|NEU|ZEICHNUNG oder über STARTSEITE|NEU|ZEICHNUNG (Abbildung 8.1). Über den SCHNELLZUGRIFF-WERKZEUGKASTEN werden dann vier verschiedene Vorlagen angeboten:

- ein leerer A2-Rahmen,
- eine A4-Vorlage mit einer bereits vorbereiteten Ansicht und einer Stückliste,
- eine A2-Vorlage mit fünf fertigen Ansichten
- und eine A2-Vorlage mit einer Abwicklungs- und einer ISO-Ansicht.

Inventor startet diese Zeichnungen mit DIN-gerechten Einstellungen.

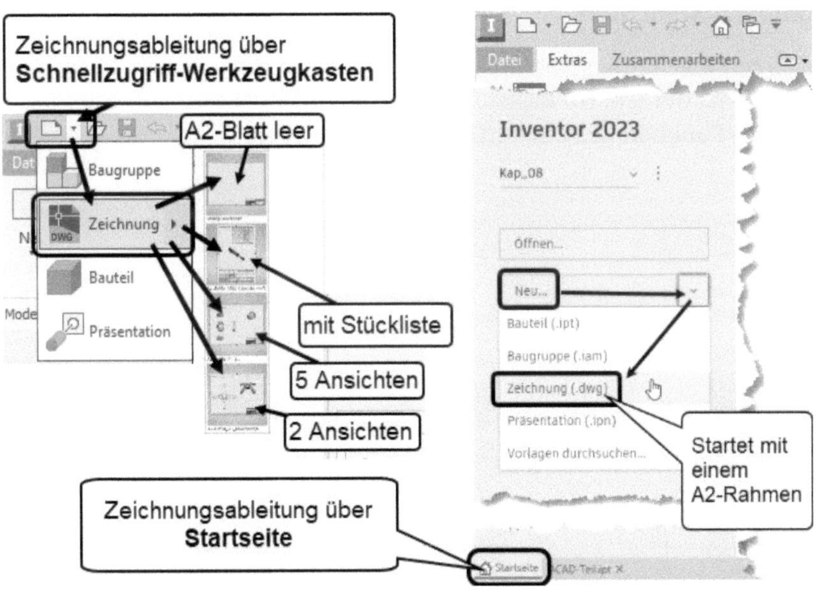

Abb. 8.1: Neue Zeichnung mit DIN-Vorlage starten

Wenn Sie mit dem leeren Zeichnungsrahmen gestartet haben, nutzen Sie das Kontextmenü von BLATT im BROWSER und ändern unter BLATT BEARBEITEN die GRÖßE und AUSRICHTUNG (Abbildung 8.2).

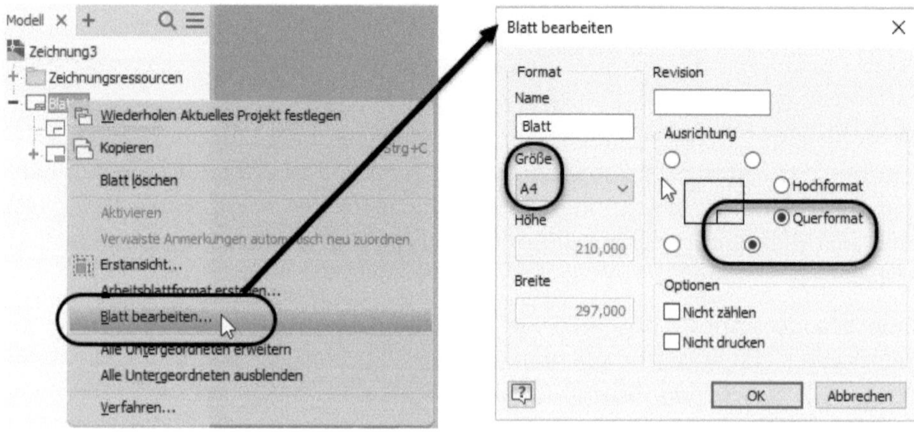

Abb. 8.2: Blattformat ändern

Weitere Zeichnungsblätter erstellen Sie mit Rechtsklick auf den obersten BROWSER-Knoten **Zeichnungx** und der Option NEUES BLATT.

8.1 Ansichten erzeugen

8.1.1 Standard-Ansichten

Auf einem leeren Zeichnungsblatt müssen als Erstes die gewünschten Ansichten erstellt oder ergänzt werden. Im Register ANSICHTEN PLATZIEREN finden Sie für die erste Ansicht die Funktion ERSTANSICHT (Abbildung 8.3).

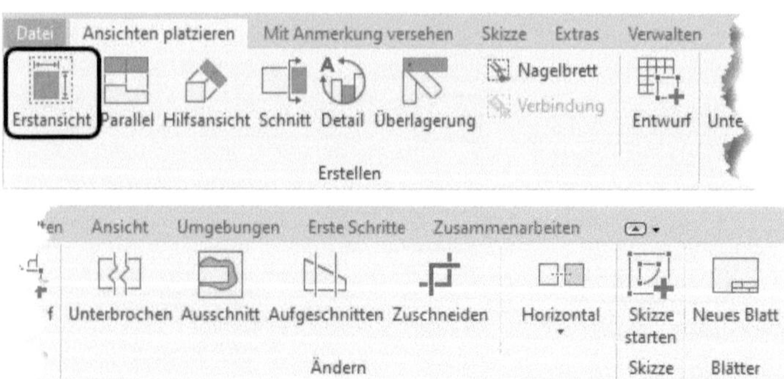

Abb. 8.3: Ansichtsarten

Zu Beginn (Abbildung 8.4) ist natürlich das Bauteil oder die Baugruppe zu wählen, die dargestellt werden soll. Es wird automatisch das vorher aktive Teil angeboten. Falls Sie eine Zeichnung für ein anderes Teil erstellen wollen, können Sie die Dateiwahl ❶ ändern.

Als Nächstes wäre der Stil der Darstellung zu wählen. Vorgegeben ist wie für eine technische Zeichnung normal die Darstellung als Drahtmodell MIT VERDECKTEN LINIEN ❷. Als Alternativen werden noch Drahtmodell OHNE VERDECKTE LINIEN und SCHATTIERT angeboten.

Dann wäre die Ansichtsrichtung für diese Ansicht über einen VIEWCUBE ❸ zu wählen. Die Erstansicht sollte diejenige Ansicht sein, die in die linke obere Ecke des Blatts kommt. Das ist nach Norm die Ansicht VORNE. Ob das der Ansicht *Vorne* in Ihrem Bauteil oder in der Baugruppe entspricht, ist unsicher, weil das von der Wahl der Skizzierebene bzw. des ersten Koordinatensystems abhängt. Deshalb haben Sie über den VIEWCUBE hier die Möglichkeit für eine Neudefinition.

Der Maßstab ❹ wird von Inventor so angelegt, dass drei Standard-Ansichten aufs Blatt passen. Falls Sie nur eine einzige Ansicht darstellen wollen, können Sie hier natürlich einen viel größeren Maßstab wählen.

Nach Wechsel ins Register ANZEIGEOPTIONEN ❺ können Sie noch Darstellungsdetails aktivieren:

- GEWINDEELEMENTE – ❻ wird automatisch die nötigen Gewindekanten gestrichelt anzeigen.
- TANGENTIALE KANTEN – zeigt Kanten an, wo eine gebogene Fläche an eine andere glatt anschließt.

Klicken Sie jetzt nicht auf OK, sondern verschieben Sie erst diese Ansicht auf die gewünschte Zielposition. Die Ansicht wurde zwar mittig auf dem Blatt angeboten, aber sie gehört in die Ecke oben links. Fahren Sie in das grünlich berandete Rechteck der Erstansicht hinein ❼, drücken Sie die Maustaste und ziehen Sie diese Ansicht an die richtige Stelle (Abbildung 8.5). Dort erst lassen Sie los.

Wenn Sie den Cursor jetzt nach rechts von der positionierten Erstansicht wegbewegen, erscheint ein neues grün punktiertes Ansichtsfenster für die Ansicht LINKS. Bewegen Sie sich also auf die gewünschte Position für die Ansicht LINKS und klicken Sie zum Positionieren ❽.

Dann fahren Sie mit dem nächsten angedeuteten Ansichtsfenster von der Erstansicht aus nach unten und positionieren mit Klick dort die Ansicht OBEN.

Zu guter Letzt können Sie noch schräg unterhalb der Erstansicht eine isometrische Ansicht positionieren und mit Rechtsklick und OK abschließen.

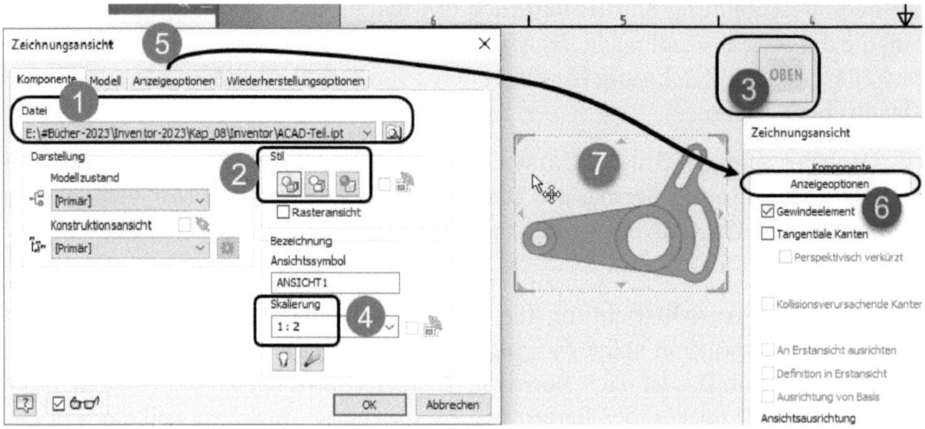

Abb. 8.4: Auswahl und Platzierung für Erstansicht

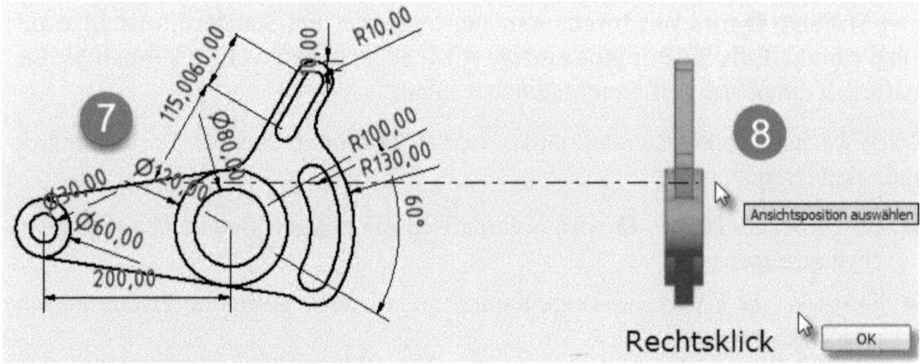

Abb. 8.5: Weitere Ansichten platzieren

Wenn Sie Bemaßungen aus Ihren Skizzen in der Zeichnung weiterverwenden wollen, können Sie nach Rechtsklick auf jede Ansicht im Browser die Option MODELLANMERKUNGEN ABRUFEN wählen. Das sollten Sie sich aber gut überlegen, denn oft wollen Sie das Bauteil fertigungsgerecht anders bemaßen, als es für die Konstruktion sinnvoll war. Die so abgerufenen Maße müssten Sie dann auch noch manuell sinnvoll positionieren.

Jede Ansicht können Sie jederzeit nachträglich anklicken und übers Kontextmenü bearbeiten und andere Darstellungen oder andere Details ein- und ausblenden. Bei der automatischen Ableitung der orthogonalen Parallelansichten werden die Ansichten automatisch bezüglich ihrer Ausrichtung gekoppelt und erhalten dann identische Einstellungen bzgl. Maßstab und Darstellungsstil. Ein Entkoppeln der Maßstäbe und Darstellungsstile ist nach Rechtsklick und ANSICHT BEARBEITEN mit Entfernen der Häkchen vor den Logos möglich (Abbildung 8.6).

Im Register ANZEIGEOPTIONEN finden Sie noch weitere Feineinstellungen wie die automatische Anzeige von GEWINDEELEMENTEN und von TANGENTIALEN KANTEN. Beim Erstellen einer ERSTANSICHT können Sie im Register WIEDERHERSTELLUNGSOPTIONEN noch die Anzeige von ARBEITSELEMENTEN (Arbeitsebenen etc.) und MODELLBEMAßUNGEN aktivieren. Es werden aber nur die zur entsprechenden Ansicht gehörigen Modellbemaßungen angezeigt.

Da die orthogonalen bzw. parallelen Projektionen horizontal und vertikal gekoppelt sind, lassen sie sich manuell nur in der Projektionsrichtung verschieben, nicht senkrecht dazu. Diese Kopplung kann mit dem Werkzeug ANSICHTEN PLATZIEREN|ÄNDERN|AUSRICHTUNG AUFHEBEN gelöst werden.

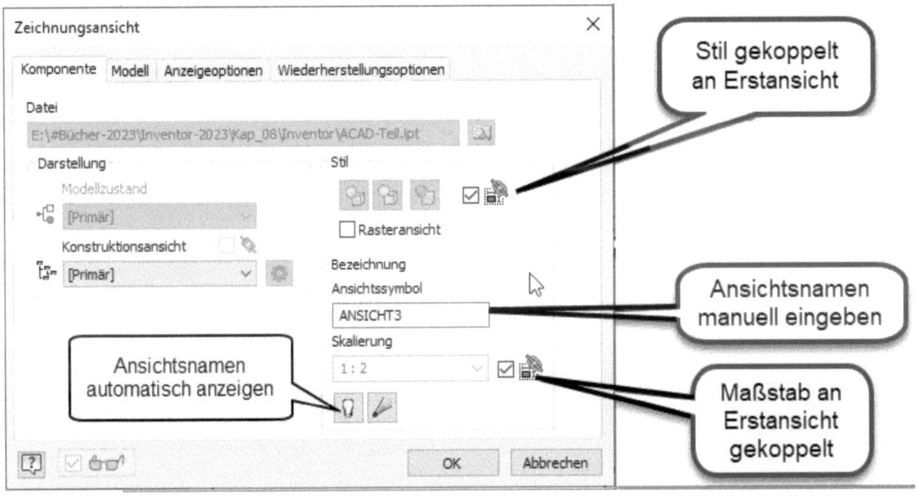

Abb. 8.6: Ansicht ggf. von Erstansicht entkoppeln

8.1.2 Parallelansicht

Die Parallelansichten haben Sie oben automatisch mit der Standard-Ansicht mit erzeugt. Um nachträglich von einer bestehenden Ansicht noch eine parallele bzw. orthogonale Ansicht zu erhalten, müssen Sie nur mit PARALLEL in die Ausgangsansicht hineinklicken und dann in der gewünschten Richtung auf die Zielposition klicken.

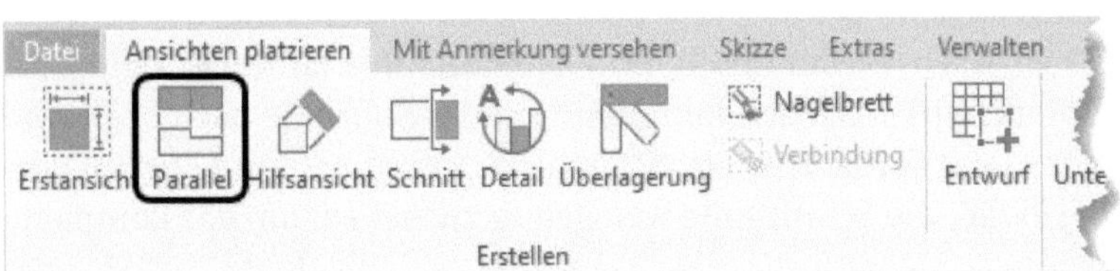

Abb. 8.7: Parallelansicht

8.1.3 Hilfsansicht

Die Hilfsansicht ist etwas Spezielles. Hiermit wird eine Ansicht abgeleitet, die parallel oder lotrecht zu einer vorhandenen Kante der Ausgangsansicht projiziert wird. Zuerst wählen Sie die Ausgangsansicht ❶, dann die betreffende Kante ❷ und zuletzt die Richtung für die Projektion ❸.

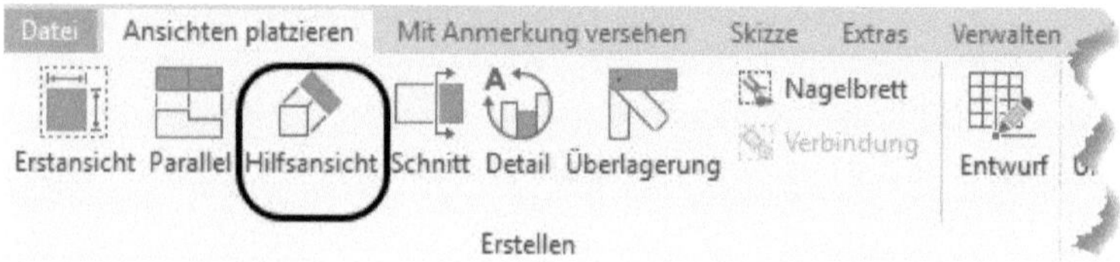

Abb. 8.8: Hilfsansicht

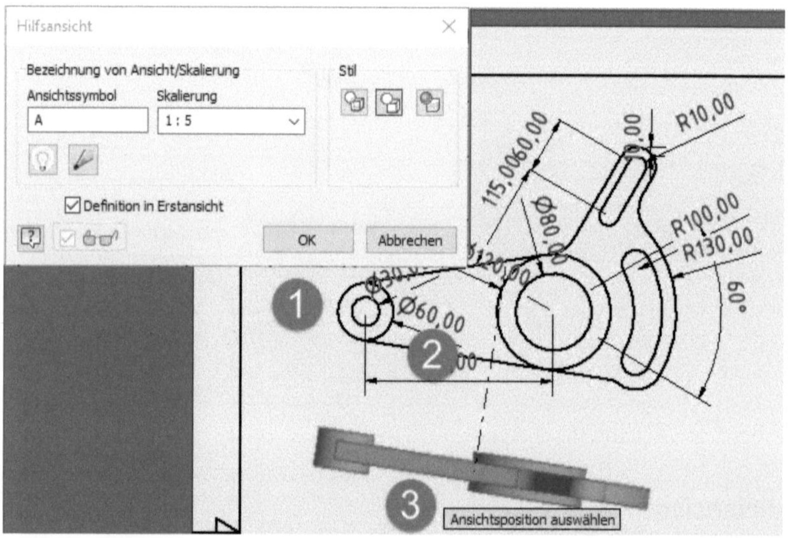

Abb. 8.9: Hilfsansicht platzieren

8.1.4 Schnittansicht

Eine Schnittansicht kann als einfacher Querschnitt oder mit einem komplexen Schnittverlauf mit mehreren Knickstellen erzeugt werden. Sie wählen als Erstes wieder die Ausgangsansicht ❶. Um den Schnitt exakt durch eine Bohrung zu legen, müssen Sie als Nächstes auf den Bohrungsmittelpunkt fahren ❷, damit die Position als Fangpunkt wirkt. Danach fahren Sie auf der Spurlinie nach oben und klicken ❸ und fahren mit vertikalem Einrasten ganz nach unten und klicken wieder ❹. Denken Sie daran, die Schnittlinie weit genug zu ziehen, um das komplette Teil abzudecken.

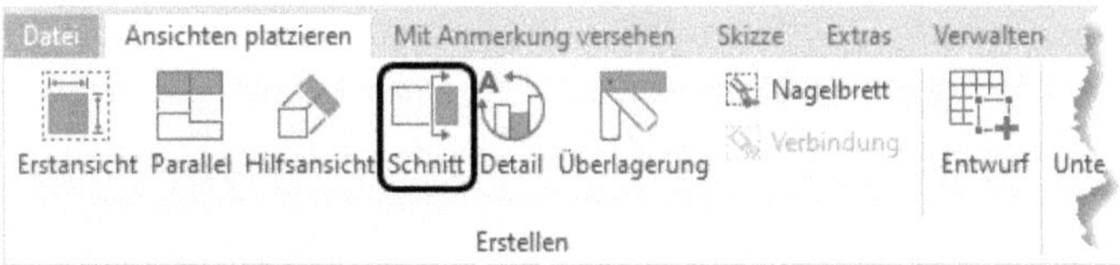

Abb. 8.10: Schnittansicht

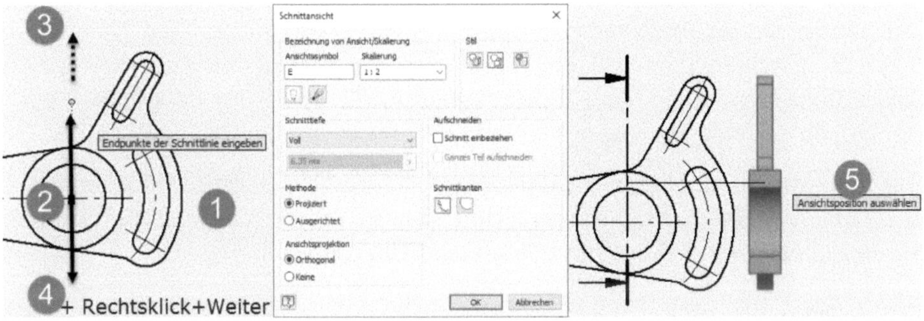

Abb. 8.11: Senkrechter Schnitt durch Bohrungsmittelpunkt

Danach müssen Sie nur noch die Position für die neue Ansicht angeben ❺.

Wenn der Knick nicht durchs komplette Teil geht (Abbildung 8.12), kann das betreffende Schnittende mit einer Abbruchkante oder glatt dargestellt werden.

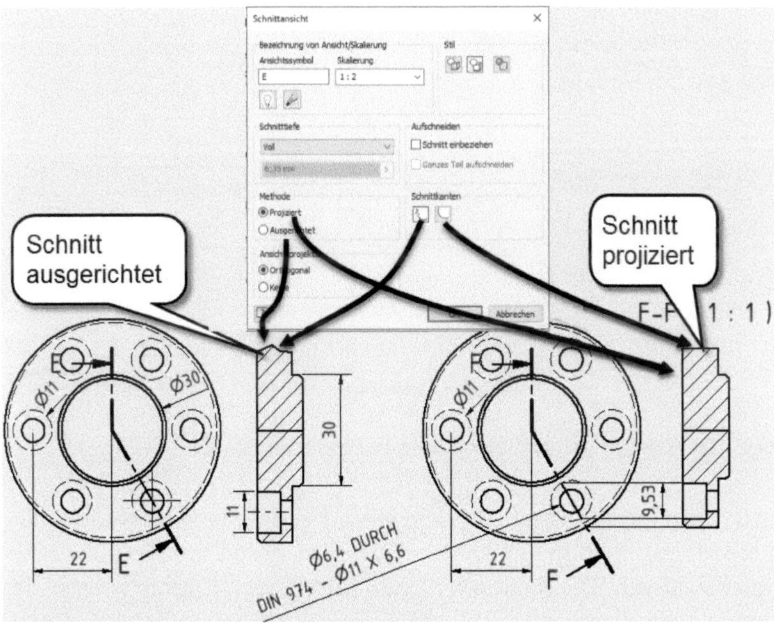

Abb. 8.12: Optionen bei Teilschnitt und Knick

Hat der Schnittverlauf einen Knick, dann kann die Schnittdarstellung AUSGERICHTET gewählt werden. Dabei wird die Schnittgeometrie praktisch auf die Darstellungsebene abgewickelt. Bei der Option PROJIZIERT wird der Schnittverlauf einfach auf die Darstellungsebene projiziert. Das führt natürlich dazu, dass beispielsweise Bohrungen nicht mit dem echten Durchmesser erscheinen (Abbildung 8.12 rechts).

Die Darstellung der *verdeckten Kanten* können Sie mit VERDECKTE LINIEN aktivieren, indem Sie im BROWSER das BAUTEIL-KONTEXTMENÜ aktivieren (Abbildung 8.13 rechts). Achten Sie darauf, dass die Option TRANSPARENT nicht aktiviert ist. An dieser Stelle können Sie unter SCHNITTBETEILIGUNG später bei Baugruppen auch steuern, ob einzelne Bauteile geschnitten dargestellt werden sollen oder nicht.

Das Kontextmenü des Schnitts (Abbildung 8.13 links) bietet weitere Möglichkeiten zur Darstellungssteuerung. Unter SCHNITTEIGENSCHAFTEN BEARBEITEN können Sie einstellen, wie tief der Schnitt durch das Teil gehen soll.

- Mit der Tiefeneinstellung VOLL wird das komplette Teil von der Schnittebene an projiziert gezeigt.
- Bei der Methode ABSTAND können Sie eine Scheibe bis zu einer bestimmten Tiefe schneiden und erhalten die Projektion dieser Scheibe.
- Wenn Sie dann unter AUFGESCHNITTEN beide Häkchen setzen, erhalten Sie nur die Schnittebene mit Tiefe null.

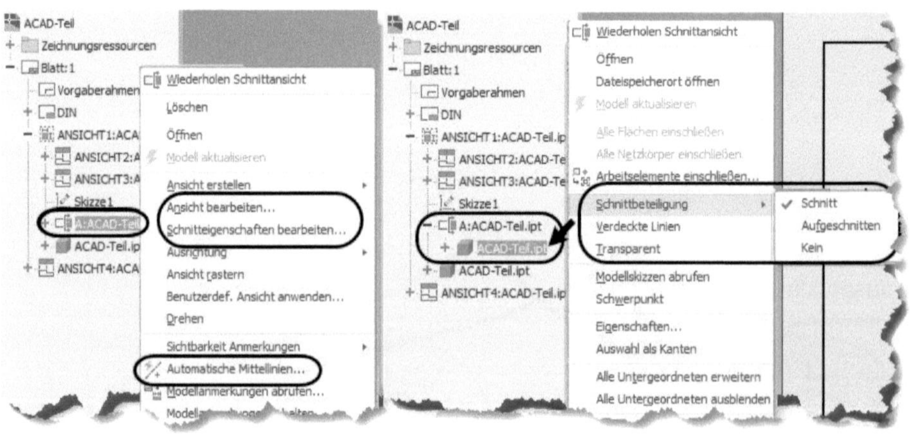

Abb. 8.13: Wichtige Funktionen in den Kontextmenüs von Schnitt und Bauteil

Unter AUTOMATISCHE MITTELLINIEN (Abbildung 8.14) gibt es im Kontextmenü des Schnitts noch die Möglichkeit, in der Ansicht Mittellinien und Mittelpunkte automatisch erzeugen zu lassen. Die Elemente, die zu Mittellinien führen, können Sie in dem Menü einstellen: BOHRUNG, RUNDUNG, ZYLINDRISCHE ELEMENTE, DREH-

ELEMENTE, BIEGUNGEN (BLECH) und STANZUNGEN (BLECH) sowie ANORDNUNGEN, SKIZZIERGEOMETRIE und ARBEITSELEMENTE. Für das aktuelle Beispiel war es nur nötig, die Mittellinien für ZYLINDRISCHE ELEMENTE zu aktivieren. Achten Sie auch darauf, auf der rechten Seite die gewünschten Projektionsrichtungen zu aktivieren.

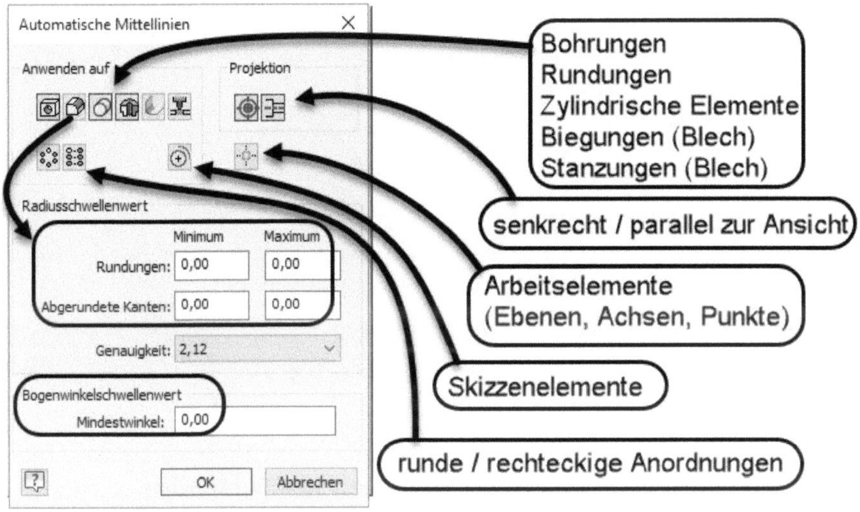

Abb. 8.14: AUTOMATISCHE MITTELLINIEN

Beim komplexen Schnitt ❶ – ❷ – ❸ (Abbildung 8.15) können Sie die Projektionsrichtungen lotrecht zu jeder der Schnittkanten wählen. Außerdem gibt es noch die Wahl zwischen der Methode AUSGERICHTET und PROJIZIERT. Bei AUSGERICHTET wird auf beide Schnittkanten projiziert, während bei PROJIZIERT nur eine der beiden Kanten wirkt (Abbildung 8.16).

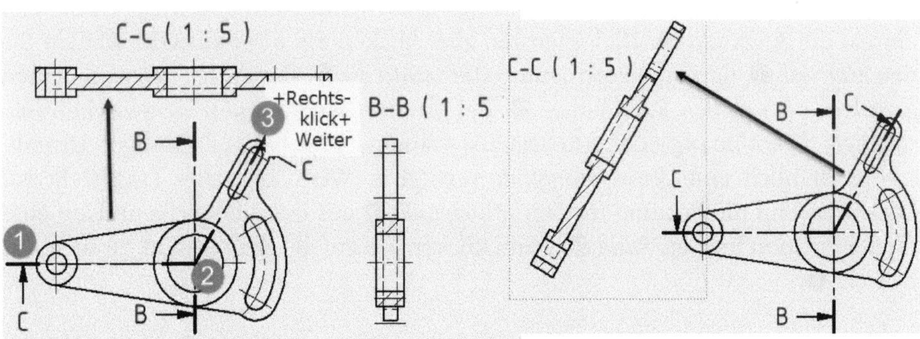

Abb. 8.15: Schnitt mit Knick und verschiedenen Projektionsrichtungen

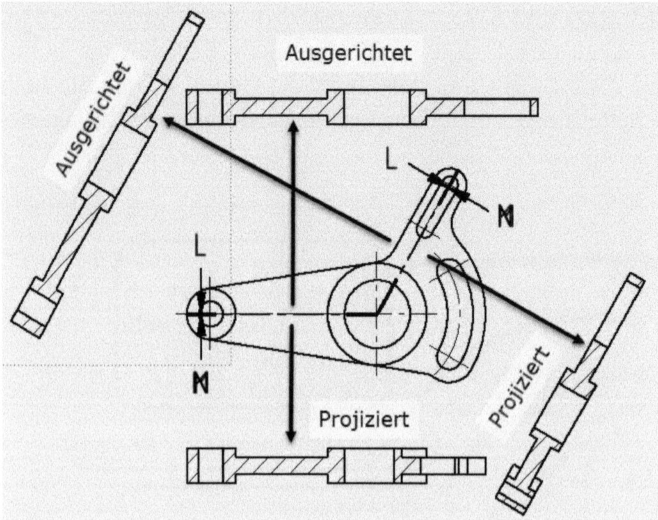

Abb. 8.16: Ausgerichtete und projizierte Schnittdarstellungen

8.1.5 Detailansicht

Eine Detailansicht ist ein Ausschnitt mit meist größerem Maßstab als das Original. Es können verschiedene Formen der Berandung gewählt werden.

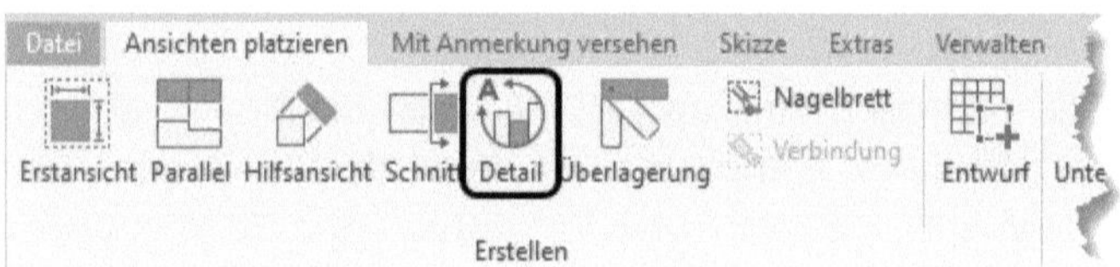

Abb. 8.17: Detailansicht

Sie beginnen mit der Auswahl der Ausgangsansicht. Dann spezifizieren Sie erst einmal die Angaben im Dialogfenster, aber klicken Sie *nicht* auf OK! Wählen Sie den *Maßstab* ❶, dann die Form: *rund* oder *rechteckig* ❷. Der Ausschnitt kann einen *gezackten* oder *glatten Rand* haben ❸. Bei glattem Rand können Sie zwischen *vollständiger Umrahmung* oder nur *teilweise* wählen. Und bei vollständiger Umrahmung ist noch eine *Verbindungslinie* verfügbar. Wenn das alles eingestellt ist, klicken Sie auf die Position für den *Mittelpunkt* ❹ des Detailbereichs und auf eine zweite Position für den *Rand* ❺. Dann klicken Sie auf die Zielposition für die neue Ansicht ❻.

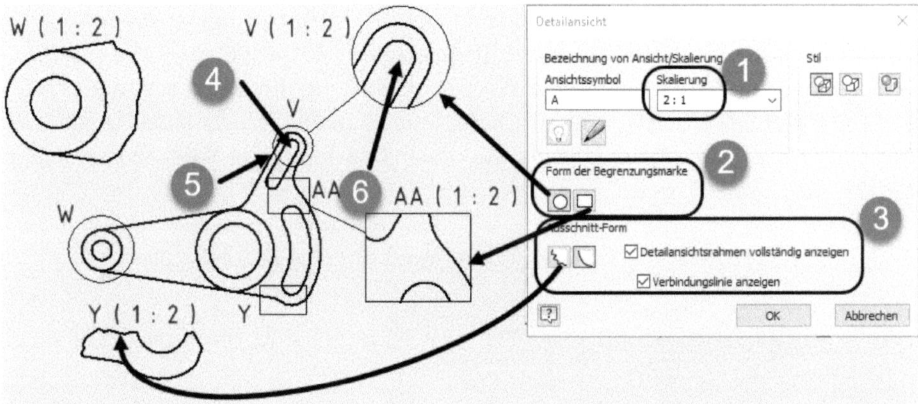

Abb. 8.18: Varianten für Detailansichten

8.1.6 Überlagerung

Die Funktion ÜBERLAGERUNG dient ursprünglich dazu, ein bewegliches Teil in mehreren POSITIONSDARSTELLUNGEN zu zeigen. Die verschiedenen Darstellungen werden dann mit verschieden gestrichelten Linientypen in die gewählte Ansicht eingefügt. In der aktuellen Version können aber neben verschiedenen POSITIONSDARSTELLUNGEN auch MODELLANSICHTEN oder KONSTRUKTIONSANSICHTEN gewählt werden.

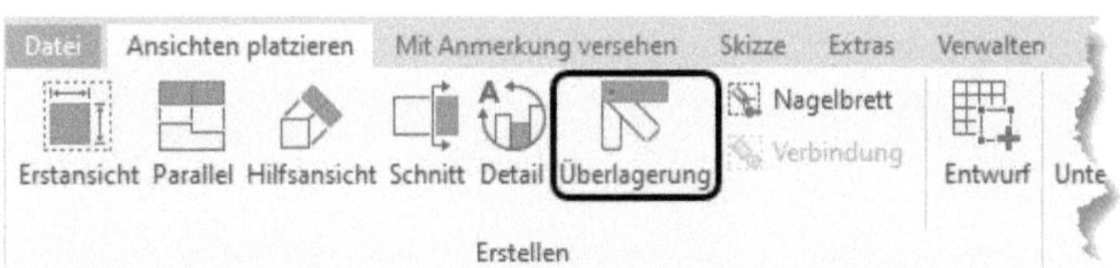

Abb. 8.19: Überlagerung mehrerer Positionsdarstellungen

Damit Sie Positionsdarstellungen in einer Zeichnung zeigen können, muss es in der Baugruppe entsprechende POSITIONEN geben. Abbildung 8.20 zeigt eine Baugruppe mit beweglichen Rollen und der BEWEGUNGS-Abhängigkeit DREHUNG-TRANSLATION zwischen den Rollen und der oberen Platte. Außerdem besteht zwischen den Vierkant-Enden der Rollen und dem Basisbauteil eine WINKELABHÄNGIGKEIT, über die der Drehwinkel der Rollen gesteuert werden kann. Die verschiedenen Positionen zeigen nun die Rollen und damit verbunden auch die Platte in anderen Positionen an.

Eine neue Positionsansicht wird nun erstellt, indem Sie den BROWSER zu den DARSTELLUNGEN und dann zu POSITION ❶ aufblättern. Nach Rechtsklick auf POSITION wählen Sie im Kontextmenü die Option NEU ❷. Das erzeugt und aktiviert die neue Ansicht POSITION 1.

Für diese Ansicht müssen Sie nun durch eine neue Winkeleingabe die Bewegung auf die neue Position auslösen. Dazu gehen Sie im BROWSER zur Rolle mit WINKEL-Abhängigkeit ❸ und wählen nach Rechtsklick im Kontextmenü die Option ÜBERSCHREIBEN ❹. Es erscheint ein Dialogfenster, in dem Sie die Positionsdarstellung `Position 2` ❺ wählen können und nach Aktivieren von WERT ❻ den neuen Winkel, hier z.B. `-45 grd`.

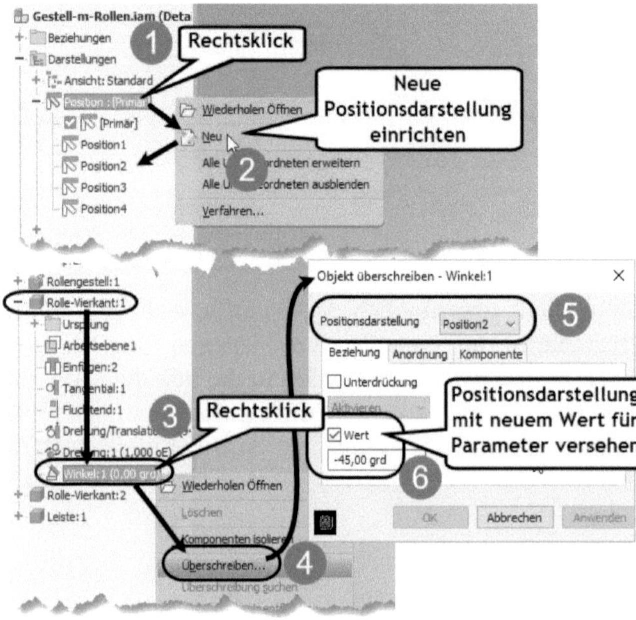

Abb. 8.20: Darstellungen für verschiedene Bewegungspositionen erstellen

Nachdem die Positionsdarstellung in der BAUGRUPPE erstellt wurde, können Sie in der Zeichnung zusätzlich zur normalen Ansicht [PRIMÄR] mit ÜBERLAGERUNG von jeder Positionsdarstellung eine zusätzliche Darstellung mit strichpunktierten Linien hinzufügen. Nach Aufruf von ÜBERLAGERUNG ❶ können Sie zunächst die ANSICHT wählen ❷, zu der eine neue Position hinzugefügt werden soll. Dann wählen Sie im Dialogfeld die gewünschte Position wie hier `Position2` ❸ aus, die dann in der Zeichnung und im BROWSER erscheint.

Tipp

Die Bemaßung dieser Zeichnung zeigt einige trickreiche Maßnahmen. Der Winkel 180° kann so nicht erstellt werden. Deshalb wurde in einer SKIZZE eine Hilfslinie erzeugt, die zunächst unter einem kleineren Winkel von etwa 170° stand. Nach Bemaßen dieses Winkels über drei Punkte (erster Winkelendpunkt, Scheitelpunkt und zweiter Winkelendpunkt) kann die Hilfslinie in der SKIZZE auf 180° gedreht werden.

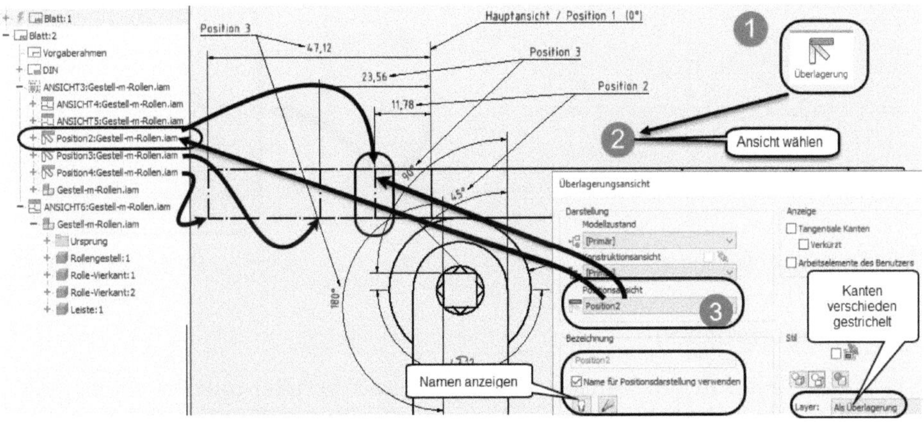

Abb. 8.21: Positionsdarstellungen als ÜBERLAGERUNGEN in der Zeichnung anzeigen

> **Tipp**
>
> Ein zweiter Trick diente zur Bemaßung der *Bogenlänge*. Dazu wurde in der SKIZZE ein Halbkreis auf der Kontur der Rolle gezeichnet. Dieser Halbkreis kann dann nach Beenden der SKIZZE mit der Option BOGENLÄNGE bemaßt werden. Allerdings liegen die Hilfslinien dann noch nicht ganz optimal. Nach Markieren der Bogenbemaßung können Sie die angezeigte Bemaßung über die Option GEGENÜBERLIEGENDE WINKEL erhalten.

8.2 Ansichten bearbeiten

Fertige Ansichten können nachträglich noch bearbeitet werden. Dafür gibt es fünf Bearbeitungsfunktionen:

- UNTERBROCHEN: erlaubt, nicht relevante Bereiche der Zeichnung herauszuschneiden.
- AUSSCHNITT: erzeugt anhand einer *skizzierten Kontur* einen Ausbruch bis zu einer gewählten Tiefe.
- AUFGESCHNITTEN: erzeugt anhand von skizzierten Schnittlinien mehrere Profilschnitte und ist vor allem für Freiform-Geometrien interessant.
- ZUSCHNEIDEN: generiert einen Ausschnitt für eine Ansicht.
- AUSRICHTUNG AUFHEBEN: hebt die automatische Ausrichtung zwischen orthogonalen bzw. parallelen Ansichten auf, damit eine Ansicht danach frei verschoben werden kann. Im Aufklappmenü finden sich auch die gegensätzlichen Funktionen, um eine solche Ausrichtung wieder herzustellen.

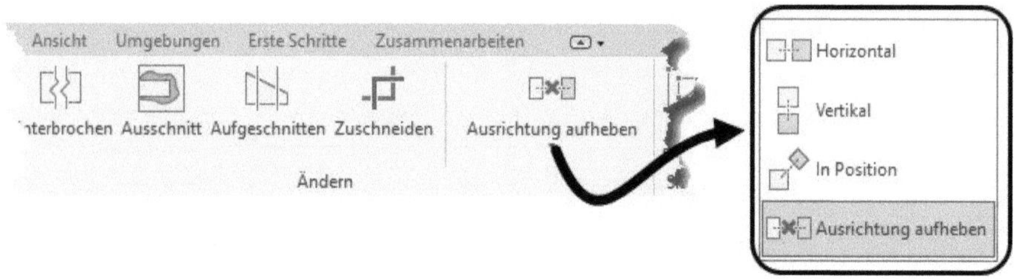

Abb. 8.22: Ansichten ändern

8.2.1 Unterbrochen

Sie können hiermit eine Ansicht horizontal oder vertikal unterbrechen. Zuerst wählen Sie im Befehl die Ansicht, dann wählen Sie bei STIL zwischen GEZACKT und UNTERBRECHUNGSSYMBOL. Sie können rechts unten für das Unterbrechungssymbol auch die Anzahl von Symbolen angeben. Üblich ist hier nur 1. Unter ANZEIGE passen Sie die Größe der Zacken oder des Symbols an. Die Ausrichtung sollte natürlich zur beabsichtigten Unterbrechungsrichtung passen. Der Abstand ist dann die resultierende Lücke zwischen beiden Ansichtsteilen. Nach diesen Einstellungen klicken Sie in der Ansicht die beiden Positionen an, wo der Bruch beginnen und enden soll. Die Unterbrechung wirkt automatisch auch auf Ansichten, die orthogonal – Funktion PARALLEL – mit der bearbeiteten verknüpft sind, auch wenn die Ausrichtung aufgehoben ist.

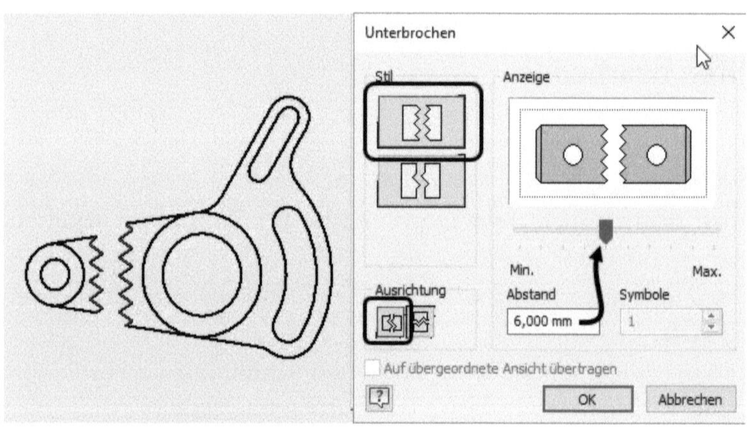

Abb. 8.23: Unterbrechen einer Ansicht

8.2.2 Ausschnitt

AUSSCHNITT sollte eigentlich *Ausbruch* heißen. Damit das Zeichnen eines Ausbruchs auch Sinn macht, wird nun in das Demo-Teil ein Gewinde seitlich bis zur Tiefe der markierten Fläche eingebaut.

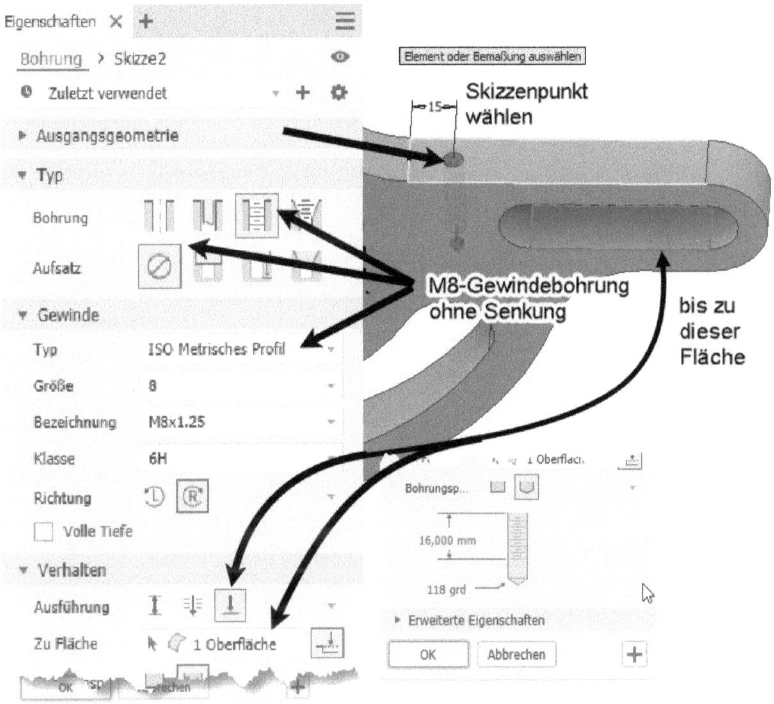

Abb. 8.24: Gewinde für die Demonstration des Ausbruchs

Bevor der Ausbruch in eine Ansicht eingebaut wird, muss dort dafür eine *geschlossene Kontur* gezeichnet werden. Es ist unbedingt darauf zu achten, dass die Skizze in der richtigen Ansicht entsteht (Abbildung 8.25).

Markieren Sie also die Ansicht und starten Sie ANSICHT PLATZIEREN|SKIZZE|SKIZZE STARTEN. Im Skizzenmodus wählen Sie die Zeichenfunktion ERSTELLEN|LINIE ▾ SPLINE INTERPOLATION. Klicken Sie mehrere Positionen für die Ausbruch-Kontur an und legen Sie den letzten auf den ersten Punkt, um eine geschlossene Kontur zu erhalten. Beenden Sie den Skizzenmodus mit SKIZZE FERTIG STELLEN ✔.

Starten Sie nun ANSICHT PLATZIEREN|ÄNDERN|AUSSCHNITT und wählen Sie die Ansicht. Das Ausbruchs-Profil findet der Befehl automatisch, wenn nur eine einzige geschlossene Skizze vorhanden ist. Ansonsten müssen Sie sie über PROFIL auswählen. Die Tiefe müssen Sie auf jeden Fall selbst festlegen. Dafür gibt es vier Optionen:

- VON PUNKT – Eine Punktposition in dieser Ansicht wie beispielsweise die Bohrungsspitze legt die Ausbruchstiefe fest. Der Punkt kann auch in einer verknüpften orthogonalen Ansicht (»parallele« Ansicht) gewählt werden. Ein *Abstand* zu dem Punkt kann auch angegeben werden, wobei eine positive Zahl nach unten gerechnet wird.

- ZU SKIZZE – Hier kann die Tiefe beispielsweise von einer skizzierten Höhenlinie in einer zur Ausbruchsansicht orthogonalen Ansicht abgegriffen werden.
- ZU BOHRUNG – Klicken Sie eine Bohrung in dieser Ansicht an, wie in Abbildung 8.26 gezeigt.
- DURCH BAUTEIL – Hiermit wird durch das angeklickte Bauteil hindurchgeschnitten, sodass das dahinter liegende zu sehen ist.

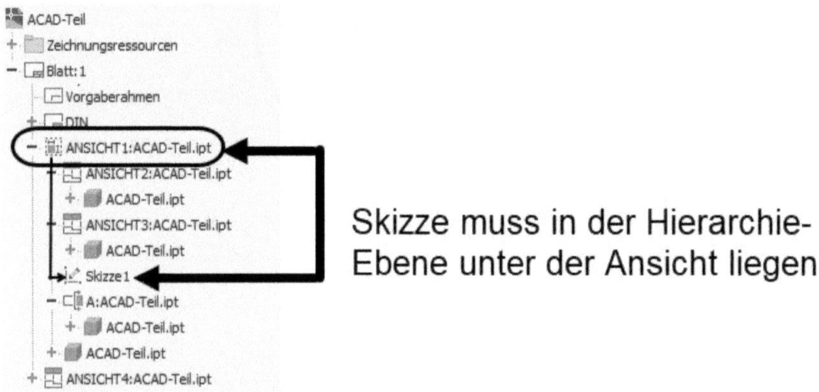

Abb. 8.25: Browser-Struktur nach Erstellen der Skizze

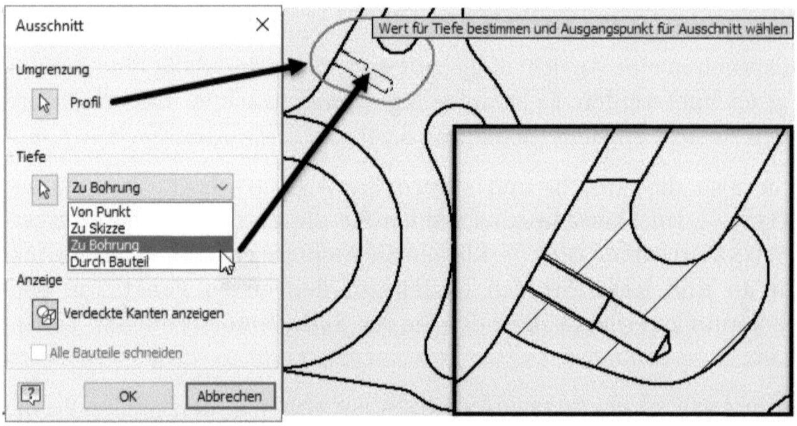

Abb. 8.26: Profil und Bohrungstiefe für Ausbruch wählen

8.2.3 Aufgeschnitten

Mit der Änderung AUFGESCHNITTEN kann eine Ansicht praktisch in Scheiben geschnitten werden. Dazu ist es nötig, in einer anderen Ansicht mit einer Skizze zunächst die Schnitte in Form ebener Kurven (Linien, Bögen, Splines) zu definieren. Für die Schnitte werden dann intern Schnittflächen benutzt, die senkrecht zu dieser Ansicht mit der Skizze stehen.

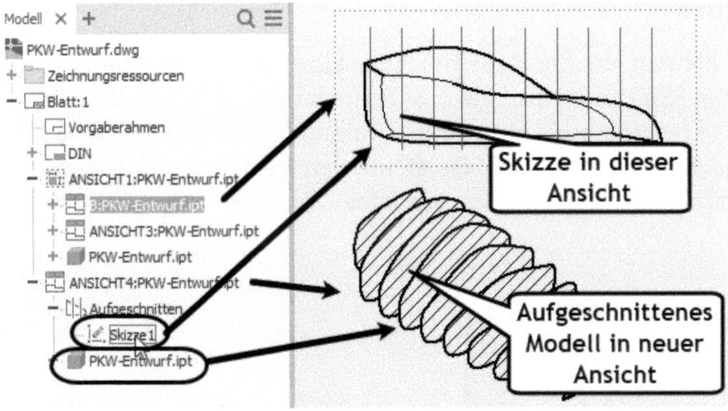

Abb. 8.27: Skizze für das Aufschneiden in einer anderen Ansicht

Nach Aufruf des Befehls AUFGESCHNITTEN ❶ wählen Sie zuerst die Ansicht, die dann geschnitten werden soll ❷, und klicken nach Erscheinen des Dialogfelds auf die Skizze in der anderen Ansicht ❸. Aktivieren Sie GANZES TEIL AUFSCHNEIDEN ❹ und OK ❺. Als Ergebnis wird dann diese Ansicht die Schnitte zeigen (Abbildung 8.28).

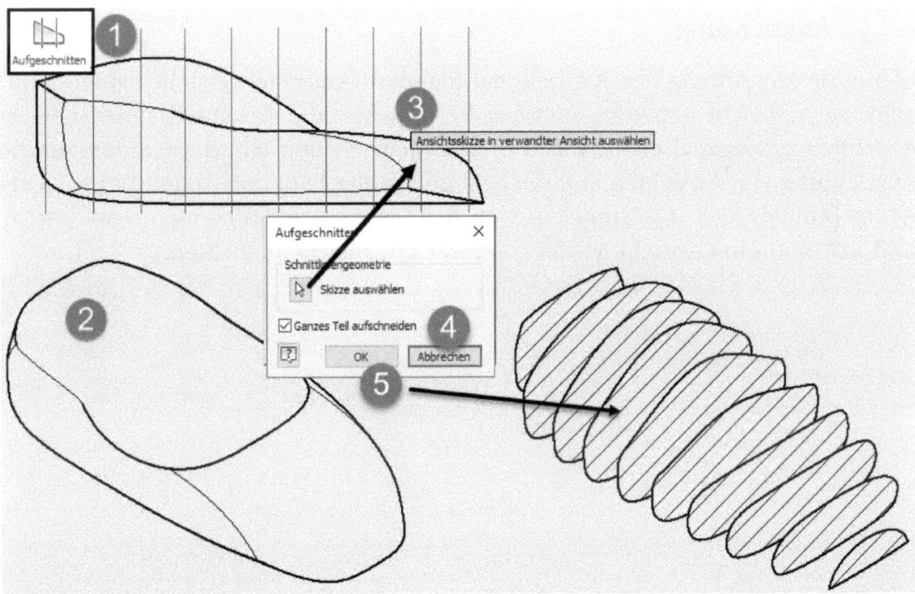

Abb. 8.28: Aufschneiden eines Modells

8.2.4 Zuschneiden

Mit ZUSCHNEIDEN können Sie eine Ansicht rechteckig zuschneiden oder mithilfe einer zuvor erstellten Skizze auf eine beliebige Form zurechtschneiden. Das rechteckige ZUSCHNEIDEN beginnt mit dem Befehl, dann wählen Sie die Ansicht ❶ und danach zwei diagonale Eckpositionen ❷, ❸ für den erwünschten Ausschnitt. Wenn Sie eine Skizze in dieser Ansicht erstellt haben, müssen Sie diese nur anklicken.

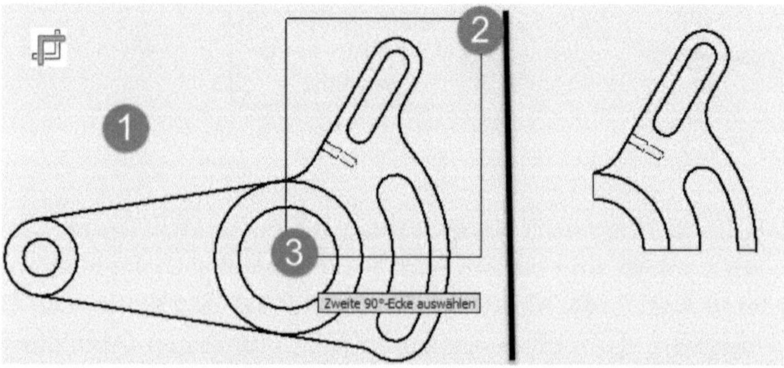

Abb. 8.29: ZUSCHNEIDEN einer Ansicht über zwei diagonale Positionen

8.2.5 Ausrichtung

Wenn Sie am Anfang des Kapitels die Standard-Ansichten erstellt haben, dann habe Sie vielleicht gemerkt, dass bei Verschieben der Erstansicht die anderen Ansichten orthogonal bleiben und mitgezogen werden. Um diese automatische Ausrichtung von Ansichten aufzuheben, gibt es die Funktion AUSRICHTUNG AUFHEBEN (Abbildung 8.30). Umgekehrt können Sie mit den Funktionen HORIZONTAL und VERTIKAL eine Ansicht wieder mit ihrer Erstansicht ausrichten.

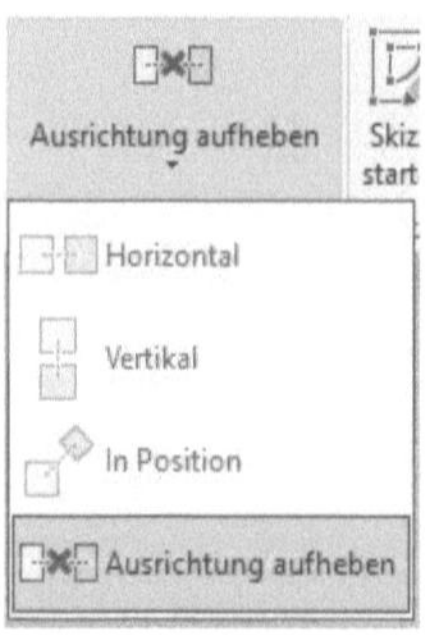

Abb. 8.30: Ausrichtung aufheben und wieder erstellen

Mit IN POSITION können Sie Ansichten auch schräg zueinander fixieren. Abbildung 8.31 zeigt, nachdem die Iso-Ansicht mit IN POSITION schräg ausgerichtet wurde, wie die Ansichten beim Verschieben der Erstansicht mitlaufen.

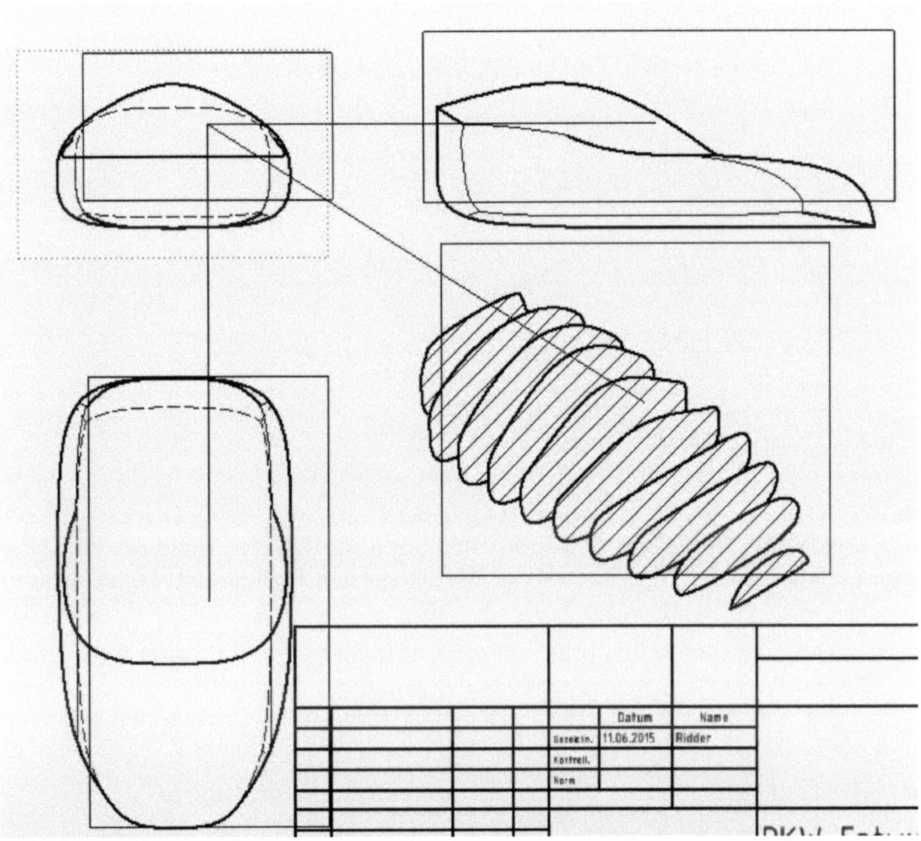

Abb. 8.31: Mit IN POSITION wurde die vierte Ansicht auch mit der Erstansicht gekoppelt.

8.3 Bemaßungen, Symbole und Beschriftungen

Im Register MIT ANMERKUNG VERSEHEN finden Sie die Bemaßungsbefehle und viele Spezialbefehle für die technisch nötigen Beschriftungen und Symbole.

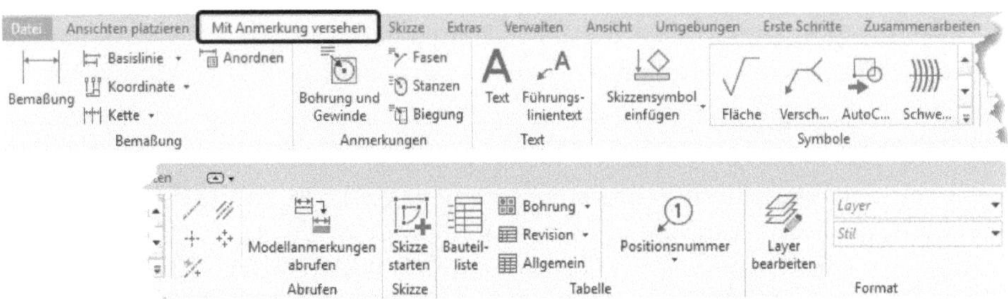

Abb. 8.32: Multifunktionsleiste mit Bemaßungs- und Beschriftungsbefehlen

8.3.1 Bemaßungsarten

Die erste Gruppe BEMAßUNGEN enthält folgende Bemaßungsbefehle:

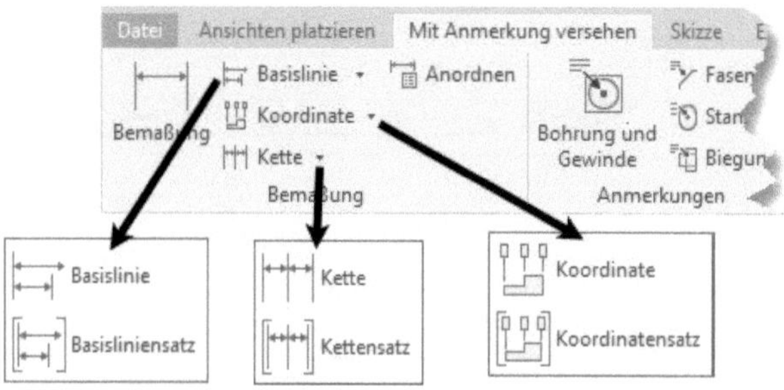

Abb. 8.33: Lineare Bemaßungsarten

- BEMAßUNG – erstellt je nach angeklicktem Objekt die verschiedensten Bemaßungen. Die Winkelbemaßung erhalten Sie beispielsweise, wenn Sie zwei Linien anklicken. Feinheiten, etwa die Wahl zwischen Radius- und Durchmessermaß, erhalten Sie über das Kontextmenü.
- Die nächsten drei Bemaßungen können entweder mehrere voneinander unabhängige Bemaßungen oder dieselben *Bemaßungen zusammengefasst als Satz* erzeugen, der dann durch ein *umfangreiches Kontextmenü nachbearbeitet* werden kann.
- BASISLINIE ▾|BASISLINIE – erstellt mehrere Bezugsbemaßungen.
- BASISLINIE ▾|BASISLINIENSATZ – erstellt mehrere Bezugsbemaßungen, die einen zusammenhängenden Satz bilden.
- KOORDINATE ▾|KOORDINATE – erstellt mehrere Absolutbemaßungen für die x- oder y-Koordinaten.
- KOORDINATE ▾|KOORDINATENSATZ – erstellt mehrere Absolutbemaßungen in einem Satz.
- KETTE ▾|KETTE – erstellt mehrere Kettenbemaßungen.
- KETTE ▾|GRUPPE – erstellt mehrere Kettenbemaßungen in einem Satz.
- ANORDNEN – dient dazu, mehrere Basislinien-, Koordinaten- oder Kettenmaße nach Entfernen oder Hinzufügen von Maßen wieder korrekt zu arrangieren.

Bemaßungsstil

Bevor mit den Bemaßungen begonnen wird, sollen noch zwei Änderungen am Bemaßungsstil vorgenommen werden. Den Stil finden Sie unter VERWALTEN|STIL-EDITOR. Dort sollten unter BEMAßUNG und dem Stil STANDARD (DIN) im Register EINHEITEN die NACHFOLGENDEN NULLEN deaktiviert werden.

Außerdem sollte unter A TEXT|NOTIZTEXT die Höhe **2,50** für die *Maßtexthöhe* gewählt werden. Für Toleranzangaben brauchen Sie evtl. noch eine kleinere Texthöhe. Deshalb richten Sie mit Rechtsklick auf NOTIZTEXT mit NEUER STIL einen weiteren Stil mit dem Namen **Toleranzen** und Höhe **1,8** ein. **1,8** ist nicht wählbar und muss eingegeben werden.

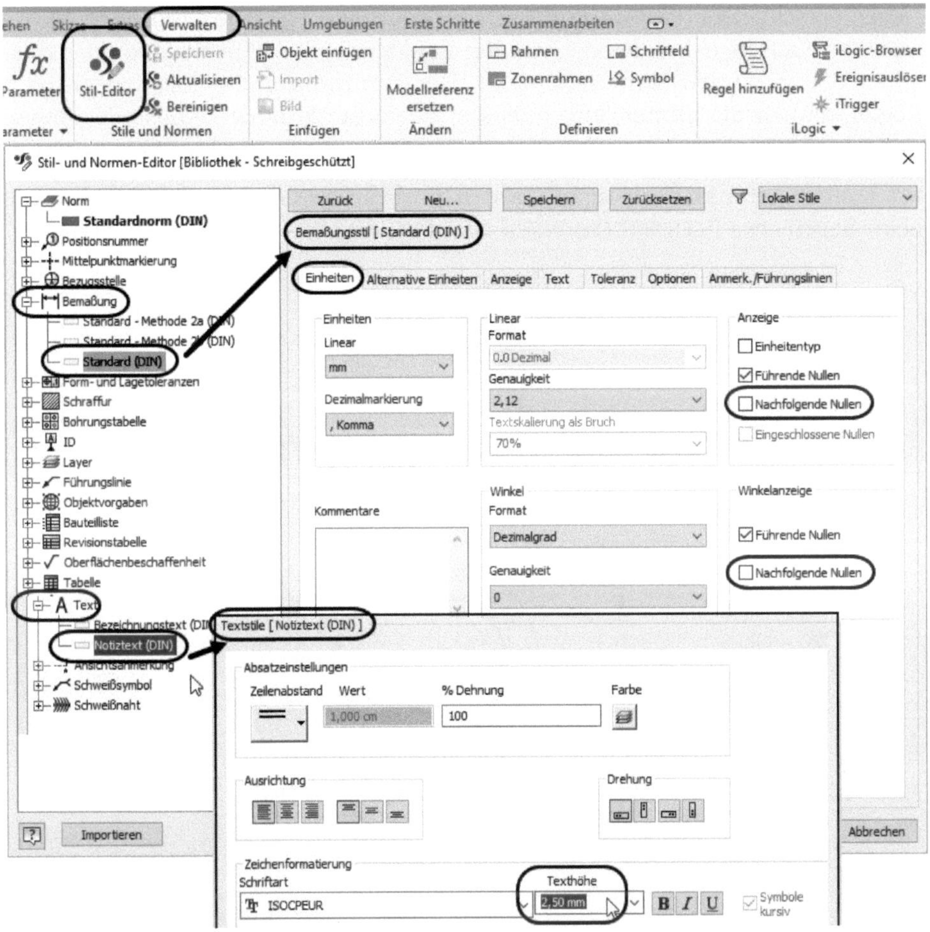

Abb. 8.34: Bemaßungsstil einstellen

Unter BEMAẞUNG|STANDARD (DIN) aktivieren Sie diesen Stil dann im Register TEXT unter TOLERANZTEXTSTIL.

Bemaßung

Mit dem Universalbefehl BEMAẞUNG entstehen je nach Objektwahl die verschiedensten Bemaßungen (Abbildung 8.35). Klicken Sie zwei Punktpositionen an, dann entsteht eine lineare Bemaßung, vorzugsweise horizontal und vertikal. Eine ausgerichtete Bemaßung erhalten Sie, wenn Sie nahe der Verbindungslinie der Punkte bleiben oder über Rechtsklick explizit AUSGERICHTET wählen. Wenn Sie

Bögen und Kreise anklicken, erhalten Sie standardmäßig Radiusbemaßungen, aber auch Durchmesserbemaßungen über das Kontextmenü.

Gehen Sie also mit Rechtsklick beim Bemaßen ins Kontextmenü, wenn Sie andere Einstellungen brauchen. An einem Bogen gibt es beispielsweise im Kontextmenü sieben verschiedene BEMAẞUNGSTYPEN (Abbildung 8.35). Eine Winkelbemaßung ergibt sich aus zwei Linien oder aus drei Punkten: erster Winkelendpunkt, Scheitelpunkt und zweiter Winkelendpunkt. Die Zentrumspunkte von Kreisen oder Bögen können Sie immer fangen, wenn Sie vorher kurz den Kreis oder Bogen selbst berührt haben.

Im Kontextmenü erscheinen neben den BEMAẞUNGSTYPEN auch Optionen wie beim Bogen etwa PFEILSPITZEN INNEN oder FÜHRUNGSLINIE VOM MITTELPUNKT.

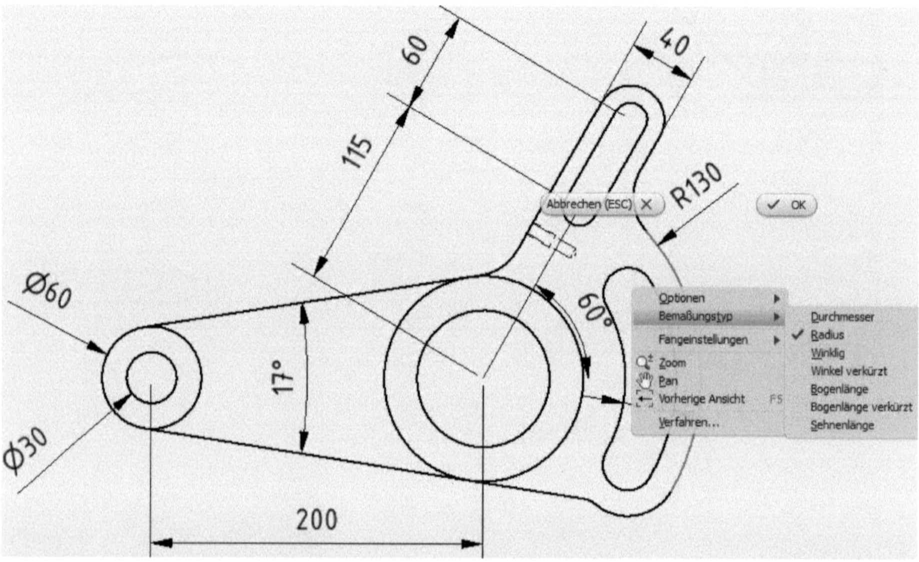

Abb. 8.35: Verschiedene Bemaßungstypen mit BEMAẞUNG erstellt

Nach Erstellen der Bemaßungen erscheint jeweils das Dialogfenster BEMAẞUNG BEARBEITEN, in dem Sie noch Änderungen und Ergänzungen am Maßtext vornehmen können. Der Bemaßungsbefehl bleibt für weitere Bemaßungen so lange aktiv, bis Sie ihn mit Rechtsklick und ✔ OK beenden.

Nach Beenden der Bemaßung können Sie diese durch Klicken und Ziehen verschieben. Dabei werden Sie feststellen, dass die Maßlinien bei bestimmten Abständen einrasten und gleichzeitig punktiert erscheinen. So können Sie die vorschriftsmäßigen Abstände der Maßlinien von der Geometrie einhalten.

Im Kontextmenü der fertigen Bemaßungen können Sie auch nachträglich noch Typen und Genauigkeiten einstellen oder die Option BEARBEITEN aktivieren, um erneut das Dialogfenster BEMAẞUNG BEARBEITEN zu erhalten.

Sie versehen hiermit die Bemaßungen noch mit allen möglichen Textergänzungen (Abbildung 8.36). Manchmal ist z.B. noch ein Durchmesser-Symbol hinzuzufügen. Beim Durchmesser-Symbol gibt es zwei Varianten, die untere sieht besser aus. Die Zeichenkette **<<>>** ist der Platzhalter für die Original-Maßzahl, die natürlich nicht verändert werden sollte. Über das Register TEXT können Sie vor oder hinter der Maßzahl noch Zeichen hinzufügen.

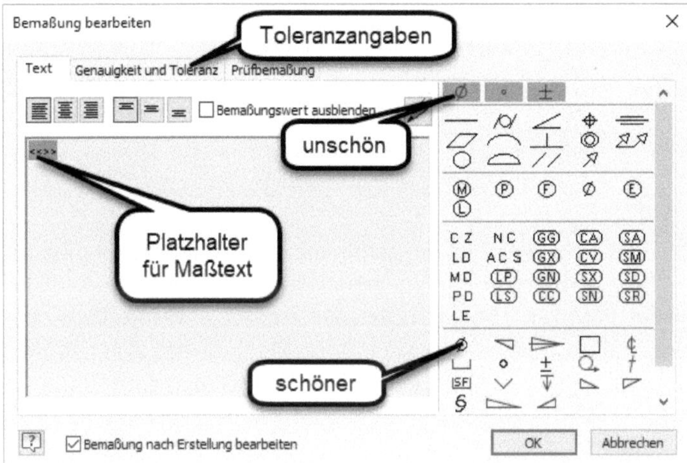

Abb. 8.36: Bearbeitung der Maßtexte

Im Register GENAUIGKEIT UND TOLERANZ lassen sich noch Toleranz- und Passungsangaben zu den Maßzahlen hinzufügen (Abbildung 8.37). Im letzten Register PRÜFBEMASSUNG werden noch die nötigen Zeichen und die Prüfrate zur Bemaßung hinzugefügt.

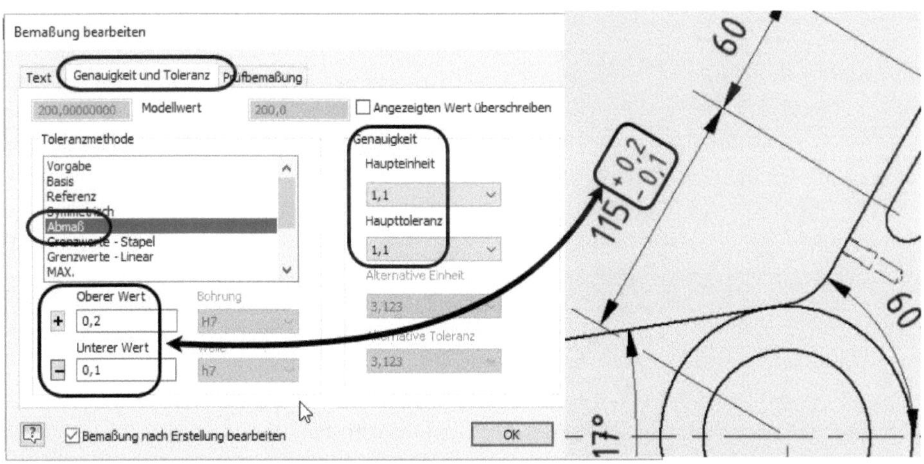

Abb. 8.37: Bemaßung mit Toleranzen versehen

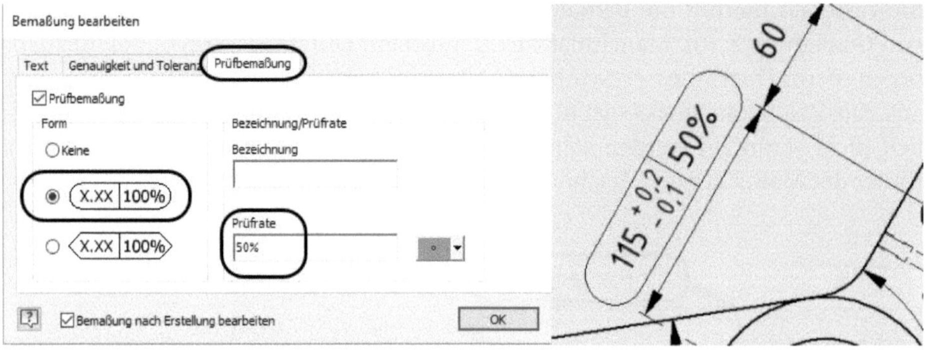

Abb. 8.38: Prüfmaß für 50% Prüfrate erstellen

Basislinie, Option Basislinie

Mit BASISLINIE, Unteroption BASISLINIE können mehrere *Bezugsbemaßungen* zusammen erstellt werden. Wählen Sie die zu bemaßenden Geometrien mit der Objektwahl KREUZEN oder FENSTER und entfernen Sie zu viel gewählte Elemente mit `Shift` + Klick. Die Objektwahl beenden Sie mit Rechtsklick und WEITER. Nun positionieren Sie die Bemaßungen, indem Sie den Cursor so lange vom Teil wegbewegen, bis die *Bemaßungen punktiert* erscheinen. In diesem Moment ist für die innerste Maßlinie der vorgeschriebene *Abstand 10 mm von der Kontur* erreicht, und Sie können mit Klick bestätigen. Nun können Sie

- noch weitere Punkte hinzuwählen oder
- einen Punkt anfahren und die Kontextmenüfunktion URSPRUNG wählen, um den *Basispunkt* der Bezugsbemaßung neu zu bestimmen oder
- mit Rechtsklick und ERSTELLEN beenden.

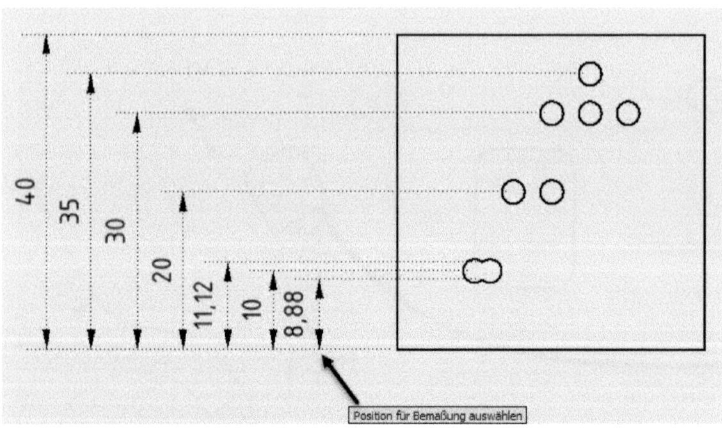

Abb. 8.39: Basislinienbemaßung auf Vorgabeposition eingerastet

In dem Beispiel sind nun zwei Maße enthalten, die gelöscht werden sollen: **11,12** und **8,88**. Nach Ende des Bemaßungsbefehls können Sie diese einfach anklicken und über das Kontextmenü oder mit `Entf` löschen. Mit dem Befehl ANORDNEN wählen Sie alle Bemaßungen zum erneuten Ausrichten aller Bemaßungen.

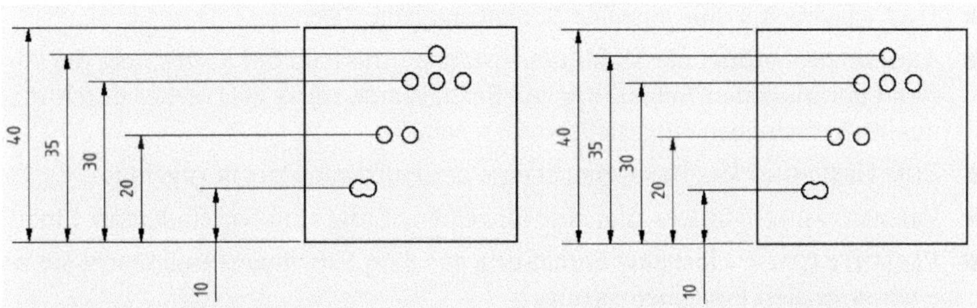

Abb. 8.40: Links Bemaßungen gelöscht, rechts nach ANORDNEN

Jede einzelne Bemaßung ist hier ein Einzelobjekt und kann einzeln beliebig nach Anklicken mit den Funktionen des Kontextmenüs modifiziert werden.

Basislinie, Option Basisliniensatz

Bei dieser Art der Bezugsbemaßung wird nun ein zusammenhängender Satz von Bemaßungen erstellt, der dann auch wieder bearbeitet werden kann, aber diesmal über das Kontextmenü. Das Erstellen der Bemaßung läuft wie im vorangegangenen Abschnitt. Nur die Änderungen laufen nun alle über das Kontextmenü.

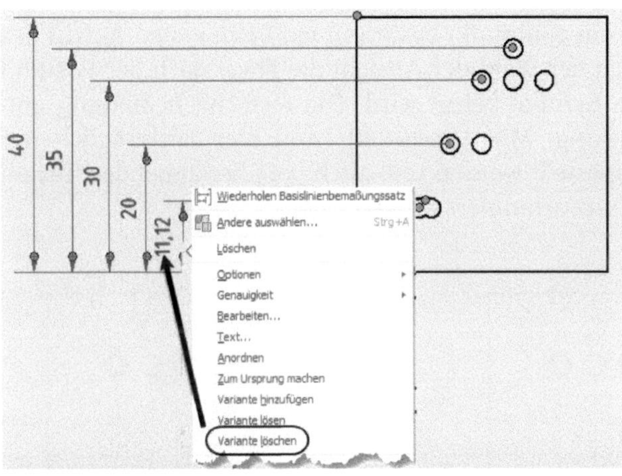

Abb. 8.41: Löschen aus einem Basisliniensatz

Im Kontextmenü bedeutet:

- LÖSCHEN – löscht den gesamten Basisliniensatz.
- OPTIONEN – ändert die Lage der Pfeilspitzen oder die Führungslinie für eine einzelne Maßlinie.

- GENAUIGKEIT – stellt die Anzahl Nachkommastellen für den gesamten Satz ein.
- BEARBEITEN – bearbeitet eine einzelne Bemaßung bzgl. TEXT, GENAUIGKEIT UND TOLERANZ und PRÜFBEMAßUNG (siehe Abbildung 8.36 ff.).
- TEXT – bearbeitet eine einzelne Bemaßung bzgl. TEXT.
- ANORDNEN – ordnet die Maßlinienabstände innerhalb des Satzes neu, der Abstand der innersten Bemaßung zur Bezugskante muss ggf. vorher durch manuelles Verschieben eingestellt worden sein.
- ZUM URSPRUNG MACHEN – macht eine der Hilfslinien zur Bezugslinie.
- VARIANTE HINZUFÜGEN – fügt eine Einzelbemaßung zum Basisliniensatz hinzu.
- VARIANTE LÖSEN – löst eine Bemaßung aus dem Satz heraus und macht sie zu einer normalen Einzelbemaßung.
- VARIANTE LÖSCHEN – löscht eine Bemaßung aus dem Satz komplett heraus.

Für die Bearbeitung einzelner Elemente ist es wichtig, dass Sie das Kontextmenü auf dem betreffenden Element mit Rechtsklick starten.

Um im Beispiel die beiden nicht benötigten Bemaßungen nun aus dem Satz herauszunehmen, werden beide mit VARIANTE LÖSCHEN entfernt, dann wird die innerste Bemaßung mit der Maßlinie an die Kontur manuell herangeschoben, bis sie einrastet, und dann wird der Satz mit ANORDNEN aus dem Kontextmenü egalisiert.

Koordinaten

Bei der Koordinatenbemaßung werden die absoluten x- oder y-Koordinaten angezeigt. Dafür ist es nötig, dass ein Nullpunkt bestimmt ist. Beim ersten Aufruf des Befehls erscheint deshalb nach der Wahl der Ansicht die Frage nach der Position des Nullpunkts, die mit dem Symbol belegt wird. Die restliche Bedienung entspricht der Basislinienbemaßung. Mit ANORDNEN kann hier nachträglich der Abstand zur Bezugskante eingestellt werden und auch bei überlappenden Texten der Platz wie im Koordinatensatz arrangiert werden.

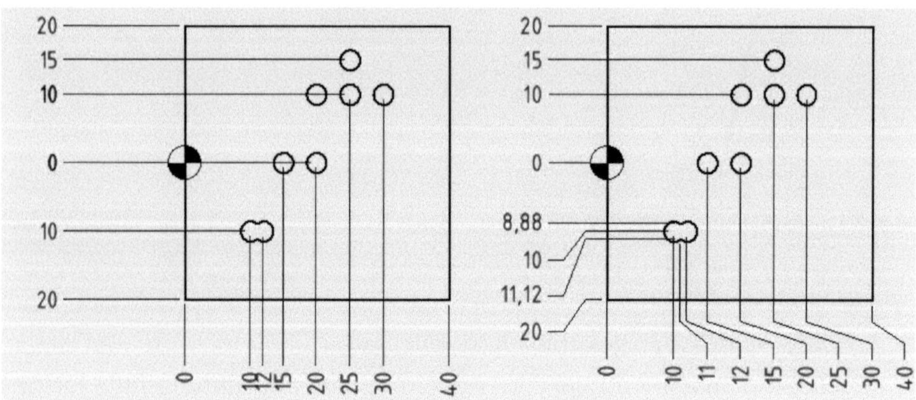

Abb. 8.42: Koordinatenbemaßung einzeln (li.) oder als Satz (re.)

Die Bemaßung mit dem Koordinatensatz ist hier klar von Vorteil, weil die Bemaßung dann im Abstand relativ zur Kontur einrastet und zudem die Maßzahlen mit geknickten Führungslinien erscheinen, wo es sonst zu eng wird.

Zum *Entfernen des Nullpunktsymbols* muss man es anklicken und im Kontextmenü URSPRUNGSINDIKATOR AUSBLENDEN wählen. Wenn auch das Symbol unsichtbar ist, so ist nun der Nullpunkt für zukünftige Koordinatenbemaßungen gesetzt, das Symbol wird nicht mehr im Bemaßungsbefehl angeboten. Um es wieder zu aktivieren, müssen Sie eine Koordinatenbemaßung mit Rechtsklick aktivieren und im Kontextmenü vor der Option URSPRUNGSINDIKATOR AUSBLENDEN das Häkchen wegnehmen. Dieser Ursprungsindikator kann auch ohne weitere Befehle mit dem Cursor angeklickt und an beliebige Positionen verschoben werden. Die Bemaßungen werden sich dann automatisch an den neuen Nullpunkt anpassen.

Kette

Für die *Kettenbemaßung* heißt die Einzelbemaßung KETTE und die Bemaßung als Satz GRUPPE. Beides ist wieder wie bei der BASISLINIE zu bedienen. Hier rastet die Bemaßung in beiden Fällen wieder in den standardmäßigen Abständen von der Kontur ein. Bei der Auswahl für die zweite Maßkette ist darauf zu achten, dass Sie bei einer Kreuzen-Wahl nicht die Maßobjekte der ersten Kette mitwählen. Man kann Bemaßungsobjekte nicht bemaßen! Wenden Sie deshalb Fenster-Wahl an und wählen Sie nur Geometrieobjekte.

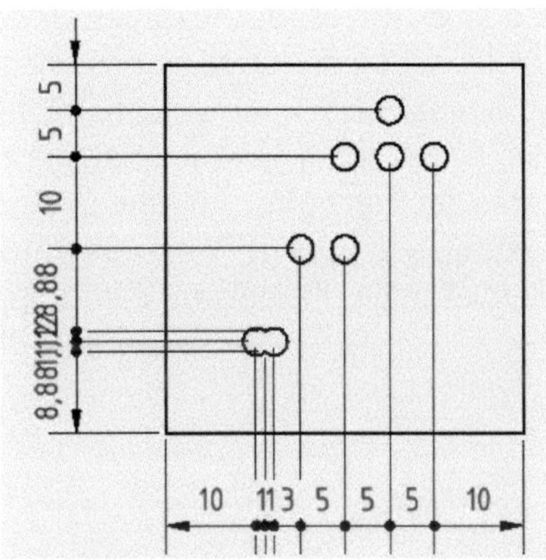

Abb. 8.43: Kettenbemaßung, links KETTE, unten GRUPPE

Anordnen

Mit ANORDNEN können Sie die Abstände der Maßlinien von Einzelbemaßungen wieder gleichmäßig anpassen. Es sind die Bemaßungen zu wählen und, falls die Bezugskante eine andere ist, dann über das Kontextmenü noch das KONTUROBJEKT.

Die Funktion kann auch auf *Maßketten* und *Koordinatenbemaßungen* angewendet werden, um diese wieder fluchtend auszurichten.

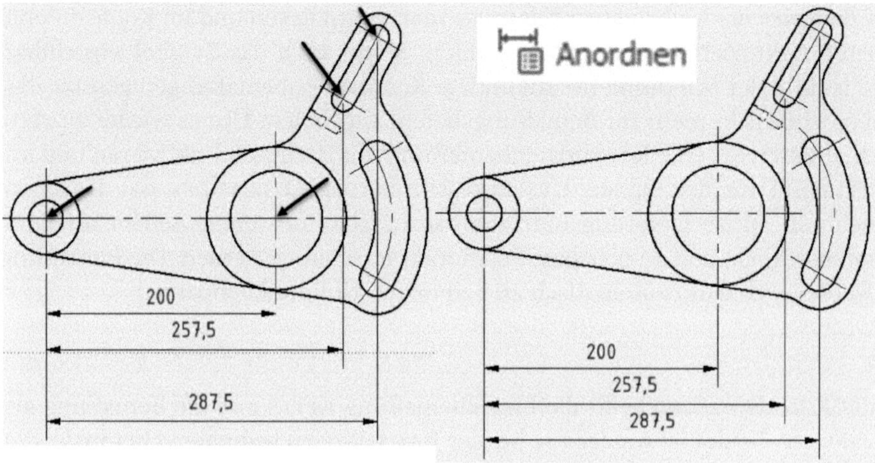

Abb. 8.44: Basislinienbemaßung (li.) mit ANORDNEN (re.) bearbeitet

Bemaßungen aus der Skizze

Sie können Bemaßungen und auch Toleranzen oder Passungen aus einer Skizze in einer Zeichnungsansicht mit MODELLANMERKUNGEN ABRUFEN automatisch übernehmen. Sie wählen dann zuerst die ANSICHT ❶, die bei der Wahl am Bildschirm als punktierte Kontur unter dem Cursor schwach rot hervorgehoben erscheint. Wenn QUELLE aktiviert ist, können Sie entscheiden, ob einzelne ELEMENTE der Konstruktion wie EXTRUSIONEN oder DREHUNGEN usw. im BROWSER oder BAUTEILE ❷ gewählt werden sollen. Es werden die zugehörigen Bemaßungen aktiviert und inklusive der Toleranzen und Passungen angezeigt. Wenn Sie nun QUELLE deaktivieren, können Sie aus diesen Bemaßungen diejenigen anklicken, die Sie übernehmen wollen ❸.

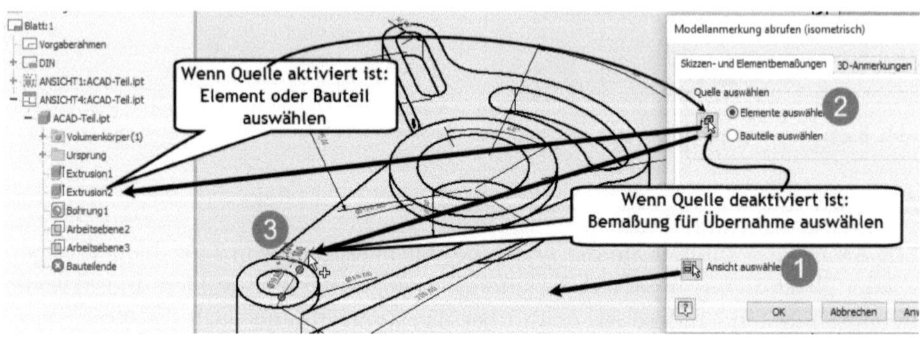

Abb. 8.45: Abrufen einzelner Maße aus der Skizze

Sie können aber auch Bemaßungen und Anmerkungen, die Sie schon im 3D-Modell angebracht haben, mit dem Register 3D-ANMERKUNGEN abrufen. Unter dem Register können Sie auch auswählen, welche Arten von Anmerkungen Sie sehen wollen.

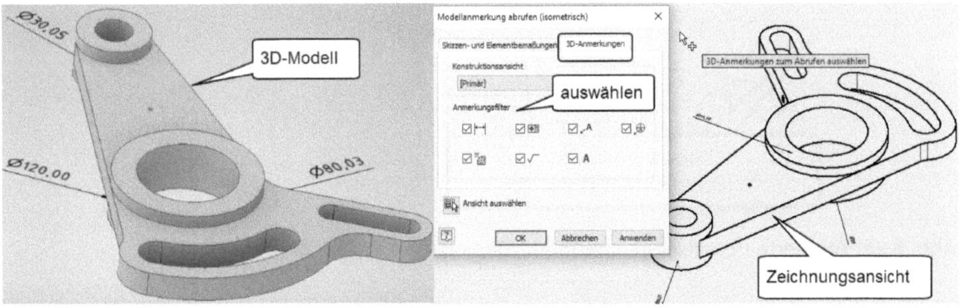

Abb. 8.46: Abrufen von 3D-ANMERKUNGEN

Sofern Sie im 3D-Modell in den Skizzen die Werteanzeige für Passungen auf *Medianwert* (Mittelwert) (Abbildung 8.47), *Minimum, Maximum* oder *Nennwert* eingestellt haben und danach dort auch noch im Schnellzugriff-Werkzeugkasten das AKTUALISIEREN-Werkzeug aktiviert haben, erscheint beim *normalen* BEMAßUNGSBEFEHL in der Zeichnung das entsprechend berechnete Maß. Diese Angaben sind für Fertigung und Qualitätssicherung interessant. Bei *abgerufenen Bemaßungen* wird diese Werteanzeige *nicht* übernommen.

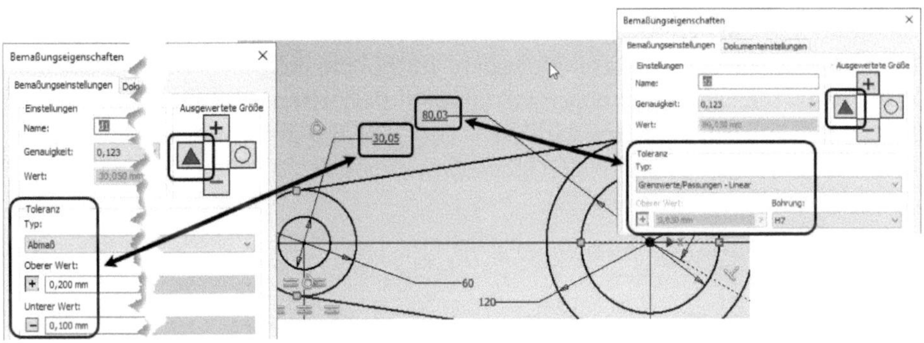

Abb. 8.47: Skizzenmaße mit Toleranz und Passung, zusätzlich Medianwertanzeige aktiviert

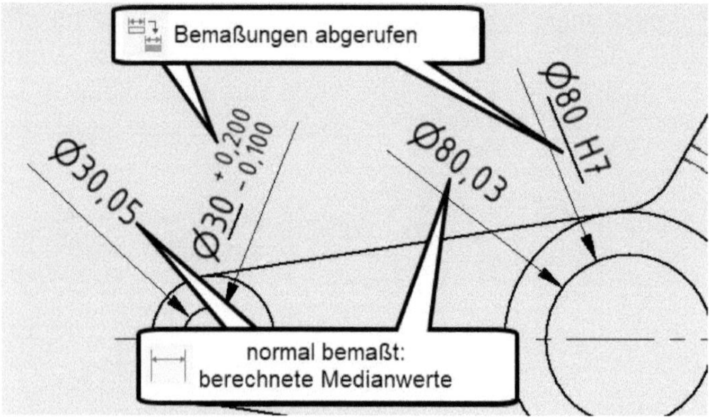

Abb. 8.48: Tolerierte Bemaßungen beim Abrufen oder normalen Bemaßen

8.3.2 Bemaßungsstil

Inventor arbeitet standardmäßig mit einem Bemaßungsstil, der im Großen und Ganzen brauchbar eingestellt ist. Dennoch sollen hier noch einige Feineinstellungen gezeigt werden. Der Bemaßungs- und Textstil ist im Register VERWALTEN unter STIL UND NORMEN im STIL-EDITOR zu finden.

Texthöhe

Die Vorgabe für Maßtexthöhen ist `3,5 mm`. Wenn Sie andere Maßtexthöhen brauchen, blättern Sie im STIL-EDITOR unter BEMAẞUNG bis STANDARD (DIN) auf. Dann finden Sie im Register TEXT unter HAUPTTEXTSTIL den aktuellen Stil für die Maßtexte. Dort stehen BEZEICHNUNGSTEXT (DIN) (5,25 mm) und NOTIZTEXT (DIN) (3,5 mm) zur Verfügung. Wenn Sie andere Texthöhen, beispielsweise `2,5 mm` brauchen, dann müssten Sie einen neuen Textstil definieren oder die Höhe für den NOTIZTEXT ändern. Letzteres wirkt sich auch auf Beschriftungen in Führungslinien aus und ist deshalb eine geschickte Option, beide zu ändern.

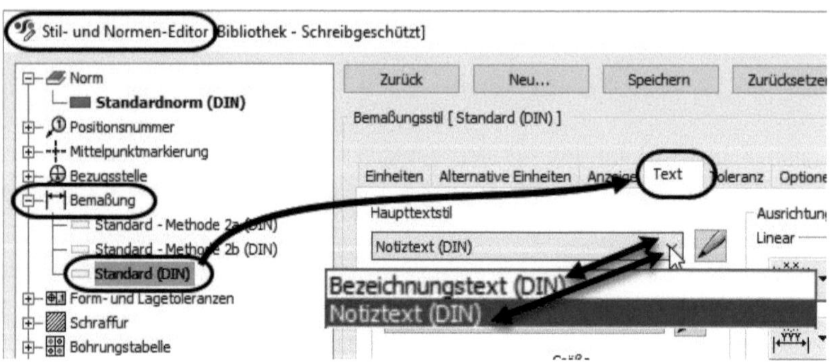

Abb. 8.49: Texthöhen für Bemaßungsstil

Textstil ändern

Um einen Textstil wie etwa NOTIZTEXT zu ändern, können Sie im Bemaßungsstil das Werkzeug TEXTSTIL BEARBEITEN daneben benutzen oder unter TEXT den gewünschten Stil aufblättern und unter TEXTHÖHE eine passende Texthöhe auswählen. Falls keine vorgegebene Texthöhe passt, können Sie dort auch einfach eine neue Texthöhe eintippen.

Abb. 8.50: Texthöhe ändern

Neuer Textstil für Toleranzen

Ein neuer Textstil wird mit Rechtsklick auf einen vorhandenen und NEUER TEXTSTIL angelegt. Geben Sie dann einen neuen sinnvollen Namen ein wie hier `Toleranztext` und dann eine Texthöhe wie etwa `1,8 mm`.

Um diesen Textstil für Maßtoleranzen anzuwenden, gehen Sie wieder zum Bemaßungsstil STANDARD (DIN), dort ins Register TEXT und wählen diesen Stil für die Toleranztexte.

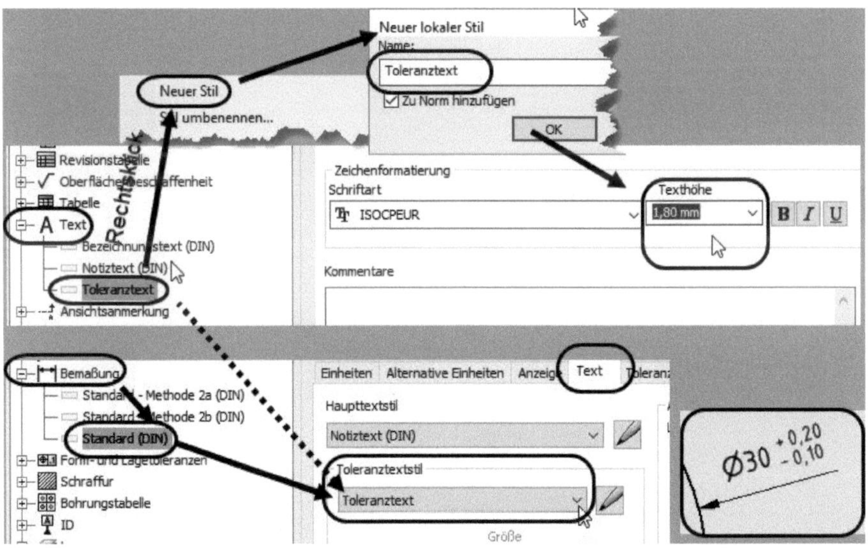

Abb. 8.51: Neuer Textstil für Toleranzen

Genauigkeit und Nachkommanullen

Die Anzahl der Nachkommastellen und die Unterdrückung unnötiger Nachkommanullen finden Sie beim Bemaßungsstil im Register EINHEITEN. Achten Sie darauf, dass beides sowohl für lineare Bemaßungen als auch für Winkelbemaßungen einzeln einzugeben ist. Standardmäßig ist die Anzeige der Nachkommanullen aktiviert, was nicht üblich ist.

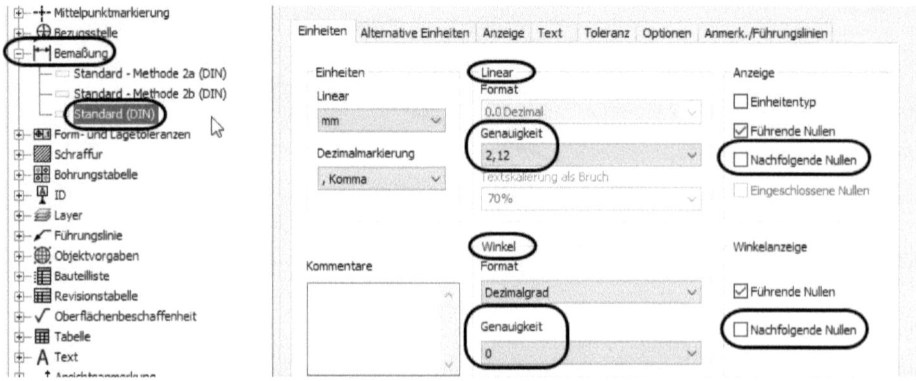

Abb. 8.52: Nachkommastellen und -nullen

8.4 Symbole

8.4.1 Gewindekanten

Schon über die Einstellungen der ANSICHT lassen sich zeichnungsspezifische Details automatisch generieren. Dazu gehören die *Gewindekanten*. Notfalls lässt sich das durch ANSICHT BEARBEITEN über Rechtsklick auch noch ändern.

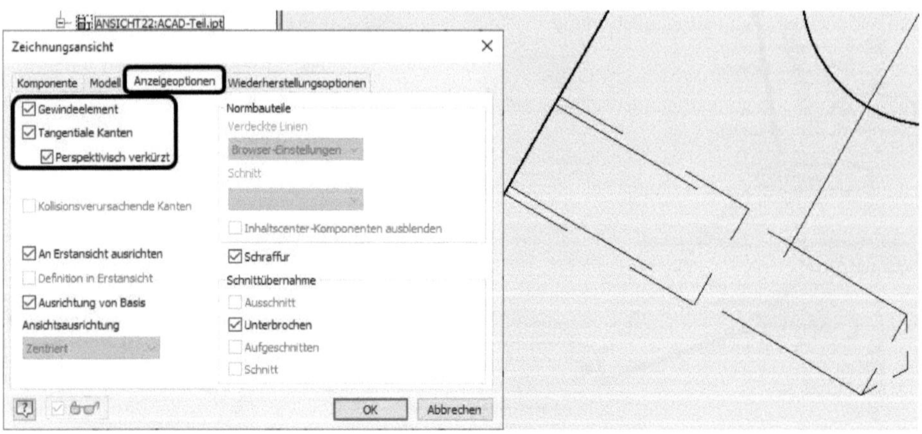

Abb. 8.53: Gewindekanten in der Zeichnungsansicht aktiviert

8.4.2 Mittellinien

Auch zum Erstellen automatischer Mittellinien gibt es im Kontextmenü der Ansicht ❶ eine Option ❷. Alternativ finden Sie dieselbe Funktion auch unter MIT ANMERKUNGEN VERSEHEN|SYMBOLE. Sie können dann im Dialogfeld auswählen, welche Objekte ❸ zu automatischen Mittellinien verwendet werden sollen (Abbildung 8.54). Auch an die PROJEKTIONSRICHTUNG ❹ sollten Sie denken, um passend dazu Mittellinien oder Zentrumsmarken zu erhalten. Unerwünschte Mittellinien können Sie natürlich nach Erstellung ❺ jederzeit einfach löschen. Mittellinien in Draufsicht ergeben Mittelpunktkreuze (Abbildung 8.55).

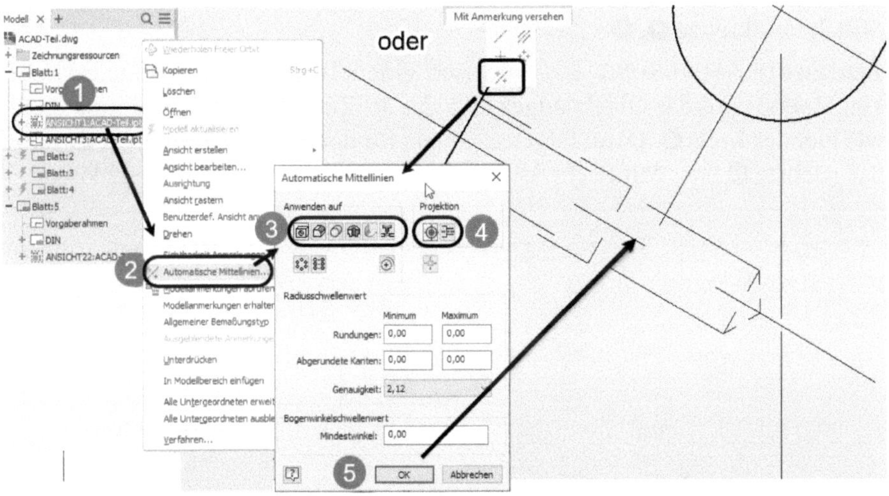

Abb. 8.54: AUTOMATISCHE MITTELLINIEN erstellen

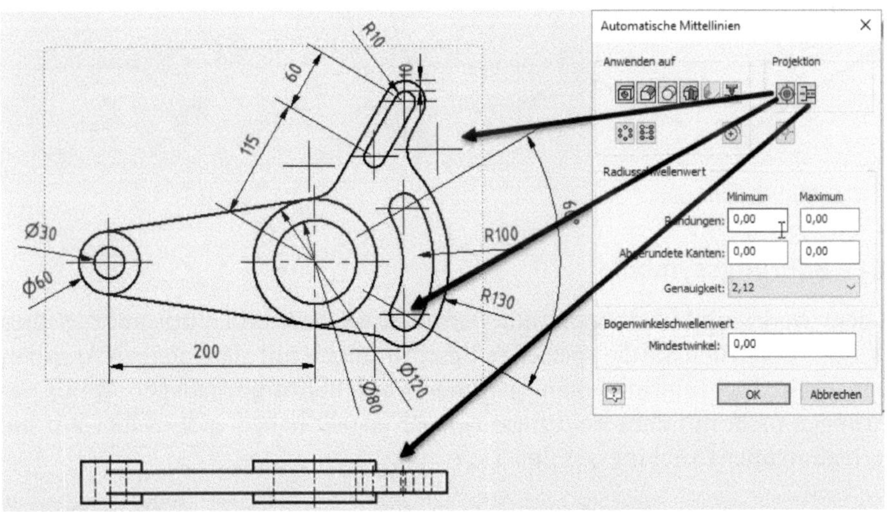

Abb. 8.55: Automatisch Mittellinien und Zentrumsmarken erstellen

Was nicht automatisch erzeugt wird, müssen Sie dann einzeichnen. Dafür gibt es vier Funktionen, die die diversen Mittellinien zeichnen (siehe Abbildung 8.56):

- MITTELLINIE – ist eine einfache Mittellinie, die über zwei Punktpositionen erstellt wird. Wenn die beiden Punkte ❷, ❸ wie im Beispiel Mittelpunkte oder Zentrumspunkte auf Bogenstücken sind, entstehen zusätzlich zur Mittellinie die Mittelpunktmarken.
- SYMMETRIELINIE DER MITTELLINIE – Das ist eine Mittellinie, die eine Symmetrieachse darstellt. Sie wird durch Anklicken der symmetrischen Objekte ❺, ❻ erzeugt.
- MITTELPUNKTSMARKIERUNG – erzeugt für angeklickte Kreise oder Bögen die Mittelpunktkreuze ❽, ❾.
- ZENTRIERTE ANORDNUNG – generiert einen Teilkreis mit Mittelpunktmarken. Zuerst wird das Objekt angeklickt, das als Zentrum der Anordnung dient, wie hier der Kreis ⓫. Dann folgt das Objekt für den ersten Mittelpunkt ⓬, dann das nächste ⓭ usw. Mit Rechtsklick ⓮ und ERSTELLEN ⓯ wird abgeschlossen.

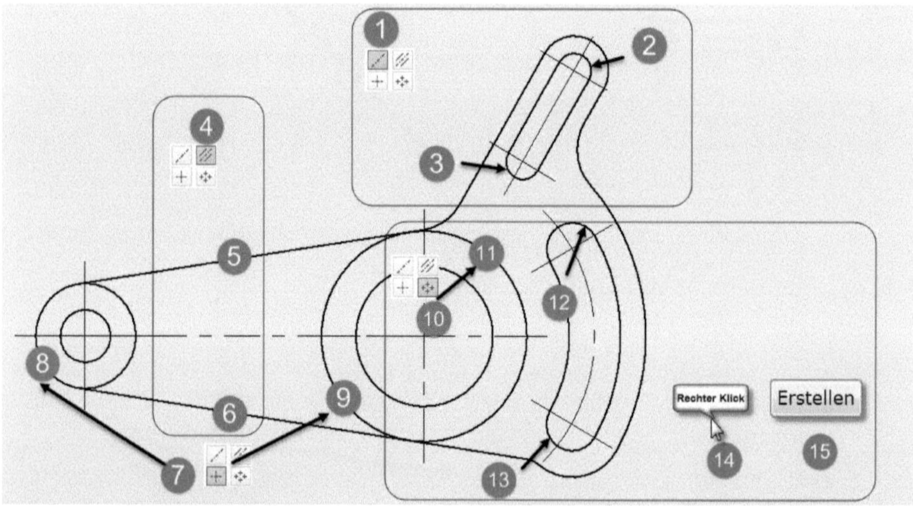

Abb. 8.56: Mittellinientypen

8.4.3 Bohrungssymbole

Mit dem Werkzeug MIT ANMERKUNG VERSEHEN|ANMERKUNGEN|BOHRUNGEN UND GEWINDE erstellen Sie die speziellen Beschriftungen mit allen nötigen Angaben automatisch. Die Informationen stammen vom Bohrungsmanager. Wenn Sie Bohrungen nicht mit dem Bohrungsmanager erstellt haben, gibt es hier nur die Information über Durchmesser und Tiefe.

Abb. 8.57: Anmerkungen für Bohrungen, Fasen etc.

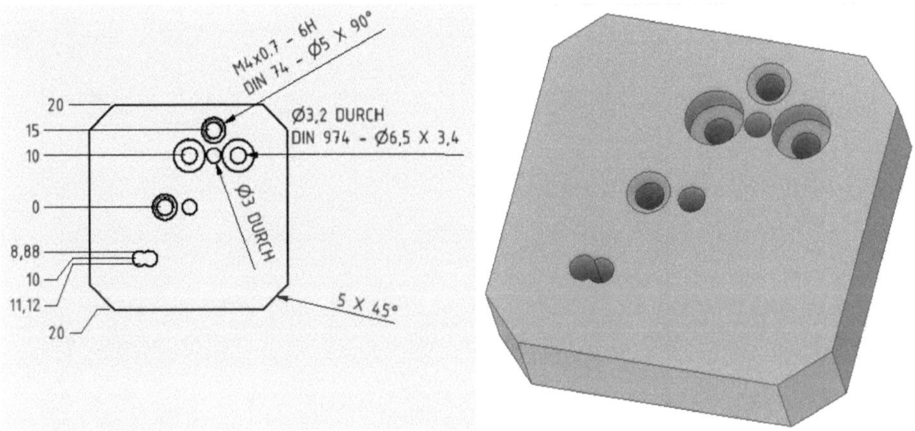

Abb. 8.58: Bohrungen und Fasen mit Beschriftung versehen

Die Beschriftung der Fasen mit dem Werkzeug Mit Anmerkung versehen|Anmerkungen|Fasen verlangt zuerst die (schräge) Fasenkante und danach die Referenzkante, zu der die Fase gemessen werden soll.

8.5 Beschriftungen

Spezielle Beschriftungen sind auch mit dem Werkzeug Mit Anmerkung versehen|Text|Führungslinientext für Einbauteile aus dem Inhaltscenter möglich. Das Beispiel zeigt die Beschreibung der eingebauten Schraube. Die Führungslinie verlangt zunächst die Position am Objekt ❶, dann die Position für die Textzeile ❷ und für den Textstart ❸. Nach Rechtsklick und Weiter erscheint das Dialogfeld für den Text. Um Daten aus dem Modell abzurufen, wählen Sie im Feld Typ ❹ **–Standard iProperties** und im Feld Quelle ❺ für die Schraube **<Angehängtes Modell> EN ISO 2046-1 H M3x25 - 4.8 - H**. Im Feld Eigenschaft ❻ liefert Bauteilnummer dann im Textfeld die Bezeichnung des Bauteils. Nicht vergessen dürfen Sie Textparameter hinzufügen ❼, um die Bauteilnummer auch in die Textzeile zu kopieren. Mit OK ❽ beenden Sie (Abbildung 8.59).

Sie können zu einem Führungstext ❶ mit dem Kontextmenü ❷ auf einem Knoten auch weitere Führungspfeile hinzufügen ❸ – ❹. Den Führungstext mit dem Faktor **2x** davor müssen Sie aber händisch ergänzen (Abbildung 8.60).

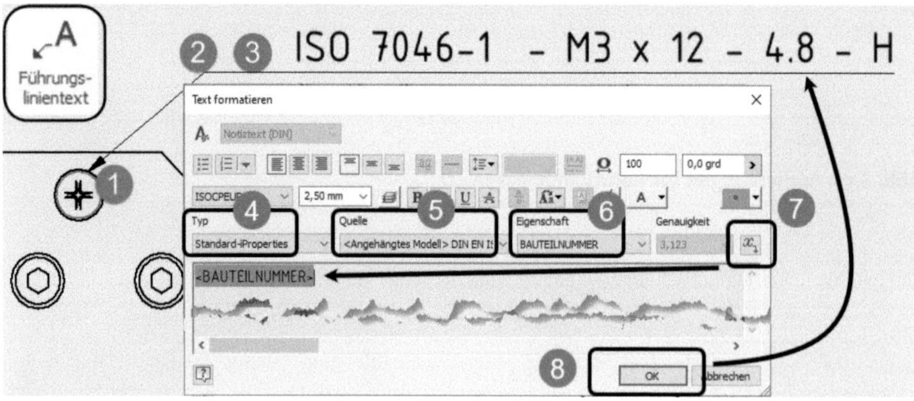

Abb. 8.59: Schraube mit Bezeichnung versehen

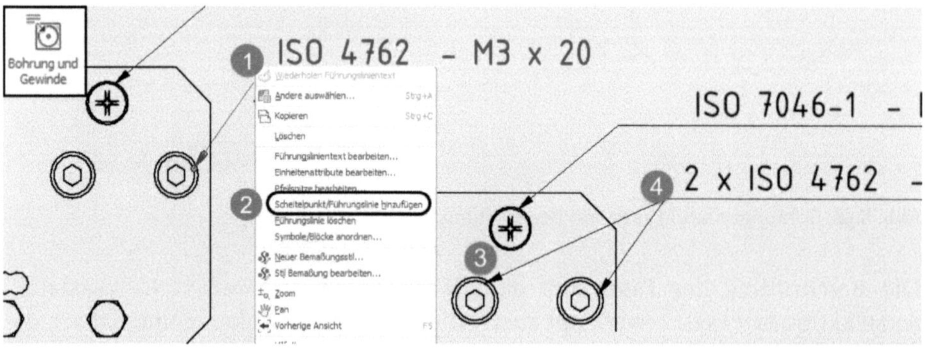

Abb. 8.60: Zusätzliche Führungspfeile

Mit dem Befehl TEXT A können freie Texte, aber auch Parameter aus der Zeichnung oder aus dem Modell ausgegeben werden.

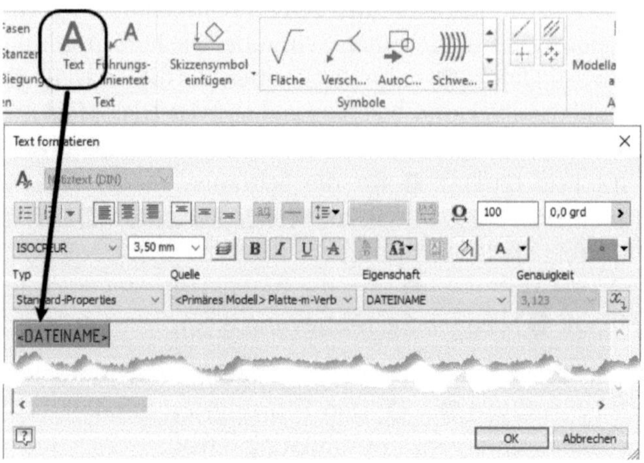

Abb. 8.61: Text-Befehl

8.5.1 Form-/Lagetoleranzen

Unter MIT ANMERKUNG VERSEHEN|SYMBOLE|ELEMENTSYMBOL finden Sie die *Form- und Lagetoleranzen.* An der gleichen Stelle sind auch die Bezugssymbole zu finden. Für die *Form- und Lagetoleranz* wählen Sie zuerst das zu tolerierende Objekt ❶ und geben dann die nächsten beiden Punkte ❷ bis ❸ für die Führungslinie ein. Nach Rechtsklick und WEITER wählen Sie im Dialogfenster unter SYM das Symbol aus ❹ und geben schließlich den Wert für TOLERANZ ❺ und den Bezugsbuchstaben ❻ ein.

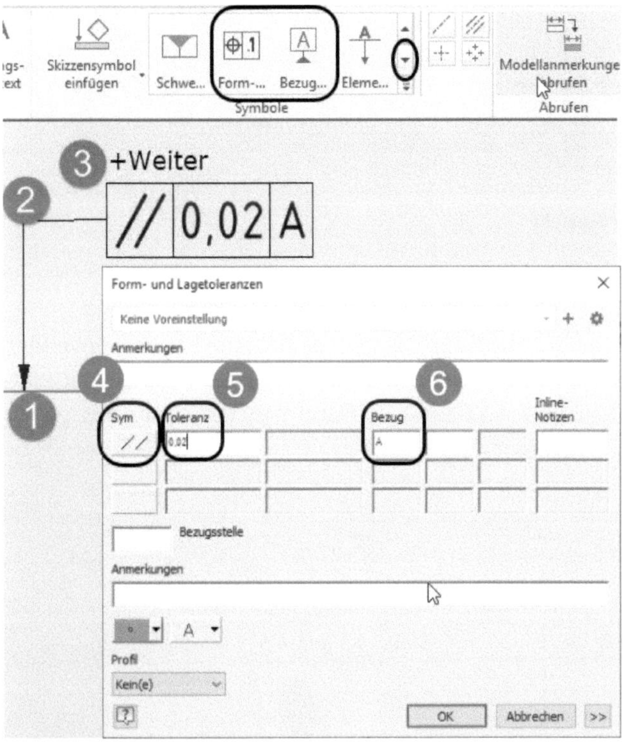

Abb. 8.62: Form- und Lagetoleranz

8.5.2 Bohrungstabelle

Unter MIT ANMERKUNG VERSEHEN|TABELLE|BOHRUNG finden Sie drei Optionen zur automatischen Erstellung einer Bohrungstabelle. Im Beispiel wurde die Option BOHRUNG – ANSICHT gewählt, um eine automatische Tabelle für alle Bohrungen einer Ansicht zu erstellen (Abbildung 8.63). Der Befehl verlangt als Erstes die Positionierung des *Nullpunktsymbols.* Erst danach erscheint die Tabelle. Sie können die einzelnen Spalten und Zeilen verschieben oder die komplette Tabelle über die äußeren Berandungslinien verschieben. Mit einem Doppelklick auf die Oberkante kann die Tabelle auch formatiert werden.

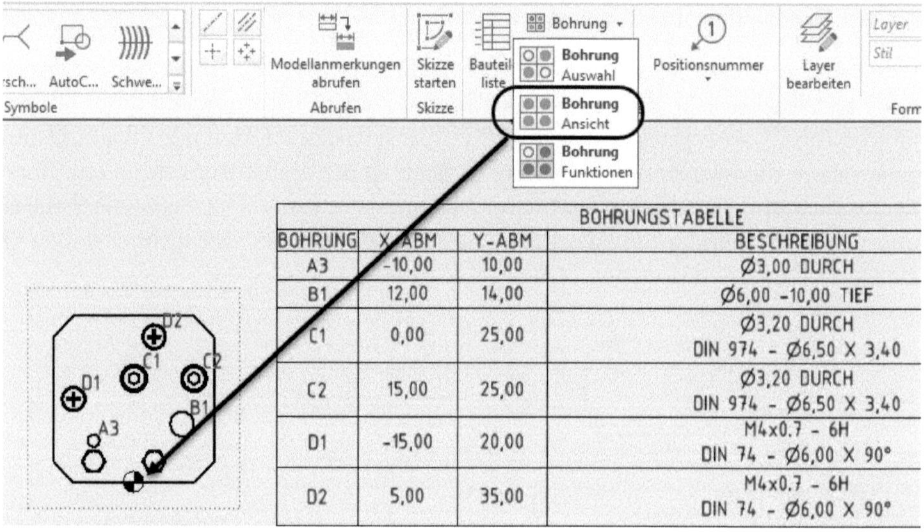

Abb. 8.63: Bohrungstabelle einer Ansicht

8.5.3 Stückliste

Als Beispiel wurde hier die Zeichnung einer Baugruppe für eine Kurbel verwendet. Der schnellste Weg zu einer Zeichnung mit Stückliste geht über SCHNELLZUGRIFF-WERKZEUGKASTEN|NEU|ZEICHNUNG ▸ A4 GRÖSSE... . Dann wird die Zeichnung gleich mit Stückliste erstellt.

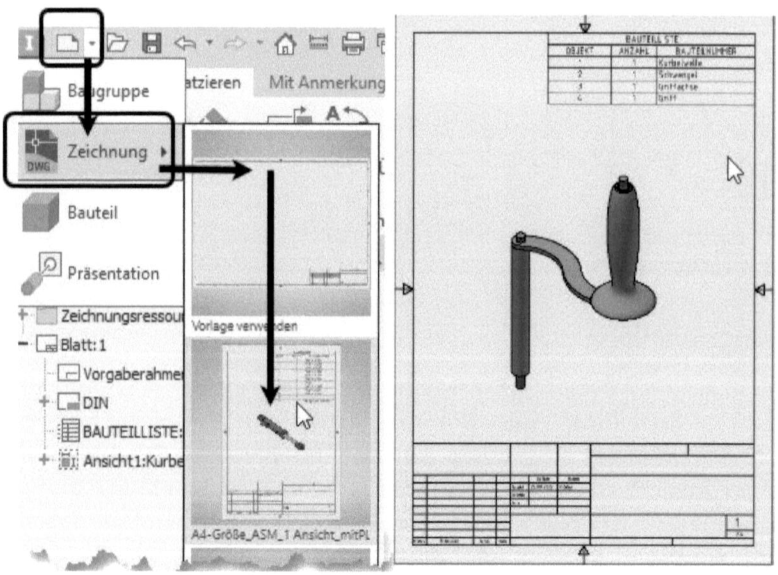

Abb. 8.64: Zeichnung mit automatischer Stückliste

Um die Positionsnummern in der Zeichnung zu platzieren, sind nur noch wenige Schritte nötig (Abbildung 8.65):

- MIT ANMERKUNGEN VERSEHEN|TABELLE|AUTOMATISCHE POSITIONSNUMMERN starten ❶,
- in das Ansichtsfenster klicken ❷,
- die Elemente der Konstruktion wählen ❸,
- Rechtsklick und WEITER wählen ❹,
- Positionsnummern positionieren ❺.

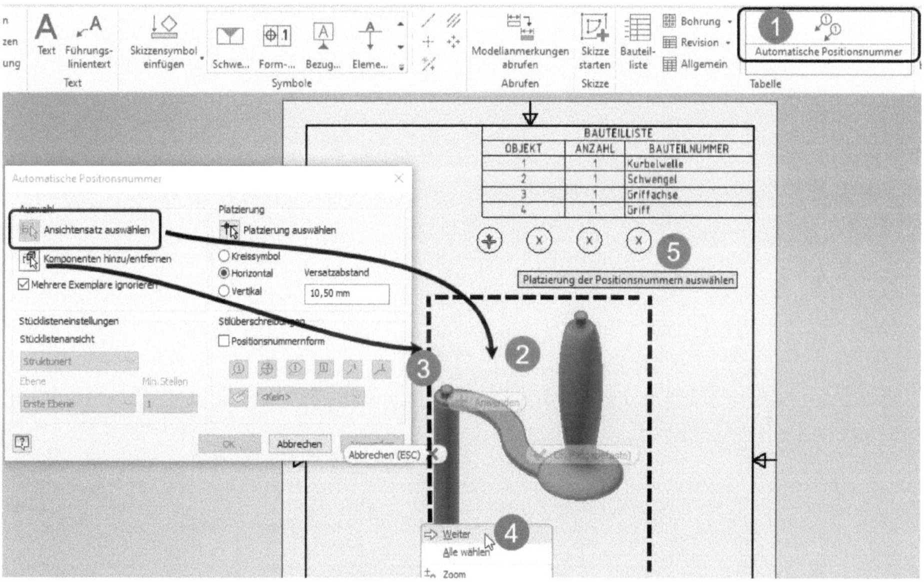

Abb. 8.65: Erstellen automatischer Positionsnummern

Wenn Sie nachträglich in einer existierenden Zeichnung eine Stückliste erstellen sollen, beginnen Sie am besten mit der Vergabe der Positionsnummern (Abbildung 8.66). Rufen Sie wie oben unter MIT ANMERKUNG VERSEHEN|TABELLE|POSITIONSNUMMER die AUTOMATISCHE POSITIONSNUMMER auf. Zuerst wählen Sie die Ansicht ❶ und dann markieren Sie alle Komponenten darin ❷. Schließlich geben Sie eine Position für die PLATZIERUNG der Positionsnummern an ❸. Im Beispiel wurde die kreisförmige Anordnung gewählt, sie können aber auch linear horizontal oder vertikal angeordnet werden. Die Positionsnummern haben vielleicht nicht die ideale Lage, aber sie können nach Anklicken verschoben werden. Auch die Pfeilspitzen können verschoben werden, damit die Zuordnung eindeutig wird. Wichtig dabei ist jedoch, dass die Pfeilspitzen am selben Objekt hängen bleiben.

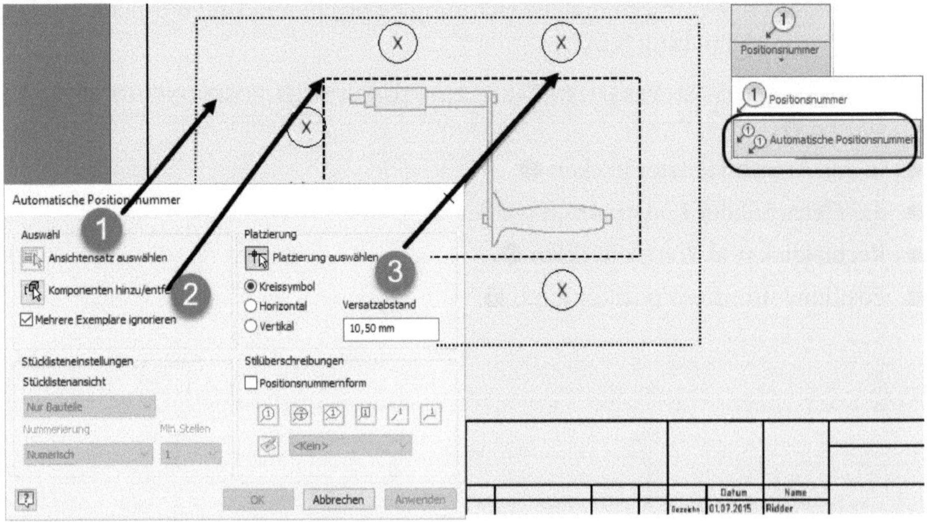

Abb. 8.66: Positionsnummern erstellen

Nach den Positionsnummern kann dann die Teileliste über MIT ANMERKUNG VERSEHEN|TABELLE|BAUTEILLISTE erzeugt werden (Abbildung 8.67). Zuerst wählen Sie wieder die Ansicht ❶. Dann beenden Sie mit OK den Dialog ❷ und können die Teileliste positionieren ❸. Die Zeilen und Spalten der Teileliste lassen sich manuell verschieben. Nach Doppelklick auf die Liste können Sie diese bearbeiten und ggf. noch weiter ergänzen.

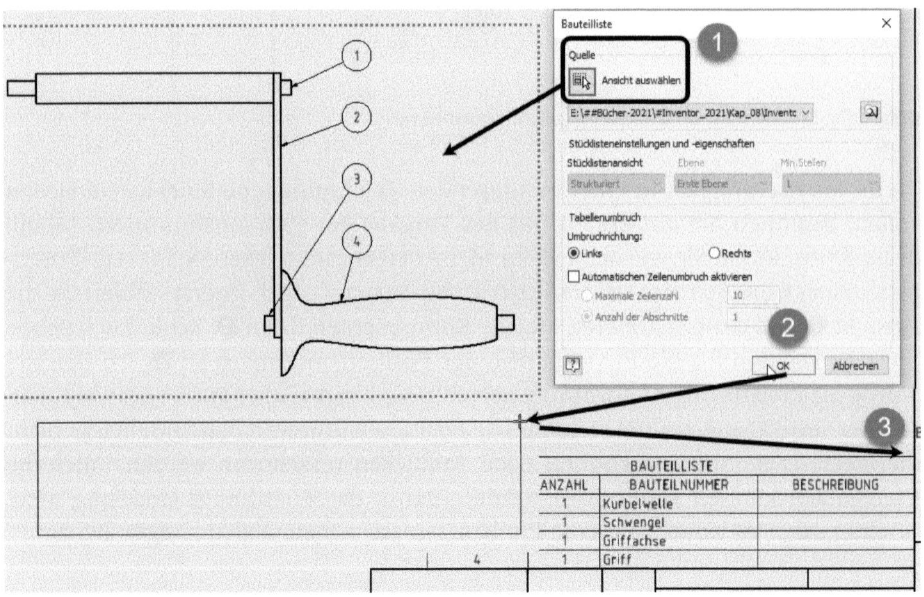

Abb. 8.67: Erstellen und Positionieren der Stückliste

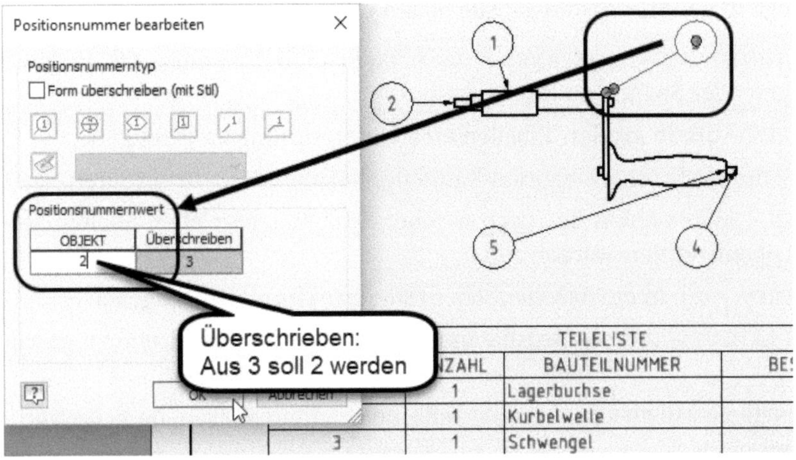

Abb. 8.68: Fertige Stückliste: Nummerierung ändern

Nummerierung ändern

Die Nummerierung in der Stückliste können Sie manuell in den Positionsnummern ändern. Die Änderungen werden nach Markieren der Positionsnummer unter OBJEKT eingetragen, nicht etwa unter ÜBERSCHREIBEN (Abbildung 8.68).

Wenn Sie die Teileliste doppelklicken, sehen Sie die bearbeitbare Tabellendarstellung (Abbildung 8.69). Dort können Sie beispielsweise nach den geänderten Positionsnummern neu sortieren.

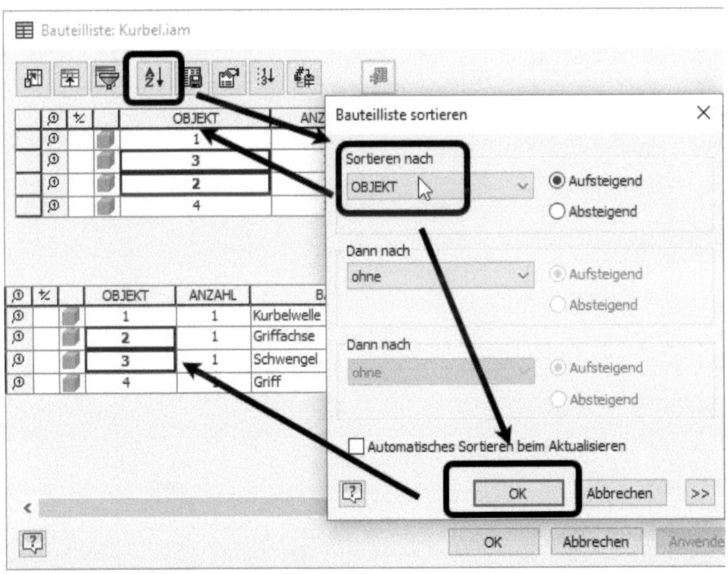

Abb. 8.69: Stückliste neu sortieren

Die Werkzeuge in der Stücklisten-Tabelle bieten folgende Funktionen:

- SPALTEN HINZUFÜGEN/ENTFERNEN – um neue Spalten für weitere Objektdaten zu erzeugen oder Spalten zu löschen.
- GRUPPIEREN – um in großen Tabellen eine Unterordnung zu erzeugen.
- FILTERN – um nach den Kategorien Kaufteile, Normteile etc. zu sortieren.
- SORTIEREN – Hier wählen Sie, nach welcher Spalte oder welchen Spalten auf- oder absteigend sortiert werden soll.
- EXPORTIEREN – um in ein Tabellen- oder Datenbankformat auszugeben.
- TABELLEN-LAYOUT – um die Textstile und die Tabellenüberschrift neu zu gestalten.
- OBJEKTE NEU NUMMERIEREN – vergibt für eine gewählte Spalte eine neue Nummerierung.
- ARTIKELÜBERSCHREIBUNG IN STÜCKLISTE SPEICHERN – übernimmt Ihre neue Nummerierung der Positionen als neue Reihenfolge in die Stückliste. Solange Werte in einer Spalte überschrieben wurden, sind sie blau markiert und im Kontextmenü als STATISCHER WERT markiert. Die Überschreibung kann zurückgenommen werden, indem Sie das Häkchen vor STATISCHER WERT entfernen.

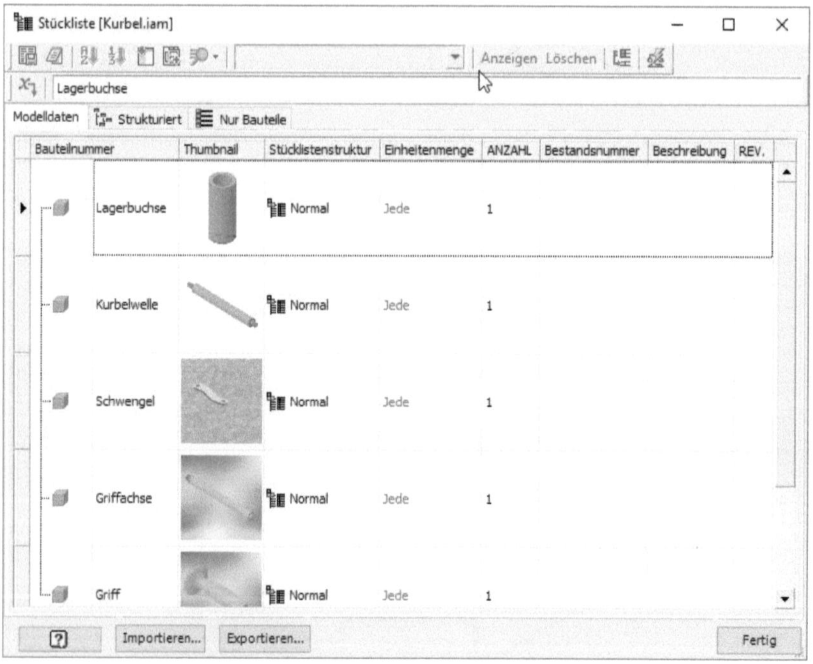

Abb. 8.70: Stücklistendarstellung

Im Kontextmenü der Teileliste können Sie über die Funktion STÜCKLISTE... die *grafische* Darstellung der Bauteilumgebung mit aktivieren (Abbildung 8.70) und diese ähnlich bearbeiten wie oben die Teileliste. Insbesondere können Sie in der Stückliste die Zeilenreihenfolge verschieben.

8.6 Übungsfragen

1. Mit welcher Blattgröße startet Inventor eine Zeichnung?
2. Wie wählen Sie die Richtung für die Erstansicht aus?
3. Wo stellen Sie die automatischen Mittellinien ein?
4. Wo stellen Sie die Sichtbarkeit verdeckter Kanten ein?
5. Welche Optionen gibt es für eine Detailansicht?
6. Was bedeutet die Ansichts-Änderung AUSSCHNITT?
7. Was ist zum Zuschneiden einer Ansicht nötig?
8. Nennen Sie die Unterschiede zwischen den Bemaßungen BASISLINIE und BASISLINIENSATZ.
9. Wie können Sie eine Bemaßung aus der Skizze übernehmen?
10. Erläutern Sie die vier Arten von Mittellinien/Mittelpunkten.

Kapitel 9

Präsentationen, realistische Darstellungen und Rendern

Unter der Bezeichnung PRÄSENTATION ist im Inventor die *animierte Explosionsdarstellung* zu verstehen. Als Eingabe wird eine Baugruppe verlangt, die Ausgabedatei erhält die Endung `*.ipn`.

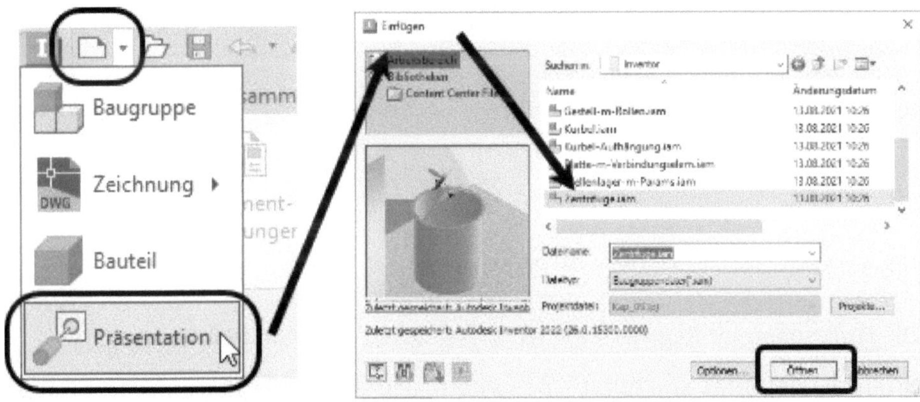

Abb. 9.1: Neue Präsentation erstellen

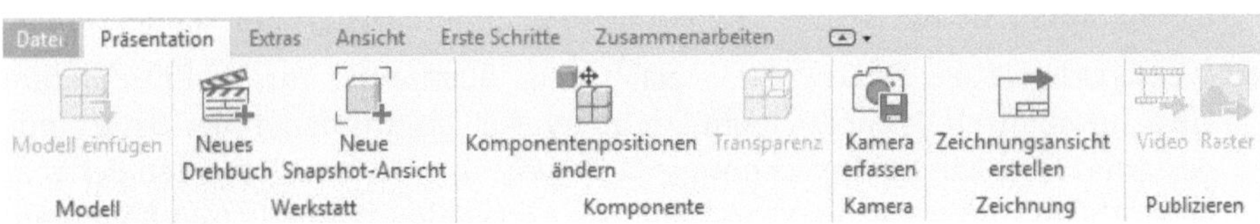

Abb. 9.2: Funktionen für Präsentationen

9.1 Funktionsübersicht

Beim Start einer neuen Präsentation werden Sie zur Auswahl der Baugruppe aufgefordert ❶. Im Dialogfeld haben Sie noch die Möglichkeit, unter OPTIONEN ❷ die Baugruppenansicht weiter zu spezifizieren. Unter MODELLZUSTAND ❸ können Sie zwischen [PRIMÄR] und weiteren definierten Modellzuständen mit vereinfachten Darstellungen oder Ersatzobjekten wählen, sofern in der Baugruppe definiert. Bei KONSTRUKTIONSANSICHT ❹ wählen Sie zwischen verschiedenen im Modell definierten Konstruktionsansichten. Darunter können Sie eine POSITIONSANSICHT ❺ auswählen, falls solche für verschiedene Bewegungszustände vorhanden sind. Nach OK ❻ können Sie die Baugruppe dann für die Präsentation öffnen ❼.

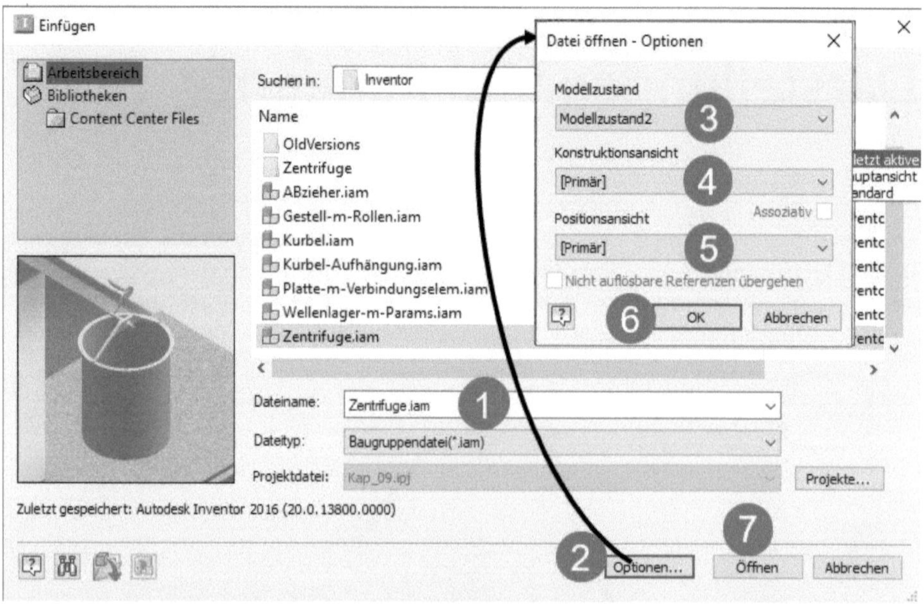

Abb. 9.3: Möglichkeiten beim Start der Präsentation

Die Funktionen im Register PRÄSENTATION haben folgende Bedeutung:

- MODELL|MODELL EINFÜGEN – Beim normalen Start einer Präsentation ist diese Funktion nicht mehr nötig, weil Sie die Baugruppe dann schon gewählt haben. Wenn Sie aber nach dem Start die Aktion wieder mit rückgängig machen, dann können Sie mit MODELL EINFÜGEN eine andere Baugruppe wählen.
- WERKSTATT|NEUES DREHBUCH – Nach dem Start einer neuen Präsentation wird automatisch damit auch ein Drehbuch für die Animation der Baugruppe gestartet. Es erhält die Bezeichnung *Drehbuch1*. Im Drehbuch werden der zeitliche Ablauf und die Animationspfade aller gewählten Bauteile und Unterbaugruppen dokumentiert (Abbildung 9.4). Wenn Sie danach mit derselben Baugruppe eine weitere Animation erstellen wollen, dann wählen Sie NEUES DREHBUCH und erhalten ein neues Drehbuch.
- WERKSTATT|NEUE SNAPSHOT-ANSICHT – Die Schnappschuss-Ansicht kann aus dem aktuellen Drehbuch heraus erstellt werden, indem Sie dort den Schieberegler ❶ positionieren, NEUE SNAPSHOT-ANSICHT ❷ aktivieren und damit die Momentaufnahme ❸ generieren. Diese Snapshot-Ansichten können verwendet werden, um daraus mit ZEICHNUNG|ZEICHNUNGSANSICHT ERSTELLEN die passende Zeichnungsansicht (*.dwg- oder *.idw-Datei) zu erstellen oder mit PUBLIZIEREN|RASTER Raster-Bilder zu erzeugen (Abbildung 9.5).

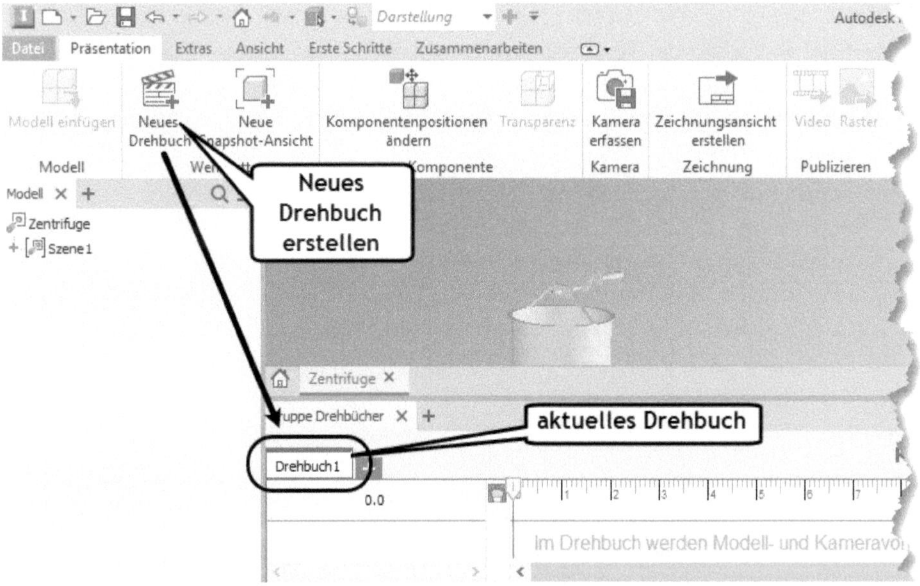

Abb. 9.4: Aktuelles Drehbuch – neues Drehbuch erstellen

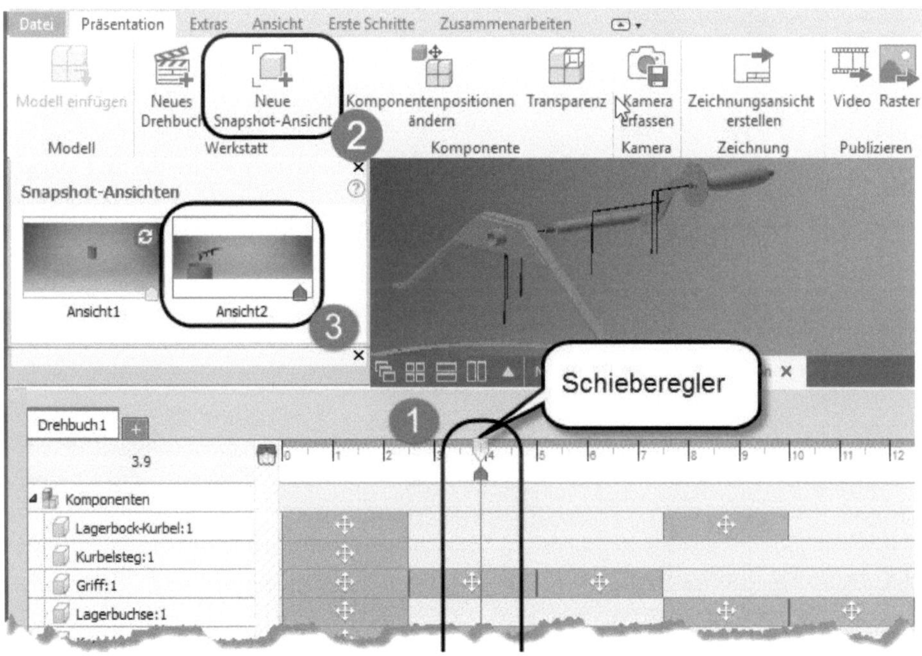

Abb. 9.5: Schnappschuss erstellen

- Komponente|Komponentenpositionen ändern – Mit dieser Funktion können Sie Bauteile oder Baugruppen innerhalb der Präsentation auswählen und animieren. Dies ist die *zentrale Funktion der Präsentation*, die detailliert weiter unten beschrieben wird.
- Komponente|Transparenz – Mit dieser Funktion (Abbildung 9.6) können Sie einzelne Komponenten ❶ wählen, die zeitliche Position im Drehbuch per Schieberegler wählen ❷ und dann Transparenz ❸ aufrufen. Im Mini-Menü lässt sich dann noch der *Transparenzgrad* ❹ von 100% (undurchsichtig) bis 0% (volldurchsichtig) variieren. Genauso können Sie im Drehbuch die Transparenz natürlich auch wieder ausschalten. Die Funktion ist besonders interessant, um normalerweise verdeckte innere Komponenten sichtbar werden zu lassen.

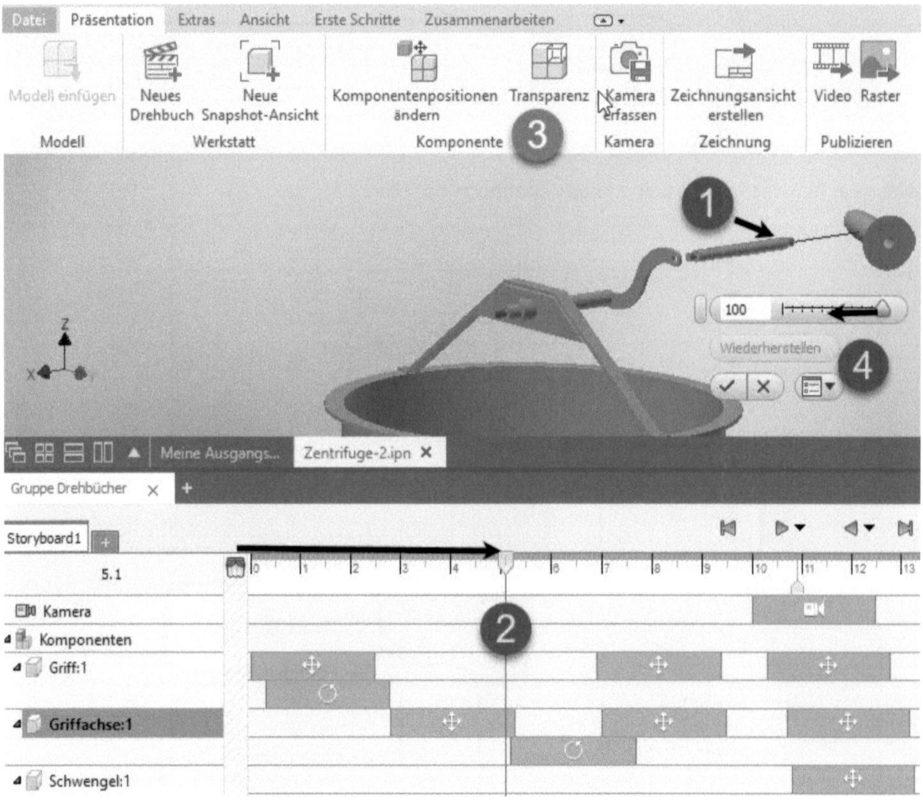

Abb. 9.6: Transparenz einschalten

- Kamera|Kamera erfassen – Sie können hiermit innerhalb des Drehbuchs (Abbildung 9.7) an einer bestimmten zeitlichen Position ❶ eine andere Kamera-Position und -Drehung einstellen. Dazu schwenken Sie mit der Orbit-Funktion die Ansicht ❷ und rufen dann Kamera erfassen auf ❸. Von da an wird im Drehbuch die neue Kameraposition verwendet ❹.

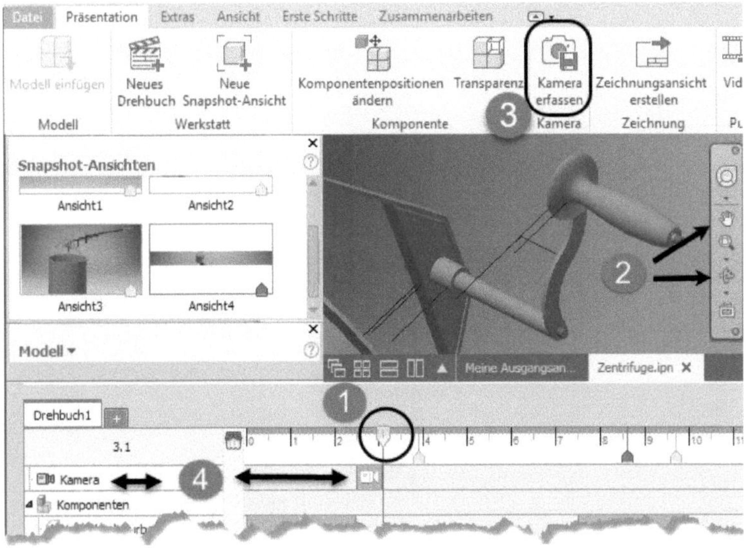

Abb. 9.7: Kamera-Orientierung im Drehbuch ändern

- ZEICHNUNG|ZEICHNUNGSANSICHT ERSTELLEN – Sie können hiermit aus Snapshot-Ansichten Zeichnungen erstellen. Aktivieren Sie dazu per Doppelklick die gewünschte Snapshot-Ansicht ❶. Damit gelangen Sie in den Bearbeitungsmodus der Ansicht. Nun klicken Sie auf ZEICHNUNGSANSICHT ERSTELLEN ❷ und erhalten eine neue `*.dwg`- oder `*.idw`-Datei angeboten, in der die aktuelle Snapshot-Ansicht als Hauptansicht erscheint.

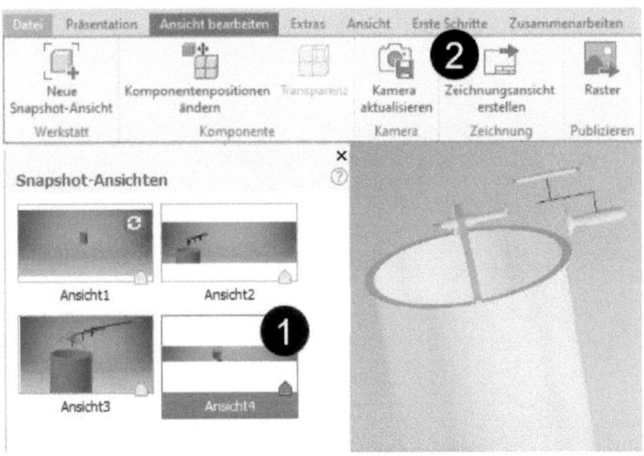

Abb. 9.8: Zeichnungsansicht aus Snapshot-Ansicht erstellen

- PUBLIZIEREN|VIDEO – Mit dieser Funktion erstellen Sie ausgehend vom aktuellen Drehbuch oder einem anderen ausgewählten oder von allen Drehbüchern ein Video im Dateiformat `*.wmv` oder `*.avi`.

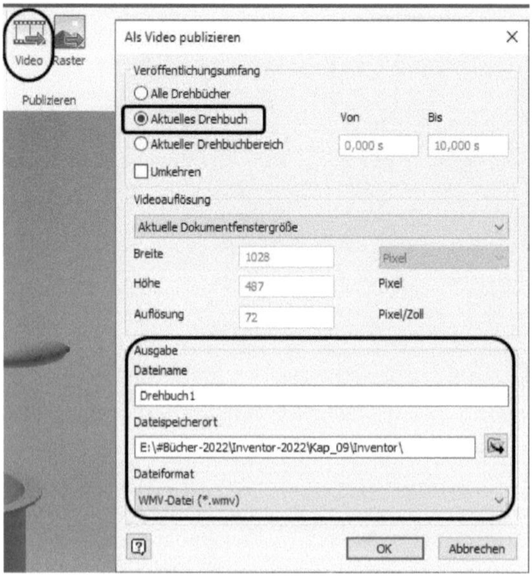

Abb. 9.9: Video zum aktuellen Drehbuch erstellen

PUBLIZIEREN|RASTER – Hiermit können Sie aus Ansichten dann Rasterdateien generieren. Zur Wahl stehen ALLE ANSICHTEN, AUSGEWÄHLTE ANSICHTEN und – sofern Sie per Doppelklick eine Ansicht zur Bearbeitung geöffnet haben – AKTUELLE ANSICHT (Abbildung 9.10). Die Rastergröße können Sie unter BILDAUFLÖSUNG wählen. Unter Dateiformat stehen `*.png`, aber auch `*.bmp`, `*.gif`, `*.jpg` und `*.tiff` zur Verfügung.

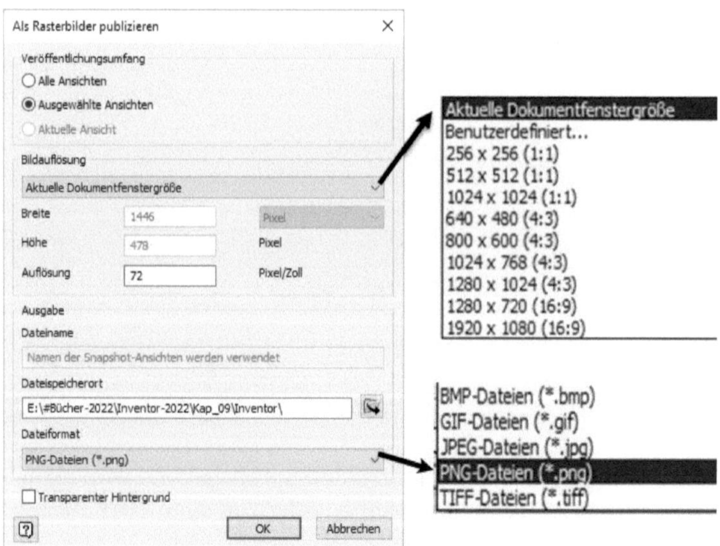

Abb. 9.10: Rasterbilder erzeugen

9.2 Drehbuch animieren

Bevor Sie mit der eigentlichen Animation beginnen, ist es nützlich, wenn der BROWSER aktiviert ist, um bequem die einzelnen Bauteile oder Unterbaugruppen wählen zu können. Sollte das nicht der Fall sein, dann

1. aktivieren Sie den BROWSER durch Klick auf + unten im Animationsbereich neben GRUPPE DREHBÜCHER ❶ und
2. wählen MODELL ❷.
3. Um den BROWSER aus der Registerposition unten zum seitlichen Andocken zu bringen, ziehen Sie ihn von hier ❸
4. auf die Zeichenfläche ❹.
5. Von hier schieben Sie ihn zur Seite ❺,
6. bis die seitliche Andockposition ❻ blau markiert wird, oder lassen ihn dort unangedockt liegen.

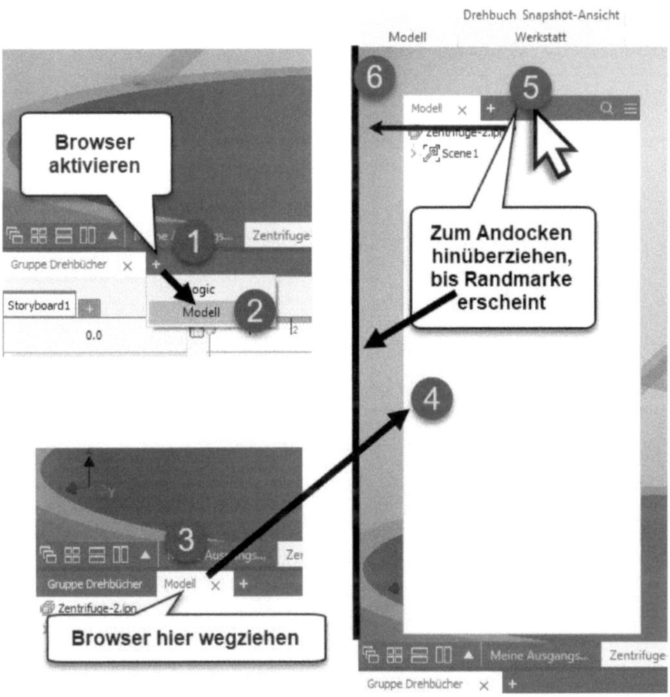

Abb. 9.11: BROWSER aktivieren und seitlich andocken

Mit der zentralen Funktion KOMPONENTE|KOMPONENTENPOSITIONEN ÄNDERN gestalten Sie die animierte Präsentation. Nach Aufruf der Funktion können Sie im BROWSER oder im Zeichenfenster eine oder auch mehrere Komponenten, d.h. Bauteile und/oder Baugruppen für jede einzelne Bewegung, wählen (Abbildung 9.12). Die gewählten Komponenten werden markiert und standardmäßig mit einem Achsendreibein versehen zur Animationsbewegung angeboten (Abbildung 9.13). Im Mini-Menü können Sie zwischen VERSCHIEBEN und DREHEN wählen (Abbildung 9.13, Abbildung 9.14).

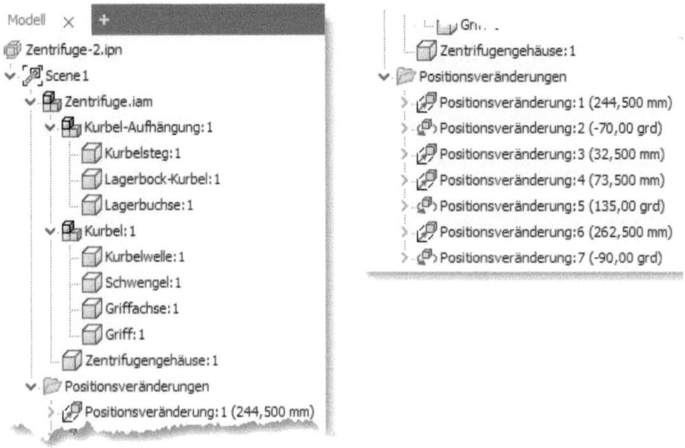

Abb. 9.12: Browser-Anzeige (aufgeblättert) der Komponenten und Positionsveränderungen durch die Animation

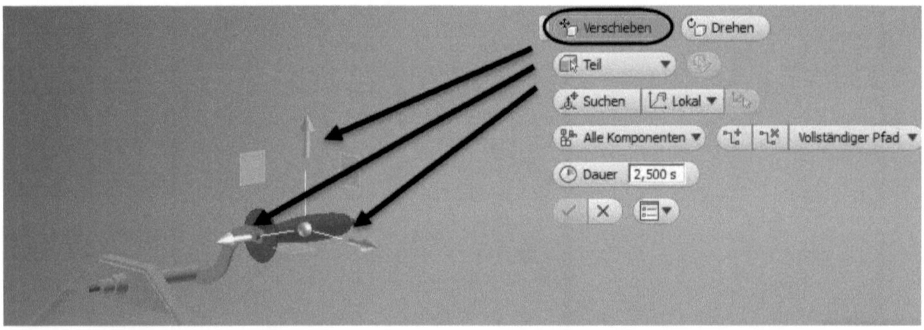

Abb. 9.13: Anzeige mit Mini-Menü zur VERSCHIEBEN-Animation

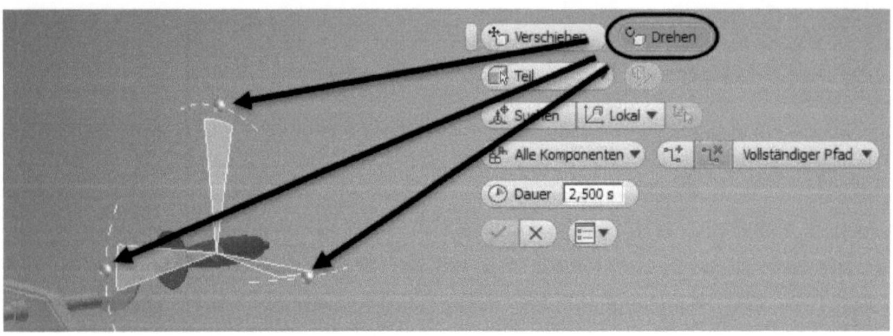

Abb. 9.14: Anzeige mit Mini-Menü zur DREHEN-Animation

Zur VERSCHIEBEN-Animation wählen Sie KOMPONENTENPOSITIONEN ÄNDERN ❶ und klicken die Komponente(n) an ❷. Dann markieren Sie den Pfeil für die beabsichtigte Richtung ❸. Sie können den Verschiebungsbetrag interaktiv durch manuelles Ziehen definieren oder im Eingabefeld ❹ des Mini-Menüs. Außerdem können Sie die Zeitdauer für diese Aktion definieren ❺. Mit dem Häkchen ❻ beenden Sie die Aktion.

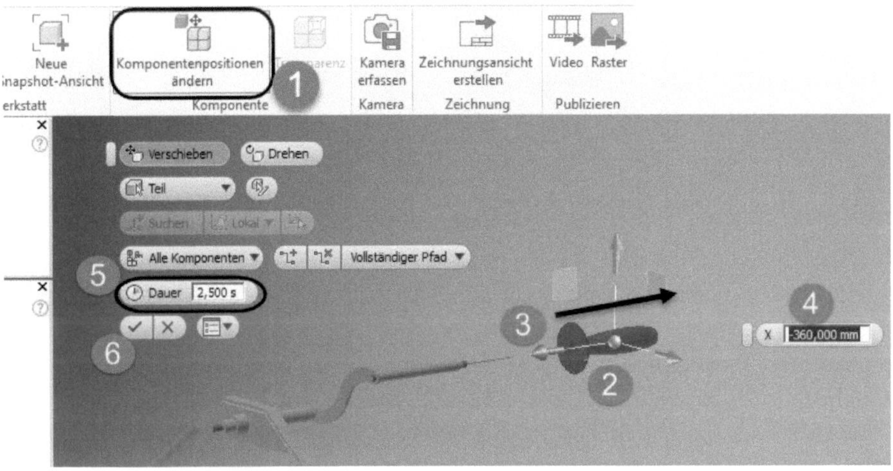

Abb. 9.15: VERSCHIEBEN-Animation mit 300 mm und 2,5 Sekunden Dauer

Die Bewegungsrichtungen werden standardmäßig auf die Achsensysteme der einzelnen Komponenten bezogen. Sie können aber auch beliebige Kanten oder Achsen der gesamten Baugruppe als Bezugsobjekte verwenden, wenn Sie im Mini-Menü SUCHEN verwenden (Abbildung 9.16). Mit SUCHEN verschieben Sie den Nullpunkt des Achsensystems auf charakteristische Punkte des Modells und richten auch einzelne Achsenrichtungen an Modellkanten aus.

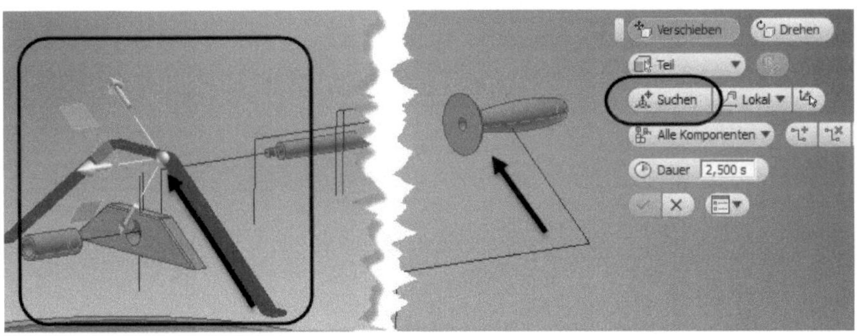

Abb. 9.16: Verschieben über ein Achsensystem parallel zu einer gewählten Kante

Im Drehbuch sind die einzelnen Aktionen als farbige Blöcke dargestellt.

Durch Verschieben, Dehnen oder Löschen dieser Blöcke können Sie auch die einzelnen Bewegungen noch modifizieren und zueinander koordinieren (Abbildung 9.17).

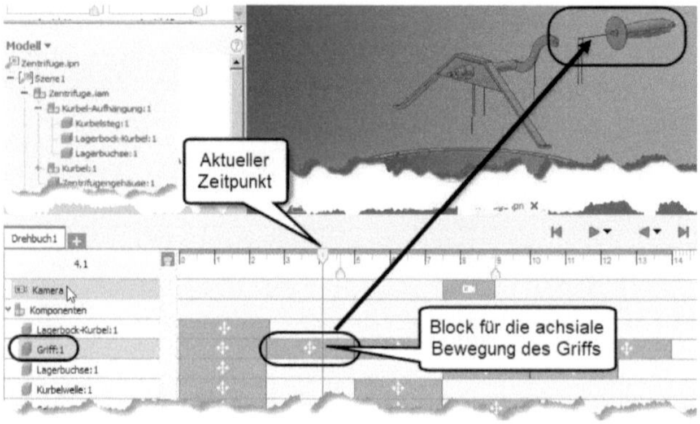

Abb. 9.17: Manipulation auf der Zeitskala des Drehbuchs

Die einzelnen Bewegungspfade können sowohl übers Mini-Menü noch ergänzt als auch über die einzelnen Positionsveränderungen im Browser nachbearbeitet werden (Abbildung 9.18). So können Sie beispielsweise manuell verschobene Bauteile auf ganz diskrete Entfernungen positionieren.

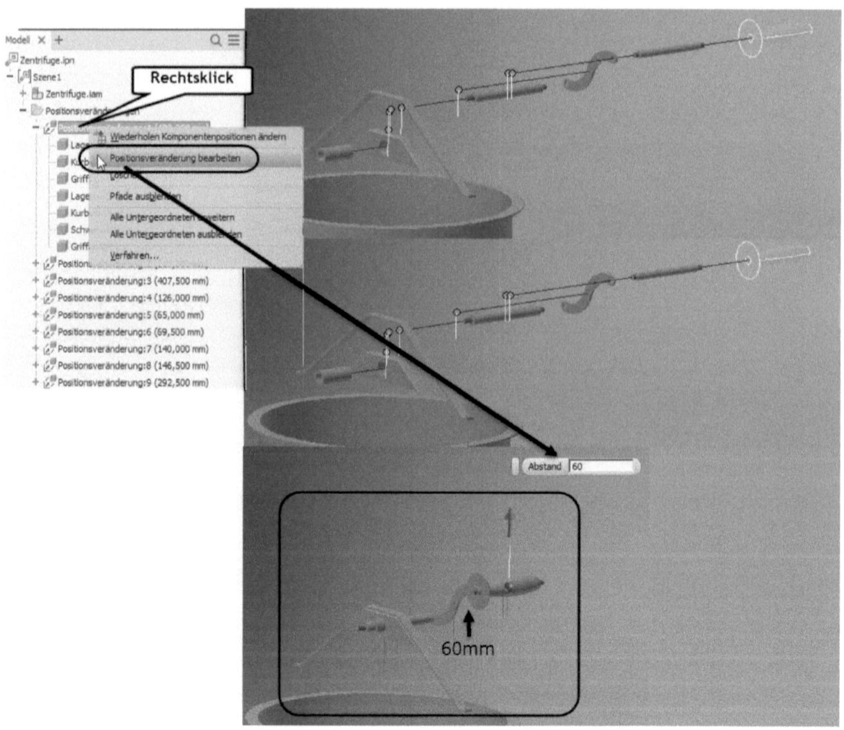

Abb. 9.18: Positionsveränderungen nachbearbeiten

Die gesamte Präsentation können Sie dann vorwärts oder rückwärts über die Pfeilsymbole der Drehbuch-Sektion abspielen (Abbildung 9.19).

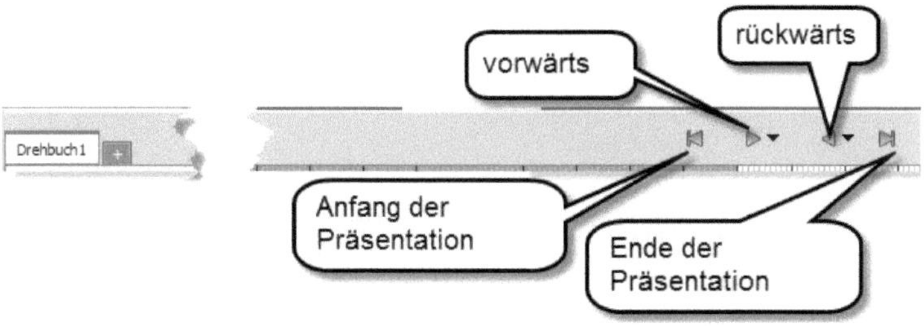

Abb. 9.19: Abspielen des Drehbuchs

9.3 Darstellungsarten

Die Bauteile und Baugruppen in Inventor können sehr unterschiedlich dargestellt werden. Alle diese Einstellungen finden Sie im Register ANSICHT.

9.3.1 iProperties einstellen

Um die Werkstücke in realistischer Darstellung zu sehen, müssen Sie zuerst die Materialeigenschaften über die IPROPERTIES eingeben.

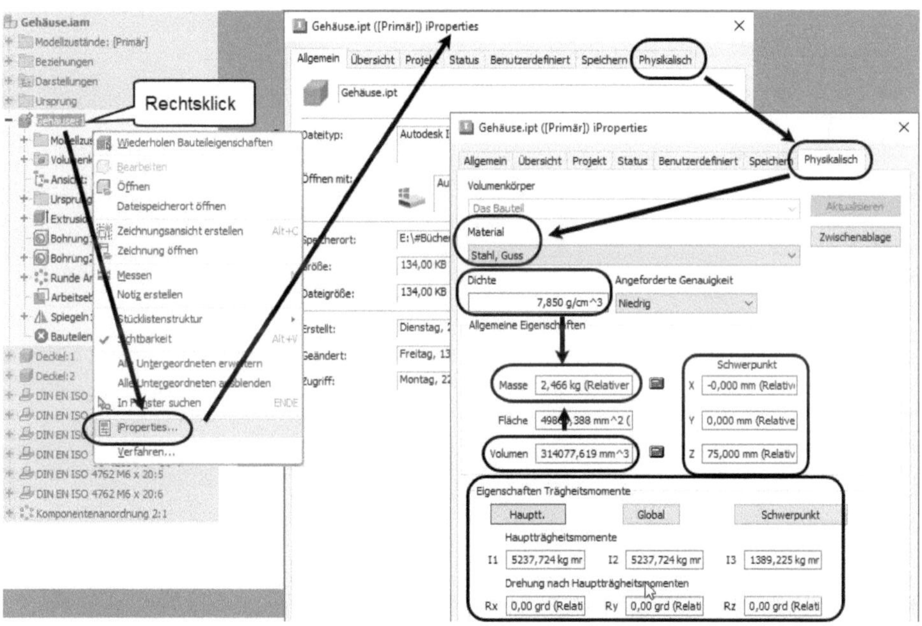

Abb. 9.20: IPROPERTIES im Bauteil einstellen

Wenn Sie in der *Baugruppe* sind, können Sie mit Doppelklick auf ein Bauteil in die *Bauteilumgebung* wechseln. Dort erreichen Sie über Rechtsklick auf das Bauteil die iProperties. Darin werden die Daten des Bauteils gespeichert und insbesondere im Register Physikalisch die Materialeigenschaften. Im Beispielteil wurde für das Gehäuse `Stahl, Guss` gewählt und für die Deckel `Messing`. Aus dem Material ergibt sich die Dichte und daraus berechnet sich unter Berücksichtigung der Volumen dann das Gewicht bzw. die Masse.

9.3.2 Die verschiedenen visuellen Stile

Unter Ansicht|Darstellung|Visueller Stil finden Sie eine Vielzahl von Darstellungsarten (Abbildung 9.21):

- Realistisch – vornehmste Darstellungsart, bei der Textur, d.h. materialabhängige Oberflächenmuster, und Schattierungen voll wirksam werden
- Schattiert – wie Realistisch, aber ohne Texturen
- Schattiert mit Kanten – Wie Schattiert, nur werden nun die sichtbaren Kanten zusätzlich hervorgehoben.
- Schattiert mit verdeckten Kanten – Wie Schattiert mit Kanten, nur werden nun die verdeckten Kanten auch noch gestrichelt angezeigt.

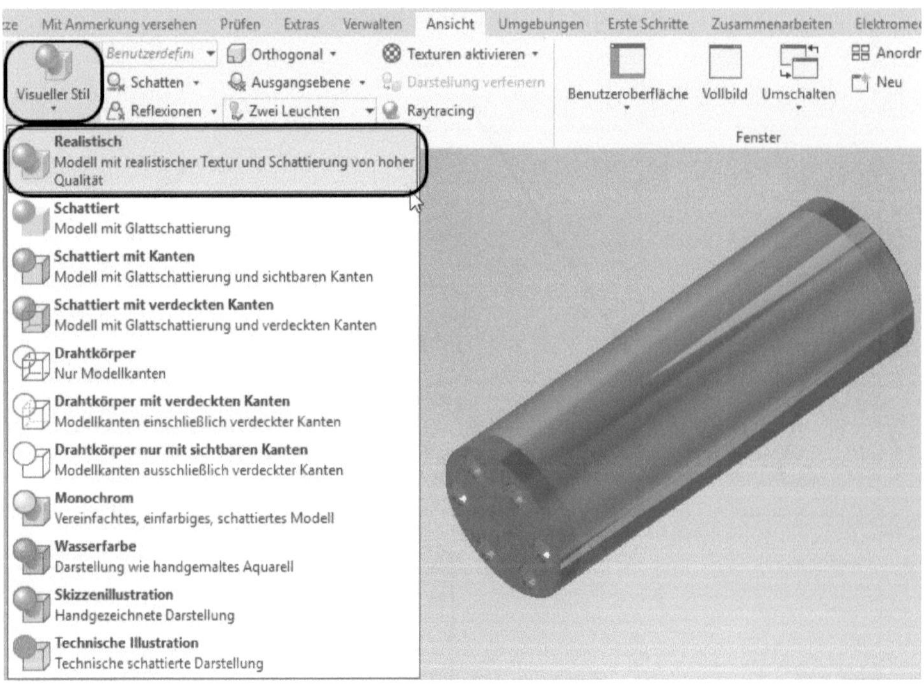

Abb. 9.21: Realistische Darstellung mit eingegebenen Materialien

- DRAHTKÖRPER – Es werden keine Oberflächenschattierungen mehr angezeigt, sondern nur alle Kanten, sichtbare und unsichtbare gleichermaßen.
- DRAHTKÖRPER MIT VERDECKTEN KANTEN – Wie DRAHTKÖRPER, nur werden nun die verdeckten Kanten als gestrichelte Konturen dargestellt.
- DRAHTKÖRPER NUR MIT SICHTBAREN KANTEN – Wie DRAHTKÖRPER, nur werden nun die verdeckten Kanten ausgeblendet.
- MONOCHROM – Einfarbige Darstellung in Grautönen, nützlich für Druckvorschau ohne Farbe
- WASSERFARBE – Skizzenhafte Darstellung mit dickem Stift für die Kanten und farbiger Flächenfüllung, Texturen sind schwach angedeutet,
- SKIZZENILLUSTRATION – Skizzenhafte Darstellung mit dickem Stift nur für die Kanten, keine Farbfüllung der Oberflächen, aber Andeutung von Schattierungen und Reflexen.
- TECHNISCHE ILLUSTRATION – präzise Darstellung der Kanten mit dünnem Stift und einfarbiger Farbfüllung der Oberflächen, ohne Schattierungen.

Abb. 9.22: Realistische Darstellung mit Schatten und Reflexion an der Basisebene

Beim Stil REALISTISCH tragen die Optionen SCHATTEN und REFLEXIONEN noch weiter zur Wirklichkeitsnähe der Darstellung bei (Abbildung 9.22). Die Anzeige des

Spiegelbilds erfolgt vorgabemäßig bezüglich der XY-Ebene. Deshalb sollte man sich die Lage der XY-EBENE für ein Basisteil einer Baugruppe gut überlegen. Eine Verschiebung dieser Ebene kann man über ANSICHT|DARSTELLUNG|REFLEXION ▾ EINSTELLUNGEN|MANUELLE ANPASSUNG oder über ANSICHT|DARSTELLUNG| AUSGANGSEBENE ▾ ...|... erreichen.

Das Schwenken dieser Ebene kann man nur über Schwenken der Ansicht mit dem ORBIT und Neueinstellen der Richtungen OBEN, VORNE etc. des VIEWCUBE erreichen. Dazu gehen Sie nach ORBIT in das Kontextmenü des VIEWCUBE und stellen trickreich eine andere Ansichtsebene ein, z. B. mit der Option AKTUELLE ANSICHT FESTLEGEN ALS|VORNE oder ...|OBEN (Abbildung 9.23). Übrigens können Sie die verdrehte Einstellung wieder zurücksetzen mit VORDERANSICHT ZURÜCKSETZEN im VIEWCUBE-Kontextmenü.

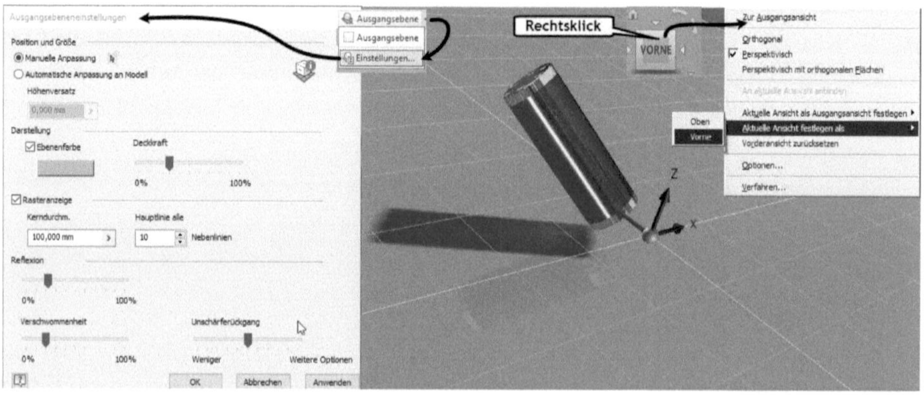

Abb. 9.23: Darstellung mit veränderter Ansichtsebene

Eine weitere Steigerung hin zur natürlichen Darstellung bieten die Beleuchtungseinstellungen mit integriertem Hintergrundbild. Der englische Begriff heißt IBL = *Image Based Lightning* (bildbasierte Beleuchtung). Dazu werden verschiedene Umgebungsdarstellungen angeboten, teilweise sogar über 360°, in die Ihre Konstruktion hineingesetzt wird. Im Beispiel (Abbildung 9.24) wurde im Beleuchtungsstil anstelle der Vorgabe ZWEI LEUCHTEN die Umgebung LEERES LABOR verwendet. Dadurch wird sowohl die Szene bestimmt als auch die Beleuchtung. Zusätzlich wäre es auch sinnvoll, anstelle der Projektion ORTHOGONAL nun PERSPEKTIVE zu wählen, um durch perspektivische Verzerrung mehr Realität zu gewinnen.

Die vornehmste Darstellungsart ist das RAYTRACING, das ebenfalls unter ANSICHT| DARSTELLUNG zu aktivieren ist. Bei diesem Verfahren, das übersetzt *Strahlverfolgung* bedeutet, werden die Sichtstrahlen, die Ihre Augen von den verschiedenen Gegenständen der Konstruktion treffen, praktisch zurückgerechnet und dabei alle Reflexionen und Brechungen des Lichts an den Oberflächen und im Material berücksichtigt. Das schließt auch mehrfache Reflexionen und Brechungen des

Lichts der IBL-Beleuchtungskörper an allen Oberflächen und Materialien ein. Diese Berechnungen kosten viel Zeit (Abbildung 9.25), sodass man das RAYTRACING nur bei echtem Bedarf aktiviert.

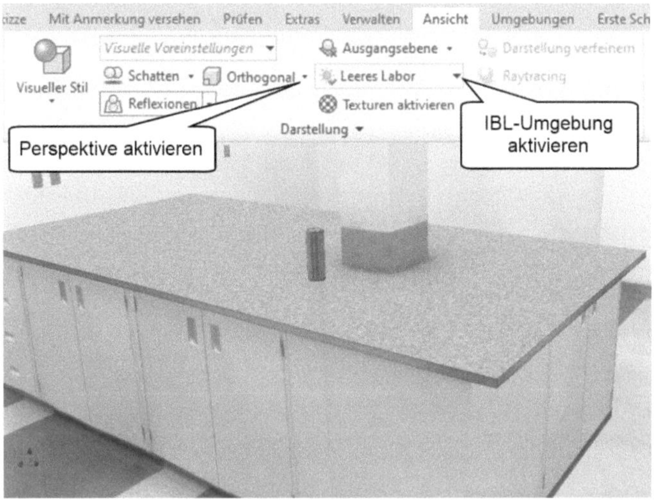

Abb. 9.24: Darstellung mit IBL und Szene

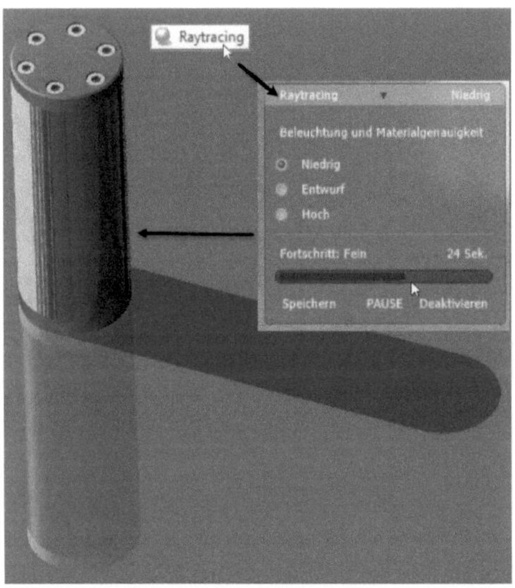

Abb. 9.25: Darstellung mit aktiviertem Raytracing

9.3.3 Halbschnitt

Eine Darstellung, die auch während der Konstruktion sehr nützlich ist, wird unter ANSICHT|DARSTELLUNG|VIERTELSCHNITT ▾ HALBSCHNITT angeboten. Damit können Sie Ihre Konstruktion geschnitten anzeigen (Abbildung 9.26). Für den HALBSCHNITT müssen Sie eine *Bezugsebene* wählen und können danach einen relativen *Abstand* davon eingeben. Als Bezugsebene kommen alle ebenen Flächen der Konstruktion und auch die Modellebenen unter URSPRUNG im BROWSER sowie alle *Arbeitsebenen* infrage. Wenn Sie diese Schnittdarstellung öfter brauchen, können Sie sie im BROWSER unter DARSTELLUNGEN|ANSICHT mit Rechtsklick und NEU speichern. Andernfalls verlassen Sie den HALBSCHNITT im gleichen Menüpunkt mit SCHNITT BEENDEN.

Wenn Sie die Schnittdarstellung öfter brauchen, können Sie sich im BROWSER unter DARSTELLUNGEN mit einem Rechtsklick auf ANSICHTEN eine extra Ansicht mit diesem geschnittenen Zustand generieren.

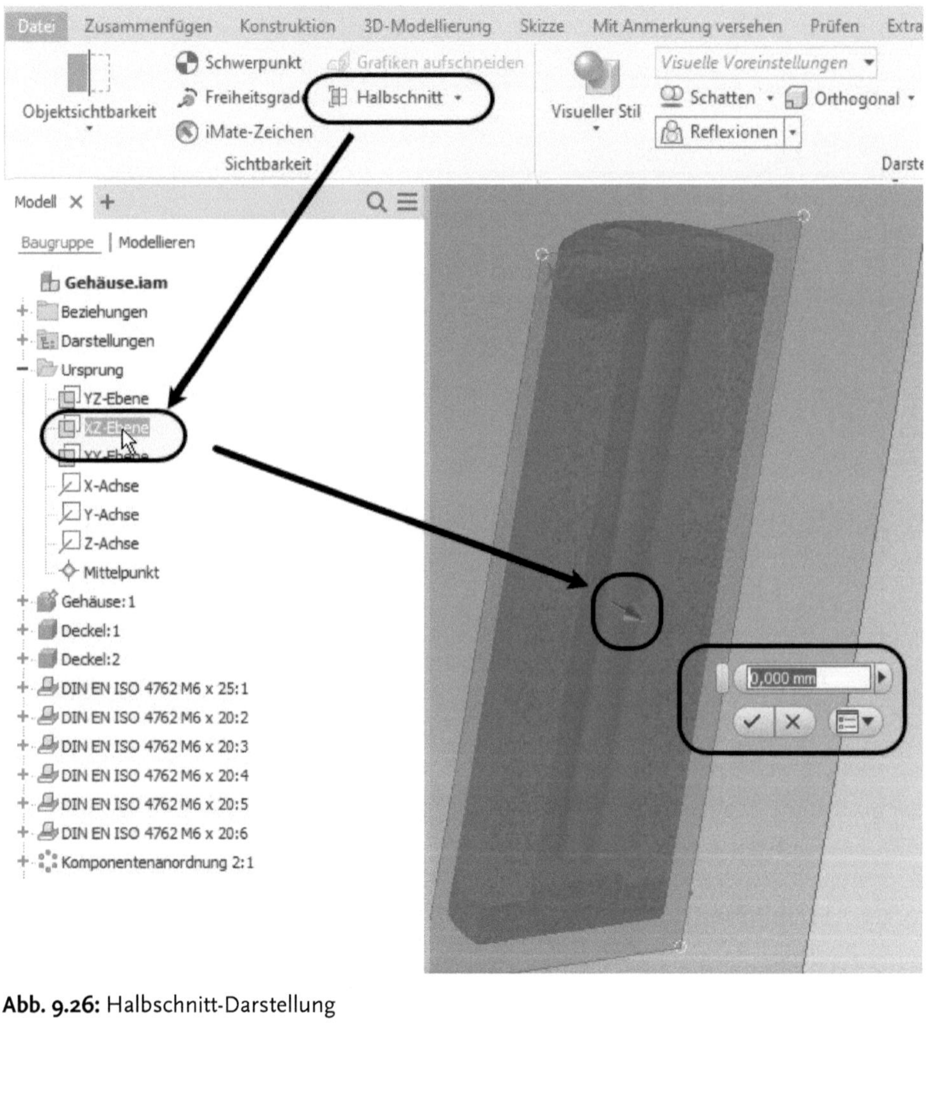

Abb. 9.26: Halbschnitt-Darstellung

9.3.4 Darstellung mit Volumen-Ausschnitt

Es ist möglich, in einer Baugruppe eine Darstellung mit einem volumenmäßigen Ausbruch zu erzeugen. Es gibt hierfür zwei Vorgehensweisen:

- Bei der ersten Methode wird eine *neue Multipart-Datei* mit dem gewünschten Ausbruch erstellt.
- Bei dem zweiten Verfahren wird in der Baugruppe eine *neue Modelldarstellung* generiert, die den Ausbruch zeigt. Das hat den Vorteil, dass man in diesem Fall zwischen der Ansicht [PRIMÄR] als Original-Darstellung und der Modelldarstellung mit dem Ausbruch zur Demonstration hin- und herschalten kann.

Ausbruch mittels Multipart-Datei erstellen

Hierzu können Sie die Funktion KONTURVEREINFACHUNG benutzen, die auch für die Erzeugung vereinfachter und damit speicherplatzsparender Darstellungen verwendet werden kann. Wählen Sie hierzu ZUSAMMENFÜGEN|VEREINFACHUNG|VEREINFACHEN. Wählen Sie in der obersten Drop-down-Liste KEINE VEREINFACHUNG. Unter STIL wählen Sie unter JEDEN VOLUMENKÖRPER BEIBEHALTEN die Option JEDEN VOLUMENKÖRPER ALS VOLUMENKÖRPER ERHALTEN (Abbildung 9.27). Damit wird aus Ihrer Baugruppendatei eine Bauteildatei, die mehrere einzelne Bauteile enthält, eine *Multipart-Datei* mit der Namenserweiterung `..._Vereinfachen_1.ipt` abgeleitet. In dieser abgeleiteten `*.ipt`-Datei ist jedes Bauteil aus der Baugruppe als Volumenkörper enthalten, und Sie können nun zusätzlich den Volumenkörper erzeugen, der das Ausbruchsvolumen darstellt (Abbildung 9.28).

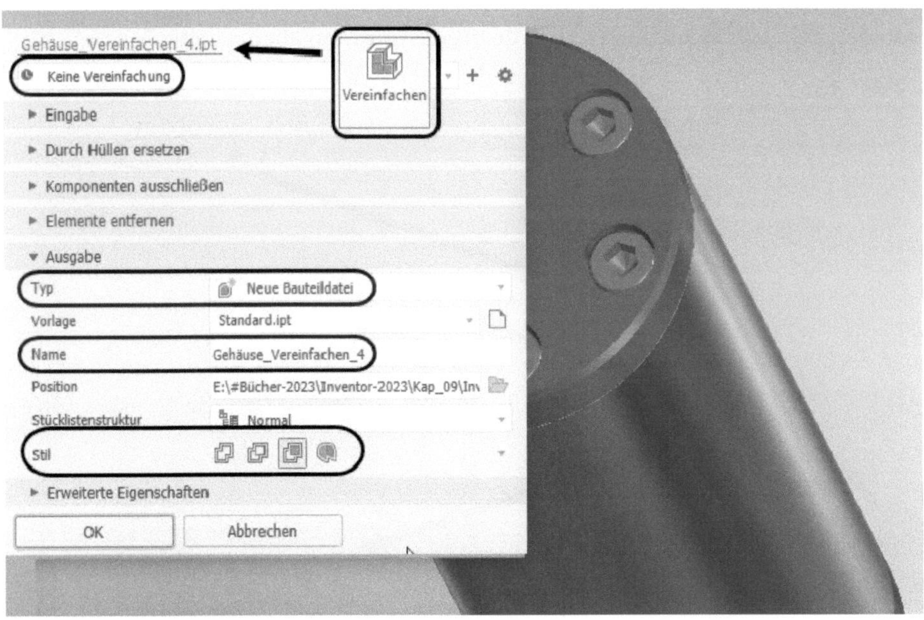

Abb. 9.27: Konturvereinfachung erstellen

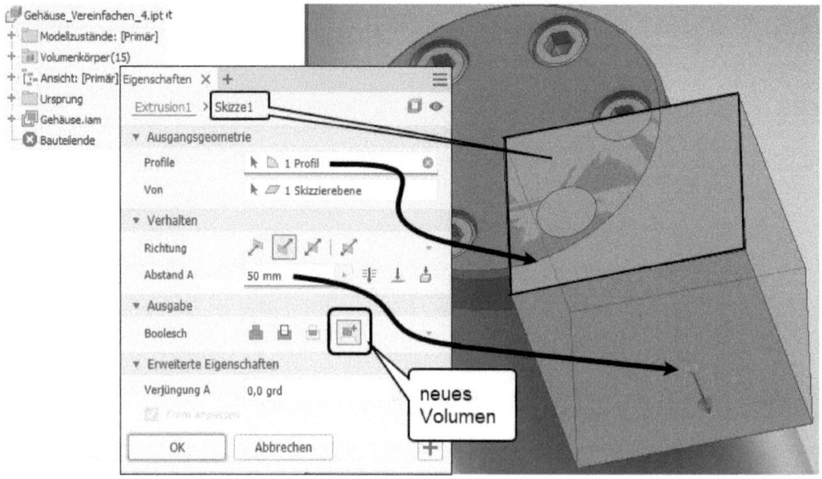

Abb. 9.28: Volumen für Ausbruch erzeugen

Danach (Abbildung 9.29) können Sie das Ausbruchsvolumen ❹ mit dem Befehl 3D-MODELL|ÄNDERN|KOMBINIEREN ❶ unter Verwendung der Option DIFFERENZ ❷ mit den verschiedenen Volumenkörpern ❸ des Multipart-Teils zur Erzeugung des Ausbruchs verwenden. Wenn mehrere Volumen aufgeschnitten werden sollen, sollten Sie die Option ARBEITSTEIL BEIBEHALTEN ❺ aktivieren. Ferner beenden Sie den Befehl dann nicht mit OK, sondern führen ihn mit AUSFÜHREN (Zeichen + rechts unten) mehrfach weiter. Da nach der ersten Ausführung das Arbeitsteil unsichtbar wird, können Sie es dann nur noch über den Browser *unter den aufgeblätterten Volumenkörpern* anklicken (Abbildung 9.30), um beispielsweise von den Schrauben auch noch das Ausbruchsvolumen abzuziehen.

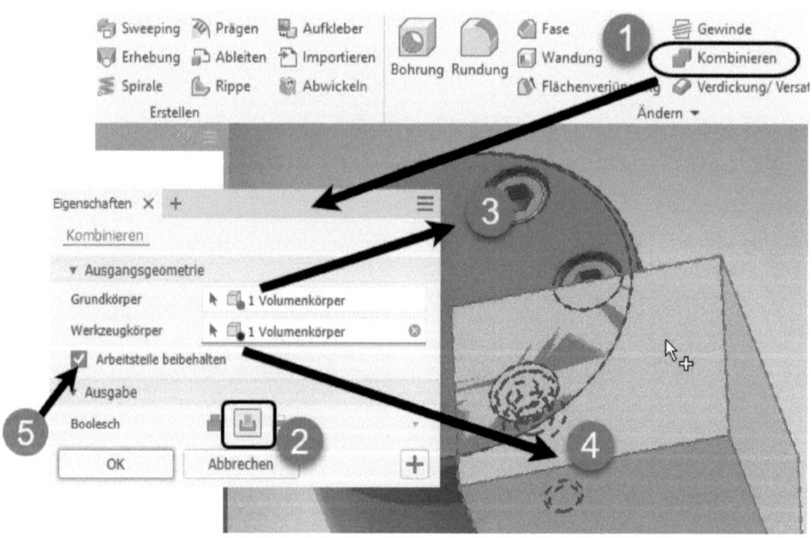

Abb. 9.29: Ausbruch erstellen

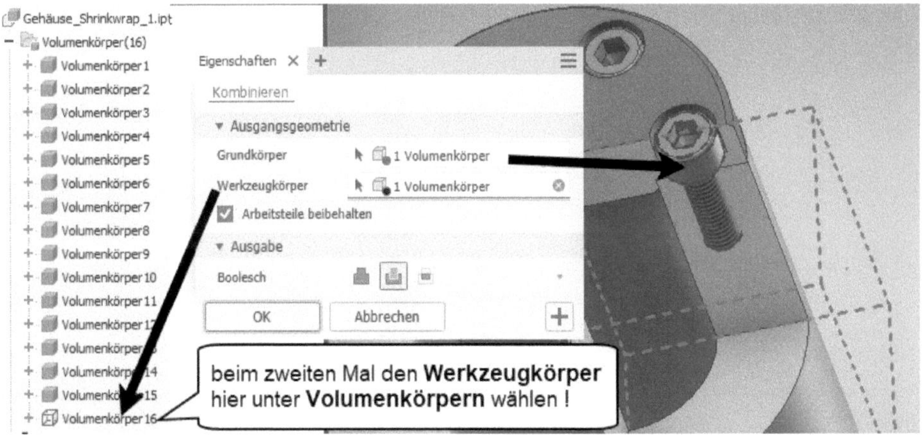

Abb. 9.30: Mehrfache Verwendung des Ausbruchsvolumens

Die Schnittflächen können Sie abschließend zur Hervorhebung noch mit der Funktion ANPASSEN aus dem SCHNELLZUGRIFF-WERKZEUGKASTEN einfärben.

Ausbruch in einem Modellzustand erstellen

Klicken Sie im BROWSER der *Baugruppe* mit der rechten Maustaste auf den Zweig MODELLZUSTÄNDE ❶, aktivieren Sie NEU ❷ und erstellen Sie damit einen neuen Modellzustand. Benennen Sie ihn ggf. in AUSBRUCH um ❸. Dieser neue Modellzustand ist damit auch aktuell geschaltet.

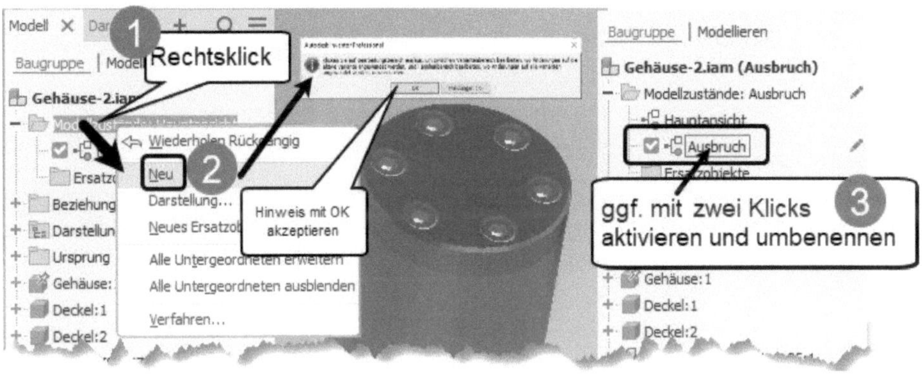

Abb. 9.31: Ausbruch als neuer Modellzustand

Zeichnen Sie nun auf der oberen Kreisfläche eine Skizze mit einem Rechteck für das Profil des Ausbruchs ❹ und extrudieren Sie dieses in das Volumen hinein ❺. Diese Extrusion wird automatisch mit der booleschen Operation DIFFERENZ ausgeführt. Im aktuellen Modellzustand erhalten Sie damit sofort den gewünschten Ausbruch, der Modellzustand [PRIMÄR] enthält aber den Ausbruch nicht.

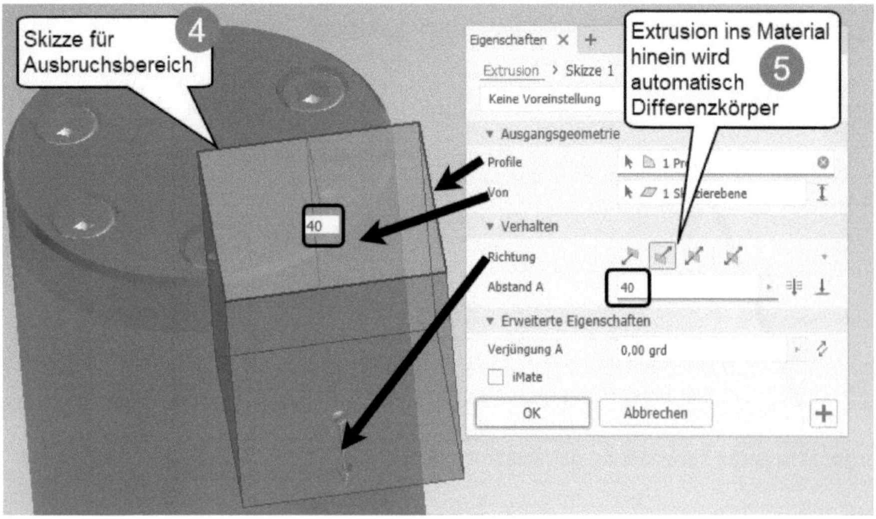

Abb. 9.32: Ausbruchsvolumen erzeugen

Nun können Sie in der Baugruppe zwischen dem Modellzustand [PRIMÄR] und AUSBRUCH beliebig wechseln (Abbildung 9.33), um die jeweilige Darstellung anzuzeigen.

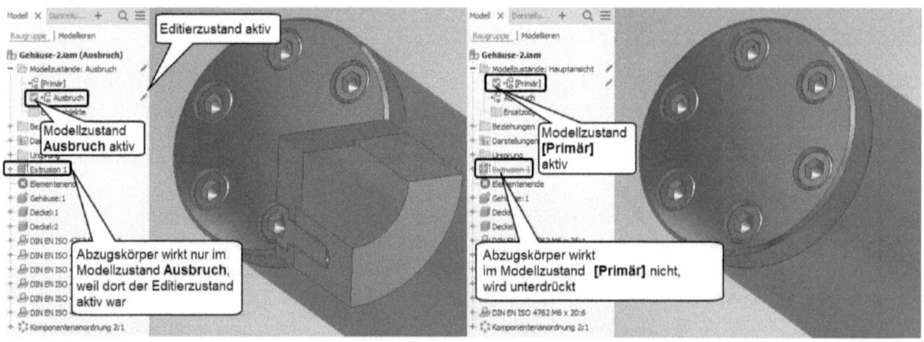

Abb. 9.33: Wechseln zwischen Modellzustand AUSBRUCH und [PRIMÄR]

9.4 Inventor Studio

Die erweiterten Funktionen des Inventors finden Sie unter dem Register UMGEBUNGEN (Abbildung 9.34). Das sind Zusatzfunktionen, die meist automatisch geladen werden. Wenn bestimmte Umgebungen noch fehlen, können Sie diese unter UMGEBUNGEN|VERWALTUNG|ZUSATZMODULE nachträglich starten.

INVENTOR STUDIO ist ein Zusatzmodul zum Erstellen von fotorealistischen Bildern mit dem Befehl BILD RENDERN bzw. von Animationen mit ANIMATION RENDERN (Abbildung 9.35). Das Register des INVENTOR STUDIO heißt deshalb RENDERN. Mit dem Befehl BILD RENDERN werden Rasterbilder von fotorealistisch dargestellten Konstruktionen erstellt, die getrennt von Baugruppe oder Bauteil in einem der gängigen Pixelformate gespeichert werden können.

Abb. 9.34: Inventors Umgebungen für Bauteile (oben) und Baugruppen (unten)

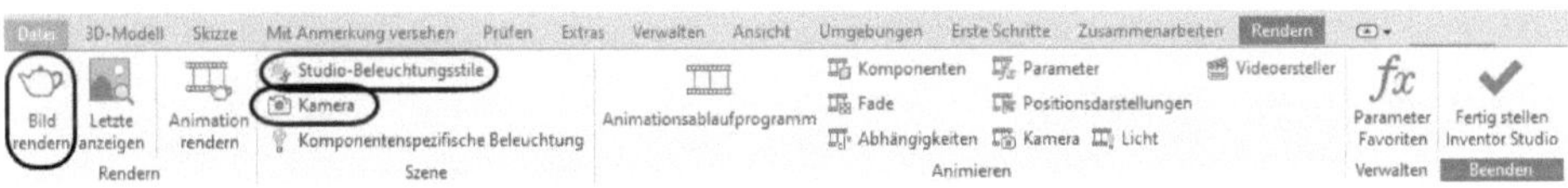

Abb. 9.35: Wichtigste RENDER-Befehle des Inventor Studio

9.4.1 Beleuchtung und Szene

Zuerst sollten Sie unter STUDIO-BELEUCHTUNGSSTILE die Beleuchtung einstellen (Abbildung 9.36). Sie können hier aus verschiedenen IBL-Stilen (image based lightning) auswählen ❶, aber auch eigene Beleuchtungsstile kreieren. Den Beleuchtungsstil müssen Sie hier per Rechtsklick mit AKTIV extra einschalten, sonst wirkt er nicht. Wenn Sie im Render-Bild später auch die IBL-Szene sehen wollen, müssen Sie explizit SZENENBILD ANZEIGEN aktivieren ❷.

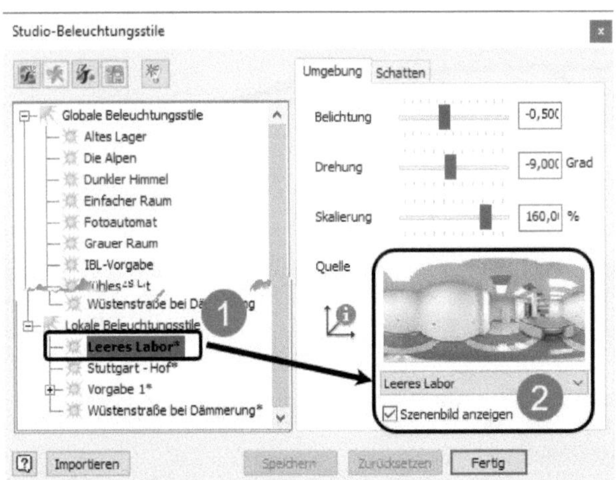

Abb. 9.36: IBL-Beleuchtung wählen und Szenenbild LEERES LABOR aktivieren

Abbildung 9.37 zeigt eine 360°-Szene, in der Sie dann auch die Kamera noch frei positionieren können. Im Folgenden wird das LEERE LABOR als IBL-Hintergrund verwendet.

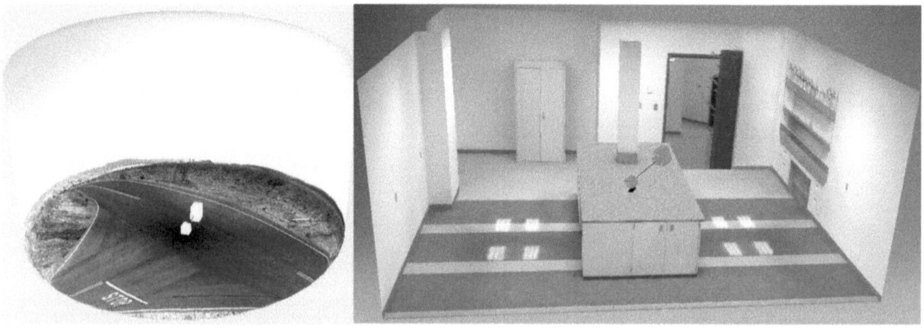

Abb. 9.37: Übersicht über eine 360°-Szene WÜSTENSTRAẞE und das LEERE LABOR

9.4.2 Kamera einstellen

Die Funktion RENDERN|SZENE|KAMERA stellt die KAMERA ein (Abbildung 9.38). Zunächst wäre mit BEZUG das Kameraziel anzugeben und mit POSITION der Kamera-Standort. Die Funktionen aktivieren *Koordinaten-Dreibeine*, mit deren Hilfe die Positionen verschoben werden können. Klicken Sie auf die Spitze einer Achse, um entlang dieser Richtung positiv oder negativ zu verschieben. Der ROLLWINKEL ermöglicht eine Drehung der Kamera um die Sichtachse. Den Öffnungswinkel des Bildes können Sie unter ZOOM eingeben oder über den Schieber für den Vergrößerungsfaktor wählen.

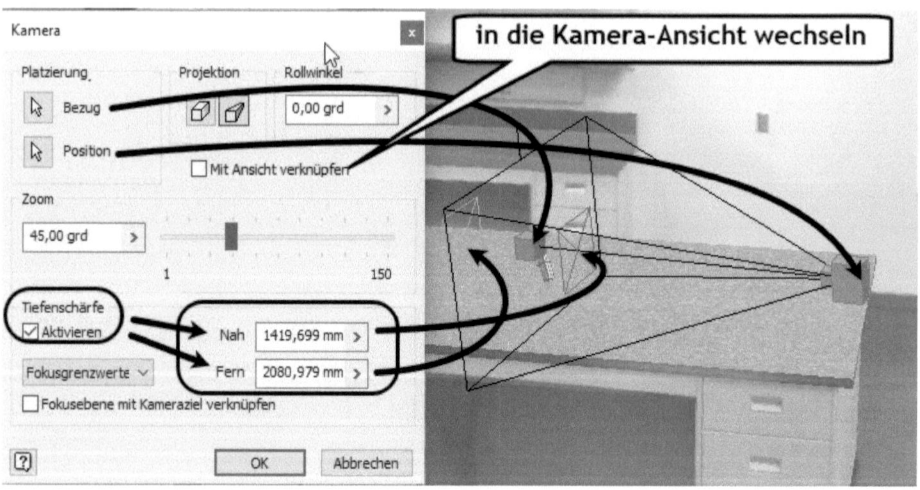

Abb. 9.38: Detaillierte Kamera-Einstellungen

Zusätzlich kann noch die TIEFENSCHÄRFE eines Fotos simuliert werden, wenn Sie AKTIVIEREN einschalten und FOKUSGRENZWERTE für NAH und FERN einstellen. Praktisch für die Einstellungen von NAH und FERN ist es, die Option FOKUSEBENE MIT KAMERAZIEL VERKNÜPFEN zu wählen. Dann rechnen die Entfernungen vom Kameraziel aus.

Alternativ kann die Kameraposition auch indirekt über die Ansicht eingestellt werden. Verwenden Sie dazu die ORBIT-Funktion aus dem NAVIGATOR und stellen Sie die gewünschte Ansicht ein (Abbildung 9.40). Dann wählen Sie nach Rechtsklick im Kontextmenü des KAMERA-Objekts oder im BROWSER die Funktion KAMERA AUS ANSICHT ERSTELLEN.

Abb. 9.39: Eine Kamera kann einfach gemäß der aktuellen Ansicht erstellt werden.

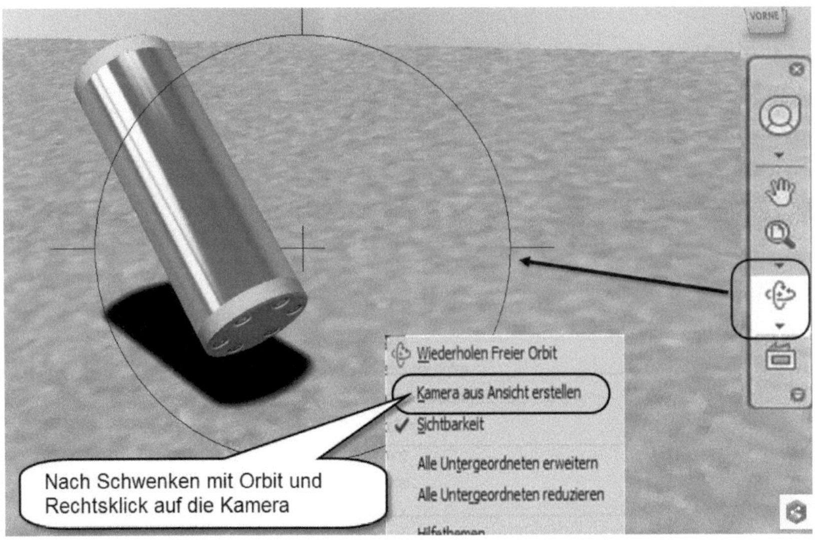

Abb. 9.40: Ansicht mit Orbit einstellen und für Kamera übernehmen

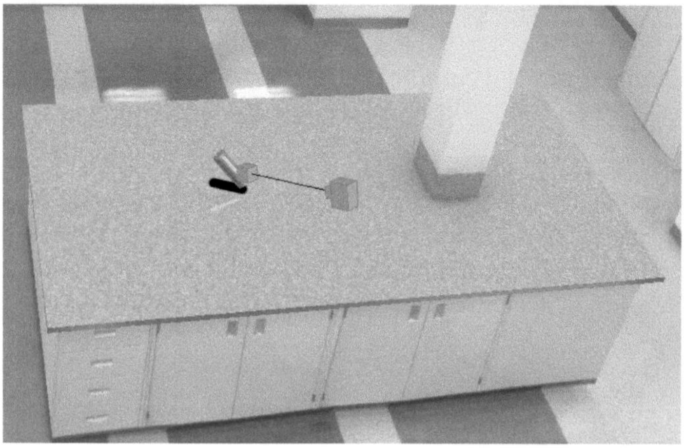

Abb. 9.41: Über die Ansicht erzeugte Kamera-Position

9.4.3 Rendern

Nach den Einstellungen für Beleuchtung, Szene und Kamera können Sie BILD RENDERN starten. Im Register ALLGEMEIN geht es zuerst bei BREITE und HÖHE um die Größe des Bildes in Pixeln. Rechts daneben können Sie auch die aktuelle Pixelgröße der Bildschirmanzeige unter AKTIVE ANSICHT wählen ❶. Dann suchen Sie die gewünschte KAMERA ❷ und den BELEUCHTUNGSSTIL ❸ aus. Im Register AUSGABE geben Sie den Namen und Ort der Rasterdatei an ❹. Das Register RENDER entscheidet über die Dauer oder Güte des Render-Vorgangs. Einerseits kann die Zeit ❺ vorgegeben werden, andererseits kann mit BIS ZUFRIEDENSTELLEND so lange gerendert werden, bis Sie den Vorgang abbrechen. Abbildung 9.43 zeigt ein Render-Bild, das mit der Umgebung WÜSTENSTRASSE so lange gerendert wurde, bis sich in der metallischen Spiegelung des Bauteils die Berggipfel im Rücken des Betrachters zeigten. Es waren auch hier nur einige Minuten.

Abb. 9.42: Render-Einstellungen

Abb. 9.43: Render-Variante BIS ZUFRIEDENSTELLEND mit Abbruch-Option oben rechts

9.5 Übungsfragen

1. Wie erstellen Sie eigene Explosionspfade?
2. Wie drehen Sie einzelne Komponenten?
3. Wozu dient die SNAPSHOT-ANSICHT?
4. Was erreichen Sie mit KAMERA ERFASSEN?
5. Wie können Sie die Animationspfade auf exakte Länge bringen?
6. Wo kann die Reihenfolge der ANIMATION in PRÄSENTATIONEN geändert werden?
7. Wo können Sie Materialeigenschaften eingeben?
8. Womit können Sie den visuellen Stil REALISTISCH noch optimieren?
9. Was bedeutet RAYTRACING?
10. Wie erstellen Sie einen Halbschnitt?

Kapitel 10

Parameter – Excel – Varianten

10.1 Parameter nutzen

Inventor verwaltet ein parametrisiertes CAD-Modell. Gleich mit den ersten eingegebenen Maßen wird sofort automatisch eine Parametertabelle erstellt (Abbildung 10.1). Sie wird mit VERWALTEN|PARAMETER|PARAMETER f_x oder über den SCHNELLZUGRIFF-WERKZEUGKASTEN f_x angezeigt. Um die den Maßen automatisch zugeordneten Parameter zu lokalisieren, aktivieren Sie übers Kontextmenü der

- *3D-Objekte* die Option BEMAẞUNGEN ANZEIGEN und der
- *Skizzen* die SICHTBARKEIT und BEMAẞUNGSSICHTBARKEIT.

Dann schalten Sie *ohne Objekte* zu markieren die Sichtbarkeit der Maße im Kontextmenü entweder auf NAME oder auf AUSDRUCK (`Name=Wert`) (Abbildung 10.2) wie hier in der Skizze für die erste Extrusion des Teils.

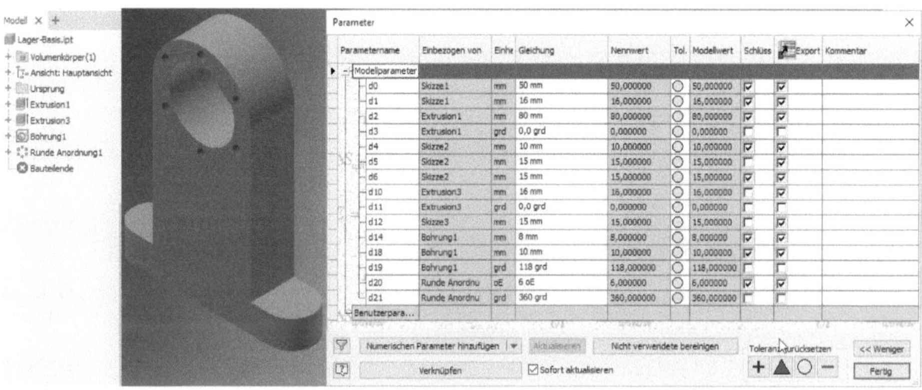

Abb. 10.1: Parametertabelle für das Teil `Lager-Basis.ipt`

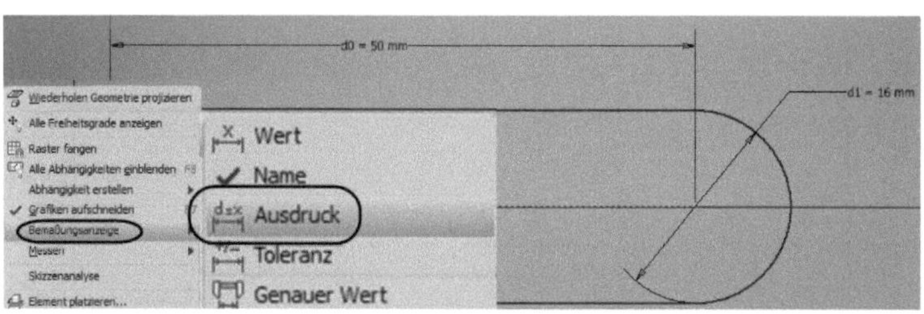

Abb. 10.2: Anzeige der Parameternamen in der Skizzenbemaßung

Die Parameter erhalten vom System her die Bezeichnungen d0, d1 etc. (d steht für englisch `dimension`/Abmessung). Als Bezeichnung für einen Parameter können Sie auch einen eigenen sinnvollen Namen vergeben. Das können Sie einerseits in der PARAMETERLISTE tun, aber auch schon in der SKIZZE über einen Rechtsklick auf die Bemaßung mit der Funktion BEMAẞUNGSEIGENSCHAFTEN.

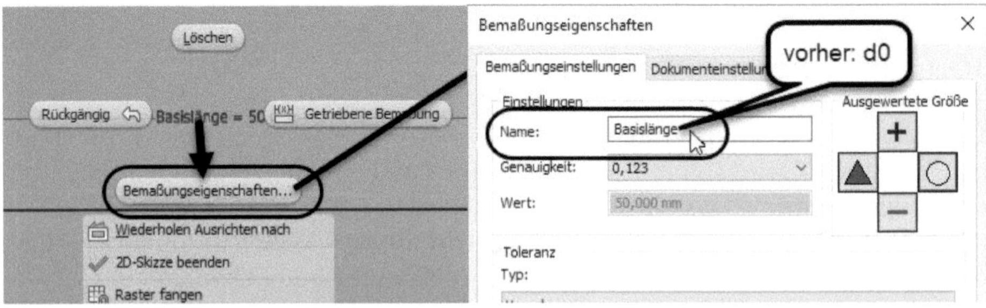

Abb. 10.3: Parameter d0 wird in `Basislänge` umbenannt.

10.1.1 Parameterliste und manuelle Änderungen

Sie können nun die Parameterliste für Änderungen an den Werten verwenden, um Konstruktionsvarianten zu erhalten. In Abbildung 10.4 wurden neue Werte für die `Skizze 1` eingegeben. Das führt allerdings nun zu Diskrepanzen. Die `Extrusionshöhe` der Skizze 2 passt nicht mehr zur `Basisbreite`. Die Maße der `Extrusion 2` lassen sich übers Kontextmenü der Extrusion aktivieren (Abbildung 10.5). Sie finden, dass der Parameter `d10` der `Extrusionshöhe` entspricht.

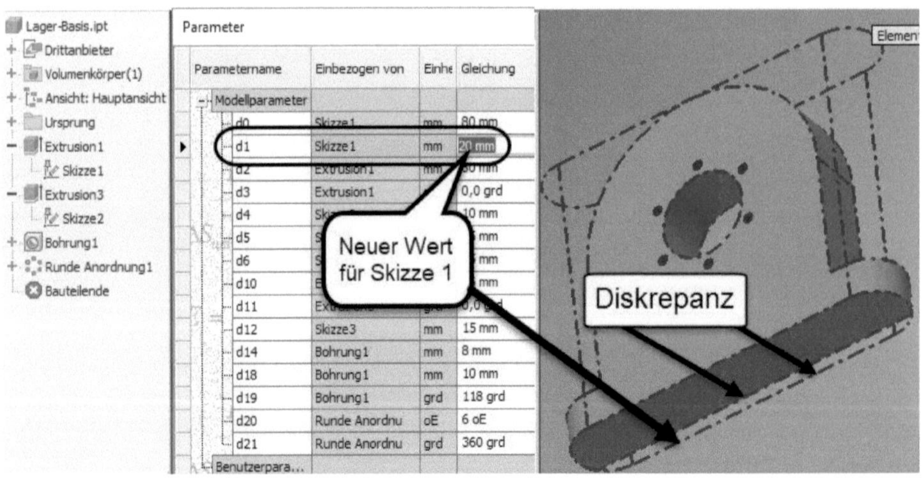

Abb. 10.4: Neue Werte für Parameter führen zur Inkonsistenz.

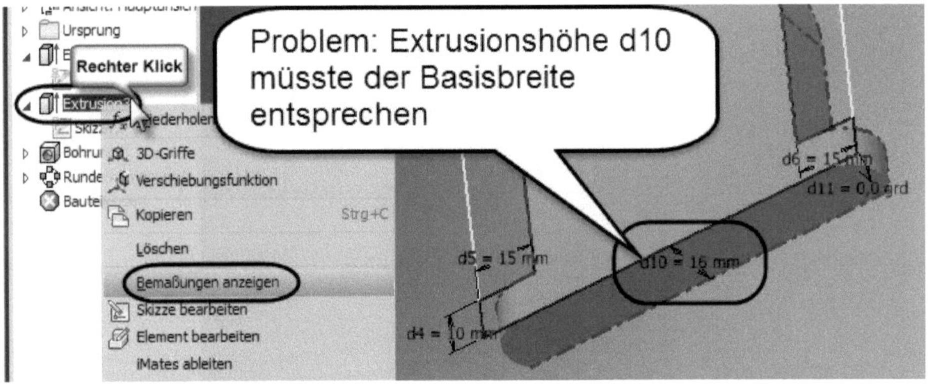

Abb. 10.5: Alle Parameter der `Extrusion 2` anzeigen lassen

Deshalb wird nun in der PARAMETERLISTE bei `d10` der Wert 16 nach Rechtsklick durch Wahl des Parameters `Basisbreite` (mit dem aktuellen Wert 20) ersetzt.

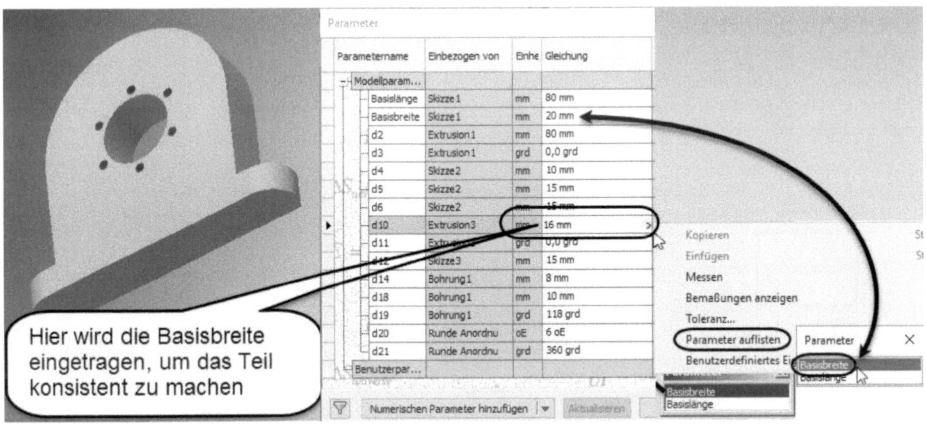

Abb. 10.6: Bei Parameter d10 wird wegen Konsistenz `Basisbreite` eingetragen.

Manchmal ist es nicht so einfach, die Bedeutung einzelner Parameter festzustellen. Im Fall der Gewindebohrung finden Sie die Zuordnung zur Bohrung, wenn Sie mit dem Cursor in der Parameterliste auf den Parameter `d14` fahren. Dort erscheint `d14 wird von Bohrung 1 verwendet`. Die exakte Zuordnung, ob es sich um Gewindetiefe oder Bohrungstiefe handelt, liefert erst der Vergleich mit den Werten (oder die Logik) (Abbildung 10.7).

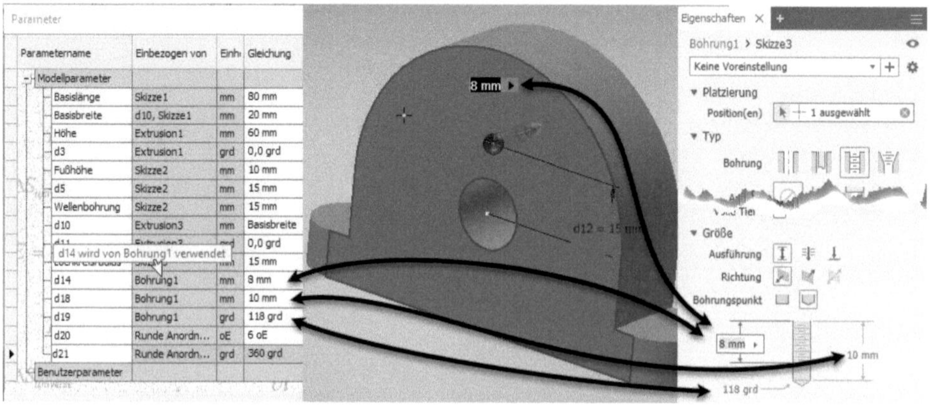

Abb. 10.7: Zuordnung der Parameter der Bohrung

Nach Umbenennung der Parameter, die später eventuell bearbeitet werden sollen, entsteht nun eine Parameterliste mit selbsterklärenden Parameternamen. Dazwischen finden sich aber immer wieder Parameter mit ihren Originalbezeichnungen dxx, die wohl auch nie verändert werden. Dadurch erscheint die Liste etwas unübersichtlich.

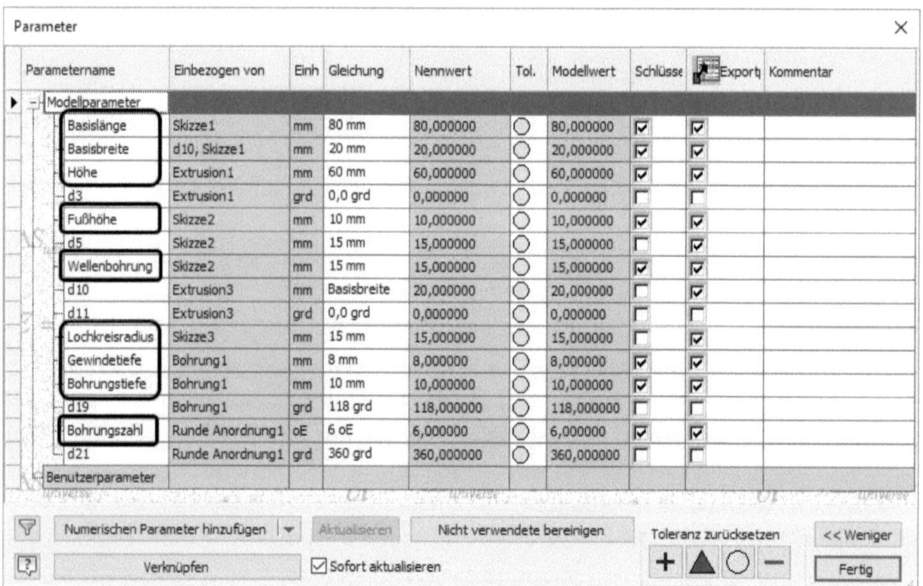

Parameter

Parametername	Einbezogen von	Einh	Gleichung	Nennwert	Tol.	Modellwert	Schlüsse	Export	Kommentar
Modellparameter									
Basislänge	Skizze1	mm	80 mm	80,000000	○	80,000000	☑	☑	
Basisbreite	d10, Skizze1	mm	20 mm	20,000000	○	20,000000	☑	☑	
Höhe	Extrusion1	mm	60 mm	60,000000	○	60,000000	☑	☑	
d3	Extrusion1	grd	0,0 grd	0,000000	○	0,000000	☐	☐	
Fußhöhe	Skizze2	mm	10 mm	10,000000	○	10,000000	☑	☑	
d5	Skizze2	mm	15 mm	15,000000	○	15,000000	☐	☑	
Wellenbohrung	Skizze2	mm	15 mm	15,000000	○	15,000000	☑	☑	
d10	Extrusion3	mm	Basisbreite	20,000000	○	20,000000	☐	☑	
d11	Extrusion3	grd	0,0 grd	0,000000	○	0,000000	☐	☐	
Lochkreisradius	Skizze3	mm	15 mm	15,000000	○	15,000000	☐	☑	
Gewindetiefe	Bohrung1	mm	8 mm	8,000000	○	8,000000	☑	☑	
Bohrungstiefe	Bohrung1	mm	10 mm	10,000000	○	10,000000	☑	☑	
d19	Bohrung1	grd	118 grd	118,000000	○	118,000000	☐	☐	
Bohrungszahl	Runde Anordnung1	oE	6 oE	6,000000	○	6,000000	☑	☑	
d21	Runde Anordnung1	grd	360 grd	360,000000	○	360,000000	☐	☐	
Benutzerparameter									

Numerischen Parameter hinzufügen | Aktualisieren | Nicht verwendete bereinigen | Toleranz zurücksetzen | << Weniger
Verknüpfen | ☑ Sofort aktualisieren | Fertig

Abb. 10.8: Parameterliste mit selbsterklärenden Bezeichnungen

Zur besseren Übersicht lässt sich diese Liste filtern. Nach Klick auf das Filter-Symbol unten links erscheinen die Varianten:

- ALLE – zeigt die komplette Parameterliste an. Das entspricht der Voreinstellung, so wie Sie die Liste jetzt sehen.
- SCHLÜSSEL – zeigt nur diejenigen Parameter an, die Sie durch ein Häkchen in der Spalte SCHLÜSSEL als besonders interessant markiert haben.
- OHNE SCHLÜSSEL – zeigt nur solche Parameter an, die nicht das Prädikat SCHLÜSSEL tragen.
- UMBENANNT – zeigt alle Parameter an, die nicht mehr ihren ursprünglichen Namen dxx besitzen, sondern einen von Ihnen zugeordneten bekommen haben.
- GLEICHUNG – zeigt alle Parameter an, die keinen direkten Zahlenwert besitzen, sondern denen Sie einen anderen Parameter oder einen Benutzerparameter oder eine Formel als Wert zugewiesen haben.

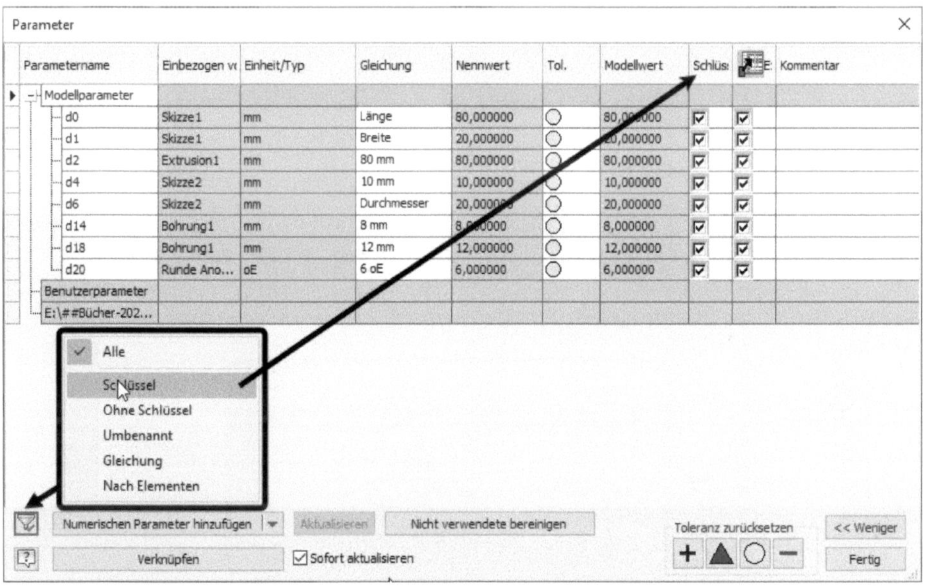

Abb. 10.9: Parameterliste mit FILTER nach der Schlüsselspalte gefiltert

10.1.2 Benutzerparameter

Damit die Bedienung noch anwenderfreundlicher wird, kann die Parameterliste alternativ über BENUTZERPARAMETER gesteuert werden. Dazu klicken Sie auf das Feld NUMERISCHEN PARAMETER HINZUFÜGEN, geben den *Namen* für den Parameter ein, wählen dann die *Einheiten* und schließlich den *Wert*. Oben bei den MODELLPARAMETERN können Sie den *Wert* anklicken und über ▸ dann PARAMETER AUFLISTEN wählen und den Benutzerparameter als neue Eintragung wählen.

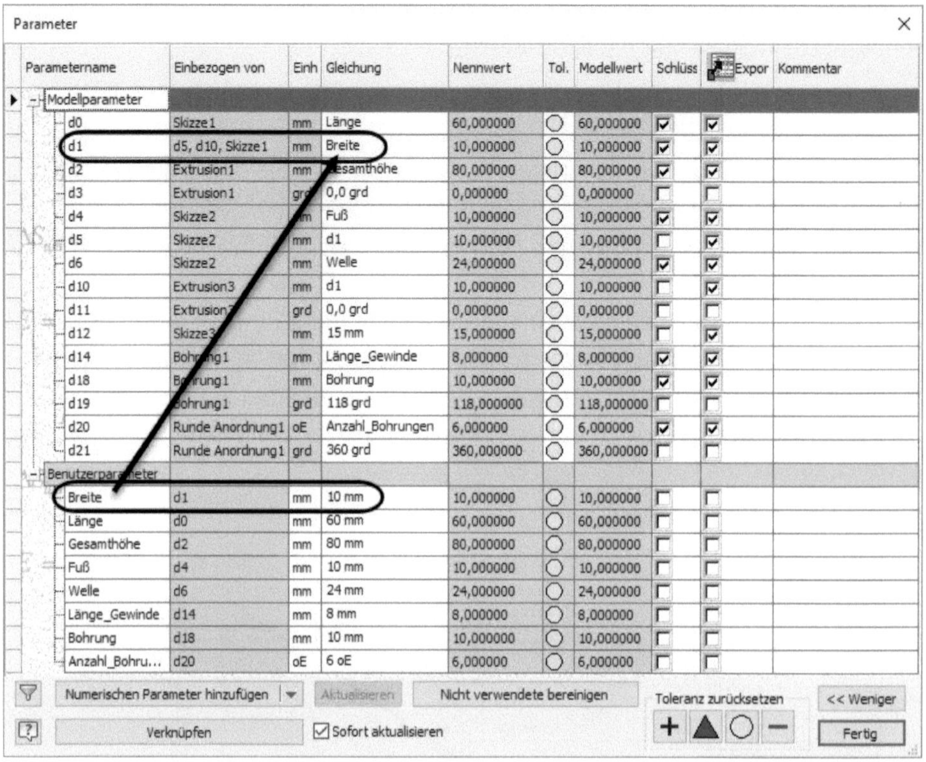

Abb. 10.10: Benutzerparameter definiert

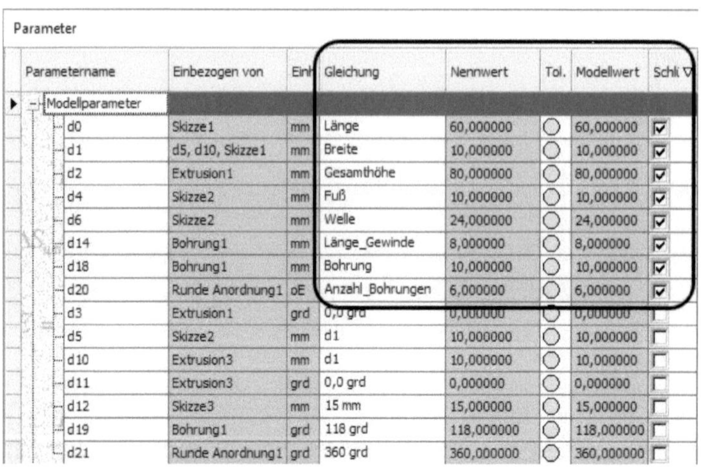

Abb. 10.11: Schlüsselparameter markiert und nach dieser Spalte sortiert

10.1.3 Formeln

Ganz elegant können Sie natürlich eine Konstruktion auch über formelmäßige Verknüpfungen von Parametern steuern. Im Prinzip ist es beispielsweise denkbar, die Konstruktion vielleicht über einen einzigen Benutzerparameter wie *Größe* zu steuern, aus dem dann *Breite, Länge, Höhe* etc. mit Formeln berechnet werden.

Im aktuellen Beispiel soll der Radius `d12` des Teilkreises für die Bohrungen vom Wellendurchmesser `Welle` abhängen. Der Teilkreisradius soll 5 mm größer sein als der Radius der Welle. Dazu muss zuerst der Welleradius aus dem Durchmesser errechnet werden. Dafür steht die Formel

```
Welle / 2 oE
```

Hierbei bedeutet `oE` dann *ohne Einheiten*. Zum Wellenradius werden dann noch 5 mm dazugegeben, also:

```
Welle / 2 oE + 5 mm
```

Tipp: Einheiten in Formeln

Bei der Erstellung von Formeln müssen Sie strikt darauf achten, dass bei jedem Schritt die *Einheiten der Formel* mit den *Einheiten des Parameters* übereinstimmen. Ein Parameter für eine Länge mit Einheiten mm darf sich nicht aus dem Produkt zweier Längen berechnen. Wenn beispielsweise die Höhe das Produkt aus Länge und Breite sein soll, muss in der Formel die eine Längeneinheit herausdividiert werden. Falsch ist: `Länge*Breite`, korrekt wäre: `Länge*(Breite/1mm)`. Damit beträgt die resultierende Einheit wieder `mm` und nicht `mm²`.

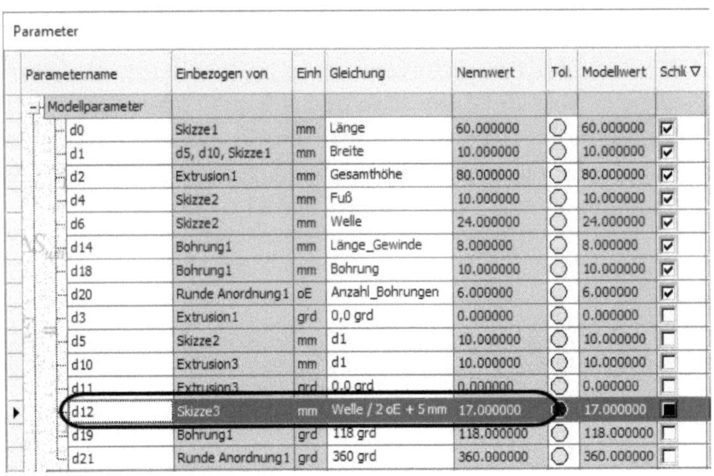

Parameter

Parametername	Einbezogen von	Einh	Gleichung	Nennwert	Tol.	Modellwert	Schl
Modellparameter							
d0	Skizze1	mm	Länge	60.000000	○	60.000000	☑
d1	d5, d10, Skizze1	mm	Breite	10.000000	○	10.000000	☑
d2	Extrusion1	mm	Gesamthöhe	80.000000	○	80.000000	☑
d4	Skizze2	mm	Fuß	10.000000	○	10.000000	☑
d6	Skizze2	mm	Welle	24.000000	○	24.000000	☑
d14	Bohrung1	mm	Länge_Gewinde	8.000000	○	8.000000	☑
d18	Bohrung1	mm	Bohrung	10.000000	○	10.000000	☑
d20	Runde Anordnung1	oE	Anzahl_Bohrungen	6.000000	○	6.000000	☑
d3	Extrusion1	grd	0,0 grd	0.000000	○	0.000000	☐
d5	Skizze2	mm	d1	10.000000	○	10.000000	☐
d10	Extrusion3	mm	d1	10.000000	○	10.000000	☐
d11	Extrusion3	grd	0,0 grd	0.000000	○	0.000000	☐
d12	Skizze3	mm	Welle / 2 oE + 5 mm	17.000000	●	17.000000	■
d19	Bohrung1	grd	118 grd	118.000000	○	118.000000	☐
d21	Runde Anordnung1	grd	360 grd	360.000000	○	360.000000	☐

Abb. 10.12: Formel für Parameterwert

10.1.4 Multivalue-Parameter für Varianten

Wenn ein Parameter für Ihre Variantenteile später nur ganz bestimmte Werte annehmen darf, dann können Sie die möglichen Werte in diesen Parameter als Multivalue-Liste eingeben. Später brauchen Sie dann auch keine Werte einzugeben, sondern die gewünschten Werte nur noch in dieser Liste anklicken.

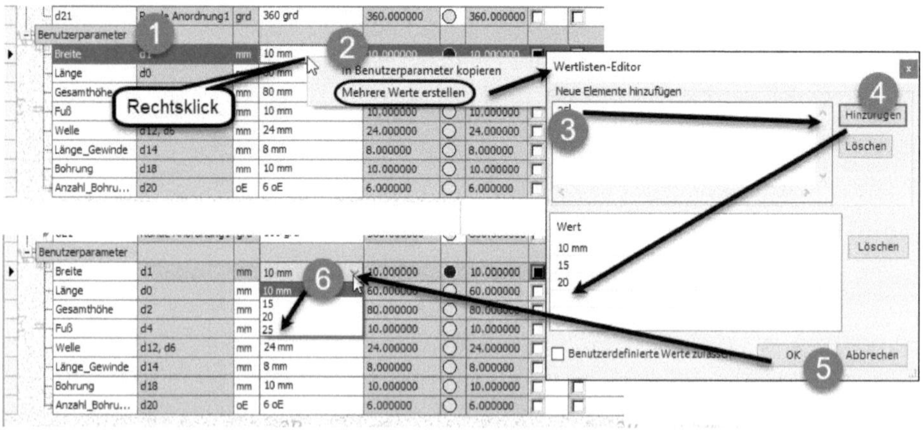

Abb. 10.13: Multivalue-Parameter erstellen

Über Rechtsklick auf den Parameterwert aktivieren Sie MEHRERE WERTE ERSTELLEN und fügen der Liste die nötigen Alternativwerte für den Parameter hinzu (Abbildung 10.13). Genauso können Sie aus einem Benutzerparameter einen Multivalue-Parameter erzeugen.

10.1.5 Excel-Tabelle

Eine sehr praktische Methode der Parameterverwaltung besteht darin, dass man sie in einer Excel-Tabelle speichert und diese dann in das Bauteil oder sogar in die Baugruppe einbaut. Abbildung 10.14 zeigt die Excel-Tabelle mit den Parameter-Namen und -Werten. Wichtig für das weitere Vorgehen ist, sich die *Position für den ersten Parameter* zu merken, in diesem Fall ist es die Zelle A1.

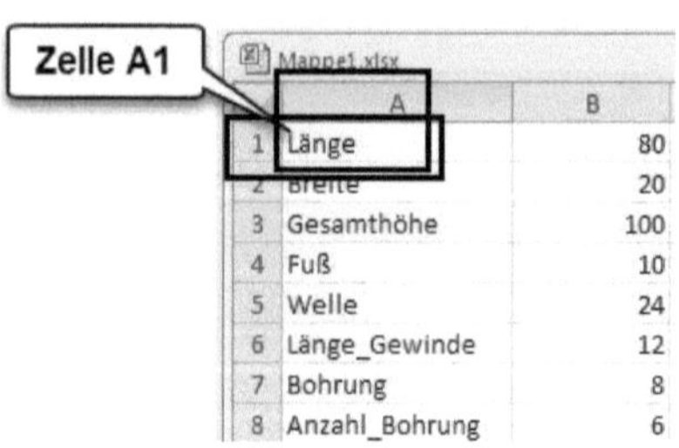

Abb. 10.14: Excel-Tabelle mit Parametern

Nach Speichern der Tabelle:

1. rufen Sie im Bauteil den PARAMETER-Befehl ❶ auf.
2. Wählen Sie die Schaltfläche VERKNÜPFEN ❷ und
3. stellen Sie den DATEITYP auf `Excel-Dateien` ❸ ein.
4. Unter STARTZEILE ❹ geben Sie die erste Parameterposition an und spezifizieren noch, ob Sie die Tabelle in das Bauteil EINBETTEN wollen oder ob die Tabelle außerhalb des Bauteils ggf. noch für die Weiterverwendung in anderen Konstruktionen mit VERKNÜPFEN verfügbar sein soll.
5. Dann wählen Sie die Tabelle aus ❺. Die Werte aus dieser Tabelle ❻ erscheinen nun in der Parameterliste unter BENUTZERPARAMETER ❼.

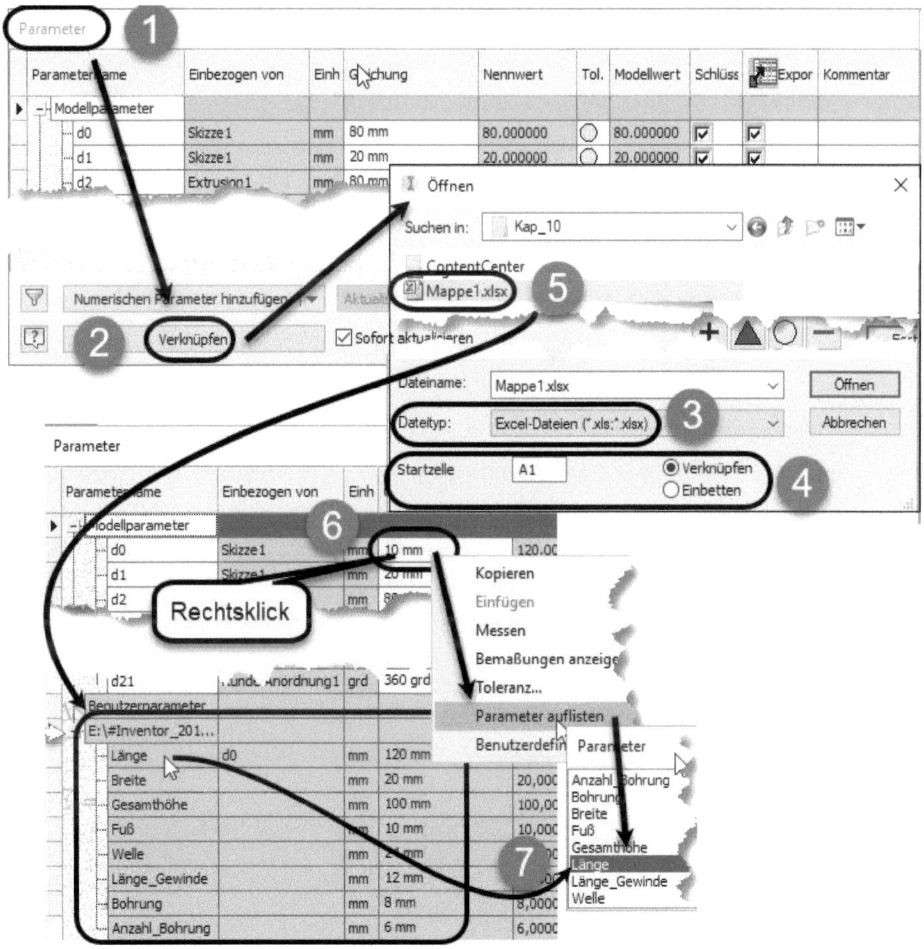

Abb. 10.15: Verknüpfen der Excel-Tabelle mit dem Bauteil

6. Nach Rechtsklick auf einen Parameterwert wählen Sie wieder PARAMETER AUFLISTEN.
7. Jetzt können Sie den gewünschten Parameter in der Auflistung anklicken und anstelle des Zahlenwerts verwenden.

Die eingefügte Tabelle erscheint im Browser unter dem Titel DRITTANBIETER und kann dort auch nach Rechtsklick und BEARBEITEN modifiziert werden. Die modifizierte Tabelle wird in Excel dann mit der SPEICHERN-Option geschlossen. Danach erscheint in der Inventor-SCHNELLZUGRIFFSLEISTE das BLITZ-Symbol, das zum Aktualisieren auffordert. Danach wird der geänderte Tabellenwert auch wirksam und die Geometrie ist angepasst.

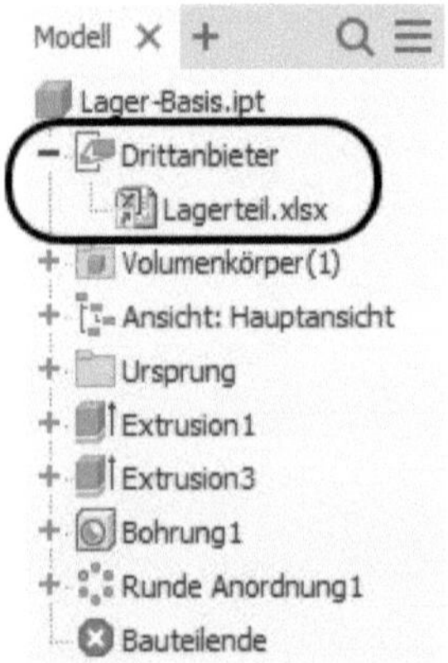

Abb. 10.16: Verknüpfte Excel-Tabelle

Wenn Sie eine Tabelle für mehrere Bauteile innerhalb einer Baugruppe verwenden wollen, dann wählen Sie nicht die Option EINBETTEN, sondern VERKNÜPFEN in jedem einzelnen Bauteil und in der Baugruppe. Verschiedene Parametergruppen in der Excel-Tabelle teilen Sie durch eine *Leerzeile*. Im Beispiel beginnt die erste Parametergruppe in Zelle A1, die zweite in Zelle A11. Das müssen Sie beim Verknüpfen in den einzelnen Bauteilen so angeben. Die gesamte Tabelle können Sie aber per Rechtsklick überall bearbeiten, egal ob in der Baugruppe oder einem der Bauteile. Nach Änderungen wählen Sie dann ganz oben im Schnellzugriff-Werkzeugkasten das Werkzeug AKTUALISIEREN, das dann auch gelb aufleuchtet.

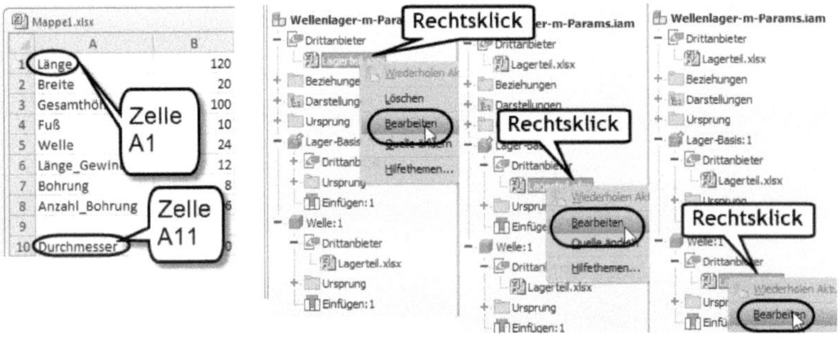

Abb. 10.17: Excel-Tabelle mit zwei Parametergruppen und Rechtsklick-BEARBEITUNG an beliebiger Stelle

10.2 Übungsfragen

1. Wie finde ich die Zuordnung zwischen automatischem MODELLPARAMETER und dem *Wert* heraus?
2. Kann ich die nichtssagenden Namen der automatischen MODELLPARAMETER durch eigene ersetzen?
3. Welche Zeichen werden in Formeln für die Grundrechenarten verwendet?
4. Welche Bedeutung haben die SCHLÜSSELPARAMETER?
5. Wie ordnen Sie Parameter unter GLEICHUNG zu?
6. Welche Einheiten werden in Formeln für Längen, Winkel und reine Zahlen verwendet?
7. Wie werden Multivalue-Parameter erstellt?
8. Aus welchen Dateien können Sie Parameter durch Verknüpfen hinzufügen?
9. Welche Bedeutung hat die STARTZELLE bei der Excel-Parameterverknüpfung?
10. Was sollte ich nach Bearbeitung einer Parametertabelle tun?

Anhang A

Fragen und Antworten

A.1 Kapitel 1

A.1.1 Übungsfragen

1. Nennen Sie die Phasen einer typischen Inventor-Konstruktion.
2. Wie lauten die Datei-Endungen der Inventor-Dateien?
3. Welche Grundkörper bietet Inventor an?
4. Welche Befehle für Bewegungskörper gibt es?
5. Mit welchem Befehl erzeugen Sie aus einem geschlossenen Ensemble von Flächen einen Volumenkörper?
6. Wie heißen die booleschen Operationen?
7. Welche Konstruktionselemente nennt man Features?

A.1.2 Antworten

1. Konstruktion eines Bauteils, zuerst Erstellung einer Skizze, dann 3D-Modellierung

   Zusammenbau mehrerer Bauteile zu einer Baugruppe

   Erstellung der Zeichnungen

   Gegebenenfalls Generieren einer Explosionsdarstellung (Präsentation)
2. Bauteildatei: `*.ipt`

   Baugruppendatei: `*.iam`

   Zeichnungsdatei `*.dwg` oder `*.idw`

   Präsentationsdatei: `*.ipn`
3. QUADER, ZYLINDER, KUGEL, TORUS
4. EXTRUSION, DREHUNG, SWEEPING, ERHEBUNG (Lofting), SPIRALE
5. 3D-MODELL|OBERFLÄCHE|FORMEN
6. VEREINIGUNG, DIFFERENZ, SCHNITTMENGE
7. BOHRUNG, RUNDUNG, FASE, WANDUNG, FLÄCHENVERJÜNGUNG, GEWINDE

A.2 Kapitel 2

A.2.1 Übungsfragen

1. Welche Windows-Versionen können für Inventor benutzt werden?
2. Welche Dateiextensionen bzw. -erweiterungen (`*.xxx`) sind wichtig für die Inventor-Dateien?
3. Wie aktivieren Sie den Browser, wenn er ausgeschaltet wurde?
4. Wie schwenken Sie 3D-Darstellungen mit der Maus?
5. Was kann die ORBIT-Funktion mehr verglichen mit dem Schwenken mit der Maus?
6. Wo finden Sie eine Funktion, um Inventor auf Werkseinstellungen zurückzusetzen?
7. Wie rufen Sie am schnellsten elementspezifische Funktionen auf?
8. Wie beenden Sie Befehle?
9. Wo können Sie die Befehlszeile an den Cursor heften?

A.2.2 Antworten

1. Windows 10 und Windows 11
2. Bauteildatei: `*.ipt`

   Baugruppendatei: `*.iam`

   Zeichnungsdatei `*.dwg` oder `*.idw`

   Präsentationsdatei: `*.ipn`
3. Über ANSICHT|FENSTER|BENUTZEROBERFLÄCHE|BROWSER
4. ⇧ + Mausrad drücken und die Maus bewegen
5. Mit Orbit kann auch um die Sichtachse und um die horizontale bzw. vertikale Achse geschwenkt werden.
6. Windows-Startmenü: START|AUTODESK INVENTOR 2023|DIENSTPROGRAMM ZUM ZURÜCKSETZEN VON INVENTOR
7. Die Elemente (Kanten, Flächen, Volumenkörper) mit dem Cursor anklicken und warten, bis die Icons der elementspezifischen Funktionen erscheinen
8. Entweder mit ESC oder übers Kontextmenü (Rechtsklick) und OK
9. In der Multifunktionsleiste EXTRAS in Gruppe OPTIONEN die ANWENDUNGSOPTIONEN aufrufen, dort im Register ALLGEMEIN im Abschnitt EINGABEAUFFORDERUNG ZU INTERAKTION aktivieren Sie die Option BEFEHLSZEILE ANZEIGEN (DYNAMISCHE EINGABEAUFFORDERUNGEN).

A.3 Kapitel 3

A.3.1 Übungsfragen

1. Welche Hilfsmittel zum Schwenken einer Ansicht gibt es?
2. Welchen Vorteil bietet die ORBIT-Funktion gegenüber dem dynamischen Schwenken?
3. Was bedeutet es, wenn eine Skizze vollständig bestimmt ist?

A.3.2 Antworten

1. VIEWCUBE

   NAVIGATIONSLEISTE: ORBIT

   NAVIGATIONSLEISTE: ABHÄNGIGER ORBIT

   Dynamisch Schwenken: [⇧] + Mausrad drücken
2. Mit ORBIT kann auch um die Sichtachse und um die horizontale bzw. vertikale Achse geschwenkt werden.
3. Es sind alle nötigen geometrischen Abhängigkeiten und Bemaßungsabhängigkeiten vorhanden, um die Skizzengeometrie eindeutig zu definieren.

A.4 Kapitel 4

A.4.1 Übungsfragen

1. Nennen und erklären Sie die möglichen geometrischen Abhängigkeiten.
2. Was ist der Unterschied zwischen ABHÄNGIGKEIT HORIZONTAL und PARALLEL?
3. Wie wirkt sich der Linientyp MITTELLINIE auf Bemaßungen aus?
4. Wie sieht die Konstruktionslinie aus?
5. Welche Zeichen kennzeichnen absolute und relative Koordinaten?
6. Wie fügen Sie Objekte bei der Objektwahl hinzu?
7. Wozu kann man Abhängigkeiten lockern?
8. Was bedeutet bei der Koordinatenanzeige AUSDRUCK?
9. Wie ist die Excel-Punkte-Tabelle gestaltet?
10. Welche Konturen sind unter der RECHTECK-Funktion zu finden?

A.4.2 Antworten

1. KOINZIDENT: Zwei Punkte fallen zusammen oder ein Punkt liegt auf einer Kurve.

   KOLLINEAR: Zwei Linien fluchten.

KONZENTRISCH: Mittelpunkte von Kreisen, Bögen und Ellipsen fallen zusammen.

FEST: Eine Punktposition wird absolut festgelegt.

PARALLEL: Zwei Linien oder eine Linie und eine Ellipsenachse laufen parallel.

LOTRECHT: Zwei Linien oder eine Linie und eine Ellipsenachse laufen lotrecht. Auch Enden von verbundenen Kurven (Bogen und Linie oder Bogen und Bogen) können in einem gemeinsamen Punkt lotrecht gemacht werden.

HORIZONTAL: Eine Linie, eine Ellipsenachse oder zwei Punktpositionen können absolut horizontal ausgerichtet werden.

VERTIKAL: Eine Linie, eine Ellipsenachse oder zwei Punktpositionen können absolut horizontal ausgerichtet werden.

TANGENTIAL: Zwei Kurven können tangential gemacht werden. Ausgenommen sind Splinekurven. Splines können in den Endpunkten tangential zu anschließenden Kurven gemacht werden.

STETIG (G2): Macht zwei Splinekurven oder eine Splinekurve und eine andere Kurve im gemeinsamen Endpunkt krümmungsstetig, das heißt, passt den Radius der Splinekurve im Endpunkt an.

SYMMETRISCH: Macht zwei Kurven bezüglich einer Achse (als Drittes wählen) symmetrisch.

GLEICH: Setzt bei Linien die Länge gleich, bei Kreisen oder Bögen den Radius.

2. HORIZONTAL legt eine Linie oder eine Ellipsenachse parallel zur X-Richtung. Parallel legt eine Linie oder eine Ellipsenachse parallel zu einer anderen.
3. Eine Maßlinie von einer Konturposition senkrecht zu einer MITTELLINIE wird in eine Durchmesser-Bemaßung umgewandelt.
4. Die Konstruktionslinie wird punktiert angezeigt.
5. # steht für absolute und @ für relative Koordinaten.
6. Mit [Strg] + Klick oder [⇧] + Klick auf noch nicht gewählte Objekte werden diese zur Objektwahl hinzugefügt.
7. Man lockert Abhängigkeiten, um eine Skizze manuell per Cursor modifizieren zu können, ohne durch Abhängigkeiten beschränkt zu werden.
8. Bei der Koordinatenanzeige AUSDRUCK werden der Parametername und der Wert angezeigt.
9. Die Excel-Punkte-Tabelle zeigt in der ersten Zeile und Spalte die Einheiten an, in der nächsten Zeile die Koordinatenbezeichnungen für jede der 2–3 Spalten. Danach folgen die Koordinatenwerte. Jede Position entspricht einer Zeile.
10. Unter der RECHTECK-Funktion finden Sie verschiedene Versionen von Rechtecken, Langlöchern, gebogenen Langlöchern und das Polygon.

A.5 Kapitel 5

A.5.1 Übungsfragen

1. Wie können Sie in der Skizze eine Linienkonstruktion mit einem Bogen fortsetzen?
2. Welcher Punkt aus einer Skizze wird automatisch vom Bohrungsmanager verwendet, MITTELPUNKT oder SKIZZIERPUNKT? Beschreiben Sie das Aussehen beider Objekte.
3. Was ist der Unterschied zwischen den Abhängigkeiten VERTIKAL und LOTRECHT?
4. Was ist der Unterschied zwischen den Abhängigkeiten PARALLEL und KOLLINEAR?
5. Welche Möglichkeiten zur Überprüfung gibt es bei einer nicht voll bestimmten Skizze?
6. Worin ähneln sich die Volumenkörper-Erstellungen EXTRUSION und SWEEPING?
7. Welche Abhängigkeit ist für ein POLYGON noch nötig, wenn Mittelpunkt und ein Punkt auf In- oder Umkreis schon bestimmt sind?
8. Was bedeutet FLÄCHENVERJÜNGUNG?
9. Können Sie in einem Bauteil *mehrere Volumenkörper* erstellen?

A.5.2 Antworten

1. Eine Linienkonstruktion wird mit einem Bogen fortgesetzt, indem man vom aktuellen Punkt der Linie mit gedrückter Maustaste weiterzieht.
2. Der MITTELPUNKT aus einer Skizze wird später automatisch vom Bohrungsmanager als Bohrungszentrum verwendet. Der MITTELPUNKT wird durch ein Kreuz dargestellt. Der SKIZZIERPUNKT dagegen erscheint punktförmig.
3. Die Abhängigkeit VERTIKAL richtet eine Linie oder Ellipsenachse oder zwei Punktpositionen parallel zur Y-Achse aus. LOTRECHT stellt eine Linie oder Ellipsenachse senkrecht zu einer anderen.
4. Mit der Abhängigkeit PARALLEL erhalten zwei Linien oder Ellipsenachsen die gleiche Ausrichtung bzw. den gleichen Winkel zur X-Achse (oder Y-Achse). Bei KOLLINEAR liegt dann ein Element zusätzlich noch auf der gedachten Verlängerung des anderen.
5. Bei einer nicht voll bestimmten Skizze können Sie sich die FREIHEITSGRADE über das Kontextmenü anzeigen lassen. Über die Funktion SKIZZE|ABHÄNGIGMACHEN|AUTOMATISCHE BEMAẞUNGEN UND ABHÄNGIGKEITEN können Sie sich anzeigen lassen, wo Inventor noch Abhängigkeiten und Bemaßungen einfügen würde. Aber *Vorsicht*: Diese automatischen Bemaßungen sind meist technisch

nicht sinnvoll, also das gleich wieder rückgängig machen und nur zur Ideenfindung nutzen! Schließlich können Sie über das Kontextmenü die SKIZZENANALYSE starten oder ALLE FREIHEITSGRADE ANZEIGEN benutzen.

6. Bei EXTRUSION und SWEEPING werden Profile bewegt, bei der EXTRUSION senkrecht zur Normalen auf der Profilebene, beim SWEEPING stets punktuell senkrecht zur Pfadkurve.
7. Für ein POLYGON muss neben Mittelpunkt und Abstand zum Punkt auf In- oder Umkreis noch die Ausrichtung oder der Winkel einer Seite bemaßt werden.
8. Bei der FLÄCHENVERJÜNGUNG wird eine Seitenfläche eines Volumenkörpers mit einer Neigung versehen. Das geht auch bei zylindrischen Flächen.
9. Man kann in einem Bauteil *mehrere Volumenkörper* erzeugen und diese auch nachträglich noch bei Bedarf mit dem Befehl KOMBINIEREN mittels der booleschen Operationen zu einem einzigen Volumenkörper zusammenfügen?

A.6 Kapitel 6

A.6.1 Übungsfragen

1. Welche Operationen gibt es bei DIREKT BEARBEITEN?
2. Womit legen Sie die Position der Bohrung beim Modus KONZENTRISCH fest?
3. Was ist der Unterschied zwischen Bohrungsmodus AUF PUNKT und NACH SKIZZE?
4. Wie kann bei RUNDUNG der Umfang der Aktion festgelegt werden?
5. Was bedeutet die Funktion WANDUNG?
6. Wozu dient KOMBINIEREN?
7. Wie können Sie eine Fläche eines Volumenkörpers schräg stellen?
8. Welche Möglichkeiten bietet der Befehl VERDICKUNG?
9. Was erzeugt der Befehl AUFKLEBER?
10. Was wird beim Befehl PRÄGEN mit der Option VON FLÄCHE GRAVIEREN erzeugt?

A.6.2 Antworten

1. Bei DIREKT BEARBEITEN gibt es für Flächen oder Volumenkörper die Optionen:

   VERSCHIEBEN zum Verschieben

   GRÖSSE zum Vergrößern gewölbter Elemente in radialer Richtung

   MAßSTAB zum Skalieren

   DREHEN zum Verdrehen

   LÖSCHEN zum Entfernen von Elementen

2. Beim Modus KONZENTRISCH wird die Bohrungsposition über eine Fläche und durch eine konzentrische Referenz definiert, z.B. einen Bogen oder Kreis.
3. AUF PUNKT erzeugt eine Bohrung basierend auf einer Punktposition mit einer wählbaren Richtung. NACH SKIZZE erzeugt eine Bohrung basierend auf einem MITTELPUNKT und lotrecht zur Fläche.
4. Es gibt die Optionen

   KANTE – einzeln zu wählende Kanten bzw. tangential (z.B. über Bögen) miteinander verbundene Kantenzüge.

   KONTUR – alle zu einer Fläche gehörige Kanten.

   ELEMENTE – alle zu einem Element im Strukturbaum (z.B. einer Extrusion) gehörigen Kanten.

   ALLE INNENKANTEN – wählt alle Innenkanten eines Volumenkörpers.

   ALLE AUßENKANTEN – wählt alle Außenkanten eines Volumenkörpers.
5. WANDUNG erzeugt aus einem Volumenkörper eine Hohlform mit einer angegebenen Wandstärke. Sie können Flächen des Volumenkörpers entfernen. Dadurch entstehen dann Öffnungen in der Hülle.
6. KOMBINIEREN kann mehrere Volumenkörper in einem Multipart-Bauteil mit den booleschen Operationen verknüpfen.
7. Mit der Funktion VERJÜNGUNG
8. VERDICKUNG kann eine Fläche zum Volumenkörper verdicken oder die Fläche eines Volumenkörpers verdicken.
9. Die Projektion einer Pixeldatei auf Flächen eines Volumenkörpers
10. Eine Gravur

A.7 Kapitel 7

A.7.1 Übungsfragen

1. Mit welcher Option platzieren Sie das Basisteil?
2. Welche BAUTEILABHÄNGIGKEITEN gibt es?
3. Was ist der Unterschied zwischen FLUCHTEND und PASSEND?
4. Wozu brauchen Sie die Funktionen FREIE DREHUNG/FREIE VERSCHIEBUNG?
5. Geben Sie ein Beispiel für die Abhängigkeit TANGENTIAL.
6. Welche Freiheitsgrade gibt es noch, nachdem Sie zwei Achsen mit Abhängigkeit PASSEND versehen haben?
7. Welche BEWEGUNGSABHÄNGIGKEITEN gibt es?
8. Beschreiben Sie den Unterschied zwischen TANGENTIAL und DREHUNG-TRANSLATION.

9. Mit welchen Verfahren können Sie Bauteile adaptiv machen?
10. Mit welchem Befehl werden Bibliotheksteile eingefügt?

A.7.2 Antworten

1. ZUSAMMENFÜGEN|KOMPONENTE|PLATZIEREN
2. PASSEND, WINKEL, TANGENTIAL, EINFÜGEN, SYMMETRIE
3. Bei FLUCHTEND sind die Flächennormalen gleichgerichtet, bei PASSEND entgegengesetzt.
4. Zum Vorpositionieren eines Bauteils, damit es nicht durch die Abhängigkeiten evtl. verkehrt herum eingebaut wird
5. Ein Ski auf der Piste (solange er nicht abhebt)
6. Es verbleibt die Drehung um die Achse und die Verschiebung entlang der Achse.
7. DREHUNG koppelt zwei Drehbewegungen miteinander, DREHUNG-TRANSLATION koppelt eine Drehbewegung und eine Verschiebung.
8. Bei der Abhängigkeit TANGENTIAL werden lediglich zwei Flächen miteinander so gekoppelt, dass sie in Berührung bleiben, es wird aber keine Bewegung von einer Fläche auf die andere übertragen. Bei DREHUNG-TRANSLATION führt die Drehung des einen Bauteils zur Verschiebung des anderen und umgekehrt.
9. Für ein Bauteil, z.B. eine Extrusion, kann beim Platzieren die *Adaptivität aktiviert* werden. Dann kann dieses Bauteil über geeignete Abhängigkeiten in die Länge gezogen werden.

   In einem Bauteil kann eine Bemaßung als *getriebene Bemaßung* deklariert werden. Dann kann dieses Bauteil über geeignete Abhängigkeiten ebenfalls an die Maße des Basisteils angepasst werden.

   Ein Bauteil kann von vornherein adaptiv konstruiert werden. Das geschieht, indem es *in der Baugruppe* mit der Funktion ZUSAMMENFÜGEN|KOMPONENTE|ERSTELLEN generiert wird.
10. ZUSAMMENFÜGEN|KOMPONENTE|AUS INHALTSCENTER PLATZIEREN

A.8 Kapitel 8

A.8.1 Übungsfragen

1. Mit welcher Blattgröße startet Inventor eine Zeichnung?
2. Wie wählen Sie die Richtung für die Erstansicht aus?
3. Wo stellen Sie die automatischen Mittellinien ein?
4. Wo stellen Sie die Sichtbarkeit verdeckter Kanten ein?
5. Welche Optionen gibt es für eine Detailansicht?
6. Was bedeutet die Ansichts-Änderung AUSSCHNITT?

7. Was ist zum Zuschneiden einer Ansicht nötig?
8. Nennen Sie die Unterschiede zwischen den Bemaßungen BASISLINIE und BASISLINIENSATZ.
9. Wie können Sie eine Bemaßung aus der Skizze übernehmen?
10. Erläutern Sie die vier Arten von Mittellinien/Mittelpunkten.

A.8.2 Antworten

1. Mit A2
2. Über den VIEWCUBE, der rechts neben Dialogfeld und Vorschau angezeigt wird
3. Im Kontextmenü der Ansicht
4. Im Kontextmenü der Baugruppe oder des Bauteils innerhalb der Ansicht
5. Bei der DETAILANSICHT gibt es zwei Begrenzungsrahmen, KREIS oder RECHTECK. Dann kann der Ausschnitt GEZACKT oder GLATT sein. Beim glatten Ausschnitt kann der Rahmen VOLLSTÄNDIG sein oder nicht, und beim vollständigen Rahmen kann noch die VERBINDUNGSLINIE aktiviert werden.
6. Unter der Ansichts-Änderung AUSSCHNITT versteht man einen Ausbruch mit wählbarer Tiefe.
7. Zum ZUSCHNEIDEN einer Ansicht sind zwei diagonal liegende Punkte nötig, die eine Box für den Ausschnitt definieren, oder eine Skizze als Ausschnittsrahmen.
8. BASISLINIE erstellt für gewählte Geometrien eine Anzahl Bezugsbemaßungen automatisch. BASISLINIENSATZ erstellt einen zusammengehörigen Satz von Bezugsbemaßungen, der mit speziellen Kontextmenüfunktionen auch intern bearbeitet werden kann.
9. Eine Bemaßung aus der Skizze wird über MIT ANMERKUNGEN VERSEHEN|BEMAẞUNG|ABRUFEN übernommen.
10. MITTELLINIE erzeugt eine *Mittellinie* von Kanten-Mittelpunkt zu Kanten-Mittelpunkt.

    MITTELPUNKTSMARKIERUNG erzeugt ein *Mittellinienkreuz* zu einem Kreis bzw. einer Bohrung.

    SYMMETRIELINIE erzeugt eine Mittellinie als *Symmetrielinie* zweier Kanten.

    ZENTRIERTE ANORDNUNG erzeugt zu einem kreisförmigen Bohrungsmuster den *Teilkreis* und die *Bohrungszentren.*

A.9 Kapitel 9

A.9.1 Übungsfragen

1. Wie erstellen Sie eigene Explosionspfade?
2. Wie drehen Sie einzelne Komponenten?
3. Wozu dient die SNAPSHOT-ANSICHT?
4. Was erreichen Sie mit KAMERA ERFASSEN?
5. Wie können Sie die Animationspfade auf exakte Länge bringen?
6. Wo kann die Reihenfolge der ANIMATION in PRÄSENTATIONEN geändert werden?
7. Wo können Sie Materialeigenschaften eingeben?
8. Womit können Sie den visuellen Stil REALISTISCH noch optimieren?
9. Was bedeutet RAYTRACING?
10. Wie erstellen Sie einen Halbschnitt?

A.9.2 Antworten

1. Mit KOMPONENTE|KOMPONENTENPOSITIONEN ÄNDERN
2. Mit Option DREHEN im Mini-Menü von KOMPONENTE|KOMPONENTENPOSITIONEN ÄNDERN
3. Aus der SNAPSHOT-ANSICHT können ZEICHNUNGSANSICHTEN und RASTERBILDER erstellt werden.
4. Hiermit können Sie an einer Stelle des DREHBUCHS die Kamera auf die am Bildschirm per ORBIT neu eingestellte Ansichtsrichtung schwenken.
5. Im BROWSER finden Sie unter POSITIONSVERÄNDERUNGEN die geometrischen Daten der einzelnen Animationspfade, die Sie nach Markieren überarbeiten können.
6. Im DREHBUCH können Sie die Zeitdauer und Lage für jede Positionsveränderung bearbeiten bearbeiten.
7. In den iProperties des einzelnen Bauteils werden im Register PHYSIKALISCH die Materialien gewählt.
8. Mit Schatten, Reflexionen und Beleuchtungsstilen (mit IBL)
9. RAYTRACING verfolgt die Sehstrahlen ausgehend von Ihrem Auge rückwärts zu den Objekten, dort durch Spiegelungen und Reflexionen bis zu den Lichtquellen und bietet damit eine optimale realistische Darstellung.
10. Unter ANSICHT|DARSTELLUNG|VIERTELSCHNITT ▾ ist der Halbschnitt zu finden. Zuerst ist eine Bezugsfläche, dann ein Abstand zu wählen.

A.10 Kapitel 10

A.10.1 Übungsfragen

1. Wie finde ich die Zuordnung zwischen automatischem MODELLPARAMETER und dem *Wert* heraus?
2. Kann ich die nichtssagenden Namen der automatischen MODELLPARAMETER durch eigene ersetzen?
3. Welche Zeichen werden in Formeln für die Grundrechenarten verwendet?
4. Welche Bedeutung haben die SCHLÜSSELPARAMETER?
5. Wie ordnen Sie Parameter unter GLEICHUNG zu?
6. Welche Einheiten werden in Formeln für Längen, Winkel und reine Zahlen verwendet?
7. Wie werden Multivalue-Parameter erstellt?
8. Aus welchen Dateien können Sie Parameter durch Verknüpfen hinzufügen?
9. Welche Bedeutung hat die STARTZELLE bei der Excel-Parameterverknüpfung?
10. Was sollte ich nach Bearbeitung einer Parametertabelle tun?

A.10.2 Antworten

1. Bemaßung umstellen auf NAME oder AUSDRUCK.
2. Ja.
3. `+ - * /`
4. Sie können für die Sortierung verwendet werden oder zum Ein-/Ausblenden.
5. Durch Rechtsklick auf den *Wert* des MODELLPARAMETERS.
6. mm, grd und oE
7. Durch Rechtsklick und MEHRERE WERTE ERSTELLEN.
8. Aus `*.ipt`, `*.iam` und `*.xls`
9. Es ist die Zelle des ersten zu verknüpfenden Parameternamens.
10. Die Konstruktion AKTUALISIEREN.

Anhang B

Benutzte Zeichnungen

Wer neben den Anleitungen und Zeichnungen im Buch noch die kompletten Projekte der 3D-Beispiele inklusive der Bauteile, Baugruppen und Zeichnungen verwenden möchte, kann sich diese kostenlos auf der Webseite des Verlages herunterladen unter `www.mitp.de/0594`.

B.1 Kapitel 1

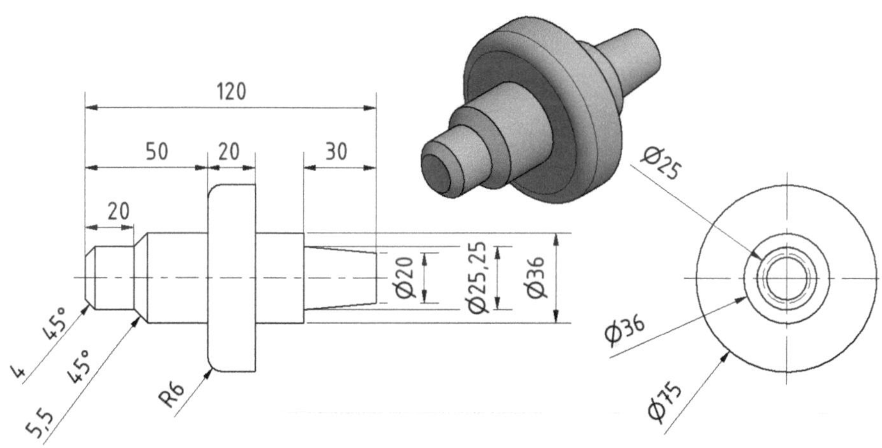

Abb. B.1: Rotationsteil

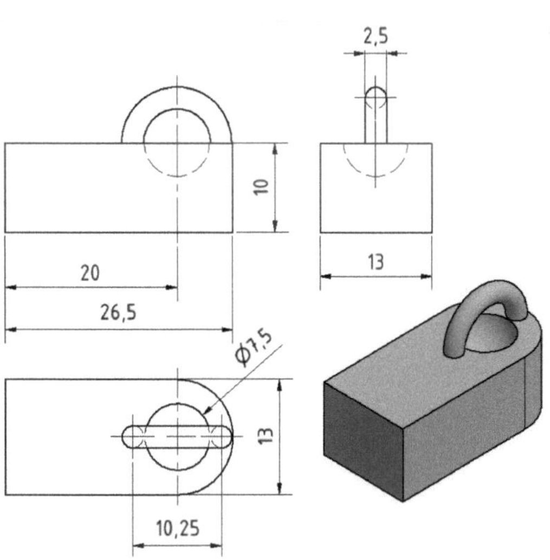

Abb. B.2: Konstruktion aus Standard-Volumenkörpern

B.2 Kapitel 2

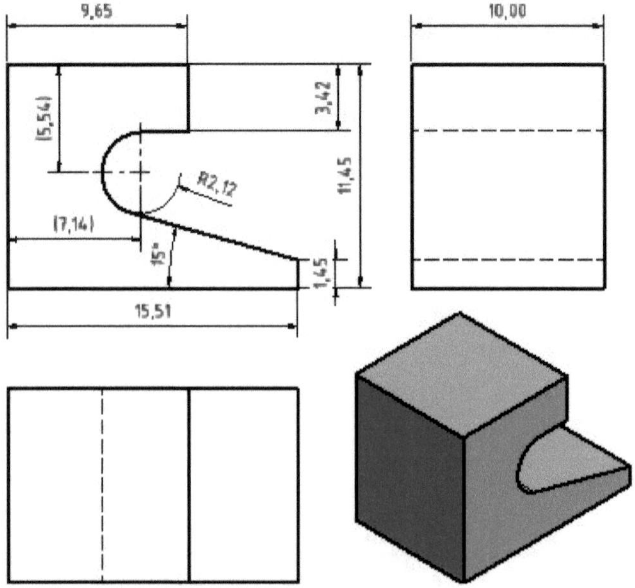

Abb. B.3: Extrusionsbeispiel

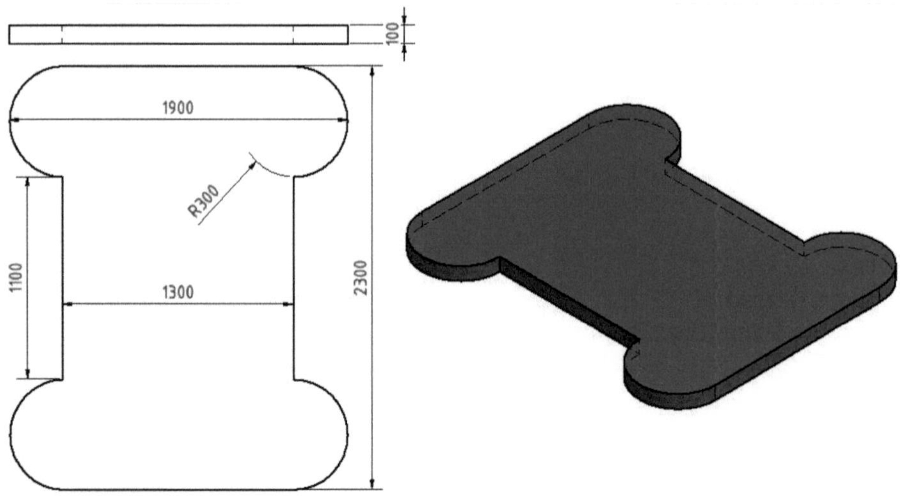

Abb. B.4: Extrusionsteil

B.3 Kapitel 4

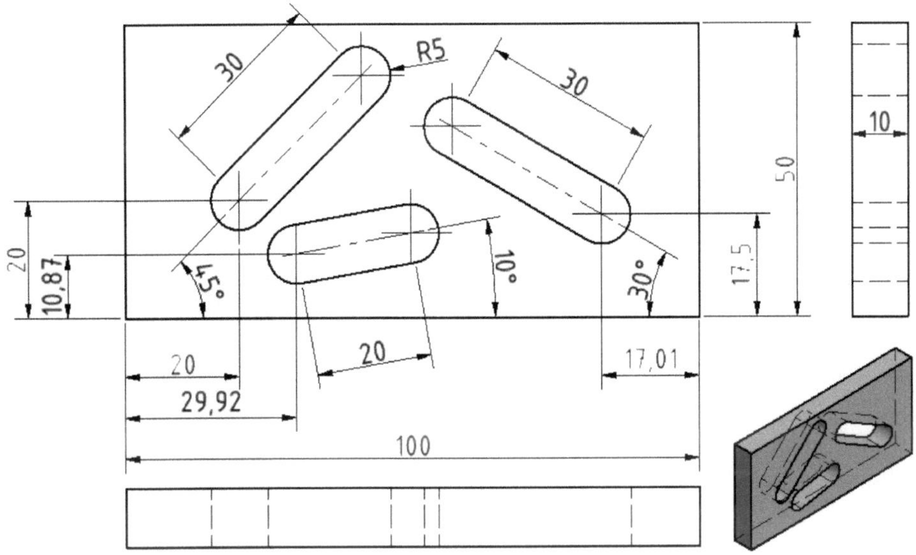

Abb. B.5: Langloch-Beispiele

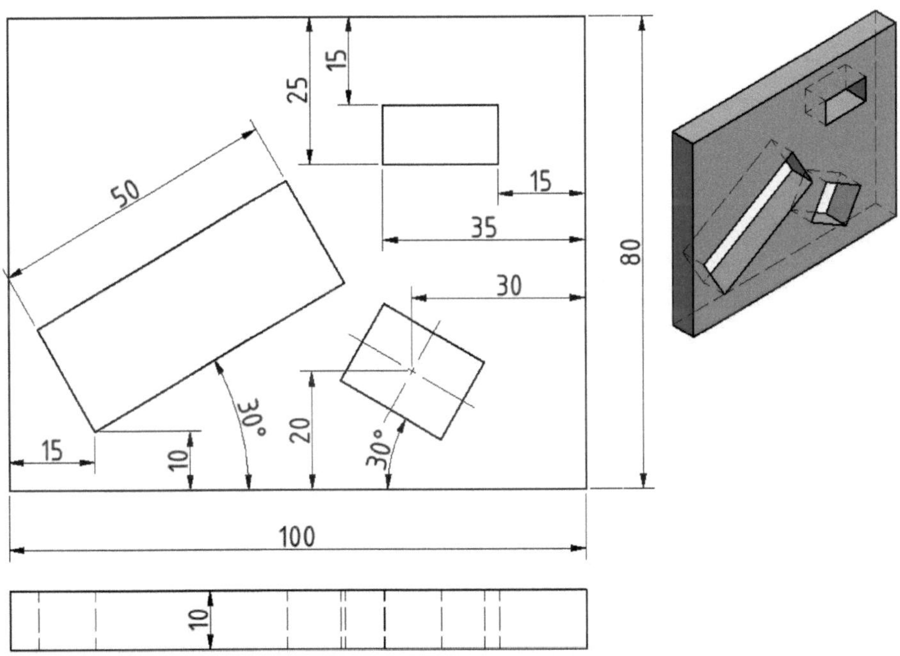

Abb. B.6: Rechteck-Beispiele

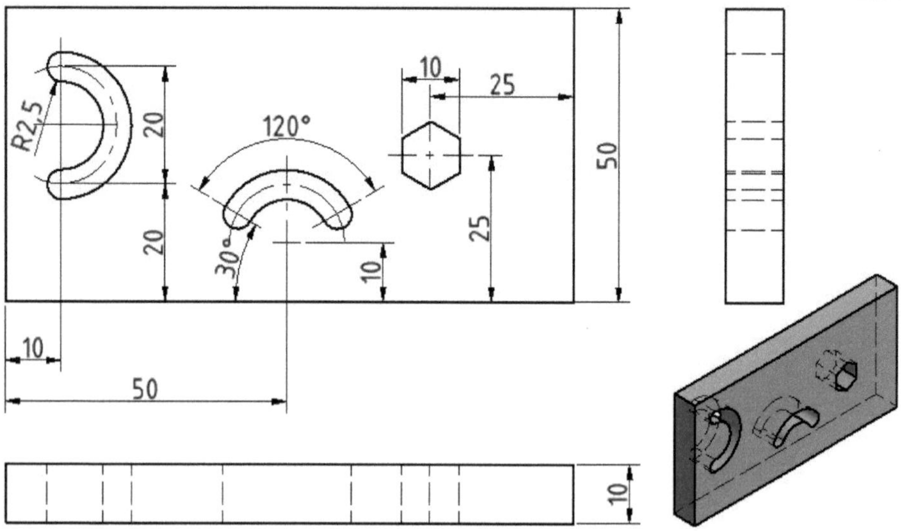

Abb. B.7: Nuten und Polygon

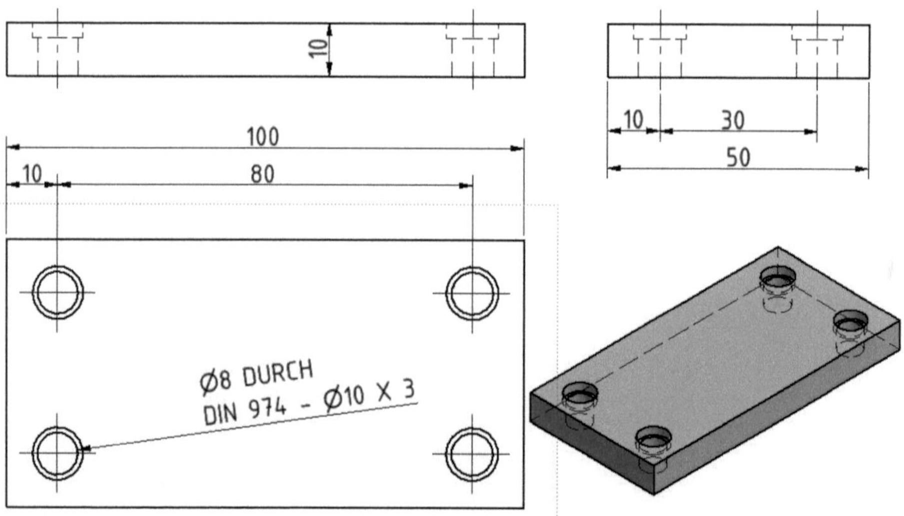

Abb. B.8: Platte mit Bohrungen

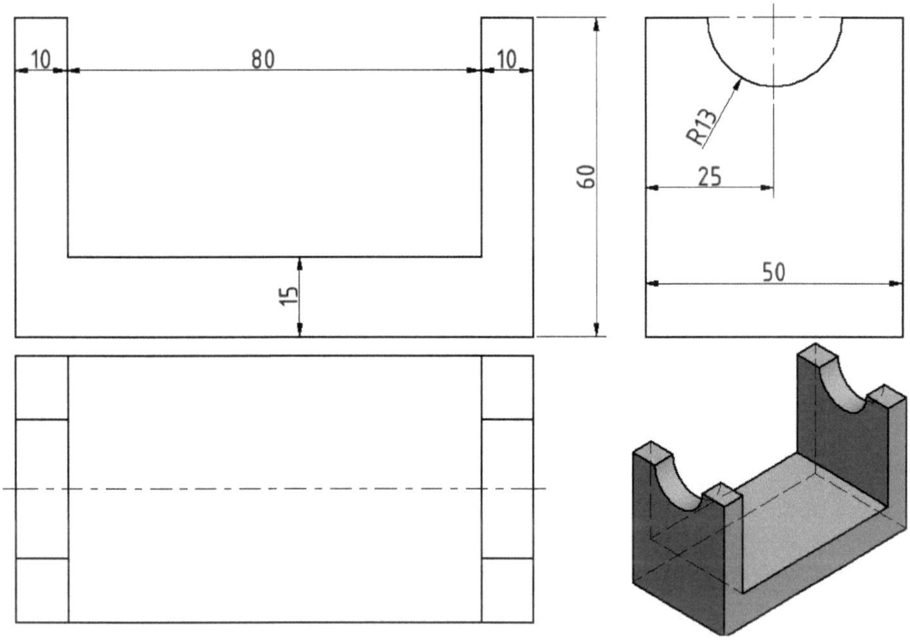

Abb. B.9: Gestell

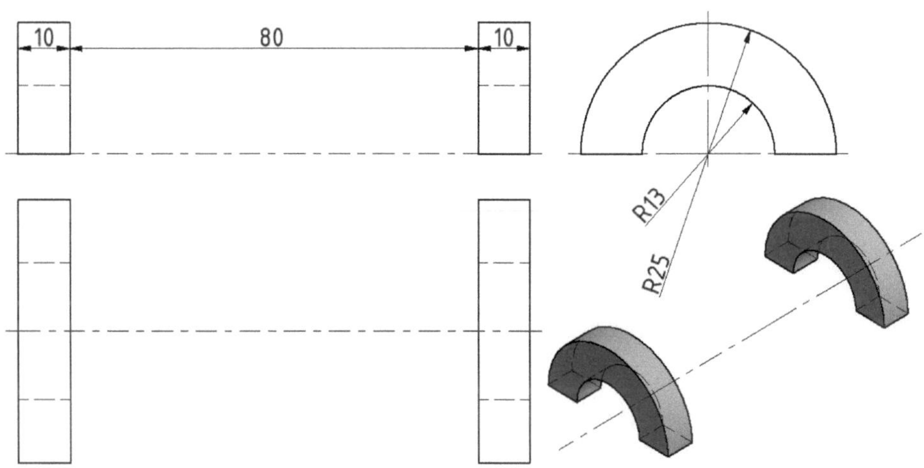

Abb. B.10: Zusatzteile für Gestell

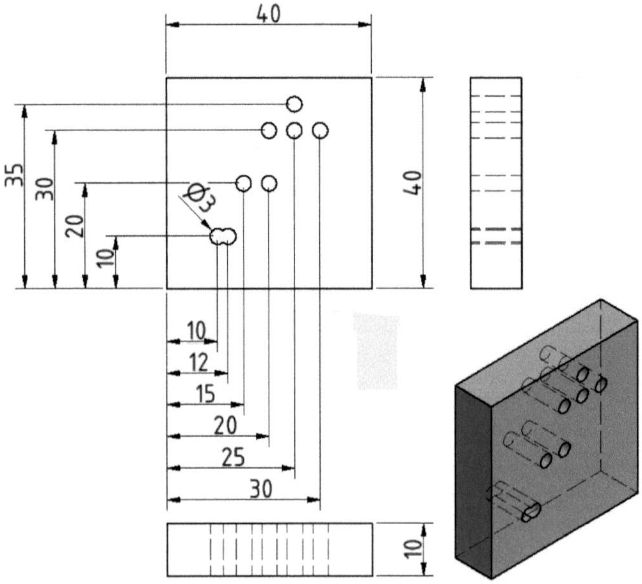

Abb. B.11: Bohrungen aus Excel-Tabelle

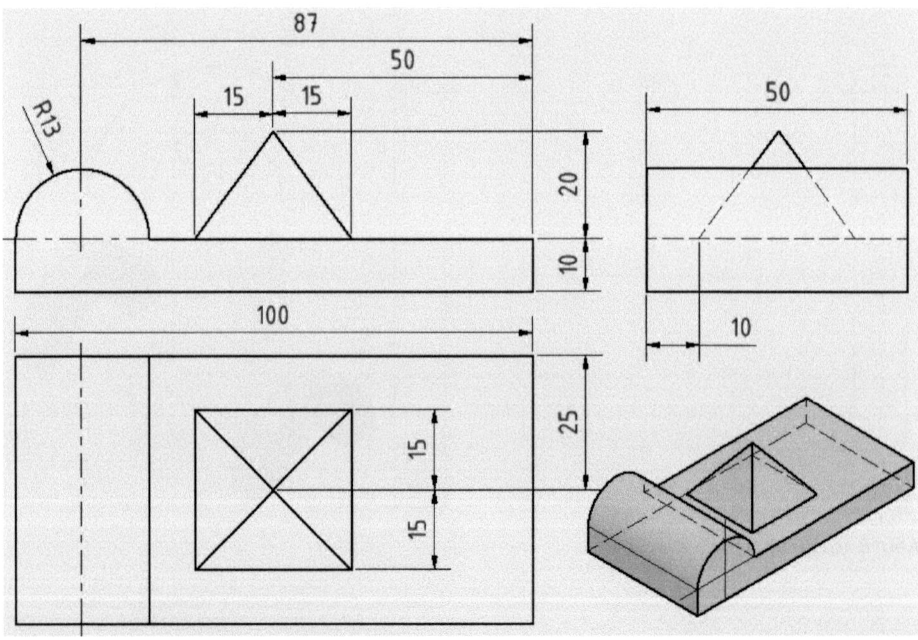

Abb. B.12: Testteil für Konstruktionshilfsmittel

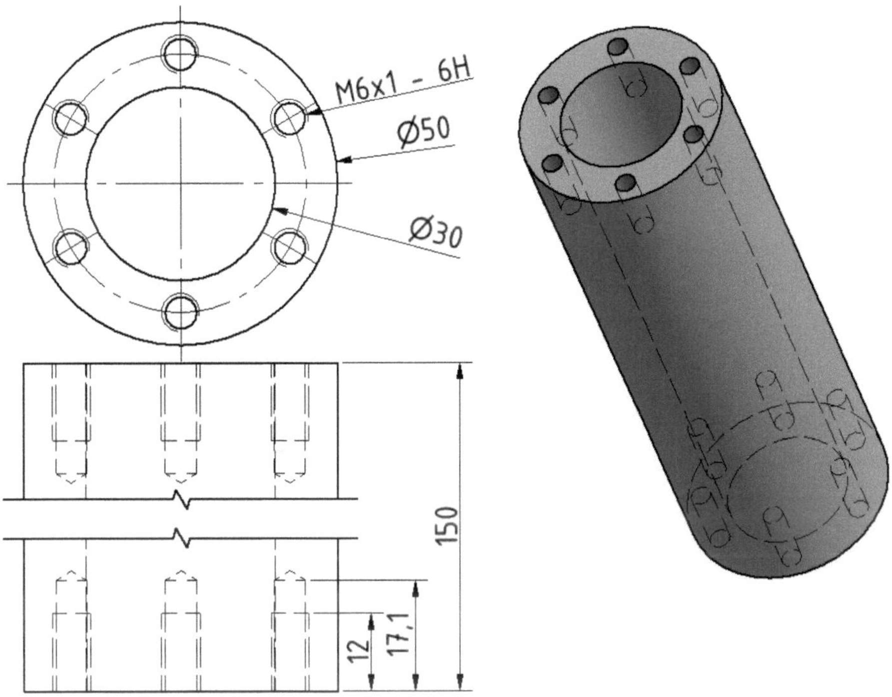

Abb. B.13: Gehäuse

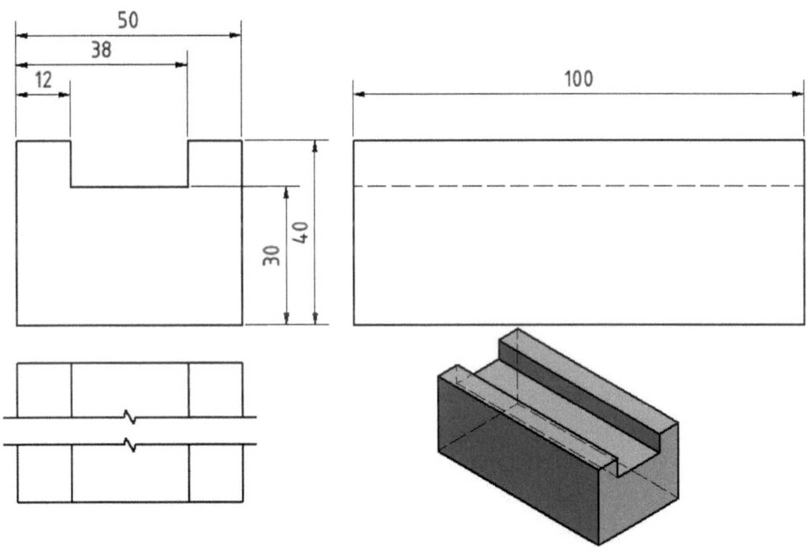

Abb. B.14: Teil mit Nut

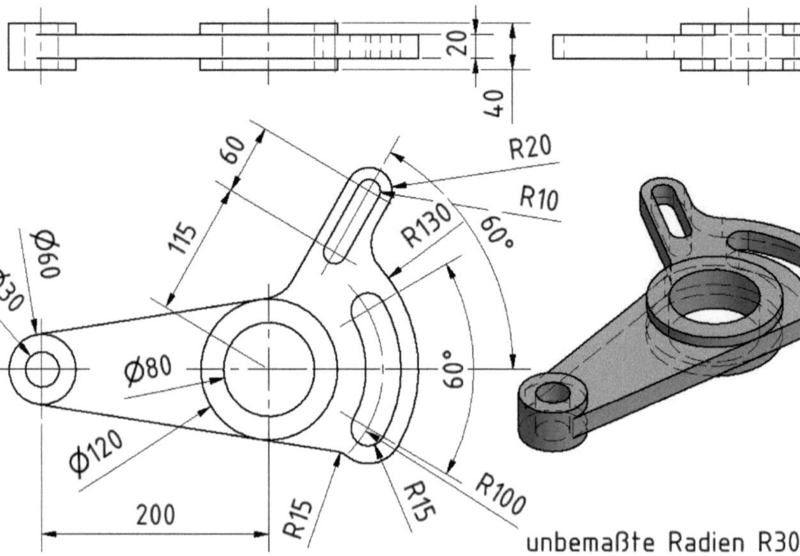

Abb. B.15: Hebelteil

B.4 Kapitel 5

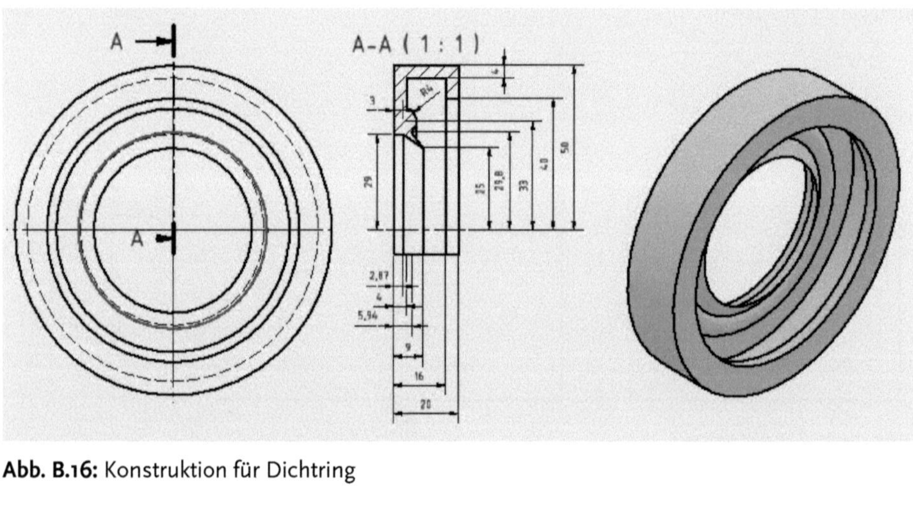

Abb. B.16: Konstruktion für Dichtring

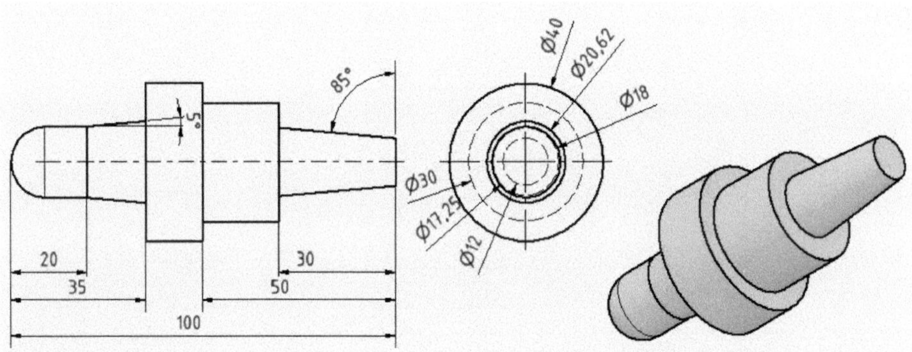

Abb. B.17: Drehteil

B.5 Kapitel 6

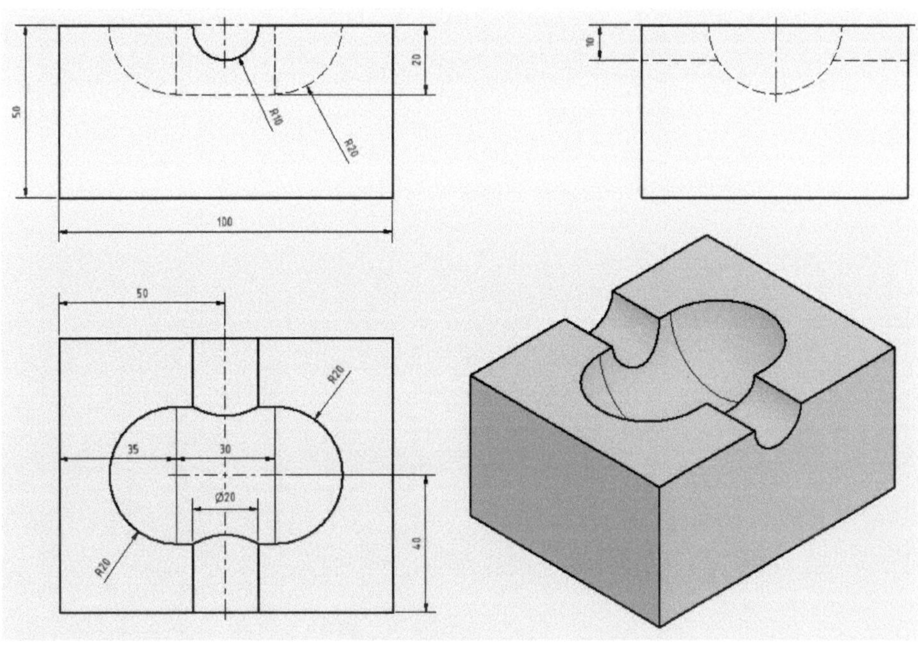

Abb. B.18: Kombinieren von drei Volumenkörpern

B.6 Kapitel 7

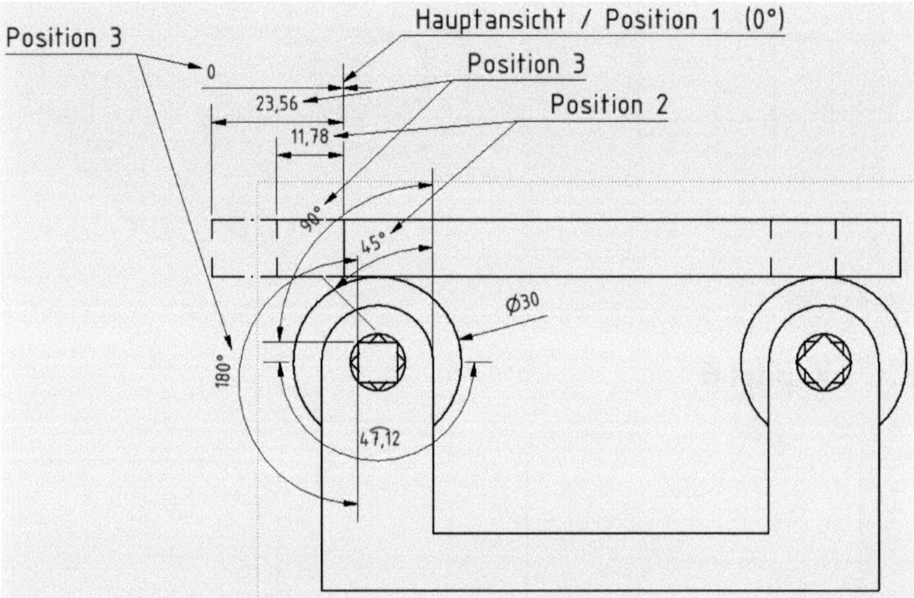

Abb. B.19: Verschiedene Positionsdarstellungen beim Gestell mit Rollen

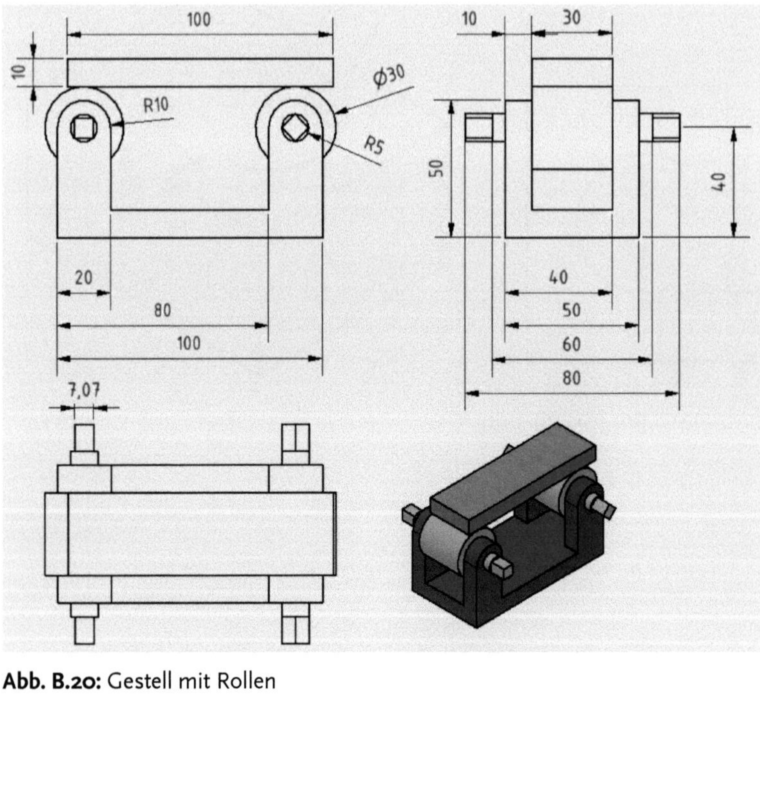

Abb. B.20: Gestell mit Rollen

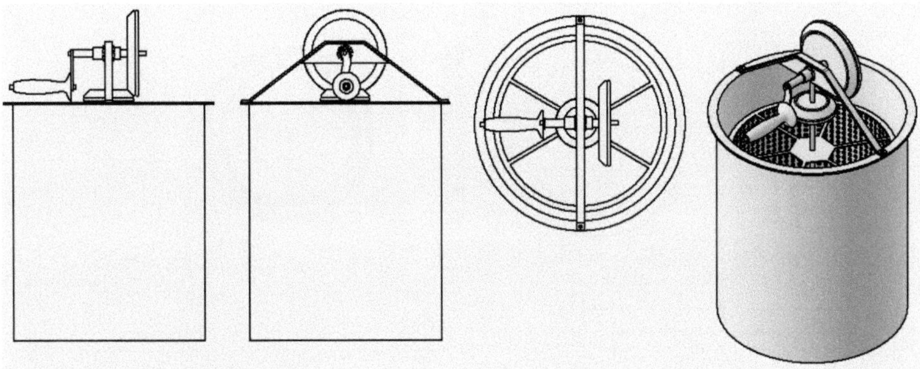

Abb. B.21: Ansichten der Zentrifuge

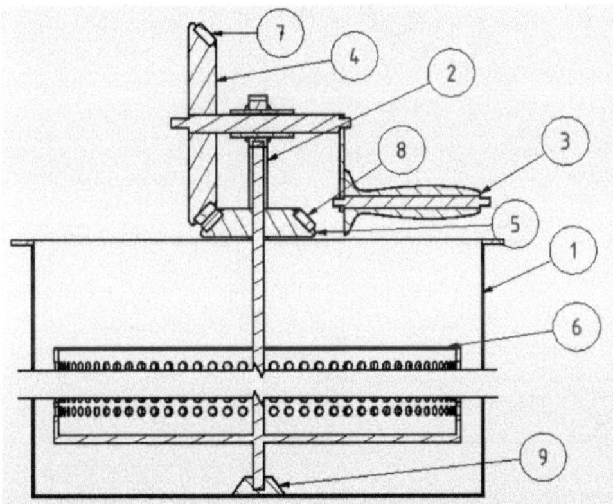

TEILELISTE			
OBJEKT	ANZAHL	BAUTEILNUMMER	BESCHREIBUNG
1	1	Zentrifugengehäuse	
2	1	Kurbel-Aufhängung	
3	1	Kurbel	
4	1	Antriebsrad	
5	1	Kegelscheibe	
6	1	Karussell	
7	1	Gummischeibe-2	
8	1	Gummischeibe-1	
9	1	Lager-unten	

Abb. B.22: Stückliste der Zentrifugen-Schnittansicht

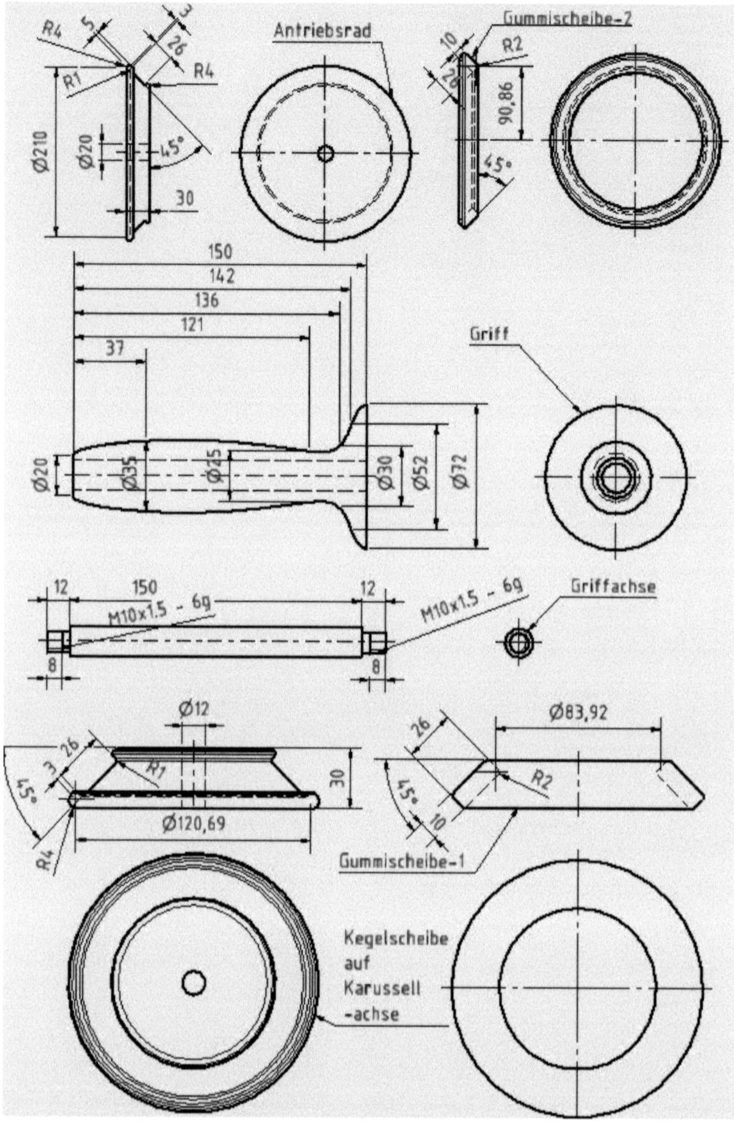

Abb. B.23: Griff und Scheiben zur Kopplung von Antriebsachse mit Karussellachse

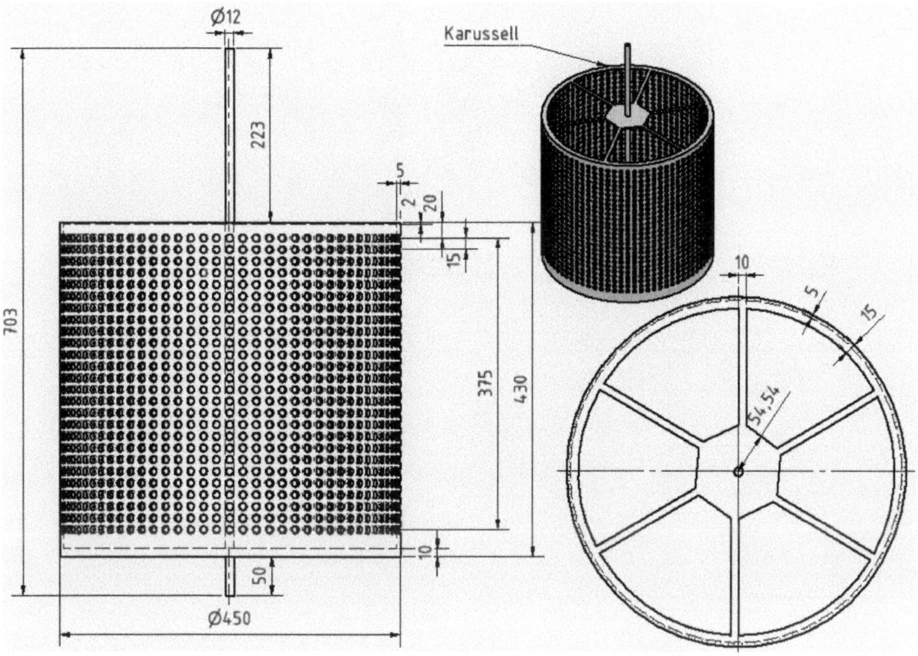

Abb. B.24: Karussell-Teil

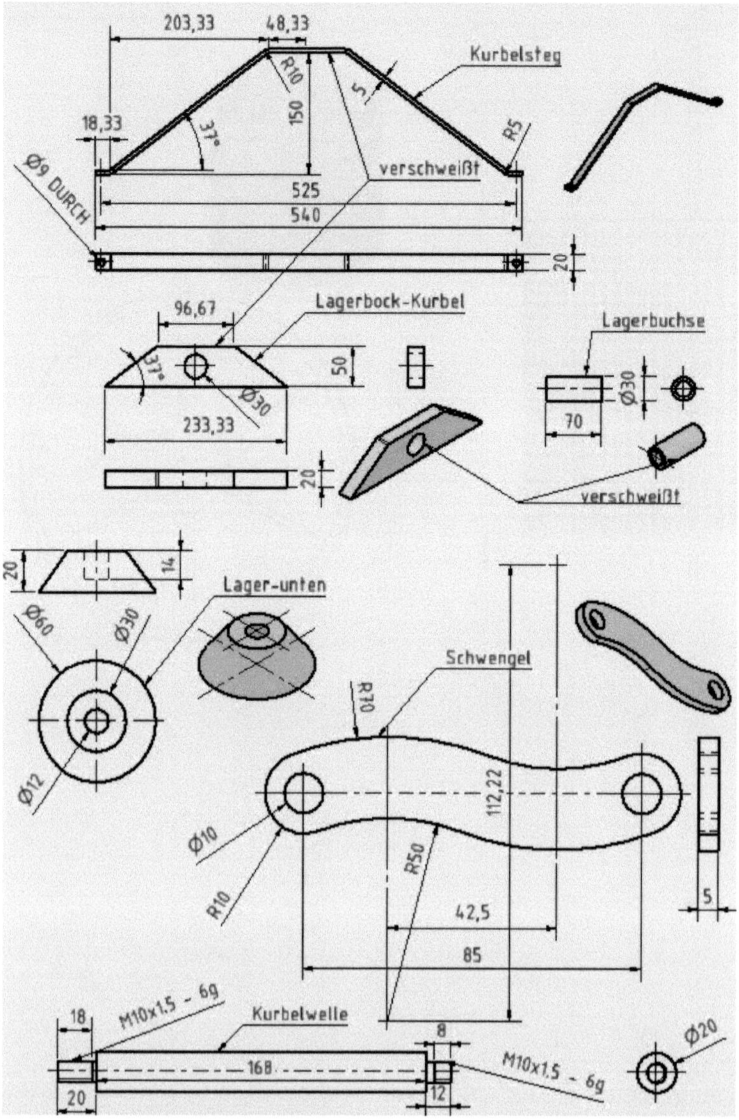

Abb. B.25: Elemente zur Zentrifuge

B.7 Kapitel 8

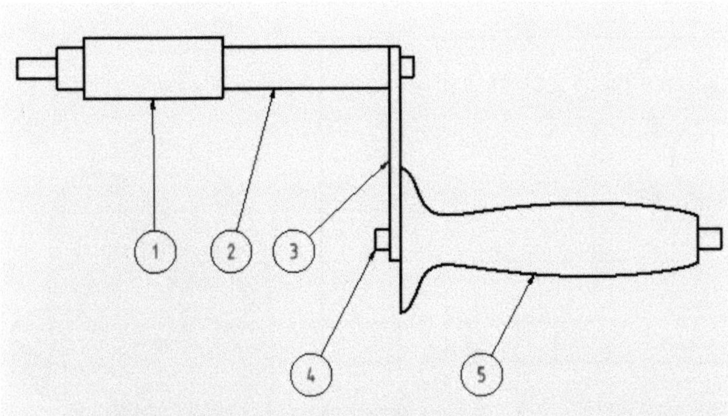

BAUTEILLISTE			
OBJEKT	ANZAHL	BAUTEILNUMMER	BESCHREIBUNG
1	1	Lagerbuchse	
2	1	Kurbelwelle	
3	1	Schwengel	
4	1	Griffachse	
5	1	Griff	

Abb. B.26: Kurbelkonstruktion mit Bauteilliste

B.8 Kapitel 9

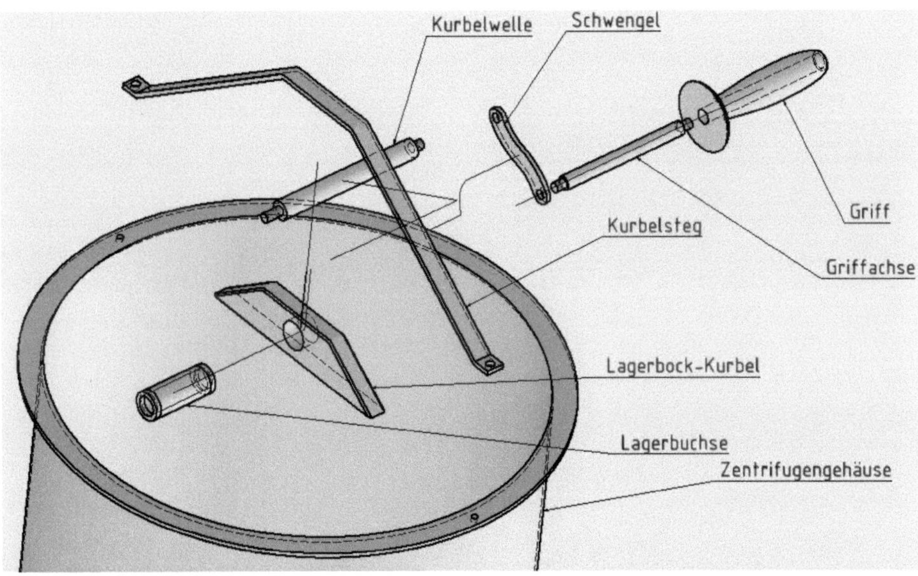

Abb. B.27: Zentrifugengehäuse mit Animationspfaden

B.9 Kapitel 10

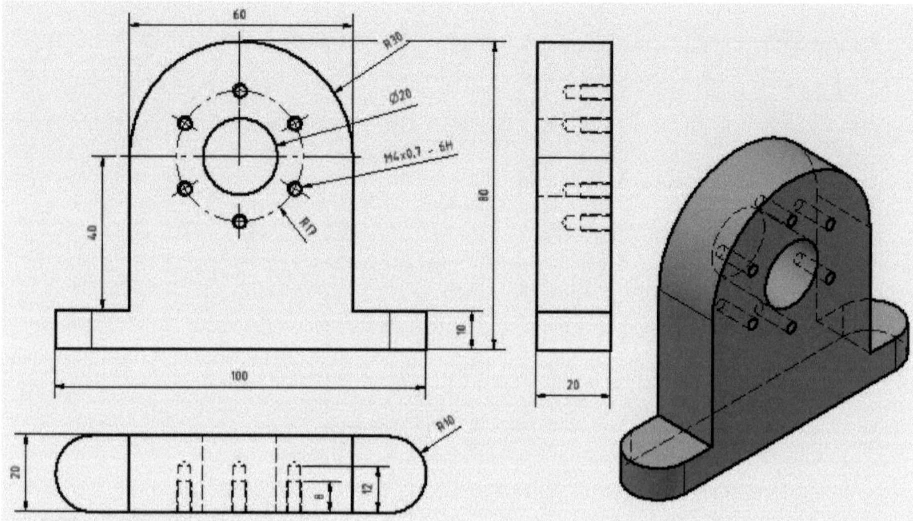

Abb. B.28: Lager-Basis

Stichwortverzeichnis

N

O

P

Q

R

S